질의 응답
건설공사의 계약·설계 해설

공학박사 : 高 福 永
적산연구가 : 全 仁 植 공편저

주식회사 건 설 연 구 사

머 리 말

　1971년 8월에 필자가 감사원 제3국 제2과 수석감사관을 끝으로 10년간 공사와 인연(因緣)을 맺었던 각종 사안과 동지제위(同志諸位)께서 취급한 사안을 예해(例解)로 엮어 50여일 만에 그 단원을 마치고 졸저(拙著) 『감사례 분석평가를 중심으로 한 "공사의 검사"』를 그해 11월에 발간한 이래 두세 차례에 걸쳐 재판, 또는 보정판을 간행한 바 있었다.
　그간 햇수도 여러 해 지나고 보니 미흡(未洽)한 점도 많고, 또 아쉬운 점도 부단하여, 개정을 시도한 바 있었으나, 이 사례는 실례의 평가인 점에서 판례(判例)는 영원히 그 판례대로 남아야 될 것이므로 이에 손길을 가한다는 것은 역사 앞에 죄 지을 것 같아 가필(加筆)을 삼가게 되었다.
　이에 필자는 사단법인 건설기술연구소를 설립하여 강호 여러 건설인 들로부터 공사의 계약과 설계, 표준품셈 관련 질의를 받아, 나름대로의 해설을 하여 참고케 하는 등 수십년간의 자료를 정리할 수 있었다.
　그러나 필자의 해설 중에 약간 주지가 변경된 것도 있고, 근본적인 제도개선이 있는 까닭에 그 예시 자체가 문제화되는 것도 있어 보정을 거쳐 이를 개정하는 말에 대(代)하고자 한다.
　역사는 흐름이요, 그 흐름은 인위적으로 제어하기도 어렵고 또 불가능한 것이다. 이제 우리는 그 역사의 흐름을 알고 긴 안목으로 흐름을 바로 잡아야 할 것이라고 믿고 판시(判示)된 것은 가능한 한 그대로 소개하고 몇 가지 독자로부터의 질의응답을 더 수록하여 도움이 되게 하고자 하였다.
　졸저 초판본(初版本)을 발간할 때 도움을 주던 인사의 신분도 이제 변하였고, 삼청동 친구(親舊)들도 많이 변하였으며, 옛 동지 중에는 유명(幽明)을 달리한 분들도 적지 아니하다.

인생 90을 바라보니 잘잘못의 공과보다 어떻게 그런 일들을 해 냈는가 하는 감도 없지 아니하니 마음 만 먼저 가는가 보다.

이 작은 책이 옛날의 공과(功過)를 다루기 이전에 그런 일 저런 일도 있었던 옛이야기도 되고, 또 그 흐름이 오늘의 밑거름이 된 것이라고 할 때, 살아 있는 선배로서 필적(筆積)을 남겨야 할 책무(責務) 또한 있음을 이해하시고, 부족한 이 사람의 부분을 채워주신 "고복영" 교수님을 모시게 되었습니다.

본 고(稿)의 개제(改題)에 이어 가필(加筆)을 해 주신 고복영(高福永) 교수님은 한때 현업(現業)에서 실무를 오랫동안 경험하셨을 뿐 아니라 연구·교수를 겸비하신 적산(積算) 품셈 분야의 석학(碩學)이십니다. 앞으로 더욱 가필과 정정을 해 주시고 이 분야의 학문 발전에도 크게 기여해 주실 것으로 믿습니다.

독자 제언(諸彦)의 가정과 직장에 행운과 건강이 늘 함께 하시기를 빕니다.

2018년 12월

저 자 識

차 례

제 I 편 건설공사 계약 관련 질의·해설

제 1 장   설계기준 및 계약부문 ··· 9
제 1 절   계약 일반방침 ··· 9
제 2 절   원가계산 및 예정가격 관련 ·· 27
제 3 절   공사계약·입찰·설계변경 관련 ······································· 45
제 4 절   품·할증 및 공공노임 등 ··· 73
제 5 절   선급금, 하자 및 물가 관련 ·· 100
제 6 절   경비·일반관리비 등 ·· 111
제 7 절   공사관련 기타부문 ·· 121
제 8 절   노무 공량 산정 ·· 135

제 2 장   가 설 공 사 ·· 145
제 1 절   가설물 일반 ·· 145
제 2 절   가설 손료 관련 ··· 169
제 3 절   기 타 가 설 ·· 174

제 3 장   토 공 사 ·· 183
제 1 절   토 공 일 반 ·· 183
제 2 절   토량의 체적 변화율 ·· 229
제 3 절   암석발파 ··· 238

제 4 장   조 경 공 사 ·· 249
제 1 절   조경일반 ··· 249
제 2 절   조경과 식재 ·· 261

제 5 장   지정 및 기초공사 ··· 265
제 1 절   기초공사 일반 ··· 265
제 2 절   기초공사 기계시공 ·· 285

제 6 장   콘크리트 공사 ··· 295
제 1 절   콘크리트 일반 ··· 295

차 례

제 2 절 철근 관련 ································· 309
제 3 절 거푸집 비계·동바리 관련 ················ 315
제 4 절 특수콘크리트 ······························ 335
제 5 절 콘크리트 시공 기계 관련 ················ 339

제 7 장 석 공 사 ································ 347
제 1 절 석공사 일반 ······························ 347
제 2 절 석 축 공 사 ······························ 354
제 3 절 구조물 헐기 부수기 ······················ 364

제 8 장 골재 채취·채집 ······················ 367

제 9 장 운 반 공 ································ 375
제 1 절 운 반 일 반 ······························ 375
제 2 절 기 계 운 반 ······························ 384

제 10 장 건 설 기 계 ···························· 393
제 1 절 건설기계 일반관련 ······················ 393
제 2 절 토공기계 및 운반기계 ··················· 405
제 3 절 다짐기계 및 포장기계 ··················· 427
제 4 절 콘크리트 기계 및 플랜트 ··············· 432
제 5 절 준설·기타 기계 관련 ···················· 440

제 11 장 기계경비 부문 ······················· 451
제 1 절 기계경비 산정기준 ······················ 451
제 2 절 인건비 및 연료비 ························ 462

제 12 장 도로·포장 공사 ···················· 473
제 1 절 도로포장 일반 ···························· 473
제 2 절 콘크리트 및 아스팔트 포장 ············ 486
제 3 절 도로경계블록 기타 시공 ················ 496

제 13 장 하 천 공 사 ···························· 507
제 1 절 하천공 일반 ······························ 507
제 2 절 호안 사석공 ······························ 514

차 례

제14장 항만공사 ··· 523
  제1절 수중공사 ······································· 523
  제2절 사석 및 준설 ··································· 531

제15장 터널공사 ··· 537
  제1절 터널공사 ······································· 537
  제2절 터널뚫기 ······································· 544

제16장 궤도공사 ··· 551

제17장 철강 및 철골공사 ································ 557
  제1절 철골공사 ······································· 557
  제2절 철골교 가공 ··································· 566

제18장 개 간 ··· 571
  제1절 개간 공사 ······································· 571
  제2절 경지정리 입목 ··································· 574

제19장 관 접합 및 부설 ·································· 579
  제1절 관 공사 시공 ··································· 579
  제2절 관접합 및 부설관련 ····························· 594

제20장 토질 및 토양기초 ································ 609

제21장 하수도 공사 ······································· 617

제Ⅱ편 건축·기계·전기공사 부문

제1장 벽돌 및 블록공사 ·································· 635
  제1절 벽돌공사 ······································· 635
  제2절 블록공사 ······································· 641

제2장 타일 및 목공사 ···································· 645
  제1절 타일공사 ······································· 645
  제2절 목공사 ··· 650

차 례

제 3 장 방수 및 지붕·홈통공사 ·················· 657
 제 1 절 방 수 공 사 ·················· 657
 제 2 절 지붕·홈통 공사 ·················· 661

제 4 장 금속 및 미장공사 ·················· 665
 제 1 절 금 속 공 사 ·················· 665
 제 2 절 미 장 공 사 ·················· 675

제 5 장 창호 및 유리공사 ·················· 685
 제 1 절 창 호 공 사 ·················· 685
 제 2 절 유 리 공 사 ·················· 691

제 6 장 도장(칠) 및 수장공사 ·················· 699
 제 1 절 도 장(칠) 공 사 ·················· 699
 제 2 절 수 장 공 사 ·················· 707

제 7 장 기계·설비 공사 ·················· 711
 제 1 절 기계설비 일반 ·················· 711
 제 2 절 기계 품 적용 관련 ·················· 725

제 8 장 전기·정보통신 공사 ·················· 745
 제 1 절 전기공사 관련 ·················· 745
 제 2 절 정보통신공사 ·················· 757

[부 록]
 도량형 환산 등 ·················· 761

제 I 편 건설공사 계약 관련 질의·해설

제 1 장 설계기준 및 계약부문

제 1 절 계약 일반방침

<품셈 이란 무엇인가>

우리나라 표준품셈은 건설기술 진흥법〔법률 제11998호(2013. 8. 6)〕 제25조 제1항에 "건설공사의 실적을 토대로 산정한 공사비 및 **표준품셈** 등 공사비 산정기준을 정할 수 있다."에 의하여 그 법 시행령에 따라 한국건설기술연구원이 관리하고 있는 기준이다.

이 건설표준품셈의 영문표기는?

해설 건설표준품셈을 영어로 표기하면 "A Standard of Estimated Unit Men power and Material for Construction" 이라고 할 수 있으나 이를 간략하게, A Standard of Construction Estimated 라고 풀이 합니다. 품셈은 품 "Account of Labor" 을 셈하는 약어 로서 "어떤 일에 소요되는 재료의 수량과 노무공량을 셈하는 적산(Estimate)을 뜻" 합니다.

<일위 대가란 무엇인가>

건설표준품셈을 이용하여 단위당 공사비를 산정하는 일위 대가(一位代價)란 무엇인가요?

[해설] 한 자리(一位)에 대한 값(代價)을 말하는 것으로, 공사의 단위 즉, m², m³, ton당 등에 대한 가격 "값"이라고 풀이 할 수 있다. 영어로는 Itemized unit cost 라고 표기합니다. 즉, "일위대가란 공사 또는 제조에 있어 m²당, m³당, ton당 등의 단위당(單位當) 소요되는 자재인 물(物)과 소요되는 노무(工)량에 대한 가격을 말하며, 이를 "단위당 단가" 라고도 합니다."

○ ○ 일 위 대 가 표

제 ○ 호표(예)   (m³당)

품 명	규 격	단 위	수 량	단가(원)	금액(원)	비 고
인 부	보 통	인	0.7	118,000	82,600	

<단위표준에 대하여>

[질문 1] 건설표준품셈 1-6 금액의 단위표준에서

종 목	단 위	지위(止位)
설계서의 총액	원	1,000 이하 버림, 미만 버림 등으로

서로 다르게 규정되어 있는 바, 설계서의 금액란의 값이 다음 중
　① 1,597.8 → 1,590
　② 1,597.8 → 1,597 어느 것이 맞는지요?

[해설] 미만이나 이하의 영문표기는 less than으로서 정한 수나, 정도에 차지 못함을 뜻하는 바, 과거에는 전기·통신 및 기계설비 표준품셈에서 이하 버림으로 되어 있어 혼선이 있었습니다.

귀문의 경우, 종전과 같이 1원이 못되는 것을 버리는 것으로 계상하면 될 것이며, 설계서의 소계는 1원 90전을 1원으로 계상하면 됩니다.

<토량의 체적 계산>

질문 2 현장에 반입된 모래 또는 자갈이나 토량 등의 체적 산출법에 대하여 알고자 합니다.

해설 현장에 반입된 모래, 자갈, 흙 등은 흐트러진 상태로 반입되므로 먼저, 토질시험에 의한 토량환산계수를 알아야 합니다. 이때, 시험도 현장에 반입된 즉시, 측정한 것과 시간이 경과 되었을 때 측정한 것이 다르며, 반입된 토·사를 많이 쌓아올렸을 때와 적게 쌓아올렸을 때가 또 다르고, 건·습 등 여러 가지 여건에 따라 달라지는 것을 전제로 하여야 할 것입니다. 토·사 등의 체적 산출 방법은 대체로 형상에 따라 다음 4가지로 나눌 수 있습니다.

(중앙단면) (단면) A_m (단면) A_1 A_2 l	의주식 : $\frac{l}{6}(A_1 + 4A_m + A_2)$ 단면적 : $\frac{l}{2}(A_1 + A_2)$	단면식에 따르면 실제체적보다 많아지며, 그 오차는 양단면의 면적차가 클수록 커진다.
1 2 1 1 2 3 4 2 2 4 4 4 2 2 4 4 3 2 4 2 1 2 2 1	각주식 : (무사선부) + (사선부) $\frac{A}{4}(\Sigma h_1 + 2\Sigma h_2 + 3\Sigma h_3 + 4\Sigma h_4)$ + (사선부)	Σh_1, Σh_2, Σh_3, Σh_4는 사선이 없는 부분의 1, 2, 3, 4의 구형에 공통 높이의 합이 된다.
h_1 h_2 h_3 h_4 h_1 h_2 h_3 A	각주식 (1) $\frac{A}{4}(h_1 + h_2 + h_3 + h_4)$ (2) $\frac{A}{3}(h_1 + h_2 + h_3)$	

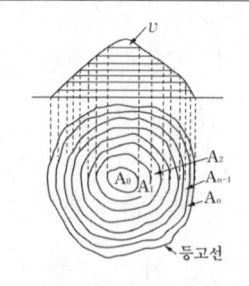

등고선에 의한 것.
(A_0와 A_n사이에 체적) +

$v \dfrac{A}{3} \{A_0 + 4(A_1 + A_3 + \cdots + A_{n-1})$
$+ 2(A_2 + A_4 + \cdots + A_{n-2}) + A_n\} + v$

여기서,
$A_0 \sim A_n$: 등고선에 둘러 싸인 면적
h : 등고선의 간격
v : A_0 위의 체적
n : 짝수

이때, n이 홀수(奇數)인 때는 아래에서 2번째의 등고선까지의 체적을 윗쪽식에 따라 구하고, 남는 체적은 따로 산출하여 가산하면 된다.

질문 3 건설표준품셈 제1장 적용기준 1-4 「수량의 계산에 있어, 면적의 계산은 수학공식에 의하는 외에 삼사법(三斜法)이나 삼사유치법(三斜誘致法) 또는 플래니미터(Planimeter)로 한다」에서 삼사법, 삼사유치법에 대하여 알고자 합니다.

해 설 삼사법(三斜法)이라 함은, 면적을 구하는데 있어, 여러 개의 부등변 삼각형으로 분할하여 계산하고, 그 개개의 면적을 합산하는 구적법을 말하는 것이며, 삼사유치법(三斜誘致法)이란, 다음과 같은 다각형을 삼각형으로 만들어 구적하는 것을 말합니다. 면적을 구함에 있어서는 이들 외에도 여러 가지가 있으므로 많이 인용되고 있는 구적방법 몇 가지를 소개하여 참고하게 하고자 합니다.

〈삼사법〉

$A = \dfrac{1}{2} ah$

(예)

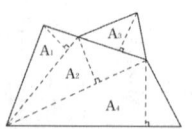

면적을 삼각형으로 분할하여 계산하고 각각의 면적을 합산한다.
$A_t = A_1 + A_2 + A_3 + A_4$ 임.

제 1 절 계약 일반방침

<삼사유치법>

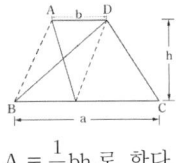

$A = \dfrac{1}{2}bh$ 로 한다.

4 변형

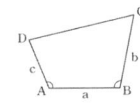

$\dfrac{1}{2}\{ca\sin A + ab\sin B - bc\sin(A+B)\}$

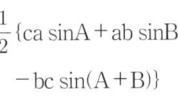

사선부는 위의 식으로 계산할 수 있다

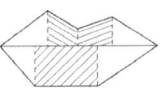

사다리꼴

$l(\dfrac{y_0+y_n}{2} + y_1 + y_2 + \cdots y_{n-1})$

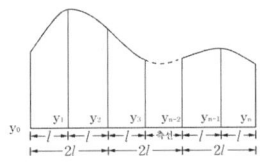

삼각형

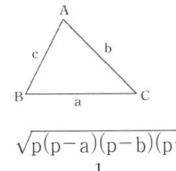

$\sqrt{p(p-a)(p-b)(p-c)}$

단, $p = \dfrac{1}{2}(a+b+c)$

2 변협각법

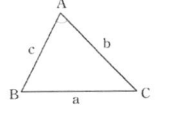

$\dfrac{1}{2}bc\sin A$

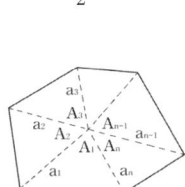

$\dfrac{1}{2}\sum_{1}^{n} a_1\, a_n \sin A_1$

우각법

(우각부 ABCDEF 의 면적)

$= \dfrac{1}{2}(r_1h_1 + r_2h_2 + \cdots + r_nh_n)$

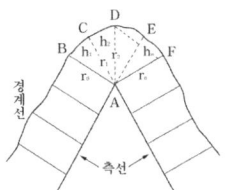

<표준시방서의 법적 효력은>

질문 4 가. 일반시방서, 특기시방서 및 설계도서 등 계약내용에 명시되지 아니한 사항을 건설교통부 제정 건축공사 표준시방서에 따라 이행해야 하는지?

나. 건설교통부 제정 건축공사 표준시방서 상 말뚝 재하시험에 대한 규정 유무 및 규정이 있을 경우, 말뚝 재하시험을 실시해야 할 개소수는?

(해설) 질의 (가)에 대하여 : 계약 당사자간의 계약내용에 건설교통부 제정 표준시방서에 따르도록 명시된 경우라면 마땅히 본 표준시방서에 따라야 할 것이나 그렇지 아니한 경우 건설교통부 제정 건축공사 표준시방서는 법령에 의한 강제 규정이 아니므로 반드시 이를 따라야 할 의무는 없는 것입니다.

(나)에 대하여는 건설교통부 제정 건축공사 표준시방서에는 말뚝 재하시험에 관하여 규정된 바가 없으며 기타 질의사항에 대하여는 계약업무에 관한 법령이나 계약 당사자 간의 구체적인 계약내용 등에 따라 결정, 처리되어야 할 사항임을 알려드립니다. (기감 30720-23852)

질문 5 건설교통부 제정 표준시방서의 법적 효력상 시공자가 준수하여야 할 것인지 여부와 시방서 작성 내용중 용어의 정의 가항 "공사의 계약서 및 계약도서에 우선하는 것을 원칙으로 한다" 라고 하였는 바 이러한 경우, 도면과 시방서의 우선 순위는?

(해설) 계약서상 표준시방서를 인용한 경우에는 시공자들은 이를 당연히 준수하여야 할 것이나, 이를 체계적이고 구체적으로 함으로써 시공자 등이 이를 적정하게 활용할 수 있도록 하여야 할 것이며, 설계도면과 공사시방서는 서로 일치하나 물량내역서와 상이한 경우에는 설계도면 및 공사시방서에 물량내역서를 일치(계약일반조건 제19조의2 2항3), 설계도면과 공사시방서가 상이한 경우로서 물량내역서가 설계도면과 상이하거나 공사시방서와 상이한 경우에는 설계도면과 공사시방서 중 최선의 공사시공을 위하여 우선되어야 할 내용으로 설계도면 또는 공사시방서를 확정한 후 그 확정된 내용에 따라 물량내역서를 일치케 한다.(동 2항4)로 되어 있음을 참고하십시오.

<건설품셈이 폐지된 품의 적용>

질문 6 건설표준품셈을 적용함에 있어 현재 2018년 품셈을 적용하는게 맞는지 공정이 없어지거나 변한 부분이 있어서 2016년이나 2017년 품셈을 적용해야 될 상황이 생기는데 이 경우 과거의 품셈을 적용할 수 있는 근거가 있는지? 예를 들면, 품셈 적용은 과거 2년을 유예한다든지 하는 근거가 있는지요?

해설 건설표준품셈이 2018년도에 개정되었는데 품셈의 항목이 2016년 또는 2017년도에 삭제되었으나 그 삭제된 내용의 공사를 해야 할 때, 명시된 규정은 없으나 2016년 또는 2017년도 품이 있을 때, 이를 활용할 수 있다고 생각합니다.

<타 품셈 적용 특례에 대하여>

질문 7 귀사에서 발행한 건설표준품셈 중, 지세별 할증 등의 내용 중 고속도로(도로경사면 포함) 20%는 건설부 발행 품셈에 수록되어 있지 않은 것으로 조사되어 품의 할증적용이 불가함으로 고속도로상에서 노면 보수작업 및 시설물(방음벽 등) 설치작업시, 이의 적용 여부를 알려주시기 바랍니다.

해설 건설표준품셈 제1장 적용기준 1-3 적용방법 "7."「본 표준품셈에 명시되지 않은 품으로서 타부문(전기, 정보통신, 문화재 등)의 표준품셈에 명시된 품은 그 부문의 품을 적용하고, 타부문과 유사한 공종의 품은 본 표준품셈을 우선하여 적용한다」로 명시되어 있으며, 정보통신공사 표준품셈 1-2-2-1 지세별 할증률 "(10)"에 따라 현장실정이 고속도로(도로경사면 포함) 20% 범위내에서 품의 할증 없이는 공사를 수행할 수 없다고 판단될 때에는 할증할 수 있다고 사료됩니다.

<건설품셈에 없는 특허, 실용신안 등을 취득한
품으로 설계해도 되는지>

질문 8   당사는 ○○부에서 발주한 ○○항 정비공사를 하고 있는 시공사로 상기공사 설계변경 중 잔디블록을 신규로 적용하려고 하는데 일반품셈에는 잔디블록에 대한 내용이 없으나 귀사에서 발행한 건설표준품셈에 잔디블록에 대해 보완(특허/실용신안)으로 등록되어 있어 이를 바탕으로 신규 품을 작성하려고 합니다. 그러나 감리단에서 보완(특허/실용신안)으로 등록된 항목은 해당 제작업체에서 광고를 위해 등록한 항목이며 품셈을 발행한 (주)건설연구사도 국가공인기관이 아니라는 논리로 보완 품은 공인된 품이 아니므로 신규 품 산정시 반영하는건 불가하다고 합니다.

이에 보완(특허/실용신안) 등록과정이 어떻게 되는지, 혹시 보완(특허/실용신안) 항목을 사용해도 된다는 자료가 있는지 문의 드립니다.

해 설   건설표준품셈 2017년 개정 46판 396쪽에 게재되어 있는 잔디블록(특허/실용신안)이 표준품셈이 아닌 제작업체의 공표(광고) 품이므로 설계할 수 없다는 의견에 대하여 실용신안 특허된 업체의 표시 품 일지라도, 국가를 당사자로 하는 계약에 관한 법률 시행령 제9조 예정가격의 결정기준 2. 신규개발품이거나 특수규격품 등의 특수한 물품·공사·용역 등 계약의 특수성으로 인하여 적정한 거래실례가격이 없는 경우에는 원가계산에 의한 가격 및 계약예규 제354호(2017. 12. 28.) 예정가격 작성기준 제4장 전문가격 조사기관의 등록 및 조사업무, 별첨 : 표준가격 조사요령 제2조 가격의 구분 2. "생산자공표가격"에 상품의 성능·시방·등이 표준화가 되어있지 않거나 독과점으로 인하여 시장거래가격의 조사가 곤란한 경우에는 생산자가 대외적으로 공표한 판매희망가격을 말한다고 규정하고, ② 가격은 그 유통단계에 따라 생산자가격, 도매가격, 대리점가격 또는 소매가격으로 구분한다. 등의 규정과 같이 비록 표준품셈화는 되지 않았다고 하더라도 잔디블록을 생산하고 있고 실용신안 특허를 취득한 업체의 물품인 점을 고려하면 사용 후 이 자료를 표준화 하도록 하는 것이 기업의 발전과 공공기관의 운영·발전에도 도움이 될 것이라고 생각하고, 널리 실용에 기여하기를 바랍니다.

<토취장의 위치가 변경된 때>

질문 9 당 현장의 토취장 설계가 A 지점이었는데 도저히 허가를 얻지 못하여 B, C, D 지점으로 선정하였을 때, 설계변경 단가를 총 낙찰률 단가(94.5%)로 하여야 하는지 아니면 순성토 운반 공종에 대한 낙찰률 단가(87.4%)로 적용하는지의 여부 입니다. 당소의 의견으로는 운반거리가 완전히 상이 하고 토취장이 여러 곳에 산재하므로 신규비목으로 보아야 타당할 것이 아닌지요.

해설 귀 질의는 토취장의 설계위치가 변경된 것에 대한 설계변경 단가 적용과 낙찰률 적용에 관한 것으로, 이는 건설공사 표준품셈 제1장 1-23 토취장 및 골재원에 따라 토취장의 위치가 변경되면 반드시 설계변경을 해야 하는 것으로 이에는 의문의 여지가 없는 것이고, 둘째, 변경 단가 적용에 있어서는 국가계약법령 및 시행규칙과 계약예규 제324호(2016. 12. 30) 공사계약 일반조건 제19조(설계변경 등), 제20조(설계변경으로 인한 계약금액의 조정)의 규정에 의거 계약금액이 조정되어야 한다고 사료되며, 낙찰 차액 비율 적용에 있어, 총액 낙찰률을 적용할 것인가, 토공 중 해당 공종의 계약 내역서에 의한 낙찰률 적용인가의 문제는 총액 기준이 원칙이나 당초 산출 근거 등 해당 관련 자료가 없어 확답하지 아니함을 양지 바랍니다.

<공사용 재료의 할증에 대하여>

질문 10 우리시가 시행하는 공유수면매립공사의 호안성 사석할증에 있어, 우리시와 시공자간의 의견이 상이하여, 다음과 같이 질의하오니 회시하여 주시기 바랍니다. 호안사석공사에 소요되는 사석 재료의 할증 수량이 본 공사비(사석 투하 및 운반 품)에 포함 되어야 하는지, 아니면 순수 자재비에만 포함되어야 하는지의 여부?

- 우리시 의견 : 사석의 할증은 소요공사의 집행상 필요하며, 비록 취급 하기는 하나 자재비에만 포함 계상함이 타당하고, 본 공사비(품)에는 목적물의 확정수량만이 계상되므로 할증 부분은 계상하지 아니함이 타당할 것으로 판단됨.
- 시공자 의견 : 해양수산부(중앙부처) 등의 공사시, 통상 사석 할증을 본 공사비(품)에 포함하여 설계하고 있는 실정으로, 지방자치단체에서도 동일하게 설계를 요구하고 있음.

해설 공사용 재료의 할증은 설계 단면을 완성함에 있어, 재료의 흐트러짐 등으로 수량의 가산 할증 없이는 설계도의 양을 확보할 수 없을 때 할증을 가산하는 것입니다. 즉, 철근 가공 조립에 있어 이형철근 3%를 가산하여 가공하되, 가공품은 3%를 가산하지 않고, 완성 ton당 품 만을 계상하는 것입니다. 이 경우, 사석공에 있어서는 당초 설계에 지반의 침하량이 미리 계상된 설계의 경우는 그 수량 및 품을 계상할 수 있을 것이나 지반 침하량 등의 조사·설계 없이 단순하게 표준품셈 1-9 4.에 의거, 사석 할증 만을 계상 했다면 침하와 유실 등을 고려하지 아니한 것이므로 품셈 1-4 수량의 계산 8.성토 및 사석공의 준공토량은 성토 및 사석공 설계도의 양으로 한다. 그러나 지반 침하량은 지반성질에 따라 가산할 수 있다. 라는 단서 규정의 적용 여부는 위와 같이 지반 침하량의 측정 등을 선행·설계되었는가의 여부에 따른다고 생각 합니다. 즉, 공사목적물 완성에 직접 기여된 수량은 당연히 계상되어야 하나, 유실 등의 양은 설계도의 양에 관계되지 아니한 수량이므로, 이는 계상대상이 아니라는 견해 임. 따라서 이 경우 기획재정부 계약예규 제324호(216.12.30) 공사계약 일반조건에 해당되는지의 여부는 계약담당관이 판단할 사항이라고 사료됩니다.

질문 11 <조류 간만의 차가 심한 도서 지방에서
　　　　　수중터파기를 할 때의 할증 적용 기준은>

해설 귀 질의는 조류가 심한 도서에서 수중 수심 −6.00 m 에서 −11.00 m 까지 수직으로 5 m 를 굴착 함은 건설표준품셈 제1장 적용기준 1-16 품의 할증 "2" 에 따라 본토에서 인력 동원시 인력품의 50 %까지 가산할 수 있고, 잠수부(조)의 작업은 3-1-2 암석절취 "2" 수중암을 참작할 수 있다고 생각하며, 1,600 kgf/cm^2 이상의 극경암은 다른 유사품의 경암과 극경암의 품 증가 비율을 참작하여 적용할 수 있다고 생각되나, 현장 실정의 반영 여부 등은 확답할 수 없음을 양해바랍니다.

<준설토의 작업 할증에 대하여>

질문 12 건설표준품셈 1-9 재료할증에 있어서 섬진강, 영산강 강물 위에 펌프 준설선과 크레인 등 중기로 물속에 있는 모래를 빨아 올려 부선, 기본선에 모래를 적재할 때 수분관계로 제대로 활동하지 못하므로 할증률을 적용할 수 없는지요.

해설 건설표준품셈 제1장 1-9 재료의 할증이란 모래의 운반에서부터 사용에 이르기까지 발생하는 손실에 대한 보정량을 말하는 것이며, 채집 과정에서 발생되는 손실을 계상하는 것은 아닙니다.

<도서지구 품의 할증>

질문 13 도서(섬)지구 품의 할증 적용범위에 대한 질의.
1. 건설표준품셈 1-16 품의 할증 2.항 내용중 "도서지구(본토에서 인력동원 파견시)"에서는 작업할증(인력품)을 50%까지 가산할 수 있다고 되어 있는데, ○○○ 일원에서 벌이고 있는 신공항을 설계하는 용역회사로서, 본 공사 범위가 방대하여 ○○○ 지역공사를 도서지구로 적용여부에 대해 문의 합니다.
(현재 교량이 없고 여객선 및 카페리호(L=2km)로 인원 및 자재를 운반하고 있는 실정임)
2. 참고로 ○○○는 면적이 $73km^2$ 이고, 공사범위는 약 $55km^2$ 정도를 매립 건설하고 연간 공사비가 1,000~5,000 억원이 소요될 예정임.

해설 본토에서 "인력동원 파견시"라고 함은 그 지역에서 해당 직종의 근로자를 구하지 못하여 본토에서 해당 직종의 인력을 동원하여 파견하는 것으로 동원 직종의 품을 50%까지 가산하는 것으로 인력동원 파견이 전제되어야 합니다.

<품의 할증 중 지세별 할증>

질문 14 품셈 1-16 품의 할증 6. 지세별 할증, (7) 번화가 2차선도로 30%, 4차선도로 25%, 6차선도로 20%
한국○○공사 주배관 건설공사의 경우 도로에 약 폭 2m×3m 의 터파기 후 배관을 설치하는 공사입니다. 품에서 지세별 할증률 적용시 번화가의 정의를 알고 싶습니다. 전기의 경우 번화가 구분내역이 있지만, 기계공사시 번화가의 정의가 없어 질의합니다.

제 1 절   계약 일반방침

해설) 기계설비 표준품셈 1-16 품의 할증 6.지세별 할증률 마. 변화가 할증이 귀의대로 규정되어 있을 뿐 그 해설은 없으나, 건설표준품셈(건설연구사) 제 1 장 적용기준 1-16 품의할증《주》② 변화가 구분내역과 전기공사품셈 1-11-3 지세별 할증률 [해설] ②에 변화가의 구분내역이 있으므로 이를 참고하십시오.

<산악지의 지세 할증에 대하여>

질문 15) ○○지역 시설공사 중, 경계등 시설 전기공사를 수행하고 있습니다. 설계(도면)변경에 의거, 경계등 위치가 야산지 및 산악지 등으로 변경되어 지세할증을 설계변경에 반영하려고 발주처에 요구하였으나, 건설표준품셈 "1-16 품의 할증 중 6. 지세별 할증"에서 야산지(25%)는 기계품만 해당되므로 반영이 불가하다고 주장하고 있습니다. 《주》에 표시된 ( )은 기계품에만 해당되는지를 알고자 합니다.

해설) 2018년도 적용 건축공사 표준품셈 1-16 품의 할증 6. 지세별 할증, 토목품셈 1-16 품의 할증 6. 지세별 할증, 2018년도 기계설비 표준품셈 1-16 품의 할증 6. 지세별 할증, 2018년도 정보통신품셈 1-2-2 품의 할증 1-2-2-1 지세별 할증, 2018년도 전기품셈 1-11-3 지세별 할증률, 2018년도 건설표준품셈 1-16 품의 할증 6. 지세별 할증 야산지 25%는 모두에서 똑같이 할증이 가능하도록 각 규정되어 있습니다. 다만, 야산지의 지세 상태가 할증의 대상이 되는지의 여부는 귀문만으로 판단할 수 없음을 첨언합니다.

<산업안전관리비의 1.2배 이내 계상에 대하여>

질문 16 건설업 산업안전관리비 계상 및 사용기준에 관한 제4조 [계상기준] 1. 공사를 타인에게 도급하는 "발주자" 및 건설업을 행하는 자가 같은 "자기공사자"는 다음 각 호의 산업안전보건관리비를 계상해야 한다. 다만, 발주자가 재료를 제공할 경우에 당해 공사 대상액에 포함시킬 때의 산업안전보건관리비는 당해 금액을 포함시키지 않은 대상액을 기준으로 계상한 산업안전보건관리비의 1.2배를 초과할 수 없다. 의 상기 내용 중 1.2배를 초과할 수 없다는 내용에 관해서 질의합니다.

해설 건설산업안전보건관리비 계상 및 사용기준(고용노동부고시 제2017-8호) 제4조제1항 단서의 규정은 발주자가 재료를 제공할 경우, 즉 관급 또는 사급(社給)을 할 때 당해 공사 대상액에 이를 포함시킬 때의 산업안전보건관리비는 당해 금액을 포함시키지 않은 대상액을 기준으로 계상한 안전관리비의 1.2배 이내를 계상하여 관급대상액으로 인한 안전관리비의 지나친 과다 계상을 방지하고자하여 제정된 기준으로 알고 있습니다. 보다 자세한 사항은 노동부 산업안전담당관에게 직접 알아보시기 바랍니다.

질문 17 <건설용어(공사정지, 공사중지)에 대하여 법률상 개념이 다른 것의 설명을 부탁합니다.>

해설 본 건 질의는 품셈의 해석상 의문에 속하는 것이 아니므로 회답할 성질의 것은 아니지만 참고로 의견을 제시합니다.
　참고 : 정지(停止)란, 하던 일을 중도에서 그침으로 영어로 "stop page"이며, 행위의 효력 발생 또는 소멸을 중지하게 하는 것이라고 풀이되어 있고,

중지(中止)란, 일의 중도에서 그만둠, 계속의 반대라 하고, 영문은 "stop page"로 같습니다. 공사 중지 명령은 위법성 등으로 강제로 멈추거나 정지 시키는 것으로 보아야 한다고 생각합니다.

<번화가 등의 품 할증 등에 대하여>

질문 18 서울 시내의 종로, 명동 등 도심 번화가에서 수도관의 교체 공사를 하는데 주간작업이 어렵고 또, 많은 통행인 때문에 굴착작업, 관의 철거 및 교체 부설공사의 어려움이 많아서 기계품셈과 전기품셈에서 규정하고 있는 지세별 할증을 적용하고자 번화가 20%, 야간작업의 경우는 능률 저하 20%와 노임은 근로기준법에 의한 가산금 50%를 계상하였는데 감사에 지적이 되었습니다. 지세별 할증 번화가 20%의 근거는 무엇인가요?

해설 토목공사에 속하는 수도관로공사로서 품셈은 토목공사 표준품셈이 우선한다는 것은 이미 설명한 바 있습니다.

그러나 토목공사의 품 할증은 군 작전지구 등 20%, 도서지역, 도로 개설이 불가능한 산악지역 50% 이내, 열차 빈도별 할증, 야간작업의 능률저하, $10m^2$ 이하의 소규모 공사 등에서 50%까지 할증할 수 있도록 규정하고, 지세의 구분내역은 (평탄지, 야산지, 산악지)로 구분되어 있을 뿐인데, 귀 문의 경우와 같이 종로, 명동 등 복잡한 교통이 유지되어야 하는 경우에는 평탄지 0%, 야산지 25%, 산악지 50%, 주택가 15%, 번화가 도로조건: 2차선 30%, 4차선 25%, 6차선 20% 등으로 구분한 것을 검토하여야 하고, 도심 내에서 상·하수도관 교체를 위하여는 브레이커의 투입과 백호가 조합되게 하는 등과 야간작업의 경우 능률 저하 및 할증의 가산 등 복합적인 요소가 검토되어야 할 점이 많이 있다고 생각합니다.

<지세별 할증에 대하여>

질문 19 상수도 공사의 대부분이 도심지에서 이루어지고 있으므로, 번화가 할증이 상수도공사에 적용되어야 한다고 생각합니다. 2차선 번화가 30%, 4차선 25%, 6차선도로 20%로 적용가능한지요. 가능하다면, 기계품만 가능한지, 기계와 인력품 모두 가능한지요?

해설 건설표준품셈 제1장 1-16 "품의 할증" 및 토목공사 표준품셈 1-16 품의 할증 "6." 지세별할증 마. 번화가 2차선 도로 30%, 4차선도로 25%, 6차선도로 20%의 할증을 가산할 수 있도록 규정하였으며, 품셈 관리단체에서 발행하는 품셈 책도 이와 같습니다. 다만, 주의할 것은 품의 할증이고, 기계경비 등도 함께 할증하는 것은 아니라는 점입니다.

<품셈의 제정 요령에 대하여>

질문 20 품셈 제정을 위하여 조사(실사) 등을 하고 있는 것으로 알고 있는데, 그 기준과 자료 등을 답변바랍니다.

해설 우리나라 품셈 제정과 개정을 위한 조정의 원칙은
(현행 품셈의 경우)
① 실사치가 2개 이상이 있을 경우에는 실사치의 평균으로(실사치가 1개 라도 합리적이라고 판단되면 실사치를 적용함).
② 현행 품이 현저히 높다고 지적된 경우에는 ㉮실사치가 현행 품보다 현저히 높으면 현행대로 ㉯실사치가 현행 품보다 낮거나 비슷한 경우에는 실사치를 적용하고
③ 불합리한 체계의 경우에는 외국의 자료 또는 실사치와 외국자료의 평균을 구하여 적용한다.

(신설 품의 경우)

① 실사치가 2개 이상 있을 경우에는 실사치의 평균으로(단서는 위 1항과 같다)

② 국내사용실적(시공실적, 공법 등)이 있고, 보편 타당한 공법이라고 인정되는 것(사용기간 1년 이상), 외국자료 또는 품의 실사치(연구보고서 등) 근거자료 등을 적용, 조정함을 원칙으로 하고 있습니다.

외국의 문헌 중에도 노무공량을 측정하는 기준에 관한 이론이나 실제가 저술된 것이 없는 실정입니다.『全仁植 편저, 標準품셈 問題解說』과 보충자료 등을 참고하시기 바랍니다.

질문 21   우리나라 건설표준품셈의 통일화는 언제부터인가?

해설   1969년 5월 31일 초판으로 발행한 『실용 건설공사의 설계표준과 검사』 전인식·남문각·서울 이 그 첫 번째 표준품셈과 관련된 서적인 것 같습니다.

다음은 그 책의 서문을 소개한 것입니다.

건설사업은 사업부문별로 특성이 있으나, 그 기본이 되는 설계표준은 통일되어야 비로소 공정하고 합리적인 성과를 거양할 수 있는 것이다. 그러나 건국 이래 오늘날까지 각종 건설공사의 설계표준 품셈이 집행기관마다 따로 제정되어 있으므로 적용품셈의 상위로 이견(異見)이 허다한 실정이다.

저자는 감사원에 근무하면서 각종 공사에 대한 감사실무를 통하여 건설공사의 설계표준이 통일되어 있지 아니하여 예산집행에 상당한 차질(蹉跌)을 초래케 하고 있음을 통감하였으

나, 경험이 천박(淺薄)하고 또 이론적인 면에서도 자신이 없어 저술을 주저(躊躇)하였다.

　그러나 언제까지나 이를 방관(放觀)할 수 없어 감히 1966년도부터 관계자료(關係資料)와 서적(書籍)을 수집(蒐集)하고, 건설부제정 토목공사설계표준품셈(개정분 포함)을 기초로 그간(其間)에 조사, 수집한 자료와 농림부, 국방부, 체신부, 철도청, 경제기획원 등 기관에서 사용 중인 표준품셈을 분석, 평가할 수 있도록 자료를 정리하였으며, 설계 및 시공감독에 있어서 유의(留意)할 사항, 즉 검사착안점(檢查着眼點)과 위법 또는 부당한 사건의 유형(類型)을 소개하였다.

　건설공사의 설계표준은 그 분야가 헤아리기 어려울 정도로 수다하여 어느 누구가 탁상이나 실무에서나 2, 3년간의 연구와 경험만으로 그 표준을 제시할 수 없는 실정이므로 기왕에 제정하여 실용 중에 있는 각종 품셈을 상호보정하여 실정에 맞도록 개선하고 새로운 장비(裝備)의 제원을 이해하도록 하는 것이 당면한 급선무라고 믿고 각종 서적과 자료를 정비, 보완하여 독자여러분 앞에 내놓게 된 것이다. 다시 말하면, 이 졸작(拙作)은 건설공사의 설계표준화를 위한 안내와 검사지침(檢查指針)이 될 것이라고 믿으며, 또 졸저(拙著)가 공학도와 실무에 종사하는 여러분 사이에 유기적인 협조가 이루어져 합리적인 표준품셈을 완성하는데 가교가 됨은 물론, 졸저의 활용으로 공정한 건설사업의 집행관리가 되고, 설계 및 시공감독의 직에 임하는 분들에게 조금이라도 기여할 수 있었으면 더 이상의 영광은 없을 것이다.

　끝으로 미흡한 졸저에 대하여 아낌없는 질책(叱責)과 아울러 보정자료를 바라면서 이 책이 나오기까지 지도편달과 격려를 하여 주신 선배여러분에게 감사드리며, 어려운 각종 자료의 인쇄에 노고가 지대하신 광명인쇄공사 사장 외 직원일동에게 감사를 표하는 바이다.

1969년 5월

저　자　識

제 2 절   원가계산 및 예정가격 관련

<공사 원가 등에 대하여>

질문 1   공사원가 계산에 있어 자재비에 대한 경비, 일반관리비, 이윤을 계산해 주는 문제로 의견이 있어 질의하오니 회시 바랍니다.

해설   기획재정부 계약예규 "예정가격 작성기준"에 따르면,

(가) 공사원가에는 재료비(직접재료비＋간접재료비－작업설·부산물)와 노무비(직접노무비와 간접노무비) 및 경비(전력비＋운반비＋기계경비＋특허권사용료＋기술료＋연구개발비＋품질관리비＋가설비＋지급임차료＋보험료＋복리후생비＋보관비＋외주가공비＋산업안전보건관리비＋소모품비＋여비·교통·통신비＋세금과공과＋폐기물처리비＋도서인쇄비＋지급수수료＋환경보전비＋보상비＋안전관리비＋건설근로자 퇴직공제부금비＋관급자재관리비＋기타 법정경비) 등을 말하며,

(나) 일반관리비는 시설공사에 있어, (예) 공사원가 5억원 미만인 때 : 공사원가×0.06, 즉 6％를 계상하며,

(다) 이윤은 공사원가 중 노무비, 경비와 일반관리비의 합계액(이 경우에 기술료 및 외주가공비는 제외한다)의 15％를 초과하여 계상할 수 없다.

(라) 간접노무비는 직접계산방법을 원칙으로 하되 예정가격 작성기준 별표 2-1, 3에 의하여, 간접노무비＝품셈에 의한 직접노무비 × 간접노무비율로 계상할 수 있다.

(마) 공사손해 보험료도 계상합니다.

<공사비 산출내역서 관련>

질문 2 턴키입찰로 발주한 신축공사 시행중 발주기관의 필요에 의해 당초 설계 '칼라 복층유리'를 '반사 칼라 강화유리'로 설계변경함에 있어 변경될 '반사 칼라 강화유리' 비목이 산출내역서에 포함돼 있는 경우 이를 신규비목으로 인정해 계약금액을 조정할 수 있는지.

해설 국가기관이 설계·시공 일괄입찰을 실시해 체결한 공사계약에 있어 정부에 책임 있는 사유 또는 천재·지변 등 불가항력의 사유로 인한 설계변경으로 계약내용을 변경하는 경우에는 '국가를 당사자로 하는 계약에 관한 법률 시행령' 제91조 및 계약예규 '공사계약일반조건' 제21조의 규정에 의해 그 계약금액을 증액할 수 있으며, 동조건 제20조제1항제2호에 의하면 산출내역서에 없는 품목 또는 비목을 신규비목으로 규정하고 있는 바 발주기관의 필요에 의한 설계변경으로 증가된 비목이 산출내역서에 포함돼 있다면 동 비목을 신규비목으로 인정할 수 없으며, 이러한 경우 증가된 비목의 단가는 동시행령 제91조제3항제2호 및 동조건 제20조 제2항의 규정에 의해 설계변경 당시의 단가와 그 단가에 낙찰률을 곱한 금액의 범위에서 협의해 결정한다. 다만, 협의가 이루어지지 아니하는 경우에는 다음 계산식에 의한다.

[설계변경 당시를 기준으로 산정한 단가 + (설계변경 당시를 기준으로 산정한 단가 × 낙찰률)] × 50 / 100

제 2 절 원가계산 및 예정가격 관련

질문 3 공사계약 후 설계 변경 사유가 생겼습니다. 설계가는 15,100만원인데 예정가격을 15,000만원으로 조정한 후 입찰에 부쳤던 바 95%로 낙찰(14,250만원) 되었습니다. 그러나, 14,250만원의 계산 근거는 따로 없으므로 설계변경을 할 때의 기준은 15,100만원에 대한 14,250만원의 비율인 94%를 적용해도 되는가요?

해 설 예정가격을 작성하기 위한 설계가는 예정가격을 정하기 위한 기초 설계금액으로서 이를 기준으로 예정가격을 15,000만원으로 결정하였으면 결정된 15,000만원이 시가로 되는 것인 바, 15,000만원을 기준으로 계산해야 합니다. 예정가격의 사정은 계약담당공무원인 재무관 또는 경리관의 재량에 속하는 사항이나 부당하게 감액하지 못하도록 계약법령에서 규정하고 있음에 유의해야 합니다.

질문 4 ○○군의 소규모 공사에서 자재대를 계산할 때, 인근시에서 ○○군까지의 운반비를 계산합니다. 그러나 실자재는 현지 구입을 하게 되면, 고시 단가보다 월등하게 비싼 가격이 되는 바, 이 경우 소규모 직영 공사시 자재비가 1,000만원 미만일 때 조달청에 조달신청을 하면 공기유지가 어려워 현지 구입이 불가피한 바, 현지 구입으로 계산 할 수 있는지요?

해 설 품셈에 주요자재의 관급은 국가를 당사자로 하는 계약에 관한 법령 및 계약예규 등 관계 규정이나 계약 조건에 의하도록 명시되어 있습니다. 현지 구입보다 ○○시에서 구입 운반함이 유리하면 비교 후에 유리한 쪽에서 구입 사용할 수 있다고 생각합니다.

<경비의 구분 및 일반관리비 등에 대하여>

질문 5 재료비중 간접재료비와 경비 중 가설비를 구분하는 한계 여하?

해설 간접 재료비란 공사 목적물의 실체를 형성하지는 않으나 공사에 보조적으로 소비되는 재료 또는 소모성 물품의 가치를 말하며, 가설비란 계약 목적물의 실체를 형성하는 것은 아니나, 동 시공을 위하여 필요한 현장사무소, 창고, 식당 등의 가설물 비용을 말한다. 라고 규정되어 있습니다. 공사에는 공통적으로 필요한 진입도로, 가교, 도판, 울타리, 창고, 변소, 재해방지시설 등 공통가설비가 있고, 비계·거푸집·동바리 등 직접공사에 부대되는 직접가설비가 있는 바, 전체공사에 공통되는 것은 경비란의 가설비로 보아야 합니다. 예를 들면, 콘크리트 시공에 필요한 거푸집·비계·동바리 등은 직접공사에 부대되는 가설적 경비로서 콘크리트 경비이고, 간접재료비는 아닙니다.

도장공사나 수장공사의 시너, 풀 등 품셈에 명시되어 있는 재료는 직접 재료로 분류해야 합니다. 이는 시너, 풀은 유체구조에 합성 조성되는 것인 까닭입니다.

질문 6 관급재료의 재료가액에 대하여 일반관리비율의 50%를 계상할 수 있는데, 업자가 지입한 자재는 관급 단가와 같게 설계하였음에도 일반관리비 해당액을 계상할 수 없고, 또 이윤도 계상할 수 없다고 합니다.

제 2 절 원가계산 및 예정가격 관련

해설 원가계산에 의한 예정가격 작성준칙에 의하면, 재료비＋노무비＋경비의 합계액에 일반관리비율 6% 이내를 계상하게 되어있으며(공사규모에 따라 5%～6%) 관급재료의 취급 및 부대비용은 재료비로 계상하며 일반관리비의 계상은 되나 이윤 계상에서는 제외됩니다.

질문 7 공사의 원가계산시 간접노무비의 계상에 있어 간접노무비 ＝ 노무량×노무비단가 로 구하게 하고 있는데, 간접노무비의 명세를 임금대장에서 구하기가 어렵습니다. 좋은 방안이 없겠는지요?

해설 예정가격 작성기준 계약예규 제354호(2017. 12. 28)로 계약목적물의 규모, 내용, 공종, 기간 등의 특성에 따라 다음과 같은 간접노무비율로 간접노무비를 계상할 수 있습니다.

(단위 : %)

구	분	간접노무비율
공사 종류별	건축공사 토목공사 특수공사(포장, 준설 등) 기타(전문, 전기, 통신 등)	14.5 15 15.5 15
공사 규모별 ※ 품셈에 의하여 산출되는 공사원가 기준	50억원 미만 50～300억원 미만 300억원 이상	14 15 16
공사 기간별	6개월 미만 6~12개월 미만 12개월 이상	13 15 17

※활용 예시(공사규모가 100억원 이고 공사기간 15개월인 건축공사의 경우)
  ○ 간접노무비율 ＝ (15%＋17%＋14.5%) ÷ 3 ＝ 15.5%

제1장 설계기준 및 계약부문

질문 8 야간작업을 10시간 취로케 할 때의 노임 가산요령을 하교해 주십시오.

해설 산업안전보건법에 의하면, 하오 10시부터 다음날 상오 6시까지 사이에 근로한 때와 연장근로에 대하여는 통상 임금의 100분의 50을 가산 지급하게 되어 있습니다.

따라서 통상 근로시간 8시간에 대하여 100분의 50을 가산한 12시간분의 임금이 지급되며, 연장근로 2시간에 대하여서도 역시 50%가 가산되게 되는 바, 임금계산은 다음과 같습니다.

즉, 기본임금 $\times \dfrac{8 \times 1.5 + 2 \times 1.5}{8}$ = 1.875 일이 되나 야간작업의 능률저하를 0.8로 보아 $\dfrac{1.875}{0.8}$ = 2.34375 일 × 기본노임 으로 계산하기 쉬우나 시간외 근로 2시간은 야간작업 능률저하 할증 대상이 아니므로 비용 = $A \times [\{\dfrac{8}{8} \times 1) \times (1 + 0.5 + 0.25)\} + \{\dfrac{2}{8} \times (1 + 0.5)\}]$ = 2.125 × 임금 이 되며,

야간 8시간 작업일 경우,
작업능률저하 20%, A/(1 − 0.2) = 1.25A
야간 노임할증 50%, A × 1.5 = 1.5A
야간 8시간 직접노무비는 $A(\dfrac{8}{8} \times 1.25 \times 1.5)$ = 1.875A, (A=노임단가)

제 2 절 원가계산 및 예정가격 관련

<턴키공사 손해보험료도 에스컬레이션 대상이 된다>

질문 9 턴키공사에 있어 물가변동으로 인한 계약금액을 조정할 경우 설계비, 공사손해보험료 및 미술 장식품 등을 물가변동 적용대가에서 제외할 수 있는지.

해설 국가기관이 일괄입찰을 실시하여 체결한 공사계약에 있어 '국가를 당사자로 하는 계약에 관한 법률 시행령' 제64조 및 같은 법 시행규칙 제74조의 규정에 의한 물가변동으로 인한 계약금액 조정을 지수조정률에 의하는 경우의 비목군 편성은 '지수조정률산출요령' 제68조제1호의 규정에 의하여 계약금액의 산출내역중 조정기준일 이행될 금액중 순공사비(재료비, 노무비, 경비)를 기준으로 산정하는 것이며, '예정가격 작성기준(계약예규 제354호, 2017. 12. 28)'에서 공사손해보험료를 재료비, 노무비, 경비 이외 별도 비목으로 계상토록 한 취지로 보아 동 공사손해보험료는 지수조정률 산출시 제외되는 것이나, 물가 변동 적용대가는 조정기준일 이후에 이행되어야 할 부분 전체를 대상으로 하는 것으로서 계약금액조정시 일부 품목 또는 비목을 제외할 수는 없는 것이 원칙이므로 물가변동적용대가 산정시에는 공사손해보험료 및 다른 비목도 물가변동적용대가에는 포함하여야 함.

<물가 변동 후 예산 미확보시의 조정>

질문 10 물가변동으로 인한 계약금액조정 요청 후 발주기관의 예산 미확보로 계약금액 조정이 어려울 경우 향후 예산확보 후 추가 조정하기로 합의서를 작성하면 조정이 가능한지 여부

해설 물가변동으로 인한 계약금액을 증액할 수 있는 예산이 없을 때에는 국가계약법시행규칙 제74조제9항 및 계약예규 '공사계약 일반조건' 제22조제5항의 규정에 의하여 공사량 등을 조정하여 그 대가를 지급할 수 있으며, 물가변동으로 인한 계약금액 조정은 기간요건 및 조정률 요건이 동시에 충족되는 경우마다 순차적으로 조정 하는 것입니다.

<물가 변동 조정에 대하여>

질문 11 물가변동 조정계약을 체결하지 않고 합의서에 1차 증감액을 명시한 후 2차 조정이 가능한지 여부

해설 계약상대자가 2회 이상 계약금액 조정을 신청한 경우는 순차적으로 1차 계약금액 조정 후 2차 계약금액조정을 하는 것임.

<원안설계 업체의 대안 입찰은>

질문 12 지자체가 일괄입찰 방식으로 민간투자자를 공모한 후 체결한 공사계약의 설계도서 중 일부를 정부가 원안설계로 채택해 별도로 대안입찰을 실시하는 경우, 당초 지자체 발주공사의 시공자(민간투자자)가 정부의 대안입찰에 원안설계자가 아닌 다른 설계자와 공동계약으로 입찰 참여가 가능한지

해설 국가기관이 시행하는 대안입찰방식의 공사계약에 있어 대안설계란 '국가를 당사자로 하는 계약에 관한 법률 시행령' 제79조 제1항 제3호의 규정에 의하여 원안설계에 대체될 수 있는 동등 이상의 기능 및 효과를 가진 신기술·신공법 등이 반영된 설계를 의미하는

것으로 동 제도의 취지상 당초 원안설계를 작성한 설계업체가 또다시 동일 계약목적물에 대한 동등 이상의 대안설계를 작성해 대안입찰에 참가하는 것은 곤란할 것이나 시공자가 원안설계자가 아닌 다른 설계자와 공동수급체를 구성해 입찰에 참가하는 것은 가능할 것임.

<물가 변동률 산정 기준시점>

질문 13 국가계약법시행령 제64조에 의하면 물가변동률 산정기준시점이 입찰일로 돼 있는데, 수의계약의 경우 물가변동률 산정기준시점은 언제인가요.

해설 국가기관이 체결한 계약에 있어 계약을 체결한 날부터 90일이상 경과하고 동시에 입찰일을 기준일로 산출된 품목 조정률이나 지수조정률이 100분의 3 이상 증감된 때에는 '국가를 당사자로 하는 계약에 관한 법률 시행령' 제64조의 규정에 의해 물가변동으로 인한 계약금액을 조정해야 하는 바, 경쟁입찰이 아닌 수의계약의 경우 품목조정률이나 지수조정률 산정의 기준일은 동시행령 제64조 제1항 제1호의 규정에 의해 계약체결일로 하는 것입니다.

질문 14 <도복장 강관의 운반수량이 적은 것을
그대로 적용해야 하는가에 대하여>

해설 건설표준품셈 제1장 적용기준 1-28 화물자동차의 적재량 중 도복장강관 ø1,200~2,100mm, 길이 6m는 6ton 트럭이나 8ton 트럭에 적재할 때 적용중량과 안전성 및 관의 용적 등을 고려해 각 1개씩 적재하는 것으로 규정되어 있으며, 별다른 근거 또는 기준이나 다른 뜻이 있는 것이 아닙니다.

질문 15 <택지조성 복합공사에 대한
          안전관리비 계상에 대하여>

해 설   건설업의 산업안전보건관리비 계상은 산업안전보건법과 동법 시행령, 동법시행규칙에 의한 고용노동부 고시로 그 사용기준이 정해지는 것이며, 건설기술 진흥법 제63조의 규정에 따라 안전관리에 필요한 안전관리비를 공사금액에 계상하는 것입니다. 따라서 건설표준품셈 제1장 적용기준 1-19, 산업안전 보건관리비가 규정되어 있으므로 이를 참고하시기 바랍니다.

질문 16 <제1장 적용기준 중 휴전 시간별 할증에 대하여>

해 설   건설표준품셈 제1장 적용기준 1-16 품의 할증에서 휴전 시간별 할증률은 1일 8시간 작업을 기준할 때, 8시간 휴전이 되면 할증이 없고, 6시간의 경우는 10% 등으로 규정된 것을 참고하십시오.

질문 17 <재료의 할증률 적용기준을
          반드시 계상해야 하는지에 대하여>

해 설   공사용 재료의 할증은 건설표준품셈 제1장 표준품셈 적용기준 1-9 재료의 할증률로 규정 되어 있는 바, 이는 일반적인 값을 규정된 것으로 특정한 공정을 기준한 것은 아닙니다. 다만, 표준적인 할증량은 재료의 Loss 등을 보정함으로써 완성에 지장을 주지 않게 하는 것으로 공사에는 이의 계상이 필요한 것입니다.

제 2 절 원가계산 및 예정가격 관련

질문 18 건설표준품셈 적용기준에 공구손료 및 잡재료에 대하여 공구손료는 직접노무비의 3% 까지, 재료 및 소모재료는 주재료비의 2~5% 까지 계상한다. 라고 명시되어 있는 바, 구체적으로 원가계산시 재료비, 노무비, 경비중 어느 비목에 적산해야 하는지요?

   1. 계약예규 제354호(2017. 12. 28) "예정가격 작성기준" 제17조 2항에 의하여, 소모 공구, 기구손료 및 잡재료비는 간접재료비에 속한다는 설과 공구나 기구손료는 직접노무비에, 잡재료비는 재료비에 속한다는 설

   2. 공구나 기구손료는 기계손료를 유추하여 경비로 분류해야 한다는 설이 각 있습니다.

해설 건설표준품셈 제1장 적용기준에서 공구손료 및 잡재료비에 대해서는 직접노무비 또는 간접재료비에 가산되는 것이 일반적인 견해임. 예를 들면, 타일공이 타일붙임에 사용하는 간단한 공구나 종류에 따라 가격이 고가품에서 저가 품, 또는 큰 공구에서 작은 공구 등으로 작업을 함으로써 소모되는 하나 하나의 공구를 열거하여 손료를 계상하기 어려우므로 조작 작업원 비용인 노무비의 몇 %를 계상해 주는 것이며, 잡 재료비는 주재료의 취급상 필요로 하는 소량의 재료비를 계상할 수 없으므로 주 자재비의 몇 %로 계상하는 것으로 주재료에 합성되는 재료비가 타당하나 성질상 간접 재료비에 해당됩니다. 그러나 적산기술상 일위대가 등에서 이를 재료비로 계상해야 하는 문제가 있습니다.

<신규 비목 등 단가 적용에 대하여>

질문 19 공사비적산에 있어 단가적용시 1. 시세, 2. 시장조사, 3. 공공노임 등이 있으므로 수량은 품셈에 의한 것을 기준으로 삼으면 되나 단가적용시 각 방법에 따라 다르므로 어떻게 적용하면 정확한 단가가 되는지 궁금합니다.

예) 미장(벽 m^2 당) 초벌→재벌→정벌인 경우, 품 미장공 0.13인

1) 시중단가인 경우 : $0.13 \times 150,000 = 19,500$ 원/m^2
2) 공공노임의 경우 : $0.13 \times 86,700 = 11,271$ 원/m^2

해설 설계서 작성에 있어 정확한 노임단가란 실지 지급한 금액이 될 것이나 관청에서 발주하는 공사나 공공 기관에서 발주하는 공사에서는 건설표준품셈에 규제된 물·공량을 적용하고 노임 등은 통계법에서 정한 공공 노임단가를 적용시켜 예정가격을 산출 하도록 규정 되어 있으므로 공공 노임단가에 의해야 합니다.

노임은 근로기준법, 작업능률, 시간율, 기능의 정도, 숙련도, 교육 정도 등 많은 요인이 있고, 품셈의 공량이 약간 많은 것도 있는 등 일률적으로 재(在) 현장 시간에만 의존하여 단순계상은 할 수 없는 것입니다. 따라서 공공 공사의 경우는 일률적으로 공공 노임단가에 의해야 합니다.

질문 20 ○ ○○교통공단과 계약을 체결하고 시공중인 본 공사는 장기계속공사로서, 신규공종 및 수량 증감에 의하여 '00. 2. 제7차 설계변경을 하여 계약금액을 조정하였습니다.
○ 설계변경시 사급자재비의 신규비목(우레탄)을 적용함에 있어 기존의 사급자재비는 순공사의 원가에 포함되어 제경비의 적용이 되었으나

제 2 절 원가계산 및 예정가격 관련

신규비목의 적용에 있어 발주처의 방침에 의하여 단순히 신규단가·낙찰률의 방식만 적용하고 제경비의 적용을 하지않고 계약을 하였습니다. 그러나 동일조건의 인근 타 현장들이 2항과 같은 적용에 대하여 반론을 제기하자, 발주처에서는 제경비의 적용을 하기로 하고 계약을 추진 중인데요?

해설) 국가기관이 시행하는 공사계약에 있어 사급 자재비의 신규비목이 발생한 경우에는 계약예규 "예정가격 작성기준"(별표 2)의 공사원가계산서 상의 재료비에 반영되므로 제경비는 재료비가 증액되는 만큼 당초 계약서상의 산정된 방식에 따라 산정하여야 합니다.

(회계 45101-431)

질문 21) 예정가격 작성기준 제12조【일반관리비의 내용】에 대하여 일반관리비 = 판매비와 일반관리비 − (광고선전비 + 접대비 + 대손상각 등) 으로 되어 있는 바, 올바른 계산 근거를 가르쳐 주시기 바랍니다.

해설) 공사의 원가계산은 국가를 당사자로 하는 계약에 관한 법률, 동법 시행령, 동 시행규칙과 기획재정부 계약예규 "예정가격 작성기준" 제20조 에서 정하는 바에 따라야 하는 것으로, 귀 제시자료는 이와 약간 달라 그 기준설정에 문제가 있고 또 일반관리비는 공사의 경우 동 기준 제20조에서 정한 비율을 초과할 수 없게 규정되어 있음을 이해하시기 바라며, "(재료비 + 노무비 + 경비) × 일반관리비율"로 구합니다. 특히 기업손익계산에 의하였다고 하더라도 제13조에 의거한 비율을 초과 계상할 수는 없습니다.

<사급 자재에 대한 낙찰률 적용>

질문 22 1. 당초 관급자재로 설계된 자재를 조달청에 조달 요청한 결과 소량·소액으로 인하여 구매가 불가하다는 통보가 있어 사급자재로 대체코자 할 경우 낙찰률 적용 여부?
2. 공사추진 중 흄관 등 자재 추가 소요량에 대하여 공사의 시급성을 고려하여 사급자재로 대체코자 할 경우 낙찰률 적용 여부?

해설 귀하의 질의는 품셈과 무관한 계약 및 원가계산에 관한 것으로 회답할 성질은 아닙니다. 다만, 의견을 제시하면 현장설명 및 입찰시 또는 계약에 있어, 관급자재로 지정한 품목과 수량을 지급하지 못할 때와 공기에 따른 적기지급이 아니될 때 사급자재로 대체한다는 특약이 있는지는 귀문만으로 알 수 없고, "갑" "을"의 귀책사유에 따라(국가계약법령에 따라) 처리되어야 할 것입니다.
　　　공사계약 일반조건 제13조 (관급자재 및 대여품)를 참조하십시오.

<원가 계산 관련 등에 대하여>

질문 23 공사원가 비목 구분에 의하면 재료비·노무비·경비·일반관리비 및 이윤으로 구분되는데 이중 직접비·간접비로 구분한 경우, 직접비는 재료비·노무비·경비, 간접비는 일반관리비·이윤으로 생각되는데 산재보험료도 간접비로 포함되는지 여부, 건물공사시 발주처측의 귀책사유로 인해(발주처 측의 지급자재 반입지연 등) 공사기간만 연장되었을 경우, 직접비는 변동사항이 없고, 간접비만 청구할 수 있다고 생각되는데, 이 경우 일반관리비, 이윤, 산재보험료 등 모두를 법적으로 청구할 수 있는지 여부를 알려 주시기 바랍니다.

제 2 절 원가계산 및 예정가격 관련

해설 공사비의 원가구성은 재료비, 노무비, 경비, 일반관리비, 이윤으로 구성되어 있고, 직접공사 비용을 형식상 귀의와 같이 구분한다면 일반관리비＋이윤이 제외되는 것 같이 생각할 수 있을 것이나 그러한 구분방법은 합당하지 아니하며, 산재보험료는 경비적 성격에 해당된다고 보아야 합니다. 그 이유는 산재보험료의 계상 없이는 공사수행이 어려운 점에서 입니다. 발주처 측의 사정으로 지급자재의 반입지연 등에 대한 공사기간의 연장으로 간접노무비 계상 대상기간의 연장으로 인한 비용의 추가 청구에 대하여는 계약내용 등 자료의 불충분으로 확답드릴 수 없음을 양해 바랍니다.

(공사계약일반조건 제23조, 정부입찰·계약 집행기준 제15장 참조)

질문 24 1. 노무비＋간접노무비＋일반관리비(％)
2. 노무비＋간접노무비＋재료비＋일반관리비(％) 등 관청에서의 설계가 상이하므로 질의 하오니 회신해 주시기 바랍니다.

해설 기획재정부 계약예규 제354호(2018. 12. 28) 예정가격 작성기준 제12조 및 제20조 일반관리비의 내용에 명시된 바와 같은 비용으로 공사원가의 6％ 이내를 계상하도록 규정되어 있습니다.

질문 25 추정가격이 고시금액 미만인 공사의 경우, 예정가격 결정시 복수예비가격 15개중 4개를 추첨 후 이들의 산술평균가격을 예정가격으로 하고 있는데, 국가계약법 시행령 제26조의 규정에 의한 수의계약 시에도 같은 방법에 의하여 예정가격을 결정하여야 하는지요?

해설 국가를 당사자로 하는 계약에 관한 법률 시행령 제42조 제한적 최저가 낙찰제 입찰 집행에 관한 회계통첩에 정한 바에 따라 복수예비가격(15개)을 작성하여 입찰을 실시한 경우로서 입찰에 참가한 자가 없어(1인뿐인 경우 포함) 동 시행령 제27조의 규정에 의거 수의계약을 체결하고자 하는 경우의 예정가격은 최초 예정가격을 변경할 수 없으며, 제26조의 수의계약시에는 제9조의 규정에 정한 바에 따라 작성하여야 합니다.

(회계 41301-749)

<계약관련 단가 적용 등에 대하여>

질문 26 계약기간이 연기되었을 경우 회계 법령상 간접노무비, 보험료, 일반관리비 등을 당초 계약 외에 추가로 받을 수 있는지요.
○ 연기사유는 다음과 같다.
  1. 용지보상지연으로 공사중단
  2. 예산책정 부족으로 연차공사 발주감량
  3. 관급자재(레미콘) 공급불능으로 공사중단 등으로 실소요 공기가 부족되므로 전체 공사기간 연기

해설 발주자측의 귀책사유로 인하여 공사기간이 연장 되었다면 회계관련법령의 규정에 의하여 설계변경으로 인한 예정가격의 조정을 받을 수 있을 것입니다. 이와 같은 질의는 품셈상의 문제가 아닌 계약상의 문제로서 당사자간의 약정이 중요한 것입니다. 보다 구체적인 것은 주무당국의 해석을 받도록 하십시오.

제 2 절 원가계산 및 예정가격 관련

질문 27 건설표준품셈 제1장 1-8 재료 및 자재의 단가에서 재료의 단가는 거래실례가격으로 하되, 운반비는 구입장소로부터 현장까지의 운반비를 계상한다고 하는데, 이때 거래 실례가격의 기준에 대해 알고자 합니다.

해 설 건설공사용 재료 및 자재의 단가는, 건설표준품셈 제1장 1-8 에서 거래 실례가격 또는 통계법 제15조의 규정에 의한 지정기관이 조사하여 공표한 가격, 감정가격, 유사한 거래실례가격, 견적가격을 기준하며, 적용순서는 국가를 당사자로 하는 계약에 관한 법률 시행규칙 제7조의 규정에 따른다. 라고 규정하고 거래 실례가격 이외에도 적용할 수 있는 기준을 정하였으며, 운반비의 계상은 종전의 규정과 같습니다.

질문 28 <단지 조성공사의 성토 재료
할증률 6%를 적용할 수 있는지에 대하여>

해 설 건설 표준품셈 제1장 적용기준 1-9 재료의 할증 "2" 노상 및 노반재료(선택층, 보조기층, 기층 등) 표 중 점질토 6%는, 노상(路上) 및 노반(路盤)으로 도로공에 적용되는 것이고, 귀 질의는 단지조성공사에 대한 질의로서 대상 공종이 다르므로, 도로공사가 아닌 단지조성공사에도 6%가 똑같이 적용되는 것은 아닙니다. 특히, 귀 질의에서 건교부 및 건설협회에서는 단지성토의 경우에도 설계에 누락된 경우, 수량 할증을 해 주고 있다고 했는데, 본 해설자의 해설과 다르다는 지적은 받아 들이지 아니합니다.
즉, 질의에서 단지성토의 경우, 설계서에 수량 할증이 누락되었을 때, 라는 보정 가능 여부를 지적하지 아니했다는 점 때문이고, 설계

도서상의 수량 및 단가 산출서상의 재료할증이 누락되었다면 이란 가정을 전제로 한 질문에 대하여는 답변을 유보합니다. 다만, 단지조성공사의 수량산출시 토취장에서의 토취량은 원 위치(자연상태의) 토량(m^3)으로, 타공사에서 발생토의 반입 토량은 성토 환산 반입수량(m^3)으로, 사토장에서 사토할 수량은 흐트러진 상태의 토량(m^3)으로, 본공사에서 타공사에 발생토로서의 반출토량은 성토환산수량(m^3)으로 수량을 계산하는 등 토량의 흐름에 유의해야 하며, 굴착후 → 반출 → 가적치 → 재 반출인가? 굴착 → 단지 조성인가 등도 유의해야 합니다.

질문 29 <6차선 교량의 시축 이음장치 품의 교량상
         할증과 6차선 도로상 작업 할증 적용에 대하여>

해 설 건설표준품셈 제1장 적용기준 1-16 품의 할증은 기본품에 대한 할증·감 요소가 감안된 품을 가산하는 것으로써 6차선 교량의 신축이음장치 보수공사이므로, 9. 위험 할증률 "가" 교량상 작업 인도교 15%가 해당 될 것이며, 번화가 중 6차선 도로의 할증도 고려할 수 있다고 생각합니다.

제 3 절 공사계약·입찰·설계변경 관련

<입찰 집행 관련>

질문 1 용역을 제한적 최저가 낙찰제로 집행 함에 있어 10개의 복수 예비가격을 작성·공개하고 입찰을 집행하였으나 3개의 추첨된 예비가격을 개봉하여 예정가격을 결정·공개한 결과 기 공개된 복수 예비가격과 예정가격 조서상의 금액의 상이 함이 발견되어 공개된 복수 예비가격과 예정가격 조서상의 금액의 상이 함을 이유로 동 용역입찰을 유찰시키고 재입찰공고를 하였는바, 이에 대하여 입찰참가자들이 이의를 제기하므로 유찰 및 재입찰 선언한 것이 유효한 것인지 또는 낙찰자를 다시 선언해야 하는지요.

해 설 국가기관이 발주하는 공사는 국가를 당사자로 하는 계약에 관한 법률 시행령 제42조의 규정에 의거 최저가 낙찰제 방식으로 입찰을 실시하는 경우 '유찰' 이라 함은 입찰에 참여한 자가 없거나 낙찰자가 없는 경우를 의미하는 것이므로 계약담당 공무원이 복수예비가격 작성시 착오가 있었던 사항은 당해 공무원의 입찰업무 수행에 하자가 있었던 것으로서 유찰의 사유에는 해당되지 않는 것입니다. 따라서, 귀 질의와 같은 경우는 재공고 입찰에 의할 것이 아니라 당해 입찰을 유효로 처리할 것인지, 아니면 당해 입찰을 취소하고 새로운 입찰에 부칠 것인지의 여부는 입찰상황, 착오 내용에 의하여 입찰목적이 달성될 수 없는가 하는 상황 등을 종합 고려하여 계약담당 공무원이 판단할 사항입니다.

(회계 41310-2178)

<공동 도급계약에 있어 대가지급 신청>

질문 2   공동도급계약운용요령(회계예규 2200.04-136-11, 2004. 8. 16) 제11조(대가지급) 규정에 의하면 '선금, 대가 등을 지급함에 있어서는 공동수급체 구성원별로 구분기재된 신청서를 공동수급체 대표자가 제출하도록 하여야 한다' 라고 규정되어 있는데, 공동수급체 구성원 4개사 중 1개사가 회사의 사정으로 인하여 자금청구 등 대가수령 등을 할 수 없는 상황에 처해 있을 경우 1개사의 대가부분을 제외한 부분에 대하여 나머지 3개사만 선금 등 대가수령이 가능한지요?

해 설   국가기관이 공동도급방식으로 체결한 계약에 있어 선금 및 기성대가의 청구는 계약예규 '공동계약운용요령' 제11조의 규정에 의거 공동수급체 구성원 별로 구분 기재된 신청서를 공동수급체 대표자가 제출하여야 하는 바, 공동수급체 구성원간에 일부구성원은 불가피한 사정으로 인하여 추후 선금 및 기성대가를 청구키로 합의하고 동 구성원을 제외한 구성원의 신청내용을 구분기재하여 선금 및 기성대가 지급신청서를 제출하였다면 신청금액에 의하여 선금 및 기성대가의 지급이 가능합니다.

(회계 41310-2273)

질문 3   입찰시 일반 유의사항에는 입찰 전에 현장 작업조건을 파악함과 동시에 필요하다면 간단한 지질조사까지도 실시하여 입찰하기로 되어 있는데, 입찰후 공사시공 도중에 일반 흙이 아니고 견질토사라고 하여 작업효율을 변경하고자 하는데 가능한지요.

해 설   현장상태와 설계서의 상이로 인한 설계변경(계약예규 공사계약 일반조건 제19조의3) 계약상대자는 공사의 이행 중에 지질, 용수, 지하매설물 등 공사현장의 상태가 설계서와 다른 사실을 발견하였을 때에는 지체 없이 서류로 통지하여 설계변경을 하여야 합니다.

제 3 절 공사계약·입찰·설계 변경 관련

<공사 중단 기간의 설정에 대하여>

질문 4 건축공사 등의 표준공기를 설정함에 있어 동절기 공사의 중단 기간을 어떻게 구분하는가요?

해 설 주택공사가 과거에 표준 공기 설정기준을 마련('87. 11. 17) 하였는데, 이에 따르면 동절기의 공사중단기간을 4개 지역으로 세분하고, 1급지역 : 강원관서, 경기북구(의정부·양평·동두천), 충북(제천·단양·충주) 등은 12월 11일부터 2월 28일까지 80일간, 2급지역 : 서울시, 경기도, 인천시, 충남·북, 경북내륙(안동·영주·상주·점촌) 등은 12월 16일에서 2월 19일까지 66일간, 3급지역 : 전북, 경북, 강원관동, 전남 광주, 경남 진주 등은 1월 1일부터 2월 19일까지 50일간, 4급지역 : 전남, 경남, 부산, 제주 등은 1월 1일부터 1월 31일까지 31일간으로 구분 조정하였습니다.

이와 같은 공사중단 기간을 합리적으로 정해야 할 "건설기술 진흥 법령"의 취지에 맞도록 혹서, 혹한, 태풍 등 작업 불능일수를 감안하여 적정한 공사기간을 부여해야 할 자료가 마련되었다는 점에서 시방서와 표준품셈의 건설기계 연간표준 가동일수율의 산정 등에도 도움이 될 수 있는 것으로 보아야 하며, 이것이 주택공사에서 끝날 것이 아니라 조달청을 비롯한 정부의 표준품셈 각 주관부처에서도 이를 잘 검토하여 표준화 되어야 할 것이라고 생각합니다.

질문 5 연간 강우, 동결 등 기상으로 인한 작업제한일수에 대한 의견이 서로 달라 발주처와 문제가 있습니다. 정확한 자료는 없는지요?

해설 필자가 84년도부터 86년까지 3개년간 우리 나라 관보에 게재된 중앙기상대 제공 일기사항 통계를 수집하여 사단법인 건설기술연구회가 이를 분석하였던바 다음과 같으니 참고하시기 바랍니다.

※ 1984년도부터 86년도까지 3년간 지역별 작업지장 기상통계

단위 일(日) (중앙기상대 통계자료, 87. 7월호 '건설기술'에서)

구 분 \ 지역별	서울	춘천	강릉	청주	대전	전주	광주	대구	부산	제주	평균
비(5mm/일), 또는 눈(10mm/일) 강우(설)일수	46	44	43	45	52	53	50	42	45	51	47.1
-5℃ 이하의 일수	58	75	35	64	56	50	34	41	20	1	43.4

<품의 할증에 대한 손료계상>

질문 6 건설표준품셈 1-12 공구손료 계산방법에 관한 질의, 품의 할증(1-16)을 공구손료 계산에 반영한 경우 동 품의 할증에 따라 증가된 노무비 증액분의 공구손료계산(직접노무비의 3%)에서 제외시키는 것인지 또는 포함시키는 것인지?

해설 공구손료는 표준품셈 제1장 적용기준에서 명시된 바와 같이 일반공구 및 시험용 계측기구류의 손료로서 공사중 상시 일반적으로 사용하는 것을 말한다고 규정되어 있는 바, 당해 공종에 품의 할증이 가산된다고 하여 해당 공종에서 사용하는 공구도 품의 할증 만큼 더 사용되는 것은 아니라고 보아야 하는 까닭에 귀문의 경우 품의 할증이 가산되지 아니한 노무비를 기준으로 공구손료는 계산해야 합니다.

제3절 공사계약·입찰·설계 변경 관련

질문 7 건설표준품셈 가설기준 1-16 4. "야간작업 할증 계상"에 의하면 PERT/CPM 공정계획에 의한 공기산출결과 정상작업(정상공기)으로는 불가능하여 야간작업을 할 경우나 공사성질상, 부득이 야간작업을 하여야 할 경우에는 작업능률 저하를 20% 까지 계상한다고 되어 있습니다.
1. 갑 설 : 야간작업시 작업능률 저하를 20% 까지 계상한다고 되어 있으므로 주간작업 기본품의 20%를 가산 적용하는 것이 타당. 즉, 주간작업 기본품이(품셈에서) 1인의 경우, 야간작업시행시 1×1.2 = 1.2인을 적용함이 타당하다.
2. 을 설 : 야간작업시 작업능률 저하를 20% 계상한다. 함은 주간에 비하여 80%의 작업능률 밖에 올릴 수 없으니 주간작업 기본품에 나누기 80%를 적용함이 타당. 즉, 주간작업 1인의 경우 야간작업시행시 1÷0.8 = 1.25인 적용함이 타당하다.

해 설 "을" 설이 타당 합니다. 건설표준품셈 1-16 4.항 야간작업 작업능률 저하를 20% 까지 계상한다. 의 계산 예시는 귀 질의 "을설" 과 같습니다.

<당초 누락된 할증의 변경가산>

질문 8 폐사가 ○○공사와 계약을 체결하고 시공중에 있는 ○ 삼척지구 택지개발 사업 조성공사 현장의 배수공사와 상수도 공사중 흄관과 스테인리스관 접합 자재의 할증이 일체 계상되어 있지 않습니다. 품셈에 의하면 흄관은 3%, 스테인리스관 및 접합 부속자재(링 클립)는 5%의 할증을 계상하게 되어 있는 바, 당초 설계에 누락되어 있을 시 설계변경에 의하여 할증 수량을 계상할 수 있는지 여부를 질의 합니다.

단, 설계수량 산출서상 흄관의 연장은 맨홀길이 및 연결 흄관의 관경까지 모두 공제되어 있으며, 수량산출서 작성시 우수받이 연결관, 오수받이 연결관(관경 150 mm ~ 250 mm) 등에서는 1개소의 길이가 1.80 m ~ 1.91 m 등 절단 사용 개소가 약 2,400 개소가 되어 절단한 후 잔량은 사용이 거의 불가능한 상태입니다. 건설교통부 등에서는 1.81 m ~ 1.90 m 등 잔량길이가 0.5 m ~ 0.7 m 정도 될 때는 자재비를 1 본으로 계산, 반영·설계하고 있는 것으로 알고 있습니다.

(해 설) 원심력 철근콘크리트관의 할증은 88년 설계당시 토목공사표준품셈에 명시 되어있지 아니하여 할증 계상하지 아니한 것으로 사료됨.

　귀 질의와 같은 요인 등으로 건설부는 1990년도 적용 품셈개정시 3%의 할증을 제정하였습니다.

　스테인리스 강관의 할증 옥외공사 5%는 기계설비 품셈에 규정되어 있어 계상되어야 할 성질의 것인데, 토목공사 품셈 만을 기준한 설계의 모순으로 사료되오나 현행 국가계약관계법령 및 계약제도하에서는 물량의 증감 등 설계변경의 사유가 열거 명시되어 있어, 당초 설계에 계상되지 아니하였던 할증누락을 이유로(물량의 변경은 아님) 설계변경함은 어려운 것으로 사료됩니다. 이와 같은 사유의 예방을 위하여 현장설명을 청취할 때에 질의응답을 통하여 설계내용을 미리 검토했어야 했으며, 귀 질의는 계약상대방과 협의 처리하는 것 이외에 별다른 방도가 없는 것임.

제 3 절 공사계약·입찰·설계 변경 관련

질문 9 품셈 12-25 도로포장수리 1.항 할증률 적용기준에 관한 사항. 관로공사(상·하수도 및 통신공사 등)의 경우 포장도로의 일정폭에 대하여 파쇄 및 복구설계시 위 할증률 적용 가능한지 아니면 자연 파손 상태의 복구시 적용 여부?

해 설 구 건설표준품셈 12-25 도로포장수리 "1." 할증률은 《주》①, ②에 명시된 바와 같이 도로의 포장수리를 할 때 그 포장도로의 보수율에 따른 할증 적용의 기준입니다. 귀문의 경우, 포장을 파괴한 후 복구수리를 하고자 하면, 이것 역시 포장의 보수수리 개념과 유사한 공정의 것이므로 그 비율에 따른 할증률을 적용해야 한다고 사료됩니다. 그 이유는 작업물량이 적고 장대하여 시공의 난이도가 크기 때문입니다.

현행 품셈 10-4-2, 3, "가." 소규모 포장복구, "나." 소규모 도로 긴급 복구는 보수율 할증이 포함된 것입니다.

<물가변동시 노무비 지수조정률>

질문 10 ○○ 공사로부터 도급받아 우리 회사가 시공중인 신도시 ○○공원 1공구공사는 '00년말에 계약을 체결·공사 착공하여 2차 물가변동에 의한 설계변경을 검토함에 있어 노무비 지수적용에 어려움이 있어 질의하오니 회신하여 주시기 바랍니다.

① 재경부 회계 45101-45('95.1.13) 호에 의거 지수조정률에 의한 조정방법이 "물가변동 대상기간의 전체 직종의 평균 시중노임 증가율"로 되어 있는 바, 예로 '95.8.24 발표한 '95년 5월 평균임금은 전직종 175 개중 조사원 166 개 직종의 노임 합을 직종수로 나누는 것이 타당한지?

② 또는 거래가격 '95. 9 월호에 기재된 노임적용요령의 분야별 평균 임금현황을 바로 적용하는 것이 가능한지, 만약 적용가능하다면 노무비 지수 적용시 재경원 위 호와 같이 전직종의 평균 임금 또는 공사직종의 평균 임금을 적용하는지 여부?

[해설] 국가기관이 체결한 공사계약에 있어 국가를 당사자로 하는 계약에 관한 법률 시행령 제64조 제1항 제2호의 규정에 의한(지수조정률 방식) 물가변동으로 인한 계약금액 조정시 노무비의 지수는 대한건설협회가 발표한 「시중노임 임금조사 실태서」상의 해당 분야별 직종 평균 노임을 적용하여 산출하여야 하는 것임. (회계 45107-2411)

<물가변동 조정 기준일 및 개산급>

[질문 11] ① 당사는 1994. 5 ○○ 택지 조성공사 전면 책임감리용역을 ○○ 시와 전체 계약(5년)을 하여 '94. 12. 30에 준공하고, '95년도(2차)분을 계약('95. 1. 12) 체결하여 현재 책임감리용역을 수행중에 있으며, 물가상승에 따른 물가변동 계약금액을 조정하고자 합니다.

② 상기 공사는 계약 특수조건에 의하여 순수 감리부분에 대한 연차 계약을 '95. 1. 12에 체결하고, '95. 6. 11에 '94년 도감사에서 지적된 시공사분에 포함되어 있던 계측관리비를 감리의 추가 업무비용으로 변경계약(단가 적용은 '94년 정부노임 적용) 하였던 바, 다음의 사항에 대해 질의하고자 합니다.

1) 책임감리용역의 물가변동으로 인한 계약금액 조정에 있어 책임감리용역 물가변동 조정기준일을 '95. 1. 12(120일 경과)로 적용할 수 있는지의 여부

제3절 공사계약·입찰·설계 변경 관련

2) '95년 8월 30일 2차년도분 1차 기성금 청구시 물가변동 조정이 되지 않았으므로 개산급으로 1차 기성을 청구하여 확정하였으며, 자금 수령시 회계부서로 제출되는 청구서의 표기는 개산급으로 표기하지 않고 기성금으로 표기하여 자금을 수령하였습니다. 이미 수령한 기성금에 대하여 물가변동 조정이 가능한지의 여부

해설 ① 귀 질의 "1"에 대하여 국가기관이 체결한 계약에 있어서 물가변동으로 인한 계약금액 조정시 「조정기준일」이라 함은 국가를 당사자로 하는 계약에 관한 법률 시행령 제64조의 규정에 정한 요건이 성립한 날을 의미한다. 즉, 조정기준일은 체약체결일로 부터 90일 이상(예전120일)이 경과하고 품목조정률 또는 지수조정률이 100분의 3 이상(예전 100분의 5) 증감되는 두 가지 요건이 동시에 충족되는 시점을 의미하는 것으로 계약당사자 또는 일방이 임의로 결정하는 것이 아닙니다.

② 귀 질의 "2"에 대하여 개산급으로 지급된 기성금이란 계약 상대자가 기성금 청구시 개산급으로 지급할 것을 서면으로 요청하고 계약담당공무원이 회계예규 "정부회계의 수입·지출·보고 등에 관한 기준" 제27조의 규정에 의하여 기성금을 지급한 경우임.

물가변동으로 인한 계약금액 조정시 물가변동적용대가는 조정기준일 이후에 이행될 부분의 대가를 의미하는 것인바, 이미 수령한 기성금에 대하여는 물가변동 조정이 불가합니다.

<물가변동으로 인한 계약금액 조정>

질문 12 1995년 12월 18일 계약하여 1996년 12월 14일에 준공된 시설공사에 '96년 6월 24일 계약금액 조정(계약금액 조정 산출근거 미첨부)이 있었으며 '96년 8월 25일 기성금 지급이 있었고, '96년 9월

16일 시공자가 근거자료를 첨부하여 계약금액 조정요청을 했을 때 기성금액 지급이후('97. 8. 26)부터 미성량에 대한 계약금액 조정을 해야 되는지요?

해 설   가. 국가기관이 체결한 공사계약에 있어 물가변동으로 인한 계약금액 조정시 물가변동 적용대가는 조정기준일 이후에 이행될 부분의 대가를 의미하는 바, 이 경우 계약금액 조정신청 전에 동 부분에 대하여 지급된 기성대가가 있는 때에는 물가변동적용대가에서 동 기성금액을 공제하여야 합니다.

나. 물가변동으로 인한 계약금액조정 신청시에는 계약금액조정요건 성립여부 등에 대한 산출근거를 첨부하여 계약담당공무원에게 신청서를 제출하여야 합니다.   (회계 41301-1266)

<설계·시공 일괄 입찰계약시 계약금액의 조정>

질문 13   ○○ 지하철 7호선 7-21공구 건설공사를 설계·시공 일괄입찰(Turn-key) 방식으로 도급시행중에 있어 정거장 구조물 및 가시설 일부가 사유지에 저촉되는 바, 발주자의 사유지 보상지연으로 부득이 구조물 및 가시설폭을 축소하여 시공케 되었으며 이에 따른 물량 감소로 계약금액이 감액 조정되었습니다.

현재 당사에서는 계약내역 이외의 추가공사에 대해서는 계약변경 요구를 하지 않고 있으며 설계·시공 일괄입찰(Turn-key) 공사의 계약조건을 충실히 이행하고자 노력하고 있으나, 입찰안내서상의 공사계약 일반조건 제13조 제1항의 해석상 사유지 보상지연에 따른 설계변경도 계약자의 귀책사유로 볼 수 있는지를 질의합니다.

제 3 절 공사계약·입찰·설계 변경 관련

해설 국가기관이 설계·시공 일괄입찰 방식으로 계약을 체결한 공사계약에서는 설계변경으로 인하여 계약내용을 변경하는 경우에도 국가를 당사자로 하는 계약에 관한 법률 시행령 제91조 제1항의 규정에 의거 정부에 책임 있는 사유 또는 천재·지변으로 인한 경우를 제외하고는 계약금액을 증액할 수 없으나, 물량감소에 따른 감액은 가능한 것임.

(회계 45107-517)

질문 14 ○○기관에서 발주한 ○○지구 경지정리 및 병행 하천개수공사에 있어 공사실적은 (1) 경지정리공사 4,507,704천원 (2) 경지정리 병행 하천개수공사 2,303,000천원으로 총 6,810,704천원 입니다. 현재까지는 발주기관에서 경지정리와 병행 하천개수공사는 시공상 병행시공밖에 할 수 없기 때문에 단건으로 발주, 계약 체결하여 왔습니다. 발주기관에서 경지정리 실적 1건 50억 이상으로 제한하여 발주할 경우, 우리 회사의 실적이 인정되는지의 여부를 회신하여 주시기 바랍니다.

해설 국가기관에서 시행하는 제한경쟁입찰에 있어서 실적에 의하여 입찰참가자격을 제한하는 경우 입찰자가 제출한 실적의 내용을 그 입찰에 대한 적정한 실적으로 인정할 것인지 여부는 입찰공고 및 제출된 실적내용과 당해 계약목적물의 내용·특성 등을 고려하여 계약담당공무원이 판단하여야 하는 것임.

(회계 45107-1973)

<물가 변동으로 인한 설계 변경>

질문 15 국가계약법 시행령 제64조 물가변동으로 인한 계약금액 조정에 대하여
1) '95. 12 기준 기시공 + (1차공사 잔여공사 + 2차공사) × 품목조정률이 100분의 5 이상 증가된 경우, 계약금액 조정이 가능한가요.

2) 전체 품목조정률이 5% 이상만 증가된다면 장기계약 공사시 기시공되고, 계약상 물가변동일전에 이행이 완료되어야 할 부분을 제외한 잔여공사분에 대하여 매년 계약금액의 조정이 가능한가요?

해설 귀 질의는 품셈에 관한 사항이 아니고 회계관계 사항으로서 회답할 성질의 것이 아닙니다. 다만, 참고로 부언할 것은, 국가계약법령 등이 전면 개정되어 구 시행령에 의한 물가변동으로 인한 계약금액의 조정의 적용도 계약 후 60일(현행 90일) 이상이 경과되고, 계약금액에 비하여 품목조정률 및 지수조정률이 100분의 5(현행 100분의 3) 이상의 증감이 된 때로 규정하고 예정공사 기간보다 지연된 경우는 적용에서 제외하도록 되어 있는 등으로 귀문만으로는 각 종목별 가격이 법령 예규에서 정하는 조정률의 합계치 5% 이상인가의 여부를 판단할 수 없습니다. 또 법령에서 정한 계약금액의 조정은 계약의 내용 등 구체적인 사실이 있어야 합니다.

<계속 공사의 수의계약시 계약금액 결정>

질문 16 계속공사에 있어 당해공사 이후의 계약금액은 예정가격에 제1차 공사의 낙찰률을 곱한 금액 이하로 하여야 하나, 제1차 공사의 낙찰률이 88% 미만인 경우로서 추정가격이 100억원 미만인 경우에는 그러하지 아니하다고 하였는바, 구체적으로 어떻게 적용하여야 하는지 질의하오니 조속회신 바랍니다.

질의 1: 위의 경우 일률적으로 88%를 적용하여야 하는지 여부
질의 2: 제1차공사의 낙찰률과 88% 범위에서 계약담당공무원이 임의 판단하는 것인지 여부
질의 3: 제1차공사의 낙찰률 미만 또는 88% 이상의 낙찰률 적용도 가능한지 여부

제 3 절 공사계약 · 입찰 · 설계 변경 관련

해설 국가기관이 체결한 공사계약을 이행하고 있는 계약상대자 또는 기 이행한 후 하자담보 책임기간에 있는 자와 하자불분명 등의 사유로 추후 발주되는 계속공사를 수의계약으로 체결함에 있어, 제1차공사의 낙찰률이 88% 미만인 경우로서, 계속공사의 추정가격이 100억원 미만인 경우 제1차공사의 낙찰률을 적용하지 아니할 수 있도록 정하고 있는 국가를 당사자로 하는 계약에 관한 법률 시행령 제31조 및 회계예규 "공사의 수의계약운용요령" 제3조 규정의 취지는 위의 요건에 해당하여 수의계약을 체결할 수 있는 자가 수의계약 체결에 응하지 않는 경우, 입찰을 실시하여 낙찰자로 선정된 자(88% 이상 낙찰)와 계약을 체결 이행케 함으로서 발생될 수 있는 하자책임 구분의 불분명, 동일현장의 복잡 등으로 인한 공사이행의 비효율성, 지연 등을 방지코자 하는 것으로 제1차공사의 낙찰률을 적용하지 않고 동 시행령 제30조의 규정에 의거, 당사자간 수의협의절차에 따라 계약금액을 정하도록 한 것임.　　　　　　　　(회계 45101-1628)

<신규 비목 등 설계변경 가능 여부>

질문 17 1. 플라스틱 창호의 규격이 문틀폭 230mm로 표기되어 있으나 국내 모든 플라스틱 창호 생산업체의 플라스틱 창문틀의 규격이 최대폭 225mm로 생산하고 있는 실정인 바,
　- 플라스틱 창문틀 규격이 5mm 감소함에 따른 설계변경 적용 여부
　- 설계변경시 단가산정 방법이 신규 비목으로 처리하여야 하는지 아니면 구단가 적용 mm별 금액 또는 견적가 적용 여부
　- 설계변경시 단가 산정방법이 신규 비목으로 처리하여야 하는지 아니면 구단가 적용 mm별 금액 또는 견적가 적용 여부
　2. 기계 설비공사 중 가스 배관공사의 가스미터 기자재 금액이 설계 내역단가 110,000원/개당, 도급내역단가 216,750원/개당으로 책정되

어 있으며, 실구매 단가는 30,000원/개당 정도이다. 실구매단가 대비 설계가 및 도급가의 금액이 상당한 단가차액이 발생되므로 설계 변경 하여야 하는지 여부.

해설 1) 에 대하여 : 국가기관이 체결한 공사계약에 있어 공사이행에 필요한 공사재료 중 일부 품목에 대하여 당초 설계서상에 정한 규격 제품의 구입이 불가능한 경우에는 설계변경이 가능할 것인 바, 이 경우 대체된 재료의 규격이 기존 산출내역서상의 품목과 규격이 상이한 경우에는 신규비목으로 보아 계약금액을 조정하여야 할 것이며,
　　2) 에 대하여 : 일부 품목에 대한 예정가격조서(설계내역서)상의 단가와 계약상대자가 제출한 산출내역서상의 단가가 상이하다는 이유만으로는 계약금액을 조정할 수 없는 것임.　　(회계 45107-1865)

질문 18 1) ○○○도 공영 개발사업단으로부터 도급받아 당사가 시공중에 있는 ○○ 제3공단 조성공사 중 발주설계내역 산출시 유용 성토공종에서 W/Loader를 적용, 작업량(m^3/hr) 계산시 W/Loader의 버킷용량 q를 $1.72\,m^3$로 경비는 W/Loader $2.29\,m^3$로 산출, 설계내역이 작성되어 이의 처리방법에 대해 발주처와 견해 차이가 발생한 사항으로
　2) 입찰시 재정경제원 회계예규에 따라 입찰하였으며, 현장 설명시 발주처로부터 1)에 대한 설명이 없어 제6조에 따라 입찰서를 작성 제출하였습니다.

해설 1. 계약특수조건 제4조(감액, 환불 또는 변상)에 따라 계약체결 후 또는 공사 준공 후라도 착오 등이 발견되어 수요기관의 감액 또는 환불요구가 있을 때에는 이의 없이 이를 수락하기로 특약을 맺었다면 그에 따라야 한다고 사료됩니다.

제 3 절 공사계약·입찰·설계 변경 관련

2. 본건 유용 성토단가 산정을 위한 건설공사 표준품셈의 작업량 산정계산식 및 적산 적용에 중대한 잘못이 있으므로 귀의와 같이 감액설계에 동의하지 않으면 설계 및 심사자의 중대한 과실이 됨에 유의하시기 바라며, 계약의 변경에 대하여는 주무부처 등의 해석을 받아 처리하심이 좋을 것으로 생각됩니다.

<내역 입찰의 무효 여부>

질문 19 내역입찰대상공사에서 현장 설명시 배부한 설계내역서상의 안전관리비 및 폐기물수거료 요율 및 금액과 낙찰대상자가 제출한 내역과 상이한 바, 이는 정부입찰·계약 집행기준 제20조 제2항에 의거, 공종별 금액으로 보아 무효가 되는지 아니면 동조 제3항에 의거, 목적물 물량 중 변경된 내역이 100분의 5 이상이 되지 않은 경우이므로 입찰무효대상이 아닌지 여부.

해설 국가기관이 국가를 당사자로 하는 계약에 관한 법률 시행령 제14조의 규정에 의거, 시행한 내역입찰에 있어 동법 시행규칙 제44조 및 계약예규 '정부입찰·계약 집행기준' 제20조의 규정에 정한 사유에 해당되는 때에는 당해 입찰을 무효로 하는 바, 다만 발주기관이 배부한 물량내역서상에 정한 안전관리비요율 등을 초과하여 산정 계상하였다는 사유만으로는 무효입찰에 해당되지 않으며, 이는 동 예규 제21조의 규정에 따라 입찰금액의 범위 내에서 바르게 정정하고 이에 따라 비목별 또는 항목별 금액을 수정할 수 있음.

<계약자 및 계약행위 등에 대하여>

질문 20 복합공사의 도급한도액 제한기준은?

복합공사(토목, 포장)의 도급한도액 제한 경쟁입찰에 있어서 주된 공사의 도급한도액을 적용하는지, 토목 및 포장공사의 도급한도액을 합하여 적용하는지?

해설 복합공사의 경우는 주공종의 공사예정금액에 의하여 제한할 수 있음. 계약사무처리규칙 제32조 제2항 제2호의 규정에 의하여 도급한도액으로 제한경쟁입찰에 참가할 자의 자격을 제한함에 있어서 복합공사의 경우에 "공사예정금액"이란 각 공종별 예정금액을 말하며, 주공종의 공사예정금액에 의하여 제한할 수 있음. (회제 125-1748)

질문 21 입찰자의 자격요건 기준일은?

본사는 조경공사업 면허소지업체인 바, 도급한도액이 7월 1일부로 변경되는데 6월 20일 공고, 7월 4일 등록, 7월 5일 입찰일인 경우에 낙찰자의 자격요건 기준일을 언제로 하는지?

해설 입찰참가자격 기준일은 "입찰일 현재"임.

국가계약법 시행령 제21조 및 동법 시행규칙 제25조의 규정에 의한 제한경쟁입찰을 참고하시기 바랍니다.

<공동 계약이행 방식 변경 가능 여부>

질문 22 공동계약운용요령(계약예규 제323호 2016. 12. 30)에 따라 공동수급체 구성원간에 공동계약 이행방식을 '공동이행방식' 으로 이행

제3절 공사계약·입찰·설계 변경 관련

토록 서명·날인한 공동수급협정서에 의한 입찰·계약한 공사를 착공 이후 '분담이행방식'으로 공동도급계약내용의 변경 이행이 가능한지요?

해설 국가기관이 공동이행방식으로 체결한 공동도급공사계약에 있어서 계약담당공무원은 계약예규 '공동계약운용요령' 제12조의 규정에 의하여 당해 계약을 체결한 후 공동수급체구성원의 출자비율 또는 분담내용을 변경하게 할 수 없으나, 파산, 해산 또는 계약내용의 변경 등 사유로 변경이 불가피한 경우에는 변경할 수 있습니다. 다만, 이 경우에도 공동계약의 이행방식만은 당해 계약 이행 중에 변경할 수 없습니다.
(회계 41301-1236)

질문 23 입찰공고 등에서 특정지역업체와 공동도급체를 구성토록 의무화 할 수 있는지? 국가계약법 시행령 제72조에 의하면 공동계약을 적극적으로 권장하고 있으며 지역업체가 공동도급체의 구성원이 되면 현지사정에 정통하여 공사의 원활한 수행이 가능할 것인 바, 입찰공고시 이를 의무화 하도록 할 수 있는지?

해설 공동도급체의 구성은 입찰자의 자유의사에 의하여 결정하여야 함.

정부계약의 경우 계약담당공무원은 계약의 목적 및 성질상 공동계약에 의하는 것이 부적절하다고 인정되는 경우를 제외하고는 국가계약법 시행령 제72조의 규정에 의하여 가능한 한 공동계약에 의하도록 권장하고 있으나 그 허용여부는 계약의 목적 및 성질을 고려 담당공무원이 판단할 사항이며, 공동계약이 허용된 경우도 공동도급체의 구성은 입찰자의 자유의사에 의해 결정하여야 할 것임.

질문 24 입찰참가자격을 제한하는 경우, 도급한도액 및 시공실적 혹은 지역제한 및 시공실적 등으로 중복적으로 제한하는 경우가 있어 문의하는 바, 담당자는 "경리관 재량사항"이라는 답변이 있어 이에 대한 유권해석을 바람.

해설 국가기관이 체결하는 계약에 있어서 각 중앙관서의 장 또는 계약담당공무원은 경쟁입찰을 실시하는 경우 국가를 당사자로 하는 계약에 관한 법률 시행령 제12조 제1항에 따라 자격요건을 갖추어야 할 경우 자격요건에 적합한 자에 한하여 경쟁입찰에 참가하게 하여야 하는 것인 바, 동시행령 제21조 제1항 각 호에 해당하는 경우에는 경쟁입찰 참가자의 자격을 제한하여 입찰에 부칠 수 있는 것입니다.
　　이때 동조 제1항 각호 또는 각호내의 사항을 중복적으로 제한하여서는 아니될 것입니다. (동법 시행규칙 제25조 참고)

질문 25 기본설계를 한 자가 당해공사 시공입찰에 참가할 수 있는지? 예산회계법 시행령 제81조 제2항에 의하면 당해 설계를 한 자는 공사시공입찰에 참가할 수 없도록 되어 있는 바, 이 경우 "설계한 자"라 함은 실시설계만 해당되는지, 아니면 기본계획·기본설계도 포함되는지?

해설 국가기관이 시행하는 시설공사계약에 있어 국가를 당사자로 하는 법률 시행규칙 제44조 1항 10, 10의2에 의거 대안입찰의 경우 원안을 설계한자, 시설설계 기술제안입찰 또는 기본설계 기술제안입찰의 경우 원안을 설계한자 또는 원안을 감리한 자가 공동으로 참여한 입찰은 무효입니다.

<공동 도급의 하도급대가 직불>

질문 26 공동이행방식으로 계약체결한 '갑', '을', '병' 중에 '을'과 하수급업체인 '정' 간에 하도급계약을 체결하여 공사시공 중에 '을'이 '정'에게 기성대금을 어음으로 지급하고 '정'은 이를 시중은행에서 할인, 현금화하였으나 어음결제지급기일에 '을' 회사의 부도로 본 어음이 부도처리되자 '정'은 할인한 금원에 대하여 할인한 시중은행에 우선 변제한 후 발주자에게 하도급대금 직불요청을 한 경우로서 '정'의 어음 수령 및 할인에도 불구하고 본 하도급 대금에 대하여 지불하여야 하는지?

해설 국가기관이 체결한 공사계약에 있어 계약상대자가 파산, 부도, 영업정지 및 면허취소 등으로 하도급대금을 하수급인에게 지급할 수 없게 된 경우, 계약담당공무원은 계약예규 '공사계약일반조건' 제43조 제1항의 규정에 의거 하수급인이 직접 시공한 부분에 상당하는 금액에 대하여는 계약 상대자가 하수급인에게 동 계약예규 제39조 및 제40조의 규정에 의한 대가지급을 의뢰한 것으로 보아 당해 수급인에게 직접 지급하여야 하며, 위의 규정 중 '하수급인이 직접 시공한 부분에 상당하는 금액'이라 함은 계약상대자에게 기 지급된 기성대가가 아닌 기성부분에 대한 미지급금중 하수급인이 직접 시공한 부분을 의미합니다.

(회계 45101-476)

<하도급 승인에 대한 질의>

질문 27 국가계약법령 및 계약예규와 고시·공고 등 공사계약일반조건 제42조(하도급 승인) 제3항의 하도급계약금액이 하도급하고자 하는 부분의 산출내역서상의 계약단가를 기준으로 산출한 금액(일반관리비 및 이윤을 포함한다)의 100분의 88 미만시 발주처의 심사를 받게 되어 있는데 여기서 산출금액 산정시 일반관리비 및 이윤을 포함한다고 하였는바, 잡비계산시 일반관리비 및 이윤만 포함하면 되는 것인지 나머지 잡비도 포함하고 반드시 일반관리비 및 이윤을 포함해야 되는 것인지요?

[해설] 건설공사 하도급 심사기준 제4조(하도급심사 대상공사) 발주자는 동 기준 제5조의 규정에 의한 하도급관련 서류의 검토결과 하도급률이 건설산업기본법 시행령 제34조제1항에 해당하는 경우에는 하도급의 적정성 여부에 대하여 심사한다. 하도급계약 금액은 하도급하려는 공사 부분에 대하여 수급인의 도급금액 산출내역서의 계약단가(직간접노무비 재료비 및 경비포함)를 기준으로 산출한 금액에 일반관리비, 이윤 및 부가가치세를 포함한 금액을 말하며, 수급인이 하수급인에게 직접 지급하는 자재의 비용과 하도급대금 지급보증서 발급 비용 등 관계 법령에 따라 수급인이 부담하는 금액은 제외한다.

<공동 도급계약(분담이행방식) 구성원의 부도 처리 방안>

[질문 28] 가. 수급체대표자의 부도에 이어 연대보증사의 부도로 대표수급체 분담부분(토건공사)의 보증시공이 불가능할 경우
1) ○○ 건설공사의 일부공종에 불과한 ○○○ 시설 분담이행업체의 잔존구성원이 대표수급체 분담부분을 계속 이행하여야 하는지요.
2) 잔존구성원이 대표수급체 분담부분의 계속시공 불응시 계약해지 및 잔존구성원의 계약보증금도 귀속조치하고 부정당업자로 제재를 하여야 하는지, 또는 잔존구성원의 귀책사유는 없으므로 계약을 해지하되 대표수급체 분담부분의 계약 보증금만 귀속시켜야 하는지요.

제3절 공사계약·입찰·설계 변경 관련

　나. 잔존구성원이 대표수급체 분담부분의 계속시공시 하자보수책임은 잔존구성원이 시공한 부분에 대해서만 책임이 있는지, 또는 잔존구성원이 대표수급체의 지위를 승계한 것으로 보아 대표수급체가 시공한 부분에 대해서도 하자보수책임이 있는지요.

해설　질의 '가'에 대하여 : 1) 공동도급계약(분담이행방식)에서 구성원 중 일부가 파산 또는 해산, 부도 등으로 계약을 이행할 수 없는 경우 계약예규 '공동계약운용요령 [별첨 2] 공동수급표준협정서(분담이행방식)' 제13조의 규정에 의거, 연대보증인이 당해 구성원의 분담부분을 이행하여야 하며, 연대보증인이 없거나 연대보증인이 계약을 이행하지 않는 경우에는 잔존구성원이 이행하여야 합니다. 다만, 잔존구성원만으로는 면허·도급한도액 등 당해 계약이행요건을 갖추지 못할 경우, 발주자의 승인을 얻어 당해 요건을 충족하여야 합니다.

　2) 부도가 발생된 구성원의 분담부분을 연대보증인이 보증시공을 이행하지 아니하여 잔존구성원이 분담부분을 이행하여야 함에도 이행하지 아니하는 때에는 국가계약법 시행령 제76조의 규정에 의거, 부정당업자로 제재 조치되며, 계약해제 또는 해지와 동시에 계약보증금이 전액 국고 귀속됩니다.

　질의 '나'에 대하여 : 잔존구성원이 부도가 발생된 구성원의 분담부분을 이행하는 경우, 잔존구성원은 동 부분에 대한 하자보수이행의 책임이 있습니다.　　　　　　　　　　(회계 41301-1268)

질문 29　정부공사의 입찰에 있어, 입찰서의 총액과 내역서의 합계금액(총액)이 다른 경우에는 어느 것을 기준해야 하는가요.

해설 입찰서의 총액표시가 입찰금액이 되는데, 입찰총액과 입찰내역금액이 다른 경우에는 국가를 당사자로 하는 계약에 관한 법률 시행규칙 제44조 제6호의 규정에 의하여 입찰금액과 산출내역서의 금액이 일치하지 않을 경우에는 무효로 처리함.

<산출 내역서상에 1식으로 작성된 공종에 대한 설계변경 관련>

질문 30 내역입찰에 의한 계약공사를 수행 중 각 구조물의 가시설공(거푸집, 비계, 동바리)은 설계 및 발주시 수량산출서에 의하여 수량을 산출한 후 단가산출서로 금액을 산출하고 발주내역서는 구조물별 거푸집 1식, 동바리 1식 공사로 계약체결되어 시행중에 있으나 공사 중 일부 구조물에서 가시설공(거푸집, 비계, 동바리) 수량이 잘못 산출(누락 또는 과다계상)된 것이 발견되었습니다. 이와 같이 수량산출서, 단가산출서 등으로 산출된 것을 1식 공사로 계약된 내역 중 당초 계약시 산출된 수량에 대해 수량산출의 오류에 따른 계약금액의 조정이 가능한지요?

해설 국가기관이 체결한 공사계약에 있어서 설계서(공사시방서, 설계도면, 현장설명서) 및 공종별 목적물 물량(가설물의 설치에 소요되는 물량 포함)이 표시된 (내역서)의 내용이 불분명하거나 누락, 오류 또는 상호 모순되는 점이 있을 때 및 설계서와 지질, 용수 등 공사현장의 상태가 다를 때에는 계약예규 '공사계약일반조건' 제19조의 규정에 의하여 설계변경이 가능하며, 단가산출서 및 일위대가표는 법정설계서에 포함되는 것은 아닙니다.

<원설계는 강관으로 된 것을 흄관으로 변경하는 품에 대해서>

질문 31 수도관 광역망의 주배관공사에서 원설계는 강관(ϕ1,400mm) 추진공으로 되어 있었으나 강관의 부식 우려로 흄관(ϕ1,200mm, ϕ1,350mm, ϕ1,500mm)으로 설계변경·시공중에 있습니다.

　귀사 발행 건설표준품셈 "강관추진공"을 참조로 하려고 하는데 흄관은 강관보다 마찰이 많아, 작업능률이 떨어질 것 같고 일일작업능력을 어떻게 산정해야 하는지에 대해 질의합니다.

해설 강관 ϕ1,400mm의 추진공을 흄관 ϕ1,200~1,500mm로 설계 변경함은 주자재의 변경과 공법의 변경이 수반되는 것이므로 단순한 변경사항이 아닙니다. 따라서 공사 발주청과 감리자 및 시공자가 협의처리할 사안이라고 생각합니다.

<토공의 사토장 변경에 대하여>

질문 32 공사시공도중 토사장의 위치가 변경되어 사토거리(t_2)와 운반도로의 평균주행속도도 변경되는데, 변경 후 총괄낙찰률을 적용하는 것인지 공종계약 변경금액에 낙찰률을 적용하는 것인지를 질의합니다.

해설 공사계약 후, 시공도중에 토취장의 위치가 변경되면, 건설표준품셈 제1장 적용기준 1-23 토취장 및 골재원의 취지에 따라 당연히 설계변경해야 하는 것으로, 토사장의 위치 변경의 경우에도 당연히 설계변경하여야 합니다. 이때 유의할 것은 왕복시간(t_2)을 구할 때, 운반거리와 운반경로의 도로상태에 따른 평균속도(적재·공차)의 수정이 함께 고려되어야 하며, 낙찰비율의 적용 등은 계약예규 공사계약일반조건 제19조의2(설계서의 불분명, 누락·오류 및 설계서간의 상호모순 등에 의한 설계변경)에 해당하는 것인지 또는, 제19조의 5(발주기관의 필요에 의한 설계변경)에 해당하는 것인지 등을 검토하여 제20조(설계변경으로 인한 계약금액의 조정) 및 제23조제1항을 참고하여야 하며, 낙찰률의 적용 등도 합법·합목적적으로 검토되어야 한다고 생각합니다.

<지체상금 징수와 계약보증금 국고 귀속>

질문 33 저희 공사에서 발주한 ○○제품 제작구매에 대하여 계약상대방이 정당한 사유없이 4개월 이상 계약을 이행하지 아니하여 계약을 해지하고 계약보증금은 귀속조치하였으나, 계약이행지체에 따른 지체상금을 납부하지 않아 지체상금납부를 촉구한 바, 계약해지시에는 지체상금이 발생하지 않는다는 이유로 지체상금의 납부를 하지 않을 것임을 통보해옴에 따라, 귀부에 아래사항에 대하여 유권해석을 의뢰하오니 검토 후 회신하여 주시기 바랍니다.
　'계약보증금'과 '지체상금'은 성질상 별개의 것이므로 계약해지에 따라 계약보증금을 귀속조치 하였더라도 납부기한이 경과되어 계약이행이 지체된 손해배상성격의 지체상금은 예정납품기한으로부터 계약해지(해제)일까지 산정하여 징구하여야 하는지요?

해 설 국가기관이 체결한 계약에 있어 계약상대자가 계약기간 내에 계약이행을 완료하지 못하여 지체되는 도중에 계약담당공무원이 동 계약을 해제 또는 해지하였다면 국가를 당사자로 하는 계약에 관한 법률 시행령 제51조의 규정에 의거, 계약보증금을 국고에 귀속시켜야 합니다. 다만, 이 경우 계약은 이행이 완료되지 못하였기 때문에 동 법시행령 제74조의 규정에 의한 지체상금은 부과할 수 없습니다.

(회계 41301-2132)

제3절 공사계약·입찰·설계 변경 관련

질문 34 국가기관에서 발주, 내역입찰로 집행된 공사를 적격심사를 통하여 계약체결하여 시공중에 있는 바, 산출내역서 (계약내역서) 상 특정 품목의 단가가 과다하게 계상되었다 하여 수요기관에서 설계내역서 상 단가로 감액처리할 수 있는지요? 또한 시공사는 계약내역과 설계도서에 의거, 계약공정대로 공사를 진행하고 있으나 수요기관에서 임의로 시공사가 구매하도록 된 사급재를 관급으로 지급하겠다고 하는데 적법한지요?

해 설 국가기관이 내역입찰을 실시하여 체결된 공사계약에 있어서 계약상대자가 제출한 산출내역서상의 일부 품목의 단가가 예정가격 단가보다 과다·과소 계상되었다고 하여 낙찰금액 (계약금액) 을 조정하는 것은 허용하지 않으며, 설계서 등 계약문서에 사급자재로 되어 있는 품목을 발주기관이 일방적으로 관급자재로 전환하는 것은 곤란하고, 다만, 관급으로 하지 않으면 계약목적을 달성할 수 없을 경우, 계약당사자간의 합의에 의하여 사급자재를 관급으로 변경할 수 있습니다.
(회계 41301 - 2159)

<설계 시공 일괄입찰 (T/K) 공사의 설계변경>

질문 35 설계시공일괄입찰(턴키입찰)에 의한 공사입니다. 당초 정부가 제시한 공사일괄입찰 기본계획·지침을 변경하여 설계 변경하는 과정에서 시공자가 조사하여 설계에 반영한 지하암반선이 달라 이번 설계 변경시에 새로운 지하 암반선을 기준으로 설계 변경함에 따라 공사비가 추가되는 상황이 발생했습니다. 개정된 대형공사의 설계변경으로 인한 계약금액 조정규정이 동 규정 개정 이전에 계약된 공사의 설계변경시에도 적용되는 것인지요? 또 '97.1.1 개정시, 설계변경에 따른 계약금액 조정이 가능한 사유로 추가된 '불가항력의 사유' 를 지하암반의 지질 상태를 정확히 파악하는 것이 불가능하여 당초의 지하암반선이 다르게 된 경우에도 포함되는 것으로 보아야 하는지요?

해설 국가기관이 체결한 설계·시공일괄입찰공사에 있어 천재·지변 등 불가항력의 사유로 설계변경을 하는 경우에는 국가를 당사자로 하는 계약에 관한 법률 시행령 제91조 제1항의 규정에 의거, 설계변경으로 인한 계약금액의 조정이 가능하며, 이 경우 '불가항력'이라 함은 계약예규 '공사계약일반조건' 제32조 제1항의 규정에 정한 바와 같이 계약상대자 누구의 책임에도 속하지 아니하는 경우를 의미하는 바, 귀 질의의 경우와 같이 지질과 관련된 사항인 때에는 설계 전에 지질측량이 가능했던 부분인 경우에는 불가항력으로 볼 수 없을 것이며, 가옥 등 지상의 장애물에 기인하여 불가피하게 지질측량을 할 수 없었던 부분인 경우에는 동 사유에 해당됩니다. 또 '97. 12. 31 자로 개정된 동 시행령 제91조 제1항의 규정은 계약의 이행에 관련된 사항인 바, 동 규정 개정 전에 체결된 계약으로서 동 개정일 이후에 설계변경으로 인하여 계약금액을 조정하는 경우에는 개정된 규정이 적용됩니다. (회계 41310-2177)

<조정 기준일 이전에 완공한 공사의 에스컬레이션은 불가>

질문 36 계속비예산으로 진행 중인 공사계약에서 작업특성상 계속작업이 불가피한 일부 공종에 대해 2005년도 배정예산을 초과해 우선시공하고, 사전 시공분에 대해서는 2006년도 예산 배정 때 대가지급을 받기로 했습니다. 이 경우 2006년 1월 1일이 조정 기준일인 경우 우선시공분에 대한 물가변동 적용대가 포함 여부에 대해 이견이 있는 바,

- 갑 설 : 당초 제출된 공사 공정예정표에 의거, 물가변동 적용대가를 산정.
- 을 설 : 실제 공정에 맞춰 물가변동 적용대가에서 제외.

해설 국가기관이 체결한 공사계약에서 '국가를 당사자로 하는 계약에 관한 법률 시행령' 제64조와 같은 법 시행규칙 제74조의 규정에 의거, 물가변동으로 인한 계약금액 조정 때, 물가변동 적용대가는 계약금액 중 공사 공정 예정표(장기 계속 및 계속비계약의 경우에는 총 공사금액에 대한 예정 공정표)상 조정기준일 이후에 이행될 부분에 대한 대가를 말하는 것으로, 조정기준일 이전에 계약당사자간의 합의 아래 이미 이행을 완료(시공)한 부분의 대가는 물가변동 적용대가에 포함될 수 없을 것입니다. (조달청)

<공구손료와 잡재료의 적용 항목>

질문 37 제1장 적용기준 1-12 공구손료 및 잡재료 등에 명시된 문구 중 공구손료, 잡재료 및 소모재료, 경장비 등의 손료는 공사 원가계산시 적용 항목이 각 발주기관마다 상이합니다.

해설 건설표준품셈 제1장 적용기준 1-12 공구손료 및 잡재료 등의 원가계산 중 적용 비목에 대하여, 예정가격 작성기준 제17조 제2항 공사에 보조적으로 소비되는 물품의 가치로서 재료비 중 간접재료비 항목으로 분류될 수 있습니다.

<구조물 비계의 손료와 공구손료>

질문 38 1. 표준품셈 2-6 구조물 비계에서 비계손료를 적용하려고 하는데 2-6-6을 참고하고 있는데 이걸 어떻게 적용하는지 궁금합니다. 예를 들면, 직접노무비의 6%를 적용하는 건지?

2. 화력발전 기계설비 공사 적용에 대해서 공구손료에 대하여 공구손료 적용 여부?

해설 건설표준품셈 제2장 2-6 구조물비계 2-6-6 공기에 대한 손율 적용에 대하여 직접노무비의 6%를 적용하는 것에 대하여, 구조물 비계를 설계에 계산한 금액을 공사기간 3개월인 강관, 비계비본틀, 비계장선틀, 가새에 대한 비용의 손율을 6%로 한다는 뜻이며, 직접노무비의 %는 아닙니다.

※ 화력발전설비에 관한 품이 전기공사품과 달라 화력발전 기계설비에 대한 공구손료 등은 규정된 바 없어 답변을 유보합니다.

<건설품셈 가설공사 중 파이프 루프공>

질문 39 품셈 2-14 파이프 루프공의 토질별 작업능력에 대하여 질의합니다.

관경 : 800 ~ 1,000, 추진장 : 0 ~ 50 m 기준

토 질 별	관 경	추 진 장	작 업 능 력
점 토·실 트	800 ~ 1,000 mm	0 ~ 500 mm	6.0 m/일
사 질 토			5.0 m/일
자갈모래층 풍화암			3.5 m/일
호박돌섞인자갈모래층			3.0 m/일

풍화암이 호박돌섞인 자갈모래층보다 작업능력이 높은 이유?

해설 건설표준품셈 제2장 가설공사 2-14 파이프 루프공 2. 강관추진공, 다. 작업능력 표준 자갈모래층과 풍화암 층 800~1,000 mm 추진장 0~500mm에서 3.5 인/일 이고, 호박돌섞인 자갈모래층이 3.0m/일인데, 풍화암층이 더 높은 이유가 무엇인가에 대하여, 품셈의 수치에는 하자가 없으며, 자갈모래층을 생각하면 귀 질의와 같으나 호박돌이 섞인 자갈 모래층의 경우는 풍화암이 섞인 것보다 작업이 어렵기 때문이라고 생각합니다.

제 4 절 품·할증 및 공공노임 등

<지세 할증에 대한 품 적용에 대하여>

질문 1 당 공사의 현장은 교통량이 많은(6 ~ 8차선) 도로상에서 강재 가설교량 구조물(L=150m, W=3m)인 Ramp를 가설하는 공사인 바 지세별할증 20%를 적용해도 무방할 것인가에 대한 질의에서 품셈 적용 유권해석기관('95. 10. 23 건설교통부 훈령 제124호)인 건설협회가 적용 가능한 것으로 회신되어 이를 발주처에 제출, 협의하였으나, 귀사로부터 이미 발주처에 회신된 결과와 상이 하여, 할증 적용에 대하여 발주처와 이견이 발생, 설계서 작성에 어려움이 있어 건설협회에서 회신된 공문을 첨부하여 질의 하오니, 검토 후 조속히 회신하여 주시기 바랍니다.

㈜ 당 현장은 교통량이 특히 많은 도심지내에서 공사가 이루어지고 있어, 작업 중 교통사고의 위험이 존재할 뿐만 아니라, 가설 램프 시공 중 수차례의 교통사고가 작업 중 발생된 점을 감안해 주시기 바랍니다.

해설 귀하의 표준품셈 적용관련 질의에 대하여 다음과 같은 의견을 회시하오니 참고하시기 바랍니다. 이 회시는 (주)건설연구사 발행 품셈 애독자를 위한 특별 서비스의 일환인 점을 양해하시기 바랍니다.

(1) 품의 할증은 군 작전지구내, 도서지구(본토에서 인력동원 파견시), 열차의 운행 빈도별, 야간작업, 지형·지세 등으로 작업능률이 저하 되어 정상 작업으로는 목적 공사를 완성할 수 없다고 판단될 때 품을 할증 가산하는 기준을 예시 적용케 하고 있는 바, 동 예시에 규정되어 있지 아니한 것은 표준품셈 제1장 적용기준 1-3 적용방법 7.

항에 따라 토목공사 일지라도 "타 품셈(토목이외의 것)"을 준용할 수 있게 규정되어 있습니다. 따라서 건축, 기계, 전기, 통신품셈에 규정된 필요·적절한 품을 인용할 수는 있으되, 토목품셈이 우선 적용대상인 것은 잘 아시는 바와 같습니다.

(2) 귀 질의는 교통량이 많은 도심지 내의 작업(번화가 6차선)할증과 야간작업 할증, 교량상 작업 위험 할증을 토목품셈 이외의 품셈에서 인용해도 무방한 것인지를 묻는 것으로 이에는 다음 몇 가지가 검토되어야 한다고 생각합니다.

첫째, 6차선의 번화가 인근에서의 작업에서 교통 통제 없이 차량의 흐름속에서 작업이 진행되는 경우와, 교통 통제 하에서 차량의 통행이 없는 가운데 작업이 진행되는 경우가 다르므로 후자의 경우는 교통 통제 및 안전시설이 설치되어 있을 것이므로 적용 대상외 라고 사료 됨.

둘째, 주·야간의 작업, 즉 야간작업을 하지 않으면 예정 공사기간 내에 완공할 수 없는 것이 당초부터 예정된 경우는 설계에 이미 야간작업의 능률 저하와 근로기준법상의 임금 가급이 계상 되었을 것이므로 다툼이 있을 수 없는 것으로 사료 됨.

셋째, 교량상 작업은 본건 공사와 같이 교량상에서 작업을 수행하되 교통 통제하에서 교량의 슬래브 등에 대한 보수공사를 하는 것인 때에는 "타 품셈"의 교량상 작업의 할증 대상과는 그 유형이 다른 것으로 보아야 할 것임. 다만, 차량의 흐름속에서 일부분 만을 통제하면서 가설되는 가설램프의 시공인 경우는 그 성질에 따라 타 품셈의 적용이 고려될 수 있을 것이나 이 가설램프의 공사 성질만으로 전체 공사에 해당된다고 보아서는 아니 되고, 또 폐콘크리트 버럭 등의 운반을 위한 차량의 진 출입에 대한 시간 손실에 따른 사이클 타임의 보정 또는 작업효율의 조정 등은 사실 판단에 관한 것으로 사료됩니다.

<중기 및 근로자의 실동일수 및 운전사의 노무비 등>

질문 2 건설공사에 투입된 각급 직종의 근로자는 연 365일, 월 30일 중 며칠간 실동 작업이 되는가를 알고자 합니다. 제조가공 부문은 월 25일로 규정하고 있습니다.

해설 연간 법정공휴일이 평균 68일 이므로 365-68=297일 실동이 되어 297÷12=24.7일이 되는 바, 제조·가공부문이나 월급을 일로 계산하고자 할 때에는 1월 25일이 타당하다 할 것입니다만, 건설 직종의 경우는 강우로 인한 불가피한 휴지가 있는 까닭에 20~23일 상당이 될 것이며, 이것도 지역적인 조건, 근로의 직종 및 근로상황에 따라 다르기 때문에 통상 연중 평균 25일 중 실동 20일 정도(상시 근로 중기, 조종원 등)라고 하는 설이 있습니다만, 이것도 정설은 못되며, 공사의 성격에 따라 판단재량에 속하는 것이라고 사료됩니다. 과거 건설교통부, 조달청 등은 건설기계 실동을 25일 중 20일로 적용하였음.

질문 3 공사현장이 세장(細長)되어 수십 km에 달하므로, 현장감독용 차량을 배치해야 하는데, 그 운전사의 인건비계상을 시간당 인건비= 일당 $\times \frac{1}{8} \times \frac{15}{12} \times x$, 여기서 x는 월중 상시 고용시의 작업일수율, ① x=1이다 ② x=$\frac{25}{20}$이다 ③ x=$\frac{30}{25}$이다. 등 중 어느 것이 타당한지요?

해설 건설기계의 운전사로서 상시고용의 경우는 월정액을 지급한다. 에 따라, 일당 $\times \frac{1}{8} \times \frac{16}{12} \times \frac{25}{20}$ 로, 여기서 $\frac{16}{12}$ 은 퇴직급여충당금 100%, 상여금 300%(400% 이내)로, 12+1+3=16이고, 조달청·건설교통부 등 정부기관에서 공휴일을 제외한 월 25일중 실동 20일로 적용하고 있으나 귀문의 경우, 감독원의 감독차량은 건설기계가 아닐 뿐 아니라 기계경비의 대상도 아니므로 경비 또는 간접노무비 대상으로 월급여액을 계상 함이 타당할 것임.

<작업 할증률 적용에 인력과 기계경비도 해당되는가>

질문 4 건설표준품셈에서 군 작전지구내에서는 작업할증률을 20%까지 가산할 수 있다. 라고 하였는바, 작업할증은 인력품과 기계경비를 포함할 수 있는 것인지?

해설 작업할증은 인력품에 적용되는 것이며, 기계경비인 손료에 대하여 할증이 가산되는 것은 아닙니다.
　　　군 작전지구에 대하여는 다음과 같이 각 규정하고 있습니다.
① 토목·건축 품셈에서는 군 작전지구내에서 작업능률에 현저한 저하를 가져올 때는 작업할증률을 20%까지 가산할 수 있다. 라고 규정하고 있고, ※야간작업의 능률저하는 1÷0.8=1.25임.
② 기계품셈에서도 군 작전지구내 작업으로 폭발물, 위험지역 등 작업능률에 현저한 저하를 가져올 때 20%까지 할증하는 것으로 규정하고 있습니다.

제4절 품·할증 및 공공노임 등

질문 5 공사용 가시설물 설치시에 포함되는 노무비에 대하여 직접 노무비로 계상할 수 있는지 여부와 공항내 공사시 인력품 할증 여부 및 직접공사에 투입되는 각종 중기 조종원에 대한 작업할증률 적용 여부

해설 공사에는 공통가설(현장사무실, 창고, 울타리, 작업소 등)과 직접가설(비계, 동바리, 거푸집)로 구분되나 현장 사무실은 공통가설로 이는 계약예규 예정가격 작성기준 제4조 및 제19조 ③항에 의거, 경비로 계상하여야 할 것으로 사료되며, 공항 내 공사에 있어서는 표준품셈 1-16 "품의 할증 2.항"에 의거, 현지여건을 감안하여 인력품을 50% 범위 내에서 가산할 수 있으며, 직접 작업에 투입되는 각종 중기의 조종원에 대한 작업할증률은 품에 이미 포함되어 있으므로 별도 가산은 불가한 것임.

질문 6 <야간작업의 할증이 20% 인가
그 기준은 몇 시부터 적용하는가>

해설 건설표준품셈 제1장 적용기준 1-16 품의 할증 4. 야간작업시 능률저하를 20%로 본다. 에 따라 $1-0.2=0.8$, $1 \div 0.8 = 1.25$ 따라서 품을 25% 할증하는 것입니다. "야간작업"이란 근로기준법에 의거 하여 22시부터 다음날 06시까지로 규정하고 있습니다.

질문 7 건설표준품셈 1-16 《주》의 번화가 할증을 꼭 받고 싶은데, 어떻게 적용하는 것인지 질의 합니다.

해설 귀 질의 내용인 번화가① 번화가② 주택가 할증은 전기공사, 통신공사 표준품셈에 명시된 내용이었으나 최근에는 건축공사(토목 포함) 표준품셈에도 명시되어 있으므로 적정 계상할 수 있습니다.

<유해 위험 작업>

질문 8 산업안전보건법 제46조 동법 시행령 제33조에 의거, 유해 위험작업에 종사하는 직종은 1일 6시간을 기준으로 한다. 라고 규정되어 있는 바, 1일 8시간 중 실근로 6시간 기타 관련 작업 2시간 계 8시간으로 보아 시간당 임금은 일당 노임단가 $\times 1/6 \times 8/6$을 계상할 수 있다고 하는데 귀견은?

해설 유해 위험 직종에 종사하는 자에 대하여는 실동 6시간으로 법에 규정되어 있으니 별 문제가 없을 것이며, 작업 전과 작업 중, 작업 후의 정리, 대기, 뒷정리 등에 과연 2시간이 소요되는 것인가에 대하여는 직종과 작업 내용마다 다를 수 있다고 생각되며, 법 정신으로 볼 때, 기본 근로시간 중 실동 6시간으로 보아야 하되, 이는 사실인정과 근로상황의 뒷받침이 되어야 한다고 생각됩니다.

질문 9 직접 노무비의 상여금은 연 400% 이내로 규정하고 있는데, 조사해 보니 전년도는 200% 밖에 지급되지 아니하였고, 금년에는 400%를 지급하기로 결정하였다고 합니다. 400% 모두 계상해야 하는가요?

해설 상여금은 400% 범위 내에서 전년도 지급실적, 계약 이행기간 등에 따라 계상되는 것으로서 공사기간과 지급률을 고려하여 당해 공사에 적용하도록 하되, 통상 300%를 계상하고 있는 것이 현실입니다.
　1년 미만의 공사에도 비례로 조정 계상할 수 있습니다.

제4절 품·할증 및 공공노임 등

질문 10 건설표준품셈 1-9 재료의 할증률 적용에 있어, 1) 기초 사석의 할증이 지반별로 차이가 있는 점으로 보아 기초지반의 침하(예상치 못한 또는 일정 한도 내)로 인한 사석 증가량이 할증량에 포함되어 계상된 것이 아닌가? 2) 사석의 할증 적용시 침하량(압밀, 탄성, 소성침하량, 기타)에도 할증률을 적용하는 것인지?

해설 해상작업에 있어 사석의 지반별 재료의 할증률은 일반적인 기준으로서 사석이 해상에 투하된 뒤에 서로 꽉 물리는 것과 일부의 침하 및 유실 등을 고려한 할증으로 보아야 하며, 특히 침하가 없거나 큰 때에는 침하봉 등을 설치하여 그 양을 측정, 설계·정산해야 합니다. 이 기준은 오래전부터 사용되어 온 기준입니다.

<작업시간의 제한에 대하여>

질문 11 본 공사는 당초 설계시 육상시공으로 1일 작업시간이 8시간 기준으로 산정되어 있으나, 공사지점이 병문천 하구로서 바다와 인접되어 해수에 의한 조위의 영향으로 간조시 1일 작업시간이 평균 3시간 정도이고 월 작업일수가 10일~12일 정도 입니다. 이 공사를 수행하는 시공회사는 인접된 현장이 있어 병문천 하류부 복개공사에서 3시간 작업하고, 인접현장에서 2시간 정도 더 하기 때문에 실제 5시간을 작업하는 실정입니다.
  1) 공사비에 대해서는 계약공사에서 1일 3시간 밖에 작업할 수 없기 때문에 인건비에 대해서 8/3로 곱해야 하는지, 또는 인접현장에서 작업을 더하기 때문에 8/(3+2) = 8/5로 하여야 하는지 여부.
  2) 공사기간에 대해서는 1일 3시간씩 1개월에 12일 작업하기 때문에 이것에 따라 공기를 연장해도 되는지 여부?

| 해 설 | 우리나라 공공공사 노임단가는 1일 8시간 작업을 기준한 것이며, 귀 질의의 경우와 같이 1일 3시간 또는 5시간 실동시의 예외규정 또는 시간할 산정기준이 명시된 바는 없습니다. 일본 건설성의 경우 중기운전사가 1일 4시간 이내의 작업이더라도 4시간으로, 6시간을 초과하더라도 6시간으로 계산하는 제도가 있습니다만, 우리나라는 그런 기준이 없습니다. 현장에 투입된 작업원이 주작업에 종사하는 시간은 3~5시간이라고 하더라도 보조작업을 할 것이 있는지는 귀문만으로는 알 수 없고 또 8/3~5의 환산에도 문제가 있을 수 있으므로 계약담당관 또는 주무부장관과 협의하여 처리되어야 한다고 생각됩니다.

<노임 관련 질의>

| 질문 12 | 경비 중의 가설비에 포함되는 노무비에 대하여는 간접노무비와 산재보험료가 계상되지 않는데 그 대책 여하?

| 해 설 | 직접 공사에 부대되는 비계, 거푸집, 동바리 등의 노임은 직접 임금에, 공통가설비에 계상되는 임금은 경비 중 가설비의 인건비로 지급되는 것이며, 보험료는 경비로 일괄 계상되는 까닭에 직접, 간접을 구분함이 없이 지급되는 것이므로(비율개산보험) 보험료 지급에는 지장이 없으며, 어느 경우나 산재보험의 대상이 됩니다.

| 질문 13 | 제1장 제1절 적용기준, 기타 일반사항 중에서 건축공사 기타의 품 할증중 지세별로 구분할 때 평탄지, 야산지, 산악지 외에 도심지의 지하건축물, 구축물 설치시 도로 노면, 교통 장애와 지하수 분출, 인접건축물의 위해 등으로 일어나는 손실에 대하여 품을 할증하는 방안은?

[해설] 토목품셈과 건축, 전기, 기계품셈 등에 의하여 각 해당 품셈이 우선한다. 라고 규정되어 있습니다. 토목, 기계품셈 등에서 주택가 15%, 번화가 20~30% 할증, 지하 할증이 있으니 이를 인용하시되, 인접 위해는 예방으로 이를 막아야 하는 까닭에 단순한 할증은 불가합니다. 터파기 등에 있어서는 인접 건물 등 장애물이 있을 때 50%까지 가산할 수 있는 점을 참작 하십시오.

[질문 14] 우리 품셈에는 동절기(겨울)에 적용할 수 있는 규정이 없으므로 실무진들이 많은 애로가 있습니다(동절기의 작업은 2~3배의 경비가 소요되는 실정 임).

[해설] 동계 공사는 가능한 한 피해야 하고 부득이한 경우는 소요재료·양생기간 및 비용 등을 따로 계상하되 할증의 구체적인 예시규정은 없습니다.

<건설기계 운전사의 노임산정 등에 대하여>

[질문 15] 야간작업시 노임 계상은?

[해설] 야간작업의 능률저하는 80%로 본다. 에 따라 1÷0.8=1.25를 계상하고, 야간 근로임금 50%의 가산이 되어야 합니다.

[질문 16] 제1장 적용기준 중 "운전사의 노임은 상시고용일 경우 월정액을 지급함을 원칙으로 한다"에 따라 월정액을 시간당으로 환산할 경우, $50,000 \times \frac{1}{6} \times \frac{8}{6} \times \frac{30}{20~25}$ 이라고 하나 70년대까지는 통상 $\frac{30}{20}$

으로 적용하던 것이, 근래에는 $\frac{25}{20}$까지로 변경되게 되었습니다. 그러나 이것도 정설은 아니며, 각 지방의 기후조건, 건설기계의 실동일수 등을 구하여 적용하는 것이 바람직하다고 생각하는데 귀견은?

해설 제주지역을 제외하고는 일반적으로 월중 $\frac{30}{22}$ 정도가 타당하다고 생각합니다만, 현행은 공휴일을 제외하고 월 25일중 실동 20일 $\left(\frac{25}{20}\right)$로 구하고 있습니다.

건설기계의 시간당 작업량 Q (m³/hr)는 60분 중 또는 1시간 3,600초를 기준으로 작업량을 계산하되, E의 값에 $\frac{50}{60}$으로 0.83 상당이 감안된 것이고, 부하율을 0.7 ~ 0.8로 하고 있으나 덤프트럭 등 몇 기종의 E값은 0.9이고, 기타 시간 즉, 작업장에 도착 후 작업준비, 기타 시간 등을 고려함이 없이, 일당÷$\frac{1}{8}$ 또는 일당÷$\frac{1}{6}$로 시간급을 계산하면 많은 문제점이 생기게 됩니다.

특히, 월중 가동일수도 기상적인 조건, 근로기준법에 의한 공휴일, 계절적인 공사 불가능한 기간 등을 감안한 작업일수율을 정부가 정립 결정하여야 한다고 믿으며 유해 위험 등으로 1일 8시간 중 6시간 실동 인가 또는 월중 가동일수율이 얼마인가 하는 등은 발주처 계약담당관의 판단에 달려있는 것으로 생각됩니다.

<품의 할증 적용 등에 대하여>

질문 17 품셈에 있는 할증과 가산 요령을 자세히 설명바랍니다.

제4절 품·할증 및 공공노임 등

해설 공사를 하기 위하여서는 재료의 절대량만으로는 시공되지 아니하는 경우가 많습니다. 예를 들면, 목재의 절단, 철근의 절단 등이 그 대표적인 예이며, 평지에서의 작업과 높은 고소작업, 활선의 근접 작업, 콘크리트용 모래 자갈의 흐트러짐, 사석 투하시의 흐트러짐(설계에 계상된 침하량 제외), 벽돌, 타일 등 많은 공사용 재료는 실소요량에 일정한 가산 비율을 할증하지 아니하면 소요의 공사를 완성할 수 없는 경우에 할증이 가산되는 것입니다. 가산량은 작업 중의 손실량 보전인 점에서 비록 취급되기는 하나 그 목적공사 수행의 한 과정이므로 품은 할증량에 대하여 가산하지 아니함이 일반적입니다(특수공종 예외). 따라서 할증량이 가산된 공량과 물량을 계상할 때에는 중복 가산되기 쉬우니 주의를 요합니다.

가산요령 : $A \times (1 + a_1 + a_2 + a_3 + \cdots\cdots + a_n)$, 여기서 A는 기본 품.

질문 18 <품 할증 적용에 대하여 할증된 품을
  기준으로 다시 할증해서는 아니된다>

해설 건설표준품셈 제1장 1-16 품의 할증은 기본품을 기준하여, 야간작업이나 기타 할증의 가산이 필요한 것들을 더하여 계산하는 것입니다. 따라서 야간작업으로 할증된 품을 기본으로 하여 다시 할증 하는 것은 아닙니다.

<도서지역의 노임 할증>

질문 19 본 군은 도서로 형성된 특수지역 입니다. 품셈을 적용함에 있어 품의 할증 50% 까지, 노임단가 할증 15% 까지로 되어있는 바, 품과 노임단가 할증을 동시에 적용하여도 되는지 하교하여 주시기 바랍니다.

해설 본토에서 인력을 동원 파견할 때에는 품의 할증 50%까지 가산할 수 있고, 도서지역 노임단가는 국가를 당사자로 하는 계약에 관한 법률 시행규칙 제7조제2항제2호의 규정에 의거 노임단가에 15% 이내를 가산할 수 있습니다.

질문 20 ○○년도 적용 노임단가기준 적용요령 제5항에는 도서지역의 공사 부분은 100분의 15 범위 내에서 일정액을 가산 적용할 수 있으며, 적용 지역은 모든 도서지역(제주도, 울릉도 포함)으로 한다. 에 의하여 예를 들면, 예년과 같이 미장공 5%, 목공 10%, 보통인부 15%로 하는 것인지 해석을 바랍니다.

해설 과거에는 도서지역 공사부분의 노임이 따로 규정되어 있었으나 이의 개정으로 도서지역의 공사부분에 있어 현지 인력조달이 어려운 직종으로 육지로부터 도서지역으로 인력 동원하여 노무에 종사케 하는 모든 직종에 적용하는 것으로 지역의 특성에 따라 기본 노무비에 15% 한도 범위 내에서 가산 지급케 한 것은 국가계약법 시행규칙 제7조제2항의 규정에 의한 것입니다.

질문 21 표준품셈에서 군 작전 지구 내에서 작업 할증률은 20%까지 가산할 수 있다고 하였는바, 작업 할증률은 인력품과 기계경비를 포함할 수 있는 것인지?

해설 인력품에 적용되는 것이며, 기계경비에 할증이 가산되는 것은 아닙니다.

제4절 품·할증 및 공공노임 등

<층수별 및 재료 할증 등에 대하여>

질문 22 전기통신 표준품셈 제1장 적용기준 1-11-2 건물 층수별 할증률 적용기준 해석을 다음과 같이 질의하오니 해석을 바랍니다.
  각 층수별 할증률을 분할 산출하여 적용
  • APT 35층인 경우
    2층~5층 : 101 %   20층 이하 : 105 %
    10층 이하 : 103 %   25층 이하 : 106 %
    15층 이하 : 104 %   30층 이하 : 107 %를 적용한다.

해설 전기·통신표준품셈 제1장 적용기준 1-11-2 건물층수별 할증률은 각 층수별로 분할하여 해당 할증률을 적용하는 것임.

질문 23 1. 강재류 및 전기류 할증에 대하여
  본 공사의 강관은 대형관(D=1,100mm~700mm)으로 관급자재를 공급받아 시공하고 있으며, 관 매설시 현장 지형여건 및 위치에 따라 공장생산 강관(6m/본)을 변곡점 개소마다 절단시공이 불가피하게 발생됨에 따라 강관의 손실이 생기게 되는 바, 품셈의 할증률 5%를 적용해도 되는지요.
  2. 주철관인 경우 할증률 적용방법에 대하여
  주철관인 경우, 별도기준이 명시되지 않은 바, 강관을 기준하여 5%를 적용해도 되는지요?

해설 재료의 할증은 건설표준품셈 제1장 적용기준 1-9 재료의 할증률 5. 강재류에서 강관의 할증은 5%로 규정하고, 원심력 철근콘크리트관은 3%의 할증이 규정되어 있어 외견상 3~5%의 할증이

가능한 것으로 되어 있습니다.

　귀문의 경우, 관급의 수량만이 제시되어 있고 관급자재 수량조서가 첨부되어 있지 아니하여 관급수량에 할증이 포함되었는지의 판단을 할 수 없고, 토목공사의 옥외 수도용관은 제외하도록 하였으며, 또 할증을 가산함에 있어서도 대구경관에 대한 할증을 꼭 5%까지 가산해야 하는가의 문제도 신중히 검토되어야 할 성질의 것으로 생각됩니다.

　계약예규 "공사계약 일반조건 제13조"에 의하면 관급자재의 잉여분은 공사가 완료되면 즉시, 반납하도록 규정하고 있는 점도 신중히 검토해야 할 것으로 생각됩니다.

<도심지 공사의 품 할증 적용에 대하여>

질문 24　○○시에서는 날로 심각해지고 있는 교통체증 완화 및 교통사고를 사전에 예방할 목적으로 도심지 교차로에 다양한 사업(가각정리, 교통섬설치, 아스콘포장, 재포장, 차선제거 및 도색 등)을 추진하고 있습니다만, 건설표준품셈에 명시된 내용이 없어, 적용을 하지 못하고 있는 실정입니다. 도심지역내의 대로변(30m 이상) 교차로에서 시행되는 사업에도 도심지 번화가 할증품을 적용할 수 있는지요. 적용할 수 있다면 몇 %까지 적용이 가능한지요?

해설　1. 귀 사업의 내용은 도로의 건설사업이 아니고 개·보수사업으로 사료되는 바, 이에 대한 품셈은 따로 규정된 바 없습니다.

　2. 도심지 교통량이 많은 지역의 교통류 흐름 속에서의 작업은 위험이 따르고 능률도 저하되므로 작업할증 등의 방법으로 보정하여야 하나 토목부문 품셈에는 그 기준이 없습니다만, 제1장 적용기준 1-3 적용방법 3., 4., 5.에 의거하여 토목품셈에 명시되지 아니한 품은, 타부문의 품셈에 명시된 것은 그 부문의 품을 적용하도록 규정된

바에 따라 기계품셈 1-16 "6. 지세별 할증" 마. 번화가를 준용하여 4차선 도로 25%, 6차선 도로 20%인 점을 감안하여 가산할 수 있다고 생각합니다만, 할증의 적용률은 담당관의 판단 재량에 따른다고 봅니다.

<번화가 지역의 할증이 적용되는가>

질문 25 우리 구청관내는 번화가 도심지역으로 주간건설공사시 차량통행제한(서울 4대문안 1.5~3.5t 07:00~10:00, 18:00~21:00, 3t 이상 07:00~22:00)은 물론, 차량과 통행인으로 인하여 작업인부의 작업효율이 현저히 저하되고 있는 실정입니다. 건설표준품셈 지세별 할증적용에 있어 아래와 같이 질의하오니 적정 여부를 회신하여 주시면 감사하겠습니다.

1. 건설표준품셈(전인식 편저) 건설연구사 발행 1장 지세별 할증표(번화가의 경우 작업할증 20%)로 규정하고 있으나 상단부에, "전기 통신품 ( )은 기계품."으로 설명되어 있어 일반 토목공사에 있어서도 도심할증 20%의 적용이 가능한지 여부

2. 번화가의 배선을 제외한 전기통신공사는 상하수도 공사의 줄 터파기, 관부설 되메우기, 포장복구 등과 유사한 공정의 작업인 바, 건설표준품셈(전인식 편저) 건설연구사발행 1-3 적용방법 7.항에 따라 전기·통신공사품의 번화가 할증률 20%를 적용해도 되는지 여부

해설 토목공사 표준품셈 제1장 적용기준의 정신에 따라 해당 공사의 공종별 품으로 규제된 공량만으로서는 당해 공종의 공사를 완성할 수 없다고 판단될 때에는 토목공사 표준품셈 이외의 표준품셈을 활용할 수 있다는 명시 규정에 따라 계상할 수 있으되, 토목공사의 경우는 다른 품셈에 우선하는 것입니다. 따라서 귀 질의와 같이 통행

인이 빈번하여 작업에 장애를 주는 것이 현저하다는 객관적인 판단 자료가 있거나 굴착토 공사 등에서 다른 일반적인 토공에서는 불필요한 복공패널, 건널목의 설치와 통행인파의 양 등 할증가산이 필요한 자료의 타당성이 인정되면, 토목품셈에 명시된 바가 없다고 하더라도 전기품셈(산업자원부 소관), 기계품셈(건설교통부소관), 통신품셈(정보통신부 소관) 등에서 규정한 것을 준용할 수 있는 것입니다. (현재는 토목에서도 인정하고 있음) 다만, 귀 기관이 할증을 가산할 때 다른 품셈의 규정을 그대로 인용할 것이 아니라 실정에 맞게 조정하는 기술상의 검토는 필요한 것입니다.

<야간작업의 할증 중 노임할증 적용에 대하여>

質問 26 건설표준품셈 제1장 1-16, 4. 야간작업 내용 중 "...... 부득이 야간작업을 하여야 할 경우에는 품을 25% 까지 가산하고, (정보통신) 노임할증 50% 를 계상하여 직접 노무비의 87.5% 할증"이라고 되어 있는 부분 중 "(정보통신)"이라는 부분이 문맥상 어떤 의미인지, 예를 들면, (정보통신) 분야만 노임할증 50% 로 주라는 의미인지, 다양한 해석이 있을 수 있어 품셈을 적용하는 실무자로서 애로사항이 발생하여 문의 드립니다.

解說 건설표준품셈 제1장 적용기준 1-16 품의 할증, 4. 야간작업에 대하여 P.E.R.T/C.P.M 공정계획에 의한 공기 산출결과 정상작업(정상공기)으로는 불가능하며 야간작업을 할 경우 등에는 품을 25%까지 가산하는 품은 토목, 건축, 기계, 전기 품 등이 있으나, 정보통신 공사 품셈에서는 야간작업에 대한 노임할증 50% 가 더 포함되어 있고 직접 노무비의 87.5% 를 할증한다는 예시까지 수록되어 있어 이 품도 정부기관의 품이므로 참고로 소개한 것이며, 특별한 이유는 없는 것입니다.

질문 27 위생처리장의 분뇨 투입통 및 저유조 청소와 하수처리장의 최초, 최종침전지의 청소를 함에 있어 보통(특별)인부 노임을 적용하여 인부를 사역하고 있으나 심한 악취 등 작업조건에 비해 노임이 너무 적어 작업을 기피하므로 처리장 운영에 막대한 지장이 있는 반면, 회계부서의 변태지출이 우려됩니다.

1. 상기 작업의 인부사역시 노임단가를 보통, 특별인부 중 어느 노임단가를 적용해야 하는지요.
2. 심한 악취로 인해 사역인부의 건강을 해칠 우려가 있고, 사역조건이 악조건임을 감안하여 15% 범위 내에서 일정액을 가산 적용할 수 있는지 여부.

해설) 근로기준법시행령 제26조 유해 위험작업의 성질로 사료되므로 작업시간을 1일 6시간으로 해야 할 것인 바, 1일 보통인부 109,819원×1/8 = 13,727원/hr를, 109,819원×1/6 = 18,303 원이 되므로 이들이 8시간을 근로하는 것으로 보면 18,303×8 = 146,424 원/일 상당이 되어 특별인부 133,417 원/일에 준하게 계산됩니다. 특히 동 저유조 속에 있는 청소물이 물과 섞여 있을 때에는 그 정도에 따라 물이 있는 논 20%, 소택지 또는 깊은 논 50% 중 해당 정도에 따른 가산이 될 수 있을 것이고, 정화조 축전지실 등 유해가스 발생 장소의 10%, 기타 할증으로 위험할 때 50%까지의 할증 등이 품셈 등에 규정되어 있음을 참고로 적용 검토할 수 있음은, 품셈 제1장 적용기준의 정신과 규정에 따르는 것입니다. 따라서 귀문의 경우

① 제1항은 작업의 내용과 성질로 보아 보통인부를 기준으로 해야 할 성질의 작업으로 사료됨.
② 작업의 내용물로 볼 때 1일 작업시간은 6시간으로 계상하고 함수율에 따라 20%, 유해가스 발생여부에 따라 10%, 기타 인체

안전상의 위험을 고려하여 50%의 반정도인 25% 상당을 고려하면 55% 이내에서 [W = 기본품 × (1+0.2+0.1+0.25) = 기본품 × 1.55 (이내)] 가산되어야 귀문의 경우와 같은 종류의 작업이 될 수 있을 것으로 사료됩니다. 다만, 물이 있는 논의 적용 20%와 인체의 안전상 위험작업 50%의 절반인 25%의 계상 등은 설명을 위한 예시로서, 사실 인정의 범위는 귀문 만으로는 판단할 수 없음을 부기합니다.

<노무비 산정 방법에 대하여>

질문 28 다음 질의 내용을 검토하여 조속한 회신을 바랍니다.
1. 배경 : 당 회사는 한국가스공사의 LNG 인수기지 증설공사에 대한 입찰 준비 중에 있습니다.
2. 근거 : 원가계산에 의한 예정가격 작성 준칙 제3장 공사원가계산, 제18조 노무비
   1) 상기 공사에 대하여 공정별로 품을 적용하여 산출된 인원수에 적용한 기본급 외에 상여금 및 퇴직급여충당금을 한국가스공사로부터 적용받을 수 있는지 여부
   2) 만약 적용을 받을 수 있다면 기본급의 몇 %를 적용받을 수 있는지 여부

해설 1. 건설표준품셈상의 공정별 물·공량을 적용한, 즉 일위대가표상의 노무공량에 대해서는 해당 직종의 공공 노임단가만이 적용되는 것이며, 중기운전사 등 상기 고용이 되는 경우에는,

기본급 × 1/8 × 16/12 × 25/20 또는 기본급 × 1/8 × 16/12 × 25/25 (이상 조달청) 등에서 상여금 300%, 퇴직급여충당금 100%, 계 400%를 적용받고 있습니다.

2. 해당년도 적용 공공노임단가 적용요령 1항 다호 및 예정가격 작성기준 제18조에 의거 제수당, 상여금 및 퇴직급여충당금을 계상할 때 "예" 배관공 연간 고용, 월 계속 실동 23일 근로, 연간 12월 작업 55,200원×23일 = 1,269,600원/월 또는 55,200원×30/23 ×23 ≒ 1,656,000원 등으로 근로자와의 근로계약조건에 따라 실제 지급되는 급여 및 상여금(전년도 실 지급기준 참고)과 퇴직급여충당금·제수당 등의 기준이 달라질 수 있으나 계상이 되어야 할 것임. 그러나 발주관서의 공사예산과 시공업자의 견적 및 입찰·계약조건 등에 따라 처리되어야 할 뿐, 계약 후에는 이에 대한 약정없이 위 조건만을 이유로 상여금 등의 증액요구는 불가능한 것입니다.

<노임단가 계산방법에 대하여>

질문 29 공사비 산출시 원가계산에 의한 예정가격 작성준칙에 의거 산출케 되는데, 계산방법에 따라 공사비가 상이하게 산출되는 경우가 있으며, 현재 사용하고 있는 계산방법과 근로기준법과 상이한 점이 있어 질의하오니 회시하여 주시기 바랍니다.

공공노임단가 기준 적용요령에 의하면 "근로기준법에서 규정하고 있는 제수당, 상여금 및 퇴직급여충당금에 대하여는 이 노임단가를 기준하여 원가계산에 의한 예정가격 작성준칙에 정한 바에 따라 계상한다"고 규정하고 있고 원가계산에 의한 예정가격 작성준칙 제9조에 "직접노무비는 제조현장에서 계약목적물을 완성하기 위하여 직접작업에 종사하는 종업원 및 노무자에게 지급되는 급료·노임과 제수당·상여금 또는 퇴직급여충당금의 합계액으로 한다. 다만, 상여금은 연 400% 제수당·퇴직급여충당의 근로기준법상 인정되는 범위를 초과 계상할 수 없다"고 규정하고 근로기준법의 규정에 "사용자는 근로자에 대하여 1주일에 평균 1회 이상 유급휴일을 주어야 한다"고 규정하

고 있는 바,

○ 질의 1 : 중기의 시간당 사용료 계산중 노무비의 계산은
  가) 퇴직금 100%, 상여금 300%, 작업일수 25일로 보아
    = 노임×1/8×16/12×30/25
  나) 위 규정에 의한 퇴직금 100%, 상여금 400%, 작업일수 25일
    = 노임×1/8×17/12×30/25
    위와 같이 계산될 수 있는 바, 가), 나) 목 중 적정한 것은?
○ 질의 2 : 공휴일을 감안한 월가동일수 25일과 공휴일 및 기상조건 및 환경조건을 감안한 월가동일수는 대한건설협회 주관 표준품셈 적용기법세미나 교재(집필자 건설부 기술감리 담당관)에 20일로 규정하고 있으면서 휴지계수를 25/20로 계산하여 월급료지급일수를 25일로 줄였는 바, 이의 적정 여부?

해설 1. 건설기계의 시간당 사용료 계산 중 노무비의 계산(상시 고용)에 있어 조달청에서 적용하고 있는 것을 보면, 노임×1/8×16/12×25/25 또는 25/20를 적용하고 있습니다만, 이는 실정에 따라 적용함이 타당할 것으로 사료되며, 1일 근로시간은 8시간으로 규정하고 근로시간 도중에 1시간의 휴식시간을 주도록 하고 있어 8시간 중에 휴식시간이 포함된 것은 아니라고 보아 실동시간이 8시간이라고 사료됩니다.

2. 상여금의 지급률을 400% 이내로 규정하고 있어 보통 300%와 퇴직급여충당금 100%로 추정한 4+12 = 16/12으로 구하는 것도 각 사안마다 다르다는 점에는 아무런 이의가 없으나 표준적인 것의 적용에 유의하시기 바랍니다.

3. 월중 실동률이 과거에는 30/20 이던 것이 30/22, 그 다음 30/25으로 다시 25/20 등으로 바뀐 것도 회계당국과 건설당국이 결정해야

할 성질의 것으로 귀하의 경우 기상관측소의 통계자료가 반영되어야 합리적인 것이라는 점에 동의되나 예산과 관련되는 것 등으로 품셈과 함께 엄격한 기준의 제정이 되어야 한다고 생각합니다만, 표준적이고 보편적이며 예산의 효율적인 사용이란 점이 고려되어야 하는 것입니다.

<제철 축노공의 품에 대하여>

질문 30 제철 각종 로(爐) 보수를 전담하는 로 보수전문협력회사 입니다. 건설이 아닌 제철조업후 수명이 다된 각종 로를 해체 후 축조하는 "제철축로공" 직종은 제조부문에 없는데 공사부문 제철축로공 직종을 적용해도 적정한지 귀견을 알려주시면 고맙겠습니다.

해설 공공 노임단가 적용요령에서 밝힌 바와 같이 직종은 유추적용할 수 있게 되어 있고, 귀문의 경우 제철로를 축로할 때의 공종은 공사부문의 제철축로공 직종으로 보아야 하나 해체 폐기할 때는 헐기 부수기품의 준용을 고려해야 한다고 사료됩니다.

<가설물의 노무비를 직접 노무비로 볼 수 있는가>

질문 31 1. 가설물(현장사무실, 창고 등) 설치시 포함되는 노무비에 대하여 직접 노무비로 계상할 수 있는지 여부?

2. 건설표준품셈 1-16 품의 할증 2.항에 "공항(김포, 김해, 제주공항 등에서 1일 비행기 이·착륙횟수 20회 이상) 및 도로개설이 불가능한 산악지역 등에서는 작업할증(인력품) 50%를 가산할 수 있다"라고 규정하고 있어, 공사설계업무에 관한 아래사항을 질의 합니다.

가. 공항(1일 비행기 이·착륙 횟수 20회 이상)에서 공사설계시 활주로나 유도로 인근 공사에는 작업할증(인력품) 50%를 가산

하고 있으나, 직접 작업에 투입되는 각종 중기의 조종원에 대하여도 작업할증을 가산할 수 있는지 여부?
나. 항공기가 주기하는 계류장공사(항공기 이동으로 직접공사에 지장을 받을 경우) 시행시에도 작업할증(인력품)을 가산할 수 있는지 여부?

해 설   현장사무소, 창고 등의 설치를 위하여 품셈에서 규정한 노무비가 직접노무비인가에 대하여, 예정가격 작성기준 제17조 재료비 ②항 간접재료비 3.가설재료비에 해당되는 재료로서 그 노무비는 제18조의 규정에 의거, 제조현장에서 계약목적물을 완성하기 위하여 제공되는 노동력의 대가를 직접노무비로 하였고, 간접노무비는 직접 제조작업에 종사하지는 않으나 작업현장에서 보조작업에 종사하는 노무자, 종업원과 현장감독자 등의 노무비를 뜻한다고 규정하고 있어 현장사무소, 창고 등의 설치는 직접공사원가를 구성하는 것은 아니므로 경비중 가설비로 계상해야 합니다.

공항(김포, 김해 등)에서 비행기 이·착륙 1일 20회 이상에서 인력품의 50% 까지의 품 할증은 공항구역내를 공항의 개념으로 보아야 합니다. 여기서 말하는 비행기 이·착륙횟수 20회 이상은 공항의 규모를 이·착륙 횟수로 구분한 것 뿐, 활주로의 공사를 공항으로 본 것은 아닙니다.

활주로공사의 경우는 활주로를 폐쇄하거나 다른 방법이 도입되어야 시공될 수 있는 것으로 그 폐쇄시간 등은 별개의 것입니다.

소음, 진동, 대피 등 위험의 제거를 위한 것은 능률의 저하로 이를 보정하는 것으로 볼 때 50% 이내에서 지역적 조건에 따라 적정 할증해야 하며, 공항내에서의 중기조종원의 작업은 작업능률 저하 할증이 가산되었을 때 예외가 되며, 손료 등의 경비할증도 제외되는 것임.

<공사기간 연장에 따른 비용 증가는>

질문 32 발주처의 사정으로 공사기간이 연장되어, 이에 따른 간접노무비 및 기타 일반관리비가 과다 지출되는 현상
예 1) 공사부지내 지장물 철거(발주처에서 시행할 부분) 지연으로 인한 전체 공정부진(지장물이 공정에 영향을 미침)
예 2) 주공종의 설계변경(발주처 사정)으로 인한 전체공정 추진 부진 (기타 부속공종은 부분 추진, 주공종은 중단 상태)
  상기와 같은 경우로 인해 수개월 공사가 지연, 공기 연기(발주처에서 시인하는 경우)가 반영되었지만 일반관리비의 증액은 반영되지 않은 경우가 있어 시공자로서는 상당한 애로가 있습니다. 이런 경우의 적용방법 및 처리대책이 있으면 업무에 참조하고자 하오니 선처 바랍니다.

해설) 발주처의 사정으로 공사기간이 연장된 경우, 가설비계, 동바리, 현장사무소의 유지 및 인건비, 경비원의 인건비와 일반관리비 중 현장 관리비의 증액 등이 있을 것이나 이에 대한 계약조건 등이 문제점으로 될 것입니다. 특히, 귀문의 경우 그 사정은 충분히 이해가 됩니다만, 계약의 특칙 등 법률적인 문제가 있을 것입니다.

<근로자의 유해 위험작업의 구분 방법>

질문 33 지하철 및 터널공사의 지하작업 갱부의 근로시간 및 임금의 시간당 환산에 있어, 근로 기준법의 개정으로 유해위험작업이 아니라고 하여 일당 노임의 시간급 환산을 품셈에서 8시간으로 규정하고 있는데 이는 잘못이 아닌가요?

해 설 산업안전 보건법 제46조 동법시행령 제33조의8 【유해위험 작업에 대한 근로시간의 제한 등】 ① 근로시간이 제한되는 작업은 잠함, 잠수작업 등 고기압하에서 행하는 작업을 말한다.

② 제1항의 규정에 의한 작업에 있어서 잠함, 잠수작업시간, 가압, 감압 방법 등 당해 근로자의 안전과 보건을 유지하기 위하여 필요한 사항은 노동부령으로 정한다.

③ 사업주는 다음 각호의 1에 해당하는 유해·위험작업에 대하여는 근로자의 건강보호를 위하여 법 제23조, 제24조의 규정에 의한 유해·위험예방 조치외에 작업과 휴식의 적정한 배분 기타 근로시간과 관련된 근로조건의 개선을 통하여 근로자의 건강보호를 위한 조치를 취하여야 한다.

1. 갱내에서 행하는 작업
2. 다량의 고열물체를 취급하는 작업과 현저히 덥고 뜨거운 장소에서 행하는 작업.
3. 다량의 저온물체를 취급하는 작업과 현저히 춥고 차가운 장소에서 행하는 작업.
4. 라듐, 방사선, 엑스선 기타 유해 방사선을 취급하는 작업.
5. 유리, 토석, 광물의 분진이 현저히 비산하는 장소에서 행하는 작업.
6. 강렬한 소음을 발하는 장소에서 행하는 작업.
7. 착암기 등에 의하여 신체에 강렬한 진동을 주는 작업.
8. 인력에 의하여 중량물을 취급하는 작업.
9. 연, 수은, 크롬, 망간, 카드뮴 등의 중금속 또는 이황화탄소 유기용제 기타 노동부령이 정하는 특정 화학물질의 분진, 증기 또는 가스를 현저히 발산하는 장소에서 행하는 작업.

등으로 규정하여 위 9개 항목을 사업주의 주의사항으로 규정하면서 잠함, 잠수작업 이외의 갱내작업 등 전 1호, 5호, 7호, 8호 등 건설공사 관련 사항도 유해위험작업으로 보고 있으나, 그 책임을 사업주에게 돌렸기 때문에 임금(일당)을 시간급으로 환산할 때 이를 8시간으로 환산해야 한다는 견해가 지배적입니다.

<가설공사의 노임 및 할증>

질문 34 1. 공사용 가시설물 설치시에 포함되는 노무비에 대하여 직접 노무비로 계상할 수 있는지 여부.

2. 공항내 공사시 인력품 할증여부 및 직접공사에 투입되는 각종 중기 조종원에 대한 작업 할증률 적용 여부.

해 설 1. 공사에는 공통 가설비(현장사무실, 창고, 울타리, 작업소 등)와 직접가설비(비계, 동바리, 거푸집)로 구분되나, 귀하가 질의한 현장 사무실은 공통가설비로, 이는 예정가격 작성기준 제19조 ③ 8.에 의거, 경비로 계상하여야 할 것으로 사료되며,

2. 공항 내 공사에 있어서는 표준품셈 1-16 품의 할증 2.에 의거, 현지 여건을 감안하여 인력품을 50% 범위내에서 가산 계상함이 가할 것으로 사료되며, 직접 작업에 투입되는 각종 중기의 조종원에 대한 작업 할증률은 작업능률 저하 품에 이미 포함되어 있으므로 별도 가산은 불가할 것으로 사료됨.　　　　　　　　　(기감 30720-30291)

질문 35 연약지반 개량공사의 샌드파일 시공에 사용되는 공사용 재료(모래) 할증률 적용에 대하여 품셈에는 사항용 모래 할증률이 해상작업의 경우 20%로 되어 있으나 육상작업의 경우의 적용 값은?

【해설】 연약지반(샌드파일)에 따른 사항용 모래를 해상에서 작업할 경우는 명시되어 있으나 육상작업의 할증률은 명시된 것이 없으므로 건설표준품셈 제1장 1-3 3.항에 의거 적의 결정 적용하되 관련기술도서 및 실적치를 참고함이 타당함. (기감 30720-27862)

<도서에 대한 품 할증 및 능률저하 등에 대하여>

【질문 36】 ○○동에 ○○도 라는 섬이 본토인 육지에서 300m 거리에 있으며, 수심이 가장 깊은 곳이 5m 정도, 소형선박이 접안할 수 있는 낡은 경사식 선착장도 있습니다. ○○ 도라는 섬을 박물관으로 개발하고자 하는데, 도서할증율을 적용하기 위해 건설표준품셈 1-16 품의 할증 2.도서지구(본토에서 인력파견시)에는 작업할증(인력품)을 50%까지 가산할 수 있다는 기준이 있으나, 세부적인 적용구분이 없어 어느 정도로 보면 적절하다고 사료되는지 알고자 합니다.

【해설】 도서란 "바다에 있는 크고 작은 여러섬"을 뜻하므로 수심 5m의 바다에 있는 섬은 분명히 도서이므로 50%까지의 할증 적용 대상이 되나, 그 세부적인 구분규정이 따로 없으므로 현지여건 등을 고려하여 계상해야 할 것입니다.

【질문 37】 건설표준품셈 제1장 표준품셈의 적용기준에 야간작업에 대하여 작업능률저하를 20%로 계상하여 25%의 가산을 하게 되어 있으나, 제15장 터널편에서는 야간작업의 능률저하를 25%로 계상하고 있는데 어느 것을 따라 산정해야 되는지.

해설 야간작업의 능률저하 20%는 $\frac{1}{0.8}$ = 1.25로 80%만이 달성된다는 뜻에서 25%를 할증하는 것이고, 제15장 터널공사 노임의 산정에서 야간작업 임금가산 50%는 근로기준법에서 정하는 것이며, 작업할증 25% 또한 제1장 적용기준의 정신인 점을 혼돈하지 마시기 바랍니다.

제 5 절 선급금, 하자 및 물가 관련

질문 1 공사의 설계를 함에 있어 공사용 재료의 단가를 시중거래 가격에 의하지 아니하고 조달청의 가격정보 도매물가에 의하여 계상하였는데 이 경우 일반관리비와 이윤을 계상할 수 없다는 설이 있습니다.

해 설 거래실례가격에 의하여 예정가격을 작성한 때에는 그 가격속에 그 제품의 일반관리비와 이윤이 이미 가산되어 있기 때문에 이를 인정할 수 없다. 라는 설이 있으나, 제품의 원가 계산이 아닌 공사용 단위재료의 도매가격인 때에는 운송, 보관 등 비용을 계약예규에 따라 계상해야 합니다.

질문 2 설계내역서에 시험비(현장관리 시험비) 적산단가에 노무비를 계상한 것은 잘못이라는 감사의 지적이(노임 삭감) 타당한 것인지 여부.
  1. 적산근거는 건설표준품셈 시공관리 및 1-18 품질관리비와 건설공사 품질시험 시행규칙에 의거한 시험용 노무비 산정이 부당한 것인지 여부?
  2. 노무비를 포함한 것이 잘못이라면 현장 시험실 운영 및 각종 시험에 따른 인건비의 계상 방법을 알려주시기 바랍니다.

해 설 건설공사 품질시험은 발주자 또는 건설업자가 직접 실시하거나 국·공립 시험기관 또는 품질시험 대행자에게 대행하게 할 때도 있을 것입니다.

㉮ 직접 실시할 때에는 시험실의 설치, 기술자 및 시험사 (1, 2, 3, 4 급 등)의 상시고용, 시험장비의 구비 등을 필요로 할 것이며, 타 기관에 시험을 대행케 할 때에는 시험별 시험인력과 경비가 계상되어야 한다고 사료됨.
㉯ 품질관리를 위한 시험비 등의 계상은 건설기술 진흥법, 동법 시행령과 시행규칙 제5장 건설공사의 관리 및 국가를 당사자로 하는 계약에 관한 법률 시행규칙, 계약예규에 따라 실시하는 시험비용을 계상하도록 규정되어 있고, 시험실을 설치운영한 때에는 시험제비용 이외에 간접노무비도 계상할 수 있는 점을 이해하시기 바랍니다.

귀문의 경우, 노무비의 계상이 잘못되었다는 지적이 구체적으로 무슨 뜻인지 불분명한 바, 관계 법령과 규정을 상대방과 신중히 협의 처리 하심이 가할 것임.

<선금 반환사유 발생>

질문 3 계약상대자의 부도로 인하여 선금환수에 따른 약정이자 기간 계산시 선금지급요령(회계예규 2200.04-131-10, 2004. 3. 5) 제6조 제3항의 규정적용에 있어 선금반환사유 발생일은?

해 설 계약체결시 연대보증인이 입보되어 있는 경우 계약담당공무원은 계약상대자가 부도 등으로 인하여 계약을 이행할 수 없다고 판단되어도 계약을 해제하여서는 아니 되며, 연대보증인으로 하여금 보증시공토록 하여야 하며, 정부입찰·계약 집행기준 제38조에 의거 선금반환청구 사유가 발생하면 지체 없이(공사를 이행할 능력이 없음을 판단한 시점 기준) 반환 청구하여야 한다. 다만, 계약상대자의 귀책사유에 의하는 경우에는 선금 잔액에 대한 약정이자 상당액을 가산하여 청구한다.

<차액 보증금의 반환>

질문 4 당사는 ○○○ 사업소에서 발주한 ○○○ 공사를 도급액 76억 1천 310만원(예정가의 65.98%)에 시공업체로 선정되어 계약을 체결할 때 예정가격의 70% 미만 공사에 적용, 계약일반조건 제3조(계약보증금 및 차액보증금)에 의거 차액보증금 21억 9천 410만 8천원을 현금으로 납부하고 현재까지 공사를 시행중에 있으나 발주처의 공사용 부지 및 각종지장물(가옥, 축사, 분묘, 공장, 기타) 보상지연으로 본격적인 공사가 불가능하여 공사착공후 21개월이 경과된 지금까지 기성률이 17%(당초 계획 기성률 97.4%)로 극히 저조한 실정이며 계약공사기간 또한 당초에는 24개월 이었으나 발주처의 요구에 의해 이미 5개월이 연장되었음에도 불구하고 아직까지 해결되지 못한 지장물들이 산재되어 있어 연장된 공기내에 준공 또한 불투명한 실정입니다.

상기와 같이 당사의 책임이 없는 사유로 계약기간이 연장된 경우, 당초 계약기간 만료후 당사에서 차액보증금을 동가치 상당액의 보증서 등으로 발주처에 대체납부 요청시 가능한지요?

해 설 공사계약일반조건 제7조【계약보증금】3항에 의거 계약담당공무원은 국가를 당사자로 하는 계약에 관한 법률 시행령 제37조 제2항 제2호에 의한 유가증권이나 현금으로 납부된 계약보증금을 계약상대자가 특별한 사유로 시행령에 규정된 보증서 등으로 대체 납부할 것을 요청할 때에는 동가치 상당액 이상으로 대체납부하게 할 수 있음을 이해하시기 바랍니다.

제5절 선급금, 하자 및 물가 관련

<기성고 변경>

질문 5 계속 공사를 집행하고 있는 농지개량사업의 경우 당해 연도의 계약, 물량을 예정공정 계획과 계약에 따라 시행 완료 하였는데, 보완 변경사항이 있어 그 승인을 받은 다음 기성고 지불을 받게 되었습니다. 기성고 지불에 있어 보완 승인된 단가내로 지급 정산할 수 있는지요?

해설 계속 공사로 집행되고 있는 농지개량사업 등의 경우는 연도할 정산이 되는 경우가 많습니다. 당해 연도에 시공할 계약 물량을 공정 계획에 따라 계약시공 완료하였다면 당해 연도의 노임단가, 품셈 등에 의하여 집행되었다고 보아야 하므로, 따라서 설계 변경의 사유는 발생된다고 볼 수 없습니다. 설사 변경사유가 발생하였다고 하더라도 그 설계의 변경 요인에 대한 합의가 이루어지기 이전에 공사를 완료하였다면 공사비의 증감에 관한 이론(異論)이 생길 수 없는 것이라고 봅니다.

특히 계약의 특칙을 알 수 없어 확답드릴 수는 없으나, 조합이 도지부 또는 중앙회 등의 승인을 받은 날에 설계변경 등의 요인이 확정되고, 그 이후라야 공사를 진행할 수 있도록 시공자와 합의 계약된 경우에는 이미 공사가 완료된 부분과 미성공사 부분이 따로 검토되어야 할 것입니다. 이때, 공사가 예정공정표 대로 진척되었는가도 문제가 되는 것으로, 이는 국가를 당사자로 하는 계약에 관한 법률 시행규칙 및 공사계약 일반조건 등에서 정하고 있는(계약상 물가 변동일 이전에 이행이 완료되어야 할 부분은 제외한다)에 따라야 할 것입니다.

귀문의 경우, 보완 설계변경 청구를 하여 승인될 때까지 시공자가 기성고 지급 청구를 하지 아니하고 있다가 그 승인을 받은 뒤에 기성고의 지급 청구를 하였다면 그 계약의 특칙 등을 함께 검토하여야 할 법률적인 사항으로서, 이는 확답드릴 수 없습니다.

<자재구매 관련 질의>

질문 6 건설공사에 소요되는 주요자재(시멘트, 철근, 레미콘 등)를 관급할 경우, 공사 하자 또는 부실발생시 자재공급자와 시공자 사이에 책임규명이 곤란하여 사급으로 구매하는 방안을 검토중 레미콘의 경우, 지역중소기업 보호를 위하여 공사입찰시 현장설명서에 지역중소기업 제품을 일정률 이상 사용할 것을 의무화하는 내용을 수록하여 설명한 후, 동 내용을 계약서에 명시하여 계약이 가능한지요?

해설 국가기관이 체결한 공사 계약에 있어 사급자재는 계약상대자가 구매하고 발주기관의 검사를 거쳐 투입하는 것인 바, 계약체결시 계약상대자로 하여금 사급자재를 반드시 발주기관이 지정한 업체로부터 구매하도록 하는 내용의 특약을 명시하는 것은 타당하지 않습니다.

(회계 41301-1260)

<물가변동에 의한 설계변경>

질문 7 가을에 경지정리 사업을 착수하여 시공중에 있는 회사입니다. 계약예규 공사계약일반조건 <물가변동으로 인한 계약금액의 조정>에 의거 ○○○년도 노임단가 상승으로 인한 신규노임을 적용해보니, 전체 계약금액의 5/100 이상의 증액이 명백한 바, 발주관서에서는 2월말경에서 3월 초순경 통상적인 사업서류 보완을 실시하므로, 이때 노임단가 인상분을 적용하고자 합니다. 그러나 발주관서에서는 상부지시가 없다고 함.
  발주처에 노임단가 인상분을 보완해 주도록 요청하면 가능한지요?

해설 국가계약법 시행령 및 시행규칙과 계약예규인 공사계약일반조건 「물가변동으로 인한 계약금액의 조정」에 의하여 조정받을 수 있을 것이나, 예정공정보다 늦어진 때에는 계약의 특칙이 검토되어야 하며, 또 전체계약금액의 5/100 이상의 증가 명세서가 첨부되어야 합니다. "노임"의 경우, 공공노임으로 외형상 하자가 없는 것 같으나 사고 이월의 경우는 계약내용에 의하여야 한다고 사료됩니다.

<설계 변경시 단가 적용>

질문 8 내역입찰공사에 있어 내역서의 설계시 수량산출 오류로 인한 설계변경의 경우, 설계도면의 수정은 없으나 내역의 수량이 증·감하는 바, 도면에 변경이 없으므로 국가가 설계변경의 요구를 한 경우에 해당되지 않는지요?

공사계약일반조건 제20조 제1항에 따르면 '설계변경으로 인하여 공사량이 증감하는 경우에' 로 되어 있는데 당 현장과 같이 공사량은, 즉 설계도면은 변동이 없고 내역서의 수량만이 변경되는 바, 동조 제2항 '계약상대자의 책임없는 사유로 국가기관이 설계변경을 요구한 경우' 에 해당되지 않는다는 의견이 있습니다.

해설 국가기관이 체결한 공사계약에 있어 설계변경으로 인한 계약금액 조정시 계약상대자의 책임 없는 사유로 인하여 발주기관이 설계변경을 요구한 경우에 증가된 물량 또는 신규비목의 단가는 계약예규 '공사계약일반조건' 제20조 제2항의 규정에 의하여 설계변경 당시를 기준으로하여 산정한 단가와 동 단가에 낙찰률을 곱한 금액의 범위안에서 발주기관과 계약상대자가 상호 협의하여 결정하는 바, 내역입찰로 체결된 계약에 있어서는, 발주기관이 배부한 공종별 목적물 물량이 표시된 내역서에 누락 또는 오류가 발생하여 물량이 증가되거나 신규비목이 발생한 경우의 동 단가는 상기규정에 의합니다.

(회계 41301-1217)

<지체상금 부과 및 일수의 산정>

질문 9 ○○지역에서 소규모 공사를 시공하는 업체입니다. 공사준공일로부터 10일 경과하여 준공되었는바, 10일 경과한 날 준공계를 제출하여 준공검사는 9일후에 하였습니다. 이 경우 준공계를 제출한 날까지 지체상금을 물어야 하는지, 준공검사한 날(즉, 19일간)까지 물어야 하는지를 질의하오니 하교하여 주시기 바랍니다.

해 설 국가기관이 시행하는 공사계약에서 계약상대자가 계약상의 의무를 지체한 때에는 국가를 당사자로 하는 계약에 관한 법률 시행령 제74조의 규정에 의거, 계약금액에 동 법률시행규칙에서 정한 지체상금률과 지체일수를 곱하여 산출한 지체상금을 현금으로 납부하여야 하는 바, 귀 질의의 경우와 같이 계약기간을 경과하여 준공검사를 신청하였다면 검사기간도 지체상금 부과일수에 포함되는 것임.

(회계 45107-2078)

질문 10 공동계약(분담이행방식)공사에서 토목공종부분에서 지체가 되어 포장공종공사도 기한을 지체한 경우,
가. 분담공종별로 구분하여 준공처리(준공신고서 제출, 준공검사)가 가능한지요?
나. 지체상금은 어느 업체에게 부과하는지요?
다. 지체상금대상액 산정은 어느 금액으로 하여야 하는지요?
라. 지체일수 산정은 어떠한 방법으로 하는지요?
마. 계약기간을 산정하여 준공신고서를 제출하였을 경우, 준공검사기간이 지체일수에 포함되는지요?

제5절 선급금, 하자 및 물가 관련

해설 가. 국가를 당사자로 하는 계약에 관한 법률 시행령 제55조의 규정에 의거, 준공검사는 계약상대자로부터 당해 계약의 이행을 완료한 사실을 통지받은 날부터 실시하는 바, 동시행령 제72조의 규정에 의거, 공동도급계약(분담이행방식)으로 체결된 계약이라고 하여 공동수급체 구성원별로 준공처리를 할 수는 없으며, 전체공사가 완료되어야 가능합니다.

나·다. 분담이행방식으로 체결된 공동도급계약에 있어 공사공정예정표상 우선, 시공되어야 할 공종의 이행이 지연되어 차순위 공종을 수행하는 구성원의 공사이행이 지연된 경우, 차순위 공종을 수행한 구성원에 대하여는 동 구성원의 책임사유에 해당하지 않는 지체로 보아 지체상금의 면제가 가능하며, 지체상금은 우선, 시공되어야 할 공종의 이행을 지체한 구성원에 대하여 동 공종의 금액에 대한 지체상금을 산정·부과하여야 합니다.

라·마. 지체일수는 계약만료일부터 산정하여야 하며, 계약기간이 경과되어 준공신고서가 제출된 경우에는 준공검사에 소요된 기간도 지체일수에 포함되어야 합니다.

(회계 41301-740)

질문 11 ○○○ 설치공사 1차, 계약분의 준공기한은 '96.11.21로 계약자로부터 기한 마지막날 준공계를 접수하였으나 미준공이 명백하여 준공계를 접수한 그 다음날('97.11.22) 재준공검사원을 제출토록 계약자에게 공문으로 통보하였으며, 계약자는 미준공분을 완료하여 '97.12.7 다시, 준공계를 접수하였고, 공단은 '96.12.19 준공검사를 완료하였을 경우에 있어, 지체상금 징수기간(지체일수)은 어떻게 산정하는지요?

해설 국가기관이 체결한 공사계약에 있어 국가를 당사자로 하는 계약에 관한 법률 시행령 제74조의 규정에 의거, 지체상금을 부과,

징수함에 있어 계약이행기간 만료일에 준공계를 제출한 경우로서, 검사에 불합격되어 시정지시를 하였다면 시정지시를 한 날로부터 재검사 신청에 따른 재검사가 완료된 날까지의 기간이 지체일수에 해당됩니다.

(회계 41301-1267)

<설계 가격에 대하여>

질문 12 정부 구매물자(가격정보) 가격을 설계에 적용할 때, 관공서에서 시행하는 모든 사업에 본 가격정보 단가를 적용시켜야 하는지. 또한, 물가자료 또는 물가정보지를 활용하여 설계하여도 무방한지.

가격정보지에 기재된 레미콘가격 서울·경기지역은 관급자재로 명시되어 있는데, 읍면 소규모 주민숙원사업 설계시에 관급자재로 설계를 하지 않을시(소량이므로), 본 가격정보지를 활용하여(관급자재공급가격-부가세-조달수수료) 설계를 요구하는 바, 현재 산출된 금액(가격정보)은 47,045원/m^3이고 물가자료에 기재된 금액은 49,450원/m^3 (40-180-8)로서, 금액의 차이가 많이 생기는데, 본 설계의 적용은 어떤 가격으로 적용해야 합니까?

해설 귀 질의는 품셈의 해석상 의문에 관한 질의가 아니므로 회답할 성질의 것이 아니나 참고로 다음과 같이 회시합니다.

공공기관에서 설계할 때 적용하는 자재의 단가는 조달청 발행(가격정보)가격에 의하도록 함이 일반적입니다. 관급재료의 수량이 소량이고 레미콘 등의 생산업체가 인근에 있을 때 레미콘 사용으로 설계하고자 하면, 그것 역시 가격정보지에 의하여 설계 적산하는 것이 좋다고 생각합니다. 이때, 부가세가 포함된 경우의 공제는 일괄공제가 되므로 미리 공제하더라도 무방할 것이고, 조달수수료는 조달청에서 조달한 때의 수수료이므로 물량이 적은 때, 귀문과 같이 공제해야 하

제 5 절 선급금, 하자 및 물가 관련

는가 하는 문제는 사실 인정과 공제의 타당성이 함께 고려되어야 할 것으로 사료됩니다. 특히, 재료의 수량이 적은 경우에는 법령과 예규에서 정하는 바에 따라 재료의 관급여부가 결정되는 것이며, 단위당 가격의 차는 별로 문제가 되지 않습니다.

<선급금의 정산에 대하여>

질문 13 선급금 잔액을 기성금 지급시 전액 공제할 수 있는지? 연말 기성금을 수령코자 하는데, ○○○ 지방국토관리청에서는 계약예규를 적용 선급금 정산 잔액을 전부 기성금에서 회수하는바, 이에 대한 유권해석을 바람.

해설 기성부분에 대한 미지급액에는 선금 잔액을 우선 충당합니다. 정부입찰·계약 집행기준 제37조【선금의 정산】에 의거

선금정산액 = 선금액 × [기성(또는 기납)부분의 대가 상당액 / 계약금액] 이상으로 정산하며, 동 제38조 규정에 의한 선급금 반환 청구를 하는 경우, 기성 부분에 대한 미지급금이 있는 경우에는 선금잔액을 그 미지급액이 우선적으로 충당하여야 한다.

<관급자재의 보관 관리비 계상에 대하여>

질문 14 관급 자재의 보관·관리 등을 위한 비용을 공사 원가에 포함할 수 있는지? 의무적 자재관급제도가 폐지됨과 관련하여 관급재료의 보관, 관리 등에서 발생되는 비용은 실비를 계상하도록 하고 있는바, 동 비용을 공사원가에 포함시킬 수 있는지?

해설 관급자재 관리과정에서 발생하는 비용은 공사원가에 포함됨. 정부계약에 있어서 관급자재 대가는 공사원가에 포함되지 않으나, 관

급자재의 운반, 보관 등 관리과정에서 발생하는 비용에 대해서는 공사원가에 포함시켜 원가계산을 하여야 함. (회제 125-4065)

질문 15   <도로 경계의 개발 제한구역
            경계 표석 설치 품에 대하여>

해설   도로 기타 개발 제한구역의 경계 표석 설치는 건설공사 종류에 해당되지 아니하므로 건설표준품셈의 적용 대상은 아닙니다. 따라서 명쾌한 답변은 불가하나 건설표준품셈 제10장 도로포장 및 유지 10-5-3 "1." 보차도 경계석 (화강암) 및 "2." 보차도 및 도로 경계 블록(콘크리트)의 품을 참고하고 기초 콘크리트와 모르타르, 표석 및 자재의 운반, 제작, 터파기 및 되메우기 등의 품을 별도 계상하여 품을 적용함을 참고로 검토할 수 있다고 생각합니다.

제 6 절 경비·일반관리비 등

<전력비에 대하여>

질문 1 동력 광열비를 적산할 때 전력요금만을 계상하면 되는 것인지, 동력의 인입공사비와 전구 등 유지경비 까지를 계상해야 하는 것인지요?

해설 가설전력비로서의 인입공사비 또는 발·변전 설비, 수·배전 시설비와 기계 및 조명 등 모든 가설전력비와 전구 등 소모성 재료 등 유지·관리비용은 물론, 이에 부대되는 전공의 인건비도 포함되어야 하고, 여기에 수전의 경우는 전기요금을, 발전의 경우는 발전에 소요되는 제비용이 포함되어야 합니다.

특히, 배전을 위한 전주, 변압기, 케이블 등은 시설한 뒤 철거 재사용이 가능하므로 사용기간을 고려하여 잔존가치를 공제 계상해야 하는 바, 그 사용기준은 유사품목과 기간에 따라 구분되어야 하고 꼭 필요한 것만을 계상하십시오.

<작업 설물(屑物)에 대하여>

질문 2 어느 품셈의 해설에는 목재의 할증률에 의한 할증량을 화목 값으로 공제하여야 한다고 하는데, 구체적으로 어떻게 공제하는지 하교 바랍니다.

해설   거푸집 등의 목재에 대하여 할증이 가산된 것은 손모로 처리되기 때문에 따로 공제되는 것이 아니고, 기타 목재의 할증은 대패, 톱, 절단 등으로 불용되는 것이 생기나, 이를 화목값으로 공제하는 것이 아니며, 또 현실적으로 공제의 사유도 되지 아니할 뿐만 아니라, 그 실익도 없는 것이므로 강재, 철근의 경우와는 달리 목재 할증량의 설물값 공제는 하지 아니합니다.

<견적 가격이 서로 다른 것에 대하여>

질문 3   1) 도서의 소규모 공사현장에 대한 골재 운반 설계내역서를 작성할 때, 부두소재 골재상으로부터 상차도(上車渡)로 견적을 받아, 해상운반 공식에 의하여 설계·입찰, 낙찰되어 ○○년 6. 15. 계약을 체결하고 일부의 골재를 운반하였습니다.

　 2) ○○년 6. 20자로, 다음(추가 발주) 공사의 발주에 있어서는 골재를 해당 공사현장 인근 선착장까지 운반하여 육운 상차까지의 견적을 징구한 바, 상기 1)에 비하여 저렴하게 견적되었음 (동일 업자임).

해설   국가계약법시행규칙 및 계약예규에 의거, 예정가격이 계산되는 것으로서 착공 후에 실제 반입된 물량과 낙찰 후 변동된 기준에 따라 반입된 양을 나누어 설계 변경하여야 하는 것으로서, 이는 사실인정(事實認定)에 관한 문제라고 사료됩니다. 그러나 착공 후에 새로운 견적서를 징구하기만 하고 견적자가 이를 이행하지 아니하여 원설계와 같이 운반한 것이 사실이라면 감액 설계변경 할 수는 없는 성질의 것으로 사료되며, 계약의 특약이 있는지는 귀문 만으로는 알 수 없어 확답할 수 없사오니 그리 아시기 바랍니다.

제 6 절 경비·일반관리비 등

<운반트럭의 운반 용량에 대하여>

질문 4 자동차 운반 중 q의 계산시, 토량의 체적 변화율 적용에서 다져진 상태와 흐트러진 상태의 경우는?

해설 $q_0 = \dfrac{T}{\gamma_t} \times L$

위 식으로 적재용량을 계산하므로, 이에 따라 중량과 용량을 계산합니다.

15 ton 덤프트럭에 보통토사를 적재할 때에는 보통토사 γ_t = 1,700 ~ 1,900 kg/m³ ≒ 1,800 kg/m³ 로, f 는 L = 1.20 ~ 1.30 ≒ 1.25, C = 0.85 ~ 0.90 ≒ 0.875 따라서, q = $\dfrac{15}{1.8} \times 1.25$ = 10.41 m³ (흐트러진 상태) 로 계산됩니다.

<토량의 체적 변화 관련>

질문 5 (1) 당초 설계서에 절토 단가가 계상되어 있었는데, 셔블로 굴착과 동시에 트럭 상차 운반하였다고 해서 절토비를 삭제하였는데, 그 타당성 여부를 하교 바랍니다.

(2) 토량의 체적 변화 계수치를 1로 적용시켰는데 현장에서의 밀도시험 결과치는 0.78이 되었습니다. 관에서 단가산출에 적용시켜주지 않는데 그에 대한 의견은?

해설 (1) 건설표준품셈에 있는 굴착기계 셔블은 상차 능력을 겸비한 성능이 있으므로 굴착 기계경비만 계상해도 되나, 타 공종과의 관련성이 검토되어야 합니다.

(2) 토질의 시험결과치에 의하여 당초 추정설계를 실제대로 변경

조치함이 가하다고 생각됩니다. 그러나 예산 법정주의원칙과 회계년도 독립의 원칙이 있어 문제점으로 되나, 물량을 줄이더라도 설계변경을 해야 한다고 생각합니다.

<시공기종의 변경에 대하여>

> 질문 6 Pile 항타에 있어 연질의 지반입니다. C.B.R Test 결과도 좋지 않은 지반입니다. 설계에 1.5ton 해머에 15ton 크레인 사용으로 설계되어 있으며, Pile은 강관 $\phi 318\,mm \times 14\,m$ 와 콘크리트 pile $\phi 350\,mm \times 15\,m$ 의 2종으로 되어 있습니다. 항타 결과, 강관 pile은 32m까지 항타되었습니다. 현장 여건 및 콘크리트 pile 중량관계로 인하여 15ton 크레인에 1.5ton 해머를 사용할 수 없기에 30ton(American 4210)크레인에 5ton 해머를 사용하여 공사를 완료하였습니다. 이때, 발주관서에 장비손료에 대한 설계변경을 요청하였으나, 품셈에 근거가 없어 어렵다는 것입니다. 어떠한 근거로 설계변경이 가능할 것인지 해명하여 주십시오. 리더는 22m 이고 지반에 장비가 빠지기 때문에 침목을 깔고, 작업을 강행하였으나, 그러한 모든 것이 설계에 반영되지 않았습니다.

해설 현행 품셈에는 크레인은 무한궤도형 10~300t 까지 15종이 있고, 트럭 크레인이 2t에서 18t까지 6종이 있으며 파일해머도 3t에서 13t까지 5종이 있습니다. 연질지반의 경우, 해머의 무게가 크면, 크레인의 조업시간이 길어져야 하므로 15t급 크레인 설계는 일응 타당한 것으로 추정됩니다. 손료가 비록 적더라도 작업량의 차가 있고, 귀하의 경우와 같이 중기투입이 어려워 침목을 깔아야 할 정도였다면 작업량대비 비용의 검토와 부대 경비의 비교가 함께 이루어져야 할 것으로 믿으며 시공수단이 꼭 변경되지 아니하면 아니 될 때, 비로소 설계변경이 가능해진다는 점을 알아야 하며 또 설계변경 가능성이 미리 계약에 약정되었어야 합니다.
(건설표준품셈 제9장 건설기계시공 9-41 유압 파일 해머 "2." 파일 해머의 선정, "3." 파일 해머와 크레인의 조합 참고)

<산재보험료 등에 대하여>

질문 7 (1) 건축공사에 있어, 가장 적당한 산재보험료 산출방식은 노임을 일일이 일위대가표 등을 분해한 뒤 다시 합산하여 계산할 것인지?

(2) 지방공사 발주시, 12월경 발주로서 연도말까지 완성되지 못할 공사의 가장 적절한 처리방식(사고 이월, 명시 이월 등의 문제 처리점)?

(3) 관급자재를 지급치 못하고 공사가 발주되어, 업자가 자재를 공급했을 때 동 자재에 대한 일반관리비 적용은?

해 설 (1) 일반건설 공사시의 산재보험료 산출요령은 매년도 말경 노동부가 공고하는 다음 연도의 산재보험요율에 의하여 산정됩니다.

[당해 년도의 계산 예] 인건비율이 30% (일반건설공사)인 때,

$$1억 \times \frac{30}{100} = 3천만원(공사의 종류에 따라 다르다)$$

$$산재보험료 = 30,000,000 \times \frac{32}{1,000} = 960,000 원 임.$$

  (보험요율을 0.032로 본 때)

(2) 12월에 발주함은 부당하나, 불가피한 경우는 사고 이월조치 할 것(이를 당초 예산 편성시에 이월케한 것은 명시이월 됨).

(3) 당초 관급으로 예정한 것을 관급하지 못하고 업자 지입자재로 시공했다면 운반조작비 등의 관리비가 계상되어야 합니다.

<노무비와 레미콘 타설 품의 적용>

질문 8 소규모 공사의 설계(3개월 이하의 공사가 많아)로 설계중, 상이한 점이 많아 질의하오니 회신하여 주시기 바랍니다.

1. 노무비 계산에 있어서 보통노임×1/8×16/12×25/20 으로 적용하고 있는 바, 소규모(3개월 미만) 공사에서는 상여금이 지급되지 않으므로 노임×1/8×12/12×25/20 으로 적용되어야 한다는 설도 있어 어느 것이 맞는지 회신하여 주시기 바랍니다.
2. 레미콘 타설시, 레미콘차량은 중량이 무겁고 농로 폭이 좁아 레미콘 차량이 출입할 수 없는 곳에서 레미콘 타설시, 출입이 가능한 곳까지 레미콘 차량으로 운반하고 나머지 부분에 대하여는 소운반을 하고자 할 경우, 현재 품에서 경운기가 타당하여 경운기품으로 적용시, 소운반거리 L = 100 m 일 때,

$$Cm = L/V_1 + L/V_2 + t = 100/57 + 100/83 + 13 = 15.96 분$$
$$Q = (60 \times 0.434 \times 1 \times 0.9)/15.96 = 1.468 \, m^3/hr$$
$$q = 1,000/2,300 = 0.434 \, m^3$$
$$* \; (2인 \times 35,000 \times 1/8)/1.468 = 5,960 \, 원/m^3$$

상기와 같이 적용시켰다면 맞는지, 아니면 적재적하시간 13분, 적재적하인 2인을 바꾸어야 하는지, 다른 적용방법이 있는지 여부.

해설 1. 보통인부의 노임산정은 8시간 기준이며, 유해위험 직종은 1일 6시간 기준입니다. 상시 고용의 경우, 월 전액을 지급해야 하므로 25/20가 적용되며, 퇴직급여충당금과 상여금 등의 가산시 16/12이 적용됩니다. 3개월 미만의 공사일지라도, 그 대상근로자가 상근인 때에는 법에서 정하는 수당 등이 지급되는 점에 유의하시기 바랍니다.

2. 레미콘의 소운반을 경운기로 한 때에는 작업속도 V_1과 V_2 및 q 의 값 $0.434 \, m^3$는 타당하나, 인부 2인은 토석의 실기가 아니고 또

레미콘 트럭에서 경운기로 배출하는 것이므로 콘크리트 운반의 t_3 배출시간 2～4 min, 대기시간 5～10 min, 덤프트럭 운반의 하역시간 1～2 min, 대기시간 5～10 min을 고려하여 정하는 것이 좋을 것이며, "E" 값은 0.9 또는 0.95가 타당할 것으로 생각됩니다.

<계약과 다른 시공인 경우 설계변경 가능 여부>

질문 9 1. 아파트 공사중, 가설공사인 외부비계 설치시, 도급내역서에는 외줄비계로 설계되어 있는 부분이 실제 아파트 건물 형태가 요철로 설계되어 있어 일부 구간에서는 안전 및 시공상 부득이 쌍줄비계로 처리된 때, 설계변경 가능 여부

2. 당 현장 도급내역서 품명중, 경사지붕거푸집 항목 자체가 없으며 경사지붕거푸집 수량이 일반 평 slab 수량에 합산되어 있어 일반 평 slab인 제치장 코팅합판 수량을 경사지붕 slab로 신규 항목을 만들 수 있는지 여부.
 - 신규 항목 조성시 단가적용기준이 구단가 일위대가를 적용하는지 아니면 신규 일위대가 적용단가를 채택할 수 있는지의 여부.

3. 당 현장 도급내역서상 거푸집 수량의 분개가 발주처의 수량산출서 집계표작성 착오로 인하여 입찰내역서 수량이 실시공 수량과 상당부분 수량차이가 발생되어 도급내역의 수량을 실시공 수량으로 수량조정이 가능한지 여부.

해설 1. "1"에 대하여 국가기관이 체결한 공사계약에 있어서 설계서의 내용에 오류가 있거나 설계서와 현장상태가 상이한 경우에는 설계변경이 가능한 것입니다. 따라서 건물의 형태상 쌍줄비계로 설계되어야하나 외줄비계로 설계되어 있는 경우에는 설계변경이 가능한 것인 바, 귀 질의의 경우가 이에 해당되는지의 여부는 계약담당공무

원이 설계서, 현장상태 등을 고려하여 적의 판단할 사항이며,

2. "2"와 "3"에 대하여 시공을 위하여 필요한 사항이 설계서에 누락되어 있거나, 부족한 때에는 설계변경이 가능한 것이며, 참고로 「신규비목」이란 기존 산출내역서상에 단가가 없는 품목(규격, 품질 등이 상이한 경우 포함)을 의미하는 것임.　　　(회계 45107-1864)

<원가와 산재보험료에 대하여>

질문 10 원가계산에 의한 예정가격 계산중 산재보험료는 원가계산에 의한 예정가격 작성준칙 제19조에 의거, 이윤계상 대상에서 제외되어야 한다는데 제20조 이윤에 대한 설명에는 산재보험료가 이윤계상의 대상으로 되어있어 질의합니다.

해설 예정가격 작성기준 제21조 【이윤】에서 「공사원가중 노무비, 경비와 일반관리비의 합계액(이 경우 기술료 및 외주가공비는 제외한다)에 이윤율 15%를 초과하여 계상할 수 없다」로 명시되어 있는바, 산재보험료는 법령상 가입이 강제된 주요보험이므로 동 기준 제21조에 의하여 계상되어야 한다고 사료됨.

<수도 광열비의 계상은>

질문 11 1. "예정가격 작성기준"에 "수도광열비는 계약목적물을 시공하는데 직접 소요되는 당해 비용을 말한다"라고 되어 있어 수도비를 계상하는데, 시멘트 안정처리기층, 마대양생, 포장절단공, 아스팔트 노면파쇄공 등에서는 "물(水)"을 계상토록 되어 있어 이는 이중계산이 아닌지 여부?

2. 이중계산에 관계없이 물의 단위가 kg, m³, l 로 되어 있어 이를 통일할 수 없는지와 이중계산이 아니라면 물의 단가는 얼마인가?

3. 보조기층공, 자갈기층공 등에서는 살수를 해야 하는데 품셈에 물의 계상이 빠져 있는 이유를 알고 싶습니다.

해설 ① "물"의 사용에 대하여는 건설표준품셈 제1장 1-21 사용료 3.항에 따라 공사용수를 계상할 수 있고, 또 귀문과 같이 품셈에 명시된 물(水)량을 계상하는 것도 있으며, 현장숙소, 사무실, 식당 등에서 사용해야 할 물 등 여러 가지가 있을 것입니다. 특히, 품셈에 명시한 공종상의 물(水)량은 물이 없으면 시공할 수 없는 공종에 한하여 명시된 것으로 2중 계상으로 보아서는 아니 되는 것입니다. 또 단위의 통일은 제정당국에서 이루어져야 하는 것이며, 단위차로 인하여 잘못될 우려는 없다고 생각합니다($1\,m^3 = 1,000\,kg$, $1,000\,l$ 이기 때문임). 물의 단가는 상수(上水)를 사용할 때도 지방에 따라 가격이 다르므로 일률적으로 몇원이라고 규정할 수는 없고,(우물물이나 하천수를 사용할 때도 있기 때문임)

② 살수량은 《주》에 표준량을 명시하여 설계에 편의를 제공하고 있을 뿐, 품질 기타는 시방서에 따라야 하는 것입니다.

<공사 원가인 경비와 일반 관리비>

질문 12 1. 공사원가 계산중 경비와 일반관리비 두 항목을 계상하면 2중으로 계상되었다고 경비 일부를 반납하는 경우가 있는데, 경비와 일반관리비의 명확한 구분을 설명바랍니다.

2. 저의 소견으로는 "원가계산에 의한 예정가격 작성준칙" 제18조의 경비는 당해공사에 직접 소요되는 제경비이고 제19조의 일반관리비는 본지사 운영에 필요한 제경비라고 생각하는데 당시 계약 부서에서는 경비와 일반관리비의 항목이 같거나 유사한 항목이 많다는 이유로 경비 전액을 계상치 못하게 하고 있습니다.

해설 예정가격 작성기준 제12조 【일반관리비의 내용】 과 같이 기업의 유지를 위한 관리활동 부분에서 발생하는 제비용을 말하며, 제19조 【경비】 에서 명시 규정한 바와 같은 "경비"는 공사의 시공을 위하여 소요되는 공사원가 중 재료비, 노무비를 제외한 원가를 말하는 경비로서, 일반관리비와는 구분되는 것입니다.

<시험검사의 할증>

질문 13 기계설비부문 표준품셈 "제1장 적용기준, 1-16 품의 할증"은 모든 기계설비공사 및 설치공사에 적용되어야 하는 것으로 생각되며, 플랜트 기계설비공사 품셈의 "시험 및 조정" 또는 "검사 및 조정"의 제할증 적용에 대하여, 품셈에서 보는 바와 같이 수차설치공량, 발전기 설치공량에 표시되어 있는 "시험 및 조정" 또는 "검사 및 교정"에도 제할증(위험, 고소 기타 할증)이 적용되어야 한다고 사료되는 바, 발주자에 따라서 "시험 및 조정" 또는 "검사 및 교정"의 제할증을 적용하는 경우와 적용치 아니하는 경우가 있어, 적용기준을 질의함.

해설 기계설비부문 표준품셈에서 시험 및 조정 또는 검사 및 교정품에 대한 할증의 적용은 시험 및 조정 또는 검사 및 교정작업 내용을 공정별로 구분하여 위험, 고소 등의 작업에 해당되는 공정에 대하여는 할증을 적용할 수 있음.

(기감 30720-26193)

제 7 절 공사관련 기타부문

<기술자격 인정 여부>

질문 1 ○○ 실업고등학교 원예과를 졸업하고 국토개발분야(조경)업무에 종사하는 경우, 학력·경력에 의한 국토개발분야 건설기술자로 인정받을 수 있는지?

해설 귀 질의 원예과 교과과정을 검토한 결과, 건설기술자의 등급 및 경력인정 등에 관한 기준 제5조 별표 2에 의한 국토개발분야의 건설기술 관련학과로 인정할 수 있으므로, 귀 질의의 경우 학력·경력에 의한 국토개발분야 건설기술자에 해당됨.

질문 2 (가) 국가기술자격취득자 또는 고등학교 이상의 건설기술관련학과를 졸업한 자가 협회 등 건설관련 단체에서 근무하면서 회원사에 대한 건설공사시공기술의 지도 및 품셈 등 건설공사에 관한 연구업무를 수행하고 있을 경우, 건설기술의 관리 및 관리 등에 관한 운영규정 제41조 [별표 6] 에서 정한 경력인정기준 중 건설관련업체와 동등 이상의 자격이 있다고 인정되는 기관에서 연구업무를 수행한 자로 인정되는지요?

(나) 이 경우 고등학교 이상의 건설기술 관련학과를 졸업한 자는 학력 또는 경력에 의한 건설기술자로 분류되어 임의 신고를 할 수 있는지요?

[해설] 위 질의 '가'의 경우와 같이 협회 등 건설관련단체에서 건설공사에 관한 연구업무를 수행하였다면 건설기술자의 등급 및 경력인정 등에 관한 기준 제5조【건설기술자의 인정범위】에서 정한 경력인정기준 중 건설관련업체와 동등 이상의 자격이 있다고 인정되는 기관에서 연구업무를 수행한 자로 인정할 수 있고, '나.' 이 경우 고등학교 이상의 건설기술관련학과를 졸업한 자는 건설기술관리법상 신고의무자에 해당되지는 않으나 자신의 경력관리를 원하는 자는 학력 또는 경력에 의한 건설기술자로 임의 신고를 할 수 있음.

<하도급에 대하여>

[질문 3] 하도급의 정의는 무엇입니까? 예를 들면, 토목공사의 경우, 흄관부설을 m당 단가로 정하고, 어떤 특정인에게 현장소장이 시공을 시켰을 경우, 이것도 하도급으로 간주하여 발주관서의 승인을 얻어야 합니까?

[해설] 하도급이란 건설산업기본법 제2조【정의】12호에 의거 도급받은 건설공사의 전부 또는 일부를 다시 도급하기 위하여 수급인이 제3자와 체결하는 계약을 말하며, 귀하의 경우의 예시는 주공종이 흄관의 매설인 경우와 총공사의 일부인 때가 다르게 됩니다. 앞의 경우는 하도급과 같으며, 뒤의 경우는 현장 내에서 세칭 돈떼기와 같은 것으로서, 이는 하도급과 구분된다고 보아야 하나 공사비, 공종 등을 떠나서 단순하게 이를 구분할 수는 없음.

<원동기 조종원이 기계운전사로 될 수 있는가>

질문 4 노임단가 적용에 있어 원동기 100~300HP, 펌프 400~1,000mm 의 운전, 조작, 수리를 담당하는 공원인데 이를 기계운전사로 보아야 하는가, 기계공으로 보는가?

해설 구 재정경제부의 직종해설에 의하면 기계운전사는 발동기, 발전기, 양수기, 윈치 등 경기계의 조종원, 기계공은 기계의 점검, 정비 및 유지·보수를 하는 기능공이라고 각 해설하고 있으니 귀문의 해답은 자명해진 것으로 사료됩니다.

<품의 적용>

질문 5 재료의 할증률과 품적용에 있어서 ① 적용기준의 재료할증에 강판은 10% 이고 품적용은 정미량외는 가공 및 시공품은 적용할 수 없다.
② 기계설비(냉·난방 위생설비공사)에서 각종 잡철물제작 설치에서, 용접 개소·형상·경량 철재 등에 따라 재료 및 품은 간단 100%, 보통 120%, 복잡 140%를 계상한다. 라고 되어 있는 바, 우리 시의 침전지에 원통칸막이 공사를 하고자 하는데 ①과 ② 어느 품을 적용시켜야 하는지, 아니면 다른 품 적용이 있는지 여부.

해설 ①의 품적용에서 강판의 재료할증이 10% 라고 할 때, 실소요 강판이 1.00ton 이고, 제작품이 철공(철판공) 27.65인이라고 가정하면, 재료의 수량은 1.00t×1.1 = 1.1 ton이 됨. 제작품은 $\frac{1.10}{1.00}$ t×27.65인 = 30.415인이 아니고 1.00ton 에 대한 품 27.65인만이 계상되는 것이며,

② 침전지의 원통칸막이 설치공사는 그 구조상세가 없어 확답 드릴 수 없으나 현행 품셈의 구성으로 보아 잡철물제작설치 품을 적용하는 방법 이외에 다른 유사품셈은 없다고 사료되며, 그 구조에 따라 간단, 보통, 복잡으로 구분 적용하면 된다고 사료됨.

질문 6 상수도 관로공사를 시공함에 있어, 본 공사는 ○○시 전역에 걸쳐 굴착매설하는 공사로서 시공중 ○○도 경찰청이 러시아워(출·퇴근)시간을 피하여 공사를 하라는 발주자인 ○○시청, 원도급 업체인 ○○ 외 4개사의 강력한 요구로 아침 07시에 개시하던 작업을 아침 09시로, 오후 7시에 종료하던 작업을 오후 5시로(실제로는 5시에 종료키 위해서는 4시에 종료를 해야함) 작업규제하여 일상 10시간의 작업시간을 5~6시간의 실제작업시간으로 4~5시간을 중단하는 바, 이로 인한 본 공사의 하도급 업체인 당사는 금액적 손실피해가 막대하여 누적된 어려움에 처하여 원도급업체인 ○○ 외 4개사에게 작업시간 규제에 따른 할증금액을 요청한 바, 긍정적으로 해결하여 준다는 약속을 받고 기다리는 중 합리적인 답변을 받고자 질의를 합니다.

해설 근로기준법에 의하면 1일 작업시간은 8시간, 8시간 작업중에 1시간의 휴게시간을 주도록 규정하여 공용 9시간, 실동 8시간이어야 하나, 귀 질의는 09시 부터 17시 까지로 제한하여 공용 8시간이 되므로 근로기준법에 의한 근로시간보다 1시간이 적어졌으며, 귀하의 견적 예상시간인 1일 12시간-2시간 = 10시간 실동의 경우보다는 3시간의 실동시간 제한을 받았다는 것으로 당초의 예상과 최소 1시간(법적인면) 내지 3시간(귀하의 예상)의 차질이 생긴 것이 발주청의 요구에 의한 것이라 하므로, 이 부분은 발주청과 원도급자, 원도급자와 하도급자인 귀하 등과의 관계로서, 이와같은 사례는 품셈사항은 아니며 발주자, 원도급자, 하도급자가 협의 처리하거나 계약의 특칙이 있다면 그에 따라 처리해야 할 사항임.

질문 7 공사의 설계를 함에 있어 공사감독관용 차량을 계상해야 하겠는데 어떤 근거에 의하여 계상하는지요?

해설 도로공사와 같이 작업구간이 길거나 시공개소가 여러 곳인 때, 공사감독용이란 명시는 없어도 차량과 그 유지비는 꼭 필요한 것으로 설계서에 계상할 수 있습니다. 감독용 차량은 소형 승용차량과 실험장비 수송용 차량 등의 유지비 손료를 계상하되, 이는 계약예규인 예정가격 작성기준 제19조 제3항 제16호에서 정하는 바에 따르면 됩니다.

질문 8 한국 ○○ 산업연합회가 발주한 ○○ 센터 신축 토공사 부분에 대하여 도급계약시 강재의 손료가 무대로 계약되었으나 당초의 설계공법으로 공사를 하였을 경우, 인접건물의 동의를 받지 못하여 Earth Anchor 공법으로 시공하지 못하여 Lake 설치로, 즉 새로운 공법으로 설계를 변경시공케 되었습니다.
(가) 당초의 공법에는 강재가 적게 계상되어 있었으므로, 손료를 계상·계약하지 아니하였기에 자연히 손료는 줄어들지 않았습니다.
(나) 새로운 공법에 따라 강재가 당초 공법보다 많이 증가한 경우
  ⓐ 증가한 물량만큼의 손료를 인정하는지 여부
  ⓑ 신공법에 적용되는 물량은 전량 손료가 인정되는지 여부
(다) 당 현장에서는 같은 공법인 경우는 물량에 따라 당초 계약대로 이행되어야 마땅할 것으로 사료되나, 공법이 변경된 경우는 신공법에 적용되는 물량 전부의 손료가 인정될 것으로 사료되는 바, 귀하의 합리적인 견해는?

해설 귀 질의는 품셈의 해석상 의문에 관한 질의가 아니고, 계약에 관한 사항으로 회답할 사항은 아니나 업무협조의 뜻으로 참고 의견을 회시합니다.

(1) 계약일반 : 우리 민법은 제 2 조 【신의 성실】에서 권리의 행사와 의무의 이행은 신의에 쫓아 성실히 하여야 한다. 라고 규정하고, 국가의 회계에 있어서는 그 기본이 되는 국가계약법시행령 제 3 장 계약에서 각 계약에 관하여 규정하고 있고, 건설산업기본법 제 3 장 도급 계약에서 계약에 관한 규정을 두어 계약의 이행 기타를 성실하게 처리하도록 명시 규정하고 있습니다.

(2) 귀 질의 검토

(가) 당초 계약된 설계와 공법은 "어스 앵커" 공법의 설계였으나 인접 건축주의 동의를 얻지 못하여 "Lake" 설치로 공법이 변경되었기, 따라서 "어스 앵커" 설치 무대(無代)의 계약내역서대로 시공 불가하게 되었다. 라는 것에 대하여 살펴본다.

 1) 당초 설계가 "어스 앵커"로 토류벽을 구축하려던 것이, 외부의 영향 때문에 부득이 설계를 변경하지 아니하면 아니 되었다. 라는 것이 사실이라면, 이는 "을"인 시공업자 만의 귀책사유는 아니라고 보아야 합니다.

 2) "을"인 시공업자의 귀책사유가 아니라면, 시공 공사비의 절감과 인접가옥 등의 동의가 가능하다고 보고 설계, 발주한 "갑"인 발주자의 귀책사유에 그 원인이 있는 것이 아니었나 라는 추정이 가능하다 라는 점을 배제할 수 없습니다.

 3) 귀 제시자료에 의한 계약조건 4항 "설계변경" "나" 항에 의하면, "재료, 공법 등의 조정 및 변경에 수반하는 수량의 증감 등 주요한 변경은 감독원의 지시에 의하며, 이때에 있어서는 실비를 정산하여 도급금액을 증감한다" 라는 특약에

의하여 재료·공법이 변경되었으므로 계약에 따라 설계변경의 조건에 해당됨을 인정할 수 있으나, "갑" 측 감독원의 지시에 따랐는지의 여부는 귀문만으로 판단할 수 없습니다. 그러나 "어스 앵커" 공법을 "Lake" 공법으로 변경하였다고 하면 감독원의 지시없이 공법이 변경되었다고 보기는 어려운 실정 또한 추정할 수 있습니다.

(나) 당초의 설계, 공법대로 계약 시공할 때는 강재만을 무대(無代)로 계약되었으므로 공사비용의 증감사유는 발생하지 아니하겠으나 공법이 새롭게 변경되었으므로, 공법이 변경된 것에 대한 공사비는 실소요량 대로 정산되어야 하는 것이다. 라는 점에 대하여 살펴본다.

1) "어스 앵커"에 의한 강재 소요량과 동 시공 공사비용중 강재의 손료만을 무대로 공사계약 하였으므로 동 공법대로 시공하였을 때에는 수량의 증감이 없는 한 공사비에 아무런 변동이 있을 수 없다는 것은 자명한 것입니다.

2) 이 질의의 경우는 위와 같은 "어스 앵커공법"이 아닌 "Lake" 공법으로 설계를 변경 시공하게 되었으므로 어스 앵커공법에 의한 설계나 공사비용은 아무 쓸모가 없는 것이 되었고, 따라서 계약조건 4 설계 변경사유 "나" 항에 해당되어 설계를 새롭게 하지 아니하면 아니되는 사유에 이르렀으므로 실비를 정산해야 하는 사유로 해서 강재의 수량의 증감만이 아닌, Lake공법에 의한 토류공의 실비정산을 위한 설계를 필요로 하게 되었다고 보아야 합니다.

3) "어스 앵커공법"용 강재가 당초 설계보다 많이 소요되었다. 또는 적게 소요되었다. 라는 점은 문제가 되는 것이 아니고, "어스 앵커공법"의 시공인가? Lake 공법의 시공인가?

에 따른 일위대가표, 단가산출기초 등 공사비 산정을 위한 실시 설계를 검토하여 "갑"과 "을"인 계약 당사자가 실비정산의 차원에서 계약의 약정에 따라 처리되어야 한다고 생각합니다.

(다) 본 건 질의는 당초 설계, 공법대로 시공할 수 없는 사유를 "갑"이 인정하여 설계를 변경하였다고 하면, 계약조건 약정에 의거, 실비를 정산하는 설계변경을 함이 타당하다고 사료됩니다.

(3) 계약은 위에서 언급한 계약일반이론에 의하여 계약의 상대방이 신의와 성실에 쫓아 당사자가 협의하여 처리하심이 가할 것임.

<시공자 귀책 사유 진단 비용>

질문 9 시설물의 안전관리에 관한 특별법 제12조 단서의 규정과 같이 시공자의 귀책사유로 인하여 정밀안전진단을 실시하게 될 때의 비용 부담자는 누구인지요?

해설 하자 담보 책임기간 내에 안전점검(일상점검 및 정기점검 등)을 통하여 판명된 하자로 인하여 정밀 안전진단을 실시하는 경우로서, 그 하자가 시공자의 귀책사유로 인한 것인 때에는 시설물의 안전 및 유지관리에 관한 특별법 제56조【비용의 부담】단서의 규정에 의거 시공자가 그 비용을 부담하여야 합니다.

질문 10 금년 7월에 ○○도 공영개발사업단에서 발주, 계약 시공중인 ○○ 용강택지 조성공사 현장으로 ① 당초 입찰내역서 작성시, 도사업단에서 내역서와 일위대가표를 동시인수(금액란 미기재된 것), 함께 작성 제출하여 낙찰이 되었으나 당초 일위대가의 "견치블록 쌓기" 대가중 쌓기품(인건비) 항목이 누락되어 있었기에 설계변경시 반영 가능한지의 여부와, ② 견치블록 쌓기 뒤채움 Con´c가 레미콘(관급)으로 설계되어 있어 인력타설로의 변경가능 여부를 질의합니다.

[해 설] 질의 ①의 경우 발주자 측에서 설계 물량만을 제시한 것에 공량이나 단가를 기재하여 낙찰 계약했을 것으로 사료됩니다. 귀문의 경우, 견치블록 쌓기품의 항목이 누락된 일위대가를 그때 발견 이의를 제기했어야 하고, 입찰유의서·설계 변경조건·설계설명서 등에 누락 항목의 삽입 가능성 등이 명시되었는지는 귀문만으로는 알 수 없어 확답드릴 수 없습니다.

질의 ②에 있어서는 뒤채움 콘크리트는 그 수량이 적고 또 레미콘의 공급이 공사 진행에 따르기 어렵다고 사료되는바, 발주자와 협의하여 형편에 따라 변경이 가능하다고 사료됩니다.

[질문 11] 공사비적산에 있어 재료의 적치장 등의 공사용지를 차지해야 하는데 임차료의 결정기준이 없어 어려움이 많고, 도심지내의 도로 점용료도 많아 애로가 많습니다. 차지료 계산기준을 하고 바랍니다.

[해 설] 우리나라 품셈에는 이에 대한 명시규정이 없고 기획재정부 계약예규에도 명문이 없어 확답할 수는 없습니다.

다만, 원칙적인 기준은 임차료 = 임차면적×차지단가 (○개월) 가 되고, 임차지의 단가 = $\dfrac{\text{토지가격} \times \text{연간임차료율}(\%)}{100 \times 12\text{개월}}$ 로 나타낼 수 있습니다.

여기서 임차율은 $\frac{임차료}{토지가격}$ 가 될 것입니다. 그러나 임차율이 다른 법령, 즉 국유재산법 등에서 정한 것이 있으면 그에 따라야 할 것임.

<공사 업종에 대하여>

질문 12 건축물 출입구에 설치되는 대형 회전문(자동) 공사는 어느 전문 건설업에 해당되는지요?

해설 건설산업기본법 시행령 별표 1의 규정에 의거 금속·목재·합성수지 등으로 창호를 제작하여 건축물 등에 설치하는 공사는 창호공사이므로 귀 질의의 대형 자동회전문을 설치하는 공사의 경우, 전문건설업종 중 창호공사업에 해당할 것으로 보나, 전기공사가 수반된 경우에는 전기공사업법의 적용도 받게 되오니 참고하시기 바람.

<계약 및 해석>

질문 13 수년전의 공사실적을 준공 당시 물가지수와 현재의 물가지수를 연계, 환산하여 조정된 공사실적 금액으로 실적제한 경쟁입찰에 참가할 수 있는지?
 동종의 공사실적으로 입찰참가자격을 제한함에 있어, 당사는 수년전에 이행한 공사실적이어서 금번 입찰의 실적제한금액에 미달되는바, 당사의 공사실적을 완공년도의 물가지수와 금번 입찰공고 당시의 물가지수를 연계, 환산한 공사실적으로 조정하여 입찰에 참가할 수 있는지?

해설 준공실적 금액에는 물가지수를 고려하지 않습니다.
 국가를 당사자로 하는 계약에 관한 법률 시행령 제21조 제1항 및 정부입찰·계약 집행기준 제5조 제1항 규정에 의한 제한경쟁입찰에

제 7 절 공사관련 기타부문

있어서, 공사실적 금액으로 입찰 참가자격을 제한하는 경우, 공사실적 금액이라 함은 당해 공사와 같은 종류의 준공실적 금액을 말하며, 여기에서의 준공실적 금액과 물가지수와는 무관한 것임.

질문 14 장기계속공사 계약을 체결하고 제 2 차 공사 이후의 계약을 체결하지 않는 경우, 부정당업자 제재를 받는지?
 총공사기간이 4 년인 장기계속공사 계약을 체결하고 계약을 이행하여 왔으나 당사 사정으로 잔여부분에 대한 계약을 체결하지 않을 경우, 부정당업자 제재대상이 되는지?

해설 부정당업자 제재사유에 해당 됨.
 국가를 당사자로 하는 계약에 관한 법률 시행령 제69조 제2항 규정에 의하여 장기계속공사의 경우 제 1 차공사 계약체결시 낙찰 등에 의해 결정된 총 공사금액을 부기하고 제 2 차 공사 이후의 계약은 부기된 총 공사 금액에서 이미 계약된 금액을 공제한 금액의 범위 안에서 계약을 체결할 것을 부관으로 약정하여야 하는바, 계약자가 계약자의 사정으로 동 계약을 체결하지 않는 경우는 국가를 당사자로 하는 계약에 관한 법률 제27조 제1항 제8호 동 시행령 제76조 제1항 제2호에 해당됨.

질문 15 1. 종합제철용광로에서 용해된 광석의 부산물인 슬래그를 폐기물이라 합니다. 슬래그가 시멘트 원료인 클링커와 같은 건설자재로 인정되는지요?
 2. 건설중기 차량으로 운송할 수 있는지요?

해설 제철 용광로에서 용해된 광석의 부산물인 슬래그를 건설공사에 사용하는 경우 공사용 자재로 보며, 건설공사용 자재의 운반은 중기로 할 수 있음. (기감 30720-29702)

<강관 파일 항타 공사의 공종 범위>

질문 16 강관파일 항타공사와 가교설치공사(H-pile을 항타 후 H-beam을 운반·거치하고 그 위에 복공판을 설치)를 비계·구조물 해체공사 업자에게 하도급 할 수 있는지요?

해설 귀 질의의 공사를 어느 건설업자에게 하도급 할 것인지는 건설산업기본법 시행령 별표 1. 건설업의 업종과 업종별 업무내용을 토대로 당해 공사의 설계내용, 시공기술상의 특성, 현지여건 등을 감안하여 발주자 등이 판단하여야 할 사항이나 강관파일 또는 H-pile을 항타하는 공사가 말뚝공사의 일종이라면 비계공사로 볼 수 있고, 교량을 건설하기 위하여 H-beam을 설치하고 복공판을 거치하는 공사는 강구조물공사에 해당할 것임.

<건축 적산자료 중에서>

질문 17 건설표준품셈 부록 I 건축적산자료 라. 콘크리트 중에 매설한 철골재 체적(직경이 큰 구조용 파이프, 조립부재 등의 공간은 제외함)은 콘크리트 체적에서 제외하지 않는다. 고 되어 있는 바, 조립부재 등의 공간이라 함은 Box형 부재와 일반 H형강을 모두 포함하는 것인지의 보충 설명을 회신받고자 합니다.

해설 건축적산자료 4. 철근 콘크리트공사, 4-1 콘크리트의 수량 산출기준이 규정되어 있고, 라. 항에서 콘크리트에 매설될 철골재의 체적은 공제하지 않으나, 직경이 큰 구조용 파이프나, 조립부재 등 공간이 큰 것은 콘크리트 타설 수량에서 공제한다는 뜻입니다.

<폐기물 처리량 계산방식>

질문 18 도로개설시 지장이 되는 주택철거 폐기물의 계산에 대하여 우리시에서는 아래와 같이 산정하여 적용하는데 어느 것이 맞는지 알려주시면 업무에 많은 참고가 되겠습니다.

○ 철거면적 : $100\,m^2$, 건축폐기물 단위중량은 $1.409\,ton/m^2$ 이고, 혼합폐기물 단위중량 : $0.203\,ton/m^2$

A 적용 : $100 \times 30\% \times ((1.409+0.203) \times 0.5) = 24\,ton(30\%$ 만 적용$)$

B 적용 : $100 \times ((1.409+0.203) \times 0.5) = 80\,ton(100\%$ 만 적용$)$

해설 건설표준품셈에서 주택 등의 철거시 발생되는 폐기물의 수량 산정에 대한 기준은 규정되어 있지 아니하나, 귀문의 경우, 폐기물의 단위중량은 $1.409\,ton/m^2$이고, $100\,m^2$이면, $140.9\,ton$이 되는데 그 30%는 $42.27\,ton$임. 여기서 50%만을 적용하면, $21.135\,ton$이 됩니다. 그러나 여기서 귀하제시 30%와 50%의 적용 근거는 물론, A, B 적용안도 의문이므로 귀문만으로 판단하기는 곤란합니다. 참고로, 구 건설표준품셈 제1장 1-30 건설폐재의 재활용촉진 및 폐기물처리비 2항과 그 표를 보시면 주거용 단독주택은 m^2당 $0.026\,ton$으로서 $100\,m^2$ 짜리 건물은 $2.6\,ton$이 됩니다.

질문 19 <환경관리비 중 폐기물의 수량 산출에 대하여>

해설 구 건설표준품셈 제1장 적용기준 1-30 환경관리비는 건설공사에 있어 환경 오염방지를 위한 건축물 등의 구분별 폐재의 수량을

m² 당, ton 으로만 규정하였고, <주>에서 명시한 것 이외에 다른 산정 방법은 없습니다. 따라서 해체 시에는 건축공사 품셈 "18-1 분별해체공사, 18-2 구조물 헐기 및 부수기"를 참고하여 실측 계상해야 할 것이라고 생각합니다.

질문 20 <건축폐기물 처리 비용의 산정에 대한 기준 여하>

해 설 건설공사 현장에서 발생하는 건설 폐기물의 처리 및 재활용에 소요되는 비용은 건설기술 진흥법 시행규칙 제61조【환경관리비의 산출 등】의 규정에 따라 처리하는 것으로서 동 시행규칙 별표 8호 "2" 폐기물처리 및 재활용비의 산출기준 "가"에서 1) 수집 운반비, 2) 중간처리비, 3) 최종처리비 등의 소요비용 산출 등을 표준품셈 또는 원가 계산 방법에 의하도록 상세히 규정하고 있으므로 이에 따라야 하며, 이보다 더 자세하게 구분하는 기준이나 요령은 따로 없습니다.

질문 21 <목재 플로링을 비늘판으로
               볼 수 있는지에 대하여>

해 설 비늘판은 외벽에 비늘모양의 널재를 시공하는 재료를 말하는 것이며, 목재 플로링을 비닐판으로 볼 수는 없습니다. 관련 시방서와 문헌을 참조하시 바랍니다.

제 8 절   노무 공량 산정

1. 표준 작업량 (標準作業量)을 구한다.

　표준작업량을 결정함에 있어서는 먼저 작업내용을 요소별로 분석한 F.W.Taylor의 시간연구(Time study)가 최초의 연구이다.
　그의 연구결과에 따르면, 사람의 작업량에는 개인차가 크다는 것을 알 수 있다고 한다. 즉, 그는 철괴 운반작업의 실험에서 각 작업원이 40kg짜리 철괴를 운반할 때, 1일 평균 운반량이 12.5ton 인데 비하여 75명의 작업원중에서 1/8인 9~10명은 1일 48ton 을 운반할 수 있었으므로, 소요인원 500명을 140명으로 감축해도 작업에는 지장이 없다는 판단을 할 수 있게 되었다고 한다.
　이와 같은 작업원 각인의 개인차는 사람의 소질적인 면과 교육·훈련에 의한 경험적인 것, 최소의 노력으로 최대의 효과를 얻고자 하는 최적(最適)의 작업형태를 유지하는 것 등 여러 가지가 복합된 작업방법을 채택하고, 이러한 작업방법과 조건하에서, 표준적인 작업자가 표준적인 작업방법으로 작업할 때 소요되는 시간, 요소동작수(要素動作數)를 측정하고 여기에 작업시간 외에 여가·여유율을 가산하여 표준작업량을 결정하면 된다는 것이다.

2. 표준품셈에 있어서의 시간당 작업량?

　건설공사 표준품셈은 어떤 단위당 공사용 소요재료의 수량과 노무공량(勞務工量)을 셈하는 적산(Estimate)을 뜻하는 것으로서 사람이나 동

물, 기계 등이 어떤 물체를 창출하기 위하여, 단위당 소요로 하는 노력과 물질을 수량으로 나타낸 것을 품셈이라고 하며, 이를 보편 타당하게 표준화한 것이 바로 표준품셈이라고 볼 때, 여기서의 작업량은 위 표준작업량에서와 같이 표준적인 작업원이 표준적인 작업방법에 따라 작업할 때 필요한 시간, 동작의 수를 측정하고 작업시간율이나 여가율을 가산하여 결정하는 것으로서, 여기서의 작업원은 적당한 훈련을 거친 직종별 직능인으로, 그 작업을 상시 수행하는 자로 보아야 한다.

이때의 작업방법은 표준적인 상태에서 일반 및 특기시방(特記示方)과 순서에 따라 작업을 행하는 것을 말하는 것이며, 결코 최소의 노력으로 최대의 성과를 달성하려는 방법은 아니라는 점이 전제되어야 한다.

작업시간의 측정에 있어서도 그 작업을 행하는 요소동작(要素動作)을 연속적이고 순환·반복적으로 측정하여 구하되, 실제의 작업소요시간과 작업현장에 투입되어, 그 작업을 수행하기 위한 제반준비와 작업종료 후의 정리 등을 행하는 시간을 포함한 전 사이클(cycle) 시간을 측정하되, 전체시간중 차지하는 순수작업시간과의 비율을 구하여, 이를 가동률(稼動率)로 하는 등의 고려가 있어야 하는 것이다.

정상시간 = 실측시간＋능률계수 / 100

여 유 율 = 여유시간/정상시간×100

표준시간 = 여유시간＋정상시간 으로 구한다.

가. 작업 측정요령

표준품셈을 제정하기 위한 작업측정은 다른 용도의 작업측정과 비슷한 것으로 「어떤 작업의 성과를 측정하는 것」뿐만이 아니고 영조물(營造物)의 건조(建造)와 품질보장, 경영관리면까지 고려한 정확한 노무공량을 판단함과 동시에, 그 결과와 그때의 효율 및 경제성의 평가 등에도 기여될 수 있고, 또 보편 타당한 항용성(恒用性)이 있게 측정·검토되어야 한다.

  이와 같은 작업측정의 기본을 바탕으로 표준 작업시간을 구하여, 이를 항용성 있는 기준으로 해야 하는 까닭에 다음 5단계를 고려해야 한다.

(1) 정해진 작업조건과 정해진 방법으로 기존의 합리적인 설비를 이용하여,
(2) 이미 정해진 작업조건과 설계 및 시방의 작업순서 대로
(3) 그 작업에 익숙한 관계직종의 숙련 작업자로 하여금(평균적인 능력자일 것)
(4) 그 작업을 수행할 수 있는 상태의 건강을 유지하고 있는 자로 하여금
(5) 표준적인 실용 작업속도로 지정한 단위작업량을 완성하는데 소요되는 시간을 표준 작업시간으로 하되, 이때의 작업 사이클을 몇 번 반복하여 그 중 가장 합리적이라고 판단되는 시간을 채택해야 한다.

  특히, 건설공사의 경우는 그 작업의 수행 장소가 옥외에 위치하는 경우가 많고 또, 계절적으로 작업에 미치는 영향이 크므로, 그 기준에 대하여서도 +10~20℃를 기준으로 한 기상조건의 상·하에 대한 보정을 고려해야 하고, 작업실동시간과 준비시간, 대기시간, 기타 여유시간 등이 고려되어야 하므로, 스톱워치에 의한 직접시간만을 측정하여 이를 표준시간으로 생각하는 것은 극히 위험하고 비현실적인 것이라는 점을 알아야 한다.

  사람이 어떤 작업을 수행하는 것은 그 순서, 즉 흐름에 따라 스톱워치 등으로 정밀측정을 하다보면 이른 바 여유 즉, 작업중단, 피로, 인적(人的), 기타 여러가지 지연사유가 생기게 되므로 이들 각 요소를 모두 빠짐없이 측정하고 표준화에 반영하여 합리적인 표준화 시간을 도출할 수 있게 해야 한다.

나. 표준공량 산정

앞에서 고찰한 작업측정을 통하여 표준화 가능한 합리적인 시간을 구한 다음, 표준품셈에 쓰일 공량을 산정함에 있어서는 먼저 다음의 8개 항목에 대한 검토가 있어야 한다.

(1) 작업의 준비와 관계되는 여러(諸)시간
(2) 작업의 실행시간 및 지연 손실(Loss)
(3) 작업의 파행 여유시간 및 여유율
(4) 능률의 체증·체감요인 고려
(5) 작업원의 숙련도에 따른 할증·감
(6) 노임의 지정 또는 공고노임과 실지급액의 비율
(7) 작업원의 교육수준, 연령 및 그 작업에 대한 적성 여부
(8) 작업내용의 이해와 사명감 등을 종합 조정한 계수를 산정하여, 이를 단위작업당 실측시간, 즉 실동시간에 대입하여 조합·조정함으로서 표준적인 상황에서 실동시간과 실질임금 등을 복합 조정한 합리적이고 표준화 가능한 공량(품)을 산출할 수 있게 되는 것이다.

특히, "표준품" 공량을 계산할 때 측정시기, 지역, 기후, 공사의 규모 등을 고려하지 않고, 측정단위나 기록도 제대로 하지 않고, 반복측정을 3~4회, 많아야 5~6회만을 실시하고, 유사공량의 수도 3~4개로 제한하여 당년도에 실측을 완료하려는 경향이 많으나, 이는 적어도 2~3년 반복한 자료를 통계 처리하여야 비로소, 표준공량을 확정할 수 있는 것임에 유의해야 한다.

특히, 건설공사의 경우는 어떤 작업을 수행함에 있어서도 선행작업과 후속작업이 뚜렷하거나 상관관련이 크고, 그 작업활동에 있어서도 공종, 세공종(細工種), 공정(工程), 세공정(細工程), 활동, 세부활동 등 작업요소

의 흐름이 분명한 것 같지 않으면서도 뚜렷한 한계가 있음을 간과해서는 안된다.

3. 근로시간과 표준 품

가. 근로 시간

우리나라의 근로시간은 근로기준법(법 제50조)에서 「근로시간은 휴게시간을 제외하고 1일 8시간을 초과할 수 없으며, 1주간의 근로시간은 휴게시간을 제외하고 40시간을 초과할 수 없다.」라고 명시하여 1일 실동시간 8시간을 근로시간으로 정하고 있다.

이 법에서는 휴식시간을 근로시간 도중에 주도록 하였으며, 4시간 근로인 때에는 30분 이상을 8시간인 때에는 1시간 이상(법 제54조)을 근로시간 도중에 주게 하였다. 예외로, 지하작업이나 기타 유해 위험한 작업에 있어서는 안전 등을 고려하여 1일 실동 6시간, 1주 34시간을 기준으로 하게 하였다. (산업안전보건법 제46조)

이 법에서는 규정시간을 초과하여 연장근로를 하였거나 야간작업, 즉 오후 10시부터 다음날 오전 6시까지의 작업에는 통상임금의 50%를 가산 지급하게 하였다. (근로기준법 제56조)

우리나라의 경우, 옥외작업이 대부분인 건설공사에 있어서는 계절적인 영향에 따라 봄, 여름, 가을까지는 1일 작업시간이 대체로 07:30~08시부터 18:30~19:30분까지 11~12시간 상당을 작업현장에 있고, 휴식시간은 점심시간과 간식 등으로 1일 1시간 30분 상당을 사용하고 있음이 일반적이다. 이를 바꿔 말하면 $\frac{11+12}{2} - 1.5$시간 = 10시간의 실동으로 근로 기본시간인 8시간보다는 2시간을 연장 근로하고 있다는 간접계산이 된다.

여기서, 근로시간의 보정을 위하여 몇 가지를 나누어 생각해 본다. 근로시간이 8시간인 때에는 8/8=1.0의 계수가 될 것이나 위와 같이 11.5시간인 때에는 11.5-1.5=10시간, 즉 10/8=1.25이므로 1÷1.25=0.8이란 시간율 계수를 얻을 수 있다.

특히, 여기서 간과할 수 없는 점은 공휴일이다.

우리나라의 공휴일은 국경일과 일요일을 합하여 연중 통상 67일 정도이고, 12월 하순부터 2월 상순까지 기온이 -10℃를 오르내리는 날씨가 약 40일, 6월 하순부터 7월 중순까지 사이에 매년 되풀이되는 장마로 인한 작업휴지가 약 20일, 계 60일 중 동절기 시공과 1일 5mm 이상의 강우 등을 예상하여 약 30%의 손실로 본 42일(60일×0.7)을 더하면 연중 109일 상당은 옥외 현장실동이 불가능한 것이 아닌가 하는 판단이다.

따라서 연 365-109≒256일 상당의 실동이므로 결국 256/365≒0.701의 계수가 얻어진다.

이 작업계수는 표준시간에 대하여 가득률 70%라는 실동 일수율이 고려되는 것은 물론 아니다. 그러나 적어도 월중(30일×0.7=21일, 12월 (연중) 실동 상당) 또는 수개월 이상 계속 고용되는 작업원에 대하여는 상시고용의 임금산입 등을 계산해야 하는 점에서 근로보정에 참작되어야 할 요소인 0.8×0.7=0.56의 계수는 시간율과 일수율을 복합계산한 실질계수로 받아들여야 하는 것이다.

나. 품셈상의 여유율?

사람이 어떤 작업을 수행함에 있어서는 기계와 같이 쉬지 않고 계속 반복 작업을 하는 것은 아니다. 1시간 60분 중 모두의 시간이 재화로, 또는 작업량으로 변하는 것은 아니므로, 표준품셈상에서도 건설기계의 부하율(負荷率)을 엔진의 경우에서 70~80%로 실작업시간율을 50/60

으로 구하게 하고 있다.

　부하율을 정함에 있어서도 작업의 난이도에 따라 중(重), 보통, 경건설작업 등으로 분류하여 최고 75% 에서 최저 35% 까지로 보는 것이 일반적인 통설임을 비추어 볼 때, 산술평균이 55% 정도라고 보아야 하는데, 우리나라의 건설기계 품에서는 75% 정도로 상향되어 있으니, 이는 위의 0.56과 외국의 55% 보다 큰 수치로 재검토되어야 할 것이다.

　사람의 작업에 있어서도 작업 도중에 허리를 펴거나 다리, 팔 구부리기 등으로 잠깐씩 쉬는 에너지의 배분 등이 있을 것이다. 그때의 손실을 1시간 중에 경작업은 5분, 중작업은 15분 상당으로 보아, 보편적인 시간율을 50/60, 즉 0.83으로 하여 이를 중기의 경우에만 적용하고 있으나, 위의 예와 같이 작업원에게도 적용되어야 하는 여유시간과 실동의 상관관계에 크게 관계된다고 보아야 한다.

　따라서 사람의 작업에 있어서도 8×50/60 = 6.66 ≒ 6.67시간이 실동되므로 6.67/8 = 0.833으로 본다면, 위의 0.75×0.83 = 0.62, 즉 여유율을 고려한 계수가 된다는 견해가 지배적이다.

다. 노임과 표준공량

　공공공사의 노임은, 통계법에 의한 통계작성기관이 조사한 것을 통계청의 승인하에 공표하고 있다.

　이 노임단가를 결정, 공표할 때, 조사를 거쳐 단가를 사정하고 있으나, 그 기준, 요소, 작업의 난이도, 지역, 기후, 기타 작업의 특성을 모두 고려한 표준작업에 따른 시간과 성과량의 감안 여부와 근로시간 기준을 어떻게 적용했는가 등을 구체적으로 밝히고 있지 않다.

　앞에서 고찰한 바와 같이 실제의 작업시간율과 여유율 등을 고려할 때 0.62라는 계수가 주어지고, 실지급임금이 10시간에 100,000~120,000원을 지급하고 있다고 하면, 그 평균이 110,000원/일 상당으로서 70,000/

110,000 = 0.636 의 지급률을 얻을 수 있으므로, 1 ÷ 0.636 = 1.57, 즉 157% 상당을 가급하고 있다는 계산이 된다. 이는 시간율과 손료 등이 모두 가미된 실질임금의 지급이라는 점에서 큰 이의가 생길 수는 있을 것이라고 보나, 그 차가 대단히 큰 점은 통계임금의 과소 책정에 그 원인이 있다고 하겠다.

이를 다시 작업량으로 환산해 보면 토공에서 $1m^3$ = 0.16인 인때 1인 ÷ 0.16 = $6.25m^3$, $6.25m^3$ ÷ 8시간 = $0.781m^3$ / 시간 당이 되고, 1일 실동 10시간으로 보면 $7.81m^3$ / 일 / 인의 계산으로, 110,000원 ÷ $7.81m^3$ = 14,084 원 / m^3이 된다.

노임의 지급률이 0.62로서, 어떤 작업의 실측시간이 2.5분, 2.4분, 2.7분 등인 때 (2.5+2.4+2.7)÷3 = 2.533분이란, 산술평균을 얻을 수 있고, 4t·m/6의 식으로 $\dfrac{2.4+(4\times 2.5)+2.7}{6}$ = 2,516 ≒ 2.52 등으로 (2.53 +2.52)÷2 = 2.5분 / 사이클당 소요시간을 구할 수 있다.

이와 유사한 다른 작업의 여러 사이클을 반복 측정한 때에도 비슷한 계산을 얻었다면 60 / 2.5 = 24 회 / 시간이고, 8시간 중에서 24×8 = 192 회의 작업이 되는 것으로 알기 쉬우나 그런 것은 아니다. 즉, 2.5÷0.62 ≒ 4분 / 회, 60÷4 = 15 회 / 시간×10 = 150 회 / 일의 작업이 되는 것을 표준으로 해야 실질적인 작업인원, 작업시간 등을 구할 수 있는 것이다.

이외에도 작업원의 학력, 경력, 연령, 체력, 지역, 기후, 토질, 작업물량의 대소 작업제한 등 여러 가지 요인 즉, a 가 감안되지 않으면 안됨을 알아야 한다.

여기서, 필자는 다음과 같은 St = mt ÷ Tm 이란 **건설공사 실용표준 공량 산정식**을 제안한다.

St = mt ÷ Tm   C.I.S(전인식) 산정식
여기서, St : Standard working time(실용 표준작업시간)

제 8 절 노무 공량 산정

mt : Actual measurement time(순 작업측정시간)

Tm : 실용 작업능률계수

$Tm = te \cdot wp \cdot \alpha$

te : time efficiency(작업시간율)

wp : wage proportion(노임율)

$wp = \dfrac{W_1}{W_2}$ W_1 : 지정공표 임금

W_2 : 실지급 임금

t : 실동작업시간

$t_e = \dfrac{t}{t_1}$ t_1 : 법정 근로시간/일

t_2 : 실제의 작업 연시간/일

(재장(在場) 전시간 - 휴식시간)

t_3 : 시간당 순 작업시간율 $x/60$

x : 순 작업시간

따라서, $t = (t_1 \times t_3) \times \dfrac{t_1}{t_2}$

α = 능률계수(별정)

$\alpha = \alpha_1 + \alpha_2 + \cdots\cdots + \alpha_n$

여기서, α_1 : 경력계수 α_2 : 능률계수

n : 인자의 수

위 식을 대입한 건설 옥외공사의 표준실행공량 산정 예해를 소개하면 다음과 같다.

① 연중 : 256일 실동이 가능하다. $\dfrac{256}{365} = 0.701$

② 1일 : 작업시간은 8시간 기준 중 이들은 11.5시간 실동으로서 순실동은 10시간 상당이다. 따라서 8÷10 = 0.8임.

③ 임금은 35,000원 지정공고 임금액이나 실제는 55,000원을 지급했다. 따라서 35,000 / 55,000 = 0.636의 계수를 얻을 수 있다.

$$wp = \frac{w_1}{w_2} = \frac{35,000}{55,000} = 0.636$$

$$t = (8 \times 50 / 60) \times \frac{8}{10} = 5.33$$

$$te = \frac{t}{t_1} = \frac{5,333}{8} = 0.667$$

Tm = te · wp · a = 0.667 × 0.70 × 1 = 0.4669를 얻을 수 있다.

어떤 측정 대상작업의 실측시간이 2.5분이었다고 가정할 때, St = 2.5 ÷ 0.4669 = 5.354 ≒ 5.4분 / 회 소요시간으로 구하면, 별다른 제한없이 작업진행이 되고 임금의 지급액 조정도 가능하다는 것을 알 수 있다.

위의 표준 노무공량 산정 "예"는 건설공사의 경우 옥외작업인 때를 기준으로 한 것으로서 옥내의 작업이 다르고, 현장가공과 공장가공의 것이 다르며, 옥외 경우라 하더라도 작업의 내용과 요소 수에 따라서도 다르게 적용되는 것임에 유의하여 획일적인 산정을 하는 잘못을 저지르지 말도록 해야 할 것이다.

> 여기서, 소개한 st = mt ÷ Tm 산정식은 집필자 전인식의 창작물로서 저작권법에 의하여 필자의 동의가 있어야 합니다.

제 2 장 가 설 공 사

제 1 절 가설물 일반

<원척도 판 및 가설 부문>

질문 1 가설공사에 있어 원척도(原尺圖) 판 등을 만들기 위한 먹줄치기공이 있어야 하는데 우리 품셈에는 목공사 11-1-1 먹매김(거푸집, 구조부, 마무리)이 있을 뿐이므로 설계를 할 수 없습니다.

해설 건축의 원척도판의 제작시에 먹매김을 해야 하는 것은 사실이나 원척도판의 성질로 볼 때 거푸집 먹매김 + 구조부 먹매김에 준하는 것으로 볼 수도 있지만, 그보다도 도형인 점에서 시공품은 아니라고 보아야 합니다. 따라서 구조의 성상 및 정밀도에 따라 계상해야 합니다.

<동바리 및 안전 관리>

질문 2 시내 중심지에 위치한 교량으로서, 연장 100m, 교폭 20.8m, 형고 1.7m인 PC교 입니다.

 발주관서에서는 형(빔)고 1.7m이므로 슬래브 동바리를 계상할 수 없다고 하는데, 귀하의 견해와 이 교량은 기존 교량(폭원 9.6m)을 철거하고 교폭 20.8m 중 한 쪽인 10.4m를 먼저 가설사용하고 계속해서 추가로 10.4m를 가설해야 하므로 추락방지용 난간시설(∅19m

철근과 $\phi 40\,\text{mm}$ 파이프 등)을 설치해야 하는데, 발주처에서는 표준 안전관리비에 포함된 것이라고 하며 이를 설계에 반영시킬 수 없다고 합니다.

해설 교량의 형(빔)고는 $1.7\,\text{m}$이나 교폭이 $10.4\,\text{m}$ 2연으로서 슬래브콘크리트 등의 시공에 동바리 없이 시공한다는 것은 불가하다고 사료되며, 비록 직고는 $2\,\text{m}$ 미만이라고 하더라도 암거·교대 등 Box 구조물과는 다르므로 반드시, 계상되어야 한다고 사료됨. 보호난간은 이 공사의 특성으로 볼 때 $20.8\,\text{m}$를 동시에 시공하는 것이 아니므로 표준 안전관리비의 계상만으로 충분하다는 견해에는 동의할 수 없음.

<비계 및 동바리에 대하여>

질문 3 건설표준품셈 제2장 가설공사 2-5 비계 및 동바리 "가" 항 재료 및 품 "해설 3"에 「비계 및 동바리는 직고 $2\,\text{m}$ 미만인 경우의 교각, 교대, 암거 및 돌쌓기 등에서 계상하지 않으며, 아치 구조의 샌들 등 특수 구조로서 동바리가 필요하다고 인정될 때는 예외로 한다」로 되어 있는바, 실지 시공에 있어 동바리나 버팀목을 설치하고 있는 실정으로 마땅히 계상되어야 할 것으로 사료됩니다. 귀견 여하?

해설 귀 질의는 품셈 개정 이전의 품입니다.
현행 품셈의 규정, 비계 설치 높이 기준이 $10\,\text{m}$ 이하, $20\,\text{m}$ 이하, $30\,\text{m}$ 이하로 구분 설치하도록 품이 규정되어 있으므로 높이에 제한 없이 필요시 설치할 수 있으며, $30\,\text{m}$ 초과 시에도 별도 계상할 수 있습니다.
동바리 설치 기준도 $2.5\,\text{m}$ 이하 ~ $4.2\,\text{m}$ 이하로 설치하도록 규정이 개정되어 이 또한 2m 미만에 대하여도 필요시 설치할 수 있음을 이해하시기 바랍니다.

<구조물의 비계 및 동바리 적용>

질문 4 1. 골프장 Box 공사 및 월류맨홀을 시공함에 있어, 월류맨홀은 높이 19.00m, 폭 6.50m×3.00m인 비계 및 동바리를 내부와 외부에 품셈 적용이 가능한지 여부와 높이 19m가 넘으면 단가적용은 어떻게 계산하는지요?

2. Box 공사의 내경이 2.50m×2.50m 슬래브 콘크리트 두께 0.50m, 벽체 0.40m인바, 내부·외부 비계에 품셈 적용이 가능한지요? 내부·외부 동바리도 품셈 적용이 되는지 자세한 내용을 송부해 주시기 바랍니다.

해설 1항에 대하여 맨홀 내·외부 비계 및 내부 동바리 계상이 가능하며, 높이 19m인 경우의 품은 비계 20m 이하 적용하고, 동바리는 시스템 동바리 20m 이하를 적용하시면 될 것 같습니다.

2항에 대하여는 Box 높이가 2m 이상이므로 내·외부 비계 및 내부 동바리 계상이 가능합니다.

(기감 30720-26996)

질문 5 ○○군에 소재하는 단지조성 사업지구에서 단지간 사면 옹벽이 3.50m(지상 3.0 지하 0.5)로 설계되었는바, 예정가격 작성시 비계 품이 누락되어 설계변경을 요청하였으나, 시행주 측에서는 단가 항목으로 간주하고 있으며, 계약 내역단가나 물량 항목에 비계가 누락되어 있음. 본 사항을 변경하여 시행할 수 있는지 여부?

[해설] 옹벽의 직고가 3.5m이면 비계의 품이 꼭 필요한 것인데, 이의 설계계상이 없는 것을 모르고 단가 계약이 되었으면 설계변경, 약정사항 등에 따라야 하는 것으로 이는 품셈과는 무관한 것임.

[질문 6] 폐사가 도급시공 중에 있는 구조물(옹벽)의 높이가 2.1m임에도 당초 설계에 직고 2m 미만인 경우 동바리를 계상하지 아니한다에 의하여 이를 계상하지 아니하여 설계변경을 요구하였던바, 발주처에는 직고 2m 이상일 때 반드시 계상해야 하는 규정이 있느냐면서 이를 기피하고 있습니다. 고견을 회시해 주시기 바랍니다.

[해설] 건설표준품셈에서 직고 2m 미만의 경우는 거푸집에 계상된 0.038 m^3/m^2 의 각재 수량으로도 거푸집에 사용하고 남는 각재만으로 직고 2m×2m 정도의 박스 구조물 등에는 이를 사용할 수 있는 까닭에 직고 2m 미만의 경우 비계를 계상하지 아니한다는 뜻입니다. 이 경우, 구조물의 천단 높이까지 2m 인가에 대한 문의도 있으나 동바리의 거치높이가 2.1m이므로 동바리는 구조안전을 위해 계상되어야 할 것임. 그러나 현행 품셈 기준은 2.5m 이하, 2.5m 초과 ~ 3.5m 이하 등으로 구분, 설치하도록 개정되었음을 이해하시기 바랍니다.

<동바리의 수량산출에 대하여>

[질문 7] 가설공사 부문의 암거내 동바리 수량 산정의 해설에 대하여 질의합니다.
① 헌치부분이 없는 경우는 내공면적전체가 동바리 수량으로 계상되고 있습니다.
② 헌치부분이 있는 경우 헌치부분 관련 아래 부분 전체를 공제하는

것으로 도시되어 수량산정시 논란이 되고 있습니다.

실공사시에는 헌치가 있을 때가 공사작업의 품이 더 소요되는 실정이며 헌치부분 상단도 Slab 하중이 상재하고 있습니다.

암 거 (暗渠)

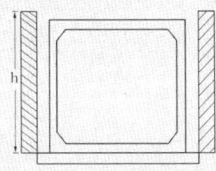

※ 흙막이공을 설치하고 비계공으로 이용
할 수 있을 때는 계상하지 아니한다.

그림에서 비계매기(공 m³) = 2h×ℓ 로 구하고 비계매기 폭을 곱하여 공 m³를 산출한다.

동 바 리

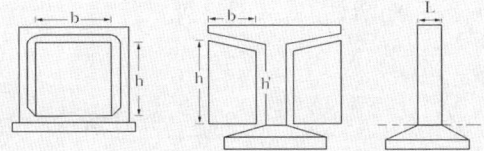

　　　　수 량 산 출
1. 동바리와 구조물의 최소 이격거리는 50 cm 로 한다.
2. 동바리의 높이는 저판 또는 푸팅에서의 높이로 함.
　　체 적(공 m³)
　　① b×h×ℓ　　　② $\{(\dfrac{h+h'}{2} \times b) \times 2\ell\}$ 로 구한다.

〈예시〉 암거 높이 3 m, 길이 300 m인 때 그림에 의하여 비계공과 동바리는 그림 ① 에서 b = 2.6 m, h = 2.6 m 로 하고, 3 회 사용으로 할 때 품셈에 따라 비계공과 동바리의 공사비를 계상해 본다.

이때, 비계공의 높이 : 3 m + 0.5 m = 3.5 m

◎ 비계매기 (공 m³) = 2×3.5×300 m = 2,100 m²×0.9
                      = 1,890 공 m³÷10 공 m³ = 189 (10 공 m³)
  3 회 사용시
     재료비 4,357.10 원×189 = 823,491.90 원
     인건비 45,900 원×189 = 8,675,100 원   계 9,498,591.90 원

◎ 동바리 (공 m³) = 2.6 m×2.6 m×300 m = 2,028 공 m³÷10 공 m³
                  = 202.8 (10 공 m³)
  3 회 사용시
     재료비 6,069 원×202.8 = 1,230,793.20 원
     인건비 42,575 원×202.8 = 8,634,210 원
                         계 9,865,003.20원 이 됨.

                            ※ 단위금액은 임의의 수치임

<비계 및 동바리의 일위대가는 생략함>
  3 회 사용시
     비 계 : 10 공 m³ 당 재료비 (56.5 %) (7,711.70×0.565 = 4,357.10원)
                       인건비 (100 %) 45,900 원
     동바리 : 10 공 m³ 당 재료비 (56.5%) (10,741.60원×0.565 = 6,069 원)
                       인건비 (100 %) 42,575 원

해설 토목공사에서의 비계매기 또는 동바리공의 물량산출 기준은 아직 제정되어 있지 아니하여 적산에 혼란을 야기시키고 있으며, 왜정시에 적산을 배운자는 일반적으로 상기 물량산출기준에 따르고 있고, 일본 건설성의 적산도 이와 같습니다. 계산 예해는 일본 건설성 기준에 의하여 계산한 것임을 밝혀두며, 실제 설계시는 국토교통부 제정 건축 품셈 자료를 참고하십시오.

제1절 가설물 일반

질문 8 남부 하수처리장 건설공사(○○시 수요)에서 ① 당초 수처리 콘크리트 구조물의 품셈적용에 있어 지하층(수조)은 토목 강관 동바리품(10공 m^3)을 적용 계상하고 지상층(상부)은 건축 강관 동바리품(m^2당)을 적용 계상하였는데, 지상층의 층고는 H = 4.4 ~ 5.40m (일부면적 : H = 10.15m)인바, 이 경우 지상층도 지하층과 같이 토목품의 강관동바리품을 적용하는 것이 타당한 것이 아닌지?

② 또한 층고 H = 4.2m 이상되는 부분의 품셈 적용은 재료 및 품을 설계 수량에 별도 반영하여야 하는 것이 아닌지?

③ 2-7 2.항의 건축 강관동바리 (강관동바리 1.34본/m^2당) 적용수량의 산정 기준에 대하여서도 알려 주시기를 바랍니다.

해설 귀 제시 설계도면과 질의에 의하면, 하수처리장 건설공사 주공정 26개중 수위실, 변전소 등 5개 공종을 제외한 21개 공종은 하수처리장 관련 구조로서, 이는 토목공사에 해당하는 것으로 보아야 합니다. 따라서 비계동바리 등 가설구조물은 상하 일체성을 고려하여 토목공사 해당 품을 적용하는 것이 기본이 된다고 사료됩니다.

특히, 동일 구조물 중에서 부분적으로 토목품셈의 동바리와 건축공사품의 동바리를 나누어 구분 적산하면 실용상 어려움이 있을 수 있고, 또 구조안전상 문제도 생길 수 있다고 사료됩니다.

<비계·동바리의 산출 방법 기타>

질문 9 교량공사의 비계동바리 물량산출에 있어 높이 7m 이내의 폭원과 7m 이상 10m 까지의 폭원이 비슷하여 평균을 7m로 볼 수 있으나, 품셈은 7m 이내로 되어 있고, 7m 이상은 20%를 가산하게 되어 있어 차가 많습니다. 동바리(공 m^3) 산출방법을 교시 바랍니다.

해설 건설표준품셈 기준 2-5-1 강관동바리 4.2m 이하, 2-6-1 강관비계 30m 이하로 동바리는 4.2m까지는 품에 정한대로 계상하고 4.2m 이상은 품에 대하여 비례가산하고, 비계는 10m 이하의 품을 적용하시면 되며, 평균으로 7m 이내로 적용하여서는 아니 됩니다.

재료량은 설계수량을 적용합니다.

그 면적계산방법 등은 다음 도시와 같습니다.

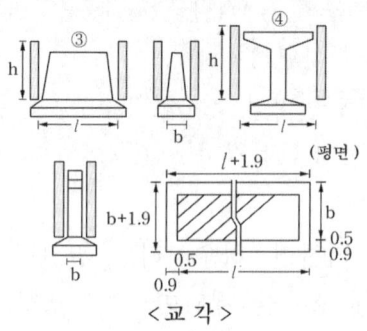
<교각>

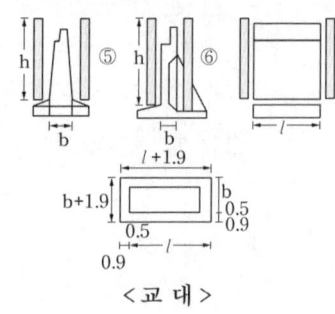
<교대>

③, ④ {2(b+l)+7.6}×h
 l : 연장

⑤ {2(b+l)+7.6}×h
⑥ [{2(b+l)+7.6}×{(B+1.0)×N}]×h
 B : 부벽의 두께
 N : 부벽의 수

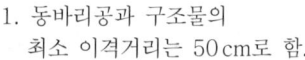

1. 동바리공과 구조물의 최소 이격거리는 50cm로 함.
2. 동바리공의 높이는 저판 또는 푸팅에서의 높이로 함.

체 적(공 m²)
① b×h×l
② {($\frac{h+h'}{2}$×b)×2l}

[동바리공 개념도]
W=1.8m L=5.36m

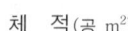

동바리공 대상 수량은 완성내공 단면으로 함.

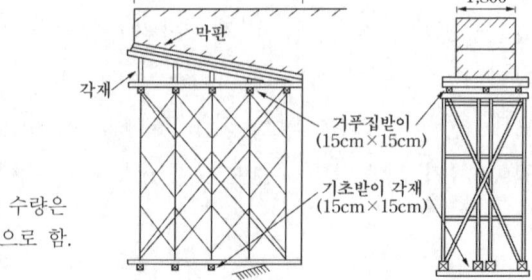

제 1 절 가설물 일반

질문 10 ARCH 교량을 시공함에 있어 콘크리트로 구체를 타설하고 표면은 석재판석(t = 80 mm)을 앵커(Anchor)를 이용한 건식공법으로 콘크리트 위에 붙여 표면 마무리 시공코자 할 때 콘크리트 타설을 위한 토목의 비계설치와 석재판석을 붙이기 위한 건축의 쌍줄비계를 동일 장소와 면적에 대하여 이중으로 계상하는 것이 타당한지요.

해설 교량 구체 콘크리트를 타설하고 양생된 다음 석재판석을 붙인다면, 이미 가설된 비계를 철거하지 아니하고 시공할 수 있을 때, 건축 비계를 동일 장소에 계상할 필요는 없는 것이 아닌가 추정됩니다. 보다 구체적인 공사계획 등과 관련되는 사항에 대하여는, 귀문만으로 판단할 수 없으니 발주처와 협의 처리 하시기를 바랍니다.

질문 11 토목 비계품과 건축 비계품의 비계공이 큰 차이가 나기 때문에 토목에서도 건축 비계품을 적용하면 더욱 경제적인 시공을 할 수 있지 않겠느냐 하는 문제가 제기되었습니다. 구 건설표준품셈 제 2 장 가설공사 2-4 비계 및 동바리 재료 및 품(토목)에서 10공 m^3 당 비계 1회 사용할 때 비계공이 2인이고, 2-6 건축구조물 비계 1. 나. 비계매기에는 비계높이 3~7m에서 외부 비계인 경우, 비계면적 m^2 당 외줄비계, 겹비계, 쌍줄비계의 비계공은 각각 0.03인, 0.04인, 0.05인으로 규정되어 있습니다. 위에서 보시는 바와 같이 토목품은 건축품에 비하여 비계공이 현저하게 많이 계상되어 있는 것 같습니다.

해설 토목공사에서의 비계와 건축공사에서의 비계는 그 가설목적과 방식이 다르고 또, 단위당 물량과 설계기준 단위도 각각 다르므로(공 m^3 와 거리 면적 m^2 당으로) 토목공사에서 건축구조물비계를 필요로 할 때에는 건축품을 적용할 수 있을 것이나, 그 구조와 가설목적이 먼저 검토되어야 하며, 순수 토목공사의 경우는 당연히 토목품셈이 우선되는 것임을 이해하시기 바랍니다.

<구조물 동바리의 할증>

질문 12 건설표준품셈 2-7 건축구조물 동바리에서
1) 7m 이상에서는 높이에 관계없이 일률적으로 0.5인으로 적용하는지 여부
2) 10m 이상에서 3m 증가마다 20% 씩 증가하여 적용해 주어야 되는지 여부
3) 7~10m 적용시, 기본 0.5인+할증 20%(0.1인) = 0.6인 으로 적용하는 것인지요.

해설 귀 질의는 품셈 개정 이전의 품으로 1)에 대하여는 귀문과 같으며, 질의 2)의 경우는 7m 이상에서는 매 3m 증가마다 20% 씩 증가 적용하는 것이며, 질의 3)은 비계공은 제외되고, 10 공 m^3 당 본품(형틀목공, 보통인부)만이 3m 증가 때마다 20% 씩 증가되는 것으로 품의 할증은 제1장 1-16 품의 할증 17. 할증의 중복 가산요령에 따르십시오.

질문 13 당사에서 시행중인 여주 ○○사 강변관광지 개발공사에 있어, 감독관청인 군청 담당관이 실지 시공과정에서 일부분의 비계시설 누락을 이유로, 높이 3m 옹벽시공의 비계 공정을 삭감한다고 하니 본건에 대하여 본 품 가설공사 2-6《주》③규정에 위배되는 처사로 사료되는바 귀하의 고견을 받고자 별지 도면을 첨부하여 질의하오니 회신하여 주시기 바랍니다.

해설 귀하께서 질의하신 첨부 도면상의 옹벽높이 3m(기초 40cm 포함)는 노동부고시 건설 안전지침 및 건설(토목) 표준품셈 제2장 2-5, 2-6 비계 및 동바리 항을 미루어 볼 때 이 공사에서는 비계의 가설이 필요하다고 사료됨.

<강관동바리의 면적 계산>

질문 14 건축구조물 가설공사의 강관동바리(건설표준품셈 2-7-2 항) 면적산출 방법에 대하여 알고 싶습니다.

◎ 라멘구조의 경우
1. 상부바닥판 면적($1m^2$ 이상 개구부 제외)을 산출하면 동바리 설치면적이 되는 것인지
2. 상부바닥판 면적에 목재의 경우처럼(목재는 높이를 곱하여 체적을 구한 후 90%로 함) 90%로 해야 되는지 답변바랍니다.

해설 강관동바리(공 m^3) 단위이므로 상층바닥판면적(개소당 $1m^2$ 이상의 개구부 면적을 공제함)에 층높이를 곱한 것의 90%로 계산하면 되고, 건축공사의 경우는 단위가 (m^2)로 되어 있으므로 상부바닥판면적($1m^2$ 상당의 개구부 면적은 공제)의 90%로 계산하면 될 것입니다(층고 4.2m 이하에 적용).

<가설물의 존치 기간>

질문 15 가설 공사에서 가설물인 나무비계 등은 공사기간이 1년 이상으로만 구분되어 있으나, 공사기간이 4~5년인 때에도 1년 이상의 것만을 계상하면 부족하다고 생각됩니다. 4~5배로 계상할 수는 없는지요?

제 2 장 가 설 공 사

해설 우리 품셈의 정신은 3개월, 6개월, 1년 미만, 1년 이상 등으로 사용 기간에 따라 구분 계상하고 있으며, 1년 이상은 목적가설물의 존치 기간이 1년이면 충분하다고 판단한 데 있습니다. 따라서 새로 제작한 것을 사용하는 것이므로 그 4~5배를 계상함은 현실적으로 볼 때 부적절하다고 생각됩니다.

<공 m³의 계산>

질문 16 상층 바닥면적이 $100\,m^2$이고, 층고가 $4\,m$인때 공 m³는, 400 공 m³인가, $100 \times 4 \times 0.9 = 360$ 공 m³인가, $36(10$ 공 m³$)$ 인가요?

해설 순수 공간체적은 400 공 m³이나, 우리 적산기준에 10%를 공제하게 되어 있으므로 $100 \times 4 \times 0.9 = 360$ 공 m³이며, 그 단위를 10공 m³로 한 때에는 $36(10$ 공 m³$)$이 되는 것입니다. 공(空間) 체적으로 생각하면 됩니다.

질문 17 동바리의 설치 면적은 (공 m³)로 계산하는데 이때 상층바닥면적×층높이로 하게 되어 있으므로 높이 $2.9\,m \times 320\,m^2 = 928$공m³ 가 됩니다. 이것이 잘못 계산된 것이라 하는데 교시바랍니다.

해설 귀하의 공 m³ 계산은 $2.9\,m \times 320\,m^2$로 928 공 m³ 가 맞는 것이나, 우리나라 건축공사 적산자료 1-3 동바리 공 m³의 체적은 상층바닥판면적(개소당 $1\,m^2$ 이상의 개구부 면적은 공제함)에 층높이를 곱한 것의 90%로 한다. 라고 규정하고 있으므로 $2.9\,m \times 320\,m^2 \times 0.9 = 835.2$공 m³ 가 되는 것입니다. 이때 90%로 계산하는 이유는 동바리, 귀 등이 있어 10%를 공제하는 뜻 이외에 별다른 이유는 없는 것임.

제1절 가설물 일반

<건설기자재를 품셈 책에 게재할 수 있는지>

질문 18 토목공사 사면 보강 기술을 가지고 시공현장에 납품하고 있는 제조업을 운영하고 있는 업체입니다.

설계 및 공사에 반영함에 있어 표준품셈 게재를 요구하는 설계사와 시공사가 다수 있어 문의드립니다.

귀사에서 발행하고 있는 건설표준품셈에 단가(m^2 당)를 수록하고자 하는데 어떠한 절차를 밟아야 하는지 알려주시면 감사하겠습니다.

해설 건설표준품셈은 건설교통부산하 한국건설기술연구원이 제정하는 것으로 학술연구기관 등이 연구한 것이거나 특허 또는 신기술로 인정된 것 또는 기업의 PR자료 등이 참고자료로 일부 수록되고 있으나 이 품은 표준화된 품이 아니고 표준품셈에 없거나 신규 품의 필요에 따른 참고자료에 불과한 것임을 이해해야 합니다.

<가설 및 철거 등>

질문 19 건설표준품셈 가설공사에서 본 품은 가설품과 철거품이 포함되어 있다. 라고 규정하였는데 가설비와 철거비를 구분해야 할 필요가 생겼습니다. 그 구분의 방법은?

해설 가설공사는 모두 가설치 후 철거되는 것으로서, 품은 가설과 철거를 하나의 공종으로 규정하였고, 이를 명확히 구분해야 할 필요는 없는 것이나, 귀문의 경우와 같이 구분해야 한다면 일반적으로 철거는 신설의 50%(설비 품셈에서는 재사용을 고려치 아니할 때로 하였음)로 보고 있음을 참고로, 비례 계산하는 방법 이외에는 명확한 기준을 정할 수 없으니 그리 아시기 바랍니다.

질문 20 건축물의 비계가 내부비계, 외부비계로 구분되어 있는데 그 구분은 어떻게 하는가요?

해설 내·외부 비계는 그 설치를 기준으로 한 구분으로서 우리 품셈에 규정된 내·외비계는
외부비계 : 외줄비계, 쌍줄비계, 겹비계, 강관비계, 달비계, 비계다리 등이고,
내부비계 : 말비계, 수평비계, 높은 천장용비계, 내부 높은 벽 시공용 비계 등으로 구분합니다.

<가설공사의 건축물 현장정리>

질문 21 건축물 증축 및 개축을 위한 철골조(철골, 금속, 지붕 및 홈통공사)을 설치하는 사항이 있습니다. 관련 품셈 규정에 의거 건축물 현장정리 품을 적용하는 게 가능한지 여부를 질의합니다.

해설 건설표준품셈 제 2 장 가설공사 2-10 건축물 현장 정리는 건축물 공사 중 옥내, 옥외청소와 준공 시 청소 및 뒷정리까지 포함한 품으로 그 적용 여부는 공사시공자의 판단에 따른다고 생각합니다.

질문 22 건축물 골조 공사를 시행함에 있어, 하도급 업체를 선정하여 공사를 추진하던 중, 하도급 업체의 부도로 인하여 그 시점에서 직영공사를 하게 되었습니다. 그러나, 하도급자에게 주었던 선급금을 반환받고자 가설 자재를 인수하게 되었는데, 가설재료를 인수할 때 손율 적용을 어떻게 하여 인수금액을 정하는 것이 좋을지 산정방법에 대하여 알고 싶습니다.

[신규자재]
1. 합판과 각재가 각 1회, 2회, 3회 사용되었을 때
2. 공사기간은 2개월이었음.

해설 가설자재를 품셈에 의한 손율을 공제한 잔존 가치만을 계산하여 인수하는 방법도 있을 수 있으나, 신품을 구입하여 제작한 가설자재인 때에는 시공업자의 손해가 생기게 될 수도 있으므로 시중 고재의 매매거래 시세를 2~3개소의 견적을 받아, 그 중 최고액과 설계에 의한 잔존가치를 비교하여 쌍방의 손해가 적도록 조정 인수함이 좋을 것으로 생각합니다.

<도로공사의 낙하물 방지 방호선반>

질문 23 도로현장으로 강교교량 슬래브작업을 위한 낙하물 방지공을 위한 설계 변경작업 중 품셈 2-7-3 방호선반을 적용, 설치품만 적용되어 있는 것인지 해체품 적용시 강관사용에는 별도로 명시가 없어 방호선반 해체품 적용 여부가 궁금하며, 위의 방호선반 작업시 품셈 제1장 적용기준 1-16, 9. 위험할증률을 적용할 수 있는지 저희 현장 강교 높이는 10m 정도이고 품셈 교량상작업 공중작업 70% 적용 가능 여부?

해설 건설표준품셈 제1편 제2장 가설공사 2-7-3 방호선반의 품은 설치에 관한 품이므로, 해체품은 별도 고려의 대상이 될 수 있으며, 강교 높이 10m의 교량상작업 할증률은 높이별을 고려하고, 작업이 교량상 공중인지 아닌지, 인도교, 철교 등 유사한 공종을 종합, 검토함이 가할 것으로 생각합니다.

<토목·건축공사 별 강관 동바리는>

질문 24   하수처리장, 중계펌프장 등 공사에서 강관 동바리(토목공사)의 수량적용은 건설표준품셈에 암거 구조물 및 교량 구조물로 구분되어 있어 이 공사에도 적용할 수 있는 수량은, 건설표준품셈 2-7-2 강관 동바리(건축)《주》②에 의하면 층고 4.2m 이상 또는 특수한 구조인 경우는 재료 및 품을 설계 수량으로 별도 계상할 수 있다. 라고 했는데 이에 대한 의미는?

　　목재 동바리의 경우, 직고 7m 이상에서 매 3m 증가할 때마다 1회 품에 대하여 20% 씩 증가한다고 했는데, 강관 동바리에서도 이를 준용할 수 있는지?

해 설   귀 질의는 품셈 개정 이전의 품으로 하수처리장의 공종이 토목부문인 때(암거 교량구조물)에는 토목공사 적용 강관 동바리의 품을 적용하고, 건축에 준하는 경우는 건축적용 강관 동바리 품을 적용하되, 층고 4.2m 이상이거나 특수구조인 경우는 재료의 수량을 설계 수량으로 별도 계상할 수 있습니다.

　　목재동바리로서 길이 7m 이상인 때 적용하는 기준은 삭제되었습니다.

　　품셈 1-3 "3." 본 품셈은 건설공사 중 대표적이고 보편적이며, 일반화된 공종, 공법을 기준한 것이며, 현장여건, 기후의 특성 및 기타 조건에 따라 조정할 수 있음을 참고하시기 바랍니다.

질문 25   단지 내 도로공사 중, 배수암거(Box culvert)를 설치토록 설계가 되어 있으며, 규격은 내경 1.5×1.5 부터 2@2.5×2.5 까지 Type이 많습니다. 그 중에서 2.0×2.0 Box가 주를 이루는 상황인데, 설계에

제1절 가설물 일반

는 2.5×2.5 이상부터 비계 및 동바리를 반영토록 되어 있고 2.0×2.0 규격은 아예 비계와 동바리가 설계에서 빠져있습니다. 또한 1.5×1.5 역시 동바리는 큰 규격보다 더욱 어렵게 설치하고 있습니다. 설계에 반영할 수 있는 길은 없는지요.

[해설] 건설표준품셈 동바리 2.5m 이하 설치하도록 개정되었으므로 2m 미만을 계상하지 아니하는 규정은 따로 없으므로 필요하면 계상할 수 있다고 생각합니다. 비계설치도 높이에 제한없이 설치 계상하도록 개정되었음을 이해하시고, 계약 사항을 준수 협의하십시오.

<강관비계 가설계단>

[질문 26] 건설표준품셈 가설공사 2-6-1 강관비계, 2-6-5 가설계단에 관련, 건물외부 동일구조물에 강관비계매기와 가설계단(경사형) 두 종류를 동시에 설치하여 각각 물량을 산출하여 공사 원가계산서를 계상하여야 하는 것이 맞는지, 강관비계매기에서 가설계단 면적만큼 공제해서 물량을 계상해야 맞는지요?

[해설] 건설표준품셈 제2장 가설공사 2-6-1 강관비계《주》② 본품은 비계(발판 및 이동용 내부계단)설치 해체 작업이 포함되어 있고, ④ 2-6-5 가설계단, 2-7 낙하물 방지 시설은 별도 계상한다. 등을 이해하여 검토, 적정 판단하시기 바랍니다.

<강관비계매기 품>

[질문 27] 건설표준품셈 2-6-1 강관비계매기 관련 비계공은 m^2 당 0.08인으로 되어 있으며, 관련 재료는 강관, 이음철물, 조임철물, 받침

철물 등으로 발판은 포함되어 있지 않습니다. 현재 강관비계매기를 한 후 발판을 설치해야 하는 상황인데 발판은 m² 당 비계공을 몇 명으로 해야 하나요?

해설 귀 질의는 품 개정 이전의 상황이며, 현재(2018)는 2-6-1 강관비계에 비계(발판 및 이동용 내부계단) 설치, 해체 작업품이 포함되어 있으며 별도 발판만 설치하는 품은 규정되어 있지 아니합니다.

<플랜트 공사에 적용할 가설재>

질문 28 한국전력공사 발주 "일도복합화력" 1, 2호기 공사의 동바리 품 적용과 관련하여 발전소 등 플랜트 공사의 경우, 규모 및 구조의 특수성을 감안하여 토목품셈을 적용함이 타당한지?

해설 건설공사 표준품셈 2-5 구조물 동바리는 보편 표준적인 일반 구조물 공사에 적용하며, 규모 및 구조의 특수성을 고려한 구조물에는 별도의 동바리 구조를 설계 시공할 수 있습니다.

<높이 4.2 m 이상의 구조물에 강관동바리공 설치>

질문 29 1. 높이 6m의 배수지 상부 슬래브공사의 동바리공을 목재동바리품을 적용하였으나 감사시, 높이 4.2m 이하의 강관동바리공을 적용하라는 것입니다. 4.2m의 강관동바리 위에 목재발판을 설치한 후 목재동바리를 설치한 2단 동바리작업을 하였으며 이 내용을 감사관에게 설명하고 작업방법을 제시하였습니다.
　　4.2m 이상의 구조물에서 강관동바리공을 적용하려면 어떻게 품셈을 계상해야 합니까?

제 1 절 가설물 일반

2. 6m 높이의 배수지를 건설하기 위해 야산을 절취하였으며 공사비 단가적용은 배수지 슬래브 상단 표고까지의 토공작업은 절취로 반영하고, 6m 깊이의 굴착은 터파기를 적용하였습니다. 감사시 넓은 면적의 굴착 작업장이므로 전부 절취단가를 적용하라는 내용이었습니다 (기계굴착 장비와 운반장비가 진입할 수 있는 작업장 여건이며, 진입로를 건설하고 토사와 발파암을 운반하였습니다).

넓은 면적의 굴착구분은 어떤 것을 기준으로 합니까? 공사용 가설도로를 이용하여 자동차 진입이 가능한 굴착선까지를 규정하는 것입니까? 자동차운반이 비현실적이고 비경제적이지만 타굴착 운반장비나 시설을 투입하는 것보다는 공사량과 작업기간을 고려하여 무리한 자동차 운반을 할 때도 터파기 단가적용이 불가능한 것입니까?

해 설   강관동바리는 내관 $\phi = 48.6\,mm \times 2.4\,mm$, 외관 $\phi\,60.5\,mm \times 2.3\,mm$ 규격의 것으로 토목공사의 경우, 암거구조물은 3.8본, 교량구조물은 8.0본을(10공m^3 당) 사용하는 것으로 품이 구성된 것이고, 높이 4.2m 이상이거나 특수한 경우에는 별도 계상(재료 및 품)할 수 있게 규정하고 있습니다. 아시는 바와 같이 동바리는 상재하중을 연직으로 받아 견딜 수 있어야 하므로 4.2m 부분과 그 위 1.8m를 2중으로 가설한 때, 안전상의 문제와 상재하중의 내력 분포 등 어려움이 많을 것이고 또, 실제 시공도 지극히 위험할 것으로 추정됩니다. 그러므로 안전을 고려하여 길이 7m 이내, 중경 12cm, 말구 12cm의 목재동바리 거치가 안전할 것으로 사료됩니다.

실제시공을 강관동바리 위에 목재발판을 따로 설치하고 그 윗부분을 목재동바리로 시공하였다면 강관동바리 4.2m 분과 목재 동바리 1.8m 분 외에 발판가설비를 더한 경비가 소요될 것입니다. 이러한 공법은 위험한 것으로 추천할 만한 것은 아니라고 봅니다.

토공에 있어 넓은 지역이란 폭 5 m, 길이 30 m 정도를 말하며, 좁은 지역이란 폭 1 m, 길이 2 m 이내를 말합니다. 차량진입을 위한 가설도로의 건설 등이 필요할 때에는, 이의 경비 등을 계산한 경제비교가 되어야 하며, 백호 등의 작업은 기종에 따라 다르기는 하나, 상하 5 m 상당 (0.7 m^3 급)은 된다고 보는 것을 참고하시기 바랍니다.

질문 30   <가설공사 중 강관비계와 갱폼에 대하여>

해설   건설표준품셈 2-6 구조물비계, 2-6-1 강관비계에 설치, 해체 품이 30 m 이하까지 규정되어 있으며, 높이 30 m 초과 시 비계설치, 해체 및 비계안전 보강재 설치 품은 별도 계상하도록 되어있으며, 갱폼은 품셈(건축) 6-3-4 갱폼 규정에 조립, 해체 품이 m^2 당으로 구성되어 있으며, 단면의 형태 및 크기에 변화가 발생되는 경우 현장 여건에 따라 셋팅층 및 마감층을 별도 계상하도록 규정되어 있습니다.

<건축물 보양에 관하여>

질문 31   건설표준품셈 2-9 건축물 보양에 관한 질문입니다. 현재는 "6-1 콘크리트 타설품을 계상한 경우는 본 표를 별도 계상하지 않는다"로 되어 있습니다.

하지만 건축공사에 있어서의 콘크리트 바닥보양이란 콘크리트 양생과는 별도로 추후 공정의 작업에 지장이 없도록 면(面)을 보호해 주는 작업의 품으로 계상함이 타당하다고 사료됩니다.

예) 바닥 콘크리트 위 비닐타일 마감의 경우 : 콘크리트 쇠흙손 마감 후 바닥에 흠이 생길 경우는 이후 비닐타일 시공이 불가능함. 그러므로 콘크리트면을 보호하여야만 함.

그러므로 건축공사의 콘크리트면 보양은 콘크리트 타설시 양생품과는 별도 계상함이 타당하다고 사료되어 질문을 드립니다.

해설 건설표준품셈의 보양이란 시공부분의 경화를 돕는 일과 파손이나 오염(汚染)을 방지하기 위하여 실시하는 일이며, 안전하다고 인정될 때 철거하는 것 까지를 포함한다로 명시되어 있는 까닭에 품셈의 정신에 쫓아 계상되어야 합니다. 다만, 귀문의 경우 파손이나 오염을 방지하기 위한 양생으로 보아야 하므로 특별한 양생을 필요로 하는 경우 그 해당 면적의 계상이 검토될 수도 있을 것이나 그 상당한 사유가 있어야 할 것이며, 시공의 결함으로 인한 것이면 불가한 것으로 사료됨.

<가설 강재의 수량에 대하여>

질문 32 가시설용 강재수량을 산출함에 있어, 설계수량(556 ton)에 1년 미만 손율 50%를 적용하여 278 ton 을 사급자재대로 지불하였는데, 556 ton(100 % 설계량)의 운반비 지급이 적정한지에 대해 질의합니다.

해설 가설자재는 손율(損率)을 적용하는 것으로서, H파일이나 강널말뚝 등을 1개년 미만 사용한 때, 그 가치가 50 % 로 떨어진다고 보고 손율을 50 % 보전해 주는 것입니다. 예 : 강재 ton 당 구입가격 300,000원 / ton 이면 50 % 인 150,000 원 / ton 을 비용으로 인정한다는 것입니다.
※ 강재의 운반비는 운반비 항목으로 처리되는 것으로 손율과는 무관합니다.

<외부 비계만으로 내부 비계없이 시공할 수 없을 때>

질문 33 외부비계와 내부비계는 엄연히 시공위치가 다르며 내부비계 미설치시 내부벽체 거푸집 작업이 불가능한바, 설계내역에 있는 외부비계만을 적용받아야 하는지, 아니면 내부비계를 포함한 수량으로 설계변경이 가능한지의 여부와 상부 슬래브 시공시 설치되는 동바리 설치구간에는 비계설치가 제외되어야 하는지, 아니면 비계설치와 동바리설치가 병행되어야 하는지에 대해 질의합니다.

해설 비계 및 동바리는 본 건축물 등의 시공을 위한 가설재로서 가설물의 설치없이는 본 축조물의 공사를 시공할 수 없을 때 계상하는 것으로, 외부비계만으로 내부비계없이 시공되는가의 여부는 발주자와 공사감리자 및 시공자의 합의 사항(총액단가 입찰의 여러 조건 등 참조)이라고 사료됩니다.

<암거구조물의 동바리>

질문 34 ○○시와 도로 확·포장공사를 도급계약 체결하여 시공중 암거구조물의 수량산출 방법에 의문이 있어 질의합니다(암거구조물의 동바리 산출방법에 대한 설명/동바리의 수량단위인 공/m^3 인 것에 대한 설명).

해설 건설표준품셈 제2장 가설공사 2-5 구조물 동바리에 재료의 수량은 설계수량을 적용하도록 되어 있습니다. 동바리는 (공 m^3) 단위, 즉 동바리를 세워야 할 공간체적을 말하는 것으로서 건축적산자료에는 상층바닥판 면적에 층높이를 곱한 것의 90%로 구하게 규정되어 있습니다. 다만, 상층바닥판 면적 중 개소 당 $1m^2$ 이상의 개구부면적은 공제하도록 규정되어 있으며, 여기서 헌치부분의 공제는 공간체적이 아니지만 동바리의 거치와 구조안전이 함께 검토되어야 할 것입니다.

<강관 동바리에 대하여>

질문 35 건설표준품셈 제2장 강관 동바리의 경우, 층고 4.2m 이상의 경우 별도 계상할 수 있다." 라는 항목에 대해서 문의 드립니다. 층고 4.2m 이상의 경우, 목재 동바리의 경우처럼 3.0m마다 품을 20% 씩 가산해도 되는지에 대해 질의합니다.

해설 암거구조물의 강관동바리는 4.2m 이내까지의 10공 m^3 당 품이 규정되어 있으나, 동바리사용 높이가 4.2m를 초과하는 경우의 특수구조 즉, 귀 질의 6m인 경우는 높이 2m마다 격자로 설치하는 수평재의 재료량 및 품에 따라 설계·시공하도록 함이 바람직하다고 생각합니다.

<가설비계의 발판재 등>

질문 36 건설공사용 가설공사 비계매기의 품에는 이음 및 조임철물과 받침철물만이 규정되어 있고, 중요한 발판재가 없는데 이에 대한 대책은?

해설 건설표준품셈 2-6 구조물비계 규정은 설치 및 해체 작업을 기준으로 발판 및 내부계단 설치 및 해체작업이 포함되어 있으며, 재료량은 설계수량을 적용하도록 규정되어 있음을 참조하십시오.

<가설 건축물의 한도 보다 큰 규모의 경우>

질문 37 건설표준품셈 제2장 2-1 가설물의 한도에 건축현장의 경우, 6,000㎡ 이상인 경우 《주》⑦ 항에 가설건물의 규모는 필요면적을 계산하여 산출하거나 시설물 면적에 비례한 계산치를 적용할 수 있다는 명문이 있는데, 이는 건설표준품셈이 모든 건축물의 규모에 따른 가설건물의 크기를 지면의 한정 또는 다양하고 세세한 변동사항을 다 표현하기는 어렵다는 현실적인 애로점이 있기 때문인 것으로 알고 있으나, 저희 현장의 경우 도급내역에 적용된 가설면적이 현실과 괴리가 심하고 실제로, 공사를 수행하기에 불가능한 면적이어서 필요면적 한도에 대한 공인된 귀사의 판단을 구하고자, 개략적인 현장의 현황 및 상기 《주》⑦ 항에 따른 면적산출근거를 첨부하오니 검토하여 주시기 바랍니다.

해설 건설표준품셈 제2장 가설공사 "2-1 가설물의 한도" 현장사무소 등의 규모는 본 건물의 규모별로 감독사무소, 도급자사무소 등이 규정되어 있습니다. 귀사가 시공 중인 현장의 규모가 방대하여 본 건물 6,000㎡ 이상으로 한정된 현장사무소 등의 규모만으로는 부족할 것으로 추정되나, 현행 규정은 6,000㎡ 이상으로 제한하고 있어, 별다른 여유규정을 찾을 수는 없습니다. 귀하가 지적한 "《주》⑦ 항 가설건물규모는 필요면적을 설계하여 산출하거나, 본 표의 시설물 면적에 비례한 개산치를 적용할 수 있다"란 반드시 필요면적을 설계함이 전제되는 것으로서, 상당 이유가 있어야 하는 것입니다. 특히, 가설공사의 경우는 현장설명 및 설계설명서, 계약일반 및 특수조건 계약내역서, 입찰조건 등 관련 규정의 검토가 있어야 합니다. 보다 자세한 사항은 앞으로의 보완을 위해 표준품셈 관리단체에 직접 건의하는 것도 좋을 것 같습니다.

제 2 절 가설 손료 관련

<가설 건축물의 손료에 대하여>

질문 1   건설표준품셈 중 조립식 가설건축물에 대한 질의입니다.

다음 품셈은 신설기준 내용년한 60개월 적용으로 이설시, 이설횟수 및 내용년한에 관한 손율 적용이 미흡합니다. 이설시에도 이 품셈의 손율을 그대로 적용해도 좋은지? 당사는 ○○ 제철소 내 회사로서 미관 관계상, 다음과 같이 수정안을 적용시키려 하는데 타당한지의 여부?

기 간	3개월	6개월	12개월	20개월	36개월	46개월	60개월
손율 (%)	15	18	25	38	53	70	100
사용회수	6	5	4	3	2	2	1

해설   건설표준품셈 제2장 가설공사 2-2-2 철제 조립식 가설 건축물 "2." 손율은 현장에 한번 설치했다가 철거할 때까지의 기간별 손율을 나타낸 것으로, 표시된 기간 내에 2번 또는 3번 등 이설을 필요로 할 때는 그에 상응한 손율을 계상할 수 있을 것으로 사료되나, 손율(%)을 사용횟수에 따라 결정해야 한다는 것은 앞으로 연구하여야 할 과제라고 사료됩니다.

<철재 가설재의 손료>

질문 2   목재거푸집 등의 가설재 손료 산정기준은 품셈에 명시되어 있으나, 형강 등의 손료산정 기준이 불분명하여 적용에 혼란이 있습니다. 적정한 기준은 없는지요?

해설 우리나라 품셈에는 가설재의 공기에 대한 손율 등이 부분적으로 규정된 것은 있으나 H빔, 형강, 복공판 등의 손료산정 기준이 따로 명시 규정된 바 없습니다. 일본의 경우는, 건설성에서 다음과 같은 기준을 적용하고 있어 이를 소개하니 참고하시기 바랍니다.

〈건설용 가설재 손료산정 기준〉 (일본)

【손료의 산정방법】 가설재의 손료는 각각 다음의 산식에 따라 구한 값으로 한다.

(1) 강널말뚝 및 H형강의 손료 = [기준가격 × ($\frac{상각비율}{내용연수}$ + 연간관리비율) ×

$\frac{1}{연간표준공용일수}$ × 공용일수 + 1현장당 수리비 손모비] × 사용수량

(2) 복공판 및 강재매트의 손료

= [기준가격 × $\frac{상각비율 + 표면가공비율(활동방지 가공 포함 복공판에 한한다)}{내용연수}$ + 연간관리비율

× $\frac{1}{연간표준공용일수}$ × 공용일수 + 1현장당 수리비 손모비] × 사용수량

(3) 이형블록거푸집의 손료 = 거푸집 $1m^2$ 당 손료 × 연사용면적

(4) (1), (2) 및 (3)에 게기한 가설재 이외의 가설재의 손료

[기초가격 × ($\frac{상각비율 + 수리비 및 손모비율}{내용연수}$ × 연간관리비율)

× $\frac{1}{연간표준공용일수}$ × 공용일수] × 사용수량으로 규정되어 있음을 참고 하십시오.

〈가설물의 손율 적용에 대하여〉

질문 3 건설공사를 시행중, 품셈의 적정 적용이 의문시되어 질의하오니 타당성 여부를 검토, 회시하여 주시면 감사하겠습니다.

제 2 절 가설 손료 관련

조립식 가설 건축물의 손율 적용 한계가 명확치 않아 적용이 어려운 바
 - 공기 9개월의 경우, 12개월의 손율(25%)을 적용하였는 바, 6개월의 손율(16%)을 적용하여도 무방한지 또는 비례적용하는 것인지.

해설) 조립식 가설 건축물의 손율 적용시, 6개월 16%, 12개월 25%인데 9개월이면 16%에서 25%까지 9%가 6개월분이므로 3개월은 4.5%이나 하향하여 16+4 = 20%로 계상함이 바람직하다고 사료됨.

<가설물의 설치기간은>

질문 4) 가설물의 설계에 있어, 착공에서 준공까지의 공사기간을 적용하는 것인지 공종별 기가설물, 즉 외부비계 설치에서 철거까지의 기간을 계상하는 것인지 알고자 합니다.

해설) 가설물은 공종별로 필요로 하는 설치공용(供用)되는 기간만을 계상하는 것입니다.

<동바리의 손료>

질문 5) 대형암거 설치공사에서 지하매설 배수암거의 높이가 2.5m 상당이고, 폭원도 3m 상당에 이르며, 연장이 수십 km에 달하는 공사인데, 목재 동바리 10회 사용으로 설계되어 있으나, 실제 시공은 강관 동바리를 사용하여 시공하였고 설계변경 지시가 되었는데 토목공사 품셈에서 강관비계는 품이 있으나 강관 동바리 품이 없어 문제가 되며, 건축공사 강관 동바리품은 오히려 비용이 과다 계상되어 문제입니다.

(해설) 구조물 동바리, 비계, 거푸집 등 토목, 건축 통합으로 개정되었음을 이해하시기 바랍니다.

<가설재의 존치와 손율>

질문 6 공사에 착수하여 비계 등의 가설재를 설계에 계상하였는데, 당초의 가설재의 손료 산정 공기는 5개월이었으므로 품셈에 따라 "예" 목재 45%를 계상하였으나 동공사의 추가 계속 공사로 9개월간을 추가 연장 가설케 되어, 1개년 미만의 손료 60%를 또 다시 가산 계상해도 무방한지요?

(해설) 가설재의 손율 적용은 귀의와 같이 장기 계속공사시, 6개월 미만에 45%, 1년 미만 60%로 규정되었다고 하더라도, 손율은 1차 45%를 포함한 2차 60% 적용이므로 1차 45%를 공제하고 1개년 이상(즉 5+9개월)이므로, 1개년 이상의 손율 75%-45% = 30%만을 더 가산해야하는 것으로 보아야 하며, 이때 가설 및 철거의 품도 중복 계산이 될 수 없는 것입니다.

<가설재의 손율>

질문 7 조립식 가설건축물의 손율에서 3개월 미만인지, 3개월 이상인지 표기가 없어 적용하기가 곤란하고, 공사기간을 6개월로 할 때 손율 적용은 16%인지 아니면 25%인지, 회시하여 주시기 바랍니다.

(해설) 조립식 가설 건축물의 손율 3개월은 3개월 까지로 보아야 하며 공사기간이 6개월인 때 가설 건축물의 존치기간이 6개월이면 16%가 되고, 존치기간이 5개월인 때에는 3개월의 12%와 6개월의 16%를 존치개월수 비례로 계상함이 타당하다고 사료됩니다.

제 2 절 가설 손료 관련

질문 8 건축공사에서 동바리 손료를 볼 수 있는지?

해설 건축공사의 동바리 손료는 표준 품셈 2-5. 구조물 동바리 품이 명시되어 있으며, 손율도 규정되어 있으니 이에 따라 동바리 손료를 계상할 수 있음.

질문 9 건물의 층고가 3.6m 이상의 경우(예) 층고 8.0m 되는 내부 비계손료 및 품은 어디에 준하는 것인가?

해설 비계 손료는 건물 높이나 층고에 관계없이 공사기간에 대한 손율입니다.

<가설물의 재료 및 손율에 대하여>

질문 10 폐사가 시공 중에 있는 하수처리장 공사에서 가설재의 손율은 3개월 미만인 때의 %와 3개월 이상 6개월 미만인 때의 손율이 규정되어 있는데, 이 공사의 경우는 2개월이므로 손율 15%(3개월 미만)의 2/3인 10%만을 적용해야 하는지?

해설 손율을 사용 기간별로 구분한 것은 그 적용한계를 설정한 것으로 보아야 하며, 조립, 설치, 해체 등 기본적인 공량과 손율이 공통되는 것으로 볼 때, 3개월 미만으로 정한 것을 다시 실기간별로 구분함은 보편·표준공종을 기준한 표준품셈의 정신에 배치된다고 사료됩니다.

따라서 2개월의 경우라 하더라도 3개월 미만의 것이 가장 적은 것이라면 이를 적용하되, 기간성을 참작해야 한다고 생각됩니다.

제3절 기타 가설

<철거공의 적산에 대하여>

질문 1 철거품에 있어서의 비계공 철거, 해체의 인건비 계산기준이 미비합니다.

해설 구조물의 철거시, 비계공의 품은 따로 규정된 바 없습니다. 비계를 꼭 매고 철거해야 할 때에는 건설표준품셈의 가설공사 구조물 비계(2-6) 품에 준하는 도리 외에는 다른 방법이 없습니다.

<비계의 적산에 대하여>

질문 2 (1) 비계다리 계산방식에 있어 1층 슬래브집은 비계다리를 2층으로 보는지?

(2) 층고가 3.0m인 건물의 내부비계에서 모르타르 마감 또는 일반 천장마감에 있어, 단일공사시 수평비계 또는 말비계의 적용은?

해설 (1) 1층 슬래브집으로서 층 높이가 3~4m인 경우의 비계다리 계산은 면적당으로 계산하십시오.
  (2) 일반적으로,
   ① 수평비계는 2가지 이상의 복합공사 또는 단일공사 일지라도 작업이 복잡한 경우에 계상한다.
   ② 말비계는 4m 미만의 경미한 내부공사에 사용한다.

<가설 조명과 터널 공사 조명에 대하여>

질문 3 가설물의 조명과 터널공사용 조명비 등 공사용 조명비를 전력비로 계상하는가, 수도 광열비로 계상하는가를 회신하여 주시기 바랍니다.

해설 전력비와 수도 광열비는 성질이 다릅니다. 전력을 사용하는 공사용 조명비는 전력비 항목으로 계상함이 바람직하다고 생각합니다. 그러나 직접공사의 수행이 따르지 아니하는 단순한 외곽 경비 등의 목적으로 조명하는 경우는 가설공사에 해당합니다.

<담장 쌓기 가설공 기타>

질문 4 건물내부 수평비계 매기와 그림과 같은 담장을 쌓을 때, 그리고, 기타 담장과 내부 창틀 제거 조립 등의 공정시, 비계공의 정확한 면적산출 방법을 알고 싶습니다. 여러 가지 비계매기의 예를 기술하여 주셨으면 고맙겠습니다. 그리고 좌측 담장을 시공할 때 양쪽 쌍줄비계를 세워야 유동없는 버팀이 이루어질 것으로 사료됩니다.

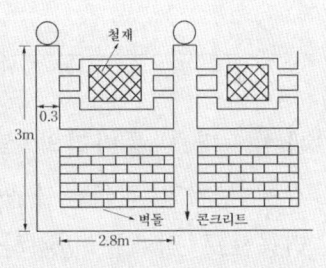

해설 귀 제시 그림과 같이 담장을 축조를 할 때, 담장 양측에 쌍줄비계매기를 한다면 과다설계로 지적될 것입니다. 외줄비계 또는 외줄겹비계로 처리하시고, 담장 공극을 이용 양측비계를 서로 연결하면 쌍줄비계와 같이 활용될 것으로 사료됩니다.

질문 5 폐사가 도급시행중인 ○○시설 공사 중 아래 사항에 대하여 설계변경 타당성 여부를 질의합니다.

현 설 계	변 경 설 계	비 고
1. 이글루탄약고 거푸집공 사중 동바리 : 현재 토목동바리로 설계되었으나	토목으로 책정된 단가를 건축동바리 단가로 변경코자 함	1. 건축내역서에 이글루탄약고가 포함되어 있음. 2. 건축공사는 총괄 입찰임. 3. 발주처(○○부) 설계변경 요구사항임.
2. 레미콘 시방배합에서 m^3 당 골재량 과소설계 토목 : 내역입찰 건축 : 총액입찰	발주처의 시험실 시험결과치로 시방배합기준을 정하고 골재량을 조정예정 – 현재 첨부와 같이 발주처의 시방배합표는 작성되어 시공자측에 시험결과치로 공사시행을 요청하여 그대로 공사를 집행하였음.	1. 토목은 입찰내역서로서 일위대가 제출 2. 건축은 총괄입찰로 일위대가 미제출 3. 시공자 설계변경 요구사항

해설 당초 동바리의 설계를 토목품셈에 의거, 계상된 것을 총괄입찰에 부쳐진 건축공사부분에 해당된다고 하여, 건축품셈에 의한 동바리공으로 설계를 변경하는 것에 대하여는 공사용 가설재료 및 적용품셈의 변경으로서 이는 회계관계법령 및 기획재정부 계약예규 등에 명시된 바 없고 또 내역입찰이 아닌 총액입찰로서 입찰유의서 계약특수조건 등이 어떻게 규정하고 있는가의 사실판단에 근거해야 한다고 사료되며,

콘크리트의 시방배합은 발주처에서 제시한 시방배합설계가 시험결과치라고 판단해야 하며, 이는 상당한 이유가 있는 것으로 사료됨에도 시공업자가 낙찰 후 작성 제출한 내역서에서 시멘트(관급) 및 감수제만을 발주처의 시방배합물량과 유사하게 하고 모래, 자갈의 수량은 임의로 현저하게 과소 계상한 일위대가를 작성한 것이라면 그 귀

책사유는 분명해지는 것이 아닌가 합니다. 따라서 시공업자의 계약내역서작성에 하자가 있는 것이라면 그 책임은 첫째, 시공업자의 잘못이고, 둘째, 물량을 수정하지 않고 단가 등의 조절로 낙찰차액을 조정한 내역서를 징구해야 함에도 이를 지적하지 아니하고 방만히 용인한 발주자 측의 불성실함도 지적됩니다.

 귀 제시자료에 의하면, 콘크리트에 혼합 조성되는 모래와 자갈의 수량은 절대량이 부족하여 발주처가 지시한 시방배합에 의거, 시공한 것은 잘한 일이며 그 책임의 귀속은 귀문만으로 판단할 수 없습니다. 보다 구체적인 사유는 계약의 당사자 간에 처리하거나 관계 주무부처 등에서 판단해야 할 사항이라고 사료됩니다.

<보호막 가설울타리에 대하여>

질문 6 1. 가설공사에 있어서 보호막, 가설울타리, 현장사무실, 자갈깔기지정 등에 대하여,

　가. 설계서의 설계수량이 시공과정에서 설계자가 현장사정을 고려하여 변경 시공시킬 수 있는지.
　나. 감리자 또는 감독자의 지시(설계서의 보호막, 가설울타리 등 시공명시)에도 불구하고, 시공자가 변경시공(생략 또는 다른방법으로 시공)하였을 때 감리자·감독자의 업무과실인지.
　다. 이때 설계변경으로 공사금액의 정산이 가능한지.
　2. 설계자가 작성한 설계도서 일위대가표상의 설계수량이 시공과정에서 시공불가능 또는 과다설계로 설계자가 판단하여 설계수량을 조정하는 설계변경(계약 후 단위 단가 조정)이 가능한지?

해설 질의 1. "가"에 대하여 가설울타리, 현장사무실 등은 가설공사로서, 필요에 따라 계상되는 부대공정으로서 주공종과는 다른 것입

니다. 설계자는 현장사정을 고려하여 계약내용의 범위안에서 변경 시공시킬 수 있다고 사료됨. 이때 그 필요성과 설계상의 물량 및 비용 증·감 이 명시되어야 하며, 경제성이 고려되어야 합니다.

"나"에 대하여도 시공자가 임의로 변경 시공하였다고 하더라도 계약 목적물을 하자 없이 시공할 수 있고, 또 그 결과가 좋았다고 하면 그에 따라 설계변경 조치할 수 있다고 사료됨.

"다"는 상기 "나"와 같음.

질의 2의 대하여도 상기한 바와 같이 조정이 가능한 것으로 사료됩니다.

<공공건물의 철거 청소비>

[질문 7] 가설공사에 철거건물 17,849 m^2에 대한 준공청소비를 ○○○만원 계상하였습니다. 건설표준품셈 2-13 건축물 현장정리 《주》에 의하면, 공사 중 옥내·외의 청소와 준공시 청소 및 뒷정리까지 포함된 것이라고 하였는데, 위와 같이 준공청소비를 계상한 것은 정당한 것인지요. 이 경비는 업자의 내역에서 명시된 것입니다.

[해설] 건축물의 신축, 개축 또는 철거 등 공사에서 폐기물, 잔재물 오물 등을 처리해야 할 처리비는 공공공사의 경우 기획재정부 계약예규인 예정가격 작성기준 「경비」항에 계상되는 것이며 가설공사에 계상되는 것은 아닙니다.

품셈에서 정한 건축물 현장정리 품에 모두를 정리, 청소하는 것이므로 다른 준공식을 위한 청소비를 계상한 것은 잘못입니다. 그러나, 이를 계약내역에 포함시킨 것을 그대로 약정한 것이라면 이를 감액하는 것은 품셈 사안과는 별개의 것이라고 생각합니다.

제 3 절 기 타 가 설

<콘크리트 타설 윈치 타워에 대하여>

질문 8 콘크리트 타설을 위한 간이 윈치 타워의 가설품이 없어 설계에 계상할 수 없습니다. 하교 바랍니다.

해설 건설표준품셈 9-5-6에 윈치는 싱글과 더블급의 손료와 중기 가격이 규정되어 있어 윈치의 경비 적산은 가능하나 Universal lift 또는 단관용 Hopper 등의 품은 없습니다.

다음은 일본 건설성 품셈을 발췌한 것이니 참고 하십시오.

기 종	구 분	재 료 및 수 량			노 무	비 고
		품명·규격	단위	수량	비계공	
유니버설리프트(1본구) (universal lift) (싱글형) 적재하중 1.0 ton H = 20m		1본구(本構) 리프트 (모터 하대(荷台) 포함) 중량 950kg 출력 7kw 가드레일중량 50kg/m 소모품 기타	기 m 식	1.0 20 1	10	
호 퍼 (틀짜기)		호퍼(본체부속포함) 호퍼용 강관 기타	m 매 식	1 3.33 1	0.17	가설길이 m당 (손료를 계상한다)
호 퍼 (단관용)		파이프 동바리 직교 클램프 자재 클램프 조인트 훅 볼트 호퍼용강관 기타	m 개 〃 〃 〃 매 식	7 1.2 4 0.4 19.8 3.33 1	0.20	가설길이 m당 (손료를 계상한다)

1. 이 품은 양중(揚重) 설비 및 콘크리트 타설용 호퍼 설치품이다.
2. 리프트 손료 및 엔진의 운전경비는 별도 계상하며 이 품은 가설품이다.

[질문 9] 1. Box 공사 및 월류맨홀 시공을 함에 있어, 월류맨홀은 높이가 19m, 폭이 6.5m×3m인 비계 및 동바리를 내부나 외부에 품셈 적용이 가능한지요?

2. Box 공사의 내경이 2.5m×2.5m, 슬래브 콘크리트 두께 0.5m, 벽체 0.4m 인 바, 내부·외부 비계에 품셈 적용이 가능한지요. 내부·외부 동바리도 품셈 적용이 되는지 자세한 내용을 하교하여 주시기 바랍니다.

[해설] 1. 항에 대하여 맨홀 내·외부 비계 및 내부 동바리 계상이 가능하며, 시스템비계, 시스템동바리(10m 초과 20m 이하)를 적정 사용하기 바라며,

2. 항에 대하여는 2.5m 이하 동바리, 10m 이하 비계를 적용하시면 될 것입니다.

<강재의 설치·해체에 대하여>

[질문 10] 건축공사 흙막이 공정에서 Slurry wall 공사 후 Strut 설치, 해체, 운반, 손료, 강재량 산정시 Strut 설치·해체에는 강재량 할증을 삭제하고 손료와 운반에만 할증을 계상해야 하는지, 아니면 Strut 설치, 해체, 운반, 손료 전부에 할증을 계상해야 하는지, 가시설 공사시 띠장, Strut 등 강재량이 손료에 의거, 공사비가 계상되었을 경우, 강재량 전부를 공장 신품으로 사용해야 하는지, 아니면 다른 현장에서 사용하던 강재를 사용해도 되는지, 만약 다른 현장에서 사용하던 강재를 사용해도 된다면 강재에 대한 안전성 검사는 어떻게 해야 되는지요.

[해설] 건축공사의 지하굴착시, 흙막이의 Strut(버팀대)이나 띠장, H 파일 등의 손료는 강널말뚝, 강관파일, H 파일 등의 경우, 표준품셈

제3절 기 타 가 설

제2장 가설공사 2-2-1 "손율"을 적용하되, 이의 재사용에 관해서는 명시 규정된 바가 없습니다. 즉, 사용존치 기간이 3~6개월일지라도 그 사용 및 회수성에 문제가 있는 경우는 재사용이 불가능한 등으로 그 적정판단은 현장과 감독의 판단 재량에 속한다고 사료됩니다.

<조립식 강관동바리 품>

질문 11 건설표준품셈 제2장 가설공사에 강관동바리(토목)와 건축구조물 동바리 등은 규정되어 있으나, 조립식 강관동바리가 많이 쓰이고 있는데도 이에 대한 품이 없어 문의합니다.

해설 건설표준품셈 2-5-2 시스템 동바리(토목, 건축 조립식)품이 자세히 규정되어 있으니 이를 참고하십시오.

2-5-2 시스템 동바리

(10 공 m³ 당)

구 분	단위	수 량		
		10m 이하	10m 초과~20m 이하	20m 초과~30m 이하
형틀목공	인	0.58	0.68	0.87
보통인부	〃	0.18	0.21	0.27
크레인	hr	0.17	0.25	0.28
비고	-설치간격에 따라 다음 요율을 적용한다.			
	설치간격	0.6m 이하	0.6m 초과~1.2m 이하	1.2m 초과
	요율(%)	120%	100%	90%
	*설치간격은 멍에간격을 기준한다.			

《주》 ① 본 품은 시스템동바리의 설치 및 해체작업을 기준한 것이다.
　　 ② 본 품은 멍에의 설치, 해체 작업이 포함되어 있다.
　　 ③ 동바리를 지반에 설치할 경우에 지반고르기 및 콘크리트 타설 등은 별도 계상한다.

④ 크레인 규격은 다음 기준을 적용하며, 작업여건에 따라 변경할 수 있다.

높 이	20 m 이하	20 m 초과 ~ 30 m 이하
크레인규격	15 ton	20 ton

⑤ 재료량은 설계수량을 적용한다.
⑥ 동바리의 손율은 다음과 같이 계상한다.

사 용 월 별	3 개 월	6 개 월	12 개 월
손 율(%)	6	10	19

질문 12 <가설공사용 강재를 임대사용한 것에 대한
         운반비 등의 계상에 대하여>

해설 건설표준품셈에 있어 가설공사비는 그 성질에 따라 계상하는 것으로써 강재류는 건설표준품셈 제2장 가설공사 2-2 가설시설물 및 손율은 [참고] 손율《주》③, ④에 의하여 계상하되, 귀 문의 경우와 같이 강재류의 운반비 산정에 관한 기준은 따로 없는 실정입니다.
참고: 건설표준품셈 제8장 기계화시공 8-1 기계화시공 적용기준 "8-1-3" 운반 및 수송 "나" 수송비, "다" 회항비 등을 참고로 강재의 중량, 크기 등을 고려하여 발주청과 협의 하심이 좋을 듯합니다.

<강관 비계의 손율 적용 기간에 대하여>

질문 13 강관 비계 및 공기에 대한 손율 (품셈 2-6-6), 강관 비계 수량을 계상하고 공기에 대한 손율(3개월)을 적용하였습니다.
 이로 인한 공기에 대한 손율 3개월 적용시점을 어떻게 보는지요?
 갑설) 비계설치에 따른 자재 현장 도착 시점부터 철거완료까지
 을설) 비계 설치 완료 후 작업 가능 시점부터 철거완료까지에 대하여 문의 드립니다.

해설 강관 비계의 손율 적용 기간에 대하여, 강관비계의 설치 시점부터 철거까지의 거치기간을 말한다고 보아야 할 것으로 생각합니다.

제 3 장 토 공 사

제 1 절 토 공 일 반

<토공 되메우기 등>

질문 1 건설표준품셈 3-1 굴착, 3-1-3 1. 인력터파기 비고에 되메우기는 m^3당 0.1인을 별도 계상하게 되어 있는데 이 품은 고르기와 되메우기 품이 포함되어 있는지의 여부를 알고자 합니다.

해설 되메우기는 되메우기 할 때 고르는 품을 생략하도록 시공함으로써 고르기 품은 생략될 수 있으나 다짐 비용은 별도 계상해야 합니다.

질문 2 암석 절취(터파기)시의 착암공에 대한 질문입니다. 건설표준품셈 3-1-3 2. 기계사용 터파기(암반)에 과거에는 착암공이 누락되어 있는데, 그 이유는 무엇인가요?

해설 과거에 적용하던 품셈에서는 착암공의 품이 건설 기계품에 계상되어 제외된 때도 있었으나, 품셈이 개정되어 현재는 공기압축기와 소형브레이커와 함께 착암공을 계상하도록 개정 시행하고 있습니다.
(건설 표준품셈 3-1-3 "2" 기계사용 터파기 (암반) 참조)

제3장 토 공 사

질문 3　암석절취의 예정가격(단가)작성시 절취높이 50m 이상의 석산에서 발파하여 재투입식 조 크러셔를 이용하여 65mm~20mm의 골재를 생산할 때, 1. 크롤러 드릴을 사용하여 절취 암괴의 소할이 필요한 경우 15% 범위에서 별도 가산할 수 있다. 라고 규정 하였는데 경암의 경우 15%만 소할하여 100t/hr 조크러셔에 투입이 가능한지요.
2. 100t/hr 조크러셔 단독 작업시 출구간격은 얼마를 적용해야 하는지요.

해설　① 건설표준품셈 제3장 암석 절취 《주》⑩에 따르면 「기계 소할시 유용량의 15% 범위에서 적용할 수 있다」라고 규정되어 있어, 소할 암괴의 크기를 일응 입경 0.3m 정도로 보고, 소할의 량을 구분 계상하는 취지 입니다. 그러나, 크롤러 드릴 사용 파쇄 후에 직경 0.5m 상당의 전석과 유사한 석괴의 양이 어느 정도 발생하고 있는가 함은 귀문 만으로는 알 수 없어 확답할 수 없으니 양지 하십시오.
② 조크러셔의 투입구간격 대 출구간격과 시간당 생산량은 품셈 "9-16 크러셔"에 상세히 규정되어 있으니 참고 하십시오.

질문 4　터파기 품에서 협소한 장소와 용수가 있는 곳은 품을 50%까지 가산할 수 있으나 토사의 절취시, 협소한 장소와 용수가 있는 곳은 터파기와 같이 가산할 수 있는지?

해설　토사의 절취는 토질 및 암의 분류 표준에 의한 자연 상태의 품으로서, 표준 이외의 절취에 있어서는 귀문의 경우와 같이 용수가 있거나 주위가 협소한 때에는 터파기를 준용할 수도 있으나 구체적인 사유에 근거를 두어야 합니다.

<암석의 유용 성토>

질문 5 암석을 절취하여 현장에서 매립하는데 발파암석을 다시 30cm 미만으로 소할하여 매립토록 하고 있습니다. 건설표준품셈에 '절취 암괴의 소할이 필요한 경우에는 15% 범위 내에서 별도 가산할 수 있다' 는 조항에 따라, 발파암의 종류별로 15%씩 가산 받고 있습니다. 그것은 어느 정도의 규격까지 소할을 포함하는지 암종별 브레이커 소할품, (극경암 포함)암종별 암괴 발생률 등의 자료가 없습니다.

해설 크롤러 드릴로 암을 파쇄하여, 소요로 하는 암괴수량을 확보하고자 할 때 3-1-2 암석절취 《주》⑩ 에 따라 소할은 암괴 소요수량의 15% 범위 내에서 소할 하되, 그 비용을 별도 계산한다는 뜻으로 그때의 암괴 수량은 사석 등 소요 암괴를 말하는 것인바, 귀문의 경우, 성토 매립용으로 크기를 제한한 때 15% 이내의 소할만으로 가능한 것인지의 여부는 귀문 만으로는 판단할 수 없는 바, 실험시공을 통하여 판단 함이 옳은 것으로 생각됩니다.

<인력터파기의 깊이>

질문 6 품셈 제3장 토공사 인력터파기에 있어 보통토사 1.5m 의 깊이로 터파기 한다면, 이의 품 적용을 0~1m 까지 0.2인과 1~2m 까지 0.27인을 각각 합해서 적용하는지 아니면 1~2m 의 0.27인을 적용하는지 알고자 합니다. 즉, 0~1m 까지의 토량을 $V_1 m^3$, 1~2m 까지의 토량을 $V_2 m^3$ 라 하면,

(1) $\{(V_1 \times 0.20 \text{인}) + (V_2 \times 0.27 \text{인})\} \times$ 노임

(2) $\{(V_1 \times V_2) \times 0.27 \text{인}\} \times$ 노임으로 되는 바, 상기 (1), (2) 계산 중 어느 것이 타당한 것인지.

해 설 인력 터파기 품 적용은 제시한 방법 중 (1)의 계산이 타당함.

<전석 및 소할에 대하여>

질문 7 고속도로 확장공사 구간의 토공사중 절취작업의 품셈 적용에 대한 질의입니다.

1. 토사절취 작업 중 토질의 형성이 패석층의 토질이며, 전석(크기 1.5 ~ 4.5㎥)이 토사의 40~60%로 분포되어 있어 작업이 비효율적이며, 전석의 물량은 1개씩 산출하여 관리하고 있으나 전석 절취 품셈 적용 산출 방안.
2. 전석 소할비를 일반 보통암 발파비와 전석 소할 발파비로 산출하나 전석은 절리가 없으므로, 할석공 및 대형브레이커 작업이 불가능하므로 그 적산 산출 방안.
3. 순성토 토취장 절토작업시 리핑암, 발파암, 단가적용방안, 본선 절토구간은 토사 리핑암·발파암으로 구분하여 시공하고 있으나, 순성토 토취장 선정은 본선 절토구간의 시공과 동일하게 시공하도록 선정되어 있음. (단가산출시 순성토 토사절취 기준을 암종 구분별로 적용할 수 있는지요) *발주처가 지정한 장소임.

해 설 1. 토사절취 작업 중 1.5㎥~4.5㎥ 크기의 큰 전석이 전 토량의 40~60% 상당 분포되어 있다고 하면, 작업의 비능률은 상대적으로 크다고 생각되며, 귀의와 같이 각 개별로 처리할 수밖에 도리가 없을 것입니다. 또 파쇄암으로 처리 하더라도 암의 절리가 없어 천공이 극히 어려울 것이고, 발파에서도 현행 파쇄암의 품만으로는 독립된 전석이므로 어렵게 될 것이라 생각됩니다. 이와 같은 여건은 건설표준품셈의 보편적인 공종·공법으로 처리될 수 없으므로 품셈 제1

장 1-3 적용방법에 따라 발주관서와 합동으로 현장 여건에 맞는 특수 품셈을 제정 적용해야 할 것입니다.

　2. 리핑암과 발파암의 단가 적용은 제3장 토공의 품과 기계화시공 착암공 등의 품을 기준으로 산정할 수 있으나, 귀의에 따른 단가 산정은 현장을 확인하지 않고 계산해 드릴 수는 없고, 절취에서 토사, 리핑암·발파암은 각 구분 적산하거나 물량 가중평균 단가를 구할 수도 있는 것이며, 그 물량의 비율이 설계와 합치 되는가의 여부는 물량 정산방법에 의해야 확인될 수 있습니다.

　3. 공사량이 많고 또, 단가에 이견이 있어 쌍방의 손해가 크게 될 때에는 적정 판정을 위하여 공인 연구기관에 연구용역 등을 의뢰하여, 그 결과에 따라 적정하게 처리해야 할 것임.

<토공분야에서 발파암 소할>

질문 8　품셈 3-1-2의 《주》⑨ 일반발파 및 대규모발파의 경우 암석 반출을 위한 적재 및 운반 등이 용이하도록 소할이 필요한 경우 15% 범위 내에서 별도 가산할 수 있다고 쓰여 있고, 또한 충청북도 도로공사설계 적용기준에 보면 발파암 유용시 기계 소할 15%(미진동굴착, 정밀진동제어 발파는 제외)입니다. 그렇다면 발파공법 중 소규모 진동제어 및 중규모 진동제어의 경우는 적용기준이 어떠한지?

해 설　귀 질의는 품셈 개정전의 문의로 현행 품셈은 3-1-2 암석절취 《주》⑩ 발파암 유용(미진동굴착, 정밀 진동제어 발파 제외)시 기계 소할 물량은 유용량의 15%로 적용한다. 로 개정되었음을 참고하시기 바라며, 기계 소할에서 미진동굴착, 정밀 진동제어 발파를 제외한 것은 《주》③ 미진동굴착공법과 정밀진동제어발파는 대형브레이커에 의한 2차 파쇄가 포함되어 있어 제외된 것으로 이해하시기 바랍니다.

<수중 암 절취 품에 대하여>

질문 9 소형어선(10톤 미만)들이 사용하고 있는 포구(어항)내 수중지반은 대부분 암반 지대이면서 수심이(−1.5m 미만) 낮아, 간조시에는 어선의 입·출항이 불가 함에 따라 수심을 −2.0m 정도 유지할 수 있도록 수중암을 발파 제거하여 간조시에도 어선의 입·출항하는데 지장이 없도록 하는 준설 사업으로서, 준설장비(쇄암선)로 시공할 계획이었으나 수심이 −3.0m 미만 지역은 준설장비가 항내 입항이 어려워 부득이 인력 천공 후 발파하여 클램셀로 제거하고자 하는데 건설표준품셈 제3장(토공편) 3−1−3 2. 수중암 절취 품 중 잠수부( )는 천공시의 품으로 규정되어 있는 바 연암인 경우 $10m^3$당 잠수부 4.3조는 어떠한 경우에 적용되는 것인지요? (4.3조와 7.6조의 적용한계 불명확)(천공작업시는 사람이 약 45° 각도로 굽어서 작업하게 되므로 사람머리가 수면속에 있을 경우에는 7.6조를 적용하고, 수면위에 나올 때에는 4.3조를 적용하는 것이 타당하다고 사료됨).

해설 현재는 3−1−2 암석 절취 2. 수중 품이 있으나 이 품도 우물통 발파시의 품과 그 이외의 발파 품과 《주》에 자세히 새로 규정되어 있으므로 "구" 품셈 기준을 참고 하지 말고, 새 기준을 적용해야 할 것입니다.

<저수지 매립공사 중 매립토량 ?>

질문 10 저수지의 물을 다 뺀 다음 매립을 할 경우, 이질토를 몇 %로 하여 매립토량을 결정하여야 되는지요?
 또, 상기 조건에서 물이 저수지에 채워져 있는 상태에서 매립을 하려면 토적계산에서 이질토를 몇 %로 계산하여야 되는지요?

제1절 토공일반

해설 귀 질의 내용은 품셈적용상의 의문에 관한 사항이 아니므로 회답할 성질의 것이 못된다고 사료됩니다. 다만, 매립을 할 때에는 그 목적, 용도, 현지반의 상태 등을 조사하여 이질토(泥質土)를 제거해야 하는가, 일부를 섞어 유용·활용해야 하는가, 유용해도 무방한가 등에 따라 결정되어야 하고, 그 깊이는 간단한 실험조사로 결정될 수 있는 것입니다. 따라서 토적계산시의 구체적인 이질토량은 조사된 수량 또는 설계변경의 가능성을 설계 설명서에 명시해 두고 설계를 할 수 있을 것임.

<토목품의 인력 터파기 관련>

질문 11 당 현장은 토목공사 현장으로 벽체트렌치 공사 시행중 강관 압입을 통해 강관하부를 인력굴착(약 8m)하여 트렌치벽체를 형성하는 도중 풍화암 지반이 굴착고 약 7m 지점에서 관측되어 암판정 후 설계 반영 과정에서 굴착 깊이에 따른 계수적용에 이견이 있어 질의합니다.
갑측 : 인력터파기 구간 굴착 깊이 [총 8m(토사 : 0∼7m, 풍화암 : 0∼1m)] 순수 굴착 깊이를 통한 계수적용 주장
을측 : 인력터파기 구간 굴착 깊이 [총 8m(토사 : 0∼7m, 풍화암 : 7∼8m)] 원지반선 기준 굴착 깊이를 통한 계수적용 주장

해설 건설표준품셈 인력 터파기는 해당 깊이별로 터파기품을 규정하고 있음을 이해하시고, 인력 터파기에서 0∼7m 까지는 토사, 7∼8m는 풍화암으로 깊이 단계별 설계변경 적용 문제는 공사 당사자간에 제반 사항을 고려하여 협의 판단할 사항이라고 생각합니다.

질문12 건설표준품셈 제3장 토공사에 있어서 3-1-3 1. 인력 터파기 《주》 ④에 명시되어 있는 "협소한 장소와 용수가 있는 곳의 터파기는 본 표의 50%까지 가산할 수 있고 수중 터파기는 2배로 한다" ⑤는 주위에 장애물이 있을 때와 협소한 독립기초 터파기 때에는 품을 50% 가산할 수 있다"라고 명시되어 있는데, 수도관의 파열로 인한 누수보수공사시 ④항을 적용 협소한 장소 및 용수가 있는 곳의 터파기로 보아 50%를 가산하고 이 품에 주위에 장애물 및 협소한 독립기초 터파기 품으로 보아 또 50%를 가산하여도 무방한지?

예시) 견질토의 경우 0.26인×1.5 = 0.39 (④ 적용)

0.39인×1.5 = 0.585 (⑤ 적용) 품이 됨.

해설 1. 품의 할증은 사실상 기본품 만으로는 공사수행이 어렵다고 인정될 때 할증률 범위 안에서 품을 가산하는 것이며, 가산요인이 인정되면 가산할 수 있으나 귀문과 같이 가산하는 것은 아닙니다. 귀문의 경우, 0.26인이 기본품이라고 하면 제1장 적용기준 1-16 품의 할증 17. 할증의 중복가산 요령에 따라야 합니다.

즉, W = 0.26인×(1+0.5+0.5) = 0.52인이 되는 것임.

2. 질의 2의 경우는 기본품이 0.26인이라면 능률저하로 인한 계산은 0.26인÷0.8 [1-0.2 = 0.8] = 0.325인으로 계상됩니다(품셈 1-16 4. 예시).

3. 품의 할증 가산 요인은 그 구체적인 사실에 따라야 하는 것임을 알아야 합니다.

제1절 토공일반

<토량의 운반비 산출>

질문 13 1. 공단 부지조성 토공사로서 평균운반거리가 160m에서 작업 여건상 부득이한 경우 450m 지점으로 추가 운반했을 때, 토사와 풍화암과 연암의 m^3당 추가운반 산출방법을 알려 주십시오.

2. 상기 1항의 장소에서 설계대로 토사의 굴착 및 연암 굴착(발파) 및 불도저로 펴깔기까지 하여 지반고를 맞추어 놓았는데 설계가 잘못되어(토량이 남은 관계로), 설계변경을 하여 지반고를 1m 더 높게 다시 성토를 하였습니다(즉, 보완시공을 한 셈).

토사와 풍화암, 연암의 전체 공사금액의 산출방법을 알려 주십시오.

해설 1. 질의 1)에 대하여 토사와 암을 운반함에 있어서의 당초 설계 기종 및 적재 기종 등을 알 수 없어 계산이 불가하고 동일기종의 사용으로 같은 운반 수단으로, 그 거리만을 450m 지점으로 신규 변경 설계하고, 당초(160m) 설계금액을 공제하면 되겠습니다.

질의 2)에 대하여, 당초 설계에 따라 1차 시공 당시의 계획고 대로 절취, 펴깔기 한 공사금액과 2차로 변경시공케 함으로써 생긴 공사비가 모두 합산되어야 할 것으로 사료됩니다. 다만, 암절 등을 -1.0m 까지 절취한 것을 다시 ○○ 으로 반입 정리케 하였다면 상당한 이유가 있었을 것인데 그런 계획 소홀 또는 공사지시는 대단한 문제를 남기게 되는 것임에 유의해야 합니다.

2. 덤프트럭의 운반량 계산방법 등의 서적을 소개하니 참고하시기 바랍니다(원가계산은 별도 용역에 의해야 합니다).

전인식 저, 건설기계시공 및 전인식 저, 건설적산학 등이 참고가 될 것입니다.

<암석 발파 후 소할에 대하여>

질문 14 1. 암석 발파 후 크러셔 투입 전 소할을 할석공 0.2인을 가산토록 되어있는데, 발파팀과 소할팀이 다를 경우, 서로 상대방이 크기를 논란하고 있으나 품셈표에는 소할할 수 있는 크기에 대해서는 언급이 없어 질의하오니 회신하여 주시면 감사하겠습니다.
2. 품셈상에는 할석공 0.2인으로 표시되어 있으나, 일반적으로 브레이커로 소할하는 바, 브레이커로 소할할 경우의 크기와 인력(할석공)으로 소할할 경우의 크기에 대해서도 회신바랍니다.

해설 구 건설표준품셈에 「암석파쇄후 깬잡석을 채취할 경우, 깬잡석 m^3당 할석공 0.2인을 가산한다」로 규정되어 있고 7-6 돌쌓기의 개수(個數) 및 중량의 표준에서 돌의 크기를 알 수 있으며, 전석의 크기는 입경 0.5m 정도를 기준으로 하고, 소할 수량은 15% 정도로 명시되어 있으나 $0.5m^3$ 정도의 암괴를 깬 잡석 크기로 소할 할 때의 품과 크롤러 드릴로 절취한 암괴의 소할 수량이 15% 범위 이내임을 이해하시고, 이때 폭약량·뇌관의 수량 등 현행품셈에 따라 성실하게 발파하였는지의 여부가 소할량의 다소에도 미친다는 점을 이해하여야 합니다. 특히 크러셔의 규격과 출구간격 등의 관련성은 단순하지 않고 복잡한 사안으로서 귀문 만으로는 확답할 수 없습니다.

<암석 절취의 구분>

질문 15 1. 건축물(아파트)의 신축공사에서 원지반선 이하의 암반 굴착(길이 58m, 폭 14m, 깊이 2.8m) 작업시 품셈기준은 건설표준품셈 제3장 3-1-3 암석절취 1.육상과 3-1-4 기계사용(암반) 중 어느 것을 적용하여야 하는지요?
2. 암반 굴착시 휴식 각도(度)는 얼마로 하여야 하는지요?

제1절 토공일반

(해설) 표준품셈 제3장 3-1-2 암석절취 1. 육상의 개념은 석산에서 대발파로 많은 암석이 절취되는 성질의 것이고, 3-1-3 기계사용(암반)은 원지반 이하 암반터파기 개념에 준하는 경우를 말하는 것이므로 귀문의 경우, 기계사용(암반)의 기준을 적용할 수 있는 것이나 암이나 토사의 굴착에서 절취와 터파기를 구분하기는 어려운 문제입니다.
 현장의 굴착 규모와 지형 장비의 투입 여부 화약 사용 가능 여부 등을 종합적으로 판단해야 할 것입니다.
 질의한 암반의 휴식 각도(度)는 표준품셈에 그 기준을 정하고 있지 않음.

質問 16 당 현장에서 발파암(연암)이 발생되어 인근 주택에 피해가 없는 범위에서 구조물 터파기를 시공키 위하여, 미진동 파쇄기를 사용코자 설계 적용단가 산정에 대한 품을 질의하오니 회시하여 주시기 바랍니다.

(해설) 건설표준품셈 3-1-2에 미진동 파쇄기 품에 대한 규정이 있으니 참고하시기 바라며, 이때 상차 반출 및 운반에 대한 품은 동 9장 건설기계시공 품을 참고하시기 바랍니다.

<터널 천공 품 적용에 대하여>

質問 17 ○○-○○ 간 도로공사 중 터널공사의 설계상에는 천공지름 45 mm로 작업하게 되어 있으나, 실 시공하는 것은 32 mm(착암기)를 사용하고 있습니다. 이때 화약량, 뇌관이 천공지름이 작을 때 많이 들어가는지 아닌지 알고 싶고, 이런 사항이 설계변경 될 수 있는지 알고 싶습니다(시방서에는 "터널부 지질변화에 따라 굴착방법이 변경되었을 때" 설계변경 할 수 있다. 라고 되어 있습니다).
　품셈에는 천공(mm)당 내역이 나타나 있지 않습니다. 굴착방법은 스므스 블라스팅 입니다.

해설 귀 질의에는 천공지름이 45mm로 설계되었으나 실제 시공은 32mm로 시공하여 화약량, 뇌관 등에 대한 수량이 많아지는 것이 아닌가 하는 질의이나 천공지름에 따라 일률적으로 변하는 것은 아니고 천공깊이, 천공간격 등이 큰 비중을 차지하는 것으로 생각합니다. 귀 제시 시방서에 따르면, 굴착방법 변경이 아니고 굴착천공 지름의 변경이므로 설계변경 사유는 아니라고 사료됨.

질문 18 암절면 절취에 대하여 : 암으로 형성된 산을 대절개하여 도로를 신설하였으나, 풍화작용으로 인한 비탈면 암반의 낙석이 우려되어, 이들 절취 비탈면을 정리코자 한다. 이에 대한 적정한 품은 어떤 식으로 적용해야 하는지?

해설 건설표준품셈 암석면 비탈 고르기(3-3)품을 적용해야 할 것이며, 급경사인 때에는 달비계 등의 품과 능률저하가 계상되어야 하나, 시공시에 미리 비탈 정리를 시공했다면 따로 계상할 필요가 없을 것입니다.

<단지 내 발파암이 노출되다>

질문 19 택지개발사업(제1공구)의 단지 내에 발파암(연암)이 노출되어 발파를 시행하고자 하나, 당초 설계와는 여건이 변경되어 암분포 위치에서 35~200m 거리에 신축중인 APT와 대학교 건물이 위치하고 있는 바, 신축중인 건물 및 기존 대학교 건물의 안전을 위하여 당사에서는 발파안전진단을 의뢰하여 보고서를 제출 받았으며, 보고서에 의한 소발파를 시행코자 하여 발주처에 단가 변경을 요구하고자 합니다. 이러한 경우, 신규비목의 단가 산출시 건설표준품셈상의 어떠한 품을 적용하여 단가 산출을 하여야 하는지 질의하오니 답변을 부탁드립니다.

해설) 당초 설계와 다른 현장 실정에 따라 설계를 변경해야 함은, 귀 제시 자료와 시방서를 통해 알 수 있고, 또 ○○대학교 공과 대학의 연구보고서를 통하여 발파에 신중을 기해야 함도 알 수 있는 바, 크롤러 드릴 사용 암석절취 및 대형 브레이커 사용 암파쇄는 충분한 검증·검토가 필요하다고 추정됩니다.
　품셈 3-1-2 암석절취 중 가장 합리적이고 현장 적응성이 있는 품을 선택, 적용함을 검토하시되, 이들 방법이 모두 불합리할 때에는 건설표준품셈 제 1 장 적용기준, 3. 적용방법, 3.항 및 8.항에 따라 합리적인 품을 제정하여 적용하심을 권해 드립니다.

<불도저로 굴착과 펴깔고 고르기 할 때>

질문 20) 토공작업에 있어 불도저로 펴깔기와 다짐작업을 동시에 시공할 때, 불도저의 시간당 펴깔기 작업량을 구하고 시간당 경비를 계산한 다음, 불도저의 다짐 시간당 작업을 구하여 다시 시간당 경비로 계산할 수 있으나, 불도저의 위 두 가지 작업의 동시 작업량을 계산하기가 곤란하여 실행설계에 지장이 있습니다.

해설) 경비계산이나 작업량계산은 각개 중기 작업으로 귀문과 같이 계산할 수 있으나, 이는 조합작업으로 계산함이 바람직한 것입니다.

[예 시] $Q = \dfrac{Q_1 \times Q_2}{Q_1 + Q_2}$ (m³/hr) : 조합작업량 계산식

여기서, Q : 운전시간당 펴깔기 및 다짐 작업량(m³/hr)
Q_1 : 운전시간당 펴깔기 작업량(m³/hr)
Q_2 : 운전시간당 다짐 작업량(m³/hr)으로 구할 수 있습니다.

$Q_1 = 170 \, m^3/hr$ $Q_2 = 72 \, m^3/hr$ 인 때

$$\frac{170 \times 72}{170 + 72} = \frac{12,240}{242} = 50.6 \, m^3/hr$$ 상당으로

시간당 비용 60,000원(가정)으로 한 때

60,000원 ÷ 170m³ = 352.90원/m³ 와 60,000 ÷ 72m³ = 833.30원/m³로 계산이 되나, 조합식으로는 60,000원 ÷ 50.6m³ = 1,185.70원/m³ 로 산정되므로 공사수량이 10,000m³인 때 11,857,000원이 되고, 현행식으로는 833.30 + 352.90 = 1,186.20원/m³ 로서 조합식을 도입한 때와 비슷한 계산이 됨을 이해하시기 바랍니다.

<암절구간의 비탈면 보호>

[질문 21] 암절구간의 암질이 불량하여 낙석의 우려가 크므로 절취면에 모르타르 뿜칠을 시공하고자 하는데, 모르타르 뿜칠은 콘크리트 펌프카를 준용할 수 있으나, 와이어 메시를 붙이고 모르타르 타설을 하는 품이 없어 질의합니다.

[해 설] 토목공사용 라스(철망)붙임품은 따로 없으나 암석비탈에 와이어 메시를 시공하고자 하면 앵커를 박아야 고정이 될 것 등 여러 가지 공정이 필요합니다.

먼저, 모르타르 뿜칠 전에 바탕의 청소 및 정리가 되어야 하고, 둘째 와이어메시를 붙이기 위한 철망과 앵커핀(보조앵커 포함)과 때에 따라서 스페이서가 필요하고, 이후에 와이어 메시를 붙여야 합니다.
 품셈 "4-7-1" 절토사면 녹화를 참조하시기 바랍니다.

<PY 블록의 비탈면 보호>

질문 22 비닐을 주재로 한 검은색 PY블록이 비탈면 보호공에 널리 실용 중에 있는데, 이 품이 품셈에 없어 설계에 지장이 있습니다. 설계자료는 없는지요?

해설 PY 블록에 대한 설계 자료는 사단법인 건설기술연구회에서 연구 용역으로 수행한 품셈 자료가 있으며, 이에 관한 기본 취지는 품셈 제1장의 정신에 따른 것으로서 실용이 가능한 것이라고 사료되어 추천하며, 제3장 "3-4-2" 합성수지(P.E) 법면 보호 블록설치를 참고하시기 바랍니다.

<현 지반의 고저차가 심한 때의 토량 산출>

질문 23 정지공사의 토량적산에 있어서, 현 지반의 고저차가 불규칙한 때의 토량 산출방법에 대해 알고자 합니다.
 부지의 현 지반고가 약간 복잡한 고저차가 있으므로 설계 지반고에 대한 높은 부분과 낮은 부분의 양측이 존재하고 있습니다. 이와 같은 때의 정지공사의 토량이나 터파기 기준선 등은 어떻게 계획하고, 또 적산해야 좋을 것인지요.

해설 건설공사 부지의 현 지반고가 설계 지반고와 상이할 때의 정지공사는 그 현장의 실측도 등에 따라야 하며, 소정의 설계지반 높이까지의 현지반 평균 높이를 구하고, 흙의 절토와 성토 토량을 산출하면 됩니다.

　이는 정지공사만에 한정된 생각이며, 귀문에서와 같이 토공사의 터파기까지를 포함시켜서 생각할 때에는 약간 달라집니다. 그것은 설계지반보다 높은 곳은 높은 만큼의 현 지반을 절토하게 되는 까닭에, 그 설계지반고가 곧, 절취 기준선이 되나, 설계지반 보다 낮은 곳의 터파기 기준선은 그 현지반의 높이(설계지반에 대하여 Minus(−)의 높이, 이 높이도 복잡할 때에는 그 평균 높이)가 그 부분의 터파기 기준선이 되기 때문입니다.

질문 24　기초 터파기의 깊이가 3.7m이고, 널말뚝을 박아 비탈 붕괴 방지를 하면서 굴착해야 하는데, 넓이는 750m^2 상당입니다. 품은 3m까지 있고, 《주》 ⑩ 에 의하여 3m 이상은 본 품에 준하여 가산한다고 하였는데 이의 기준은 어떤가요.

해설　먼저 면적이 750m^2 상당이면 넓은 지역이 되므로 백호 작업으로 계상하여야 할 것이고, 토량도 750m^3×3.7m 이면, 2,775m^3 상당으로 0.35~0.7m^3 급 백호의 투입이 고려되어야 합니다.

　널말뚝의 계상은 품셈 제 5 장 기초공사의 해당 공종을 참고로 계상하여야 하며, 터파기 3m 이상 비례 계상품은 품셈 3-1-3 에서 0~1m 0.20인, 1~2m 0.27인, 2~3m 0.34인으로 1m 증가 0.07인 증가하므로 3.7m 에서 품은 0.34 + 0.7 × 0.07 = 0.389, 약 0.39인으로 비례 가산할 수 있다고 사료됩니다.

<당초 설계 잘못으로 토질이 변경되었다>

질문 25 당초 실시 설계용역시, 주상도가 정확하지 아니한데서 발생한 문제입니다. 즉, 절토구간에 실제시공을 해 본 결과 토사로 된 설계구간에 상당한 전석(ø60cm)이 60~70% 돌출되어 공사에 상당한 어려움이 많습니다. 즉, ① 상차에 어려움이 따르며, ② 상차장비의 마모와 운반차량의 마모가 가중되고, ③ 소할을 해야만 상차운반이 가능한 것이 70~80%로 공기 및 공정차질이 우려되고, ④ 시공자의 경제성이 대두되기도 합니다. 이와 같은 문제가 발생한 때 전석을 모아서 부피로 환산 소할을 계산해 주던지 아니면 리핑 등으로 산정해서 문제해결을 할 수는 없는지요?

해설 전석은 돌 한 개의 크기가 $0.5m^3$ 이상의 석괴를 말하는 것으로 귀문 만으로는 전석도 있을 것이나 역 또는 호박돌이 섞인 토사로 보는 것이 타당할 것이 아닌지?

력(礫)과 호박돌이 섞인 토사와 일반토사는 품의 구성이 다르며, 인력 절취의 경우는, 호박돌 섞인 토사는 보통토사의 2.8배 상당이나 많으며, 소할을 해야 상차할 수 있는 것이 70~80% 상당이라고 하면, 실태를 정밀 조사하여 설계변경을 하거나 합리적인 보완이 되어야 할 것입니다. 다만, 당해 공사의 계약내용을 알 수 없어 확답드릴 수 없습니다.

<마사토에 대한 시공>

질문 26 마사(眞砂)토에 대하여는 인력절취보다 리핑가부를 시공 이전에 판단하여야 한다고 하는데, 그 방법은?

해설 마사(眞砂)토라 함은 곡괭이 끝이 박히는 정도의 흙으로서, 이는 탄성파 속도 1,800m/sec 이내의 풍화암류를 말하므로, 리핑이 가능하다고 판단해도 무방합니다만, 실험 후 판단해야 합니다.

그 시험 방법은 리핑직접시험, 탄성파시험 등의 방법이 있으나, 귀문과 같이 마사토라고 하면, 따로 시험발파 등을 해야 할 이유가 뚜렷하지 아니하다고 사료됩니다.

<원지반선 20cm 까지의 절취 ?>

질문 27 굴착에 있어 원지반으로부터의 깊이 20cm 이상의 굴착은 터파기로 보고, 그 외의 경우는 절취로 본다. 발파의 경우, 절취와 터파기의 개념도 이에 준한다. 라고 규정되어 있는데 다음과 같은 때의 적용 범위는 어떻게 하는지요?

해설 넓은 지역(폭 약 5m, 길이 약 30m 이상)의 흙파기는 절취로 보고 터파기에 있어서도 20cm 까지 (한삽의 깊이)는 제자리 파기인 점에서 절취로 계상해야 하며 Ⓐ부분을 절취한 다음에 Ⓑ부분을 다시 굴착하게 되는 것이므로 Ⓐ부분은 모두 절취가 되고 Ⓑ부분의 20cm 만을 절취로 계상해야 합니다. 그러나 Ⓑ부분의 경우도 넓은 지역은 기계화시공으로 계상해야 합니다.

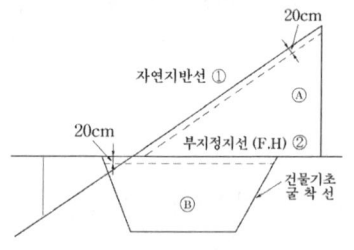

제 1 절 토 공 일 반

<동절기의 토사 굴착>

질문 28 터파기 품에 있어 동계 공사시에는 보통 토사의 경우, 지반 동결로 그 품만으로는 공사를 할 수 없는 바, 적용 품을 교시하여 주십시오.

해설 지반이 동결된 경우 등 특수한 경우는 실정에 맞는 품을 적용할 수 있으나 동결시공의 불가피성 등이 입증될 수 있어야 하고 별도 근거자료를 명시하여야 합니다.

<수심 1m 까지의 품은>

질문 29 수심 2~5m 에서 0~1m 깊이의 인력 수중 굴착을 할 경우 수중 인력터파기 품에 잠수부 노임단가를 곱하는 것인지 보통인부 품으로 계산하여야 하는 것인지 알고자 합니다.

해설 수심 2~5m 의 터파기(0~1m)에서 그 물량이 소량인 때에는 잠수부 투입과 보통인부 품의 2배 할증으로 가능할 것인지는 현지 실정에 따라 구분될 것이며, 수량이 많으면 클램셀+대선? 투입을 비교 설계하여 유리한 쪽으로 설계하십시오.
    품셈이 개정되어 3-1-2 암석절취 2. 수중에 따라 설계 정산하심을 권합니다.

질문 30 암석절취(육상)와 기계사용(암반)의 적용상 차이를 설명바랍니다.

해설) 암석절취 육상, 편절과 오픈컷의 개념은 석산 등에서 발파처리로 많은 암석이 절취되는 성질의 것이고, 암반 터파기는 노천의 Massive한 암반으로 터파기의 개념에 준하여 화약량 등의 단위수량이 많이 소요되는 암(岩)의 경우를 말하며, 품셈이 따로 구분되어 있습니다.

<암석절취와 암반터파기>

질문 31) 암석절취 육상품은 소발파로, 기계사용 암반 터파기를 대발파라고 하는데 귀견은?

해설) 절취 암석의 강도 및 지형지세의 특성, 현장 여건 등을 고려하여, 천공깊이, 천공경, 천공간격 및 파쇄 정도 등에 따라서, 미진동굴착, 정밀진동제어발파, 진동제어(소규모, 중규모), 일반발파, 대규모 발파 등으로 구분할 수 있으며, 기계사용 암반 터파기는 원지반 이하의 굴착 단위 개소당 $10\,m^3$ 미만의 경우 또는 대형 브레이커나 화약 사용이 불가능한 경우에 적용할 수 있습니다.

<풍화암으로 잘못 판단>

질문 32) 풍화암으로 판단하였으나, 발파 없이는 리핑이 불가능한 현장입니다. 발파를 병행한 설계를 할 수 없는지요?

해설) 탄성파속도 시험을 거쳐 판단하여야 합니다. 시험결과(리핑 시공시험)에서도 시공이 불가능한 것으로 판단되면 당초 풍화암으로 판단한 것에 잘못이 있는 것이라고 생각됩니다. 발파 병용이 되어야 할 것임.

<암절의 판단>

질문 33 당사는 ○○○년 10. 31 준공 예정인 ○○지구 택지조성공사를 시공하고 있는 중, 단독주택단지 중 일부에서 발파암이 발생하여 계획고에서 H = 0.40 m 낮춘 계획고에 맞추어 발파 및 정리를 완료하고 기성고를 받은 상태에서, 수개월 후 추후 단독주택단지에서 용지를 구입하여 건축할 사람들이 암반에서 지하실을 만들 때 터파기가 곤란하다고 하는 민원 발생의 우려가 있어, H = 1.10 m를 더 낮추어 추가로 암발파를 하도록 지시를 받아 다시 H = 1.10 m의 깊이로 낮추어 약 21,000 m³ 정도 암발파 시공을 완료하였습니다. 설계상 일반 암발파는 대량 발파에 적용하는 크롤러 드릴 품으로 설계되어 있으나, 당사에서는 감독 관청의 지시를 받아 추가 시공한 암발파는 발파심도가 낮고, 발파여건도 일반 발파와는 달라 크롤러 드릴에 의한 육상 암절취의 품셈 적용이 불가능하여 편절형이나 최소한 리퍼병행 품을 적용해야 한다는 것이 폐사의 생각입니다.

해설 크롤러 드릴 적용 암파쇄는 그 물량이 동일 작업구간에서 연속적으로 25,000 m³ 이상을 암절할 때 적용하는 것이며, 암굴착 천공 드릴의 심도 또한 1.2 m 상당을 기준으로 하는 것이 일반적인 바, 귀 문의 경우는 수량이 21,000 m³이고 또, 깊이도 1.1 m이므로 발주처와 협의하여 합리적인 변경을 하도록 하심을 권고합니다. 이는 품셈상의 질의가 아니고 계약당사자 간의 문제로서 "갑" "을"이 서로 협의 처리하심이 가할 것임.

<장애물이 있는 지역의 암절>

질문 34 주위에 인접가옥, 기타 장애물이 있는 지역의 암절공사 입니다. 착암 깊이를 1.2m로 하면 화약량도 기준 수량을 투입해야 하므로 위험하다고 판단되는데, 그 조치 방안은?

해설 착암 깊이는 암석절취 또는 암반 터파기에서 모든 품셈이 1.2m를 기준으로 하고 있음은 로드의 길이 1.6m 기준의 것을 사용하기 때문입니다.

그러나 1.2m 깊이로 착암하면 위험하다고 판단될 때에는 착암 깊이와 구멍수, 화약량 등을 조정할 수도 있으나 현행 품셈의 수량 범위로 계상하여야 하며, 특수 품셈의 제정 필요가 있을 때에는 별도 특수품셈을 제정 사용해야 합니다.

<인력 터파기와 논두렁의 흙깎기>

질문 35 ① 농로용 배수로서 흙깎기 품을 적용함에 있어 구조물 터파기 및 되메우기 품은 3-1-2 인력터파기품을 적용하여야 하고(경지정리품에는 없음) 똑같은 노선 토공작업임에도 인력절취품 3-1-1 (0.16인/m^3)을 적용치 않고, 경지정리품(18-9의 2.항 흙깎기)(0.05인/m^3)을 적용하여야 하는지의 여부

② 18-9 2.항 흙깎기의 경우, 싣고 부리기 0.03인/m^3는 운반장비에 적하를 뜻한다면 흙깎기만 할 경우에는 적용하지 않아야 하는지, 만약, 흙깎기 품에 포함된 품이라면 운반할 때에도 싣고 부리기를 적용할 수 있는지?

해설 귀 질의는 품 개정 전의 사항으로 토공의 절취와 터파기의 개념은 다르고 경지정리용 흙깎기와도 공사의 성질이 다른 것은 이

제 1 절 토 공 일 반

해되실 줄로 믿습니다. 논두렁 흙쌓기와 흙깎기 품에서도 굴착과 싣고 부리기 품을 구분하고 있으므로 작업의 내용에 따라 품을 적용해야 한다고 생각합니다.
 즉, 경지정리지구(공사장)에서 흙을 깎아 다른 곳으로 이동할 때 싣고 부리기 품은 계상되어야 합니다.

<이질토의 터파기와 흙깎기>

질문 36 토공에 있어서 이질토(泥質土) 터파기 및 흙깎기 품에 대하여
1) 물푸기(양수기) 품셈 산출방법은?
2) 콘크리트 파일박기의 산출방법 여하?

해설 이질토의 터파기는 품셈 3-1-3 터파기에서도 분류되지 아니한 바, 토질시험 결과에 따라 유사 종류를 적용해야 합니다. 그러나 터파기는 쉬워도 삽뜨기량이 적고, 또 흘러내리는 것이 있으므로 실정에 따라 특수품셈으로 처리되어야 할 성질임.
1) 양수기의 산출 : 현지 실정에 맞추어 양수기의 규격 및 필요 대수를 산출하고, 그 경비 산출은 기계경비 해당란을 참조(부대 엔진 경비를 포함한다)하여 시간당 경비를 산출하여 양수 소요시간에 대한 비용을 계상할 것이며(품셈 9-45 수중 펌프 참고),
2) 콘크리트 말뚝박기에 대하여는,
 가. 인력 박기 : 기성 말뚝(품셈 5-4)을 참조하시기 바랍니다.
 나. 디젤 파일해머 박기 : 건설표준품셈 기계화 시공편에 자세히 규정되어 있습니다(표준품셈 9-40 참조).

[질문 37] (1) 토사의 절취 3-1-1《주》② 절취한 흙을 던질 때는 수평으로 3m, 수직으로 2m 기준으로 한다고 되어 있는데 보통토사 0.16인 속에 포함되어 있는지?

(2) 논두렁 흙쌓기 및 흙깎기에는 싣고 부리기 품 0.03인이 따로 계산되어 있음.

[해설] (1) 보통 토사 0.16인/m³는 수평거리 3.0m 수직 2.0m의 던지기 품이 포함되어 있습니다.

(2) 표준품셈 18-9 2.(현행 품셈 삭제)의 논두렁 품은 별개의 것입니다.

<토공의 터파기와 절취>

[질문 38] ○○ 순환도로 개설공사 시행중, 토공의 터파기와 절취에 대한 개념이 불명확하여 질의하오니 회신 바랍니다. 교대 터파기 수량 산출시, 도면에 표기된 사항과 같이 터파기량이 ⒷⓑⒶ면인지 또는, Ⓐ+Ⓑ면 인지 판단해 주시기 바랍니다.

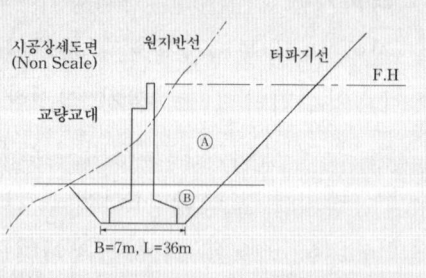

[해설] 도면에 표시된 터파기선은 절취선의 오기이며, 터파기란 구조물 거치를 위하여 직하에 준하는 땅파기를 말합니다. Ⓑ부분의 경우인 폭 7m, L = 36m는 불도저 등의 작업이 가능한 넓은 지역이므로 터파기로 볼 수 없음. (품셈 3-1 라. 항 참조)

<터파기의 여유 폭>

질문 39 토목공사의 터파기를 할 때의 여유폭은 얼마로 하는가?

해설 깊이, 넓이, 구조물의 성격에 따라 다르나, 높이 2m의 철근 콘크리트 암거공의 경우는 최소한 한쪽 면에 30cm 이상의 여유가 있어야 거푸집 철근 등의 조립, 거치가 가능합니다. 터파기의 깊이가 얕거나 구조가 간단한 경우는 30cm 이내의 여유만으로도 가능할 수 있고, 60cm로서도 작업이 어려운 경우도 있으며, 수중 공사의 경우는 공사면의 여유폭이 더욱 커야 합니다. 건축공사 적산자료에 의하면, 흙막이가 있는 경우는 높이 5m 이하에 60~90cm, 5m 이상인 때 90~120cm로 규정하였고, 흙막이가 없을 때 터파기 밑면의 폭은 높이 1m 이하 20cm, 2.0m 이하 30cm, 4m 이하 50cm, 4m 이상 60cm로 규정하고 있음을 참고하십시오.

질문 40 시공자는 무상으로 석산을 대여 받아 화약발파 및 석공작업 공정을 거쳐 채석, 연중 약 8개월간, 월간 약 7,500ton 가량의 "양"만을 필요로 하는 역청공장에 쇄석을 납품하는 작업장입니다. 공사(작업)조건은 석산의 높이가 약 70m 이며, 석산(발파지점)으로부터 약 150m 이내의 거리에 많은 전답과 농작물, 2차선 도로 약 300m 인접에 쇄석기시설 및 아스콘을 생산하는 공장의 각종 구조물 등이 산재되어 있으며, 발파작업은 3일 간격으로(시기 제한) 실시하고 있으며, 소할발파 석공사의 공정까지 거쳐 30cm × 30cm × 30cm 규격의 깬 잡석을 쇄석기까지 운반 투입 납품하는 전문화된 시공업자인데, 작년부터는 석산에 대한 품셈에 따른 설계가 모두 "크롤러 드릴" 적용으로 달라졌다는 이유로, 위와 같은 조건의 석산에다 "크롤러 드릴"을 사용토록 설계함으로 인해서 발생되는 문제입니다(단시일 내 대량의 채석을 필요로 하지 않음).

위의 경우, 첫째 : 매일 같이 쇄석기에 납품하는 양은 소량으로 매일 450 ton 미만을 필요로 하며, 현장 작업조건으로 보아 "크롤러 드릴" 사용의 품셈적용은 많은 양을 쓰게 되는 화약 위력으로 보나, 현실적으로 위험 부담이 크기 때문에 위의 "크롤러 드릴" 사용(적용) 설계는 잘못된 것이 아닌지요?

둘째 : 위와 같은 여건과 위험성이 많은 석산 작업장이야말로 할증료율 적용이 필요한 것으로 사료되는데, 그 여부와 그 요율은 최대한 몇 % 까지 적용 가능한가요.

해설 ① 석산의 발파현장 여건은 귀문만으로는 확답할 수 없습니다. 다만, 크롤러 드릴을 사용한 암석절취는 암석절취량이 25,000 m³ 이상으로 동일 장소에서 연속적으로 작업이 가능한 경우에 적용토록 되어 있는데 (큰 규모의 암절에 사용됨), 귀문과 같이 1일 450 ton (약 180 m³)만을 소요로 하고, 또 발파간격이 3일에 1회의 발파로 총량이 월 7,500 ton, 연 8개월간 작업은 연간 60,000 ton 상당(으로 24,000 m³) 이라고 하더라도 70 m 높이를 미루어 본다면 크롤러 드릴 사용은 현장조건이나 공사기간으로 볼 때 곤란할 것으로 사료되는 바, 이 품의 적용은 신축성이나 현지 실정을 고려해야 했을 것으로 추정됩니다.

② 작업의 난이성에 따른 현장조건의 증감 할증 범위는 품셈에 명시된 범위에 해당되는지의 여부를 귀문만으로는 판단할 수 없어 확답할 수 없으며 이와 같은 구체적인 것은 현장실사를 통하여 연구 판단되어야 할 성질의 것이라 생각됩니다.

<백호의 터파기>

질문 41 토목 지하구조물 시공에 있어서 백호 기계터파기를 하여 버림 콘크리트를 타설 후 구조물 구체를 시공하는 바, 이때 인력절취나 터파기에 있어서는 면고르기를 별도로 계상하지 않지만 설계상에 기계절취나 기계터파기인 경우, 백호 버킷의 티스에 의한 요철이 생기므로 기초면고르기를 별도로 계상하여야 하는지 혹은 버림 콘크리트를 기초면고르기로 보아도 되는지 여부와 기초면고르기를 계상한다면 품셈의 절토면 고르기를 적용 계상하여도 무방한지요.

해설 백호 기계 터파기 후 버림콘크리트를 시공하려면 버림콘크리트의 두께가 고려요소는 될 수 있을 것이나, 버림콘크리트의 두께를 균질하게 보장하려면 백호 터파기면의 고르기 품이 다소간 소요될 것입니다. 이는 토공 3-1-3 1. 인력터파기 《주》⑫에 의하여 면고르기는 별도 계상하지 않으나 어느 정도의 품을 계상하는가는 사실판단에 관한 문제라고 생각됩니다.

<전석보다는 작지만>

질문 42 최근에 골프장 공사에 대한 설계를 하게 되었는데, 전석(轉石)보다는 약간 작은 $\phi 30 \sim 40\,cm$의 둥근 자갈이 제법 많이 함유된 토사를 펴깔고 고르기함에 있어 그레이더로 설계할 수는 없으므로 불도저를 투입하고자 합니다. 좋은 방안이 없나요.

해설 불도저의 배토판 폭을 절대 작업폭으로 하고, 블레이드의 작업각도를 고려한 폭원을 실용작업폭으로 하며, 20 m 정도의 작업거리를 정지·고르기 하는 것으로 보면 될 것입니다. 이때 성토와 병행되지 않는 단순한 펴깔고 고르기 이면 $f=1$이 되고 작업속도도 2단 또는 3단으로 처리하면 많은 작업량을 구할 수 있을 것입니다. 퍼깔고 고르기 두께는 20~30cm, 전토량의 75% 정도를 대상 토량으로 보는 견해도 있습니다.

$$Q = \frac{60 \times (4\,m \times 0.8) \times (0.2\,m \sim 0.3\,m \times 0.75) \times 20\,m \times 1 \times 0.6}{Cm}$$

$$= \frac{60 \times 3.2\,m \times 0.1875 \times 20 \times 1 \times 0.6}{Cm\,(0.8\,로\,보면)}$$

$= 540\,m^3/hr$ 상당이 됩니다(고르기 횟수를 고려치 아니한 것임).

배토판의 작업폭 $W = 4\,m \times 0.8 = 3.2\,m$로 고르기 두께 $D = 0.2 \sim 0.3\,m$의 75% 정도인 $0.186\,m$로 작업거리(ℓ) $20\,m$, 토량변화율 $f = 1$ 작업효율 $E = 0.6$으로 본 것임. $N = $ 회수

$$Q = \frac{60 \times W \times D \times \ell \times f \times E/2회}{Cm} = (회수고려된 것) 540/2회 = 270\,m^3/hr$$

상당으로 계산되는 등의 요인을 귀 작업장에 적용, 대입하여 계상할 수 있다고 사료됩니다.

질문 43 당 현장에서 시공코자 하는 우수 및 오수관로의 터파기에 대해 문의 드립니다. 부분적 터파기를 한 경우, 암질은 연암이고 암의 분포도는 45° 가량의 편마암으로 슬라이딩이 부분적으로 일어나기도 합니다. 현장부근에는 공장 등이 있어 발파할 수도 없고 브레이커 작업으로 작업할 수밖에 없어 설계도 브레이커 작업으로 되어 있습니다. 그러나 터파기 단면 폭에 비해 깊이가 4.0~9.0m로 작업여건상 2~3단 작업이 되어야 하는 까닭에 설계를 변경하고자 합니다. 즉, 설계상의 단면이 작업상 부적합하므로, 연암 터파기 시공시의 표준단면을 요합니다. 특히, $0.7\,m^3$ 백호 브레이커 작업상 회전반경 및 작업가능 깊이(현 설계변경 예정 단면 참조), 법면 등에 대하여 알고자 합니다. 현 단면

여건상 4.50m 깊이 브레이커 터파기 작업가능 여부, 법면가능 여부.

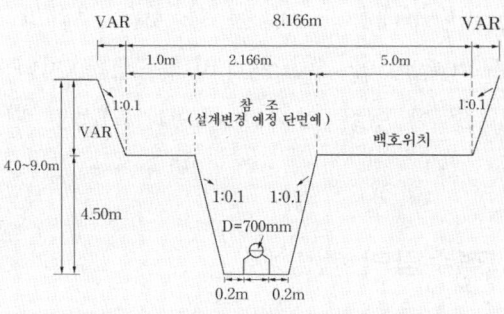

해설 1. 대형 브레이커 작업은 구조물의 헐기 및 굴착작업으로 유압식 굴삭기 $0.7m^3$ 급과 브레이커 $800kg$ 급을 기준으로 한 것이며, 그 작업의 범위는 상·하 5m를 기준으로 하고, 연암의 터파기는 $3.4 \sim 4.0 m^3/hr$와 $3.0 \sim 3.6 m^3/hr$로 규정하고 있습니다. 귀하의 경우는 작업현장이 협소하여 작업진행에 영향을 가져올 것임은 제시하신 도면으로 인정되는 바, 연암 Ⅰ에서 $3.4 m^3/hr$, Ⅱ는 $3.0 m^3/hr$를 작업량으로 보아야 할 것 같습니다.

여기서 연암 Ⅰ과 Ⅱ의 구분을 검토해 보면, 편마암은 암질별 탄성파속도 및 내압강도 기준 A그룹에 속하는 것으로, 자연상태의 속도 $V(km/sec)$ 는 $1.2 \sim 1.9$ 내압강도 $700 \sim 1,000 kg/cm^2$ 에 해당되는 것으로 보아야 하는 바, 단단한 암질은 아니지만 동 연암은 브레이커 이외의 시공수단은 별로 없는 것으로 추정됩니다.

2. 귀 제시 개략도면에 의하면 $D = 700 mm$ 관을 콘크리트 기초위에 거치하는 것인데 터파기 넓이를 $0.366 m$로 양쪽 여유폭을 각 $0.2 m$ 씩 계상하였는데, 이는 $0.7 m + 0.2 + 0.2$ 계 $1.1 m$ 외에 콘크리트 기초의 턱 $0.1 \sim 0.2 m$ 상당이 가산되어야 관기초의 구실을 다할 수 있는 것으로 판단됩니다.

다만, 깊이 9 m 인 때, 유압식 백호의 거치넓이를 5 m 로 한 것은 이해가 되나, 비탈구배를 1：0.1 로 한 것은 주위의 장애물이 있기 때문인지는 귀문만으로 알 수 없고 비탈구배가 지나치게 급해서 안전에 위해의 가능성이 있을 것이란 추측과 걱정도 됩니다. 주의하셔야 하겠습니다.

<토적수량의 측량>

질문 44 설계도상에서 토적을 구하고, 기존구조물(측구, 도수로, 집수정 등) 철거가 있을 경우, 설계도상에서 구한 토량에서 기존구조물 철거량을 감하는 것이 타당한지, 만약 타당하다면 대절토부 등 측량이 난해한 지역에서 횡단측량이 어느 정도의 정확도를 요하는지의 관계를 알고 싶습니다.

해 설 설계도상에서 구한 토량에서 기존구조물이 차지하는 토량은 제외시켜야 하며, 기존 구조물 철거량은 따로 계상되어야 할 것으로 사료됩니다. 측량의 정도(精度)는 문헌에서 구하거나 측량협회 등에 문의 바랍니다.

<지하장애물>

질문 45 ○○ 지하철 4-9 공구 현장의 지장물 이설중 상수도 이설이 기계터파기로 되어 있는데 지하굴착결과 매설물이 조밀하여 인력터파기로 변경하려고 하는데 무방한지요?

o 현 황：낙동로 중 대치터널과 대치고개가 병목되는 지점으로 지하굴착과 도시가스관(ϕ 500), 통신케이블(10 개 묶음의 PVC관, Con´c 로 보호된 동축케이블, 20 개 묶음의 PVC 관), 상수도 (ϕ 1,200, ϕ 800, ϕ 600, ϕ 300)가 종단상으로는 10 cm ~ 20 cm 간격, 평면상으로는 20

~90cm 정도로 거미줄 같이 얽혀 있는데, 설계에 명시된 물량 1,200m³ 정도는 포클레인 0.8m³로 2일간이면 가능하나 실제 포클레인 1대 및 굴착인부 3명이 ○○년 11월 2일 착수하여 11월말 가까이 되어서야 완료될 예정입니다.

해설) 지하 매설물 이설에 있어서는 선(先)이설, 후(後)굴착의 방법과 선(先)굴착, 후(後)이설의 방법이 있을 것으로 전자의 경우는, 기계굴착이 가능하겠으나 후자의 경우는, 기계와 인력병행 굴착 외에는 지하매설물 보호가 어려울 것으로 사료됩니다. 따라서 기계굴착과 인력굴착의 물량 결정시 안전을 고려한 결정을 해야 할 것입니다.

질문 46 다음 그림의 단면과 같이 차집관거용 Box 암거(1.6×1.6, 2.3×2.3)를 시공하기 위하여 터파기를 완료 후 양수기+디젤엔진(ϕ150mm × 15HP) 10대/90m 를 거치한 후 24시간 양수작업을 할 경우, 귀 품셈에는 양수공이 삭제되었는데 양수공이 삭제된 사유는?
가) 양수기 24시간 가동시 양수공 1인이 관리할 수 있는 대수는?
나) 예비 양수기의 개념과 그 산출방법은 어떠한지요?

차집관거 평균 단면도(Non Scale) (주) 투수계수(모래질)
$K = 2^3 \times 10^{-2}$ cm/sec

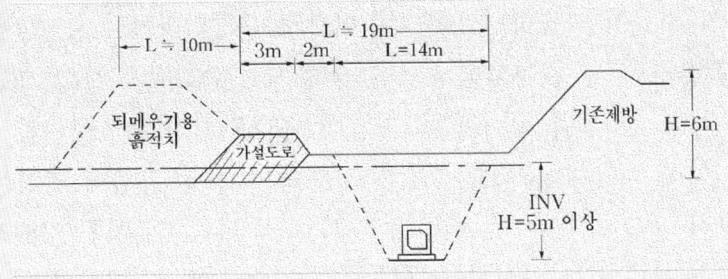

가) 평수위선 이하에서의 터파기를 할 경우(양수 없음) 터파기 흙을 적치한 후 되메우기를 실시할 경우, 수위선 이하의 터파기를 수중터파기로 계상할 수 있는지? 계상할 수 있다면 그 적산 요령은 어떠한지요?

나) 건설표준품셈 중 "표준건설기계의 공사 규모에서는 10만m³ 이상의 공사를 대규모 공사로 구분되어 있고,《주》란에는 선형공사, 당해년도 공사의 시공량 및 공사기간을 감안 장비 규격을 적정 선정한다" 라고 명시되어 있는 바

구 분	총괄공사	1차공사	2차공사	차기공사	비 고
토 공 량	335,000 m³	169,000 m³	96,000 m³	70,000 m³	공사개요 ∮1,000 mm L = 800 m Box 암거 L = 9,000 m
*총괄공사로 계약하고 연차별로 시공하고 있음					

해설 1. 암거 거치를 위한 굴착시, 양수기를 24시간 가동해야 할 용수 개소에 있어서는 표준품셈 토공사 3-1 굴착 3-1-3 1. 인력터파기《주》③ 본 품에는 흙막이 및 물푸기 품을 포함하지 않았다. 에 의하여 별도 계상하되, 그 경비는 기계경비 디젤 엔진 또는 모터와 펌프의 해당란에서 경비를 구할 수 있습니다(품셈 9-45 참조).

2. 제방으로 둘러싸인 지점 평수위선 이하에서 양수없이도 터파기 공사의 시공이 가능하면 투수계수만으로 수중터파기라 할 수 없음.

3. 공사의 규모 구분에서 토공량이 100,000 m³ 이상은 대규모 공사로 구분하되, 귀 질의와 같이 9,000 m 에 걸쳐 박스암거를 시공하는 토량이 96,000 m³ 내지 70,000 m³ 라면 선형 공사에 준하는 것으로 보아 중규모 또는 그 이하의 공사로 볼 수도 있으나, 구체적인 사유가 제시되지 아니하여 확답할 수 없고, 백호 터파기량이 m 당

60 m³인 때 1단 터파기 Cm = 90°가 가능한지에 대하여는 작업폭원이 몇 m인가 등에 따라 구분되는 것으로 귀 문만으로는 확답할 수 없습니다.

 귀 질의는 적산사유의 사실 판단 또는 사실인정과 구체적인 적산자료의 판단 등 기술적인 자문에 관한 것으로 단순한 서면에 의하여 회답할 성질의 것이 아님을 유념하시기 바랍니다.

<송수 관로에서 파이프라인의 되메우기량 산정은>

질문 47 수도권 ○○○건설공단에서 발주한 송수관로 건설공사 시행 중 해저 Pipe Line 매설을 위한 준설을 실시하고 자갈 및 사석 되메움 후 Pipe Line을 설치하였습니다. 이 과정에서 준설에 따른 여쇄 / 여굴량 만큼의 되메움 자갈 및 사석량의 증가가 발생되었는바, 아래와 같이 질의하오니 해석하여 주시기 바랍니다.

갑론 : 해저 Pipe Line 매설을 위한 터파기는 준설로 보아 여쇄 / 여굴을 하였어도 Pipe Line 자체는 구조물이기 때문에 되메움량을 볼 수 없다.

을론 : 해저 Pipe Line 매설은 선행 굴착법에 의한 준설이므로 여쇄 / 여굴 목적이 최종 계획 단면 유지를 위한 것이므로 당연히 계획되고 유지를 위한 되메움량이 추가되어야 함.

해설 해저 Pipe Line 매설을 위한 터파기 준설 여굴량은 계획단면 유지를 위한 것이므로 단순한 터파기로 계획단면을 유지하는 것과는 다르다고 보아야 하므로 여굴이 있는 부분의 되메우기 수량은 계획단면과 실황의 실측치를 감안하는 것이 바람직하다고 생각합니다.

질문 48 1. U형 하수도의 준설(퇴적물)시, 이를 터파기로 보아야 할지? 아니면 절취로 보아야 하는지요?

2. 보도블록 부설시 잡재료의 계상에 포함되는 노력비의 포함범위와 품셈에 명시된 이외의 치수에 대한 품과 포설공의 품은?

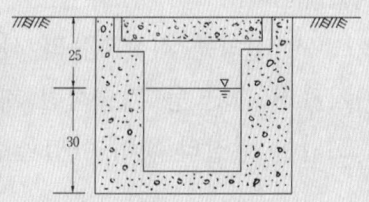

건설표준품셈에 잡재료는 노력비의 5%까지 계상할 수 있다고 했는데 노력비에서 바닥깔기 모래의 운반비(재료비, 노무비, 경비-소운반이 포함)의 노무비까지 합쳐 5%인지? 아니면 모래의 운반비는 제외한 순수한 포설 노무비의 5%인지? 그리고 모래의 소운반이 포함된 경우는 어떠한지요?

해설) 터파기는 영어로 pit excavation으로 표시하고, 절취는 cutting으로 표시하며, 전자는 붕괴시킴 없이 파는 것을 말하며, 후자는 붕괴시키며 파고 깎는 것을 말하는 것으로 어원과 개념이 다르다고 생각됩니다. 퇴적물의 준설은 절취의 성격에 가깝기는 하나 절취라 할 수는 없고, 품셈에는 이의 명시구분이 되어 있지 아니합니다. 또 준설을 요하는 U형 거(渠)의 퇴적물이 어느 정도 굳어져 있는가 하는 점도 문제시되므로 확답할 수는 없으나 개간 논두렁 흙깎기와 싣고 부리기 품 0.08인/㎥의 150% 정도면 무난하지 않겠나 하는 사견은 드릴 수 있습니다. (보통토사 절취의 80% 정도?)

<수중암 터파기>

질문 49 상수도 확장개발사업(취·정수 시설개량)을 추진하는 과정에서 의문점이 있어 다음과 같이 질의합니다.

기계사용(대형 브레이커) 암터파기시, 수중 터파기에 대한 설명이 품셈에는 규정이 없는 바, 수중 암터파기에 대한 적용규정과 그에 대한 품을 알고자 합니다.

해설   대형 브레이커로 암을 터파기(수중)할 때 적용하는 품셈은 비록, 투입기종이 대형 브레이커 일지라도 도로, 하천, 해안 사방공사 등의 가설콘크리트 구조물(무근, 철근)의 헐기품이 아닌 암석터파기인 때의 품은 품셈 제 3 장 토공의 암절취품 중에서 산정하여야 하며, 암절에 있어 수중 파쇄품의 《주》를 준용할 수 있다고 사료됩니다.

<쓰레기 매립장>

질문 50   광역 쓰레기 매립장을 시설하고 있으나, 문제점이 있어 질의합니다.

현재 5,400평의 대단위 매립장을 시설하는데, 소류지를 준설하여 시공토록 설계되었습니다.

설계상에는, 점토층이 1.0m 이고 1.0m 이하는 보통토사로 설계되어 있으나, 실제로는 뻘 흙층으로 형성되어 사람 및 장비로 작업할 수 없는 실정입니다. 소류지 바닥에서 약 3.0m 이상 터파기를 하여 제방을 축조토록 되어 있으나 현재는 불가능한 형편입니다. 뻘흙으로 제방을 축조하여도 되는지요? 그리고 대처방안은 무엇인지요.

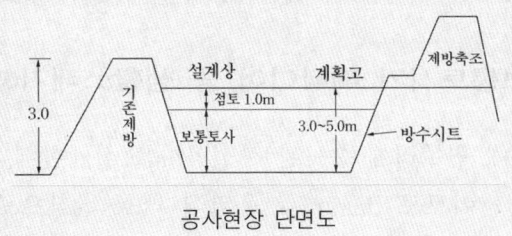

공사현장 단면도

[해설] 설계상 소류지의 표토 약 1m는 점토층이고, 그 이하는 보통 토사로 설계되었다는 점에 대하여 먼저 소류지가 농업용 기타 등의 유지인때, 그 주변의 토질에 따라 이질점토층이 형성되었을 것이란 추정은 됩니다만, 설계자가 토질조사를 실시하였는지는 귀문만으로 알 수 없고, 또 사람이 들어갈 수 없는 정도라면 불도저의 투입도 어려울 것이고, 초습지 도저와 습지 도저의 시공이 검토될 수 있는지에 대하여도 귀문만으로는 판단할 수 없습니다. 토질의 조사를 실시하여 실정에 부합되는 설계시공이 될 수 있도록 쌍방이 협의하심을 바랍니다.

<보강토 옹벽의 뒤채움>

[질문 51] 건설표준품셈 3-6-2 보강토 옹벽 뒤채움 및 다짐 2항 본 품에는 고르기, 속채움 및 다짐 작업이 포함되어 있다.
위 내용에서 속채움 및 뒤채움 골재 수량을 포함한 수량이 반영되어야 하는지 아니면 품에 할증이 반영되어 속채움 및 뒤채움 수량을 반영하지 않아야 하는지 여부?

[해설] 건설표준품셈 제3장 토공 3-6-3 뒤채움 및 다짐 품에서 《주》① 본 품은 다짐 장비를 사용한 보강토 옹벽의 뒤채움 및 다짐을 기준한 것이라고 명시한 것을 참고하시기 바랍니다.

<보통토사가 폐타이어 등 생활쓰레기 였다>

[질문 52] 시내 변두리에 수도관 부설공사를 설계함에 있어, 표면의 토사가 보통토사 이므로 $0.4m^3$급 유압식 백호 굴착으로 설계하였으나, 표토 약 15cm는 보통토사 (다져져 있어 견질토사에 준함)이고 16~

제 1 절 토 공 일 반

55cm 깊이까지는 폐타이어, 헝겊류 등 쓰레기 매립장이며, 그 이하 56cm ~ 1.20m 까지는 토사였습니다. 쓰레기의 품이 없어 고사점토의 품을 적용했는데 잘못이란 지적입니다. 적정 방안 여하.

해설 우리 품셈의 토질 분류에 폐타이어, 넝마 등 쓰레기를 분류할 유사품은 없습니다. 보통토사 굴착으로 유압식 백호를 투입했다면 버킷계수는 0.9로, E 값은 0.7 상당으로 설계하고, Cm 의 값도 14 ~ 19 sec 로 구했을 것으로 추정됩니다.

즉, $Q = \dfrac{3{,}600 \times q \times k \times f \times E}{Cm} = \dfrac{3{,}600 \times 0.4 \times 0.9 \times 1 \times 0.7}{16}$

$= \dfrac{907.2}{16} = 56.7 \, m^3/hr$ 로 구했을 것이나,

귀의와 같은 두께 40cm 상당은 최악의 경우로서 인력에 의한다고 하더라도 삽이 아닌 쇠스랑 등으로 이를 파내야 하는 어려움이 있어, 백호 K의 값은 최저인 0.55이하 이어야 하고, E 의 값도 0.45로, Cm 의 값도 16+0.8=24 sec 상당은 족히 소요될 것으로 추정되는 바,

$Q = \dfrac{3{,}600 \times 0.4 \times 0.55 \times 1 \times 0.45}{24} = \dfrac{365.4}{24} = 14.85 \, m^3/hr$ 상당으로,

정상에 따른 설계는 : $14.85 \, m^3$ 상당으로 보통설계 보다 26.2% 상당에 불과한 작업량으로 추정할 수 있습니다.

여기서, Cycle time (Cm)을 16 sec 에 8 sec 를 더 가산한 이유는, 한 번 찍어서 되지 아니하고 긁어낸 뒤 다시 퍼 담아야 하기 때문에 50% 상당을 가산한 것이고, K 의 값은 버킷에 퍼담기 어렵고 불규칙한 것이므로 0.55 로 본 것이며, E 의 값 역시 최악의 조건이기 때문입니다. 이러한 경우, 현장시공 사진 또는 비디오 등으로 촬영하여 훗날을 대비하면서 적정 설계함이 타당하다고 사료되며, 고사점토가 아닌 것을 고사점토로 설계변경 정산했다는 것은 잘못입니다.

<굴삭기로 잘못 설계>

[질문 53] 폐사는 ○○시 상수도 사업본부에서 발주한 배수지 건설공사 시공 중, 송수관로 터파기 풍화암을 $0.7m^3$ 백호 버킷으로 터파기하도록 설계되었으나, $1.0m^3$ 급으로도 터파기가 불가능하여 $0.8m^3$ 급 브레이커를 사용, 터파기를 실시하였으므로 브레이커 사용 터파기로 변경코자 하나, 건설표준품셈 제11장 11-6 대형 브레이커의 터파기 품에는 풍화암이라는 암종류가 표기되어 있지 않고, 연암(Ⅰ), 연암(Ⅱ)로 구분되어 있으므로, 풍화암은 브레이커를 사용해도 적용할 품이 없는 바, 연암(Ⅰ)이 풍화암을 의미하는 것인지, 연암(Ⅰ), 연암(Ⅱ)의 구분을 알고자 합니다.

[해설] 토질 조사 후 토질을 결정·설계한 것인지는 귀문만으로는 알 수 없으나, 실제 시공에 $0.7m^3$급 백호로 시공이 불가능하여 $1.0m^3$급으로 시도했어도 불가능한 것이 사실이라면 당초의 조사 설계에 문제가 있었던 것으로 추정됩니다. 암질이 과연 그러하다면, 풍화암이 아닌 연암의 성질이거나 그 이상의 경도(硬度)를 가진 암질이 아닌가 합니다만, 이 또한 토질조사 없이 단정할 수는 없는 것입니다. 따라서 토질의 실험조사를 거쳐 합리적인 설계변경을 하도록 함이 바람직하다고 생각됩니다.

[질문 54] 폐사는 ○○시내에서 도로터널 굴착공사(점보드릴, 발파)를 하던중 인근 주민의 민원으로 브레이커로만 굴착을 하고 있습니다. 시공방법 변경으로 설계변경이 예상되는 바,

　가. 굴착능력에 대해서는 시공형태가 터널내 굴착작업이므로 "터파기"로 보는 것이 타당할 것으로 사료되며,

나. 적용방법에 대해서는 협소한 터널 내 작업이므로 환기용 펜튜브 ($\phi 900$), 조명설비, 에어라인($\phi 80$)과 굴착용 급수라인($\phi 50$) 등의

장애물이 많아 작업진행에 영향을 가져오므로 "하한치"를 적용해야 될 것으로 사료되는 바, 이에 대한 귀부의 올바른 해설을 바랍니다.

해설 질의 가)에 대하여 : 대형 브레이커 작업시 터파기는 시공형태가 지반이하를 굴착하면서 굴착 개소 내에 장비가 들어갈 수 없는 경우에 해당되므로 귀사에서 시공하고 있는 도로터널내의 굴착인 경우에는 암 파쇄로 적용하는 것이 타당할 것으로 사료되며,

나)에 대하여 : 작업조건에 따른 상·하한치의 적용은 건설표준품셈 작업효율, 적용범위에 의거, 작업장이 협소하고 장애물이 많을 경우 하한치를 적용할 수 있도록 규정하고 있으므로 설계자가 해당 공사 현장의 제반여건을 감안하여 적의 결정할 수 있을 것으로 사료됨.

(기감 30720-33252)

<설계변경의 특약>

질문 55 도로개설공사를 위하여 용역설계를 실시하여 성과품을 받아 시공이 완료된 공사임. 리핑작업에 대하여 깎기는 리핑(리핑 3본+불도저 32 ton)과 불도저 32 ton으로 집토하여 15 ton 덤프로 운반토록 설계가 되어 있으나, 현지 여건상 불가피하게 백호와 덤프로 리핑작업을 실시하였는바, 설계변경시, 실제 투입된 시공장비로 변경을 해야 하는지 여부와 백호 깎기 및 적사품이 없는바, 어떻게 해야 하는지 여부?

해설 우리나라 표준품셈은 조합작업량계산을 하도록 규정하고 있지 아니하며, 시공이 완료된 공사에 대한 설계변경은 계약의 특칙이 없는 한, 고려할 수 없는 것으로 사료됩니다.

질문 56 당사가 시공하고 있는 현장 중, 터널현장에서 굴착 방법을 발파가 아닌 소형 브레이커 3대로 인력 굴착을 시행하게 되었습니다. 인력 굴착의 품적용을 암 굴착시 소형 브레이커+공기압축기를 사용하고, 이에 대한 굴착에 소요되는 Cycle-time을 건설표준품셈에 의하여 산정하려고 할 때 소형 브레이커의 소요시간과 공기압축기의 소요시간에 대한 차이가 있어 질의 합니다.

(1) 터널굴착의 Cycle-time 산정은 소형 브레이커 시간을 기준하며 소요시간 산정은 소형브레이커 4대가 암류 $1\,m^3$를 굴착하는데 소요되는 시간이므로 굴착 소요시간은 m^3당 소형 브레이커 시간에 기준대수 (4대)를 곱하여 실제 사용한 소형 브레이커 대수로 나눈 시간 즉, 소형 브레이커 시간과 사용대수와의 역비례 관계를 적용해야 한다.

예) 소형브레이커 기준 소요시간 산정은

: 암류별 소형브레이커 사용시간 $\times \dfrac{기준대수(4대)}{사용대수(3대)}$

(2) 소형브레이커의 기준이 4대이므로 실제 암류별 소형브레이커 사용시간은 기준대수(4대)로 나눈 시간이며, 3대를 사용하더라도 품셈상의 소형 브레이커 사용시간을 3으로 나눈 값, 즉 정비례로 적용해야 한다.

예) 암류별 소형브레이커 사용시간÷기준대수(또는 사용대수)

(3) 2안의 적용방법이 옳을시, 건설표준품셈 제7장 돌쌓기 및 헐기의 7-9 구조물 헐기의 소형 브레이커(2대) + 공기압축기 사용시간과 불일치하는 이유가 무엇인지?

해설 공기압축기 $7.1\,m^3/min$은 25 kg급 페이브먼트 브레이커($1.3\,m^3/min$) 4대 기준 사용시의 공기 소요량을 계산한 시간당 작업량(m^3당)을 나타낸 것이며, 공기압축기와 부수물의 관계에서는 브레이커

제 1 절 　토 공 일 반

25 kg급 5대와 7.1 m³급 공기압축기가 조합되도록 되어 있음은 7.1÷1.3 = 5.46대가 되나 75% 부하로 볼 때 4.09대로서 4대로 구한 것은 타당하다고 사료되며, 암종별로 공기압축기의 사용시간×4대에서 균형이 잡히지 않는 연암의 경우 등은 실적치에 의한 것으로 사료됨.
　　구조물 헐기시의 품은 굴착만이 아닌 구조물 헐기인 점에서 소형 브레이커의 대수를 조정한 것으로 이해하시면 좋을 것입니다.

질문 57 ○○선 복선전철 노반신설공사 제 ○ 공구 터널굴착부에서 일반 화약발파로 인근 교량구조물의 진동으로 인한 안전사고가 우려되어, 건설표준품셈에 없는 무진동 탄소발파(CO_2)로 설계변경하면서 탄소발파 작업효율을 개착부와 터널부의 적용이 다르게 산출되어야 하는데, 철도청은 폐사의 해당 터널부에 개착식 작업효율을 적용하여 산출한 점을 문의 합니다(암질은 경암으로, 철도청은 4.46 m³/hr, 폐사는 3.20 m³/hr, 작업계산식은 Q= $\dfrac{L}{B \times D}$ = N = E 임).

해설 무진동 탄소발파공에 대한 상세한 시공시방 및 실적의 제시가 없어 무엇이라 확답할 수 없습니다. 다만, Q의 계산식은 이미 수년전부터 사용하지 아니하는 계산식으로 작업효율만을 가지고 0.5 또는 0.36이 타당한가 하는 것에 대하여는 효과의 백분비율인 점에서 양자 중 택일하는 것은 논리에 맞지 않습니다.
　　구 품셈 암석절취 육상 편절형, 경암의 경우는 m³당 착암기 사용시간이 0.483(시간)/m³당 인 바, 1÷0.483 = 2.07 m³/hr로 구할 수 있고, 공기압축기 10.3 m³ 래그해머 조합이므로 3대 투입, 따라서 공기압축기 0.161 시간/m³ × 3 = 0.483 시간/m³ 가 되어 래그해머 3대

조합으로 품이 구성되어 있는 점 등을 참고로 할 때, 시간당 작업량 3.2㎥/hr 이상의 적용은 현장 실시공상태의 종합조정을 거쳐 판단함이 바람직하다고 사료됨.

질문 58 토공작업의 운반거리를 계산할 때, 보통 유토곡선표(mass curve)를 사용하는데 이 경우, 각 횡단 도면상의 절토, 성토는 균형 처리하고 잔토량만 가지고 유토곡선 토공량을 취급하는데 각 횡단도면의 토공량의 운반거리가 20m를 초과하는 경우에도 초과거리대로 설계할 수 없는가요?

해설 유토곡선을 작성할 때, 전체 토량의 유토곡선을 작성하는 것이 바람직한 것이고, 동일 구간내 이동의 경우 20m가 넘는 때에는 초과거리대로 계상합니다.

<굴착기계 투입이 곤란한 침적토공에 대하여>

질문 59 건설표준품셈 제3장 토공 3-1 굴착 "인력굴착의 경우, 굴착기계를 투입시공 할 수 없는 협소한 지역으로 원지반으로부터 깊이 20cm 이상의 굴착은 터파기로 보고, 그 외의 경우는 절취로 본다"에 있어서 침적된 토사의 높이가 20cm 이하인 경우에는 절취로 보아야 하는지에 대해 질의합니다.

해설 건설표준품셈 3-1-1 인력 절취품은 자연상태의 토사 등을 기준한 것이고, 귀문의 경우와 같은 침적토사(집수정 등에 침적된 토사)를 기준한 것은 아닙니다. 따라서, 침적토사를 보통토사로 볼 수 있는가, 터파기 개념으로 보아야 하는가도 문제가 될 수 있는 것이니 토질실험과 작업의 난이도를 실사·검토하여 적용함이 가하다고 생각합니다.

<방진공 설치품에 대하여>

질문 60 ○○시와 계약 시공중인 주택지 조성공사 현장에서 발파로 인한 민원 대책 일환으로 방진공(라인 드릴링) 설치를 하였으나, 방진공의 단가 산출서가 품셈 및 기타 적용기준이 없어 어느 품에 적용해야 하는지에 대해 질의합니다.

해설 건설 표준품셈 "2-8-4 방진망" 설치 기준을 참조하시기 바랍니다.

<축중계의 손율에 대하여>

질문 61 건설표준품셈 2-13 이동식 축중계 및 계측기의 조립 설치 해체 기준으로 특별인부를 회당 0.051인 반영토록 되어 있습니다.
　여기서 축중계 손율의 경우 개월 수에 따라 차등을 두고 있는데, 이 손율을 회당 반영해야 되는지, 아니면 최초 1회만 반영해야 되는지?

해설 건설표준품셈 제2장 가설공사 2-13 축중계의 손율에 대한 질의로 축중계의 설치 개월 수에 따른 손율로 6개월이면 규정에 따라 5% 만을 계상하는 것입니다.

<절토 수량 산정에 대하여>

질문 62 산간지를 개발(부지정리)하여 공원묘원을 조성하는 사업으로서, 주공정이 토공작업으로 이루어지고 있으며, 설계변경(검토) 과정에서 붙임 질의내용과 같은 문제점이 발생하여 질의 해설집을 구입해 본 결과, 제3장 토공사 해설 내용이 시공사와 의견이 상이하여 질의합니다.

해설) 건설 표준품셈 적용에 있어 1-4 수량의 계산 9. 절토량은 자연상태의 설계도의 양으로 계산하도록 규정되어 있습니다. 귀 질의의 경우, 자연상태의 수량 + 다짐증감량을 보정한 수량을 설계수량으로 계상했다면, 각 공정 (굴착, 운반, 다짐 등)의 토량변화 ($\frac{C}{L}$ 또는 $\frac{C}{1}$)를 다시 계상해서는 아니되며, 설계수량이 자연상태인 경우는 그러하지 아니하다고 생각합니다. 보다 구체적인 것은 발주자, 시공자, 감리자가 합동으로 변화율을 측정 반영하는 것이 좋겠으며, 질의해설과 토량의 흐름을 잘 판단하시기 바랍니다.

<풍화암의 작업량 산정에 대하여>

질문 63) 본 현장은 지반이 풍화암으로 구성되어 있으며, 터파기 면적이 넓어 소형브레이커+공기압축기를 사용치 않고 대형브레이커를 사용하고자 하며, 건설품셈 9-17 대형브레이커 기준에 연암, 보통암, 경암의 산정기준은 있으나, 풍화암에 대한 내용이 없어 산정기준에 대해 질의합니다.

해설) 대형브레이커는 유압식 백호 $0.7\,m^3$ 급과 조합 운용되므로 시간당 작업량을 연암 이상으로 규정하였고, 소형브레이커는 m^3 당 착암공, 보통인부, 공기압축기, 브레이커 사용시간 등을 규정하면서 풍화암을 포함시킨 것으로, 이때의 풍화암 대 연암의 공량 및 작업시간과 암종별 탄성파속도(풍화암과 연암)의 비율을 복합 조정하여 유추 판단하는 방법 이외에는 실험에 의하는 방법이 있다고 생각합니다.

<암 절취 장비 선정>

질문 64 당 현장은 산지(임야)에 도로(임도)를 내는 것으로 산지 평균경사가 30~35°의 열악한 작업조건에 암량 추정은 현지 측량시 경사도와 노두조사에 의해서 추정·반영하고 있고, 폭 4m, 총연장 6km에 암량은 14,000 m³가 산재되어 있으며, 발주처 설계는 ① 암 종류별 풍화암+연암+보통암+경암/4를 적용, ② 기계 조합은 착암기+크롤러드릴+브레이커/3을 적용토록 되어 있음. 여기에서 착암기를 제외하고는 암 종류가 3가지로 되어 있어 토량환산계수의 차이로 운반 계획에 문제가 되어 기술상 문제가 없는지 여부를 회신 바랍니다.

해 설 임도 개설(노폭 4m)로서 암절량이 14,000 m³가 산재되어 있는 경우의 크롤러드릴 투입은 적절하다고 할 수 없습니다. 이는 크롤러드릴을 동일장소 내에서 연속적으로 작업이 가능한 경우, 암절량이 25,000 m³ 정도 이상의 경우가 타당하고, 현장조건이 산재되어 있을 뿐 아니라 풍화암, 연암, 보통암, 경암이 각 25%씩으로 판단한 점에 비추어 시공공법과 기종선정 및 작업시간 등에 대하여 충분한 조사·판단이 요구된다고 할 수 있습니다.

<콘크리트 파일 항타 품에 대하여>

질문 65 건설공사 중에 콘크리트 파일 항타공사(직항타)가 있는데 내역서에서는 항타기에 대한 장비조립 및 해체, 품질시험비, 운반비가 포함되어 있지 않아 상기 내용에 대한 내역을 품셈을 참고로 산출하는 과정에서 장비조립 및 해체에 대한 내용(품셈 제5장 5-4 기성말뚝 2.

장비조립해체)이 auger 항타에만 해당하는 품셈인지 또는 직항타에도 적용 가능한 품셈인지 알고 싶습니다.

해설 건축공사 표준품셈 제5장 기초공사 5-4 기성말뚝 품은 천공 및 말뚝조성이므로 직항타에는 직접 적용할 수 없습니다. 장비조립 및 해체에 직항타에 필요한 부분을 준용할 수 있으나, 이보다는 건설기계 시공편의 파일 해머 콘크리트 파일에서 장비의 조합, 배치 인원을 참고하시어 적용하는 것이 좋을 듯합니다.

제 2 절 토 량 의 체 적 변 화 율

<토량의 체적 변화율 적용 이론>

질문 1 굴착토를 로더로 싣고, 덤프트럭으로 운반하여 압밀도 90 % 이상으로 다짐할 때, 운반차량의 Q와 롤러로 다짐시 "f"의 값은?

해설) 굴착한 토량을 자연상태대로 사토(捨土)할 때 $f = \frac{1}{L}$이고, 자연상태의 토량에 대한 성토 마무리가 될 때 $f = \frac{C}{1}$이며, 흐트러진 토량에 대한 자연상태 성토가 될 때 $f = \frac{1}{L}$이며, 흐트러진 토량에 대한 성토 다짐 마무리의 경우 $f = \frac{C}{L}$가 된다.

토량의 체적 변화율을 적용함에 있어 주의해야 할 것은, 각개 중기의 작업량을 구하여 단위 공사비를 계산하기 때문에 중요하며, 설계가 모두 자연상태의 토량 기준으로 하고 있으므로,

$$L = \frac{\text{흐트러진 상태의 토량}(m^3)}{\text{자연상태의 토량}(m^3)}, \quad C = \frac{\text{다져진 상태의 토량}(m^3)}{\text{자연상태의 토량}(m^3)}$$

의 관계는 대단히 중요하다. L의 상태는 시험시에 약 $200 \, m^3$ 정도를 사전에 트럭 적재상의 크기를 측정하여 구하고,

$$C \text{는} \frac{\gamma_1 (\text{자연상태의 밀도 평균치}(g/cm^3))}{\gamma_2 (\text{성토 또는 몰드공시체의 평균 밀도}(g/cm^3))} \text{로 구한다.}$$

이때의 변화 기본식을 소개하면 다음과 같으니 참고 하십시오.

$$Wb \cdot Vb = W\ell \cdot V\ell = Wc \cdot Vc$$

$$Sw = \frac{Wb - W\ell}{W\ell} = \frac{V\ell - Vb}{Vb}$$

$$Sh = \frac{Wc - Wb}{Wc} = \frac{Vb - Vc}{Vb}$$

여기서, Wb : 자연상태의 단위 용적 중량 (t/m^3)
$W\ell$: 흐트러진 상태의 단위 용적 중량 (t/m^3)
Wc : 다져진 흙의 단위 용적 중량 (t/m^3)
Vb : 자연상태의 토량 (m^3)
$V\ell$: 흐트러진 상태의 토량 (m^3)
Vc : 다져진 상태의 토량 (m^3)
Sw : 흙의 팽창률
Sh : 흙의 수축률로 구합니다.

<토량의 체적 환산 관련>

질문 2 건설표준품셈 제1장 토량의 체적 환산계수의 적용에 대한 산출방법을 교시해 주시기 바랍니다.

해설 흙은 자연상태(원지반), 흐트러진 상태와 흐트러진 상태를 다짐한 상태에 따라 각각의 흙의 체적이 변화하는 것으로, 건설표준품셈 1-24 1.항에 명시한 바와 같이 토질시험에 의하여 적용함을 원칙으로 하되, 소량의 토량인 경우에는 건설표준품셈의 토량의 체적 환산계수표에 따를 수도 있는 것입니다.

흙의 자연상태에서 굴착하여 운반하고 제방 등에 성토하려고 할 때, 자연상태의 흙의 체적, 굴착하여 운반하는 체적, 성토하여 다짐완료한 흙의 체적이 각각 상이하므로 미리, 이의 체적을 추정하여 토량의 배분계획 등을 세워야 합니다. 여기서, 각 상태에 대한 율(率)로 표시한 수치를 토량의 체적 변화율이라고 합니다.

제 2 절 토량의 체적 변화율

○ 토량의 체적 변화율

$$L = \frac{\text{흐트러진 상태의 토량}(m^3)}{\text{자연상태의 토량}(m^3)} \qquad C = \frac{\text{다져진 상태의 토량}(m^3)}{\text{자연상태의 토량}(m^3)}$$

- 자연상태의 토량 : 굴착하여야 할 원지반의 토량
- 흐트러진 상태의 토량 : 굴착후 운반하여야 할 토량
- 다짐후의 토량 : 다짐 마무리 토량

건설 표준품셈에서는 1970년 경제기획원에서, 각 부처에서 사용해 오던 품셈 통합 당시 문헌(일본)에 의하여 제정된 율(率)이 현재에도 그대로 적용되고 있으며, 건설 표준품셈의 토량의 체적 변화율을 적용하되, 작업 상태에 따라 변화하는 토량의 계산방법은 다음과 같습니다.

〈계 산 예〉

① 점질토(粘質土)의 자연상태 흙을 굴착하여 흐트러진 상태인 때의 토량은?
굴착토량 : $100\,m^3$, L = 1.25 ~ 1.35의 평균치 1.3 으로 보면
자연상태의 토량 × L = $100\,m^3 \times 1.30 = 130\,m^3$ 가 됨
   …… (흐트러진 것)
즉, 운반토량은 $130\,m^3$ 이다.

② ①의 자연상태의 흙 $100\,m^3$를 굴착하여 성토후 다짐완료한 마무리 토량은?
단, C=0.85 ~ 0.95=0.9 로서, 자연상태의 토량×C=100×0.9
= $90\,m^3$ 가 된다.

③ 상기한 점질토 $100\,m^3$의 성토를 한다면 자연상태의 굴착토량은?
자연상태의 토량/C = $100\,m^3/0.9 = 111\,m^3$를 굴착하여야 하며,
또 $100\,m^3$의 성토를 하기 위한 흐트러진 상태의 토량은?
자연상태의 토량×L/C=$100\,m^3 \times 1.3/0.9 \fallingdotseq 144\,m^3$ 가 된다.

토량의 체적 변화율은 자연상태의 토량이나 성토의 다짐 정도 등 여러 가지 조건에 따라 그 값이 상이하므로 대규모의 토공에 있어서는 시험시공을 거쳐 그 공사에서의 변화율을 설정하는 편이 적절하다는 것에 유의하여야 할 것이다. (품셈 1-24 3. 토량의 체적 변화율 참조)

<발파암을 성토재료로>

질문 3 1. 단지설계에서 발파암을 성토재로 사용할 경우, 자연상태 $1m^3$ 가 도로의 노상·노체로 사용될 경우, 단지에 비다짐으로 사용될 때, 품셈에서는 구분이 되어 있지 않은데 다짐상태(C) 값 보정은 도로의 경우와 단지에 사토할 때 어떻게 적용되어야 합니까?

2. 발파암의 덤프 운반에서 f값을 1/L로 단가를 적용하였을 경우, 운반수량의 적용은 다짐상태(보정된 수량)를 적용해야 합니까?

해설 토량의 체적 변화율의 적용은 자연상태의 토량(1)이 흐트러진 상태(L)와 다져진 상태(C)로 1/L은 자연상태/흐트러진 상태를 말하고, C/L는 다져진 후의 토량/흐트러진 상태의 토량을 뜻함은 건설표준품셈 1-24 토량의 체적 환산계수의 적용 4. 에 의하여 명백합니다.

(가) 발파암을 성토 다짐재료로 사용할 경우는 암층에 따른 C/L의 관계를 다짐의 정도에 따라 구해야 할 것이고,

(나) 단지 내에 사토함으로써 공정이 완료될 때에는 1/L 로서 충분할 것이며,

(다) 발파암을 덤프트럭으로 운반할 때에는 비록 "L"의 상태로 운반될 것이지만, 설계가 자연상태 기준이므로 1/L 을 적용해야 할 것으로 사료됨.

제 2 절 토량의 체적 변화율

질문 4 설계도서의 절토량은 자연상태의 설계도의 양으로 한다. 라고 규정되어 있습니다. 자연상태의 설계도의 양에 토량의 체적 환산계수를 곱한 양으로 설계도서(예산내역)에 적용하는지? 어느 것이 정확한 적산방법인지요?

건설기계의 경비산정시(불도저, 덤프트럭) 토량의 체적 환산계수 $f = \dfrac{1}{L}$ 로 적용하고, 설계도서(예산내역)의 절토량은 자연상태의 설계도의 양으로 적용하여도 무방한지요?

해설 설계도의 토적량은 자연상태의 양을 기준으로 하는 것입니다. 중기 작업에서 토량의 체적 환산계수의 적용은 자연상태의 양을 기준으로 할 때와 흐트러진 상태를 기준으로 할 때, 또는 다져진 상태를 기준으로 할 때가 있으므로 다음을 참고하시기 바랍니다.

- 절취 및 굴착 $f = \dfrac{1}{L}$ 또는 $\dfrac{L}{L}$

- 성토, 축제 $f = \dfrac{C}{L}$ 또는 $\dfrac{1}{L} \sim \dfrac{L}{L}$

- 사 토 $f = \dfrac{1}{L}$ 또는 $\dfrac{L}{L}$

흙이 굴착되어 이동후 어떤 형태로 완성되었는가에 따라 적산상의 "f" 값이 달라지게 되는 것입니다. 이에 대한 자세한 풀이는 위 질문에 자세히 해설되어 있으니 참고하시기 바랍니다.

불도저와 덤프트럭의 경우, 굴착 운반의 일관작업을 할 때는 $\dfrac{1}{L}$ 로 적용해도 무방합니다. 즉, L=1.25인 때 $\dfrac{1}{1.25} = 0.8$ 이면 자연상태로 환산이 되는 셈입니다. 그러나 사토의 경우는 또 다르게 되는 것입니다.

<암을 혼합성토할 때의 토량 변화>

질문 5 건설 표준품셈 1-24 토량의 체적 환산계수 적용, 3.토량의 체적 변화율 표 밑에 보면《주》: 암을 토사와 혼합성토 할 때는 공극 채움으로 토사량을 계상할 수 있다. 라고 기술하고 있는데, 공극 채움량은 얼마를 계상해야 되는지 좀더 자세히 설명하여 주시기 바랍니다.

2. 저희 현장은 Golf 장 건설현장이며, 현장조건은 암과 토사를 굴착하여 성토를 하고 있는데, 암이나 토사를 분리하여 성토할 수 없고 혼합되어 성토되고 있는 실정입니다.

성토 법면을 정리하다 보니 토사가 암의 공극을 완전히 채우고 있어, 일반적으로 계상하는 토량의 체적 환산계수를 적용하여서는 절·성토의 균형을 맞추기가 어려운 것으로 판단됩니다. 귀하의 고견을 듣고 싶습니다.

해설 암을 토사와 혼합하여 성토할 때에는 암의 크기·종별 등에 따라 공극률을 달리하는 것이므로 채움토사의 양을 구하고자 할 때에는 암과 토사의 혼합을 여러 종별 비율 또는 암종과 토사 수량의 비율 등 여러 가지 현장요건에 따라 달라지는 것이므로 일률적으로 얼마라고 단정할 수 없는 바, 실제 시공 실험치로 구하는 것이 좋은 방법이 되겠습니다.

(참고) 절토와 성토의 설계수량은 자연상태를 기준으로 하는 점을 이해하시면, 암석의 C/L 값과 토사의 1값을 고려함도 한 방편이 될 수 있을 것입니다만 현장실정이 보다 중요합니다.

질문 6 토공사에서 암(경암, 보통암, 연암)과 토사를 혼합 성토할 때 공극채움용 토사량을 계상할 수 있다고 규정하였는데, 몇 %의 토사량을 계상할 수 있나요?

제 2 절 토량의 체적 변화율

해설 암을 굴착하면 공극이 생겨 그 부피가 커지고, 이를 혼합성토할 때 다짐 하더라도 "1" 보다는 그 부피가 커지는 것은 상식에 속하는 것입니다. 그러나 그 상태는 암종별로 달라지는 것으로, 이는 토량변화율과도 상관되는 것입니다. 부피가 늘어났다가 다짐 후 작아지는 상태를 암종별로 실험하여 수량을 계상해야 하며, 공극 채움량의 %를 일률적으로 정할 수는 없는 것입니다. 즉, 암이 많고 적음에도 문제가 있어 사실상의 계상은 어려운 것이 현실입니다.

질문 7 불도저 $Q = \dfrac{60 \cdot q \cdot E}{Cm} = (m^3/hr)$ 와 같이 "f" 를 계산식에서 빼고, 토량의 체적 변화율은 토적 계산시에, 자연상태와 흐트러진 상태의 흙을 구분하여 작업량을 계산하는 것이 불도저, 로더, 그레이더 등에서 이상적임을 첨언함.과 관련된 질문입니다.
① 흐트러진 상태의 모래량을 (자연상태)의 하천에서 생산하기 위하여 불도저를 집토할 경우 토량의 체적 환산계수 (f) 값은?
② 공사비 산출내역서상의 산출 토공량이 자연상태의 수량이고 자연상태의 지반을 굴삭기(백호)로 굴착할 경우, 토량의 체적 환산계수 (f) 값 등 적용의 애매성?

해설 귀 질의에 대하여 다음과 같이 회시합니다. 토량의 체적 변화율에 대하여는 건설표준품셈 해당사항의 《주》를 참조하시기 바라며, 우리나라의 토적표가 자연상태 기준으로서, 시간당 작업량 계산기종마다 따로 적용하기 때문에 공사수량에 문제가 생기게 될 수도 있어 "f"의 값을 계산식에서 제외하는 것이 합리적인 것으로 판단하여 예시한 것입니다.

질문 8 연암을 절취하여 성토 재료로 사용하는 과정에서 자연상태의 절취량을 1로 가정할 때, 성토용 재료로는 1.15로 양을 보정하여 1.15의 양이 성토되는 것으로 하였습니다. 그런데, 품셈 1-4 10.에는 절토량은 자연상태의 설계도의 양으로 한다. 라고 명시되어 있습니다. 이 내용으로 보면 보정을 하지 말아야 하는지, 해야 하는지 의문이 생깁니다.

해설 연암을 절토할 때, 설계도의 양은 자연상태의 수량이 되고, 이를 성토 재료로 사용할 때에는 연암의 토량의 체적 변화율이 L = 1.30~1.50, C의 상태 = 1.0~1.30 이므로(L = 1.4, C = 1.15가 됨), 집토운반 등의 토량변화율 적용은 1.15/1.40 ≒ 0.82(f값) 상당이고, 성토 다짐후의 체적도 1.0~1.30 상당으로 늘어나게 되므로 1.15로 수량을 계산한 것은 잘못이 아니라고 사료됨.

<콘크리트 파쇄재의 토량변화율은>

질문 9 폐콘크리트량의 변화율 등에 대한 질의입니다. 덤프트럭의 적재중량이 15ton이고 적재함의 규모가 5.0m×2.3m×0.87m인 차량에 폐무근콘크리트를 최대로 적재할 수 있는 용량(m^3)과 중량(ton), 적재중량이 11ton인 암롤트럭의 적재함 규모가 5.69m×2.3m×1.7m인 차량에 폐무근콘크리트를 최대로 적재할 수 있는 용량(m^3)과 중량(ton)에 대해 질의합니다.

해설 폐콘크리트의 토량변화율은 품셈 1-24, 3. 토량의 체적 변화율표에 규정되어 있어 이에 따라 덤프트럭의 적재 용량을 다음과 같이 계산할 수 있으며, 적재량은 중량과 용적 모두 허용량을 초과하지 않는 범위내로 계상해야 합니다.

제 2 절 토량의 체적 변화율

1. 덤프트럭(15 ton)

    q = 1회 적재량 (흐트러진 상태 m³)

    q = $\dfrac{T}{r_t}$ L = $\dfrac{15}{2.3}$ 1.5 = 9.78 m³, T = 15 ton, r_t = 2.3 ton/m³,

    L = 1.50(1.40 ~ 1.60)

    적재함규모   V = 5.0 × 2.3 × 0.87 = 10.00 m³

    q = 9.78 m³ < V = 10.00 m³ (만족)

2. 덤프트럭(11 ton)

    q = $\dfrac{11}{2.3}$ 1.5 = 7.17 m³

    V = 5.69 × 2.3 × 1.7 = 22.24 m³

    q = 7.17 m³ < V = 22.24 m³ (만족)

질문 10 건축물의 체적과 철거 후 잔재에 대한 체적을 동일하게 계산되어야 하는지 또는 체적증가 판단시, 계산방법은 어떻게 적용하는지에 대하여 질의합니다.

해설 건설공사의 토석 등의 변화율은 품셈에 규정되어 있는 폐콘크리트의 것이 대부분이므로 운반 기준값 (L = 1.40 ~ 1.60, C = 별도 설계)을 적용, 계상할 수 있습니다.

제 3 절 암 석 발 파

<암석 절취에 대하여>

질문 1 석산에서 암석 절취 깬돌 및 깬잡석을 채취할 경우 모암 $1m^3$에 대한 비산량 및 규격품을 생산할 수 있는 양의 산정 방법은?

해설 모암 $1m^3$를 파쇄하면 $L=1.85\,m^3$, 이를 다짐하면 $C=1.4\,m^3$, 즉 1.85 : 1.4의 과정에서 약 10%가 폭파 비산하여 사용 불가능해 진다는 것이 일반적인 상식인 바, $1.85-0.185=1.665\,m^3$는 L의 상태로 사용되며, C의 상태로는 $1.4-0.14=1.26\,m^3$가 시공 완성 체적이 된다고 보아야 합니다.

이때, 파쇄된 돌로서 깬돌을 채취할 경우는 10~40%(암질, 암목, 규격의 크기에 따라 다르다)의 깬돌 파쇄품이 생산되므로 60~90%는 규격품으로 소할 해야 한다는 논리 입니다. 이때의 소요 깬잡석을 위한 할석공은 $0.2인/m^3$ 임을 첨언 합니다. 그러나 쇄석 생산을 위한 파쇄의 경우는 규격 석재를 구하는 것이 아니므로 폭파 비산량의 계산은 신중을 기해야 합니다.

질문 2 1. 도로의 확장 공사 설계시 발파암으로 인하여 암 발파시 비산되는 양은 얼마로 계상 하여야 되는지요.

2. 기존 돌망태의 재시공시 조약돌의 양 중 재활용할 수 있는 양은 몇 %로 계산하여야 하는지요.

해설 1. 암의 종류, 천공깊이, 폭약 사용량의 다소, 비산 방지 덮개 시설의 유무 등에 따라 상이 하므로 일률적으로 비산량이 얼마라고 확답할 수 없으나 모암을 발파하여 깬돌 등 규격 석재를 채취코자 할 때는 10 ~ 40% 의 파쇄석이 발생된다고 알려져 있음에 유의해야 합니다.

2. 돌망태에 충진된 기 설치 수량은 유실량의 많고 적음에 따라 다를 것이므로 실정에 따라 계상해야 할 것임.

<암절 탄성파 속도 및 발파암의 크기 등>

질문 3 품셈의 암종별 탄성파속도 및 내압강도 부분에서 서울시 지하 40m 부분의 경암층을 서울대, 동력자원연구소에서 시험결과 상기 종목과 상이하고, 한국기술용역협회 기준과도 상이하니, 시험방법, 샘플시료의 기준, 직접시험시의 보정방법, 적용상의 문제점, 기준의 차이점, 암석의 분류, 시험시 현장채취시료의 균열 및 여건(기준치) 등을 상세히 알려주시기 바랍니다.

해설 건설표준품셈 암종별 탄성파속도, 내압강도(현행 품셈 삭제) 등이 개략 수치로서 실제와 달라 문제가 되고 있는 점은 수긍이 되며, 또 서울시의 어느 곳 지하 40m 부분 경암을 시험한 결과가 상이하다면, 그 시험결과를 건설교통부 등 관계기관에 제출하여 품셈자료의 정정을 요청하도록 하십시오.

귀문의 경우, 구체적인 자료(시료 및 시험방법 결과치 등) 제시가 없어 회답 드리지 못합니다.

질문 4　토공작업시 암반구역이 돌출되어 화약사용 기계 터파기를 하였습니다. 설계변경시, 다음과 같은 문제점이 발생하였기에 고견을 부탁드립니다.

※ 위치상황 : 1,261 m^2 의 건물바닥 터파기중 평균 2~3m 정도의 암석이 위치하고, 주변 20m 내에 라멘조 3층 구조물이 있음.

1. 발파 후 발파암의 크기가 상차에 불편할 정도로 크며
2. 터파기 좌우측(건물측) 법면하단 및 취약지구(기계터파기로는 물량의 과중)이고
3. 발파 후 터파기 고르기 품으로는 금액산정이 부족하기에 인력으로 부분적으로 작업 후 인력품을 20% 반영코자 하는 바, 이에 합당한 근거는 없는지요?

해설　1. 발파 암의 크기가 운반상차에 불편할 정도로 크게 파쇄된다는 것은 천공 간격과 깊이를 조정하여 발파를 하지 아니한데 있는 것이라 추정되며,

2. 인접 건물이 있는 부분의 법면 하단은 귀문의 경우, 기계시공만으로는 시공 불가하다면 인력 시공과 병행하는 것을 검토할 수 있을 것이나 인력품의 시공량에 대한 비율 20% 는 현지 실정에 따라 계상되는 것으로, 일률적으로 몇 % 라고 규정할 수는 없는 것이며, 현행 기준도 명시된 바 없습니다.

3. 주변 20m 이내에 3층 구조물이 있으면 발파에 크게 주의를 요하며, 연암 등에 대형브레이커 등의 투입 시공을 고려해 볼 만한 것이라 사료됩니다.

제 3 절 암 석 발 파

질문 5 암 발파에 있어 도로연장이 약 7km인데, 전체 절취할 물량은 25,000m³ 이상이나 여러 곳에 산재되어 있습니다. 이 경우, 크롤러 드릴형으로 단가 변경시킬 것을 관청에서 주장하는데 타당한지요?
 또 한 곳에 25,000m³ 이상 편재되어 있더라도 차량통행에 지장을 주는 바, 반폭씩 발파해야 할 조건인 때는 어느 단가(즉, 크롤러 드릴형 또는 편절형 암석 절취)를 적용해야 하는지요?

해설 건설표준품셈 제 3 장 3-1-2 1.육상 "라" 암석절취 크롤러 드릴사용 암석절취는 동일 장소 내에서 연속적으로 작업이 가능한 경우로서, 암석 절취량이 25,000m³ 정도 이상에 적용하되, 이때의 공사물량은 편의상의 구분일 뿐 현장조건, 공사기간 등에 따라 적의 판단 적용하되, 그 기본을 25,000m³ 기준으로 한다고 보아야 합니다. 따라서 공사기간·물량 등을 고려하여 경제성을 비교 검토하여 현장 여건에 맞게 적용되어야 할 것입니다. 귀문의 경우는 산재되어 있고 또 작업현장여건이 25,000m³에도 미치지 못한다는 것이 객관적으로 인정 된다면 시공수단의 변경이 있어야 할 것으로 사료되나, 이는 사실 인정에 관한 사안으로 귀문만으로는 확답할 수 없습니다.

질문 6 크롤러 드릴로 대발파시(원석 25,000m³ 이상) 암절면이 급경사가 되는 경우가(85% 이상) 많아 조경 복구비가 많이 소요되어 문제가 있어 몇 가지 질의 하오니 고견을 회시해 주시기 바랍니다.
1. Bench cut과 병행하여 발파 할 때의 품 산출방법은?
2. 철도 도상용(크롤러 드릴 사용) - 소발파(Rock drill) - 소할(0.7m³ 브레이커)의 순으로 진행되는 바, 본인의 소견으로는 원석채취시 Bench cut과 병행할 수 있는지의 여부와 소할시 1.0m³ 브레이커 사용 여부?

해설 1. 크롤러 드릴 사용 대발파시 암절면이 급경사를 이루어 조경복구비가 많이 들어 문제가 된다는 것은 채석 후에 복구하는 것으로 사료되는 바, 이 경우 채석비용과 복구비를 함께 고려해야 할 것으로 이는, 귀문만으로 간단히 회시할 성질이 아니라고 사료되며,

2. 벤치 컷 병행시의 품은 각 공법에 따라 물량의 가중 평균으로 구할 수 있고,

3. 원석을 채취한 뒤 소발파하고, 이를 다시 브레이커로 소할하여 쇄석함에 있어서는 크롤러 드릴의 조작, 소발파의 천공·폭약량 등에 따라 브레이커 소할 생산 수량과 쇄석 크러셔의 용량 등과 관련지어 브레이커의 크기가 결정되는 것으로, 귀문만으로는 브레이커의 용량 크기를 결정할 수 없으며,

4. 브레이커의 시간당 작업량 산정식은 품셈 기계화시공·대형브레이커에 자세히 규정되어 있음을 참고하시기 바랍니다.

질문 7 암석절취에 있어 화약과 리퍼 병용작업시 파쇄석을 싣는 장소까지 운반하는 불도저의 투입이 계산되어야 한다고 생각하며, 화약을 병용한 때에는 파쇄석의 소할을 위하여 대형 브레이커를 투입하여야 하는데, 암석의 소할 품을 별도 계상함은 어떤 방법에 의하는가요.

해설 리퍼와 화약병용시에는 큰 석괴가 생길 수도 있으므로 소할의 필요가 있을 것인 바, 대형 브레이커의 조합투입이 필요할 것이므로 이를 계상하여야 할 것이고, 불도저의 싣기 장소까지의 집적에 관한 작업량과 경비계산도 되어야 한다고 생각되는 바, 이들 기종의 상호 요인을 잘 판단 적용해야 합니다.

<암절에 탄성파 속도?>

질문 8 품셈의 암절에 있어서 탄성파 속도 1,800m/sec를 기준으로, 리핑과 발파 병행시공시 연암 65%, 보통암 70%, 경암 75%를 발파 비용으로 하게 되어 있고 일본발행 물리탐광이란 서적에 의하면 N치 5/30 정도면 탄성파속도 1,800m/sec이나, 폐사에서 실험한 결과는 100/30 정도가 1,800m/sec였습니다. 각 암종별 발파와 리핑의 합리적인 비율은 얼마로 함이 타당한가요.

해설 품셈의 개정으로 발파와 리핑의 암종별 비율이 삭제되었으니 품의 적용에 있어 개정 품셈에 의하시기 바라며, 귀사에서 측정한 N치와 탄성파속도 실험자료는 그 근거가 제시되어 있지 아니하여 확답할 수 없습니다.

질문 9 건설표준품셈 제3장 토공 3-1-2 암석절취 사.《주》④에서 "암석 파쇄 후 깬잡석을 채취할 경우"는 원석 절취 후에 큰 암괴를 깬잡석 크기로 깨어 채집하는 의미입니까?
《주》⑩에서 15% 범위 내에서 별도 가산할 경우,
  소할 물량 = (소요 암괴수량 × 15%)
  별도가산비(전체 소할비) = (소할비 × 소요 암괴수량 × 15%)
  별도가산비(전체 소할비) = (절취비 × 소요 암괴수량 × 15%)
중에서 어느 것인지요?

해설 귀 질의는 품셈 개정 전의 것으로 암석을 화약, 크롤러 드릴 등으로 파쇄하는 물·공량인 품셈은 규정된 바와 같으며, 그 파쇄암을 소요의 규격으로 깬 잡석을 만들 때 m^3당 할석공 0.2인을 별도 계상한다는 것으로서 채집도 함께 뜻하는 것이며, 크롤러 드릴로 절취한 암괴를 운반 및 크러셔 투입 등 목적으로 소할의 필요가 있는 때에는 절취 암괴수량의 15% 범위 내에서 소할 품을 계상할 수 있다는 뜻으로 보아야 합니다.

따라서 파쇄암 중 소요로 하는 암괴수량의 15% 정도에 대하여 소할의 품을 계상할 수 있는 것으로 사료됨.

<발파와 리퍼 병용에 대하여>

질문 10 토공 암석굴착에 있어, 연암을 발파와 리퍼를 병용 작업하는 것으로 설계되어 있는데, 시공업자는 리핑 없이 발파와 불도저만으로 집토 처리하였다고 하며 설계변경을 요구하는데 어떻게 하여야 하는가?

해 설 연암의 경우는, 리핑 가능이 탄성파 속도 1,800m/sec 기준으로 암석의 육상 절취품은 미진동 파쇄와 정밀진동파쇄, 암석절취(착암기) (크롤러 드릴) 등으로 구분하고 있으며, 과거에는 편절과 오픈 컷으로 구분하고 리퍼를 투입하는 것으로 설계한 것은 그때의 기준으로 볼 때, 정당하므로 리핑 없이 발파 시공으로 설계 변경하여 정산한다는 것은 공사비가 증액될 경우, 현행 계약제도상 어려운 일이 됩니다.

<화강암의 풍화토(마사)에 대하여>

질문 11 토공사의 인력절취 또는 터파기 품에 있어 "화강암 풍화토(眞砂)에 대하여는 현지 실정에 따라 별도 계상할 수 있다"라고 규정되어 있는데 이는, 어떤 경우에 어느 정도까지 계상되어야 하는지요?

해 설 풍화암은 자연상태의 탄성파속도 0.7~1.2 (km/sec)와 1.0~1.8 (km/sec)의 두 종류로 구분되는 바, 그 유별(類別)은 토사분류시

제 3 절 암 석 발 파

험 등에 의하여야 합니다. 개략치는 고사점토의 품과 호박돌 섞인 토사품과의 중간치인 0.3인/m³ 상당으로서, 토질의 경도(硬度)와 작업의 난이도 등 실정에 따라 조정 계상하여야 할 것임.

<암절에서 깬 잡석 채취>

질문 12 (1) 품셈의 암석절취《주》중 암석파쇄 후 깬잡석을 채취할 때 m³ 당 할석공 0.2인을 가산한다는 항목의 m³ 당이라 함은 깬잡석 m³ 당 인지, 원석 m³ 당 인지요.

(2) 만약, 깬잡석 1m³ 당이라면 깬잡석 1m³ 는 0.25×0.25 규격일 경우 몇 개가 깬잡석 1m³ 이며,

(3) 깬돌 혹은 깬잡석의 적재시, 운반차(덤프트럭)의 적재용량(중량)을 개당 무게로 나누고 있는 바, 실제의 경우 6톤 D.T 에 실을 수 있는 규격별 (0.25×0.25, 0.3×0.3, 0.35×0.35) 돌의 적재 가능 수량은?

해설 (1) 건설표준품셈 토공에서 깬잡석 채취시에 m³ 당 할석공 0.2인은 소요 깬잡석 1m³ 의 품이고,

(2) 여기에서 깬잡석이라 함은, 소요로 하는 규격의 깬잡석으로서 그 수량, 0.25×0.25 의 1개의 무게는 20 kg, 30×30 은 40 kg, 0.35×0.35 는 56 kg 정도이므로 중량 적재로 계상하면 갯수를 구할 수 있으나 중량과 용적 중 어느 하나도 초과되면 아니 됩니다.

(3) 운반차량 6 ton, 8 ton 등의 규격은 적재정량을 말함으로 중량으로 환산한 무게를 싣는 것으로 계상해야 합니다. 다만, 깬돌 등의 비중은 자연 상태의 비중보다 가벼운 점을 감안하여 용적 범위 이내로 해야 합니다.

질문 13 당초 설계 토취장의 토질은 일반 토사로만 구성되어 있었으나, 시공 중 발파암(연암)이 노출되었고 인근에 축사 및 공장이 있는 관계로 브레이커(대형브레이커+백호 0.7 m³)로 발파암을 절취하여 절취한 발파암(연암)을 사업지구 내에 유용성토 하기로 시공지시를 받았는바, 당 현장의 시방서 규정에서는 발파암 사용시 준공 후 민원이 발생치 않도록 300 mm 미만으로 소할하여 감독원의 승인 후 성토키로 되어 있습니다. 이에 당사에서는 발파암을 유용성토재료로 사용하고자 발파물량의 30%를 소할품 적용 단가를 산출하여 설계변경에 반영하고자 하였으나 표준품셈 3-1-10 굴삭기 "5. 기계 경비" 대형브레이커 품 적용에, 소할에 관한 언급이 없는 관계로 소할을 적용치 않아야 한다는 이견이 있어 질의합니다.

해설 건설품셈 9-17 대형브레이커와 굴삭기 0.6~0.8 m³의 조합으로 연암의 굴착파쇄 작업능력은 표준품셈에 4.5~5.5 m³/hr으로 규정되어 있으며, 이 작업량은 파쇄암의 규격과는 관계없는 굴삭암파쇄의 경우입니다. 귀 질의 경우, 암파쇄 덩어리가 모두 ϕ300 mm 이하로 되는 것이 아니므로, 시방서의 규정에 따라 파쇄 물량의 30%를 소할해야 한다는 주장으로 질의 전단의 경우는 수긍이 되나, 후단의 30%의 소할이 필요하다는 수량에 대하여는 귀 질의만으로는 판단할 수 없습니다. 따라서 실제 소할의 필요성과 그 수량의 비율에 대하여는 계약당사자간에 협의에 의하여 설계를 변경하거나 제3의 공인기관의 검사결과에 따라 조치함이 좋을 것으로 생각합니다.

질문 14 절취암괴 10,000 m³(크롤러드릴 사용)를 노체 성토 재료로 사용하기 위하여는 절취 암괴의 소할이 요구되는 바, 이때의 품셈 적용 및 단가산출방법은?

제 3 절 암석 발파

해설 암석을 용도별로 소할하여 사용하고자 할 때에는, 소요암괴 수량을 기준으로 소할 비용을 별도 가산할 수 있도록 표준품셈 제 3 장 3-1-2 "암석절취"에 명시된 것을 기준으로 계상하시기 바랍니다.

질문 15   <암석의 소할(15 %)과 선별 등 품셈 적용에 대하여>

해설 건설표준품셈 제 3 장 토공 3-1-2 암석 절취, 2. 수중 《주》 ⑩ 암석을 용도별로 선별하거나 소할이 필요할 경우의 품은 원석을 파쇄한 것을 선별 또는 소할 하는 품이며, 운반 적재가 용이하도록 소할하는 경우 15 % 범위내의 소할 품은 암석 반출을 위한 수량의 15 % 범위 내에서 소할 품을 별도 가산한다는 뜻이며, 운반과 동시에 사토처리 할 때의 운반 적재 가능 여부는 따로 판단해야 한다고 생각합니다.

<발파암을 성토재료로 유용>

질문 16   ○○선 제○공구 노반개량공사를 수행함에 있어, 발파석을 노반암 성토재료(최대 600 mm 이하)로 유용코자 할 때, 일부 소할이 필요하여 소할비를 계상코자 건설표준품셈 대형브레이커에 의한 소할품 적용시, 모암 $1 m^3$에 대한 해석 (ex : 연암 30 cm 이상, 유용 50 %, 소할 50 %)을 회시 바랍니다.

해설 발파암 중 50 %를 소할하여 성토재료로 사용코자 할 때 30 cm 이상의 경우, $12 m^3/hr$는 소할된 수량으로 보아야 하므로 이 수량을 다짐할 때의 다짐된 후의 토량 소요수량의 산정에는 암절 유용량에 대한 토량변화율의 적용 또는 1-9 재료의 할증률 2. 노상 및 노반재료를 참고할 수 있다고 보아집니다.

증보 개정판

건설 표준 품셈 B5·약 1,270面·양장

〔토목 · 건축 · 기계설비 완간 + 전기(발췌) + 정보통신(발췌)〕

1972년부터 최신까지 전통과 권위를 자랑하는 결정판

이 분야의 권위 **全仁植**교수 책임 편저

전국 유명 서점에서 구독할 수 있음.　　값 57,000 원

제 4 장 조 경 공 사

제 1 절 조경일반

<건설표준품셈 4-4-2 식재 품>

질문 1 1. 나무높이에 의한 식재와 흉고(근원)직경에 의한 식재로 구분되어 있는데, 구분기준이 근원 직경을 추정하기 어려운 경우 나무높이에 의한 식재품으로 적용토록 규정하고 있습니다. 그렇다면 후박나무(H 4.0 * R 15)와 같이 근원 직경을 확인 가능한 수목일 경우 금원직경에 의한 식재 품으로 적용가능한지 와

2. 《주》②항을 보면 재료 소운반 품이 포함되어 있다고 하는데, 도로에서 공사현장까지 수목운반차량(대형)진입이 불가, 소형차량으로 소운반해야 하는 공사일 경우, 별도 소운반 품을 반영할 수 있는지?

해설 건설표준품셈 Ⅱ. 토목공사 제 4 장 4-4-2 식재 1. 나무높이에 의한 식재와 2. 흉고(근원)직경에 의한 식재 품이 있으므로, 귀 질의와 같은 근원 직경에 의한 식재도 가능하다고 생각합니다. 그러나 나무높이와 근원 직경 모두를 알 수 있는 경우에는 식재 비용을 비교, 검토하여야 할 것입니다.

재료의 소운반의 경우는 현장 내 20 m 이내의 운반을 소운반으로 봅니다.

<조경 식수 객토량의 산정은>

질문 2 조경품셈에 있어 터파기, 나무세우기, 묻기, 물주기, 지주목세우기, 손질, 뒷정리 등이 포함되었다.라고 하는데 공종마다 조경공과 보통인부품의 적용한계와 식재토를 객토할 때에는 토양의 상태가 흐트러진 것인데 흐트러진 상태 또는 다져진 상태 중 어느 것을 기준할 것인지 각 수목의 형상에 따른 객토량의 산출은?

해설 나무심기에 있어, 터파기, 나무세우기 등의 각 작업활동 내용에 따른 품의 구성부분에 대한 명시 규정이나 계산 예는 따로 규정된 바 없고, 조경공은 조경의 전문적인 식견이 요구되는 나무세우기, 묻기, 지주목세우기의 감독 및 실행으로 알아야 하고, 터파기, 물주기, 뒷정리 등 작업은 보통인부 소관으로 보아지나, 이 품의 구분도 불분명합니다.

토량의 체적변화율에 대하여는 설계도의 양을 자연상태의 것으로 하나 이 경우에도 그 명시 규정은 없으며, 나무를 심은 뒤에 다짐한다는 것은 도로토공과 같은 다짐이 아니고 자연상태 정도의 다짐 또는 더돋기로 보아야 할 것으로 생각합니다. 수형에 따른 객토량은 문헌과 실사치의 통계에서 구한 것으로 사료됨.

질문 3 조경용 수목은 할증이 10%로 규정되어 있으나 이것만으로는 고사목이 많아 손실이 크다. 그 대책은?

해설 수목은 생물로서 생육이 되어야 그 가치가 있는 것인 바, 할증으로 취급될 성질이 아니라고 보아야 합니다. 즉, 뿌리의 상태, 식재적기 여부, 수분보습상태, 식재기술, 관리상태 등에 따라 다른 것으로서 할증가산보다는 식재 후의 비배관리의 1본당 품을 수종, 수고 등에 따라 따로 계상할 수 있는 제도적 보완이 바람직하다고 생각합니다.

질문 4 조경공사의 "인공떼" "종자판 붙임공" "초류 종자 살포공" 은 들떼와 비교하여 어떤 경우에 쓰이는 것인지 알고자 합니다.

해설 종자판 붙임공은 씨를 뿌려도 유실되거나 발아가 되지 않는 풍화토상 등에 종자판을 포설하고, 씨를 뿌리는 것을 뜻하며, 초류 종자 살포공은 그러한 우려가 없을 때, 종자를 살포하는 것을 뜻하는 것입니다.

<줄떼와 평떼>

질문 5 줄떼와 평떼의 $1\,m^2$ 당 단위 중량 계산은?

해설 줄떼 : 표준 30 cm(길이)×10 cm(폭)×5 cm(두께) = $0.0015\,m^3$
중량 $0.0015 \times 1,440 \times 11 = 23.76\,kg/m^2$
(떼의 단위 중량 : 모래질 흙의 80%,
$1,800 \times 0.8 = 1,440\,kg/m^3$, $1\,m^2$ 당 소요량 : 11장)
평떼 : 표준 30cm×30cm×5cm = $0.0045\,m^3$
중량 $0.0045 \times 1,440 \times 11 = 71.28\,kg/m^2$ 당으로 추정 계산하십시오.

질문 6 <야생 떼와 인공 떼의 품셈 적용에 대하여>

해설 야생떼는 들떼이고, 인공 파종떼(재배 잔디)와는 구분되며, 현재는 야생떼의 품은 없습니다. 건설표준품셈 제4장 4-2-1 떼붙임 품에는 토공의 법면 다지기와 면고르기 품이 포함된 것은 아닙니다.

<도로변 쪽제비싸리의 벌채품>

질문 7 도로변에 식부되어 있는 쪽제비싸리나무를 잘라내야 하는데 건설표준품셈에 이의 명시 규정이 없어 설계에 지장이 많습니다. 적용요령?

해설 쪽제비싸리나 풀베기의 품이 우리나라 품셈에는 규정된 바 없어, 적용의 어려움이 있습니다.

우리나라의 유사품으로는 개간공사의 뿌리 뽑기 $1,000\,m^2$($992\,m^2$) 당 수경 4cm 이하 입목 본수도 60~70% 잡목으로 보면 5.16인(보통 인부)의 품의 80%로 볼 때 $5.16 \times 0.8 = 4.12$ 인/$1,000\,m^2$, 즉 0.412인/$100\,m^2$ 상당으로 1일 1인이 약 $240\,m^2$ 상당의 작업이 가능하다고 판단됩니다.

질문 8 조경공사에 있어 조경용 수목 할증률 10%에 대한 질문 답변에서 수목은 생물로서 할증으로 취급될 성질이 아니라고 보아야 한다고 했는데, 조경용 수목은 설계시, 재료 할증을 가산할 수 있는지 없는지 알고자 합니다.
  ※ 조경수목 하자 기간은 2년으로 계약되어 있음.

해설 건설표준품셈 제1장 적용기준에 따라(1-9 "6." 기타 재료할증) 조경용 수목의 할증률은 10%로 되어 있으므로 할증 계상해야 합니다. 그러나 고가의 관상수 등은 할증보다는 유지관리비를 별도로 계상하는 것이 바람직하다는 뜻이고, 쪽제비싸리·개나리 등은 할증으로 가산해도 무방한 것임.

제1절 조경일반

<들떼와 인공떼의 개념>

질문 9 1. 재료비의 값이 야생 일반잔디 붙임인부와 재배잔디붙임의 인부임을 구분해야 합니까?

2. 인공떼 품의 적용은 어느 때 하여야 하는지 품셈해석, 씨를 뿌리거나 또는 종자판을 포설하는 품으로 되어 있으나, 이 품을 재료비를 재배잔디로 계산된 줄떼붙임에도 적용되어야 한다고 하는데 그 타당성 여부는?

해설 건설표준품셈 조경공사에 있어 구 품셈 4-1 "1."의 들떼란 자연산으로 들에서 채취한 떼를 말하나 자연 파괴 관계로 품에서 삭제되었으며, 인공떼란 재배잔디를 지칭한다고 보면 좋을 것임.

떼붙임에서의 공량은 야생떼와 인공떼의 구분은 식생을 위하여 필요하다고 사료되며, 인공떼의 품을 씨를 뿌리거나 종자판을 포설하는 품(공량) 또는 떼붙임의 품이 각각 구분 규정되어 있습니다(품셈 4-2).

<산지 계곡의 쓰레기 처리비는>

질문 10 산지계곡 등에 등산객이 버린 쓰레기의 수거를 위한 품이 없어 질의합니다. 좋은 방법이 없는지요?

해설 우리나라 품셈에는 쓰레기의 수거품이 규정되어 있지 아니합니다. 외국의 경우, 하천제방·둔치, 인공섬 등의 지상부(수중 제외)에 있는 쓰레기로서, 그 수량이 $1m^3/1,000m^2$ 당($1m^3$는 드럼통 2개 정도) 이하의 쓰레기는 수집으로 하고, 그 이상인 때에는 쓰레기를 수집·퇴적하는 것을 기준으로 하는 품이 규정되어 있습니다.

※ 산재된 쓰레기의 수집품은(작업면적 $1,000\,m^2$ 당) 다음과 같으니 참고 하십시오.

명 칭	단 위	수 량	비 고
작 업 반 장	인	0.02	
보 통 인 부	〃	1.26	
덤 프 트 럭 운 전	hr		2 ton 덤프트럭을 필요시 계상
제 잡 비	식	1	

1. 이 품은 산재되어 있는 쓰레기(빈병, 나무조각 등)를 인력으로 비닐주머니 등에 주워 수집하는 품이다.
2. 작업장소의 풀길이(草丈)는 50cm 정도 이하를 표준으로 한다.
3. 30m 정도의 소운반 또는 운반차에 싣는 품은 포함되어 있다.
4. 운반이 필요한 때에는 2ton 덤프트럭 기준으로 운반시간의 산정은 다음 식에 의한다.

$$h = \frac{\ell + 8}{130}$$ 여기서, h = $1,000\,m^2$ 당 운전시간(hr / $1,000\,m^2$)

ℓ = 평균운반거리(km)

위 품은 일본 건설물가조사회 적산위원회 발행 2005년도판 P#496에 의한 것입니다. 백호 등 기계에 의한 쓰레기집적 수집품과 쓰레기의 소각 등의 품은 위 도서를 참고하시기 바랍니다.

<공원 조성>

질문11 A공원을 조성하기 위한 「공원의 기본계획」을 용역 발주코자 함. 공원의 조성계획에 관한 용역설계의 방법을 알고자 함.
 - 공원 용역설계의 설계기준 -
 <지역 및 도시계획 표준품셈>
 참고 문헌 또는 자료 발췌처를 알려주시면 고맙겠습니다.

해설 공원조성을 위한 설계용역이나 자료 등은 시공실적을 가지고 있는 서울시나 부산시 등에서 구하심이 좋을 것으로 생각됩니다. 문헌을 구하고자 하면, 일본 건축학회편, 건축설계 자료집성 등을 구하여 참고하십시오.

<표준품셈 3-7 벌목에서>

질문 12 벌목 비고란의 내용 : 본 품의 집재거리는 100 m까지를 기준한 것이므로, 이를 초과하는 경우 매 100 m 증가마다 인력 품을 30 %씩 가산한다. 는 내용에 관한 질문으로 본 현장의 집재거리가 1.0 km 일 때 단가산출의 수식을 어떻게 적용해야 하는지 ?

해설 이는 규정에 따라 100 m를 기본으로 하고 900 m에 대한 품을 100 m 증가마다 30 %씩 가산 계상할 수 있다고 생각합니다.

질문 13 1. 벌목이 1,000 m^2 당 나무가 몇 본 있는 것으로 품이 산출되었는지 ?

2. 도로절개지 벌목 설계 중 구간마다 수목이 많은 구간이 있고, 적은 구간이 있으므로 일률 적용은 부당한 것으로 판단됩니다. 어떻게 적용을 해야 하는지 알고 싶습니다.?

해설 건설표준품셈 제 3 장 토공 3-7 벌목에서 1,000 m^2 당 품은 나무높이 별로 되어있을 뿐, 입목본수에 대한 기준은 따로 정한 바 없는 것 같고, 참고로 3-10-3 입목 본수도가 참고 될 수 있을 것입니다. 귀 질의와 같이 벌목구간마다 수목의 분포가 다른 것을 품셈에 표준화한다는 것은 어려운 것으로 당사자 간에 협의하여 적정 설계하심이 좋을 것 같습니다.

<조경공과 조원공의 차이는>

질문 14 귀사가 발행한 건설표준품셈 조경공사편 조경공, 보통인부 품 적용에 "갑" "을" 양설이 있어 질의하오니 조속히 회신하여 주시기 바랍니다.

○ 갑 설 : 조경공사라 함은, 공사의 주 소재가 나무심기이므로 식재 및 굴취품 적용에 비록 조원공, 보통인부라 표현되었다 하더라도 설계시에는 공공노임단가 기준적용 요령에 의하여 조원공은 "조경공"으로 보통인부는 제45호 "조림인부"를 적용함이 타당하다.

○ 을 설 : 조원공은 갑설과 같이 조경공으로 적용함이 타당하더라도 보통인부는 공공노임단가 기준적용 요령의 "보통인부"를 적용해야 한다.

○ 의 견 : 공공노임단가 해설편에 표기된 용어와 노임단가 기준에서 정한 용어가 상호 어의상 차이가 있다 하더라도 조경공사에 있어서의 보통인부는 수목식재작업에 종사함으로 보통인부의 노임은 조림인부로 보아야 할 것임.

해설 공공 노임단가 직종 일련번호 제1038호 조경공(造景工)으로서, 이는 조원공(造園工)과 유사한 직종이며, 일본에서는 조경이라 하지 않고 조원이란 용어를 사용하고 있음. 우리 품셈 제정시, 조경공을 조원공이라고 명시한 것은 품셈 조정 과정에서 잘못하여 조원과 조경을 동일 직종으로 혼돈한 것으로 사료됨. 공공노임단가 기준 적용요령 유추적용 및 협의 기준에 따라 조원공은 조경공으로 보아야 합니다.

품셈상의 보통인부는, 조경공(조원공)의 조력공으로서의 보통인부이므로 보통인부 노임을 적용함이 타당하다고 사료됩니다. 귀문의 경우, 조림인부는 상급기능공의 지시에 따라 수목의 식재작업에 종사하는 사람으로, 이는 사방조림 등의 인부로서, 수경(修景)을 요하지 않는 수목의 식재를 하는 사람으로 보아야 한다고 사료됩니다. 보다 자세한 것은 관계당국에 문의하심이 좋을 것입니다.

<자연석 쌓기>

질문 15 당 공단은 자연석쌓기 조경공사의 발주를 건설표준품셈 4-6 정원석 석축공을 적용하여 발주하였으나 현재 자연석쌓기 돌의 크기가 평균 2m×1.5m 의 돌로서 인력쌓기가 불가능하여 크레인(장비)과 조경공이 협력하여 공사를 시공중에 있습니다.

상기와 같은 조경공사의 경우에는 아래와 같은 양설이 있어 질의하오니 회시하여 주시기 바랍니다.

가. 크레인 장비를 사용했더라도 크레인 장비는 잡부인력에 해당하기 때문에 건설품셈 4-6 을 적용해야 한다.

나. 크레인 장비를 사용했기 때문에 별도의 건설기계품셈을 적용해야 한다.

"나"에 해당하는 경우 또는 다른 품셈이 있으면 적용 품을 알려주십시오.

해 설 귀 질의의 자연석 석축용 돌은 $3m^3$ 상당의 크기로 그 무게도 7~8ton 상당에 이른다고 사료되는 바, 인력시공이 불가능한 것으로 판단되며, 특히 정원석 석축공은 자연석을 평지에서 기술적으로 배치하여 조경하는 것인데, 귀 질의의 경우는 자연석 쌓기 석축으로 이 품의 취지와는 근원적으로 다른 공정입니다. 따라서 크레인 장비를 사용하여 석축겸용 조경을 시공하고 있다면, 그에 따라 사용크레인의 규격 등에 따른 기계 손료의 계상과 조경공 및 인부의 조합시공으로 설계 변경하여야 할 것으로 사료됩니다.

참고로 외국문헌에 따른 품을 발췌 소개하니 참고하시기 바랍니다.

표1. 조경석 거치품 (1 ton 당)

명 칭	단위	조경석 거치		자연석 쌓기		비 고
		인력시공	기계시공	인력시공	기계시공	
조 원 공 (조경공)	인	1.0	0.6	1.3	0.8	거치품
보 통 인 부	〃	1.0	1.2	1.3	0.8	소운반·조력
트 럭 크 레 인	시간	-				표2.에 따른다.

(주) 1. 흙 위에 그대로 거치하는데 소요되는 품이다.
  2. 현장의 작업상황의 난이도에 따라 20% 이내에서 품을 증감할 수 있다.
  3. 인력시공인때 체인블록(Chain block) 등의 잡기재는 포함되었다.
  4. 크레인의 규격은 암석의 크기(중량), 현장 상황 등을 감안하여 결정한다.

표2. 크레인거치개수 (1 일당)

구 분 \ 조경석크기 (ton급)	0.5	1.0	1.5	2.0	3.0	4.0	5.0	8.0	비 고
거치 갯수 (개)	29.0	24.0	20.0	16.7	11.7	8.8	7.5	7.0	
hr/ton (6hr/일)	0.41	0.25	0.2	0.18	0.17	0.17	0.16	0.11	

자료근거 : 조원수경공사의 적산, 風間伸造저.(재) 건설물가조사회 간,
       일본, 동경, 1990에서

<용배수로의 수초 제거>

질문16 본 조합 관내 용배수로는 총연장 500km 정도로 60% 가 토공 수로로서, 수목의 생육기인 7, 8월 정도면 잡초가 무성하여 연 2회 정도 제거치 않고서는 급수할 수 없는 실정이나, 건설품셈에 명시 규정이 없어 업무처리에 지장이 많습니다.
  잡초 제거는 인력(낫) 베어내기 작업을 하고 있으나 작업장소가 협소하고 발목이 잠길 정도의 수중작업 입니다. 이에 품 적용 요령을 알려주시면 감사하겠습니다.

제 1 절 조 경 일 반

해설 잡초의 제거 관련품은 제4장 4-5 유지관리 "4-5-4 제초 및 풀깎기"품을 참고하시기 바라며, 외국 문헌을 소개하면 다음과 같습니다. 즉, 문헌(日)에 따라 다음과 같은 100㎡ 당 품과 ㎡ 당 품을 소개하니 실정에 맞는 품을 선택 적용토록 하시기 바랍니다.

(100㎡ 당)

종 별	단위	소	보통	밀	비 고
보통인부	인	0.4	0.6	0.8	"보통" 이라 함은 잡초높이 60cm 내외로 균일하게 성장한 상태를 말함.

(주) 1. 장해물제거, 베어내기, 수집, 싣기, 소운반 처분이 포함되었다.
　　 2. 잡초의 무성상태는 다음에 따라 구분한다.
　　　　 소(疎) : 잡초의 밀생은 적고, 잡초도 화본과(禾本科, 벼) 등의 잡초는 비교적 적고, 제초하기 쉬우며, 드물게 나 있을 때
　　　　 밀(密) : 잡초가 밀생(密生)하고 뿌리가 뻗어있고, 베어내기가 어려울 때
　　 ※ 조원수경공사의 적산(p.299). 風間伸造저.(재) 건설물가조사회 간

(㎡ 당)

종 별	단 위	품	비 고
보 통 인 부	인	0.006	잡초 높이 60cm 내외

※ 토목공사의 적산수법(p.46). 전국적산사협회편. 기술서원 간

<근원 직경에 대한 품 적용 방법>

질문 17 건설표준품셈 제4장 조경공사의 근원직경에 의한 식재가 나와 있고, 근원직경별로 조경공과 보통인부에 대한 품이 나와 있으나 30cm 이상일 때는 가산할 수 있다고만 되어 있고 품이 없어 질의합니다.

해설 나무심기는 굴취와 식재, 수간보호, 관수, 시비 등의 품이 소요되는 것으로 이들의 품이 흉고직경(가슴높이)별(1.2m 높이의 직경) 또는, 근원(根元)직경별 등으로 구분되어 있습니다. 그리고 품도

나무의 종류별로 다르므로 각 품의 《주》를 보시면 적용되는 나무별 품을 찾을 수 있습니다. 따라서 해당되는 나무의 품을 적용하시되, 나무높이는 5m까지, 근원직경 6cm 또는 흉고직경은 50cm까지만 규정하고 있으므로 그 이상이면 1cm당 품의 증가량을 비례로 환산하여 증가된 품을 기본품에 가산하는 것 외에 다른 방도는 없습니다.

질문 18 <잔디깎기에 있어 기계사용 품과 제초 및 풀 깎기 품에 대하여>

해설 건설표준품셈 제4장 조경공사 4-5-4. 제초 및 풀 깎기에서 기계사용 잔디깎기의 품은 사용기계의 종류에 따라 품을 달리 할 수 있게 규정하고 있으며, 기계 경비는 잔디깎기 품의 배부식 기계 10%, 핸드가이드식 깎기 품의 15% 적용하며, 제초는 인력 제거품입니다.

제 2 절 조경과 식재

<석재다듬 조경부문>

질문 1 정원에 적은 산(山) 모양의 축산(築山)을 하고자 하는데 토공품셈 절취, 운반, 개간공사의 돌 자갈치우기, 경지정리 품의 활용은 곤란한 것으로 사료됩니다. 좋은 자료는 없는지요.

해설 조경공사 표준적산(日本)에 의하면, 축산공사에 있어 m^3 당 조원공 0.3인, 보통인부 0.2인으로 규정하고, 마무리와 소운반을 포함한 것으로 규정한 것이 있습니다.

소운반을 제외한 운반비는 별도 계상되어야 할 것입니다. 이 품은 참고에 불과한 외국자료이므로 공정을 나누어 구한 품을 비교 검토하여 경제적인 설계를 하시되, 단순한 절취나 더돋기의 경우와 정원조성인 축산의 토공품은 다르다는 점을 이해하여야 합니다.

<이식 부적기에 식재하여 하자 발생>

질문 2 공사를 4월에 착공하여 10월 초에 준공하면서 조경공사를 위한 식재를 9월에 완료하였는데 식재 수목이 고사 직전에 놓이게 되어 하자보수 지시를 받았습니다. 이런 때의 대책 여하?

해설 조경수목의 이식적기는 낙엽활엽수를 해토 후로부터 3월 하순 사이와 10월 중순~11월 말경까지 이며, 상록 침엽수는 5월 중순~7월 상순, 침엽수는 3~4월이라고 알려져 있으니, 이식 적기에 합당한 조경을 하거나 그러하지 못하면 설계 대금을 예치한 다음, 준공 처리하시어, 식·재목이 고사되는 일이 없도록 했어야 합니다만, 부득이하여 우선 식재를 하지 않으면, 아니될 때에는 상당한 보장책을 세워 하자 운운하는 일이 없도록 해야 합니다.

<흉고직경과 눈높이>

질문 3 수목의 식재공사에 있어 우리나라 품셈은 흉고직경으로 규정되어 있으나 외국의 설계는 눈높이로 규정된 것도 있어 차질이 있습니다.

해설 수목의 둘레를 눈높이로 하거나, 가슴 높이로 하거나, 그 기준은 설정하기에 따른 것으로 큰 차이가 있는 것은 아닙니다.

질문 4 1. 조경품셈 《주》란에 의하면 곰솔과 소나무를 구별하여 곰솔은 나무높이에 의해서, 소나무는 근원직경에 의한 방법을 적용한다고 하였는데, 실제 다음과 같은 규격을 굴취이식할 때 나무높이에 의해서는 작업이 불가능합니다. 이때 곰솔의 적용품은 근원직경에 의한 방법으로 적용 가능한지요?

수 종	구 분	나무높이에 의한 굴취		근원직경에 의한 굴취	
		조경공	보통인부	조경공	보통인부
곰 솔	수고, 수관폭, 근원직경 5.5 m × 2 m × 15 cm	0.28	0.05	0.88	0.12

2. 분은 수목의 종류·현지여건·수목의 크기 등을 고려하여 근원직경의 6~8배로 했을 때, 그에 다른 적용 품을 가감할 수 있는지요?

[해설] 건설표준품셈은 많은 공종 중 보편적이고 표준이 될 만한 물·공량을 규제한 것으로 특수한 경우는 예외가 되는 것입니다. 따라서 나무 높이에 비하여 근원직경이 크거나 수관폭이 크거나 하여 규제된 품(노무비)만으로는 목적달성이 어려울 때에 특수품을 제정 적용해야 하는 것입니다. 그러나 귀문의 경우와 같은 근원직경이 표준품셈보다 6~8배로 할 수 있다고 보기에는 개연상 어렵다고 생각됩니다.

<조경석 쌓기와 헐기의 품>

[질문 5] 건설표준품셈 제4장 조경공사 4-6-1 조경석 쌓기 및 놓기와 관련하여 기존 조경석 헐기품은 어떻게 적용하면 되는지 근거는 있는지요?

[해설] 조경석 쌓기 및 놓기 품에는 헐기의 품이 없으므로 건축 품 제18장 기타 공사 18-2 구조물 헐기 및 부수기 18-2-3 돌공사, 헐기 품을 참고할 수 있다고 생각합니다.

[질문 6] 조경공사에 있어 나무높이 H = 1.2m 정도의 사철나무 및 쥐똥나무를 차폐 식수용으로 식재할 경우에 관목류의 식재품으로 적용할 것인지, 아니면 묘목류 식재품으로 적용해야 타당할 것인지요.

[해설] 나무높이 H = 1.2m 정도의 사철나무 및 쥐똥나무의 식재품을 적용한 건설표준품셈 제4장 4-4 4-4-2 식재 "1." 나무높이에 의한 식재에 따르도록 하십시오.

〈최신판〉

토목공사 표준품셈	A5신·40,000원
건축공사 표준품셈	A5신·37,000원
기계·설비 표준품셈	A5신·34,000원
전기공사 표준품셈	A5신·32,000원
전기·정보통신 품셈	A5신·47,000원

제 5 장 지정 및 기초공사

제 1 절 기초공사 일반

질문 1 H빔과 H파일 등을 대여 받아 사용하고자 하는데 적정 원가 계산의 근거인 내용연수와 연간표준사용일수 및 상각비율, 금리, 관리비율 등을 참고로 알고자 합니다.

해설 H빔과 파일의 대여원가계산 근거는 따로 규정된 바 없으나, 참고로 이를 검토하면, 강재거푸집(스틸패널)의 사용횟수가 품셈에 200회인데 H파일이나 빔은 강고한 것이므로 이를 300~500회로 볼 때 상각비율(잔존가치 10%를 공제한 90%)(정액상각)을 구할 수 있을 것임. 관리비율은 건설기계의 격납보관비율의 50% 정도인 2% 상당, 금리는 8~13%의 현실 금리를 적용할 수도 있을 것으로 사료되나 이 기준은 명확한 것이 아니므로 그 타당성은 실행 설계에 따라 구분될 성질의 것으로 사료됩니다.

<기초 뒤채움 및 재료 할증에 대하여>

질문 2 소형구조물(무근 및 철근)의 기초 바닥이나 뒤채움을 하고자 할 때, 조약돌 기초다짐 지름 9~15cm의 m^3당 품이 0.5~0.7인/m^3으로 규정되어 있으므로, 큰 조약돌 석축 뒤채움(뒷길이 25cm)에 이를 적용하려고 하니까 큰 조약돌 쌓기는 m^2당 0.1인(석공 및 인부)

으로서 m³당으로 볼 때, 그 품의 4배를 보아도 0.4인/m³ 상당이므로 뒤채움이 0.6인/m³로 계산되는 불합리가 있습니다.

해설 귀 문의는 구 품셈에 의한 것으로 불합리하여 다짐 및 뒤채움 보통인부 0.18인/10m³, 조약돌 쌓기 석공 0.03인/m² 보통인부 0.02인/m² 등으로 개정 되었습니다.

외국의 품셈에 의하면(일본) 기초채움 0.02인/m³, 뒤채움은 0.025인/m³ 보통인부로서 20m 이내의 소운반은 포함되어 있고, 현장조건에 따라 20%의 증감을 할 수 있게 하고 있음을 참고하면 우리나라 품셈이 엄청난 차가 있음을 알 수 있습니다. 실행 설계시 주의하십시오.

<어스앵커에 의한 흙막이>

질문 3 건설표준품셈 제5장 기초공사 5-2-1 4. 어스앵커에 의한 흙막이 판 버팀 (1) 장비조립 해체에서 회당으로 산정하라 명기되어 있는데 이때의 회당은 어스앵커 본단 1회로 본다는 것인지요?

해설 본 품은 천공 및 그라우팅 작업을 위해 크레인으로 장비(그라우팅펌프, 그라우팅믹서, 공기압축기)를 최초 조립 및 해체하는 기준으로 어스앵커 1본당 1회로 보는 것은 아니라고 생각합니다.

설치 후 천공 및 강선삽입, 그라우팅, 인장 작업은 각각 별도의 품이 있어 공수와는 별개의 사항이며, 현장 조건에 따라 이동, 조립 및 해체가 발생되는 경우 추가 적용할 수 있도록 하는 기준입니다.

제 1 절 기초 공사 일반

<연약지반의 치환>

질문 4 ○○천 정비 및 우수토구 오수차집관로 시설공사 시행중, 당현장의 토질은 초 연약지반으로 실시 설계서에 명시되어 있고 현장조사 결과, 슬러지형 연약지반으로 판명되었으며 당초설계에 초연약지반 개량공법으로 치환공법을 채택하여 연약지반 치환후 잡석(기초사석)으로 포설시공하고 있으며, 치환 잡석위에 포설되는 사석(피복석)은 건설표준품셈(재료할증률)의 연약지반 할증률(2m 미만) 20%를 적용하였고 재료손실이 사석(피복석)보다 2배(2m 이상 40%) 이상 많은 치환잡석은 재료할증 및 시공할증률이 누락되어 있습니다. 당 현장이 치환잡석에 대한 시공 및 재료할증률을 건설표준품셈의 재료 할증률이 누락되어 있을 때 적용받을 수 있는지 여부.

해설 건설품셈 1-9 재료 할증 중, 연약지반 20~40%의 종류별 할증이 규정되어 있을 뿐 특수한 경우를 규정하고 있지 아니합니다. 초연약지반의 경우 팽이 말뚝기초 등을 검토해볼만 하며, 침하량의 보정을 위해서는 침하봉을 설치하여, 침하량을 보완하는 방법 등으로 손실량을 보정할 수 있도록 협의 하는 것도 한 가지 방편은 될 것입니다.

<흙막이와 물막기 가시설에 대하여>

질문 5 건설표준품셈 5-2-1 흙막이 및 물막기 가시설 중 4. 어스앵커 공법에 의한 흙막이 판 버팀, (2) 작업능력의 《주》③에 대한 질문입니다.
  내용 : ③ 토사(공압식)는 케이싱사용을 통한 2회 천공(1차 케이싱 삽입, 2차 비트천공) 기준이며, 토사(유압식)는 케이싱 사용을 통한 이수 가압식천공 기준입니다.

질의사항 : 상기 내용의 케이싱 사용이라는 내용이 본 품에 케이싱의 설치가 포함된 것인지 문의드립니다.

[해설] 건설표준품셈 제5장 기초공사 5-2-1 흙막기 및 물막기 가설시 4. 어스앵커공법에 의한 흙막이 판 버팀 (2) 작업능력《주》③ 토사(공압식)는 케이싱 사용을 통한 2회 천공(1차 케이싱삽입, 2차 비트천공) 기준이며, 그 중 케이싱의 사용압입이 케이싱의 설치 포함인가에 대하여, 여기서는 공기식의 케이싱 사용압입 천공인 점에서 케이싱의 설치가 포함된 것은 아니라고 생각합니다.

<강 널말뚝 등의 항타에 관하여>

[질문 6] 강(鋼) 널말뚝을 타격해머가 아닌 바이브로해머로 타설하고자 하는데 우리나라 품셈에는 H빔 설치 및 철거품과 나무말뚝 윈치말뚝박기 품과 디젤파일해머 강관파일, 콘크리트 파일 등의 품 뿐이므로 설계가 곤란합니다.

[해설] 귀 문의는 구 품셈에 의한 것으로 개정된 품셈 9-42에 진동파일해머 H파일 규정이 있으며, 참고로 외국자료를 소개하면, 강널말뚝 시공의 인력·작업조의 편성은 작업반장 1인, 비계공 2인, 보통인부 1~2인으로 구성되며, 디젤파일해머의 계산식에 준하여 다음 식으로 타입과 빼기를 계산할 수도 있습니다. [건설성(일) 품셈기준]

즉, $T_c = \dfrac{T_s + T_b}{F}$ (min/매)

여기서, T_c : 강널말뚝 1개당 시공시간 (min)
T_s : 강널말뚝 1개당 세우기, 거치, 위치조정시간 (min)
T_b : 널말뚝 1개당 박기 또는 빼기시간 (min)

F : 작업계수(타격 0.9, 빼기 1.0 으로 함)

　　　(작업조건에 따른 계수 F의 값은 별도 5 % 를 증감 함)

※ $T_s = 0.3\,L + 3$ 분 (타격)　$T_s = 0.2\,L + 1.5$ 분 (빼기)

　이때의 L : 말뚝길이(m)

※ $T_b = \gamma \times \ell \times K$ (min/개당)

　γ : 최대 N치에 의한 m당 박기 또는 빼기시간(min)

　ℓ : 널말뚝의 박기길이(m)

　K = 널말뚝의 규격에 따른 계수 0.8 ~ 1.2

◎ γ 계수 박기 $\gamma = 0.02\,N_{max} + 0.45$

　　빼기 $\gamma = 0.65$　(N_{max} = 최대 N 치를 적용함).

◎ 바이브로 해머는 30 kW, 60 kW급으로, 트럭크레인은 25~40 ton 달기(길이, 무게 등을 고려하여 계상한다).

◎ 발전기는 100 KVA ~ 200 KVA 중에서 다음 자료를 기준으로 선정하고, 트럭크레인은 일반적으로 10 ton 급을 기준으로 함.

강 널말뚝의 형식별 K값 및 기타자료 (바이브로 해머)

형식 \ 규격	30 kW	40 kW	45 kW	60 kW	비 고
말뚝최대 박기길이 11 m 인때 16 〃 20 〃	1.10 1.15 —	0.95 1.00 1.20	0.90 0.95 1.15	0.80 0.90 1.05	K값 〃 〃
크롤러 크레인(기계식)의 규격 (ton 달기)	25~27 ton	35~37 ton		40 ton	부속기종
발전기의 규격별 용량	100 KVA	125 KVA		200 KVA	
바이브로 해머의 규격	11 m 에 적용함.	15 m 이하는 40 kW 급으로, 15 m 를 초과한 때 60 kW 급으로 함.			

<연약 지반의 샌드매트 파일박기>

질문 7 연약지반을 개량하기 위하여 샌드 파일과 샌드 매트를 시공하고자 합니다. 모래의 수량을 환산함에 있어 모래의 토량 변화율은 L = 1.1 ~ 1.2, C = 0.85 ~ 0.95인 바 L = 1.15, C = 0.9로서, 다짐상태의 f의 값은 0.78 상당이며, 속채움 모래의 할증은 10 ~ 12% 이므로 f를 보면 1 ÷ 0.75 = 28% 로서 38 ~ 40% 상당의 할증을 보아야 한다고 사료됨에도 10 ~ 12% 만을 계상해야 한다는 설이 있습니다.

해 설 연약지반에 설치되는 샌드파일이나 샌드매트는 연약지반을 개량하는 것으로 포습상태에서 시공되는 것임을 미루어 볼 때 다짐상태로 보아야 하므로, 귀문의 경우와 같이 f치를 고려한 28%의 가산이 되어야 할 것이고, 샌드파일용 모래의 할증인 20%를 고려할 때 48% 상당의 할증가산이 되어야 할 것으로 생각됩니다.

참고로 (일) 건설성 품에 의하면 모래의 사용량 계산을 다음 식으로 구하도록 하고 있습니다.

샌드파일의 경우 : $V_s = \frac{\pi}{4} \times D^2 \times \ell \times (1+K)$ ……… 샌드파일 1개당 모래의 양 (m^3/개)

샌드매트의 경우 : $Vm = A \times H \times (1+K)$ …… 샌드매트 m^3당 모래사용량

여기서, V_s : 모래말뚝 1개당 사용모래의 양 (m^3)

　　　　D : 말뚝의 경 (m) 설계말뚝경

　　　　ℓ : 말뚝 1개의 타설길이 (m)

　　　Vm : 매트용 모래사용량 (m^3)

　　　　A : 샌드매트 시공면적 (m^2)

　　　　H : 펴깔기 설계두께 (m)

　　　　K : 보정계수(샌드 드레인공 30%, 샌드파일공 40%, 샌드매트용 모래 30%) 등입니다.

제1절 기초공사 일반

위 K의 보정치 0.3~0.4는 작업의 난이도 등을 감안한 것으로, 현실적인 것이 된다고 보아야 함을 첨언합니다.

<연약지반의 모래 할증>

질문 8 연약지반 개량공사의 샌드파일 시공에 사용되는 공사용 재료인 모래의 할증률 적용에 있어, 품셈에는 사항(砂杭)용 모래 할증률이 해상작업의 경우 20%로 되어 있으나, 육상작업인 경우의 적용은 어떻게 해야 하는지요.

해설 연약지반(샌드파일)에 따른 사항용 모래를 해상에서 작업할 경우는 명시되어 있으나, 육상작업의 할증률은 명시된 것이 없으므로 표준품셈 제1장 1-3 3.에 의거 적의 결정 적용하되, 관련기술도서 및 실적치를 참고함이 타당함. (기감 30720-27862)

<연약지반의 수중매트>

질문 9 수중 깊이 16m인 연약지반에 매트를 부설하고 매립공사를 실시하려고 하는데 수중매트 부설 100m^2당 품은 잠수부 0.15조, 특별인부 0.24인, 보통인부 0.12인으로 규정되어 있고, 이 품은 수중 10m 이하 기준으로 명시되어 있습니다. 10m 이상일 경우는 현장조건에 따라 별도 계상하게 되어 있는데 어떤 근거를 적용하면 되는가요?

해설 구 표준품셈에서 최악의 할증률은 지세별 할증에 소택지 또는 깊은 논은 50% 할증으로, 토공의 수중 터파기는 2배(200%)로 본다. 암석 터파기에서 8~15m는 1.5배(150%)가 있고, 수중 고르기 공사의 작업효율은 다음과 같이 규정되어 있습니다.

E 값

수 심(m)	천후		조류		명암	
	조용할 때	풍 랑	0~2.8 km/hr	2.8~5.5 km/hr	보 통	흐릴 때
0~15	0.75	0.64	0.75	0.53	0.75	0.49
15~20	0.57	0.48	0.57	0.40	0.57	0.37
20~25	0.41	0.35	0.41	0.29	0.41	0.27
25~30	0.35	0.30	0.35	0.25	0.35	0.23

작업효율의 값은 시공조건(천후, 조류, 명암) 중 최악의 경우 하나만을 택한다. 라고 규정하고 있으므로, 16m인 때 0.57~0.37까지로서 그 평균은 0.48 정도가 되므로, 천후 풍랑의 0.48을 적용하면 1 ÷ 0.48 = 2.08 정도로 구해지는 바, ① (10m까지의 기본품) + (6m까지의 기본품×2배)의 설과 ② 10m 기본품 + 기본품 × 2배의 설도 있음을 종합적으로 검토해야 한다고 생각합니다.

<수중 말뚝의 한계 등에 대하여>

질문 10 수중 말뚝박기에서 박힌 길이는 9m이고, 수중의 물속 부분이 3.5m입니다. 물속에 항타된 9m가 타입된 길이라고 하는데 사실인가요?

해설 수중 아래의 지반에 타입된 길이가 9m이고 물속에 잠겨있는 부분이 3.5m이면, 수중 항타길이는 12.5m가 되는 것입니다. 물론, 3.5m의 부분은 물속에 잠겨있는 부분이기는 하나, 항타에 모두 적용된 길이이기 때문입니다.

구 품셈 5-5에는 《주》⑧에 수중말뚝박기에 있어서의 말뚝길이는 1/3 이상을 타입하였을 경우, 타입길이 및 수상길이를 합한 전 길이를 말한다. 라고 규정하여 물에 잠겨있는 부분 3.5 m 와 수상부분까지를 수중말뚝박기 전 길이로 하는 것입니다.

품의 구성으로 보아 전마선을 포함한 선박 및 부장중기 등의 손료는 별도 계상되는 것입니다.

<흙막이판의 손율 및 토류판 설치 등에 대하여>

질문 11 당 현장은 기존도로 지하에 3.0 m×3.7 m×0.3～0.4 m 인 Con′c 구조물을 길이 3km 부설하는 공사로 공사기간은 2년이며 기존 지반에 오거나 T-4로 천공한 후 H-Pile을 필요심도(지하 6～14 m)까지 항타한 후 띠장버팀 토류벽(흙막이판)을 설치하여 Con′c 구조물을 완성하고 띠장버팀 토류벽 철거 후, 되메우고 원상복구하는 공사로서 건설표준품셈 흙막이판 설치중

1) 흙막이판 손율은 몇 회 사용으로 함이 타당한지 궁금합니다 (공사 구간으로 보아 3km 전체를 동시에 시공하여 1회 손율로 보는 것은 무리인 것 같습니다).
2) 건설품셈 제5장 기초 5-2-5《주》⑤ 에 나타나 있는 흙막이판 철거비용을 산출할 때 ① 흙막이판 설치 × 80 % 로 한다. ② 흙막이판 설치에서 사용횟수별 흙막이판 손율을 계산한 새로운 일위대가를 작성하여 이것의 80 % 로 한다. ③ 흙막이판 설치항 중에서 흙막이판 등 자재비를 공제한 일위대가를 작성하여 이것의 80 % 로 한다. 이들 중 타당한 방법은?

해설 ① 지반을 6～14 m 깊이로 H 파일을 항타한 뒤, 토류벽(흙막이 판)을 설치하고 3×3.7 m 의 암거를 설치한 다음, 흙막이판을 철거하고 되메우기 하는 연장 3km 를 2년간에 설치하는 공사의 경우, 설치일수는 공사기간이 2년일지라도 설치 시공 철거까지의 1사이클 소

요기간이 매 회당에 계상될 것인 바, 그 사용횟수가 몇 회인가의 판단은 특기 시방서 기타에서 정해지는 것으로, 귀문만으로는 간단히 몇 회 인가를 확답할 수 없으며, ② 비용계상에서 철거의 경우는 설치품(공량)의 80%(재사용 고려)로 자재비까지 포함되는 것은 아닙니다. 즉, 자재비용은 손율로 계상되기 때문입니다. 보다 자세한 것은 발주청 또는 설계자와 협의 처리하심이 좋을 것입니다.

질문 12 당 현장은 ○○공항로 우측에 위치해 있으며, 당초 토류판 설치가 일률적으로 T=8cm로 설계되었으나, 토질시험 및 응력 계산 결과 토류판 설치공사가 T=7, 11, 13, 14cm로 변경되어 시공이 실시되고 있는 바, 이에 대한 표준품셈은 T=8cm인 경우는 나와 있으나, 기타의 경우는 나와 있지 않아 문의 합니다.

해 설 토류공에 있어 토류판의 두께는 토압, 응력계산, 토류판의 지지력계산 등에 따라 결정되는 것으로서, 현행 품셈에 두께별 물·공량이 명시된 바 없어 확답드릴 수 없습니다.
　이미 계약된 내역에 따른 물량의 증감을 조정 계상하는 방법도 있을 것인 바, 발주처와 협의 처리하심이 가할 것임.

<당초 설계대로 시공하지 않은 경우>

질문 13 교량공사의 당초 설계는 가 시설물이 없는 상태에서 교대를 설치토록 설계되었으나, 실제 시공과정에서는 H파일을 설치하지 아니하였으므로, 인근 교량도 위험을 초래하여 공사계약 일반조건 규정에 따라 H파일을 설치토록 설계변경을 요구하였는데, 이를 이행치 않고 있으며,

○ 앞으로 인근 교량에 피해가 있을 때 누가 보수해야 하는지?
○ 공종별 목적물 물량이 아니므로 가 시설물을 설계 변경할 수 있는지?

"갑 론"
    회계법시행령의 규정에 의거, 공종별 목적물 물량이 아니고 본 시설물을 설치하기 위한 가 시설물이므로 설계 변경이 불가능하고, 인근 교량에 피해가 있을 때에도 도급자가 부담하여야 함.

"을 론"
    시설공사 일반조건의 규정에 의거, 설계변경이 가능하고, 만약 불가능하면 시설공사 일반조건의 규정에 의거 쌍방 협의해야 하나 일방적으로 '갑'이 가 시설물이라고 설계변경에 반영하지 않아서 인근교량에 피해가 있을 때에는 '을'은 책임이 없다는 견해가 있음.

해설 교대설치에 있어 H 파일 항타없이 교대를 설치할 때에는 지반이 연약하여 자체교대는 물론, 인접 교량에까지 위험을 초래케 할 수 있어 H파일을 항타시공할 수 있도록 설계변경을 요구하는 사안으로 사료되는 바,

첫 째 : 당초 설계에서 H 파일 항타없이 교대를 설치케 한 것의 타당성 검토.

둘 째 : 굴착지반이 교대설치를 할 수 없는 연약지반 또는 지지력 부족이 증명되는 사실.

셋 째 : 자체교대는 물론 인접교량에까지 위험을 끼칠 수 있다는 판단의 근거.

넷 째 : 원 설계 발주자측에서 왜 위험을 무릅쓰고 설계변경을 하려하지 아니하는가 등의 구체적인 자료제시가 없어 귀문만으로는 확답드릴 수 없습니다.

    위 사안은 계약의 상대방과 협의하여 구조안전과 시공안전 등을

고려하여 합의 처리하거나, 제 3 의 권위 있는 기관의 판정에 따라 조치함이 바람직하다고 사료됩니다.

<옹벽구조의 비계 관련 품>

질문 14   ○○단지 조성공사를 시공 중인 공사의 설계보완 중 다음과 같은 이견이 발생하여 문의 드리오니 답변바랍니다.

1. 지하 매설구조물인 맨홀(H = 2.0 ~ 3.8, B = 1.8×1.8) 시공시, 품셈에 규정된 지면 2.0 m 이상이라 함은 지면의 기준이 원 지반선인 맨홀 상단까지 인지, 아니면 터파기한 바닥면인지?
2. 상기 구조물의 경우, 외부비계 및 동바리는 계상하는 것이 타당한지?
3. 역 T형 옹벽 (H = 2.0 ~ 3.5 m)의 비계 산정높이 기준은 어디에서부터인지?
4. 3항의 경우, 비계를 산정할 때에는 옹벽 전후면의 양측을 계상해야 하는지? 아니면, 전면만 계상하고 뒷면의 비계는 빼는 것이 타당한지?

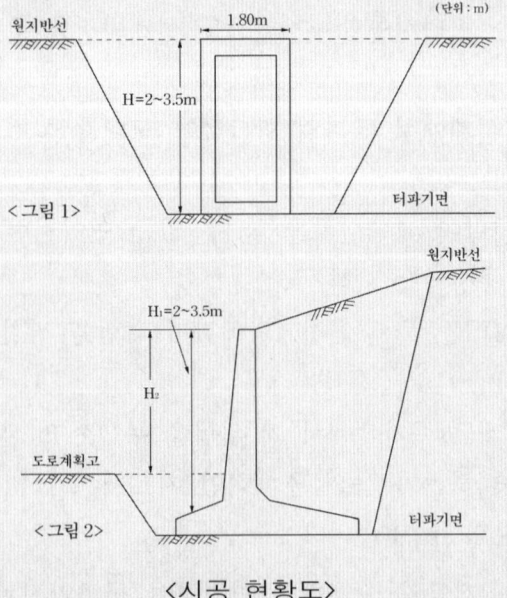

<시공 현황도>

해설 암거 등 구조물설치에 있어 비계는 직고 2m 미만에 대하여 계상하지 아니한다 함은 구조물의 비계 거치높이 2m 이내를 말하는 것이며, 터파기 높이 기준은 아닙니다. 직고 2m 이상과 관계없이 동바리는 계상하도록 변경되었습니다.

역 T형 옹벽의 경우, 거푸집설치 단면의 직고 2m 이상 부분에 대한 비계도 계상되는 것입니다.

질문 15 쓰레기 매립공사시, 굴착 후 설치하는 차수 시트(HDPE 1mm) 시공 품셈 적용기준을 알고 싶습니다.

해설 차수 시트는 겹치는 면을 고려하고 품셈 제5장 5-6-2 차수재 시공품을 참고로, 현장실정에 맞게 조정 적용하심이 고려될 수 있는 것으로 사료됨.

<P.P 마대쌓기 및 헐기>

질문 16 건설표준품셈 P.P 마대쌓기 및 헐기에 대하여 규격 45×70 cm P.P 마대에 $0.024\,m^3$/개당에 대한 $0.024\,m^3$란 수치의 산출근거 및 설계시 P.P쌓기의 토량 m^3에 대한 계산방법에 대하여 회시하여 주시기 바랍니다.

해설 건설표준품셈 제5장 흙막이 및 물막이 5-2-1 P.P 마대 규격은 45 cm×70 cm 로서, 그 속에 흙을 넣어(타원형으로 : 쌓기 좋을 정도) 쌓을 때, 마구리를 잡아 매어 흙이 쏟아지지 않도록 하였을 때의 평균 흙의 양이 $0.024\,m^3$/개당 으로 이는 용량의 75% 상당으로 실측치인 것으로 사료되며, 토량 m^3당 마대수는 $1m^3 \div 0.024\,m^3$/개 ≒ 약 42포대로 계산됩니다.

<H 빔 설치 철거작업 내용에 대하여>

질문 17 건설표준품셈 제5장 5-2-1 "2. H빔 설치 및 철거" 작업능력 내용 중 길이 3~5m, 6~8m, 9~11m, 12~14m, 15~18m로 구분되어 작업능력을 산출하는데, H-빔 길이가 5.3m, 8.6m, 11.2m, 14.9m 일 때는 각각 어느 길이로 작업능력을 산출하여 적용하여야 하는지 회시하여 주시기 바랍니다.

해설 건설표준품셈은 건설공사 중 대표적이고 보편적이며, 일반화된 공종, 공법을 기준한 것이므로 귀의에 일치할 수는 없는 바, 귀의와 같이 H빔의 길이가 품셈에는 3~5m로 되어 있는데 5.3m 라든지 하는 등으로 기준을 약간 넘는 경우에는 5m를 넘는 0.3m에 대한 비례산정방법을 도입하는 것이 검토될 수 있을 것입니다.

질문 18 <흙막이용 H빔 설치 및 철거에 있어 규격 미달 품의 경우 품 적용에 대하여>

해설 건설표준품셈 제5장 지정 및 기초 5-2 흙막이 및 물막이 5-2-1 "2." H빔 설치 및 철거의 품은 25ton 크레인 사용을 기준으로 최소 길이는 5m 이하의 H빔의 설치 및 철거를 규정한 품으로 3m 미만에 그대로 사용할 수 있습니다만, 귀 문과 같이 설치길이가 3m 미만의 경우를 산정 할 기준은 따로 명시된 바 없으므로 품의 구성을 미루어 시공가능 수량을 판단하거나, 25ton 크레인 투입 작업성과 수량의 실측 등의 방법으로 시공자·발주자·감리자가 협의 처리하는 방법이 고려될 수 있다고 생각합니다.

제 1 절 기초 공사 일반

<배관 받침공의 작업난이도 할증은>

질문 19 ○○ 빗물펌프장의 주배관(D=1,500, L=12m) 부설공사 완료 후, 당초 설계에 계상되지 않은 추가공사로 지반이 약하여 관로의 침하 방지를 위하여 관 받침공(B1 펌프장에 3개소, B2 펌프장에 3개소) 6개소를 설치하였습니다. 장소는 교통이 복잡하고 협소한 관로 밑이며, 연속공정이 아니고 물량이 소량(1개소당 H-빔 약 1.0ton)이고, 콘크리트 타설 공정과 조합하기 위하여 돌관작업을 강행하였고, 이 공정의 품 적용은 잡철물 제작품(간단)을 적용하는 것이 타당하다고 사료되는데 어느 품을 적용해야 하는지에 대해 질의합니다.

해 설 빗물 펌프장 2동에 대한 관로 침하방지공 6개소의 설치 장소가 모두 협소하고, 개별적이며, 특히 ϕ1,500mm 가설 배관 밑에서 관보호를 위한 H파일과 시트파일 및 어스 앵커공을 병용한 관받침공으로서, 이에 관한 품셈적용은 표준품셈에 명시 규정된 바 없는 특수한 공사이므로, ① 안전하고, ② 확실한 공법에 따른, ③ 적정한 품의 적용이 검토되어야 합니다. 따라서 당초 설계에 없던 신규 비목의 설계·정산은 시공자의 견적 또는 실적 등을 참고하여 적정한 정산이 되도록 검토해야 한다고 생각합니다.

<기초매트 부설품 및 웰포인트 설치 철거 등에 대하여>

질문 20 구 건설표준품셈 제5장 5-9 매트부설《주》② 에서 "매트를 봉합할 경우에는 m당 보통인부 0.057인을 별도 계상할 수 있으며, 매트의 봉합과 부설에 소요되는 재료는 일반적으로 다음과 같이 적용할 수 있다." 라고 되어 있습니다. 따라서 육상부설 매트인 경우 100m^2 당 110m^2의 매트를 계상할 수 있는데 이때, 할증된 매트 10m^2 에 대한 부설비(육상부설 연약지반의 경우 $100\,m^2$ 당 0.45인) 계상 여부에 대해 질의합니다.
① 갑설 : 할증된 매트 $10m^2$ 에 대하여는 재료비만 계상하고 별도 부설비($10m^2$당 0.45인)는 계상하지 않는다.
② 을설 : 할증된 매트 $10m^2$에 대한 봉합 및 부설비는 《주》② 의 내용 중 "m 당 보통인부 0.057인" 내에 포함되어 있다.

해설 현행 품셈 5-3-2 매트의 부설품은 육상부설면적 $100\,m^2$ 에 대하여 겹치는 것을 가산하여 매트는 $110\,m^2$ 가 소요되나, 완성 부설 면적은 $100\,m^2$ 이므로 해당되는 품(귀 질의 구 품셈의 경우 0.45인/보통인부)이 소요되고, 매트를 봉합해야 할 때에는 봉합길이에 따라 봉합 m 당 0.057인/보통인부를 별도 계상할 수 있다는 것입니다. 그러나 현행 품셈(2018 개정) 5-3-2에 새로운 매트 부설 품이 규정되어 있으니 이를 참조하시기 바랍니다.

<널말뚝, 박기 등에 관하여>

구 건설표준품셈 5-2 "흙막이, 물막이"와 5-3 나무 널말뚝의 "흙막이" 치수에서 길이 1.2, 1.8, 2.7, 3.6, 4.5 m 에서 형틀목공과 인부만의 작업으로 품이 규정되어 있고, 지주를 세워 말뚝을 박는 품은 포함하지 아니하였다. 라고만 규정되어 있다. (현행 품셈에서 삭제)

우리 품셈에는 나무널말뚝 1.8m 이상의 크기에 대한 지주 말뚝박기에 관한 명확한 자료의 근거가 없는 실정이다. 특히, 나무널말뚝은 하천의 호안공 등에서 흔히 쓰이는 공종으로 이를 건축 등의 흙막이에 사용해서는 위험하다는 것도 이해하여야 한다.

이 품의 구성을 조사하였던 바, 최근의 문헌에는 이에 대한 품이 없고, 옛날인 1952년도에 초판된「良本正勝 편저, <토목공사 시공 및 부패

제 1 절 기초공사 일반

표준> pp.188 ~ 189」에 우리 품의 나무널말뚝과 똑같은 품이 수록되어 있으며, 그 품의 앞쪽에는 다음과 같은 품이 하나 더 있는데, 우리 품에서는 이를 제외한 것을 품셈에 싣게 된 것 같습니다. 다음은 일본인의 저서 자료임.

※ 널말뚝 및 물막이 널말뚝 재료와 치수표 (1겹(장) 널말뚝일 때)

널말뚝		어미말뚝			펠대나무		버팀말뚝		버팀목		볼트		흙가마니		쇠못(쐐기)
소마무널		소나무압각			통나무 2쪽쪼갬		통나무		통나무						
길이	두께	길이	폭	두께	길이	말구	길이	말구	길이	말구	경	길이	가마니		길이
m	cm	m	cm	cm	m	cm	m	cm	m	cm	mm	cm			cm
1.2	3	1.8	12	12	3.6	15	1	9	1.5	9	12	24	1~2줄		15
1.8	3	2.7	12	12	3.6	15	1	9	2.1	9	12	24	1~2줄		15
2.7	3.6	3.6	15	15	3.6	15	1	12	3.6	12	12	27	2~3줄		18
3.6	4.5	4.5	15	15	3.6	15	1	12	3.6	12	12	27	2~3줄		18
4.5	4.5	5.5	15	15	3.6	15	1	15	4.5	15	16	27	2~3줄		18
비 고		1.8m 간격. 흙막이공에서는 둥근통나무도 좋다.					2겹널말뚝에는 쓰지 않는다.						채절공용 흙막이에는 쓰지 않는다.		

위의 良本正勝 저 품셈자료를 제외한 품을 사용하게 됨으로서 실용자료의 빈곤으로 현행품셈의 적용에 어려움이 있다는 것을 지적해 둔다.

또 다른 외국문헌중「<건설공사 표준부괘> 재단법인 건설물가 조사회 발표(1989) p.234」의 말뚝박기 편틀(片枠)공 높이 1.8m의 품을 참고로 소개하면 다음과 같다.

(1m 당)

명 칭	규 격		단위	수량	비 고
통나무(소나무)	길이 4.5m	말구 15cm	개	0.5	어 미 말 뚝 용
	3.0	12	〃	0.5	버 팀 말 뚝 용
	2.5	9	〃	5.5	세 움 나 무 용
	4.2	12	〃	0.25	띠 장 용
	2.5	12	〃	0.5	버 팀 대

명 칭	규 격		단위	수량	비 고
볼트	길이 30cm	φ13cm	개	0.75	돌붙임
	길이 27cm	φ13cm	〃	1.0	띠장 세움설
섶			묶음(속)	0.45	어미말뚝 잡석
버들가지섶			〃	0.45	
잡 석			m³	1.4	
쇠 못	φ15mm 내외		kg	0.012	세움나무 섶깔기
말뚝 박기 기계운전비			본	1.0	어미말뚝, 버팀말뚝박기용

※ 말뚝박기 기계운전비는 별도 계상한다.

 위 표는 널말뚝공과 직접 관계되는 것은 아니나, 재료 등의 예를 판단하기 위하여 인용한 것입니다.
 나무말뚝 박기의 품종 (1) 작은말뚝박기(6할박기)의 품과 (2) 기초말뚝박기(개당) 품도 일본인 품셈 책에서 인용한 것으로 판명되었으나, 그들의 품을 인용하는 과정에서 우리의 것이 누락된 것은 「기계박기인 때에는 위 표준품셈에 대하여 다음을 표준으로 적용한다」라는 구절과 함께 4.5m까지는 운전사 1~3%, 비계공 4~10%, 4.5m 이상은 운전사 3~10%, 비계공 10~30%를 따로 적용하게 한 점이다. (참고자료)

<널말뚝의 길이별 시공>

질문 21 관로 시설공사 설계에 있어 1. 토류공의 나무널말뚝(제5장) 품에 관한 것으로 첫째 "길이 m당" 품에서의 "m"는 어느방향(횡·종) 길이를 뜻하는 것인지? 둘째, 널말뚝 치수에서의 길이별 두께로 단위 m³당, 폭은 단위 m²당 품으로 적용 여부.
 * 참고 : 당 현장에서 요하는 것은 t=10cm, 횡방향 3m, 종방향(길이) 3m
  2. Sheet pile 및 H형강의 연간 표준가동일수 및 관리비율, 내용연수, 상각비율?

제 1 절 기초 공사 일반

해 설 건설표준품셈 나무널말뚝의 길이 m당 품은 횡(橫)방향의 길이 1장 널말뚝의 품이며, 널말뚝의 폭이 25cm인 경우 4개를 박는 품으로 사료됨. 품셈상의 두께는 3cm~4.5cm인데 귀 길이는 10cm나 되므로 이 품셈만으로는 적용이 어려울 것이고, 두께의 산술 비율 적용도 준비 기타의 기본품이 검토되어야 하는 까닭에 특수품셈의 제정이 요구된다고 사료됨. 시트 파일이나 H형강에 대한 손율 적용은 손율 사용기간별 사용자재의 해당 손율을 적용할 수 있음.

<발파 방호책의 품에 대하여>

질문 22 도로의 확장공사를 위한 기존도로인근에서 절토 또는 암석 발파를 해야 하는데 건설표준품셈 3-1-3 인력터파기《주》③ 본 품에는 흙막이 및 물푸기 품을 별도 계상할 수 있게 규정하였고, 3-1-3 암석절취《주》현장여건상 특수 발파공법을 적용할 때에는 별도 계상할 수 있다고 하였으나 별도 계상할 수 있는 기준이 없어 문의합니다.

해 설 건설표준품셈 제5장 5-2 흙막이 및 물막이를 참고하시되, 이것만으로는 설계시공이 불가능하다고 판단되면, "전인식 편저 건설품셈 실무해설" 제1편 제2장 2-16 절토 및 발파 방호책 설치 및 철거품(실용자료, 2018)을 참고로 비교한 다음 적용을 검토할 수 있다고 생각합니다. 다음은 동 실용자료입니다.

▶ 절토 및 발파 방호책 설치 및 철거(실용자료)

(100m² 당)

형식	지주간격(m)	명칭 구분	비계공(인)	용접공(인)	보통인부(인)	작업반장(인)	트럭크레인 유압식 (4~5t)(시간)	제잡비(%)
H형강 강판·강시판	1.5~3.0m	설치 철거	1.7 1.0	1.0 0.6	4.0 2.6	1.7 1.0	10.8 6.0	7 6

형식 \ 지주간격(m) \ 명칭		구분	비계공 (인)	용접공 (인)	보통인부 (인)	작업반장 (인)	트럭크레인 유압식 (4~5t) (시간)	제잡비 (%)
H형강 판재 가로빔 있음	1.5~ 3.0m	설치 철거	2.3 1.3	1.2 0.8	4.6 2.8	2.0 1.2	8.4 5.4	4 2
H형강 가로빔 있음	1.5~ 3.0m	설치 철거	2.3 1.2	1.2 0.8	3.7 2.2	1.7 1.0	7.8 5.4	3 3

(1) 이 품은 절토 또는 발파에 따른 낙석과 비산석의 방지를 위한 가설방호책 중 지주, 가로빔(橫桁) 흙막이 토류재, 철망, 시트의 설치 및 철거에 적용한다.
(2) 가설 방호책의 높이는 지상 3~10m, 근입깊이 2m 이하에 적용한다.
<이하 생략>

제 2 절   기초 공사 기계시공

<S.C.W 공법의 기기 이동 거치 및 항타 길이 등에 대하여>

질문 1 건설표준품셈 제5장 5-17. S.C.W 공법의 시공능력 산출 공식에서 t_1 : 장비 이동 및 거치(20분/회) 부분에서 본인의 생각으로 장비이동은 여러 회수가 될 수 있으나, 거치는 1회로 한정되는 것이 아닌지 그렇다면 이에 대한 표기가 되어야 하는 것이 아닌지?

그리고 Hi : 지층별 천공시간(분)에서 기존에 지층별로 산출해 놓은 자료는 없는지요. 또 다른 질문은 PRD 공법 다섯가지(PRD 케이싱 동시압입공법, PRD 일반굴삭공법, PRD 도너츠오거공용 공법, PRD 삼축공법)에 관하여 시공 능력 산출방법 및 기타 자료가 있으면 부탁드립니다.

해 설 구 품셈 질의로 S.C.W공법 중 "t_1" 값은 이동 및 거치 시간으로서 이동으로 끝나는 것이 아니고, 천공지점에 기기를 거치해야 하므로, 표준적인 상태로 보아 20분/회 으로 정한 것이므로 하자는 없다고 보아야 하며, Hi : 지층별 천공시간을 지층별로 구한 근거 자료와 PRD 공법자료는 따로 없어 확답 드리지 못합니다.

질문 2 수량 산출서와 설계시에는 P.C pile 의 관입 깊이가 10.5 m 로 산출되어 있고, 공사비도 10.5 m 로 산정되어 있으나, 실제 pile 의 반입은 12 m 의 것을 반입하여 항타하게 설계되어 있습니다 (P.C pile 은 관급자재임). 이때의 여유길이는 말뚝머리 정리와 항타시 두부손실을 고려한 것이라고 합니다. 여기서 차이가 나는 길이 $l = 1.5\,\text{m}$ 의 항타비 추가계산이 설계변경 요인이 되는지를 알고자 합니다.

해설 말뚝박기의 길이 m당 등은 말뚝의 길이를 뜻하는 것이며, 박기 길이 m당으로 계산하는 것은 아닙니다.

이유 : 구 품셈 5장 나무말뚝의 길이 m 당 품에 규정되어 있는 널말뚝치수, 5-4 나무말뚝박기 1. 작은 말뚝박기(6할박기)에서의 말구(末口)와 길이(m) 개당품 2. 기초말뚝박기의 개당품과 동《주》⑥ 항관입률 계수 산정기준식 관입률 = $\dfrac{\text{말뚝관입길이}}{\text{말뚝길이}}$ 와 품셈 11-33 디젤 파일해머의 작업량 계산식에 있어서는 l = 파일이 들어가는 전층의 길이(m)(파일이 들어가는 전장(全長)으로 표시) (나) 콘크리트파일(PC, RC)의 경우 l 의 값도 역시 위와 같은 점 등을 미루어, 말뚝박기의 관입길이는 파일이 들어가는 전층의 길이를 설계 계상해야 하는 것이며, 두부(頭部) 정리는 항타기에 물리는 부분의 정리만으로 충분한 것임에도 불구하고, 관입깊이 $10.5\,\text{m}$ 의 것에 $1.5\,\text{m}$ 의 여유를 두고 설계하였음은 비경제적인 설계라는 비난을 면할 수 없을 것임.

특히, PC 파일의 반입비는 $10.5\,\text{m}$ 가 아닌 $12\,\text{m}$ 로 계상하고, 시공 파일의 취급은 $12\,\text{m}$ 가 아닌 $10.5\,\text{m}$ 로 계상·적산하였다고 하면, 잘못이 아닐 수 없습니다. 설계변경에 대하여는 계약내역 및 설계변경조건 등에 따라 판단될 성질의 것으로 사료됩니다.

질문 3 지하 4층, 지상 20층의 업무용 B/D(철골, 철근콘크리트조) 건축공사에 있어 당초굴착시, 지하 4층 부위에는 Strut를 #6, #7, #8, 3단을 설치하도록 설계하였으나, 벽체 콘크리트 타설시 최하단인 #8

Strut와 #7 Strut를 해체하고, 벽체양생을 위한 임시 Strut를 #8, #7 사이에 가설하는 비용의 적산을 요구하고 있는 바, 이를 계상할 수 있는지?

[해 설] 최하부인 Strut #8과 #7을 제거와 동시에 벽체콘크리트를 타설하면서 벽체 보호와 양생기까지 임시로 Strut를 가설하는 것은 시공의 안전을 위하여 긴요한 것으로 판단 됨.

다만, 원설계에 계상된 #8, #7 Strut 외에 임시로 가설하는 Strut의 가설을 설계변경해야 하는가의 여부는 계약에 특칙이 없는 한 시공과정으로 볼 때, 계약의 명시 여부가 해결의 관건이 된다고 사료됨.

[질문 4] 당 현장의 토질은 주로 자갈층 및 호박돌로 구성되어 있는데, 이들 층의 천공에 많은 애로사항이 발생하였습니다.

품셈 "5-6 말뚝박기용 천공"에는 토층 구분을 토사·풍화암·연암 등 3종류로 분류하고 있어 현 설계에는 자갈층, 호박돌층 까지를 토사로 간주하였습니다. 그러나 실제 현장에서 천공한 결과에 의하면 자갈층, 호박돌층의 천공에는 장비의 작업시간이 암층 천공 시간보다 과다하게 소요되고 있는 실정이어서 토사로 간주하기에는 많은 무리가 있습니다.

한편 품셈 중 "20-9 대구경 보링"에는 토질구분을 점토·모래·자갈 및 호박돌층, 암반 등 5종류로 상세하게 분류되어 있는데 말뚝박기용 천공도 수정 또는 세분해서 적용할 수 있는지, 있다면 적용방법은 어떻게 하는지와 보완자료가 있는지를 알고 싶습니다.

[해설] 귀 문의는 구 품셈에 의한 질의이며 현행 품셈 5-6-1 말뚝박기용 천공에 m당 품(점질토, 사질토, 풍화암, 연암, 경암, 혼합층으로 구분 품)의 규정이 보완되었습니다. 현장 여건에 적합하도록 설계 시공하시기 바랍니다.

[질문 5] 기존 연약지반을 Sand Drain 공법을 사용하여 Sand Pile을 항타하고 상부에 Preloading용 성토를 재하시켜 소정의 시간이 경과한 후에 활주로를 포장하는 공법을 시공하고 있습니다.
 당 현장의 Well Point 공법은 기존 활주로와의 간섭부위에 시공하여 해당지반의 지하수위를 낮추어 이에 대한 하중을 Preloading 성토하중으로 대체하는 방법으로 시공하고 있으며 시공도중 의문점이 발생되어 문의코자 합니다.
 가. 건설 표준품셈의 Well Point 운전관리품 중 1 Set 일당의 개념은 하루 중 몇 시간의 가동 개념 인지에 대한 문의와(8시간 또는 24시간),
 나. Well Point를 가동코자하면 가동(모터 30 HP)에 필요한 임시동력 및 발전기, Cable 등의 설치가 필요하며, 이 동력에 대한 품이 표준품셈 상의 운전관리《주》② 의 "소모품 및 잡재료비는 인건비의 5%로 한다"의 내용에 포함되는지의 여부를 문의코자 합니다.

[해설] 웰포인트의 Set당 설치기준 일수는 12일 기준이며, 일당 작업시간의 규정은 따로 없으나 설치 및 철거작업은 1일 8시간 기준으로 보는 것이 타당할 것으로 사료되며, 운전관리는 24시간 계속되는 것과 그렇지 않은 것도 있다고 보아야 할 것이나 이것 또는 명시규정된 바는 없습니다.

참고로 일본 건설성 품셈에 의하면 웰포인트, 제트 등의 사용손료는 일당으로 월 30일 기준으로 하고, 웰포인트 운전관리의 전력료 산정은 kwh로서 18.5 kW×0.9×24 hr×사용 조수(條數)로 하고 제트장치 운전은 1식으로 여기서의 전력료는 15 kW×0.9×5.8 hr×0.025×웰 포인트 시공본수로 구하고 있음에 유의 참고하시기 바랍니다. 이를 미루어 볼 때 설치 및 철거는 1일 작업시간 8시간으로, 운전은 종별에 따라 24시간 또는 8시간으로 보는 것이 각 다르다고 사료됩니다.

<지하 연속벽의 안정액 배합기준 등에 대하여>

질문 6 지하연속벽의 시공에 있어 안정액은 벤토나이트계와 폴리머계 안정액의 각 배합표준이 규정되어 있지 아니하고 안정액의 수량계산(V)식만이 규정되어 있어, 실용적산에 어려움이 있어 질의합니다.

해설 우리 품셈에는 안정액의 계산식만이 규정되어 있고 그 배합표준이 규정되어 있지 아니합니다.

안정액 계산식(V)은

$$V = \frac{X}{y} + \frac{X}{y}(1-K)(y-1) + K_2 X$$

여기서, V : 총 안정액 소요량

        X : 총 굴착토량 = {설계굴착량×(1+a)}

        K_1 : 회수율 (0.55 ~ 0.85)

        K_2 : 소모율 (0.10 ~ 0.30)

        y : 패널수

패널 안정액 수량은 $\frac{V}{y}$ 로 한다. 라고 규정되어 있을 뿐입니다.

다음은 일본 건설성 품셈 자료입니다. 참고하십시오.

안정액 배합표준

(m^3 당)

구 분		벤토나이트계 안정액			폴리머계 안정액		
토 질		벤토나이트 (kg)	점질증가제 (kg)	분산제 (kg)	폴리머 (kg)	벤토나이트 (kg)	분산제 (kg)
점	토	40~60	0~1	0.5~1	1~4	10~20	0~1
사 질	토	60~80	1~2	1~2	3~5	10~30	0.5~2
사	력	80~120	1~3	2~3	4~6	20~40	1~3

1. 안정액은 배관길이가 길어질수록 증가한다.
2. 사질토 지반은 벤토나이트계, 점토질에서는 폴리머계 안정액이 유효하다.

질문 7 당 현장은 연약지반으로 주로 해상 매립지로서 현재는 농경지이며 처리공법은

- Sand Mat + Pack Drain
- Sand Mat + Pre-Loading 을 사용하고 있으며, Sand Mat 포설용 세골재의 할증률이 설계상 6%가 적용되어 있으나, 실 시공결과 세골재의 투입률이 설계수량대비 약 25~30% 정도 초과되고 있으며, 인접현장의 경우 건설표준품셈 "1-9 재료의 할증률 3. 해상작업의 경우"의 깔모래 할증률 30%를 적용하고 있어, 당 현장도 상기의 경우를 적용코자 하오나 "해상작업의 경우"에 대한 견해가 계약상대자간 서로 상이하여 당 현장의 경우도 "해상작업의 경우"로 볼 수 있는지 여부

해 설 해안 매립지로서 현재는 경작중인 물논으로 변했다면 해상작업은 아니나, 육상으로 변한 원지반의 상태(토질 등)를 시험하였을 때, 침하 유실량을 당초 설계시 판단하지 아니하였다면 시공 중의 실사 등 방법이 강구되어야 한다고 생각됩니다만, 계약의 내용이나 특칙이 있는지는 귀문만으로 판단할 수 없습니다.

참고로 구 건설품셈 5-23 샌드팩 드레인 공법의 《주》 ⑤에 의하면 팩은 0.5 m의 여유길이를 고려한 후 15 %, 모래는 다짐상태로 보고 할증 20 %를 계상하게 하였고, 매트의 포설비는 별도 계상하게 하고 있습니다. 이 경우 연약지반이라 명시하고 도로공사의 노상 및 노반재료 모래 6 %만의 할증은 연약지반의 경우에 해당되는 것은 아니라고 보아야 합니다(콘크리트 및 포장용 재료 중 잔골재의 할증은 10~20 %임을 고려할 때). 따라서 지반을 실험 시공하여 적정처리(갑·을 협의) 하심이 가하다고 사료됨.

샌드팩 시공에 대한 타입현장의 실사 및 시공실적의 검사확인 등에 대하여 상당기간 종합적인 연구 검토를 한 후에야 비로소, 현행 작업량계산 기준의 개정 등을 결정할 수 있다고 생각합니다.

<기초의 시공 안전 및 기타 공법 등에 대하여>

질문 8 지하 3층의 건축물 축조를 위한 굴착공사를 함에 있어 구조안전을 고려하여 Strut anchor로 지지하도록 설계·시공 중 굴착기의 오작동으로 전도되어 Strut의 변형, 손괴로 하부에서 작업중이던 인부 ○명의 살상피해를 입었습니다. 설계시, 구조안전을 고려(계산) 하였으므로 설계자의 과실은 아니라고 사료되는바 귀견?

해 설 가시설물(동바리·비계·거푸집 등) 등의 설치상태가 불량하거나 현장 방재대책을 소홀히 한 경우 건설업자와 감리자는 건설기술 진흥법 제63조 및 제65조와 동법 시행령 제75조의2 내지 제76조의 규정에 의거한 의무불이행의 책임이 있으며, 구조안전계산 등에 있어 크레인의 전도 사유 등이 설계 등 용역업자가 건설기술 진흥법 제62조를 위반했는지 여부는 구체적으로 조사한 후가 아니면 판단될 수 없다고 사료됨.

| 질문 9 | 구 건설표준품셈 제5장 지정 및 기초 고압분사 주입공법(J. S. P) 중 천공+분사 항목의 호박돌층 보링기(4.2 ton) 및 디젤엔진의 재료비 적용에 있어 작업시간 64분/m(1.066시간/분)을 적용하는지, 아니면 기계화 시공의 덤프트럭 운반 경우처럼 실 가동시간을 기준으로 보링기 재료비 적용을 천공시간 32분/m(0.533시간/m)만을 적용하는지 회신하여 주시기 바랍니다.

| 해 설 | 구 건설표준품셈 제5장 고압분사공법 5-4 J.S.P (고압분사 주입) 공법의 호박돌층의 천공+분사의 작업시간은 m당 64분(귀 질의 1.066시간/분이 아니고 1.066시간/m 당 임)을 기준으로 건설표준품셈에 명시되어 있는 천공+분사의 시간당 경비와 품 등 관련 기준을 참고하여 계상하시기 바랍니다.

| 질문 10 | <올케이싱 말뚝공의 시공에 있어
　　　　　　굴착깊이가 20 m 미만인 품의 적용에 대하여>

| 해 설 | 구 건설표준품셈 제5장 지정 및 기초 5-16 올케이싱(Benoto) 말뚝공법의 5-16-1 장비 및 편성인원 5-16-3 작업 소요시간의 계산 및 말뚝조성시간 등은 굴삭구경 $\phi 1,000$ mm ~ $\phi 1,500$ mm를 기준으로, 굴착 깊이 20 m를 기준한 품 입니다. 귀 문의 경우와 같이 굴착깊이가 13 m 라고 해서 편성장비와 인원 등 모두가 산술식으로 13/20이 적용되어야 하는 것은 아니며 (비트의 소모율 별도), 장비의 이동, 설치, 검사, 측정 등 고정시간 (4시간)의 적용과 케이싱 연결시간의 고려 및 말뚝조성시간의 가변성 등의 고려요소가 있을 수 있다고 생각합니다만, 이들에 대한 명확한 산정 기준이 없는 실정이므로 확답드릴 수 없습니다. 관련되는 문헌을 조사 적용하면 좋을 듯합니다.

질문 11 <**폐수처리 시설 증설 공사 중 지하구조물(콘크리트) 설치에 대하여**>

해설 건설표준품셈 제5장 지정 및 기초공사 5-2 흙막이 및 물막이 5-2-1, 2. H빔 설치 및 철거 품은 25 ton 트럭 크레인을 사용한 설치·철거의 단위 "일당" 품으로서, 크레인의 운전경비 및 손료와 H빔의 사용손료, 운반비 등 관련 비용이 이 품에 모두 포함된 것이라고 단정할 수는 없다고 생각합니다.

최신 **건축·토목 용어 사전**

2018년 1월 증보 · A5 신 · 1,454 면 · 양장 · 값 54,000 원

- 건축·토목·건설기계·기계 설비·품질관리
  OR 관리용어 등 건축·토목분야의 용어 중에서
  보편성 있고 긴요한 16,700 여 단어와 도해 -

제 6 장 콘크리트 공사

제 1 절 콘크리트 일반

<용적배합 계산 요령에 대하여>

질문 1   콘크리트의 용접배합 계산 근거에 대하여 보통 현장배합비 1 : 2 : 4 등 콘크리트의 개략적인 소요 재료량을 계산하려고 합니다. 계산 방법을 하교 바랍니다.

여기서 공기량, 공극이나 골재의 함수율(含水率) 또는 흡수율(吸水率)은 무시 하며, 사용 골재인 모래는 하천 모래로서 1.2 mm 내외, 자갈은 하천 강자갈로서 20 mm 내외, 물시멘트비 65%, 시멘트는 1.5 ton/m³이며, 일반적인 콘크리트입니다.

해설   콘크리트는 현장에서 사용되는 골재에 따른 현장시험 배합을 하여 소요강도를 얻도록 함이 원칙이나, 귀문의 경우와 같이 중요하지 않은 콘크리트로서 계산에 의하여 각 재료의 양을 추정하고자 할 때에는 다음 방법으로 구할 수 있습니다.

즉, 시멘트 : 1.5 ton/m³, 모래 $1.6 \times 0.75 = 1.2$ ton/m³

자 갈 : $1.65 \times 0.95 = 1.57$ ton/m³ 로,

모래의 단위 중량은 1.6 ton/m³, 자갈은 1.65 ton/m³ 로 계산 함. 이는 각각 표준계량(標準計量)한 때의 수치로서, 모래는 0.75 ton/m³ 당, 자갈은 0.95 ton/m³ 당 으로 이 수치는 현장 계량과 표준계량과의 비(比)입니다.

따라서 용적비 1 : 2 : 4 를 중량비(重量比)로 나타내면,

1.5 (시멘트) : 1.2 (모래) ×2 : 1.57 (자갈) ×4 가 되므로

시멘트 : $1.5\,ton/m^3$, 모래 : $2.4\,ton/m^3$, 자갈 : $6.28\,ton/m^3$, 물 : $0.98\,ton/m^3$ 가 됩니다.

상기한 바, 물량으로 어느 정도의 콘크리트를 얻을 수 있을 것인가를 계산하면, 각 재료량을 비중(比重)으로 나누어 다음과 같은 수치를 얻을 수 있게 됩니다.

시멘트 모래 자갈 물

$$\frac{1.50}{3.15} + \frac{2.40}{2.7} + \frac{6.28}{2.62} + \frac{0.98}{1.00} = 0.48 + 0.88 + 2.39 + 0.98 = 4.73$$ 으로서

즉, 시멘트 $1\,m^3$, 모래 $2\,m^3$, 자갈 $4\,m^3$, 물 $0.98\,m^3$ 로서 $4.73\,m^3$ 의 콘크리트를 얻을 수 있는 계산이 되며, $1\,m^3$ 에 소요되는 각각의 골재량은 다음과 같습니다.

　시멘트 = 211 ℓ (316 kg)

　모　래 = 422 ℓ (717 kg)

　자　갈 = 844 ℓ (1,434 kg)

　물　　 = 206 ℓ (206 kg) 이 됩니다.

이를 품셈상의 중량으로 나타내면,

　시멘트　211 ℓ × 1.5 kg = 316.5 kg

　모　래　422 ℓ × 1.7 kg = 717.4 kg

　자　갈　844 ℓ × 1.7 kg = 1,434.8 kg

　물　　　206 ℓ × 1.0 kg = 206 kg

이상 재료량에 재료의 할증률을 더하면 소요량을 구할 수 있습니다.

　시멘트　316 kg × 1.02 = 322 kg

　모　래　717 kg × 1.1 = 788 kg ($0.46\,m^3$)

　자　갈　1,434 kg × 1.03 = 1,477 kg ($0.86\,m^3$)

이상의 계산을 건설표준품셈과 비교해 보면

○ 골재의 최대치수 19 mm 인때 (B) 배합
　시멘트 : 357 kg, 모래 : 893 kg, 자갈 : 931 kg
○ 용적배합 콘크리트 배합비 1 : 2 : 4 인 때,
　시멘트 : 320 kg, 모래 : 0.45 m³, 자갈 : 0.90 m³
로서 다소의 차는 있으나, 각 재료량 산출에 적용할 수 있는 방법이라고 생각합니다.

질문 2 「건설표준품셈」 제1장 적용기준에서 재료의 단위 중량중 시멘트의 단위중량이 m³ 당 3,150 kg과 1,500 kg(자연상태)으로 표시되어 있는데 전자의 3,150 kg은 어떤 상태를 기준으로 적용된 것인지요?

해설 시멘트의 고결 치밀한 상태의 비중은 3.15 입니다.

<콘크리트의 소요 재료 계산에 대하여>

질문 3 콘크리트의 용적비, 물·시멘트비에 의할 때, 콘크리트의 소요 자료를 구하고자 합니다. 용적비 $1 : m : n$, 물·시멘트비를 x라고 하면 비빔콘크리트의 용적 V(m³)은 얼마나 되는지요?

해설 콘크리트는 현장에서 사용되는 골재에 따른 현장 시험배합을 하여 소요강도를 얻도록 함이 원칙이나 중요하지 아니한 콘크리트로서 계산에 의한 각 재료의 양을 추정하고자 할 때에는 다음 방법에 의할 수 있습니다.

$$V = \frac{Wc}{Gc} + m\frac{Ws}{Gs} + n\frac{Wg}{Gg} + xWc$$

여기서, Wc, Ws, Wg : 시멘트, 모래, 자갈의 단위용적 중량(kg/ℓ)
　　　　Gc, Gs, Gg : 시멘트, 모래, 자갈의 비중

상기에 의하여 1m³당 콘크리트에 소요되는 각 재료는

시멘트 : $\frac{1}{V}(m^3)$, $\frac{1,500}{V}(kg)$

모 래 : $\frac{m}{v}(m^3)$

자 갈 : $\frac{n}{V}(m^3)$

물 : $x\frac{1.5}{V}(m^3)$

일반적으로 다음과 같습니다.

    Wc = 1.5,   Ws = 1.5 ~ 1.7,   Wg = 1.6 ~ 1.7
    Gc = 3.15,   Gs = 2.65,   Gg = 2.65

예를 들면, 용적배합비 1:2:4 이고, 물·시멘트비 60% 인 때,

$$V = \frac{1.5}{3.15} + \frac{2 \times 1.5}{2.65} + \frac{4 \times 1.6}{2.65} + (0.6 \times 1.5)$$

$$= 0.476 + 1.132 + 2.415 + 0.9 = 4.923 \,(m^3) \cdots\cdots\cdots 비빔량$$

각 재료의 양은

시멘트 : $\frac{1}{4.923} = 0.203\,(m^3)$, $\frac{1,500}{4.923} ≒ 305\,(kg)$ (할증량은 제외한 것임)

모 래 : $\frac{2}{4.923} = 0.406\,(m^3)$ (〃)

자 갈 : $\frac{4}{4.923} ≒ 0.812\,(m^3)$ (〃)

물 : $0.6 \times \frac{1.5}{4.923} = 0.183\,(m^3)\,(183\,\ell)$ (〃)

으로 구할 수 있습니다. 이는 산식이 약간 다를 뿐 질의 1과 대등한 것입니다.

제1절 콘크리트 일반

<콘크리트 믹서의 인력품 및 비빔에서 타설, 양생까지에 대하여>

질문 4 콘크리트의 일위대가 작성시, 믹서를 사용코자 합니다.

건설표준품셈에 기계비빔 콘크리트공 및 인부의 품이 있고, 인력포설의 해설 4에는 믹서 혼합시 보통인부 0.53인/m³를 별도 가산한다고 하였는데 일위대가표 작성시에 다음과 같이 해도 되는지요?

콘크리트(무근구조물 1m³당) 40mm급 기계사용

종 별	재료치수	보통수량	단위	총액	재료비	노무비	경비	비고
모 래		0.44	m³					
자 갈	40mm	0.62	〃					
콘크리트공		0.15	인					
인 부		0.62	〃					
믹서혼합인부		0.53	〃					
기계경비		1	식					

해설 구 건설표준품셈 6-1 콘크리트 타설품은 구조물구축 콘크리트타설품과 도로 콘크리트 인력포설시의 품으로 구분되어야 하므로 여기서 믹서혼합 보통인부의 품 0.53인/m³당은 콘크리트 포장 포설 12-16 인력 포설《주》⑦의 품이므로 계상할 수 없습니다.

현행 품셈 6-1 콘크리트를 참조하시기 바랍니다.

질문 5 용적배합 콘크리트(무근) 1:3:6 손비빔에서 콘크리트공 0.9, 보통인부 0.9로 되어 있으나, 콘크리트 타설(6-1)에서 무근일 때 0.85와 보통인부 0.82로 되어 있으니 설계에 어느 것을 적용해야 하는지요. 또한 타설 중 소형구조물 품은 어떠한 때 적용이 되는지요?

해설 구조 내력상 중요하지 않은 소규모 건축공사로, 전 콘크리트량이 300 m^3 이하거나 도서 벽지 등의 소규모 공사인 때에는 용적배합 콘크리트의 재료 및 품을 적용할 수 있고, 기타의 공사에는 콘크리트 인력비빔 타설 품을 적용할 수 있을 것이며, 건설표준품셈 6-1-1, "2."《주》② 소형구조물은 소량의 콘크리트 구조물(인력비빔 3 m^3 내외, 기계비빔 10 m^3 내외)이 산재되어 있는 경우에 적용한다. 로 명시되어 있으므로 참고하십시오.

질문 6 건설표준품셈 6-1 콘크리트 타설《주》①에서 콘크리트의 소운반, 타설, 다짐, 양생은 포함되었다고 하였으며 ③㉓에서는 인력비빔재료의 소운반, 콘크리트의 소운반, 타설, 다짐, 양생의 품은 포함되어 있다. 라고 되어 있는 바, 콘크리트의 비빔 품은 적용하지 않아도 되는지? 포함되어 있는 것인지? 알고자 합니다. 또한 용적배합 콘크리트에서 비빔 품은 계상되었으나 타설시 타설품 적용에 대한 아무런 해설이 없는 바, 이에 대한 적용 방법을 알고자 합니다.

해설 콘크리트 비빔에서 타설, 다짐, 양생까지의 공정 품 입니다. 또한 후단에 구조내력상 중요하지 않은 건축공사 단층건물의 전 콘크리트량이 300 m^3 이하거나 도서 벽지의 소규모 건축공사에서 적용되는 공사품으로서, 역시 비빔에서 타설, 다짐, 양생까지의 공정이 포함된 품입니다.

질문 7 건설표준품셈의 콘크리트 공사에서 "인력품의 인부는 재료의 소운반, 타설, 다짐 및 양생이 포함된 것이다. 다만, 특수한 양생이 필요한 경우에는 별도로 가산할 수 있다" 로 되어 있으니 콘크리트 보

제 1 절 콘크리트 일반

양에서 가마니만 계상하고, 인부 품을 계상치 않는 것인지? 혹은 특수한 양생으로 보고 콘크리트 보양품을 모두 계상해도 무방한지?

해설 보편적인 공사의 경우는 인력품에 소운반, 타설, 다짐 등이 포함되나, 콘크리트 양생이란 살수 가마니 덮기를 기준으로 하고(건축공사의 예), 토목에서 특수 양생이란 한중, 서중, PC, 피막 기타를 뜻하며, 이런 특수 양생은 재료와 품이 모두 계상됩니다. 따라서 계상의 여부는 공사의 성질에 따라 가름되어야 합니다.

질문 8 인력 콘크리트 타설과 믹서 콘크리트 타설의 구분은?

해설 벽지에서 소규모 공사의 경우나, 전체 소요량이 $300\,m^3$ 이하의 건축공사는 용적배합에 의할 수 있으나, 믹서 사용 여부가 이와 같이 구분되는 것은 아닙니다.

질문 9 콘크리트가 소량이고, 구조적으로 중요하지 아니한 공사의 재료량은 골재의 최대 치수 마다 또는 전체적으로 개산한 때 압축강도의 기준을 어디에 두었는지 알고자 합니다.

해설 압축강도의 기준을 정확히 알려면 배합설계를 하여야 하고, 이 경우는 과거 경험에 의하여 골재 치수를 기준으로 ABC급으로 분류하여 적용하는 것임을 이해 하십시오.

<콘크리트 공사 중 소량의 인력비빔과 기계비빔>

질문 10 품셈 제6장 철근콘크리트공사 6-1-1 콘크리트타설 중 소형구조물 인력비빔 $3\,m^3$, 기계비빔 $10\,m^3$ 내외라고 되어 있는데, 그 양이, 전체 레미콘타설 물량인지, 아니면 각각의 산재된 1개의 타설 개소가 규정한 용량 내외인지 궁금합니다.

해설 건설표준품셈 제6장 콘크리트 6-1-1 콘크리트타설 중 소형 구조물의 개념에서 인력비빔 $3\,m^3$, 기계비빔 $10\,m^3$는 단위 개소당 시공물량으로 산재되어 있는 경우를 지칭한다고 보아야 합니다.
그리고 물량의 상한선을 따로 규정한 것은 없습니다.

질문 11 배합설계 방법을 상세히 기록하여 품셈에 첨부하여 주시고 각 구조물(교량, 암거 Box, 옹벽, 하수구) 등에 대한 응력계산 및 지지력, 전도력 등을 예시에 의하여 품셈에 첨부하면 많은 도움이 될 것입니다.

해설 배합설계는 설계강도를 기준으로, 당해 공사에 사용되는 시멘트 : 모래 : 자갈을 배합하여 콘크리트 공시체를 제작 시험하여 결정되는 것이므로 사용자재에 따라 때로는 각기 다르게 됩니다. 또 응력계산 등은 역학의 학문 부문으로 품셈에 수록할 성질의 것이 아니라고 사료됩니다.

질문 12 콘크리트 인력비빔의 1일 능력이 $8 \sim 10\,m^3$라는 설이 있는데 그 근거는 무엇인가요?

제 1 절 콘크리트 일반

해설 콘크리트 비빔인부의 편성이 콘크리트공 4～5인, 보통인부 4～5인 또는 5～6인이 1조가 되어 작업 함을 기준으로 하나, 이것도 일반적인 가정이고, 우리 품셈에는 소형 구조물과 무근에서 콘크리트공 m^3 당 1.29～0.85인 이고 철근 구조물의 콘크리트공은 0.87인/m^3, 보통인부는 0.99인/m^3 이므로 1÷0.87=1.15 또는 1.01 인/m^3 인 바, 이에 따라 작업량을 계산하여야 합니다. 8～10m^3/일 이란 기준은 편성인원에 따라 달라지는 것으로서 따로 근거가 없는 것인 바, 이를 역산해서 물량을 계산해서는 아니됩니다.

질문 13 Box culvert, Wall, Column, 기계기초 등 콘크리트 구조물 공사에서 단계별로 콘크리트 타설을 할 때, 콘크리트 시공이음면에 부착 발생되어 생기는 레이턴스 찌꺼기 불순물을 제거, 콘크리트 품질향상을 위해 현장에서는 보통인부를 투입, 망치와 정, 쇠솔 등을 이용하여 표면에 생긴 불순물을 제거하고, 공기압축기를 이용하여 청소를 한 후에, 다음 단계의 콘크리트를 타설하고 있습니다.

　현재 품셈에는, 시공이음면 처리의 정리 청소품(chipping)이 없어 유사품을 이용하여 당사에서는 다음과 같이 설계에 적용하고 있습니다.

콘크리트 시공이음면 처리 (chipping) (m^2 당)

종별	구 분	단위	수량	산　　　출
불순물 제거	보통인부	인	0.30	석재다듬기(연석 잔다듬의 거친다듬)를 기준하여 석공을 보통인부로 적용
청 소	공기압축기 (4.2 m^3/min)	시간	0.16	일본건설성 암반청소품중 공기압축기 사용시간 0.2 일/10 m^2 를 기준 0.16 hr/m^2 적용
청 소	보통인부	인	0.02	공기압축기를 이용한 청소인부(공기압축기 사용시간 반영) 0.16 hr/8 hr = 0.02 인
계	보통인부	인	0.32	
	공기압축기	시간	0.16	소형 공기압축기(4.2 m^3/min)

해설 품의 적정여부는 같은 조건하에서의 현장실사를 여러 곳에서 몇 개소를 실시하고, 여러 가지의 품 증감 요인 등이 고려되어 얻어지는 것으로, 귀문과 같이 간단히 처리되는 것은 아닙니다. 다만, 유사공종에 대하여 문헌에 따르면 건설표준품셈(건축) 6-1-4 콘크리트 치핑품이 있으니 이를 참고하여 품을 조정 설계 시공하십시오.

질문 14 건설품셈 중 ① 콘크리트 타설 후 양생(품)을 계상함에 있어, 레미콘타설(인력)에는 양생품이 포함되어 있다고 되어 있는데, 펌프차 타설에는 양생(품)이 포함되어 있는지 여부.

② 창호틀 보양에 관한 적산기준과 일위대가표 기준을 알고자 합니다.

해설 ① 콘크리트 펌프타설시 양생품에 관하여는 따로 명시된 바 없으며, 타설인부품이 계상되어 있어 참고될 것이나, 그 한계는 불분명합니다. 품셈에서 규정한 양생은 양생방법 및 시간을 고려하여 별도 계상하도록 되어 있습니다.

② 창호틀 보양에 대하여는 따로 명시된 바 없으나, 꼭 필요하다면 품셈 2-9 건축물 보양을 참고할 수 있을 것입니다.

질문15 "콘크리트 표준시방서"의 일반 콘크리트 제6장 레디믹스트 콘크리트편(총칙)에서 레디믹스트 콘크리트를 사용할 경우에는 원칙적으로 (해설)란에는, "K.S 표시 허가공장이 공사현장 근처에 없을 경우에는 KS F 4009의 규정 및 K.S 규격에 적합한 심사기준을 참고로 하여 사용재료, 제설비, 품질관리 상태 등을 조사하여 지정한 콘크리트의 품질을 실제로 얻을 수 있다고 인정되는 공장을 선정해야 한다" 라

제 1 절 콘크리트 일반

고 되어 있습니다. K.S 표시허가공장 생산 레디믹스트 콘크리트가 건설경기 활성으로 공사현장에 적기 공급이 불가하여 구조물의 품질관리에 문제가 예측되므로, 상기(해설)란에 따라 품질을 얻을 수 있는 공장(배칭 플랜트)을 공사현장에 설치할 경우, (해설)란의 공장으로 보아도 타당할 것으로 판단되는데 가능한지요?

2. 서울시에서 시행하는 토목공사 현장에 사용하는 콘크리트 공급을 목적으로 설치된 배칭 플랜트의 설치 및 품질에 대한 사용 인정을 받아야 하는지, 받는다면 사용인정기관은 어디인지요?

[해설] 가. 질의 1항에 대하여 : 공사현장에 배칭 플랜트를 설치할 경우 콘크리트 표준시방서 시공편 6.2항의 "해설 1"에 의한 공장으로 보아도 타당할 것으로 사료되며,

나. 질의 2항에 대하여 : 배칭 플랜트 설치에 대하여는 건축법 또는 공업배치 및 공장설립에 관한 법률에 의거, 시장·군수에 신고하여야 하며, 배칭 플랜트의 계기는 계량법 24조에 의한 검정을 받아야 하며, 발주관서 자체에서 사용재료, 제설비, 품질관리상태 등을 K.S 규격 등 관련 규정에 적합하도록 관리하여야 할 것임.

[질문 16] 복잡한 시내 구간에 하수도 콘크리트 Box를 신설하려 합니다. 복잡한 구간이어서 구배를 주어 터파기를 할 수도 없고, 점질토이므로 슬립다운이 예상되어 양면 구간을 S.P 말뚝으로 지지를 하고자 하는데, 현 품셈에는 나무말뚝박기 품밖엔 서술되어 있지 않아 적용해야 할 품이 없어 매우 난감합니다.

1. S.P 말뚝 : $\phi 100$ 의 항타 품과 인발 품?
2. S.P 말뚝의 본당 사용 횟수는?
3. 항타와 인발은 $0.5 m^3$ 급 포클레인 브레이커로 하려고 합니다.

[해설] 표준품셈 제1장 적용기준 1-3에 의거, 기계화시공 9-40 디젤파일 항타를 참조 계상하심이 좋을 듯합니다.

※ 귀 질의의 경우 ∅100 S.P 말뚝의 항타 길이, 박히는 길이 등 여러 가지 제원이 귀문만으로는 알 수 없어 확답드리지 못하며, 이와 같은 대체공법에 관한 것은 품셈해석과 무관한 것이므로 전문 기술자와 현지 협의하심이 좋을 듯합니다.

[질문 17] 본 건물은 원자력발전소 연료를 생산하는 공장으로 모든 시방이 원자력 발전소 건설기준으로 설계되어 있고, 단일 대지 내에 주시설동 외 2개동 건물을 골조 및 마감공사, 공정기기설치 공사 등 3건으로 각각 분리 발주한 도급계약을 체결하였습니다.

질의 1 : 공사를 3건(골조, 마감, 기기설치)으로 분리 발주하여 1개사가 내역 입찰로 경쟁 및 수의계약으로 계속 수행할 경우, 가설공사의 현장정리비를 골조공사와 마감공사 내역에 각각 적용하였다면 중복적용이 되는지?

질의 2 : 골조공사에 합판거푸집 2회사용과 마감공사에 골조 면처리비가 각각 설계되어 있는 상태에서 골조를 2회 거푸집으로 시공하고, 후속공정인 도장공사의 면처리를 시방에 따라 동력공구로 그라인딩 처리, 물세척, 건조 등의 절차로 시공하였을 경우, 면처리 비용이 합판거푸집 2회에 포함되어 있는지, 또는 마감공사에 별도 계상한 것이 옳은지 여부?

질의 3 : 발주처는 시공 상세도면 작성비용 반영없이 골조공사 일반시방서에 시공 상세도면 작성 의무만을 명기 후, 당사에 철근 shop drawing 제출을 수차 요구하여, 당사는 전문업체와 용역계약을 체결 시공 상세도면을 작성 제출한 바 있습니다. 건설표준품셈 "1-39"에 의하면 시공 상세도면 작성시, 소요

비용은 별도 계상한다. 라고 되어 있는 바, 상기와 같은 경우, 추가정산 적용이 가능한지에 대해 질의합니다.

해설 질의 1에 대하여 : 단일 대지 내에서 골조공사와 마감공사, 기기설치공사를 분리발주·계약 시공함에 있어, 가설공사인 현장정리비를 각 분리 발주된 계약마다 계상함은 상당한 이유가 없는 한, 타당하다고 할 수 없습니다. 즉, 현장정리비는 공사 중 또는 준공시의 청소 및 뒷정리까지 포함된 현장정리비이기 때문입니다.

질의 2에 대하여 : 합판거푸집은 2회 사용하였다고 하더라도 후속공정인 그 콘크리트면에 도장공사를 하기 위하여 그라인딩처리, 세척 등을 하는 도장면처리는 별개의 공정일 뿐 아니라 도장을 위하여는 꼭 필요한 것으로 비록, 시방서에 그 의무가 부과되었다고 하더라도 공사에 소요되는 약품, 기기사용, 노무비용 등은 계상되어야할 것이므로 이의 계상은 잘못이 아니라고 생각합니다.

질의 3에 대하여 : 시공 상세도면의 작성비용을 계상하지 않고 일반시방서에 그 의무 부과(명시)한 것은 건설표준품셈 적용기준 1-39의 기본정신에 배치되는 것으로 잘못입니다만, 현장설명 입찰 또는 수의계약시, 이에 대한 질문없이 수용·처리하였다면 이는 별개의 사안이라고 생각합니다.

<콘크리트 소형 구조물 및 할증에 대하여>

질문 18 건설표준품셈 제 6장 콘크리트공사의 콘크리트타설 소형구조물은 인력비빔에서는 $3m^3$ 내외, 기계비빔은 $10m^3$ 내외로 소량의 구조물이 산재되어 있는 경우로 되어 있으나, 레미콘 시공은 이러한 구분이 없어 얼마의 양을 소형 구조물로 적용하여야 할지 모르겠습니다.

(참고로, 저희가 적용할 공사는 경지정리공사로서 대부분의 구조물이 $10m^3$ 미만으로 산재되어 있습니다.)

해설 콘크리트 시공 중 소형구조물의 범위는 인력비빔 인 때 $3m^3$ 이하, 기계비빔 인 때 $10m^3$ 이하로 해설하고 있으므로, 귀 질의와 같이 $10m^3$ 미만이 산재되어 있는 경우는 소형구조물로 보아야 하며, 레미콘의 소운반, 타설, 다짐 및 양생의 품(품셈 6-1-1, 1.)이 포함된 품이 규정되어 있으므로 그에 따라 설계시공 해도 무방하다고 생각합니다.

질문 19 건설표준품셈 제6장 6-1 레미콘 타설 할증률(무근 2%, 철근 1%)은 레미콘 재료에 대한 할증 인지 아니면 레미콘 타설 인부품에 대한 할증 인지의 여부와 레미콘타설 할증률(무근 2%, 철근 1%)이 레미콘 재료에 대한 할증이면, 건축만 적용하고 토목은 레미콘 재료에 대한 할증률을 별도로 적용을 아니하는지 여부.

해설 레디믹스트 콘크리트 타설(현장 플랜트 포함)의 재료 할증은 토목구조물이나 건축구조물 공히 무근 콘크리트 구조물은 2%, 철근 및 철골 구조물은 1%를 재료수량에 가산하는 것이며 품을 가산하는 것은 아닙니다.

제 2 절 철 근 관 련

<철근의 수량 산출에 대하여>

질문 1 구조계산에 의한 철근콘크리트조에 있어 건물별, 연 건평당 (연 m^2 당) 또는 콘크리트(m^3 당)에 대한 철근의 개산수량을 알고자 합니다.

해설 우리 품셈에는 이에 대한 명시가 없습니다. 문헌에 의하면 철근량의 개략 수치는 다음과 같습니다. 철근·철골 물량산출에 있어 실제로, 도면에 따라 산출한 수량과 비교하여 너무 과소하거나 과다할 경우에는 재검산해 보는 것도 좋을 것입니다.

철근의 개산 수량

건 물 별	철 근 (ton/연 m^2 당)	철 근 (ton/콘크리트 m^3 당)
은 행	0.10 ~ 0.12	0.113 ~ 0.130
관 청, 회 사	0.09 ~ 0.11	0.113 ~ 0.142
상 점	0.09 ~ 0.10	0.112 ~ 0.140
학 교	0.09 ~ 0.10	0.119 ~ 0.140
창 고	0.07 ~ 0.11	0.109 ~ 0.177
공 장	0.05 ~ 0.07	0.105 ~ 0.117
벽 식 아 파 트	0.03 ~ 0.04	0.050 ~ 0.075

건 물 별	철 근 (ton/연 m^2 당)	철 근 (ton/콘크리트 m^3 당)
고 층 중 건 축	0.086 ~ 0.116	(주) 철근량의 개산수량 ① 철근콘크리트조 연 m^2 당 : 0.08~0.11 ton 콘크리트 m^3 당 : 0.11~0.14 ton ② 철골·철근 콘크리트 연 m^2 당 : 0.05 ~ 0.08 ton, 콘크리트 m^3 당 : 0.06 ~ 0.09 ton
고 층 보 통 건 축	0.072 ~ 0.086	
저 층 경 건 축	0.049 ~ 0.059	
벽 식 주 택	0.037 ~ 0.044	

철골 · 철근 콘크리트 조

중건축 보통건축	철근(ton/연 m² 당) 〃	0.063 ~ 0.080 0.060 ~ 0.070	비고 : 상기(주) ② 참고할 것 〃

철골의 개산 수량

리 벳 구 조		철근(ton/연 m² 당)
철 골 조 (鐵骨造)	보통 창고 · 공장	0.07 ~ 0.09
	크레인장치의 창고 · 공장	0.09 ~ 0.13
철골 } 콘크리트조 철근	철골이 전부하(全負荷)	0.11 ~ 0.15
	철골 · 철근 함께 부하(負荷)	0.08 ~ 0.12

<철근 가스 압접>

질문 2 건설표준품셈 제6장 콘크리트 6-2-2 철근 가스압접 압접개소 1개소당 물·공량이 실제 소요되는 물·공량보다 과다하여 질의하오니 재조정 바랍니다.

해설 건설표준품셈 6-2-3 철근 가스 압접 압접개소 1개소 당은 개정된 품으로 현재는 다음과 같이 사용하여 문제가 해소된 것으로 알고 있습니다.

철근 가스 압접 (토 · 건)

(압접개소 당)

구 분	단위	철 근 직 경				
		D 16	D 19	D 22	D 25	D 29	D 32
아 세 틸 렌	kg	0.046	0.057	0.070	0.086	0.116	0.143
산 소	ℓ	37.2	45.7	56.1	69.0	93.0	114.3

제 2 절 철근관련

구 분		단위	철근직경					
			D 16	D 19	D 22	D 25	D 29	D 32
용접공 (압접공)	기둥 및 벽체	인	0.014	0.016	0.018	0.021	0.025	0.028
	보	〃	0.021	0.024	0.027	0.032	0.038	0.042
	기둥 및 벽체 (역타설 Top Down)	〃	0.021	0.024	0.027	0.032	0.038	0.042
	보 (역타설 Top Down)	〃	0.028	0.036	0.041	0.048	0.057	0.063

※ 산소량은 대기압상태의 기준량이며, 압축산소는 35℃에서 150기압으로 압축용기에 넣어 사용하는 것을 기준한다.

《주》① 본 품은 철근의 절단·소운반·거치 등이 제외된 순수 압접작업만을 기준한 것이므로 압접철근에 대해서는 추가로 "6-2-1 현장가공 및 조립" 비용을 계상해야 한다.
② 공구손료는 인력품의 10%로 계상한다.
③ 철근직경이 서로 다른 이음의 경우에는 큰 직경을 기준한다.

질문 3 건축공사에 있어, 기둥의 주철근 이음에서 기둥의 하단부의 일정한 위치에서 주철근 전부를 이음할 수 있는지요? 해외 현장에서는 같은 레벨 위치에서 이음을 하고 있습니다.

해설 기둥의 주철근 이음은 한 곳에서 할 수 없도록 시방서에 규정되어 있으니 유의 참고하시기 바랍니다.

<철근가공 및 조립품의 구분>

질문 4 철근 가공 조립에 있어 콘크리트 10m³ 이하의 소형 구조물에는 조립품을 50%까지 가산할 수 있게 되어 있으나, 일위대가표에 간단한 가공 조립과 보통 복잡가공의 표를 만들어 두고 일률적으로 적용하기 때문에 농업 토목공사에서는 이의 혜택을 받지 못하는 경우가 많습니다. 시정 대책은 없는지요?

[해 설] 품셈의 정신은 절단 가공은 한 두 곳에서 처리되나 소형 구조물이 산재되어 있을 때 그곳까지의 소운반과 조립의 불편은 물론 품의 Loss도 있기 때문에 조립품에 대하여 50%를 할증할 수 있게 되어 있는 뜻을 이해 하시어 일위대가표를 따로 더 만들어 그 시정이 되게 해야 비로소 품질 좋은 구조물을 만들 수 있게 됩니다.

[질문 5] 철근가공 조립에서 간단한 가공과 보통, 복잡가공으로 구분하고 있는데, 그 구분기준이 모호하고 계약은 복잡가공으로 되었는데 D 13 mm 이하의 철근이 전 철근수량의 50% 이상이 되지 아니한다고 하여 감액을 요구합니다만, 결속선을 8 kg/ton 이상이 소요되고 있습니다.

[해 설] 철근 D 13 mm 이하의 수량이 전 철근중량의 50% 이상인 때를 복잡으로 구분한 것은, 굵기가 가는 철근이 많고 배근이 복잡하면 취급이 상대적으로 곤란하므로 그 한계를 설정한 것으로 알고 있습니다. 결속선의 ton 당 사용 수량은 귀문만으로는 판단할 수 없습니다.

[질문 6] 건축공사의 철근가공 및 조립에서 복잡가공 및 조립은 직경 13 mm 이하의 철근이 전 철근중량의 50% 이상인 경우를 말한다. 여기서 이 품은 전체철근 중량으로 하는지 아니면 13 mm 이하의 철근량에 대해서만 적용하는지요?

  예) 전체 철근량 100 ton, 13 mm 이하 60 ton, 16mm 이상 40 ton
   1) 100 ton 전체에 복잡가공 및 조립 적용
   2) 60 ton 은 복잡가공, 40 ton 은 보통가공 및 조립 적용. 어느 것을 적용해야 하나요?

제 2 절 철근 관련   -313-

해설 건설표준품셈 건축 제 6 장 철근콘크리트 공사 6-2 철근 6-2-1 현장 가공 및 조립《주》⑤ 복잡한 가공조립은 직경 13 mm 이하의 철근이 전 철근 중량의 50 % 이상인 경우를 말한다. 라고 규정되어 있음을 이해 적용하십시오.

<철근 콘크리트의 철근 가공에 대하여>

질문 7 공사시공도중 구조물공 (BOX 4@ 6.85×3.65, L=50 m ~ BOX 4@ 6.85×4.45, L=50 m로 변경) 내역서 상의 철근가공조립에 있어, 규격이 보통으로 되어 있으나, 표준품셈에는 복잡으로 되어 있어 복잡으로 설계변경이 가능한지 여부와 옹벽구조물(H=4.3 m) 거푸집 조립시 비계설치공이 누락되어 있어 설계변경시 변경이 가능한지에 대해 질의합니다.

해설 철근가공조립의 구분 적용에서 보통이냐, 복잡이냐의 적용 문제는 비록 표준품셈에 "복잡"으로 규정되어 있다고 해서 설계변경 (증액요구)의 정당 사유가 된다고 할 수는 없고, H=4.3 m 의 옹벽 거푸집 설치시 비계공이 누락되었다고 해서, 이것 또한 설계변경 사유에 해당한다고 볼 수는 없습니다. 그 이유는 국가계약법령 및 계약 (설계변경 조건)의 내용에 따라야 하기 때문입니다.

<철근공사 현장 가공 및 조립>

질문 8 품셈내용 중 6-2-1《주》에 L형 옹벽에 대한 구분이 없어 설계에 어려움이 있어 질의합니다.

해설 건설표준품셈 제 6 장 철근콘크리트 공사 6-2 철근 6-2-1 현장 가공 및 조립《주》①에 구조별

간   단 : 측구, 간단한 기초 및 중력식 옹벽 등
보   통 : 수문, 반중력식 옹벽 및 교대 등
복   잡 : 교량의 슬래브, 암거, 우물통, 부벽식 옹벽 등
매우복잡 : 구주식(기둥형)교대, 교각, 지하철, 터널 등으로 규정되어 있으므로 귀 문의 L형 옹벽의 구조가 간단, 보통 또는 복잡 중 철근의 가공 조립 난이도 중 어디에 해당되는 정도인지를 1-3 적용방법을 준용 기술적으로 판단 적용해야 할 것으로 생각합니다.

<철근콘크리트 PSC BOX 인장에 대하여>

[질문 9] 건설표준품셈 제6장 철근콘크리트 공사 6-4-3 PSC BOX 설치 4. 인장에서

가. 1단 인장 중 (개소 당) 수량의 정의
  1안 : 구조물의 1단면 전체에 대한 수량(강연선의 수량과 상관없이)
  2안 : 구조물의 1단면 중 강연선 각 개소에 대한 수량
  * 일반적인 1련 암거는 1단면 당 4개소의 강선이 배치되지만 2련이나 큰 규격의 암거는 6~8개소까지 강선이 설치됩니다. 이런 경우의 품 적용방법은?

[해설] 제6장 철근콘크리트 공사 중 6-4-3 PSC BOX 설치 4. 인장 가. 1단 인장의 개소 당 강연선의 직경별 수량별 품이 규정되어 있음을 참고하시기 바랍니다.

제3절 거푸집 비계·동바리 관련

<거푸집의 각재 수량 및 사용횟수 관련>

질문 1 거푸집의 사용횟수에 따라 재료의 비율 변동이 생기는 것은 이해가 되나, 노무비의 율이 변동되는 것은 납득이 되지 아니합니다(동바리, 비계의 품에서 재료비율이 변동되고 인력품이 변동되지 않는 것은 이해가 됨) 현행 거푸집 품에서 노무비가 변동되는 이유?

해설 건설교통부가 표준품셈 제정한 것을 계산의 간편만을 위하여 %로 바꾼 것뿐입니다. 여기서, 거푸집의 부위별 재료량이 다른 점과 노무량의 체감은 비례로 같다고 할 수는 없으나 기본 제작에 소요되는 공량과 보수만으로 끝나는 것 등으로 품이 변동되는 것으로 보아야 합니다.

질문 2 건설표준품셈에 규정되어 있는 목재거푸집, 합판거푸집의 각재료 수량 산출방식을 사용횟수별로 알려주시면 감사하겠습니다.

해설 건설표준품셈의 여러 차례 개정으로 수량산출 등에 약간 혼란이 있을 수도 있습니다.
　목재 거푸집의 품은 삭제되었으므로 합판거푸집에 대하여 방법을 제시합니다.
1. 1회 기준 수량에 사용횟수에 따른 해당 요율을 곱한다.
　　1회 기준수량 합판 $1.03\,m^2$, 2회사용수량=$1.03 \times 0.55 = 0.5665\,m^2$

제 6 장 콘크리트 공사

$$3회사용수량 = 1.03 \times 0.443 = 0.45629 \, m^3$$
1회 기준수량 각재 $0.038 \, m^3$, $2회사용수량 = 0.038 \times 0.55 = 0.0209 \, m^3$
$$3회사용수량 = 0.038 \times 0.443 = 0.016834 \, m^3$$

4, 5, 6 회도 같은 방법으로 계산합니다.

사용고재 처리가 삭제되었음을 참고하시기 바랍니다.

질문 3 콘크리트용 거푸집을 15 mm 내수 합판으로 사용하지 않고, 12 mm 합판으로 시공했을 때 12 mm로 변경해야 할 것이 아닌가요? 또 사용고재 환산은 1회 사용인 때 30 % 이니까 4회 사용이 40.1 % 이면 $0.3 \times 0.401 = 12.03\%$를 적용하는 것인가요?

해설 '85년도 이후에는 모두 12 mm로 변경되었으니까 12 mm로 설계 정산되어야 하며, 사용 고재 잔존율이 30 % 이므로 70 % 가 사용된다는 뜻으로서 40.1 % 에는 이들이 모두 계상된 것인 바, 1회 사용량의 자재대에서 30 % 를 공제한 70 % 를 기준으로 4회 사용인 때에는 그 40.1 % 를 계상하면 됩니다.

질문 4 거푸집의 《주》란에는 제작, 조립, 철거품이 포함된 것으로 되어 있으나 거푸집을 설치한 다음, 철거하지 아니한 때의 품은 어떻게 계상하는가요?

해설 건설표준품셈에는 제작, 조립, 철거품이 포함되어 있으나 그 품을 따로 구분할 기준은 없습니다.

문헌에 따르면 무근 콘크리트나 철근 콘크리트 또는 치장콘크리트 거푸집에 있어서도 제작과 조립, 철거와 정리품이 각각 다르게 계상

제 3 절 거푸집 비계·동바리 관련

되며 우리나라 기계설비 표준 품셈에 있어서도 철거품(재료를 재 사용치 않을 때)은 일반적으로 50% 상당을 계상하고 있으나 이것도 참고에 불과한 것입니다.

외국의 문헌에 의하면 무근콘크리트 거푸집 { 제작 조립 0.6
　　　　　　　　　　　　　　　　　　　　　　철거 정리 0.4

철근콘크리트 { 제작 조립 0.69 　│　 치장콘크리트 { 제작 조립 0.86
　거 푸 집　　 철거 정리 0.31 　│　 　거푸집　　　 철거 정리 0.14

임을 참고하심도 좋을 것입니다.

질문 5 거푸집의 박리제 재료의 기준은 어느 것이 타당한가요?

해 설 박리제 사용은 현장에서 폐유 등이 흔히 쓰이고 있으나, 중유 또는 합성유(선박유 등)의 사용을 기준으로 하나, 통상 거푸집 품에서는 중유를 기준으로 합니다.

질문 6 거푸집의 사용에 있어, 동일 공사에서 아래층에 사용한 거푸집을 위층에 다시 사용할 때에는 목공 및 보통인부의 품을 0.015인씩 감해야 한다고 감사시 지적되었는바, 그 적용 기준은?

해 설 동일 공사에서 아래층에 사용한 거푸집을 위층에 사용하였다고하여 목공 및 보통인부의 품을 0.015인씩 감한다는 것은 이론상 불합리합니다.

　거푸집의 재사용시 2회 이상에서는 1회 사용 수량에 해당 요율을 적용하고 있으며, 품도 횟수에 따라 차등이 규정되어 있으므로 품셈에 명시된 것대로 계상하십시오.

질문 7 거푸집(m^2당) 품의 철선(0.25 kg) 수량에 대한 질의입니다.

1. 철선 소요량 산출 ($3' \times 6'$) 합판기준 합판 1장당 5줄(철선 #8) 2련으로 설치하여 1련으로 하면, 콘크리트 두께 40 cm 일 때 거푸집이 터지는 예가 많았음.
2. 콘크리트 두께 40 cm 일 때 합판 뒤 각재와 상승각 두께 및 조임길이 90 cm 점안 계상.
3. 산출 $(0.4+0.9) \times 2련 \times 2줄 \times 5개 \div (3' \times 6') 1.65 = 15.76 \, m/m^2$
   $15.76 \, m/m^2 \times 0.099 = 1.56 \, kg$이 소요되나 품에는 0.25 kg입니다.

해 설 ① 거푸집(m^2당) 철선량 등에 대하여는 어느 특정공사의 거푸집을 대상으로 한 것이 아니라는 점을 먼저 이해하셔야 합니다.

② 품은 보편적이고 표준적인 구조물의 거푸집을 기준으로 구성된 것이나 부득이 한 때에는 별도 설계 적용할 수도 있다고 사료됩니다. 그러나 그때에는 반드시 그 근거가 명시되어야 하는 것을 잊지 마십시오.

<거푸집의 노무비 및 재료에 대하여>

질문 8 거푸집 사용횟수별로 노무비 단가가 적어지는데, 어떻게 노무비가 횟수별로 작아지는 것인지 구체적으로 회답 바랍니다.

해 설 건설표준품셈의 거푸집 사용횟수별 재료비 및 노무비의 계산 예시에 상세히 설명되어 있으니 참고하시기 바랍니다. 거푸집을 제작한 뒤 1회 사용하고 2회 또는 3회를 사용할 때에는 기제작된 것을 그대로 쓰거나 약간의 보수 또는 개작만으로 사용하게 되므로 재료 및 노무공량이 체감되는 데 그 이유가 있는 바, 이를 비율로 환산한 것이 품셈에 명시되어 있습니다. 품셈에서 정한 것을 잘 활용하십시오.

질문 9 관 직영 공사에서 소규모 공사에 소요되는 합판 거푸집을 3회 사용으로 설계하여 사용한 바, 그 상태가 양호하여 약간 보수하여 재사용하려고 합니다. 이때에 재료비와 노무비의 적용은 어떻게 하여야 합니까? (보수시에 약간의 못, 목재, 형틀목공, 보통인부가 소요됨)

해 설 귀 직영공사에서 사용한 합판거푸집의 훼손정도를 귀문만으로는 판단할 수 없으나, 제6장 콘크리트 6-3-1 합판거푸집의 4회, 5회, 6회 사용시의 사용횟수별 기준수량에 대한 비율을 참작하여 적용하되, 훼손이 극히 경(輕)하다면 한 횟수를 더 낮추어 적용하는 등 실정에 맞게 조정 계상할 수 있다고 사료됨. 따라서 보수시의 목재·못 등과 형틀목공의 수량은 품셈의 횟수별 비례를 고려하여 계상할 수 있음.

질문 10 표준품셈에 규정된 목재 거푸집과 합판 거푸집의 품을 계상하였는데, 하도급업자가 공사 완료 후 거푸집 잔재를 임의로 처분하고 있습니다. 그 자재는 원도급업자의 소유가 되어야 하는 것이 아닌가요?

해 설 설계에는 거푸집의 사용 손료만이 계상된 것이므로 공사완료 후의 잔재 처분권한은 실시공업자에게 있다고 보아야 합니다.

<합판거푸집의 손료>

질문 11 합판거푸집에 있어서, 1 m^2 당의 비용 계산방법은 어떻게 하는 것인지?

> **해설** 합판거푸집 산정방법(품셈 6-3-1 관련)

1. 합판 거푸집 적용 조건

사용횟수	유 형	구 조 물
1~2회	제물치장	제물치장 콘크리트
2회	매우복잡/ 소규모	T형보, 난간, 복잡한 구조의 교각, 교대, 수문관의 본체 등 매우 복잡한 구조 소규모 : 조적턱, 창호턱 등 소규모로 산재되어 있는 구조물
3회	복 잡	교대, 교각, 파라펫트, 날개벽 등 복잡한 벽체 구조, 건축 라멘구조의 보, 기둥
4회	보 통	측구, 수로, 우물통 등 비교적 간단한 벽체 구조, 교량 및 건축 슬래브
6회	간 단	수문 또는 관의 기초, 호안 및 보호공의 기초 등 간단한 구조

2. 재료비 산정 방법

(1) 1회 기준 재료비 산정 방법(단가는 2018 상반기 한국물가정보 기준)

주자재비 : 합판(11,290원/m^2) / 각재(419,160원/m^3) / 사용고재
 [주자재(합판, 각재)의 23% 를 감액] 를 포함

소모자재비(박리재 등) : 주자재비(합판, 각재)의 비율(%)을 증액

사용고재 : 주자재비(합판, 각재)의 23% 를 감액

폼타이(Form Tie), 세퍼레이터, 구멍 땜 자재는 별도 계상하여 적용

구 분		규 격	단 위	수 량	단 가	금 액
주재료	합 판	12 t × 1,220 × 2,440 mm	m^2	1.03	11,290원	11,628원
	각 재	30 × 30 × 3,600 mm	m^3	0.038	419,160원	15,928원
사 용 고 재		주자재비의 %	–	−23.0%	27,556원	−6,337원
주 자 재 비						21,219원
소모자재(박리재 등)		주자재비의 %	–	5.0%	21,219원	1,060원

 ○ 주 자 재 비 = 27,556 − 6,337 = 21,219원
   주 자 재 = 11,628 + 15,928 = 27,556원
   사용고재 = 27,556 × (−)0.23 = (−)6,337원
 ○ 소모자재비 = 21,219 × 0.05 = 1,060원
 ○ 재료비합계 = 21,219 + 1,060 = 22,279원

(2) 사용횟수별 재료비

주자재비 : 1회사용 주자재비(합판, 각재)에 주자재 비율을 반영
소모자재비(박리재 등) : 각 횟수별 주자재에 소모자재 비율을 반영
사용고재 : 1회사용 자재비에 반영되어 있어, 중복계상하지 않음
폼타이(Form Tie), 세퍼레이터, 구멍 땜 자재는 별도 계상하여 적용

사용 횟수	주자재(합판, 각재)			소모자재(박리재 등)			재료비 [Ⓐ+Ⓑ]
	1회사용 주자재비	적용비율 [ⓐ]	주자재비 [Ⓐ]	주자재비 [Ⓐ]	적용비율 [ⓑ]	소모자재비 [Ⓑ]	
2회	21,219원	55.0 %	11,670원	11,670원	8.0 %	934원	12,604원
3회		44.3 %	9,400원	9,400원	10.0 %	940원	10,340원
4회		38.0 %	8,063원	8,063원	12.0 %	967원	9,030원
5회		35.0 %	7,426원	7,426원	13.0 %	965원	8,391원
6회		32.7 %	6,938원	6,938원	14.0 %	971원	7,909원

○ 주 재 료 비 = 21,219 × [ⓐ] = [Ⓐ]
○ 소모자재비 = [Ⓐ] × [ⓑ] = [Ⓑ]
○ 재료비합계 = [Ⓐ] + [Ⓑ]

3. 노무비 산정 방법 (단가 2018년 상반기 기준)

유 형	형 틀 목 공			보 통 인 부			노 무 비
	단 가	수량	금액	단 가	수량	금액	
제 물 치 장	189,303원	0.23인	43,539원	109,819원	0.14인	15,374원	58,913원
매우복잡/소규모		0.18 〃	34,074원		0.05 〃	5,490원	39,564원
복 잡		0.16 〃	30,288원		0.04 〃	4,392원	34,680원
보 통		0.11 〃	20,823원		0.03 〃	3,294원	24,117원
간 단		0.10 〃	18,930원		0.02 〃	2,196원	21,126원

○ 노무비합계 = 형틀목공금액 + 보통인부금액
　 여기서, 각 대상인력의 노무비는 직종단가 × 유형별 수량으로 산정함

4. 경비 산정 방법

　[2. 인력투입 주④] 공구손료 및 경장비 기계경비 : 인력품의 1 %

구　　　　분	제물치장	매우복잡/소규모	복　잡	보　통	간　단
노　　무　　비	58,913원	39,564원	34,680원	24,117원	21,126원
공구손료 및 경장비 기계경비	인력품의 1 %				
경　　　　비	589원	395원	346원	241원	211원

　○ 경비합계 = 각 유형별 노무비 × 0.01

5. 공사비(재료비, 노무비, 경비) 산정 결과

유　형	사용횟수	재료비	노무비	경　비	합　계	비 고
제 물 치 장	1회	22,279원	58,913원	589원	81,781원	단위 m² 당
	2회	12,604원			72,106원	
매우복잡/소규모	2회	12,604원	39,564원	395원	52,563원	
복　　　　잡	3회	10,340원	34,680원	346원	45,366원	
보　　　　통	4회	9,030원	24,117원	241원	33,388원	
간　　　　단	6회	7,909원	21,126원	211원	29,246원	

<건축공사 합판거푸집의 사용횟수별 산정>

질문12　건설표준품셈 제6장 철근콘크리트공사 6-3 합판거푸집 주자재비(합판, 각재) 횟수별 계상에 대하여 계산방법을 질의합니다.

해설　건설표준품셈 거푸집 품이 2018년 개정되어 사용고재(-23 %) 규정이 삭제되었습니다.

제 3 절 거푸집 비계·동바리 관련

자 재 수 량

(m² 당)

구 분	단 위	수 량	1회 사용 자재비의 %				
		1회	2회	3회	4회	5회	6회
합 판	m²	1.03	55.0	44.3	38.0	35.0	32.7
각 재	m³	0.038					
소 모 자 재 (박리재 등)	주자재비 의 %	4.0 %	7.0	8.0	9.0	10.0	11.0

1회사용 비용 : 합 판 = (1.03)×(합판단가)
                각 재 = (0.038)×(각재단가)
2회사용 비용 : 합 판 = (1.03×0.55)×(합판단가)
                각 재 = (0.038×0.55)×(각재단가)
2회 이상에서는 1회 사용수량에 대해 해당 요율을 적용한다.
3회, 4회, 5회, 6회 같은 방법으로 계산합니다.

<강재 거푸집 거치 및 해체>

질문 13 건설표준품셈 제6장 콘크리트편에서 강재거푸집 거치 및 해체품을 살펴보면 거치 및 해체시에 거푸집 100m² 당 형틀목공 6.2인, 비계공 9.0인, 보통인부 12.0인이 소요되는 것으로 되어 있으며, 여기서 기준은 7m 이내로 규정되어 있고, 7m 이상인 경우에는 별도 할증을 가산할 수 있도록 규정되어 있습니다. 그러나 강재거푸집을 사용하는데 있어 비계를 사용하지 않는 2m 이하의 구조물인 경우 거푸집 거치 및 해체에 따른 품 적용을 어떻게 하여야 하는지요?(거푸집 100m² 당 형틀목공 6.2인, 비계공 9.0인, 보통인부 12.0인 모두를 적용하여야 하는지 아니면, 비계공 9.0인을 배제한 형틀목공 6.2인, 보통인부 12.0인 만을 적용하여야 하는지)

해설 표준품셈에 규정된 품은 보편적이고 일반화된 공종 공법에 대하여 원가계산에 의한 예정가격을 산정하기 위한 일반적인 기준이므로, 귀의와 같이 개별적인 요소의 규제가 감안된 것은 아닙니다. 따라서 비계공이 불필요한 높이 2m 미만의 경우라고 해서 비계공만을 빼고 형틀목공이나 보통인부는 7m 이내의 품을 그대로 사용할 수 있는가. 하는 점도 재검토되어야 한다고 생각합니다.

그러나 현행 품셈 규정은 2m 미만 비계 미설치 기준이 삭제되었음을 참고하십시오.

<유로폼의 설치 해체>

[질문 14] 유로폼 설치, 해체에 대한 품을 품셈에 의거 단가를 산출 적용시 구조물을 시공할 때 동바리 설치, 해체 품이 포함되어 있는지, 동바리 수량은 별도 계산되어야 하는지 회신 바라며, 구조물을 벽체높이 3.5m 마다 시공 이음을 하면서 시공할 때 내벽의 비계수량 A=(내경높이-1.5)×길이 로 산출하면 적합한지 회신바랍니다.

[해설] 유로폼 공종 중 재료량에 재료의 할증 및 손율이 포함되어 있으며, 벽체 높이 3.5m 인 때 비계설치가 계상되어야 합니다.

<비계 및 동바리의 자재수량 계산에 대하여>

[질문 15] 1. 동바리 계상 사유에 대한 질의입니다.

별첨계산(수량산출 참조)과 같이 ① 교각 및 교대 기초콘크리트 타설 → ② 교각 및 교대 구체콘크리트 타설 → 구체거푸집 해체 → 바닥정리(기계+인력) → ③ 바닥콘크리트 타설 → ④ 슬래브콘크리트 타설 순서로 시공하여야 함. 따라서 슬래브 시공시 동바리(각목)는 별도 시공을 요함.

통상적인 일반 Box공(별첨 계산 참조)은 구체 및 슬래브가 거푸집 조립 및 콘크리트 타설이 동시에 시공되므로 동바리 계상을 하지 않아도 무방하나, 금번 시공중인 복개공은 구체와 슬래브가 별도로 진행되므로, 동바리(각목)가 별첨계산서와 같이 실수량이 현저히 부족하므로, 동바리를 꼭 계상하여야 안전한 시공이 될 것으로 사료됨.

1) $V_1 = (0.075 \times 0.09 \times 1.78) \times 13.3$ (@ 75 cm) $\begin{cases} 2-(0.075+0.09+0.048) \\ \fallingdotseq 1.78 \\ 2 \div 0.75 \times 5 \\ \fallingdotseq 13.3 \end{cases}$

2) $V_2 = (0.075 \times 0.09 \times 3.35) \times 8$ (@ 75 cm)
   $2 \div 0.75 \times 3 = 8$

3) $V_3 = (0.075 \times 0.09 \times 2) \times 5$

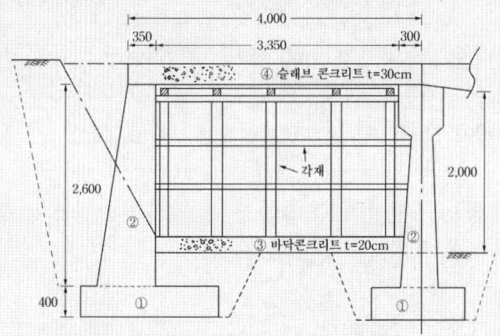

◎ 수량 산출

1) 거푸집

   합 판 $A = 0.91 \text{ m} \times 1.82 \text{ m} = 1.6562 \text{ m}^2$

   각 재 $V = \{(0.036 \times 0.054 \times 1.82) \times 2\} + \{(0.036 \times 0.054 \times 0.08 \times 5)$
   $= 0.00707 + 0.00777 = 0.01484 \fallingdotseq 0.0148 \text{ m}^3$

   1회 사용시 : $0.0148 \div 1.6562 = 0.00893 \text{ m}^3/\text{m}^2$ 당

   3회 사용시 : $0.00893 \times 0.461 (46.1\%) = 0.00411 \text{ m}^3/\text{m}^2$ 당

2) 동바리공 (직고 2 m, 폭 3.35 m, 길이 2 m 인 때)

   거푸집 면적 : $3.35 \text{ (B)} \times 2 \text{ (L)} = 6.70 \text{ m}^2$

   동바리 : $V_1 = 0.075 \times 0.09 \times 1.78 \times 13.3 = 0.1597 \text{ m}^3$
   $V_2 = 0.075 \times 0.09 \times 3.35 \times 8 = 0.1809 \text{ m}^3$
   $V_3 = 0.075 \times 0.09 \times 2 \times 5 = 0.0675 \text{ m}^3$

계 : $V_1 + V_2 + V_3 = 0.4081 \text{ m}^3$
이를 거푸집 면적으로 제하면
    $0.4081 \text{ m}^3 \div 6.70 \text{ m}^2 = 0.0609 \text{ m}^3/\text{m}^2$ 당
실소요량 $0.0609 \text{ m}^3/\text{m}^2 \times 1.03 = 0.0627 \text{ m}^3/\text{m}^2$ 당
1회 사용시 : $0.0627 \text{ m}^3/\text{m}^2$ 당
3회 사용시 : $0.0627 \text{ m}^3/\text{m}^2 \times 0.461 (46.1 \%) = 0.0289 \text{ m}^3/\text{m}^2$ 당

3) 검 산

사용횟수	품셈상 수량 (A)	거푸집에 소요된 각재의 실사용량 (B)	동바리용 각재 실소요량(C)	사용잔량(D) D=A-(B+C)
1회	$0.038 \text{ m}^3/\text{m}^2$	$0.00893 \text{ m}^3/\text{m}^2$	$0.0627 \text{ m}^3/\text{m}^2$	$(-) 0.03368$ m^3/m^2
3회	0.017518	0.00411	0.0289	$(-) 0.01549$ m^3/m^2

∴ 사용잔량(부족량)이 현저히 부족하므로 동바리(각목)를 필히 계상하여야 안전한 시공을 할 수 있을 것으로 사료됨.

해 설 귀문과 같이 슬래브콘크리트 타설을 별도로 시공하여야 할 때에는 동바리공을 계상하지 아니할 수 없다고 사료되며, 사용횟수도 현장 실정에 맞게 조정되어야 할 것입니다.

<무늬 거푸집의 품에 대하여>

질문 16 건설현장에서 주로 사용하는 무늬 거푸집은 합판 거푸집에 1회용 문양 스티로폴을 부착하여 시공하고 있는 실정이나, 당 현장의 구조물 무늬 거푸집 설계 단가는 토목표준품셈 제6장 6-3-5 문양 거푸집 m^2 당 품셈에 의거 작성되어 있으며, 본 일위대가 상의 문양 거푸집 사용시 별도의 합판 거푸집을 추가로 사용하여야 하는지 여부 및 합판 거푸집 비용을 추가로 별도 계상하여야 하는지 여부?

제3절 거푸집 비계·동바리 관련

해 설 표준품셈의 문양 거푸집은 합성수지 거푸집 m² 당 품으로 합성수지 거푸집 손료는 20 % 로 규정되어 있는 바, 귀 질의 내용인 합판거푸집 + 스티로폴과는 다르므로 실제 시공대로 별도의 품을 제정 적용할 것인지를 발주자와 협의 처리해야 할 것이라고 사료됩니다.
　현행 문양 거푸집은 1회 사용 기준으로 설치 및 해체 기준이며, 거푸집 설치는 별도 계상해야 합니다.

<문양 거푸집(스티로폴 제품)품에 대하여>

질문 17 "문양 거푸집(스티로폴 제품)"에 대한 표준품셈 보완 및 신규품셈에 대하여 당사는 국내에서 문양거푸집을 생산, 판매해 온 선도적 업체로서 그동안 미개척 분야였던 문양거푸집을 국내에서 설계, 시공하도록 권장하여 문양거푸집은 많은 사용을 하게 되었습니다. 그러나 현재 토목표준품셈 제6장 콘크리트 6-3 거푸집 6-3-5 문양 거푸집 품셈은 합성수지 제품이며, 근래에 와서는 1회용 EPS 제품(스티로폴)이 개발되어 20회 이상 사용가능한 합성수지와는 서로 다른 제품으로, 그 사용처나 시공방법이 상이하며, 그에 따른 품도 서로 다른 것으로 인정되게 되었습니다. 따라서 당사에서는 수년간 이에 대한 품을 연구조사하였으며, 정부관청(토지개발공사, 주택공사, 서울시 등) 및 대형 건설회사에 자체 조사한 근거자료를 제출하여 승인을 받기에 이르렀습니다. 이에 따른 "첨부자료"를 송부하오니 차기 품셈에서는 이 자료가 필히 반영되어 설계 및 시공하는데 어려움이 없도록 조치 있으시길 바랍니다. <첨부자료 생략>

해 설 문양 거푸집을 개발하여 실용하고 있는 점을 감사드리며 격려 드립니다.
　당초 문양 거푸집은 합성수지 제품으로 20회 사용을 기준한 것으로 폼타이, 세퍼레이터, 박리제 및 형틀목공과 보통인부가 계상되었으나, 귀사 제품은 1회 사용이므로 폼타이, 세퍼레이터의 취급이 없고, 박리제의 경우도 1회용이므로 재사용의 경우보다 적을 것으로 사료되며, 형틀목공과 보통인부의 품도 1회부착으로 충분할 것인 바, 품이 작아져야 한다고 생각합니다.

    이들 물량과 품 및 시공시방서 등이 제정되어 있고, 또 그 근거가 제3의 공인기관의 검정이 되어야 한다고 생각합니다. 보조자재의 품목별 수량과 금액이 주재료의 5% 상당인가 하는 것도 검정이 요구됩니다. 따라서 이 점을 유념하시어 과학적인 실사를 걸쳐 품셈을 확정하도록 하시는 것이 좋을 것으로 생각합니다.

    현행 문양 거푸집 기준은 1회 사용 설치 및 해체작업 형틀목공, 보통인부 품이며, 거푸집 설치는 별도 계상하도록 규정되어 있습니다.

<유로 폼 기타>

질문 18 1. 건설표준품셈 제6장 6-3-3 유로폼 "본 표는 철근콘크리트 벽식구조를 기준한 것이다"라고 되어 있는 바, 유로폼 품셈의 타 구조에의 적용 가능 여부.

    2. 건축 및 토목품셈의 철골세우기에 대한 적용 대상건물

    3. 건축품셈의 볼트 본조임과 토목품셈의 철골세우기(고장력볼트 접합시)에 있어 품 적용 내용에 차이가 있는 바, 이의 적용대상 기준은?

    4. 건축품셈의 부대철골 가공 설치품의 적용에 있어 가공에 필요한 재료비 및 장비사용품의 별도 계상 여부

    5. 철골공사의 안전시설 설치 및 해체품에서 안전시설 적용내용.

해설 1. 건축품셈 제6장 유로폼은 최근 아파트 건축공사 등에 많이 이용되고 있는 철근 콘크리트 벽식구조에 사용할 경우의 품을 기준으로 한 것인 바, 타구조에의 적용 가능 여부에 대하여는 당해 구

제 3 절 거푸집 비계·동바리 관련

조물의 구조, 형태 등에 따라 유로폼의 사용횟수, 손율, 제작방법에 따른 경제성 등을 목재 및 합판 거푸집과 비교, 검토하여 발주기관의 장이 결정하여야 할 것입니다.

　질의 2~3. 건축부문의 철골세우기는 일반적인 철골조 건축물을 기준한 것이고, 토목부문의 철골세우기는 주로 교량(트러스, 플레이트 거더) 등을 기준하여 작성된 품입니다.

　질의 4. 건축품셈 7-4-1. 부대 철골 설치는 중도리, 띠장 등의 부대철골을 현장 가공설치하는데 소요되는 철골공에 대한 품을 말하는 것입니다.

　질의 5. 건설표준품셈(건축품셈) 2-7-4 철골 안전망 설치 및 해체 품에서 안전시설 적용 내용은 수평으로 설치시(예: 기둥과 기둥사이 등)의 안전시설에 적용하는 품을 말함을 알려드립니다.

<유로폼 사용시 동바리품 적용에 대해>

질문 19 도로 확장공사 중, 토목구조물 하수 Box 동바리 품 적용에 관하여

1. 하수 Box(단면도 참조) 시공시, Slab 및 벽체가 25~35cm로 시공하게 되어 있는 구조물에 거푸집을 유로폼으로 사용하였을 때, 동바리품(강관, 목재)을 어떻게 적용하여야 하는지.
2. 상기와 같은 구조물 시공시, 동바리 수량산출은 내부높이가 얼마 이상이 되었을 때부터 적용하여야 하는지를 질의하오니 회시하여 주시기 바랍니다.

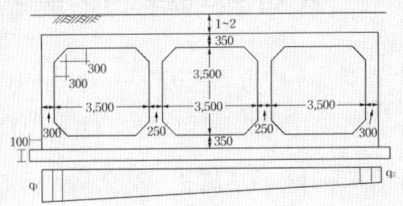

해설 하수도 박스시공에 적용되는 동바리는 직고 높이와 관계없이 필요할 때 계상되는 것이며, 유로폼 사용시의 동바리 소요에 대하여는 설계시공 높이 등 설계시공에 관하여 필요성 여부를 발주처와 협의하심이 좋을 것으로 사료됩니다.

<유로폼을 토목 공사에도>

질문 20 택지개발사업과 주택건설사업 추진을 위한 공사설계 중 다음과 같은 의문사항이 있어 질의하오니 회신하여 주시면 고맙겠습니다.
1. 건설표준품셈 유로폼(건축)을 토목공사에도 품셈대로 적용 가능한지의 여부.
2. 품셈에 10㎡ 당 강관 동바리가 계상되어 있는데, 이것은 조립용을 의미하는지? 아니면 동바리품이 계상되어 있으므로 별도의 적용이 필요없는지?

해설 유로폼(Euro Form)에 대한 토목표준품셈은 6-3 거푸집 "6-3-3"항에 명시 규정되어 있고 그 품셈에 재료 및 손료는 별도 계상한다. 라고 규정하였을 뿐 ㎡당 재료의 수량이나 손료의 산정근거가 명시된 바는 없었으나, 현행 품셈은 토목·건축 공용으로 개정되어 모두 사용이 가능해졌습니다.

질문 21 <유로 품의 패널류 사용횟수가 15회 아닌 20회 인 때의 잔존율 산정에 대하여>

해설 구 건설표준품셈 제6장 콘크리트 6-3-6 유로폼 중 《주》 ⑦의 사용 조작 횟수 기준 중 "예" 패널류는 15회 사용시 잔존율이 25%이므로 1-0.25=0.75가 손모되는 것으로 15회 사용 시는 0.75÷15회≒0.05 회당으로 계산되는 바 20회 사용인 때에는 추가 5회×

0.05 = 0.25, 즉 25% 로서 20회 사용시의 잔존가치는 25% (15회) 와 공제 25% (추가 5회) ≒ 0이 된다고 볼 수 있습니다. 다만, 이것은 산술적인 계산일 뿐 잔존가치가 전혀 없을 수 없으므로 10%로 인정함이 논리상 타당하다고 생각하오니 참고 하시기 바랍니다.

(현행 품셈 6-3-3)

<합판거푸집 대신 유로폼을>

질문 22 ○○시 도시개발공사에서 발주한 ○○택지 사업단지 조성공사 현장입니다. 저희 현장에 우수 Box(암거) 시공을 하면서 다음과 같은 의문점이 있어 질의 하오니 협조하여 주시기 바라며, 참고로 현장의 우수 Box 설계는 일반 합판 거푸집이 아닌 유로폼으로 되어 있으며 시공연장은, (규격 : 1.5×1.5 ~ 3.0×3.5) 1,500m 입니다.

유로폼으로 설계되어 별도의 암거슬래브 동바리 시공금액이 없는 것에 대하여 질의 합니다.

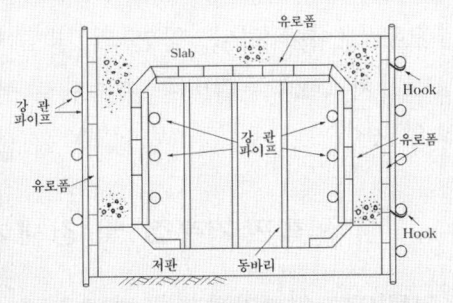

유로폼 일위대가를 살펴보면 강관 파이프 라는 항목이 있습니다. 그러나 그 항목의 강관동바리는 유로폼을 지지하기 위한, 즉 유로폼을 거치하기 위한 강관 파이프라고 판단되며 시공상 콘크리트 타설을 위한 동바리는 아니라고 봅니다(슬래브 T=30cm). 따라서 Box 높이 H : 2.0m 이상의 콘크리트 타설을 위한 동바리 시공금액을 별도로 책정함이 타당하다고 사료됩니다.

귀 연구소의 적절한 의견 바랍니다. 참고적으로 지하철 등 타 발주처 시공에서는 내부 동바리 시공 금액이 책정되어 있습니다.

해설 귀 질의 사항은 토목구조물인 우수 암거 공사로서 토목품셈을 적용해야 합니다. 과거 토목품셈에는 유로폼 조립해체 품만이 규정되어 있고 유로폼의 재료, 기타의 품이 없었으나 이 품이 개정되어 재료 및 노무품이 규정되었으니 그에 따라 설계·시공하십시오.

(현행 건설표준품셈 6-3-3)

<곡면 거푸집의 자재 및 품에 대하여>

> 질문 23 건설표준품셈 6-3-1(합판거푸집)의 "2."《주》③ 곡면부분의 거푸집은 자재 및 품을 별도 계상할 수 있다.고 명시되어 있는 바, 이에 대하여 곡면 부분의 한계와 품을 별도 계상 한다면 실 투입비를 기준으로 하는지 여부?

해설) 합판거푸집 중 곡면부분의 거푸집은 자재 및 품을 별도 계상하도록 규정하였을 뿐, 곡면의 한계를 따로 명시 규정하지 아니하였으나 합판거푸집은 평면거푸집의 품이므로 평면이 아닌 부분을 곡면으로 보아야 하나, 곡면 및 별도 산출 방법의 규정이 없으므로 과거 실적치나 실 투입비를 기준으로 조정 계상하는 방도가 고려될 수 있을 것임.

<합판 거푸집 및 강재 거푸집 등에 대하여>

> 질문 24 합판거푸집 품셈 내용 중 비고란에 명기된 높이에 대한 품을 10% 별도 가산하는 이유가 작업능률저하 때문인지 아니면 비계·동바리 설치를 위해 가산하는 것인지 알고자 합니다.

해설) 건설표준품셈 6-3-1 합판거푸집에 대한 품은 12mm 내수합판을 기준한 품으로서, 비계 및 동바리의 재료 및 품이 이 품에 모두 포함된 것은 아니며, 2. 인력투입 비고란의 수직고 7m 이상인 경우, 7m를 초과하는 매 3m 증가마다 품을 10%까지 별도 가산 함은 작

제 3 절 거푸집 비계·동바리 관련

업의 난이도를 보정하기 위한 것이며, 비계 설치를 위한 가산은 아닙니다.

질문 25 강재거푸집을 U형 수로에 적용하였습니다. 강재거푸집 1회 사용기준을 55회 사용할 때는 1회 기준을 55회로 나누어 적용하였는데, 이 기준이 올바른지 알려주십시오.

해설 강재거푸집 55회 사용은 간단한 구조인 측구, 수로 등으로 타당하며, 손료를 계상할 때에는 강재거푸집 신규제작 가격의 90%가 55회로 나누어지는 것입니다. 즉, 잔존율 10%가 계상되는 것입니다.

질문 26 건설표준품셈 제6장 거푸집공사에서 목재거푸집과 합판거푸집의 사용고재 평가기준은 30%인데, 강재거푸집의 사용고재 평가는 얼마로 적용 계상해야 하는가요?

해설 2000년도까지 적용된 건설표준품셈 목재거푸집이나 합판거푸집과 원형거푸집 등의 사용고재 평가기준은 30%, 2001년부터는 23%로 변경되었으나, 2018 개정 품셈 규정은 2회 이상에서 1회 사용 수량에 대해 해당 요율을 적용하도록 되었습니다. 강재거푸집의 경우는 전용횟수를 토목이나 건축공사, 구조별로 30~100회를 전용한 다음 잔존율은 10%로 적용하고, 유로폼의 경우도 사용조작횟수 12회 25%, 25회 10% 잔존율로 개정되었습니다.

질문 27 <거푸집의 사용 횟수별 손료의 산정에 대하여>

해설 구 건설표준품셈 제6장 콘크리트 공사 중 6-3-1 목재 거푸집의 사용 횟수별 산정에 있어, 판재 또는 합판과 각재의 경우, 사용 고재의 평가를 23%로 보기 때문에 이를 공제한 77%를 계상하고 그 사용 횟수별로 품셈에 규정된 비율을 적용하시기 바라며, 현행 품셈에는 사용고재가 미리 공제되어 있습니다.

제 4 절 특수콘크리트

<교량 PC 빔 가설 및 그라우팅공 등에 대하여>

질문 1 건설표준품셈 6-5 교량 가설 공의 PC 빔 가설공사 배치 인원이 특수인부 및 보통인부로 되어 있으나, 실제 현장에서 가설할 때에는 비계공과 특수비계공이 대부분이며 특수인부는 약간명에 불과한데 비계공이 없는 이유는?

해설 PC 빔 가설공은 빔중량 80 ton 미만의 포스트텐션빔을 교량 아래에서 가설하는 품으로서 가설높이는 20m 미만으로 크레인 사용기준입니다. 이때의 배치인원은 특수인부와 보통인부의 조합으로 이루어진 것으로 여기서 말하는 특수인부는 특별인부가 아닌 특수 기능을 가진 기능공을 뜻하고, 품셈에서 규정한 특수인부는 교량가설 특수기능공으로서 비계공에 준하는 작업을 수행하는 까닭에 그 노임 단가의 적용은 작업의 성격을 구분하여 적용해야 한다고 사료됩니다.

질문 2 구 건설표준품셈 6-4 P.C 빔 제작에 있어 그라우팅 공사 중 쉬즈관 규격 $\phi 45mm$인 때 그라우팅 모르타르의 양이 $0.02 m^3/10m$ 당 소요되는 것으로 되어 있는데 m당 시멘트의 소요량 산출은 어떻게 하는가요.

해설 그라우팅 모르타르는 물·시멘트비를 0.35~0.40, 슬럼프 18 ~22cm, 시멘트 모래의 배합비 1:1인 때 시멘트는 1,093kg/m³ 상당으로서 (이때의 강도는 400~500kg/cm² 당 정도임) 배합시험을 거쳐 모래의 수량을 구해야 하며 ϕ45mm의 내경을 측정하여 계상하면 m당 소요량이 산출될 것으로 사료됩니다.

질문 3 건설표준품셈 제6장 6-1-10의 2. 에폭시 모르타르 및 콘크리트공의 적용에서 10m³ 미만 60% 할증 적용시, 재료 및 노무비의 합계 금액의 60% 할증인지 노무비(품)만 60% 할증하는 것인지, 에폭시 모르타르 및 콘크리트공의 기준강도 등을 알고자 합니다.

해설 이 품은 1일 1m³ 미만 기준이며, 0.5m³ 미만은 품을 100% 가산하는 것이고, 재료의 수량도 함께 가산하는 것은 아니라고 보아야 합니다. 품셈에서 정한 물공량으로 조합한 공시체의 강도기준은 따로 규정된 바 없음을 이해하시어 실험 후 적정 설계 시공하십시오.
(현행 품셈 6-1-6, 2. 참조)

질문 4 건설표준품셈 6-1-2 모르타르품 적용에 있어 인력품의 인부는 보통인부로 적용되어 있으나 콘크리트공으로 적용되어야 함이 타당하지 않는지 질의합니다. 모르타르의 배합 비비기(시멘트+모래+물)와 콘크리트의 배합 비비기(시멘트+모래+물)는 동일하게 보아야 한다고 사료됩니다.

해설 모르타르의 사용처는 치장줄눈, 미장 바르기, 쌓기줄눈 등 미장용으로 쓰여지는 것이 대부분으로 모르타르의 배합비 결정은 시방

제 4 절 특수콘크리트

서 등에 의하는 바, 그 배합은 대체로 미장공 등 기능공의 소관으로서, 여기서의 인력은 단순한 비빔작업뿐이므로 인부로서 충분하나, 그 인부의 직종이 우리 품셈은 보통인부로 계상하는 것에 문제가 있는 것뿐입니다. (구 품셈)

<조립식 PC 맨홀 부설품의 개정>

질문 5 건설품셈 6-8-3 조립식 PC 맨홀 부설품이 개당으로 되어 있습니다. 《주》 내용을 보면 D 900, 높이 1,000 ~ 2,000 기준이다. 라고 되어 있습니다.
 그렇다면 2,000 이상이면 부설이 개당 인데요, 1개소당 상부구체 하부구체 2개로 시공하게 되면 품셈 적용은 어떻게 적용되는 것인가요?
 1개의 맨홀을 완성함에 있어서 2개의 구조물을 시공하게 되니까 품셈 단가에 수량 2개를 적용해야 하나요? 2,000 미만이더라도 하부구체와 상부구체 2개로 시공하게 되면 어떻게 적용되는지요?

해설 건설표준품셈 제 6 장 조립식 PC 맨홀 설치작업 품이 2017년 개정되어 귀 문과 같을 경우, 품의 증감은 있을 수 있습니다. "6-7-3" 공종을 D 900, D 1,200, D 1,500, D 1,800 으로 다양화 했으며, 1개의 맨홀을 (하부구체 + 상판), 연직구체로 나누어 품을 세분화 하고, 《주》 ②항에 본 품의 연직구체는 1개 설치기준으로 설치수량에 따라 추가 적용하시면 될 것 같습니다.

<콘크리트 타설에 대하여>

질문 6 1. 콘크리트 포장공사에 있어 콘크리트 타설, 콘크리트 포장포설 품을 레미콘 타설이나 인력 비빔타설에도 같이 적용될 수 있는지요?

2. 콘크리트 타설품에는 양생의 품이 포함된 것이고, 콘크리트 포장 포설 품에는 양생의 품이 별도 품으로 설명되어 있습니다. 그러면 별도의 양생품(비닐, 마대)을 적용할 수 있는지요?

해설 제6장 콘크리트 타설품과 제10장 콘크리트 포장포설의 품은 별개의 것입니다.

제6장 콘크리트 타설 품은 현장 내 콘크리트 운반, 타설, 다짐 및 양생준비 품을 포함하며, 양생은 방법 및 시간을 고려하여 별도 계상하며, 제10장 콘크리트 포장은 양생 품이 포함된 것입니다.

(표준품셈이 2017년도에 개정되었습니다.)

제 5 절   콘크리트 시공 기계 관련

<콘크리트 믹서 등에 대하여>

질문 1   믹서 0.4 ~ 0.45m³ 급의 설치비와 슈트의 가설비를 실정에 따라 별도 계상할 수 있다. 라고 하는 사람도 있습니다. 그 계산방법은?

해설   0.4 ~ 0.45m³ 믹서는 가반식이므로, 부지정지를 따로 가산해야 설치되는 경우는 극히 드물고 우리 품셈에는 그 가설비를 따로 계상할 별다른 근거가 없습니다. 간단한 슈트 또한 설치비를 계상할 기준도 없으므로, 실정에 따른다는 해석은 잘못되기 쉬운 것이니 유의하시기 바랍니다.

질문 2   ① Ready Mixed 콘크리트의 타설 할증은 해상공사에만 한한 것인지, 육상공사에도 적용된다면 콘크리트의 생산 및 타설이 따로 계약되어 콘크리트 생산을 맡은 부서에서는 배칭 플랜트에서 생산하여 타설 현장까지만 운반하고, 타설은 다른 부서에서 하고 있을 때도 적용하는지요. 타설 할증이 적용된다면 현재 타설 도면 물량에 의하여 콘크리트 생산을 인정받고 있을 때, 도면 물량에 의한 타설량 외에 할증률을 고려할 수 있는 것인지요. "레디믹스트 콘크리트의 타설 할증률"이라고 규정되어 있듯이, 단지 타설시에 생기는 콘크리트 로스(Loss)에 대한 할증인지, 아니면 콘크리트 재료에 대한 할증 인지요.

② 콘크리트 포장용 재료(최고값)의 할증에 대하여 정치식 배칭 플랜트일 경우, 콘크리트 각 재료의 할증률이 배칭 플랜트에서 콘크리트

를 생산할 때 생기는 로스에 대한 할증률인가 아니면 배칭 플랜트에서 생산해서 믹서 트럭으로 타설 현장에 운반하여 타설 장비로 콘크리트를 타설할 때 발생하는 로스에 대한 할증률인가요?

해설 ① 우리 품셈에는 레미콘 실소요량에 무근 콘크리트조인 경우는 2%, 철근 콘크리트의 경우는 1%를 가산하는 것으로 육상 해상의 구분은 따로 없습니다. 공사 총량에 대한 할증으로서 부서간은 고려의 대상이 되지 아니하며, 구입 물량에 가산되는 것으로서 중복 가산되는 것은 아닙니다. 따라서 레미콘 시공시의 손실량 보정 가산이라고 볼 수 있으며, 타설된 콘크리트의 재료할증은 아닙니다. 타설이 완료된 시공부분에 대하여는 추후에 적용되지 아니하며,
② 콘크리트 포장 재료의 할증률은 생산에서부터 타설완료까지의 재료 할증률입니다.

질문 3 당초의 설계는 콘크리트 믹서 타설로 설계하였으나, 그 뒤 계획변경으로 시멘트를 관급하고, 모래 자갈은 플랜트장까지 운반만을 하고 콘크리트를 플랜트에서 혼합, 운반하는 것으로 변경코자 하는데 플랜트에의 투입, 혼합은 설계가 가능하나 운반차의 적용을 알 수 없고, 플랜트의 부지 조성, 조립, 해체, 철거, 골재 적치장 설비, 플랜트 가동 소요인부의 품 등을 모두 적용해야 하는 것인지요. 물량은 약 1,000m³ 정도 입니다.

해설 콘크리트 플랜트는 적은 규격의 것이 시간당 40m³ 상당으로서 1,000m³의 물량은 20~30시간 정도의 작업량이므로 플랜트의 설치에서 철거까지의 비용을 비례 환산할 수는 없는 것이고, 그 사용시간에 대한 손료 계상으로 커버될 수도 있을 것입니다. 애지테이터

트럭은 플랜트에서 드라이 믹싱된 것을 애지테이터 트럭에 받아 싣고 혼합되므로 혼합 비용을 따로 계상할 수는 없습니다.

　　레미콘의 구입 사용도 아니고, 모래 자갈도 운반만을 하는 것으로 처리되는 등 계약과 얽힌 문제로서 품셈의 해석상 의문만은 아닌 것으로 확답할 수 없습니다.

질문 4　레미콘을 사용하여 콘크리트를 타설하고자 하나, 레미콘 공장이 원거리에 위치하여 레미콘차로 운반하려면 2시간여의 시간이 소요됩니다. 좋은 대책이 없을까요.

해설　콘크리트 표준시방서에 따르면 콘크리트를 비벼서 타설종료까지 온난하고 건조한 천후에서는 1시간, 저온이며 습윤인 천후에서도 2시간을 넘기지 아니하도록 규정되어 있으며, 콘크리트는 비빔하여 응결이 시작된 것을 응결정지 시킨다는 것은 불가능하며, 응결하는 도중에 전체를 요동시키면 강도가 저하되고, 물을 첨가하면 더욱 강도는 저감합니다. 따라서 운반시간이 장시간 걸린다고 예상되면 사전에 응결지연제를 사용하는 대책을 세워야 할 것입니다. 참고로 Proctor 관입 저항시험에서 500 psi를 응결개시로 보는 것이 통상인데 Slump down을 방지하면서 Melamine 계나 Naphthalin 계의 지연제를 사용한 레미콘을 사용하면 좋을 것입니다.

<콘크리트 펌프 배관 타설>

질문 5　콘크리트를 펌프차로 타설하는 경우가 많아졌는데 우리 품셈에는 80 m^3/hr 급 펌프차의 품셈이 있을 뿐이며, 펌프차의 기지(基地)

↔ 현장간의 사이클타임 산정기준이 없어 적용에 곤란을 느끼고 있습니다.

해설) 이 질문은 기계화 시공과도 관련이 있는 것으로서 기지(基地), 즉 플랜트에서 신기와 펌프차의 운송, 회송(되돌아감), 타설시간을 말하는 사이클은 우리 품셈의 차량 운반시간을 준용할 수 있으며, 대체로 1왕복을 2시간 이내로 본 품으로서, 비빔 후 1시간 이내에 타설 완료해야 하는 특성을 고려한 것으로 풀이되는 것도 참고하시기 바랍니다.

<콘크리트 펌프 타설>

질문 6) 콘크리트 펌프 붐 타설 보다 배관타설의 품이 더 많은데, 그 이유와 구조 부위의 타설, 슬래브, 바닥 버림콘크리트 타설 등 부위에 따라서도 품이 다르다고 사료되는데 귀견?

해설) 붐 타설은 수직 수평 15m 이내의 붐 타설이고, 배관타설은 40m까지의 배관타설이므로 다르게 됩니다. 구조부위에 따라서 기계의 능력과 품에도 차가 있는 것은 사실이나, 우리 품셈은 타설 일당으로 규정된 점을 이해하십시오.

<콘크리트의 소운반 타설>

질문 7) 건설표준품셈 제11장 기계화 시공(11-29 2.항)과 제6장 콘크리트 타설 품에서 콘크리트의 소운반, 타설, 다짐 및 양생의 품이 포함된 것이라고 명시되어 있고, 제11장 기계화 시공(11-29 2.항)에서는 압송관 조립, 철거 인력품(40m 정도)이 포함된 것이라고 표기되어 있는 바,

제 5 절 콘크리트 시공 기계 관련

가) 제11장 기계화 시공(11-29 콘크리트 펌프차 타설 인부)의 품은 단순히 타설품 만인지 아니면 타설, 다짐, 양생품이 포함되어 있는지

나) 기계경비 산정에서 콘크리트 진동기 손료에서는 조종원의 품이 없는 바, 이 품이 기계화 시공(11-29 2. 항)에 포함되어 있는 것으로 보는지 여부

해설 건설표준품셈 6-1-1 레디믹스트콘크리트 타설 품은 현장 내 운반, 타설 및 양생준비를 포함하며, 양생은 양생방법 및 시간을 고려하여 별도 계상한다. 로 되어 있으며, 6-1-2 콘크리트 펌프차타설은 타설, 다짐, 양생준비 작업을 포함하며, 이 또한 양생은 방법 및 시간을 고려하여 별도 계상하며, 진동기 사용이 포함되어 있습니다. 문헌에 따르면 양생품을 무근구조물에서 보통인부 0.1인/10 m^3 당, 철근구조물에서 0.2인/m^3 당을 계상하도록 되어 있음을 참고하십시오.

<콘크리트 타설시 진동기 사용>

질문 8 믹서 타설시 Q=5.4 m^3/hr 가 계산됩니다. 레미콘 타설시, 진동기 시간당 물량은 어떻게 계산해야 하는지 알고자 합니다. 제 생각으로 그냥 5.4 m^3/hr를 사용하고 있습니다. 레미콘 타설시, 레미콘이 대기해 있는 상태가 아니기 때문에 계산적으로 상당한 문제가 있습니다.

해설 문헌에 따르면 믹서비빔(실동 8시간) 인 때, 믹서용량별 비빔량은 다음과 같으며, 0.45 m^3 믹서사용인 때 다짐에서 잡부(보통인부) 2인이 소요된다고 되어 있으므로 84 m^3 ÷ 16시간 / 2인 = 5.25 m^3/hr의 다짐을 할 수 있는 것으로 볼 수 있습니다. 따라서 0.45 m^3 급 믹서 1대의 시간당 5.4 m^3/hr의 시공량에는 다짐공 1인의 비율은 큰 차가 없음을 알 수 있는 것입니다. 그러나 레미콘이 대기없이 계속 투

입되는 경우에는 다짐봉과 인력의 조합에 어려움이 있을 것입니다만, 다짐능력과 타설량의 비례를 조정하시면 될 것으로 생각되오며 품질을 위하여 다짐에 여력을 두도록 하십시오.

믹서용량 (절)	14	16	18	21	28
비빔량 (m^3)	72	84	90	108	138

질문 9 $0.45\,m^3$ 급 믹서로 콘크리트 $500\,m^3$ (철근 콘크리트)를 타설하고자 합니다. 믹서에 조합되는 바이브레이터는 봉상 플렉시블이 좋을 듯 합니다. 시간당 작업량은?

해설   믹서의 시간당 작업량은 다음 식으로 구합니다.

$Q = \dfrac{60}{4} \times q \times E \times n$ (q : $0.45\,m^3$, E : 0.8, n : 믹서의 대수)

따라서 $Q = \dfrac{60}{4} \times 0.45 \times 0.8 \times 1 = 15 \times 0.45 \times 0.8 \times 1 = 5.4\,m^3/hr$ 임.

바이브레이터는 콘크리트용 소형이 시간당 $4 \sim 8\,m^3/hr$ 의 다짐능력이 있다고 보아 1대로 계상하면 될 것입니다.

<구조물의 보수·보강 공사 산출에 대하여>

질문 10   갑 : 구조물 보수·보강공사는 터널 등 토목구조물에서 시행되는 주공정의 공사로서 건설표준품셈(6-1-9 3.)에서 이미 모든 작업품이 포함되어 있으며, 지하철이 운행되고 있지 않은 작업조건에서 전기·통신, 기계에만 적용토록 되어 있는 터널 내 작업할증(철도) 30%는 적용할 수 없다는 견해.

을 : 토목공사의 경우 터널내 작업에 대한 할증이 명시된 바가 없으므로 제1절 1-3 5.의 규정에 의하여 타부문(건축, 전기, 기계 등)의

할증을 적용할 수 있으며, 지하철 터널은 비록 지하철이 운행되지 않는 시간대에 작업을 하더라도 철도가 설치되어 있는 터널이므로 품의 할증 30%를 계상할 수 있다는 견해가 있습니다.

해설 지하철도의 지하구조물은 토목공사의 터널과 유사하나 그 시설이 지하 전기철도이므로 개통된 지하철은 단순한 토목구조물이 아닌 복합구조물로 보아야 합니다. 건설표준품셈 제6장 6-1-6 에폭시콘크리트 3. 콘크리트 균열 보수의 품이 규정되어 있으나 이 품은 정상적인 표준상태의 작업을 기준한 것이므로 비록, 조명이 되었다고 하더라도 근로기준법 및 산업안전보건법 등에서 정한 야간작업의 노임할증과 표준품셈 적용기준 1-16 품의 할증 야간작업의 능률저하 20%를 계상해야 합니다. 터널 내, 즉 터널입구에서 25m 이상 터널 속에 들어가서 작업할 때에는 표준대기상태의 작업보다는 능률이 저하한다고 보아 정한 할증 10%이므로, 30% 할증이란 수치는 합산한 상한을 뜻하는 것으로 일률적으로 30%를 그대로 적용하라는 것이 아니므로 그 적용은 발주청 또는 설계자의 판단재량에 속하는 것으로 보아야 합니다.

질문 11 < U형 플륨 설치품은 중량 50kg 내지 1,300kg / 본당 이나 그 이상의 중량물에 대한 품에 대하여>

해설 건설표준품셈 제6장 6-7-1 U형 플륨의 설치공에 있어 표준품셈에는 50kg/개당 이상, 1,300kg/개당 미만의 품 만이 규정되어 있고, 그 이상의 품은 없습니다. 따라서 1,300kg/개당 이상인 플륨관의 설치품은 현행 품셈을 참작한 중량 비례 가산의 품을 계산·적용하는 방법 이외에 다른 방도는 없는 것 같습니다.

질문 12 <콘크리트 치핑의 품에 대하여>

해설 건설표준품셈 건축공사 제6장 콘크리트 6-1-4 콘크리트 치핑은 건축공사의 콘크리트 구조물 시공시 치핑하는 것을 기준한 것으로서 인력치핑은 정 등을 이용하여 인력으로 시공하는 것이며, 기계기구 사용 치핑과 구분하고 있습니다.

<콘크리트 치핑을 규격 외의 기계시공시>

질문 13 표준품셈 콘크리트 치핑란에 보면 특별인부 적용품의 경우 인력치핑과 기계치핑 구분이 있는바, 해당 작업 부분에 해머드릴을 사용하여 치핑한 경우 인력치핑으로 봐도 되는지요.

해설 건설표준품셈 건축공사 제6장 철근콘크리트공사 6-1-4 콘크리트치핑에 있어 해머드릴을 사용하여 치핑한 때 인력치핑으로 설계해도 되는지에 대하여, 해머드릴 사용한 경우는 인력치핑에 해당한 것으로 볼 수 없으므로 별도 계상해야 합니다.

제 7 장 석 공 사

제 1 절 석공사 일반

<석재 공사의 품 및 할증 등에 대하여>

질문 1 석재 할증률 적용에 있어, 정형물 10%, 부정형물 30%를 인정하고 있는 바 건설물가, 물가자료, 가격정보 등에 의거, 가격을 산출 할 때 할증률을 인정한다면 2중으로 할증률을 계상하는 것이 되는지의 여부.

해설 거래 시가(時價)에 의한 규격품의 재료 가격을 계상함에 있어서는 완성품이므로 할증률을 따로 적용할 수 없으며, 비규격품의 경우는 가공손실량을 계상해야 합니다.

질문 2 공사설계내역에는 표준품셈(건축부문)에 따라 석재의 할증률이 10%(정형물)로 계상되어 있으나, 준공정산단계에서 건축주는 자재단가를 전문건설업체의 견적가격을 적용한 관계로 석재의 할증률을 인정할 수 없다고 하는 바, 이의 타당성 여부?

해설 표준품셈(건축부문)은 정부 등에서 시행하는 건설공사의 설계에 적용할 재료량과 노무공수에 대한 보편적인 기준을 정한 것으로서, 건축공사의 설계서 작성시, 본 품셈을 적용함에 있어 석재의 할증률은 정형물일 때 10%까지 설계할 수 있도록 되어 있으나, 귀 질의와 같은 계획된 공사에 있어서 재료할증의 인정 여부 등에 관한 사항은 회계법 등 관련규정과 계산서의 구체적인 내용 및 계약내용 등에 따라 계약당사자간에 적의 결정 처리되어야 할 사항으로 사료되며, 아울러 본 품셈은 민간 발주 건설공사에는 적용의무가 없는 것임을 첨언하니 참고하시기 바랍니다.

질문 3 자연석으로 직고 4.5m, 경사도 1:0.25의 조경을 겸한 석축공을 시공하고자 하는데, 돌의 크기가 90~150kg 상당이고, 높이 1.5m를 넘으면 비계없이 시공하기가 어렵습니다. 석축공사에는 비계의 품이 없어 곤란하오니 대책을 교시바랍니다.

해설 석축공사의 품셈에는 견치돌, 깬돌, 깬잡석, 큰 조약돌 및 야면석으로 메쌓기와 찰쌓기의 경우로서, 석공과 보통인부 품만으로 구성되어 있고, 이 품은 높이 3m까지 적용하고, 3m 이상인 때에는 높이에 따라 품의 증가율이 규정되어 있습니다.

   석축은 1:1 이상의 급한 구배에 석축하는 것을 말하며, 정원석의 석축공은 2목도 이상의 돌을 쌓기와 놓기할 때의 기준이 품셈 4-6 정원석 석축공에 규정되어 있습니다.

   귀 질의는 비계공의 적용에 관한 것으로서, 개당 중량이 90~150kg이면 개당 2~3인이 취급 시공해야 하는데, 1.5m 이상의 경우, 비계의 필요성이 고려됩니다. 다만, 1.5m부터 계상해야 하는 점에 대하여는 특수품셈을 제정하는 방법 이외에 다른 도리는 없는 것 같습니다.

제 1 절 석공사 일반

질문 4 돌쌓기에서 할석과 잡할석의 규격은 얼마이며, 어떤 사람은 전석도 돌붙임이 된다고 하는데 0.5 m³ 이상의 전석을 어떻게 재료로 쓸 수 있나요?

해설 깬돌이나 깬잡석의 돌쌓기, 돌붙임의 규격은 뒷길이를 기준으로 하고 있고, 큰 조약돌이나 야면석은 공사용으로 쓸 수 있으나, 전석은 0.5 m³/개 이상의 석괴이기 때문에 소할 없이 돌붙임 공사용으로 사용할 수 없는 것이 상식입니다.

질문 5 야면석 35×35×46(뒷길이)이고, 단위 중량이 개당 40kg 상당이며, 석축 수량이 약 40 m³ 인 때, m³ 당 몇 개나 되나요.

해설 0.35×0.35×0.46 = 0.05635 m³/개, 1÷0.05635 = 17.746 ≒ 18 개/m³, 이때, 파쇄석의 비중을 γ_t = 2,600×0.756($\frac{C}{L}$) ≒ 1,960kg/L과 C를 고려한 상태이므로, 1,960kg/m³÷18개 = 108.8 ≒ 110kg/개당 무게 상당인 바, 위 질문 중 개당 40 kg은 잘못 판단한 것이며, 구 건설표준품셈에는 35×35×55의 개당 무게가 100kg/개 상당임을 참고하십시오.

<돌쌓기의 단위당 개수 및 발생 품에 대하여>

질문 6 석축공사에 있어 품셈 7-6 돌쌓기의 갯수 및 중량의 표준에 의하면 뒷길이 35 cm(25×25)의 m² 당 갯수는 17개 340 kg이나 실제 시공은 12개 입니다. 설계 변경할 수 있는가요.

해설 품셈은 보편적이고 표준적인 공법, 공종을 기준한 것으로서 0.25×0.25는 개당 0.0625m^2 인 바, 1÷0.0625 = 16개이나 여유 기타를 고려하여 17개/m^2 (구 품셈)로 규정되어 있는 것으로서, 귀문의 경우와 같이 12개/m^2 로 시공하였다는 것은 규격이 큰 석재를 사용한 것 등으로 품셈의 해석에 관한 사항이 아님을 이해하시기 바랍니다.

질문 7 도로개설 공사장에서 암발파 후 발생된 파쇄암을 하천개수 석축 뒤채움 잡석으로 사용코자 하나, 공사현장에 운반된 파쇄암을 깨서 잡석으로 사용할 수 있도록 하는 깨는 품 적용은 어떻게 하는지? 또 기존 Box(2×2m) 속에 퇴적된 준설물량에 대하여 준설 방법·품 적용은 어떻게 하는지요?

해설 구 건설표준품셈 8-2 야면석 채집에 있어 전석(0.5m^3 이상)의 소할을 필요로 할 경우에는 m^3 당 할석공 0.2인을 가산토록 되어 있음을 참고 하십시오. 또 준설에 있어서는 인력 터파기 품을 적용하시되 현장 실정에 맞게 적용하십시오.

질문 8 단지 조성공사의 일부인 하천개수 공사중에서 석축헐기 및 메쌓기에 대하여 수자원공사의 설계서에는 기존 석축 메쌓기(H = 3.1m)를 인력으로 헐기를 하여 100% 전량 재사용하여 메쌓기(H = 3.0m)를 하도록 되어 있습니다. 그러나 기존 석축을 헐어서 재사용할 경우, 할증을 고려하는 것으로 알고 있으나 표준품셈 등 석축에 관련되는 참고 자료에서는 재사용시 품이 없어 문의 합니다.

제 1 절 석공사 일반

【해설】 구 건설표준품셈 7-8《주》② 항에「발생품을 재사용코자 할 때나 제자리를 고르어야 할 경우는 별도 계상한다」로 되어 있을 뿐 별도 품이 없으나 기존 석재를 사용할 때, 일부 사석용으로 사용될 때에는 적용기준, 1-9 재료의 할증 4. 나. 사석 할증이 고려되어야 할 것이고, 6. 기타 재료할증의 원석 석재판 붙임용재의 할증도 때에 따라 고려되어야 할 것입니다. 특히, 헐기한 수량이 7-1 돌쌓기 개수 및 중량표준에 적합한가 하는 점과 현장내의 운반비, 틈메우기 돌 및 고임돌 등의 수량이 별도 가산되어야 할 성질의 것이 아닌가 하는 등 구체적인 사유에 대한 소명이 없어 확답드리지 못합니다.

<깬잡석 채취에 대하여>

【질문 9】 1. 석축공사에 있어, 깬잡석으로(뒷길이 30 cm)일위대가표를 작성하려고 하니 표준품셈 깬돌 채취품은 뒷길이별로 나왔으나 깬잡석 채취품에는 뒷길이 별이 없고 m^3당으로 규정되어 있으며, m^2당 깬잡석 채취(뒷길이 30 cm) 품을 일위대가표로 작성하려면(화약, 뇌관, 도화선, 갱부, 할석공, 대장공, 인부) 어떻게 적용해야 되는지요?

  2. 깬잡석 채취한 것을 공사현장으로 운반하려고 하는데,
    적 재 : 0.7 m^3 유압식 백호   트 럭 : 8 ton 덤프트럭

  덤프트럭을 이용해서 운반하려면 백호나 덤프트럭은 시간당 사용량이 m^3/hr 이므로, 시간당 사용량을 m^2/hr로 하려면(손료, 유류대, 인건비) 어떻게 환산 적용해야 되는가요?

【해설】 구 건설표준품셈 8-3 깬돌채취는 m^2당 품이 아닌 m^3당으로 보아야 합니다. 이는 8-3 깬돌채취품《주》③으로 증명되며, 8-4 깬잡석 채취는 m^3당 품으로 구성되어 있어 이 또한 유사하며, m^3당 품을 m^2당 품으로 바꾼다는 것은 중량환산 방법으로 7-6을 고려하

면 될 것으로 생각됩니다.

따라서 8-3 깬돌채취품(m^3)의 《주》①에 「견치돌은 본 품의 인력품을 20% 가산하며, 돌붙임용 깬잡석은 20% 감한다」로 되어 있으므로 해답이 될 수 있으며, 뒷길이 30 cm와 35 cm 품으로서의 물·공량은 55 cm와 60 cm의 비율을 고려하시면 이해가 될 것으로 사료됩니다. 여기서 제7장 돌쌓기 및 헐기의 7-6 돌쌓기의 개수 및 중량의 표준과 제1장의 1-10 재료의 단위중량 및 토질분류 등을 참고하십시오.

질문 10 구조물 헐기에 있어 무근콘크리트와 철근콘크리트의 파쇄 버력의 토량의 체적 환산계수 "f"는 어떻게 구하며, 경암 1m^3를 발파하여 보통토사 1m^3와 섞어서 사토할 때 부피상태 계수는 몇 m^3가 되나요?

해설 무근콘크리트와 철근콘크리트 및 토량의 체적 환산계수 "f"라던가 경암 1m^3를 발파한 것과 보통토사 1m^3를 섞어서 사토할 때, 흐트러진 부피의 상태 계수 등은 건설표준품셈에서 정한 바에 따라 구하거나 토질시험을 하는 등으로 적용하도록 하십시오. 경암은 자연상태의 것을 발파하면 1.7~2.0 m^3, 보통토사는 1.2~1.3 m^3로 부피가 커지고 다져진 상태의 것 등이 품셈 제1장에 명시 규정되어 있습니다.

질문 11 본 공사는 ○○광역시 종합건설본부에서 발주한 '○○공단~○고속도로간 도로개설공사'로서 당초 석축공사의 항목이 없었으나, 현장여건상 석축공사를 시행하게 된 바, 석축공사의 높이 5.5 m에 따른 품의 할증 방법에 대하여 질의합니다.

해 설 돌쌓기의 품은 높이 3m 까지의 품이므로 3m 까지는 표준품셈을 적용하고, 3~4m 까지, 4~5.5m 까지의 각 할증을 적용하고 뒷길이 표준과 표준경사 등을 적용해야 하며, 돌쌓기의 기초 및 뒤채움은 별도 계상하는 것입니다. (현행 품셈 7-1-2)

<석재판 붙임에 있어 슈케이스(완충장치)를 이용한 석재판 붙임>

질문 12 석재판의 공장가공제품을 건식으로 평면벽에 설치할 때 shoe case를 이용한 석재판 붙임에 대한 품을 알고자 합니다.

해 설 품셈(건축)제 9 장 돌공사에 석재판 붙임 습식공법과 건식공법(앵커지지공법, 강재 트러스 지지공법) 품이 규정되어 있으며, 2001년도 표준품셈 개정시에 참고품(1-7)로 완충장치(shoe case)를 이용한 석재판 붙임에 대하여 다음과 같은 참고품이 제정되어 있으니 이를 참고로 설계 시공하면 될 것입니다.

▶ 완충장치를 이용한 석재판 붙임

(m^2 당)

구 분	규 격	단위	수 량	비 고
석 재 판	900×600×30mm	m^2	1.03	
철 물		조	4.23	앵커볼트 포함
shoe case		개	8.45	
에 폭 시	석재 접착용	kg	0.082	shoe case 고정용
실 란 트	석재용	〃	0.049	철물 고정용
석 공		인	0.35	
보 통 인 부		〃	0.22	

《주》① 본 품은 "완충장치(shoe case)를 이용한 건식석재 설치공법"을 기준한 것으로, 이와 유사한 공법에도 본 품을 준용할 수 있다.
② 본 품은 공장가공제품을 사용하여 평면벽체에 사용할 때를 기준한 것으로 시공부위가 다르거나 모양이 특수한 경우 또는 소규모 공사로서 공장가공제품의 사용이 곤란한 경우에는 별도 계상한다.

<이하 생략>

제2절 석축공사

<돌붙임과 마름돌 등에 대하여>

질문 1   건설표준품셈 7-4 돌붙임 품의 《주》④ 과 ⑤ 에 대하여 자세한 설명을 바랍니다.

《주》④ 돌붙임의 틈메우기돌은 고임돌량의 15% 까지 계상할 수 있다.

⑤ 찰쌓기 및 찰붙임의 채움콘크리트 소요량은 다음 표를 기준으로 한다.

이 사례와 관련되는 시방은 다음과 같습니다.

　　깬잡석 찰붙임, 붙임높이 2 m,

　　돌뒷길이 0 m ~ 1 m − 55 cm

　　1 m ~ 2 m − 45 cm 를 사용코자 합니다.

해설   위 품 《주》④ 항에 대하여는 돌붙임(찰붙임)의 틈메우기돌의 양을 산출하는 것으로 현행 건설표준품셈 7-1-2 《주》①의 ㉳ 고임돌 소요량 m^2 당 깬잡석 란에서 뒷길이 55 cm 의 경우 $0.19\,m^3/m^2$ 의 고임돌의 수량을 구합니다. 따라서 틈메우기돌은 7-2-2《주》⑦에 의거 $0.19\,m^3 \times 15\% = 0.0285\,m^3$: 틈메우기 고임돌량이 되는 것입니다.

《주》⑤ 항에 대해서는 하단 깬잡석이란 뒷길이 55 cm 의 경우 m^2 당 $0.25\,m^3$ 의 채움콘크리트 소요량은 품셈표에서 알 수 있으며, 같은 방법으로 뒷길이 45 cm 에서는 $0.20\,m^3$ 의 채움콘크리트량을 구할 수 있는 것입니다. 이 돌의 수량은 다음과 같이 공장(뒷길이를 말함)의 45 % 에 해당되는 양 이라는 점을 알아 두시기 바랍니다.

즉, 뒷길이 55 cm 인때 : $0.55\,m \times 45\% = 0.25\,m^3$ 양 … $1\,m^2$ 소요량

제 2 절 석 축 공 사

뒷길이 45 cm 인때 : 0.45 cm×45 % = 0.20 m³ ……1 m² 소요량

만약 붙임돌의 뒷길이 보다 10 cm 정도 더 두껍게 뒤채움을 하고자 할 때에 채움콘크리트량을 구하려면 상기량에 10 cm 의 m² 당 양을 가산하여 계산하면 됩니다.

즉, 뒷길이 55 cm 인 때 0.25 m³+0.10 m³ = 0.35 m³ …… 1 m³ 당 소요량이 되며, 석축을 쌓을 때와 같이 아래쪽은 뒤채움 두께를 더 두껍게 하고, 윗 쪽은 얇게 할 경우에는 평균두께를 구하고 다음 식으로 산출합니다.

뒤채움콘크리트량 (m³/m²) = (돌쌓기 평균두께(m) − 돌의 뒷길이(m))
　　　　　　　　　　　　　+ (돌의 뒷길이 "m" ×0.45)

다만, 여기서 45 % 적용은 깬잡석, 깬돌, 돌쌓기와 붙임에 한하여 적용되는 것입니다.

<돌쌓기의 개수와 중량에 대하여>

질문 2　건설표준품셈 제 7 장 돌쌓기 내용 중 《주》 ① 공통 돌쌓기의 개수 및 중량의 표준에 대한 질의입니다.

현장 내 약 80 m² 의 돌쌓기 공종이 있어, 75 cm 규격의 깬돌을 표에 의한 m² 당 중량 560 kg 을 적용하여 설계하고 다음과 같이 자재발주를 하였습니다.

80×560 kg ≒ 45 ton 하지만, 막상 자재를 반입하고 보니 자재가 턱없이 부족하기에 검토한 결과, 적용시킨 중량이 560 kg 이 m² 당이 아니라 개당 중량인 것으로 보였습니다.

그 사유는 단위중량을 2,500 kg/m³ 으로 가정하고 무게를 구해보면, 0.75×0.5×0.5×2,500=470 kg, 470 kg/개×4개/m²=1,880 kg/m² 으로 m² 당으로 보기엔 차이가 너무 나기 때문입니다.

다른 규격 역시 산출해 보면 m² 당 중량이 확연히 차이를 보입니다.

25cm(17×17), 132kg, 0.25×0.17×0.17×2500 ≒ 18kg,
18×33 ≒ 596kg/m², 30cm(20×20), 264kg,
0.3×0.2×0.2×2500 ≒ 30kg, 30×24 ≒ 720kg/m²

이와 같이 표에 의한 중량과 산출한 개당중량이 상당한 차이를 보임으로 인해 산출된 자재가 현장에서는 자재발주 시 부족함을 보이고 있습니다.

이와 같은 사유로 인해 설계변경을 하고자 하나 발주처에서는 근거가 명확하지 않아 설계변경이 곤란하다고 합니다.

[해설] 깬돌의 돌쌓기 m²당 소요개수는 1963년도 토목공사 설계표준품셈(건설부)이후 계속 사용해온 품으로 소요개수로 설계하면 문제가 없으나 중량으로 설계 시 귀 질의와 같은 사유가 발생할 수 있기에 돌쌓기 품이 개정(2018 개정)되어 돌쌓기의 개수 및 중량의 표준표에서 중량을 삭제하고, 돌의 중량은 돌의 형상, 종류, 부피 등을 고려하고 1-10의 재료의 단위중량을 참고하여 계상하도록 하였음을 참조하십시오.

[질문 3] 돌쌓기 품 중 토목품셈에 없는 7-2 마름돌 "7-2-1" 마름돌 설치와 "7-2-2" 돌담 및 기타 쌓기에는, 앞의 것은 단위가 "m³당" 인데 돌담 기타는 "m²당" 으로 되어 있습니다. m³당의 품이 아닌가요?

[해설] 이 품은 토목품셈이 아니고, 건축품셈의 품을 수록한 것입니다.

제 2 절 석 축 공 사

7-2 마름 돌(구 품셈)
7-2-1 설치

(m³ 당)

구 분	단위	연 석	중 경 석	경석 및 화강석
쌓 기 모 르 타 르	m³	0.2 ~ 0.45	0.3 ~ 0.45	0.2 ~ 0.45
석 공	인	3.5	6.0	6.5
줄 눈 공	〃	0.04	0.04	0.04
보 통 인 부	〃	3.0	7.2	10.0

《주》 ① 본 품은 마름돌 1개의 크기를 0.035m³ 이하의 원석을 기준으로 한 것이다.
② 치장 줄눈 모르타르 및 철물은 설계수량에 따라 별도 가산한다.
③ 본 품에는 소운반 및 기구손료가 포함되어 있다.
④ 아치 등 특수한 경우에는 품을 30% 까지 가산할 수 있다.

7-2-2 돌담 및 기타 쌓기

(m² 당)

종 별	규 격	쌓 기 모르타르 (m³)	연석일 때		경석일 때	
			석공 (인)	보통인부 (인)	석공 (인)	보통인부 (인)
마름돌 및 간석	1개 0.3m³ 미만	0.1 ~ 0.2	1.0	0.8	1.5	1.2
	1개 0.3m³ 이상	0.05 ~ 0.17	1.2	1.0	1.7	1.3
거 친 돌	1개 0.3m³ 미만	0.15	0.8	0.6	1.2	0.9
	1개 0.3m³ 이상	0.13	0.9	0.7	1.35	1.0
암 거, 아 치		설계수량	1.5	1.2	2.2	1.8
덮 개		-	0.8	0.6	1.2	0.9
갓 돌, 깔 기 돌	m 당	설계수량	0.065	0.13	0.1	0.2

《주》 ① 치장 줄눈 모르타르는 설계수량에 따라 별도 계상한다.
② 본 품에는 소운반 및 기구손료가 포함되어 있다.

위 품의 마름돌 설치의 경우는 1개의 크기가 0.035m³ 이상의 원석, 즉 1m³(1 ÷ 0.035 = 28.57 ≒ 29개 상당) 2,000kg ÷ 28.6 ≒ 69.9 ≠ 70kg 상당 이하의 마름돌 설치의 품이므로 m³ 당으로 적산함이 마땅하고, 돌담 쌓기의 품은 1개의 크기가 $0.3\,m^3$ 미만, 또는 그 이상의 석괴를 쌓는 것으로서 $2,000(1 \div 0.3) ≒ 600\,kg$/개당 상당의 크기의 마름돌이나 각석을 쌓는다고 볼 때, 토목의 메쌓기·찰쌓기 등의 단위와 같이 m^2 당으로 적산합니다.

만약, 마름돌 및 각석의 쌓기 두께가 두꺼워 $0.3\,m^3$ 상당의 돌을 2 또는 3개 정도 겹쳐 쌓거나 양쪽으로 2줄을 놓고 그 속에 잔돌을 채워야 하는 특수공사의 경우는 별도의 품이 고려되어야 하되, 반드시 위 품의 2배로 계상되어서도 아니된다고 봅니다. 그 이유는 노출 마무리 면이 양쪽이 아니고 한쪽은 안으로 가려지게(은폐)되기 때문에 반드시 비교 설계하심이 좋을 것으로 사료됩니다.

<품셈 7-1-2 찰쌓기에 관련하여>

질문 4 석축 찰쌓기 품셈의 품을 확인하면 찰쌓기의 장비조합이 굴삭기 $(0.6\,m^3)$을 적용하여 그 효율을 깬잡석 뒷길이 $35\,cm$의 경우 $0.24\,m^3/h_r$로 적용하고 있으나 현장 여건상 중형장비의 진입이 어렵고 소형장비 굴삭기$(0.2\,m^3)$무한궤도를 적용할 경우, 장비효율 적용기준이 명시도 있지 않아 위와 같을 경우 그 값을 어떻게 적용하는 것이 적절한지요?

해설 건설표준품셈 제7장 돌쌓기 7-1-2 찰쌓기 깬잡석 뒷길이 $35\,cm$ 장비시 $0.6\,m^3$ 급에서 $0.2\,m^3$ 급으로 시공할 경우 사용시간에 대한 것으로, 깬잡석 뒷길이 $35\,cm$는 m^2 당 17개, 개당 중량은 $55\,kg$ 정도이므로, 굴삭기의 규격이 변경되더라도 사용시간에는 큰 변동을 기할 만한 것은 못되는 것이 아닌가 생각합니다만, 현장 여건을 고려하여 공사 당사자 간에 합의 변경할 수도 있을 것입니다.

제 2 절 석 축 공 사

질문 5 ① 돌쌓기에 있어 ㅇ 찰쌓기 및 찰붙임 채움콘크리트 소요량
② 야면석 뒷길이 45 cm 사용할 때, 콘크리트 $0.15\,m^3/m^2$ 가 소요되며 고임돌 $0.11\,m^3/m^2$ 를 사용할 수 있는지의 여부

해 설 건설표준품셈 7-1-2 에 야면석 뒷길이 45 cm 인 때의 채움 콘크리트량과 고임돌 소요량이 명시되어 있으므로 자명한 것임.

질문 6 자연석 물량 산출근거 및 방법에 대하여 설명 바랍니다.

해 설 자연석은 야면석, 전석, 호박돌의 유사개념으로 보아야 하고, 물량산출에 있어 단위 기타의 기준은 품셈 제1장 1-4 수량의 계산 등에 의해야 합니다. 부피의 계산은 토량계산과 같고 비중은 보통암 이상으로 암질에 따라 구분됩니다.

<석재판 붙임에 대하여>

질문 7 석재판 붙임의 경우 재료비는 거래시가를 적용하고 재료의 할증은 정형물 10 %, 부정형물 30 % 를 적용하는지 여부

해 설 표준품셈(건축부문)상 건설재료 및 자재단가의 결정은 거래실례 가격을 기준하도록 하고 있으며, 석재판 붙임시, 석재의 할증률은 정형물일 때 10 %, 부정형물일 때 30 % 로 하도록 규정되어 있음을 회신하며, 아울러 표준품셈은 국가, 지방자치단체, 정부투자기관 및 위 기관의 감독과 승인을 요하는 기관의 건설공사에 적용토록 하고 있습니다.

질문 8 규격이 없는 석산돌(크기 0.3 m³ 내외)을 사용하여 유원지의 자연경관을 살리고자, 경사도 없이 비탈면에 凸, 凹이 있게 돌을 쌓을 경우
① 품의 적용을 품셈 7-1-3 전석쌓기로 계상하여야 하는지요?
② 품셈 7-1-2 찰쌓기로 계상하여야 하는지요?

해설 전석은 돌 1개의 크기가 0.5 m³ 내외의 석괴로 규정하고 있으며, 깬 잡석은 모암에서 1차 폭파한 원석을 깬 돌로서 깬돌보다는 형상이 고르지 못한 돌 등, 품셈 제1장 1-34《주》⑥~⑬에 해설되어 있으므로, 이를 참고로 판단하여야 합니다.

질문 9 하천 호안공사에 발파석(500×600×700)을 이용하여 2~4 m 높이로 정원석 쌓기 형식으로 시행하고자 하는 바, 건설표준품셈의 제4장 4-6 정원석 석축공과 제7장 7-1-3 전석쌓기 중 어느 품을 적용함이 타당한지를 문의하오니 회신하여 주시면 감사하겠습니다.

해설 하천의 호안공사는 조경공사의 정원석 석축공종이 아니고, 발파석의 규격(500×600×700)으로 보아 전석(0.5 m³)의 크기도 못되므로, 건설표준품셈 7-3 돌쌓기(메쌓기) 깬잡석 켜쌓기와 전석쌓기를 비교 검토 적용하심이 가하다고 생각합니다.

<석재 다듬기 공량은>

질문 10 조경용 석재를 다듬질 할 때, 석공 1인당 1일 몇 m² 정도의 다듬질이 될 것인지요.

제 2 절 석 축 공 사

> **해설** 우리나라 품셈에 있던 석재 다듬기 품은 '85년도에 삭제되었습니다.

이 품이 '84년도까지 적용되었으므로 이를 참고하시고, 외국의 조경석재 다듬 품을 소개하면 다음과 같으니 참고하십시오.

공 종 \ 석 질	사 암	보통경석	화강암 및 기타 경석	비 고
거 친 정 다 듬	3.9	1.9	1.3	석공 1인의 1일 다듬량(m^2).
잔 다 듬	3.3	1.9	1.1	
거 친 다 듬	2.6	1.3	0.8	
중 간 다 듬	1.2	0.6	0.4	
고 운 다 듬	0.9	0.5	0.3	
본 갈 기	0.6	0.3	0.2	

※ 위의 품은 조경용 석재다듬 참고품으로서 '84년도까지 적용되었던 우리나라 건축공사용 석재다듬기 품과는 다른 것임.

<돌쌓기 제 7 장 전석쌓기의 품에 대하여>

> **질문 11** 현재 $0.5\,m^3$ 급으로 전석쌓기 품셈기준으로 적용되어 있는데 실제 시공은 전석 $0.5\,m^3$ 급 이상이나 그 이하정도로 $0.3\,m^3$ 급으로 돌을 쌓는데 품은 $0.5\,m^3$ 으로 적용을 해도 되는지?

> **해설** 건설표준품셈 7-1-3 전석쌓기 품 적용에서 전석의 크기는 개당 $0.5\,m^3$ 내외의 전석을 말하는데 실제 시공은 $0.3\,m^3$ 급으로 쌓는 경우 품은 $0.5\,m^3$ 급으로 적용해도 되는가에 대하여, 전석의 크기는 $0.5\,m^3$ 내외이고 $0.3\,m^3$ 급 정도는 깬돌 또는 깬잡석으로 볼 때 시공 품도 비례적용 방법이 고려되어야 할 것입니다. 그러나 전석의 크기가 종전 $0.5\,m^3$ 내외에서 전석($0.3\,m^3 \sim 0.5\,m^3$)급으로(2018 개정) 기준이 바뀌었습니다. 종전 품이나 현행 품이나 이 범위에서 어느 정도까지의 적용을 허용할지의 기준은 별도로 정해져 있지 않습니다.

품셈은 건설공사 중 대표적이고 보편적이며, 일반화된 공종 공법을 기준한 것으로 이에 대한 적용은 공사 당사자가 해당 공사의 특성 현장여건, 기타조건 등에 따라 조정 결정하되 부당하게 감액하거나 과잉 계산되지 않도록 해야 할 것입니다.

<돌쌓기 전석의 규격에 대하여>

질문 12 돌쌓기 공정 전석 쌓기 품은 $0.5\,m^3$ 내외의 전석으로 되어 있습니다.
현장구입이 가능한 $0.25\,m^3$ 내외로 전석 쌓기 품을 적용시 너무 과한 것 같아 $0.25 \div 0.5 = 50\,\%$ 을 적용시 가능한지요?

해설 건설표준품셈 제7장 7-1-3 전석 쌓기의 전석의 규격이 $0.3\,m^3 \sim 0.5\,m^3$ 으로 개정(2018 개정)되었음을 참고하시고, 전석의 규격을 일정하게 정할 수는 없는 것으로 규격에 다소 크거나 작더라도 무방할 것으로 생각됩니다. 그러나 $50\,\%$ 정도 차이가 날 경우 취급의 난이가 다르므로 단순계산 품을 $50\,\%$ 로 적용할 수는 없을 것입니다. 메쌓기 품 중 해당 품을 비교 해당공사의 특성을 고려하여 검토하심이 가할 것으로 생각합니다.

질문 13 <전석쌓기에 있어 채움 콘크리트의 품질 기타품이 규정되어 있지 않은데 적용은 어떻게 하는가>

해설 건설표준품셈 제7장 돌쌓기 및 헐기 7-1-3 전석쌓기 m^2 당 품에서 채움콘크리트 수량이 m^2 당 $0.2\,m^3$ 으로 규정되어 있으나, 채움 콘크리트의 배합비에 대한 명시도 없고, 또 동 콘크리트의 타설 품 또한 규정되어 있지 아니하여 운반·타설·양생의 품에 대한 고려가 요구될 것이 아닌가 하는 문제제기는 될 것입니다만, 이 공종은 $0.5\,m^3$

급 이상의 전석 쌓기용 채움콘크리트 이므로 무근 구조물용 콘크리트 품질 정도로 충분할 것 같고, 소량의 콘크리트 채움재는 전석 쌓기 하는 석공이 쌓기와 채움 시공을 동시에 실시하는 것으로 보는 것이 타당할 것이란 점이 고려될 수 있다고 생각합니다.

질문 14 <석재판의 재료 할증률에 대하여
정형돌과 부정형 돌의 품에 대하여>

해설 건설표준품셈 제1장 적용기준 1-9 재료의 할증률 6. 기타재료 할증, 석재판 붙임용재 정형돌 10%, 부정형돌 30%로 규정되어 있지만, 정형과 부정형의 한계에 대하여는 따로 규정된 바 없으며, 이들은 다른 할증 요소와 중복 계상할 수 없습니다.

제 3 절　구조물 헐기 부수기

<헐기 부수기 등에 대하여>

질문 1　시멘트벽돌 한쪽 면에 15mm 두께의 모르타르 마무리한 것을 헐기 및 부수기 하여야 하는데, 벽돌품 만으로는 부족합니다. 이를 보정할 수 없는가요.

해설　헐기 및 부수기의 작업물량 계산은 m^3 당 품으로 구성되어 있으므로 두께를 고려할 수 있을 것이며, 그 두께만큼을 콘크리트 준용으로 계상할 수도 있을 것이나, 현실적으로 실익이 있는가는 별개의 것으로 사료됩니다.

질문 2　철근콘크리트 구조물 헐기에 있어, 철근을 콘크리트 속에서 모두 골라내는 품이 포함되어 있는가요.

해설　구조물 헐기의 품은 헐기·부수기의 품으로서 철근이나 철골을 따로 선별 집적하고자 하는 품이 포함된 것입니다.
　　철근의 절단 및 절단기 등의 손료도 별도 계상하는 것이며, 선별 집적시는 따로 계상되어야 하나 이에 대한 명확한 품은 없습니다.

제3절 구조물 헐기 부수기

질문 3 ○○아파트 옥상 보호콘크리트(무근) 철거공사를 하였는데, 작업반경이 협소(폭 1m)하여 20cm 두께의 콘크리트 철거작업시, 저희 실행으로 1m³당 약 8~9인의 품이 들었으며, 1m³당 6~7인의 품이 결손을 보게 될 실정입니다.

해 설 건설표준품셈(건축) 18-2-1 구조물 헐기 품은 발생재의 재사용을 고려하지 아니한 막 헐기 및 부수기의 품으로 보아야 할 것이며, 교량슬래브 철근콘크리트 등의 떼어내기와는 다른 별개의 헐기·부수기 품입니다.

따라서 귀문의 경우와 같이 기존 콘크리트 바탕을 잘 보호 유지하면서 표면콘크리트 일부만을 제거하는 품은 품셈에 명시된 바 없으니 발주처와 협의 처리하시기 바랍니다.

질문 4 건설표준품셈 제7장 7-8 석축 벽돌 헐기 및 콘크리트 부수기에서 콘크리트 m³당 할석공이 2.0인 인바, 구조물보수 등 부분적인 콘크리트 부수기와 따내기 등에서는 할증률을 계상할 수 있다고 되어 있습니다. 터널보수 및 교량보수시(보 자리 콘크리트 일부깨기) 등의 작업시 할증률 적용하는 자료가 필요합니다.

※ 터널 보수시 콘크리트 깨기(예)

좌측 보기와 같은 단면 100m 를 깨면

$$V = \frac{0.05 + 0.08}{2} \times 0.05 \times 100 ≒ 0.325 \, m^3$$

즉, 0.3 m³ 밖에 안됨. ∴ 0.6인 소요로 실정과 맞지 않음.

해설 귀 질의 내용은 정해진 치수로 까내는 것이므로 전체를 마구 부수는 것과는 품을 달리 계상함은 당연한 것이라고 사료되는 바, 귀 문의 성격으로 볼 때 콘크리트 신축이음장치공 보수시의 품 적용과 비슷하고 콘크리트 균열 보수품과도 비슷한 바, 콘크리트 커터시공을 병용해야 할 것으로 사료되며, 기계설비 표준품셈 1-8. 구멍뚫기 품 등에서도 적절한 품을 참작하여 적용함도 고려될 수 있을 것으로 사료됨.

<방수층 철거 품에 대하여>

질문 5 무근콘크리트를 기계사용 철거 7-9 구조물 헐기(소형브레이커＋공기압축기)와 26-7-5 기존 방수층 및 보호층 철거의 품 적용에 있어서, 옥상(4층) 기존 시트방수층 및 누름층(t=8cm)의 철거품을 어떤 품으로 적용할 수 있는지?

해설 건설표준품셈(건축) 18-2-1 구조물 헐기품은 구조물을 철거할 때 적용하는 품이고, 18-1-2 해체 철거공《주》③ 기존방수층 및 보호층 누름콘크리트 두께 8cm 정도의 보호층을 철거하고 방수층을 보수할 때의 부분철거에 적용하는 품입니다.

제 8 장 골재 채취·채집

<돌 붙임용 깬잡석의 채집>

질문 1 구 품셈 1. 돌붙임용 깬잡석(17×17×25) 채취품은 어떤 품을 적용해야 올바른 것인지? 품 8-3, 8-4 중에서

2. 돌붙임용 깬잡석(17×17×25)의 채취품을 깬잡석 채취(8-4) 품(m^2당)을 적용할 경우, m^2로 환산시, 보통 단위 중량을 이용하여 환산하나, 이 경우 m^3를 m^2로 환산하는 경우가 옳은 것인지 여부와 그 생산된 일당 채취 가능한 돌(규격돌 17×17×25)의 채취율은 어떤 기준에 의하는지?

3. 만일 깬잡석 채취품(8-4)(m^2당)을 적용할 때, 뒷길이와 규격에 따른 차이가 없이 뒷길이에 따른 단위 중량으로 환산처리 되는데 이것이 합리적인지?

4. 돌붙임용 깬잡석(17×17×25 cm)을 품(8-3)(m^2당)을 적용시, 예시된 품에 없는 뒷길이에 따른 품의 적용을 어떻게 해야 하는지?

해설 1항에 대하여 : 돌붙임용 깬잡석 채취품 적용은 모암을 파쇄하여 채취할 경우, 표준품셈 7-2를 적용하고, 전석이나 전석크기 이상 되는 석괴를 인력 파쇄할 경우, 표준품셈 7-1 깬잡석 채취품을 적용함이 가 할 것으로 사료되며,

2. 3항에 대하여, 표준품셈 7-1 깬잡석 채취품 적용시 (m^3당)을 (m^2당)으로의 환산은 $\dfrac{m^2당 중량}{단위중량}$ = ○ m^3/m^2 ( ) ₩/m^3 × ○ m^3/m^2

= ( ) ₩/m²로 계상되며,

4항에 대하여, 품셈에 명시된 뒷길이에 대하여 비례 적용함이 타당하다고 사료됨.

(기감 30720-28332)

질문 2   골재 채취에 있어 인력으로 채취할 때에는 모래 0.25인/m³, 친모래 0.5인/m³, 자갈 25mm 이하 1.44인/m³, 40mm 이하 1.0인/m³로 되어 있으나, 현장조건이 아래와 같을 때 기계로 채취하고자 합니다. 이때 모래 및 자갈의 채취방법은 어떻게 하여야 합니까?
  모 래 : 불도저로 모으고 로더로 싣기만 하면 되고,
  자 갈 : 불도저 및 백호, 로더 등 기계를 사용하여 모으고 실을 수 있음.
이때 친모래 및 막자갈, 25mm 자갈, 40mm 자갈로 선별 채취하고자 할 때 적용근거는?

해 설   19ton 불도저로 작업거리 20m 이내 기준으로 설계하고(로더는 적정 기종), 트럭은 8ton~15ton 급 기준으로 설계하면 됩니다.

친모래의 선별품은 모래 0.25인/m³, 40mm 자갈 0.7인/m³, 50mm 자갈 0.44인/m³, 25mm 자갈 1.14인/m³ 이내에서 현지 실정에 따라 조정 계상할 수 있습니다(0.3인/m³ 공제한 것임).

이는 자갈의 선별품으로 규격 있는 친자갈의 품에서 막자갈 0.3인을 공제한 것을 비교하되, 단순 인력 채집품과 기계채집+선별품을 비교 설계하여 경제적인 방법으로 계상해야 합니다.

질문 3 4년 전에 시공한 해안 석축이(높이 5 m) 해일로 인하여 그 동안 파괴(흐트러진 상태)되어 이를 보수함에 있어, 파괴된 돌을 잡석으로 재활용코자 품을 구하려 하였으나 바다에서의 채취품이 없어 현장의 작업 조건을 감안하여 야면석 채집으로 적용하여도 좋은지 여부?

조건 : 1. 흐트러진 상태. 사방 운반거리 5 m ~ 15 m
　　　 2. 조수 (하루에 2번), 지반은 습지 상태.

해설 야면석 채취품을 적용하여도 무방할 것이나, 조수대기 등이 있어 현장 실정을 참작하여 비교 설계를 해 보는 것이 좋을 것입니다.

질문 4 건설품셈에 조약돌의 채집은 m^3 당 0.6인으로 규정되어 있으나, 하천에서 돌망태용 조약돌을 백호로 채집하여 스크린 작업 후 사용하고 있는데, 0.6인/m^3는 비용이 너무 많아 적용에 곤란을 겪고 있습니다.

해설 하천에서 많은 양의 조약돌을 백호로 채집, 선별 사용하면 시간당 백호의 경비＋스크린의 비용과 보통인부 2~3인의 조합으로 가능하다고 사료됩니다.

　이때 0.6인×35,000원 = 21,000원/m^3 의 채집비가 소요되나 기계 시공비용으로 구해 보면 다음과 같습니다. (예)

　(예시) (백호의 0.7 m^3 급으로 본 때)

$$Q = \frac{3{,}600 \times 0.7 \times 0.9 \times 0.86 \times 0.6}{19} = \frac{1{,}170.28}{19} = 61.59 \, m^3/hr 의 약 60\%$$

를 사용하는 것으로 보면, 61.59×0.6 ≒ 37 m^3/hr …… 조약돌량

백호의 경비 = 약 55,000원/hr
보통인부(3인×35,000)÷8시간 = 11,250원 ｝계 66,250원/hr

∴ 66,250 원 ÷ 37 m³ = 1,790.50 원/m³ 상당이 되는 단순계산도 됩니다.

0.4 m³ 급으로 계산하면 비용이 더 상향될 것이고, 여기에 스크린의 손료를 또 가산해야 하며, 스크린 투입에 관한 것도 문제점으로 남게 되는 등 많은 요인이 있으며, 작업능력을 40%로 보더라도, 61.59 × 0.4 = 24.6 m³ 상당으로 66,250원 ÷ 24.6 = 2,693원 등의 경비인 바, 21,000 원/m³ 와는 큰 차가 있음을 알 수 있습니다. 그러나 기계공이 만능이 아니라는 점을 이해하시고 품질 문제도 함께 고려하십시오.

질문 5
공사비 산정에 있어 모래, 자갈을 채취할 경우와 모래, 자갈의 현지 채취가 곤란하여 구입하게 될 경우, 골재대를 일반 관리비 대상액에 계상되어야 하는가?

해설
모래, 자갈은 채취 사용이 원칙이나 채취가 불가능한 경우, 부득이 구입할 때에는 시가 구입의 경우라도 재료의 운반, 관리 등의 부대비용은 재료비로 계상하여야 하는 것입니다. 그러나 기계로 채취할 때에는 건설기계 손료 등 기계경비로 설계함이 바람직한 경우가 많습니다.

<깬 잡석 채집을 위한 발파석의 소할 기타>

질문 6
품셈의 깬잡석 채집을 산간부 도로공사의 석축공사에 적용하는 경우 현지 암 발파석을 소할하여 사용할 때 할석공 0.2인/m³ 당을 적용하게 되어 있는 바, 이는 현실과 너무 거리가 먼 실정으로 이는 할석공 1인이 1일 400~600개의 깬잡석을 소할하여야 한다는 이론이 됩니다. (현실은 1인이 40~50개 정도임)

제 8 장 골재 채취·채집

해설 깬잡석 채취는 전석이나 석괴에서 깬잡석 $1\,m^3$ 생산의 품이며 갱부, 할석공, 대장공, 인부 등이 협력해서 생산하므로 0.2인/m^2 로 계산하는 것을 뜻하지 아니하며 $1 \div 0.2 = 5\,m^3$ 이므로 개당 25 kg 이라 하면 $(2,000\,kg \times 5\,m^3) \div 25 ≒ 400$개 정도이다. 이는 화약 발파된 것을 채취하는 것이므로 가능한 것으로 추정됩니다.

질문 7 친자갈을 채취하여 콘크리트용 재료로 사용하는데 5~40 mm 로 설계되어 있는 것을 5~25 mm 규격 채집으로 설계하였다고 해서 감액처분 요구를 받았습니다. 비율로 감액 계상되어야 하는 것이 아닌가요.

해설 우리 품셈에는 다음과 같이 명시 규정하고 있습니다.

(m^3 당)

종 별	자 갈					부 순 돌					조약돌
구 분	막자갈	친 자 갈									
골재의 크기 (mm)		5~25	5~40	5~50	50 이상	10~80	10~60	10~40	10~25	10~13	150 내외
보통인부(인)	0.3	1.44	1.0	0.74	0.65	3.3	3.8	4.4	5.4	6.8	0.6

위 근거에 따르면 5~40 mm 는 m^3 당 1.0 인 이고, 5~25 mm 는 1.44인/m^3 이므로 비율 감액이란 생각할 수 없는 것입니다. 이는 체내림에 있어 KS A 5101 표준체를 기준으로, 입도 분포에 따른 품질을 구하는 기준일 뿐입니다.

<돌망태용 채움 골재채취>

질문 8 ① 도로 및 제방호안 공사와 ② 수해복구공사로서 강원도 ○○시청에서 발주한 공사임. 저희 회사에서 수주 시공하였던 바, 공사

1항은 준공검사가 끝나고 2항은 오는 7월 6일에 준공예정인데, 준공된 공사 1항에 이어 계약한 2항의 공사 시공과정에 돌망태, 돌채집이 할석공 0.2인과 보통인부 0.25인으로 당초 설계상에는 적용되어 있었으나 도청 종합감사과정에 채집인부가 필요없다고(과다설계) 인부 0.25인을 삭제처리토록 변경되었습니다. 본 품셈에 의하면 보통인부가 적용됨을 알고 있으나, 감사반의 과다설계라는 해석에 도저히 이해가 되지 않아 질의합니다. (채집장소 - 깬잡석 운반거리 15km ○○ 시멘트광업소 폐석장)

해설 돌망태 채움용 골재의 채취를 ○○광업소 폐석장에서 채취 사용하도록 설계되어 있고 동 폐석장에서 규격 석재를 채취사용할 때 $0.5m^3$급 이상의 석괴 또는 전석에서 생산할 때의 품은 7-1-3 잡석 채취품이 소요되는 것이고(하천채취는 예외), 이때 할석공 0.2인과 보통인부 0.25인의 품은 표준품셈 규정사항으로 인부의 품을 제외하는 지적사항은 그 근원을 어디에 둔 것인지 귀문 만으로는 판단할 수 없으니 담당관에게 의견 조회하시기 바랍니다.

<깬돌 채취품의 단위가 m^2 당인가 m^3 인가>

질문 9 한국 ○○ 공사와 도급계약 체결하여 시행중인 ○○ 신도시 건설공사(2-1 공구)를 시행함에 있어, 설계용역사에서 호안공 깬돌채취 단가 산출시 단위를 m^3당으로 단가를 산출하였음. 당 현장에서 단가산출서 검토 중에 깬돌채취 단가는 표준품셈 8-3항(대한건설진흥회 발간 '98년)에 의하면 m^2당으로 되어 있어 설계사에 문의한 결과 설계사에서는 건설연구사 발행 표준품셈에 m^3당으로 산출되어 있어 깬돌 채취 단위를 m^3로 산정하였다고 함. 2종류의 품셈이 서로 상이하므로 깬돌채취 단가 산정시, 단위가 m^2당인지 m^3당인지 불명확하여 질의하오니 깬돌채취의 정확한 단위를 회신하여 주시기 바랍니다.

제 8 장 골재 채취·채집

해설 깬돌과 깬잡석은 유사한 성질의 석재임은 주지하시는 바와 같습니다. 이 품을 1962년도 처음 제정할 때 참고로 한 (日人)良本正勝과 櫻井盛男 등의 土木工事步掛서적에는 깬돌의 경우, 깬돌 $1m^2$ 에 대한 규격별 원석량(공장 30, 35 cm의 것은 $0.36 \sim 0.42\,m^3$, 45, 55 cm의 것은 $0.54 \sim 0.66\,m^3$)이 규정되어 있어 원석 $1m^3$ 로는 $1 \div 0.39 = 2.56\,m^2$ 상당의 깬돌량이 됨을 알 수 있고, 또 동 깬돌 m^2 당 품의 《주》에도 모암을 파쇄하여 깬돌 $1m^3$ 생산을 기준한 것임을 밝히고 있을 뿐 아니라 깬잡석의 품이 m^3 당으로, 깬돌의 품과도 유사하므로 우리 품셈 제정시 m^2 당 품을 인용할 때 깬돌 m^2 당 원석량이란 뜻을 누락시키고, 단위를 m^2 로만 정한 잘못이 있다고 판단하여 폐사에서는 m^3 당으로 표기한 것임을 참고하시기 바라며, 현실적으로 이 품을 m^2 당으로 적용했을 때 2배 이상 많은 품이란 것도 또한 사실임을 감안하시기 바랍니다.

질문 10 <건설기계의 준설선과 하천골재 채취선의 품에 대하여>

해설 하천골재 채취선의 작업량 계산식과 손료 등은 건설표준품셈 9-51에 소개되어 있으니 적용하시기 바랍니다.

〈최신판〉
건설기술 · 관리 법령 · 지침
국가 계약 법령 · 계약 예규

A5·약 1,200 面·積算硏究會 編

〈수록 내용〉

건설기술 · 관리법령 · 지침
- 건설산업기본법 · 시행령 · 시행규칙
- 건설기술 진흥법 · 시행령 · 시행규칙
- 시설물의 안전관리관계 법 · 령 · 규칙
- 하도급 거래관계 법 · 령 기타
- 건설근로자의 고용개선관계 법 · 시행령 · 시행규칙
- 건설관련 [훈령·고시·기준·지침 등 21종 수록]

국가계약법령 · 계약예규
- 국가계약 법령 · 시행령 · 시행규칙
- 지방자치단체 계약 법령 · 계약예규 등 총 20종 수록

-건설연구사 刊-

제 9 장 운 반 공

제 1 절 운 반 일 반

<직고 1m는 수평 6m의 비율로 본다>

질문 1 운반에 있어 직고 1m는 수평 6m의 비율로 환산함에 있어 직고(直高)의 개념이 무엇인가요. 또 시험 기자재의 싣고 부리기 소요시간은 얼마로 함이 좋은가요.

해설 직고란 운반로의 경우 표고(標高) 차를 말하는 것으로서, 수평기준으로 최고와 최저의 높이 차를 말합니다.

시험기기 및 자재의 싣고 부리기 시간은 파손의 우려가 있는 기기 자재 등이 있어, 일반 토목공사와는 다르게 적용되는 것으로서 과학기술처 승인 토질 및 기초조사 표준품셈에 의하면 5분(리어카)으로 계상될 것이나, 개당(낱개)으로 취급되는 석재에 준하는 것과 같음을 참고로 적용하는 것도 검토될 수 있을 것입니다.

질문 2 경사면의 거리 환산방법에 있어 직고 1m를 수평거리 6m로 본다. 에 대하여, 수평거리 130m 수직높이 10m이면 얼마의 거리인가?

해설 현행 제도하에서 지게운반의 경우, 간편법으로 130m+(10×6) = 190m 거리로 계상하나 리어카 트롤리 등의 환산법은 표준품셈 1-30 경사지 운반 환산계수 a 표에 따라 계산합니다 (소운반이 포함된 때에는 -20m로 계산함).

질문 3 거리가 먼 지역에서 자재를 운반할 때 운반수단을 어떤 방법이 좋은가요.

해설 가장 가까운 도청 소재지를 기준으로 해야 하고, 그 곳보다도 가까운 제작공급 도매상이 있으면 비교 검토 후 경제적인 것을 채택합니다. 먼 거리의 운반은 화차, 트럭의 순임.

질문 4 석재 1개당 340kg을 목도로 50m를 운반할 경우, 운반비의 산출방법은?

해설 석재 등 목도운반은 인부(지게)운반과 장대물, 중량물 등의 목도운반 산정식을 도입하여야 합니다. 운반비 = $\frac{A \cdot M}{T}(\frac{60 \times 2 \times L}{V}+t)$로 1목도공은 50kg/인으로 환산해야 하므로 M=340kg÷50kg=6.8인≒7인 소요로 계산되고, 싣고 부리기 준비작업 "t" = 2분이지만, 이때 50kg당 2분을 340kg에 적용할 수는 없으며, 목도를 위하여 로프로 석재를 옭아매야 하므로 개당 2분으로는 현실적으로 불가능하여 2×6.8≒13.6분이 산정되나, 이것은 너무 많아 약 70%로 보면 13.6×0.7 = 9.5분이 된다. 그러나 리어카의 "t"값이 250kg에서 5분을 미루어 볼 때 340kg : 250kg은 1.36이므로, 5분×1.36 =

제1절 운반일반

6.8분 상당으로 산정되므로, 약 6분/개당 정도로 볼 수 있을 것으로 사료됨.

인력운반공 노임 A = 124,911원/일(2018년)

1일 실작업시간 T = 450분

필요한 인력수 M = 340/50 = 6.8인

운반거리 l = 50m

왕복평균속도 V = 2,000m/h_r (V : 중량물 운반, 양호 2 km/h_r)

준비작업시간 t = 6분/개당

$$운반비 = \frac{124,911 \times 6.8}{450} \cdot \left(\frac{60 \times 2 \times 50}{2,000} + 6\right)$$

$$= 16,987원$$

질문 5 시멘트, 철근 등의 소운반비를 산출할 때 운반량(리어카 운반) 250kg으로 적용 가능여부 및 지게 운반량 50kg 적용여부와 적재 적하시간을 토사류로 적용해도 무방한지의 여부.

해설 귀 질의는 품 개정 전의 사항으로 ① 시멘트와 같이 포장단위가 40kg으로 되어 있는 것을 50kg으로 적용하면 아니됩니다 (1지게 40kg인 때에는 그 왕복속도도 달라져야 함). ② 철근과 같이 장척물(長尺物)일 경우는 50kg을 기준하여 계상합니다. ③ 적재 적하시간은 시멘트 등은 토사 1.5분과 달리, 무게의 비율을 조정하여 1분 이내로 계상함이 타당하다고 사료됨.

현행 2018품셈 규정은 삽으로 적재할 수 없는 자재 등의 인력적사는 기본공식을 적용하되 25kg을 1인의 비율로 계산하고 적재 적하시간 및 평균왕복속도는 자재 및 현장 여건을 감안하여 계상하며, 지게운반(보통토사) 1회 25 kg 적재 적하 시간 1.5분, 석재류 2.0분 으로 규정함.

질문 6 토사의 인력운반에서 리어카 및 우마차, 경운기 운반에는 토사의 절취품을 별도로 적용토록 되어 있으나 지게운반시는 절취품을 별도 계산한다는 내용이 없어 다음을 질의합니다.
① 지게, 리어카, 우마차 등으로 운반할 경우, 다같이 토사의 절취를 하여야 적재할 수 있음에도 지게 운반만을 적용치 않게 되어 있음.
② 만약, 지게 운반시 품셈의 품대로 절취를 계산하지 않을 경우, 보통토사(0.16인), 견질토사(0.22인) 또는 호박돌섞인 토사(0.39인) 등 모두 절취품이 다르므로 토사별로 차이가 있음.

해설 인력으로 삽 작업이 가능한 토사를 기준한 것입니다. 그러나 삽 작업이 불가능한 때에는 토사의 절취와 운반은 별도로 계상되어야 합니다.

질문 7 인력 적재에 있어서 $5 \times$ 인부 노임 $\times \dfrac{10}{450}$ (토사인 경우)에서 450의 뜻은?

해설 450은 1일 인력 적재시, 노무자의 순 근로시간 1일 8시간 480분에서 준비 기타 30분을 공제한 "450분(分)"을 뜻합니다.

질문 8 소운반이 포함된 품에 있어서, 소운반 거리 이상의 것은 별도 계상을 하나, 별도 계상시 싣고, 부리기 품은 어떻게 되는가요?

제1절 운반일반

해설 소운반이 계상될 때에는 싣고, 부리기 품도 원칙적으로 계상 되어야 하나, 그 추가거리가 5m 정도라고 할 때에는 사실상의 문제가 될 수 있습니다. 이때에는 작업조건을 먼저 검토하여야 합니다. 즉, 절취와 싣기가 동시 이행될 수도 있기 때문이며, 일반적으로 추가거리가 약간 있다고 하더라도 적사(싣고 부리기)의 품은 따로 계상하지 아니합니다.

질문 9 품셈의 "인력 운반 기본 공식에 있어서 삽으로 적재할 수 없는 자재(시멘트, 철근 등)에 대하여는 적재시간 및 운반속도를 현장 여건을 감안하여 계상한다" 라고 되어 있으나, 이를 적용하는 사람에 따라서 동일 여건의 현장이라 할지라도 그 적용이 틀릴 수 있습니다.

해설 싣고, 부리기의 품이 다르므로 취급 물량을 기준으로 해야 합니다. 삽으로 흙싣기는 25kg 1지게 기준, 1.5분의 경우 적치장의 쌓기까지 포함된 것으로 보면 좋을 것입니다.

질문 10 산지 사방공사를 위하여 시멘트 등 자재를 운반하고자 합니다. 구배가 10% 정도의 험로(협소)로서, 겨우 리어카의 통행이 가능한 지형입니다. 연장구간 250m로 직고는 20m 상당임. 운반량 계산 요령을 하교 바랍니다.

해설 운반의 기본식은 다음과 같습니다.

$$Q = N \times q \qquad N = \frac{V \times T}{120 \times L + V \times t}$$

여기서, Q : 1일 운반량

N : 1일 운반횟수
q : 1회 운반량(리어카 250 kg)
T : 1일 작업시간 (480 − 30 = 450분)
L : 운반거리(m)
t : 적재 적하 소요시간(분)
V : 왕복 평균속도(m/hr) 이며,

고갯길(비탈길이)은 L = 250 m 에, 직고 20 m 이면 4° 34′ 26″ 상당으로 약 8 % 의 고갯길로서 환산하는 거리는

$$환산거리 = \alpha \times L$$

여기서, α : 경사(傾斜) 와 운반방법에 의하여 변하는 계수
L : 수평거리

1.80×250 = 450.0 m 로 구할 수 있음. α = 1.80(8 % 경사) 지게운반에서는 직고 1m를 수평 6 m 의 비율로 본다. 에 따라 (20×6) + 250 = 370 m 로 계상하기도 쉽습니다만, 이는 곧바로 수직으로 운반하는 것이 아님을 이해하시기 바랍니다.

※ 운반물은 대부분이 시멘트라고 하므로 250÷40 = 6.25 포대 로서 약 6 ~ 7 포대로 계상되며, 속도 V = 불량 2,000 m/hr 로 보되, 야산지로 보면 지세별 할증 25 % 의 가산이 고려될 수도 있을 것입니다.

(2018 현행 리어카 품 삭제됨)

질문 11 표준품셈 1-22 지게운반에 있어서 도서지방에 위치한 등대공사 설계시, 자재 운반거리의 경사운반계수 적용방법 및 자재 운반거리 환산 방법은?

해설 해발고도 101 m
경사도 20°
선착장

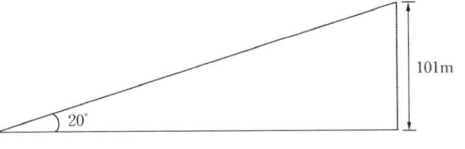

1) 수평거리 : $\dfrac{101}{\tan 20°}$ = 277 m

2) 직고에 대한 비율(1:6) = 101×6 = 606 m

△ 지게운반거리 = 277 + 606 = 883 m

질문 12 덤프트럭 인력 적재에서 5×인부노임×$\dfrac{10}{450}$ (토사의 경우) 중 5와 450의 숫자는 무엇인가요.

해설 덤프트럭 적재 적하시 트럭 1대당 5인의 인부가 조합된다는 뜻이고 450은 1일 작업시간 토공운반에서 480-30 = 450분/일, 실동을 나타낸 것 같습니다만 이 경우는 일반적인 인력운반의 경우와 다르므로 품셈 1-22의 인력운반과 같이 30분을 공제하는 것은 타당하다고 할 수 없습니다.

<소운반의 운반거리 등에 대하여>

질문 13 소운반의 운반거리가 포함되어 있지 않다면, 운반거리가 먼 경우(예를 들어, 3~5층 정도의 수직이동, 40~100 m의 수평이동) 어떤 방식으로 계상하여야 하는지에 대해 질의합니다.

해설 직고 1 m는 수평거리 6 m 비율로 환산하는 것은 인력, 지게 등의 경우를 지칭하는 것으로 보아야 하며, 건축공사의 경우 3~5층 (층고 3.6 m 기준으로 볼 때 10.8~18 m 상당)으로 자재를 운반할 때에도 똑같이 적용될 수 없다고 보아지므로 건축품셈 8장 8-2. 벽돌 운반의 품 구성비를 참고하는 것이 좋을 것입니다.

질문 14 경운기 운반품 적용시, 적재·적하의 노무비 계상에 대해 소운반 L=100 m, 토사류일 때의 적재적하 노무비 계상은

$$q = \frac{1,000}{1,700} \times 1.25 = 0.73, \ f=1, \ e=0.9$$

$$Cm = \frac{L}{V_1} + \frac{L}{V_2} + t$$

$$= \frac{100}{57} + \frac{100}{83} + 11 = 13.95$$

$$Q = 60 \times 0.73 \times 1 \times 0.9 / 13.95 = 2.82 \ m^3/hr = 22.56 \ m^3/day$$

갑설 : 경운기에 따른 조합인부로 봄

(2인×33,755 ('99 노임단가)) ÷ 22.56(Q) = 2,892 W/m³

을설 : 경운기 인부 각 각 별개로 봄

11/450×2인×33,755 = 1,650 W/m³

11/450×2인×33,755 ÷ 0.73(Q) = 2,260 W/m³

해설 경운기는 건설기계로 분류되어 건설표준품셈 9-29 (토목 8-26)에 규정되어 있고, 경운기 1 대에 인부 2 인 조합으로 운영되며 시간당작업량 산정시 적재, 적하 소요시간은 대당 토사류 11분으로 되어 있음을 참고하여 m^3/hr 를 구하여 산정하시기 바랍니다. 경운기의 손료 및 운전경비는 별도 계상해야 합니다.

질문 15 콘크리트 및 재료 소운반 계상시, 소운반 거리가 100 m로 20 m를 초과할 경우에는 20 m를 제외한 80 m 초과분에 대하여 콘크리트 및 재료 소운반을 계상·적용하여야 하는지 콘크리트 타설, 다짐,

양생품 계상시 또한, 20m의 물량을 제외한 80m 초과분에 대한 물량을 계상하여 적용하여야 하는지요.

해설 재료 등의 소운반은 공사현장에 반입될 재료 등을 시공함에 있어 부득이하게 취급되는 소운반으로 20m 이내의 거리를 말하며, 소운반이 포함된 것이라도 20m를 초과한 것은 별도 운반비를 계상하는 것입니다. 다만, 귀문의 경우와 같이 콘크리트의 소운반 거리가 포함된 연 운반거리가 100m라면 재료의 적치가 타당한 것인지도 검토되어야 할 것이며, 불가피하다면 운반비를 별도 계상해야 합니다. 이때 소운반 거리는 공제되는 것이 타당함.

제 2 절　기 계 운 반

<차량진입 불가한 산악지역의 운반>

질문 1　차량의 진입이 곤란한 산악지대에 조사용 기기자재를 운반하여야 하는데, 이와 같은 경우에 대한 적산근거는 무엇인가요.

해 설　상업용 헬리콥터 이용 운반이 검토되어야 하나, 인력운반의 경우를 상호 비교하는 것이 좋을 것 같습니다.

헬리콥터 운반은 그 소유자와의 협의, 임대사용료, 착륙장시설 장치, 운송시의 경비, 회항비 등이 소요되는 점을 검토하여야 합니다.

① 헬리콥터 임대사용료는 소유자와 협의하여야 하고, ② 시간당 비행연료비, 조종사의 급여 등 비행요금이 결정된 다음에, ③ 착륙장의 건설비+격납비, 소운반의 인건비, 기구손료 등이 계상되어야 할 것입니다.

<경운기의 작업량>

질문 2　읍·면 단위의 공무원으로서 경운기 운반이 많은 비중을 차지합니다. 귀 품셈 예시에 의하면 $1.88\,m^3/hr$ 상당으로 이는 $1.88 \times 8\,hr = 15.04\,m^3/일$ 상당이 되는 바 (2인×55,200)÷15.04 = 7,340.40 원/m^3 상당이란 설과 (2인×55,200 원×11/450)÷0.67m^3 = 4,027.80 원/m^3 란 설이 있습니다. 어느 것이 타당한가요.

제 2 절 기 계 운 반

해설 경운기의 작업량 계산은 건설기계 9-29 건설기계 작업량 계산으로

$$Q = \frac{60 \times q \times f \times E}{C_m}, \quad q = \frac{T}{r_t} \times L, \quad C_m = \frac{l}{V_1} + \frac{l}{V_2} + t$$

q : 흐트러진 상태 1회 적재량(m³)

T : 적재 용량(1 ton)

r_t : 자연상태의 토사 단위중량(1.8 ton/m³)

L : 흐트러진 상태 토사의 변화율(1.25)

E : 작업효율(0.9) C_m : 사이클시간(분) l : 운반거리(300m)

V_1 : 적재시 속도 (57분/m) V_2 : 공차시 속도(83분/m)

t : 적재 적하시간(11분)

$$q = \frac{1}{1.8} \times 1.25 = 0.694 m^3, \quad C_m = \frac{300}{57} + \frac{300}{83} + 11 = 19.88 분$$

$$Q = \frac{60 \times 0.694 \times 1 \times 0.9}{19.88} = 1.89 m^3/h_r$$

1일당 작업량 = $1.89 m^3/h_r \times 8 h_r$ = $15.12 m^3/$일

경운기의 경비계산

　경운기 손 료 : (경운기가격)×(손료계수)

$$1,757,000 \times 3,440^{(10-7)} = 604원/h_r \text{ (손료)}$$

　주연료(경유) : (시간당 사용량) × (중유가격)

$$1.3 l/h_r \times 1,400원/l = 1,820원/h_r$$

　잡재료(주연료의 20 %) : $1,820 \times 0.2 = 364원/h_r$

$$계 = 2,184원/h_r \text{ (재료비)}$$

　조종원 $118,763 \times \frac{1}{8} \times \frac{25}{20} \times \frac{16}{12} = 24,742원/h_r$

　인부(2인) 2인 × $109,819 \times \frac{1}{8} = 27,455원/h_r$

$$계 = 52,197원/h_r \text{ (노무비)}$$

경운기 1시간당 경비 = 손료+재료비+노무비 = 604+2,184+52,197
= 54,985원/h_r

단위당 단가 산출 = (시간당 경비) ÷ (시간당 작업량)
= 54,985 ÷ 1.89 = 29,092.60원/m^3

 귀 질의는 싣고 부리기 인부 2인 1조의 경비만이 계상된 것이고, 경운기의 손료, 유류대, 조종원(기타 소형기계류인 기계운전사) 등의 품이 제외된 것으로서 잘못 계상한 것입니다.

<경운기로 깬돌 운반 등에 대하여>

질문 3 경운기로 깬돌(뒷길이 35 cm 짜리)을 운반하고자 하는데 q, f, Cm 의 적용과 작업 중 정지시간의 공제 등을 알고자 합니다.

해 설 경운기의 표준기계 용량은 1 ton 으로서 공장 35 cm 짜리 깬돌은 개당 약 20 kg (340÷17) 상당인 바, 대당 50개 정도를 실을 수 있으며, 싣고 부리기는 2인 1조로 석재류 13분이므로 정지시의 유류는 계상하지 말아야 하며, 사이클 타임(Cm)은 운반로의 상태에 따라 적용되는 것이며, 이때 f는 고려할 필요가 없을 것입니다.

질문 4 경운기의 표준마력은 얼마이며, 경운기의 조종원이 있고 적재 적하는 인부 2인, 즉 3인 1조의 작업으로 되어 있는데, 실제는 경운기 조종원도 함께 작업을 하고 있습니다.

해 설 품셈의 구성으로 보아 토사류, 석재류의 싣고 부리기 소요시간은 우마차 800 kg 의 경우와 같고, 현실적인 계상도 싣고 부리기와 조종원은 별개로 계상되는 것임을 이해하십시오. 실제 조종원이 작업에 참여한 여부는 별개의 성질입니다 (경운기의 표준마력은 약 8 ~ 12HP 입니다).

질문 5 (1) 골재운반에 있어 10.5 ton 과 8 ton 의 적용한계 : 10.5 ton 을 적용 계산하였을 때는 과다설계인지 대비표를 작성 설계하여야 하는지?

(2) 골재 채취에 있어서 품셈에 0.5 인/m^3 로 되어 있으나, 감사시에 0.25 인/m^3 로 계산토록 지적된 바 있음.

해설 (1) 설계시, 운반차량의 결정은 8 ton 및 10.5 ton, 15 ton 트럭 기준이나 현장조건(도로 상황, 현장 사정, 운반거리 등)을 감안하여 비교 설계한 다음 가장 합리적이고 또 경제적인 기종으로 결정 설계하여야 합니다.

(2) 모래 채집 0.5 인/m^3 는 친모래 채집시이며, 0.25 인/m^3 는 보통 모래채집의 경우입니다. 다만, 설계에 계상할 때 하천에서 그대로 채취한 것을 씻은 모래로 계상하였다면 과다 설계가 분명하나, 콘크리트용 모래는 정도(精度)가 중요하고, 이물의 혼입이 없어야 하므로 0.25 인/m^3 로 계상해도 재료의 품질에 아무런 지장이 없다면 비용이 적게 계상되도록 해야 하겠으나, 그러한 품질의 모래를 얻기 어려우므로 보통 0.5 인/m^3 로 계상하는 것이 일반적인 관례입니다.

<철재류의 운반 적 상 하에 대하여>

질문 6 전기공사품셈의 운반공사에 있어 철재류의 상하차비 산정품은 0.27인, 시멘트 근가류는 0.30 인으로 규정되어 있는 바, 이는 철재류 10/400×6인 = 0.15인 …… 상차(적상)비, 8/400×6인 = 0.12 인 …… 하차(적하)비 계 0.27인으로 사료되며, 시멘트 및 근가류 14/400

×5인 = 0.175 …… 상차(적상)비, 10/400×5인 = 0.125 …… 하차(적하)비 계 0.30 으로서 사료되므로, 전기품셈에는 아무런 이상이 없으나, 전선류는

$$15/400×5인 = 0.1875 \cdots\cdots 상차(적상)비$$
$$10/400×5인 = 0.125 \cdots\cdots 하차(적하)비 \Bigg\} 0.3125인$$

임에도 이를 0.94인으로 처리할 이유가 무엇인가요?

해설 인력 작업의 기준을 일당 400분/8시간으로 산정하는 근거가 품셈에는 명시된 바 없으나, 일반적인 작업시간율 50/60으로 미루어 400분/일로 환산한 것은 이해가 됩니다. 전선류의 품이 현저한 차이가 있는 것으로 지적되었으나, 편성인원이 15인 이므로, 귀의와 같이 계산하면 전선류 ton당 [15/400×15인 = 0.5625인(상차)]+[10/400×15 = 0.375(하차)] = 0.9375 ≒ 0.94인(전공과 보통인부 합산)으로 잘못이 없다고 생각됩니다.

(※ 2018 품셈 규정 철재류 0.226인, 시멘트 0.25인(보통인부), 전선류 0.782인 임)

<경편궤도 부설 및 철거에 대하여>

질문 7 궤도 종별 9kg짜리 1km의 부설 및 철거 공사의 계산예시를 소개바랍니다.

해설 다음과 같은 수치로 정리할 수 있습니다.
경편궤도 계산 "예" (1 km 당 궤도 9 kg)

궤　　도　　$17.858 \text{ ton} \times A'_1 \times \frac{(1-0.1)}{10} \times \frac{공사기간}{360} = A_1$

이　음　널　$740 개 \times A'_2 \times 0.85 (1-0.15) \times (\frac{공사기간}{360}) = A_2$

제 2 절 기 계 운 반

볼트, 너트 $1{,}480 \text{ 개} \times A'_3 \times 0.85 \,(1-0.15) \times (\dfrac{\text{공사기간}}{360}) = A_3$

스 파 이 크 $7{,}350 \text{ 개} \times A'_4 \times 0.85 \,(1-0.15) \times (\dfrac{\text{공사기간}}{360}) = A_4$

침   목 $13.4 \text{ m}^3 \times A'_5 \times 0.85 \,(1-0.15) \times (\dfrac{\text{공사기간}}{360}) = A_5$

계 $A_1 + A_2 + A_3 + A_4 + A_5 = A_a$

※ 잡재료비를 계상코자 할 때에는 $A_a \times 1.02 \sim 1.05$를 가산하고, 그 근거를 명시한다.

부설 및 철거·보선(1 km 당)

목   공 $15 \text{인} \times A'_6 = A_6$

궤 도 공 $(150+75) \times A'_7 = A_7$ (부설 및 철거)

인   부 $(75+37) \times A'_8 = A_8$ (부설 및 철거)

작 업 반 장 $(30 \text{인에 } 1 \text{인}) \; 12 \text{인} \times A'_9 = A_9$

보선궤도공 $2 \text{인} \times A'_{10} \times \text{순작업일수} \,(1 \text{일 } 8 \text{시간 환산}) = A_{10}$

보 선 인 부 $1 \text{인} \times A'_{11} \times \text{순작업일수} \,(1 \text{일 } 8 \text{시간 환산}) = A_{11}$

계 $A_6 + A_7 + A_8 + A_9 + A_{10} + A_{11} = A_b$

목재의 수명은 토사인 때 3,200시간, 석재인 때는 1,600시간으로 하고 잔존율 15%로 함.

질문 8 경편궤도 부설 및 철거 품의 적용에 있어, 터널 내에 Invert 콘크리트를 타설한 뒤, 그 위에 H빔을 설치하고, H빔 상단 flange에 볼트와 clamp로 레일을 고정한 다음, H빔이 묻히도록 Invert 콘크리트를 타설하고, (22.3 kg/m급 레일, 2,600 m를 가설) 3년간 공사를 하는데 궤도보선이 필요한지? 터널 내의 누수제거를 위한 펌프가 가동 중에 있는데 양수공의 품과 양수기 손료를 계상할 수 있는지?

해설 ① 구 건설표준품셈 9-5 경편궤도 부설 및 철거의 품 궤도 6 kg/m 와 9 kg/m의 부설은 토운 트롤리용 궤도이며, 목(나무)침목 위에 궤도를 설치하는 품으로서 부설 및 철거 품과 궤도의 보선에 필요한 것입니다만, 귀 질의의 경우는 22.3 kg/m 의 궤도로서 협궤에 속하는 것인 바, 이는 궤도공사(16-1) 중 협궤의 궤도이설 및 궤도 철거 품을 준용하여야 할 것이며, H 빔이 인버트 콘크리트 속에 묻히 도록 부설하였다는 것은 침목위에 가설하는 궤도설치, 철거의 일반적 인 공법에 의한(스파이크·볼트 등 사용) 가설이 아니고, 고정시킨 것으로 사료되므로, 궤도보선은 사실상 불필요(레일파손 등의 특수한 경우 제외) 할 것으로 사료되어 이의 계상은 검토될 수 없고,

② 터널 내의 인버트 콘크리트 양생을 돕기 위한 양수기의 공량과 양수기의 손료 계상에 대하여는 귀 제시 사진에 의하면 소형 양수기 (ϕ25 mm 정도)로서, 건설 공사용 양수기는 ϕ50 mm ~ 200 mm 까지 규정하고 있으므로, 그보다 작은 소형 전동 양수기의 경비(기계경비 +운전노무비)를 계상할 근거가 따로 없는 바, 귀 질의의 경우는 기 비중 가설비와 전력비로 사용 기간과 양에 따라 계상하는 것이 바람 직하다고 생각합니다. 이때 운전원은 따로 필요치 않습니다.

질문 9 1. 덤프트럭 운반시 $q = \dfrac{T}{\gamma_t} \times L$ 이나 콘크리트 재료용 모래, 자갈 운반시에는 흐트러진 토량(L)을 통상적으로 "1"로 적용하는 바, 그 이유는 무엇입니까?

2. 현재 각 시군에 소규모 도로포장공사(콘크리트)시에 철근대용으로 와이어메시를 넣어 시공토록 설계하는 바, 와이어메시의 역할과 와이어메시깔기 등 품의 적용은 어떻게 하여야 하는지?

해설 1. 덤프트럭으로 모래, 자갈이나 토사를 운반하고자 할 때의 적재용량 q의 계산은 $q = \dfrac{T}{\gamma_t} \times L$ 로 규정하고 있고, 여기서 "L"의 계상은 적재상자의 용량제한을 고려하는 점에서 계상되는 것임.

2. 간이도로의 콘크리트 포장에서 와이어메시의 역할은 철근 대용으로 사용하여 콘크리트의 인장강도를 보완하며, 콘크리트의 부착력을 증가시키고, 하중의 균형을 유지하여 균열을 최소화 하는 데 있습니다.

와이어메시 바닥깔기 품(건축 표준품셈 14-3)은 다음을 참고하십시오.

와이어메시 바닥깔기

(m^2 당)

구 분	단 위	수 량
특 별 인 부	인	0.006

《주》① 본 품은 와이어메시(크기 1,800×1,800 mm) 바닥 설치작업을 기준한 것이다.
② 재료량은 다음을 참고한다.

(m^2 당)

구 분	규 격	단 위	수 량
와이어메시	1,800×1,800 mm	매	0.36
잡재료 및 소모재료 (결속선 등)	주재료비의	%	3

※ 위 재료량은 할증이 포함되어 있다.

技術・監理 叢書

土木施工法

B5·564面·38,000원·全仁植(編著)

제 10 장 건 설 기 계

제 1 절 건설기계 일반관련

<불도저의 토공판 용량계산>

질문 1 구 건설표준품셈 11-1 불도저 삽날의 용량 계산식에서 L: 배토판의 길이와 H: 배토판의 높이를 알고자 합니다.

해설 불도저의 주삽날(배토판 Blade)의 길이와 높이는 불도저의 자체 중량과 관계가 있으며, 일반적인 계산식은 다음과 같습니다.

토공판의 길이 : $L = 1.55 W^{0.32}$ 토공판의 높이 : $H = 0.4 W^{0.32}$
여기서, W : 불도저의 전 중량(ton)

블레이드 용량식은 $q = 0.51 \cdot KA^{\frac{3}{2}}$ 임.
여기서, q : 블레이드용량,   K : 계수
    (A = LH)

<예> 불도저 전 중량 20 ton 일 때
  도표에서 구해 보면
  H : 1.05 m 정도, L : 4.00 m 정도
  상기 식에 따라 계산하면
  $H = 0.4 \times 20^{0.32}$
    $= 0.4 \times 2.608 = 1.043$ m
  $L = 1.55 \times 20^{0.32}$
    $= 4.042$ m 로 구해짐.

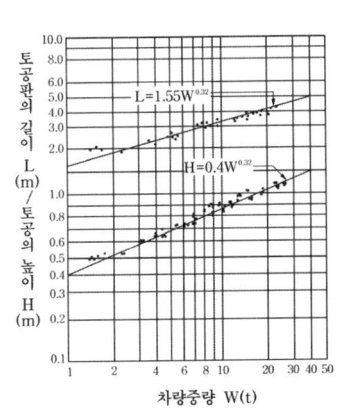

※ 불도저의 배토판 면적

전 장비 중량(ton)	토공판 면적(m²)
5 ~ 15	2 ~ 4
15 ~ 20	3.5 ~ 4.5
20 ~ 25	5 ~ 7

이 도표를 참고로 한 계산식은 간이 계산식이며, 기종, 제작회등에 따라 그 기준을 달리하고 있음을 고려하여야 합니다.

<덤프트럭의 운반 속도 등에 대하여>

질문 2 도로 등급이 일반국도 왕복 4차선 교외 아스팔트 포장도로 (교통 제한속도 70km/hr)로서 일일 교통량이 27,280대/일 경우 적산 작업시, 덤프트럭 평균 주행속도는 몇 km/hr를 기준해야 하는지요?

해 설 일반국도로서 왕복 4차선의 교외 포장도로는 2차선 고속도로에 준하는 것이나, 중앙분리대가 없고 또, 교통량은 27,000여대 정도인 점을 감안하여 제한속도 범위 내에서 유사한 노선을 참고하여 정 적용하는 도리 외에 특별히 얼마라고 확답드릴 수는 없습니다.

질문 3 건설표준품셈 제9장 건설기계시공 9-8 덤프트럭 3. 운반도로와 평균주행속도(km/hr) 중 2차로 이상의 공사용도로(도로상태)가 있는데 이때 공사용도로는 포장도로를 의미하는 것인가요, 아니면 미포장도로를 의미하는 것인가요?

해 설 2차로 이상의 공사용 도로가 포장도로인지 여부에 대하여, 이 도로는 2차로 이상의 공사용 도로로서 포장 여부와 무관한 공사용 도로라고 생각합니다.

제1절 건설기계 일반관련

질문 4 덤프운반비의 경우, 2차선 이상의 포장도로(2,000 대/일 미만)인 경우에는 운반속도 V=35 km/hr로 적용토록 되어 있으나, 경사 및 곡선이 심한 구간의 구체적인 적용방법을 질의코자 합니다.

폐사는 산청~거창간 도로 확·포장공사 수해복구 공사를 시공하는 업체로서 골재원으로부터 운반속도 중 경사는 계속 상향구배로 평균구배가 (+7%)이며, 곡선개소(R=15~60m)가 60여개소로서 연장은 10km 임. 상기구간에 골재를 적재하고 상향구배로 운반하는 경우이므로 적재 및 공차시 설계속도 적용을 몇 km/hr로 계상하여 적용할 수 있는지를 질의하오니 회시하여 주시면 감사하겠습니다.

해설 우리나라 표준품셈은 제1장 1-3 적용방법 "3"항에 의거, 건설공사 중 가장 대표적이고 보편적인 공종과 공법을 기준한 것으로서 지역의 특성에 따라 조정 적용할 수 있으나, 예산의 효율적인 사용을 기해야 하는 것입니다. 귀 질의에 따르면 2차선 포장도로가 계속 7%의 상향 구배이고, 또 곡선구간이 10km에 걸쳐 60여 개소가 산재되어 있음은 건설기계의 시간율과 엔진의 표준 부하율 보다는 산간지대 포장도로인 점에서 보편적인 도로의 조건이라고 볼 수는 없는 것으로 추정됩니다.

차량의 통행대수는 일 2,000대 미만이기는 하나, 계속되는 상향구배와 곡선 구간이 많아 감속의 요인이 생기는 점은 충분히 감지되는 바, 품셈에서 정한 주행속도는 일반조건, 즉 제한속도 100 km/hr를 기준할 때 품셈상의 표준속도는 60 km/hr로, 80 km/hr를 50 km/hr로 제한속도의 60~65%로 사정 적용하고 있음을 미루어 판단할 때 당해 도로의 제한속도를 고려하고, 실 주행과의 관련을 검토 협의 처리하심이 좋을 것으로 사료됩니다. 즉, 구간별 제한속도 가중평균치의 60~65% 상당을 실용 작업 주행 속도로 볼 수 있습니다.

<건설기계 적용 토량의 체적 변화율>

질문 5 토량의 체적 변화율(f)의 적용에 있어 f=1로 하여, 이 수치보다 큰 때에는 흐트러진 상태의 토량을 뜻하게 되고 f의 값이 1보다 적어진 때에는 다져진 상태의 토량으로 환산된다고 하는데, 암석류 등은 L의 값이나 C의 값을 구해도 모두 1보다 커질 때가 있어 토공의 작업량 계산과 경비 계산이 곤란하니 답변 바랍니다.

해설 토량의 체적 변화율 f=1로 계산하면, 어느 경우나 흐트러진 상태의 토량이 되는 것은 아니다. 암석류의 토량의 체적 변화율은 $\frac{C}{L}$ 로 할 때, 경암 $\frac{1.3 \sim 1.5}{1.7 \sim 2.0} = \frac{1.4}{1.85} = 0.756$ 이고, 흐트러진 상태인 $\frac{L}{1}$ 로 하면 1.85가 되고, $\frac{1}{L}$ 로 하면 $\frac{1}{1.85} = 0.54$, $\frac{1}{C}$ 은 $\frac{1}{1.4} = 0.714$, $\frac{C}{1} = 1.4$ 가 되는 등 다르기 때문이며, 토공의 작업량을 구하는 것은 시공기계의 단순작업량을 구하는 계산식의 이해만으로는 부족하니, 그 흙의 이동과 시공 완성까지를 미리 예상한 토량의 체적 변화율을 적용하거나 설계를 자연상태 기준으로 하므로 f의 값은 계산하지 아니하고 수량으로 조절하는 방법도 있습니다.

질문 6 ① 국내 최초로 특수장비를 이용하여 시공하는 특수공사(표준품셈에 수록되어 있지 않음)의 적정 공사비 산출방법은?

② 특수장비(MT-200, RBB-100A 등)의 시간당 적정 작업량 산출방법은?

③ 국내최초 시행공사의 불량시공 허용치 : 기초 파일(길이 15~20m, 직경 1.5m 의 현장타설 Con'c 파일 "Prebored pile" 공법) 공사 중 불량 파일의 허용할 수 있는 한계(예 : 3~5%)는?

제 1 절 건설기계 일반관련

[해설] ① 특수장비의 제원, 도입가격 등의 필요한 자료의 제시가 없으면 시공 물·공량을 산정할 수 없습니다.

② 파일의 할증률은 따로 규정된 바 없으므로 D 1,500 mm 의 대구경인 점에서 강관 또는 흄관 할증의 3 % 범위 내에서 계상하되 반드시 정산 설계변경을 할 수 있는 특칙을 따로 규정함이 바람직하다고 생각됩니다.

<기종별 타이어의 규격 등에 대하여>

[질문 7]
- 스크레이퍼(자주식) – 5.4 m³, 11.5 m³, 16.1 m³, 20.6 m³
- 덤프트럭 – 18 ton, 25 ton, 32 ton
- 리프트 트럭 – 2.0 ton, 2.5 ton, 3.5 ton, 5.0 ton, 7.5 ton
- 트랙터(타이어) – 1.5 ton, 2.5 ton, 3.5 ton, 4.5 ton
- 아스팔트 디스트리뷰터 – 5,700ℓ, 7,600ℓ
- 노상안정기 – 3.6 m, 1.5 m
- 슬러리실기계 – 3.0 ~ 3.8 m

이상 기종의 타이어규격과 개수를 알고 싶습니다.

[해설] 1. 건설기계의 부속이나 타이어 등은 각 제조회사 마다 규격을 달리하고 있으므로 사용코자 하는 기종을 선택하여 적용하여야 합니다.

예) • 삼성중공업 Y40D(2 ton)   Y50D(2.5 ton)
   지게차의 "타이어"
     전륜 700×12-14 PR 2개
     후륜 600×10-10 PR 2개
 • 대우중공업 FB-20-2(2 ton) FB 25-2(2.5 ton)
   전륜 700-12-12 PR 2개

후륜 600 - 9 - 10 PR 2개

등으로 제조회사에 따라 타이어의 규격이 다릅니다.

일반적으로 승용차의 타이어는 165 - 13
175 - 14
185 - 13
195 - 14 } 등이라 하며,

750 - 20 - 12 ~ 14 PR 은 4 ton ~ 6 ton 급 차량에 10 개

900 - 20 -
1,000 - 20 - } 12 ~ 14 PR은 8 ton ~ 10 ton급 차량에 10개

1,100 - 20 = 12 ~ 14 PR은 12 ton ~ 15 ton 급 차량에 10개

1,200 - 20 -
1,200 - 24 - } 16 ~ 14 PR은 25 ton 급 대형에

1,300 -
1,400 - } 24 - 12 ~ 16 PR은 오프더로드타이어(O.T.R)로서

스크레이퍼, 그레이더 등에 쓰여 진다고 합니다. 이와 같은 타이어들의 규격은 과거 경비 계상시 가격 조회의 필요성이 있었으나, 이제는 주연료의 %로 계상되므로 규격을 꼭 알 필요가 없게 되었습니다.

질문 8 자연석을 적재·적하 하는데는 체인 또는 밧줄로 묶어서 포클레인이나 트럭크레인으로 들어올리기, 들어내기를 하거나 지게차(리프트 트럭)를 이용하여 적재·적하 작업을 해 보았으나 지게차에 대해선 구체적인 기계화시공 작업량 산정 기본공식이 없어서 문의하오니 지도편달을 바랍니다.

1. 지게차에 의한 적재·적하비 산출공식은?
2. 자연석(0.5 ~ 7 ton 까지)을 적재하고 적하 하는데 가장 적합한 장비의 종류는?

제 1 절 건설기계 일반관련

해 설 지게차에 의한 적재·적하비 산출공식은 현행 품셈에 따로 규정된 바 없으며, 적합한 장비의 기종선정은 작업조건이나 환경 등에 따라 산정되어야 할 성질의 것이라 생각됩니다.

　중량물인 자연석을 싣고 부릴 때의 손상을 방지할 수 있도록, 크기에 적합한 거적으로 잘감고(새끼로 감는다) 와이어로프로 감아 크레인으로 들어 올려 싣는 방법이 이상적이라고 생각되며, 약간의 훼손·손상이 되어도 무방한 경우는 포클레인, 지게차 등의 사용이 검토될 수 있습니다.

　지게차의 운반공식은 없으나, 지게차의 주행속도, 싣고 부리기시간, 대기 등 고정시간, 작업이동 왕복거리 등을 고려하여 현장 실정에 따라 기계화 시공의 기본에 쫓아 구할 수도 있다고 생각됩니다.

〈참고자료〉 일제 동양운반기계 Co, FD 50의 제원은 최대하중 5,000 kg, 하중중심 610 mm, 최대 들어올리기 높이 3 m, 마스트경각 앞 3° 후 10°, 속도 1단 11 km/hr, 2단 22 km/hr, 엔진 58.5 ps/2,700 r.p.m, 중량 7,750 kg 이 있고, 우리나라의 각 메이커로부터 제원을 구할 수도 있을 것이니 지게차의 생산업체에 문의 적용바랍니다.

〈토량의 굴착·운반에 대하여〉

질문 9 원지반에서 30,000 m³의 토량을 굴착하여 운반하고 성토(다짐)를 하고자 합니다. 이 원지반은 표토가 점질토로서, 전체의 25%를 차지하고 있으며 그 외는 모두가 사질토입니다. 운반에는 4 m³ 적재의 트럭을 사용하기로 하였으며, 성토단면은 폭이 8 m 이고 높이(평균) 4 m로 비탈 구배 1.5할 구배로 하면 운반에 소요되는 총 트럭 대수는 얼마나 되며, 얼마의 길이(m)를 성토할 수 있을까요?

해설 ① 토량계산 : 원지반 토량(m^3)

점질토 $30,000 \, m^3 \times 0.25 = 7,500 \, m^3$

사질토 $30,000 \, m^3 - 7,500 \, m^3 = 22,500 \, m^3$

운반하여야 할 토량 (m^3)	토량의 체적 변화율 (L)
점질토 $7,500 \, m^3 \times 1.3 = 9,750 \, m^3$ 사질토 $22,500 \, m^3 \times 1.15 = 22,875 \, m^3$	1.3 (1.25 ~ 1.35) 1.15 (1.10 ~ 1.20)
계 $35,625 \, m^3$ (흐트러진 상태의 토량)	

② 운반에 소요되는 총트럭 대수

$35,625 \div 4 \, m^3 /$ 대 $≒ 8,907$ 대(소요대수) ∴ $≒ 8,900$ 대

③ 성 토

성토폭(아래) $(4 \, m \times 1.5) \times 2 + 8 \, m = 20 \, m$

　　　　　　　(높이) (구배)　　(폭)

성토의 평균 단면적(m^2)

$\dfrac{8\,m + 20\,m}{2} \times 4\,m = 56\,m^2$ 길이 $1 \, m$ 당 $= 56 \, m^3$

④ 다짐후의 토량 (m^3)

구 분	원지반토량(m^3)	토량의 체적 변화율(C)	다짐후의 토량(m^3)
점 질 토	7,500	0.9(0.85 ~ 0.95)	6,750
사 질 토	22,500	0.9(0.85 ~ 0.95)	20,250
계 : $27,000 \, m^3$			

⑤ 성토 연장길이(m)

$27,000 \, m^3 \div 56 \, m^2 ≒ 482 \, m$ 상당을 성토 다짐할 수 있음. 이 계자료는 예시에 불과한 것입니다.

<콘크리트 파쇄에 대하여>

질문 10 당 현장에서 발생되는 폐콘크리트 파쇄에 있어 건설표준품셈 이동식 크러셔를 적용하여 단가를 산출하던 중 운전경비 산정에 있어 전력에 대한 언급이 없으므로, 발전기를 별도 계상하여야 하는지 여부, 별도 계상시, 발전기 용량은 2.항의 출력이상이면 되는지 여부, 100mm 이하로 파쇄시, 크러셔 규격별 생산능력(ton/hr) 산출방법, 크러셔의 작업물량이 8,000 m³ 정도일 때 크러셔의 적정규격에 대하여 문의 드립니다.

해설 건설표준품셈 9-16, 2.이동식 크러셔의 품셈에 전력의 출력 (kw)이 표시되어 있으니 그에 따라 적산할 수 있고 물량산출은 9-16, 1.의 "다." 조크러셔의 내용 등에 따라 구하시기 바라며, 총 물량이 8,000 m³ 정도이면 비중 2.5 ton/m³로 보더라도 20,000 ton이고, 부순 상태의 용적량은 8,000 m³ × 1.6 = 12,800 ton 이므로 시간당 100 ton 정도의 크러셔로 가정하면 130시간분 정도의 물량이므로 기종은 소형으로 계획하는 것이 바람직하다고 생각됩니다.

<유압식 파일해머의 작업성에 대하여>

질문 11 유압식 파일해머의 Ta값 중 L=16~32m, 내경 484mm, 외경 508mm 일 경우, Ta값을 400~500mm : 86분, 500~800mm : 110분 적용 여부.

유압해머 시공시간 산정시, 《주》란에 용접시간이 포함되어 있는 것으로 되어 있으나, Ta값이 파일경 또는 항타 길이에 따라 도표전체가 용접시간이 포함되어 있는지 여부.

항타 길이가 0~16m 이하 → 차이 16m/17~32m → 차이 15m/33 ~48m → 차이 15m/49~64m → 차이 15m 이러한 경우, 항타 길이

에 준하여 산술평균식으로 시공시간을 산정하는지, 또는 도표대로 적용하는지에 대해 질의합니다.

[해설] 유압식 파일해머의 강관파일 항타 작업시간의 산정은 강관파일의 두께, 파일해머 선정도표 및 파일경별, 항타 길이별 수치(품셈표)를 참고로 하여 구하시되, 항타 길이나 파일경의 범위가 17~32m, 또는 ϕ 400~500mm 등으로 넓으므로 품의 구성을 분석하되 현장 적응성을 참고로 설계발주자와 시공자가 협의 처리하심이 가하다고 사료됩니다.

※ 산술평균식에서 근입 깊이는 16m 차이입니다. 86분 − 58분 = 28분, 28분 ÷ 16m = 1.75분/m, (16m + 32m) ÷ 2 = 24m, 58분 + {(24m − 16m) × 1.75분} = 72분으로 됩니다.

<고성능 착정기의 작업량에 대하여>

[질문 12] 건설표준품셈 제9장 9-36 착정기의 손료가 시간당으로, 운전경비는 일당으로 산정되어 있으며, 제17장 17-6 대구경 보링 소요인원 및 자재는 m당으로 규정되어 있고, 착정기의 시간당 작업량이 제시되어 있지 않아 상기품셈을 적용할 수 없는 실정입니다.

[해설] 고성능 착정기의 손료는 시간당으로, 운전경비 중 연료 등도 시간당으로, 조종원 등은 일당으로 구성되어 있으므로 일당 노무비를 시간당으로 환산 적용하는 것입니다.

[질문 13] 중기운전사와 덤프트럭 운전사 등의 구분 여하?

제 1 절 건설기계 일반관련

해설 건설표준품셈 제 8 장 8-1-3 운반 및 수송 "마."에 다음과 같이 운전사의 구분이 규정되어 있습니다.

구 분	해 당 기 계
건설기계 운 전 사	건설기계관리법 시행령 제2조에 규정한 기계로서 다음과 같은 기종을 말한다. 불도저, 굴삭기, 로 더, 지게차, 스크레이퍼, 덤프트럭(12 ton 이상), 기중기(차륜 및 무한궤도), 모터그레이더, 롤 러, 노상안정기, 콘크리트 배치플랜트, 콘크리트 피니셔, 콘크리트 스프레더, 콘크리트 믹서(0.55 m³ 이상), 콘크리트 펌프(5 m³ 이상), 아스팔트 믹싱플랜트, 아스팔트 피니셔, 아스팔트 살포기, 슬러리실기계, 골재살포기, 쇄석기, 천공기, 항타 및 항발기(0.5 ton 이상), 사리채취기, 노면 파쇄기, 기타 이와 유사한 기계
화 물 차 운 전 사	자동차관리법 시행규칙 제2조에 규정한 차량류로서 12 ton 미만의 덤프트럭, 화물트럭, 살수차, 트랙터, 제설차, 노면청소차, 트럭탑재형 크레인, 기타 공업용 소형트럭 등을 말한다.
일반기계 운 전 사	건설기계관리법 및 자동차관리법에 규정되어 있지 아니한 기계로서 소형의 공기압축기, 양수기, 소형믹서, 윈 치, 소형 항타기, 소형 그라우트펌프, 벨트 컨베이어, 발전기, 래머, 콤팩터, 콘크리트 파쇄기, 공기압축기(2.83 m³ / min 이상), 기타 소형기계 등을 말한다.

<건설기계경비 중 연료와 운전자의 비용>

질문 14 건설표준품셈 제 8 장 기계화시공 8-3-2 경비 적산 요령의 운전경비 : 기계를 사용하는데 필요한 다음 각호 경비의 합계액으로 한다.

(1) 연료, 전력, 윤활유 등
(2) 운전자의 급여 또는 임금과 기타의 운전인력품
(3) 정비비에 포함되지 않는 소모품비

위의 내용으로 보면 건설기계경비 산정시 연료비(경유, 휘발유 등)와 노무비(건설기계운전사 등)를 경비항목으로 해야 한다는 말인지 궁금합니다.

해설 귀 질의는 원가계산 비목 항목 적용에 대한 질의로, 이는 기획재정부 계약예규 원가계산 관련 규정과 관련된 것으로, 계약예규 원가계산 작성기준 제19조 경비 3항. 3. 기계경비는 각 중앙관서의 장 또는 그가 지정하는 단체에서 제정한 표준품셈상의 건설기계의 경비산정기준에 의한 비용을 말하는바, 이는 당해 계약담당공무원이 결정해야 할 사항으로 생각합니다.

<건설기계 전회전식 천공>

질문 15 1. 건설표준품셈 제9장 건설기계시공 9-44-4 전회전식 천공기와 9-44-6 파일천공 전용장비는 신설 장비로 어느 공종에 들어가는 장비인지 궁금합니다.

2. 비탈면 앵커 단산을 작성할 때 3-9 비탈면 보강공이 아닌 5-2의 4. 어스앵커 공법에 의한 흙막이 판 버팀으로 작성을 해도 되는지 궁금합니다.

해설 회전식 천공기와 파일천공 전용장비는 기초공사의 기성말뚝기초 및 현장 타설 말뚝 설치 작업 등의 천공 장비이며, 이를 사용할 공사에 대한 손료의 산정을 위하여 품셈에 명시한 것입니다.

그리고 비탈면 보강공과 어스앵커 공법에 의한 흙막이 판 버팀 공법은 토질역학적으로 적용 장소와 목적이 다름을 이해하시고 해당 공종을 고려하여 공법을 선정, 설계해야 할 것입니다.

제 2 절 토공기계 및 운반기계

<리퍼 브레이커 등의 작업에 대하여>

질문 1 연암절에서 리퍼 투입과 발파품 적용과 협소지역 등 구분에 대하여 알고자 합니다.

해설 탄성파 속도가 1,800 m/sec 이하의 경우는 리핑만으로 계상하며, 1,800 m/sec 이상으로서 발파를 병용할 때에는 발파 품과 리핑 경비를 계상합니다. 발파만으로 시공되는 경우는, 경암 등으로 리핑이 불가능한 경우에 한 하거나 리핑할 수 없는 협소 지역 등으로 보면 됩니다.

질문 2 대형 브레이커에 대한 품셈의 해설과 그 사용 예를 교시하여 주시기 바랍니다.

해설 대형 브레이커는 유압식 백호 $0.7\,m^3$ 급과 조합되어 구조물 헐기 공사 등에 많이 쓰여지며, 구조물의 헐기 평균 두께가 30 cm 이상인 때에는 시간당 $2.6\,m^3 \sim 4.6\,m^3$(무근 구조물), 철근 구조물인 경우는 $1.4\,m^3 \sim 2.7\,m^3/hr$ 의 구조물을 헐 수 있다고 알려져 있습니다.

굴삭에 있어서는 연암의 경우, 암 파쇄 (m^3/hr)를 $4.5 \sim 5.5\,m^3$ 상당을 파쇄 시공할 수 있는 등이 품셈에 규정되어 있으니 품셈을 활용하시기 바랍니다.

[질문 3] 건설표준품셈에 있는 리퍼의 E의 값에 대하여 연질인 경우, 발톱수를 1본으로 할 때, E의 값을 어떻게 계산하여야 하는지요?

[해설] 연질의 경우는 품셈에 따라 일반적으로 발톱 수를 2~3본으로 설계하여야 합니다. 꼭 1본으로 설계하고자 하면 E의 값이 상향(上向) 조정 되어야 합니다.

작업효율(E) = 현장 작업 능력계수 × 실 작업시간율 입니다.

[질문 4] 기계화시공 덤프트럭 $Q = \dfrac{60 \times q \times f \times E}{Cm}$ (m³/hr) 중 E(작업효율)는 반드시 0.9를 적용해야 하는지요, 아니면 얼마부터 얼마까지를 적용해야 하는지요?

[해설] 덤프트럭의 작업효율은 일률적으로 0.9를 적용토록 규정하고 있습니다.

[질문 5] 기계화 시공에서 대형 브레이커의 "E" 값은 백호의 E 값을 말하는 것인지?

[해설] 대형 브레이커의 작업은 대형 브레이커 + 0.7m³ 급 유압식 백호 조합기계 작업으로서 E의 값은 유압식 백호의 E값을 적용하되, 브레이커의 시간당 작업능력 등을 따로 명시 규정하고 있음을 이해하시기 바랍니다.

<토공사 암석 절취>

질문 6 보통 토공사시 풍화암은 불도저 리퍼를 사용하여 공사비를 산정하고 있습니다.
　　불도저 리퍼는 품셈에 있어서 단가산출이 가능하나, 굴삭기를 사용하는 리퍼작업에 대해서는 품셈에 명시된 부분이 없어서 단가산출에 어려움을 겪고 있습니다.

해설 건설표준품셈 제3장 토공 3-1 굴착 3-1-2 암석 절취 "사", 암석절취 품은 있으나, 리퍼굴착 품이 없다는 것에 대하여, 동 품셈 3-1-3 터파기, 3-1-9 리퍼 등의 산정 기준을 참고하시기 바랍니다.

질문 7 RC 콘크리트 건물과 철골 철근콘크리트조 건물의 헐기 부수기를 함에 있어, 건설표준품셈에는 대형브레이커의 품만이 규정되어 있습니다.
　　이 품은 토목 구조물의 헐기 부수기에 적용되는 품 이라고 사료되는 바, 건축물에 적용되는 품은 아니라고 보며, 특히 기계시공으로 콘크리트 건축물을 파쇄하는 품은 불분명합니다.

해설 건설표준품셈 중 건축품셈의 기타 잡공사에 건축물의 구조체별 철거와 헐기 및 부수기, 철골재 철거의 품이 따로 규정되어 있으며, 건설기계시공 편 "9-17" 대형 브레이커의 품이 규정되어 있어, 실용 중에 있으니 토목, 건축 공용으로 보아야 합니다.

<불도저의 작업 속도에 대하여>

질문 8 소규모 하천의 제방축제 공사에 사용하는 무한궤도형 불도저의 운반속도에 관한 문의입니다. 품셈 "무한궤도형 전 후진 속도"의《주》① 굴착 또는 굴착운반은 전, 후진 속도를 1단으로 한다. ④ 제방과 같은 상향 작업시는 전진 1단, 후진 2단으로 명시되어 있음.

이때 하천의 토사를 운반하여 제방 축조시, 불도저의 운반속도 적용범위를 알고자 합니다.

(본인의 의견) 하천내의 자연상태의 토사를 이용하여 제방을 축조할 시는, 토사의 굴착 운반으로 간주하여 전후진 속도를 1단으로 함이 가하다고 사료되며, ④와 같은 속도로 다른 운반 장비로서 토사를 운반 후, 제방을 축조하는 불도저의 작업속도로 생각됩니다.

해설 불도저의 작업속도에 대하여는 품셈 9-1, "2."《주》① ~ ⑥ 과 같이 적용하는 것이며, 귀문과 같이 제방 축조에 있어 《주》④ 항 상향작업시는 전진 1단, 후진 2단을 사용하도록 규정되어 있음은 제방의 비탈끝에서의 상향작업을 뜻하는 것입니다.

따라서 제방공사 일지라도 둔치에서 축제용 토사를 절취 운반할 때에는 굴착 또는 굴착운반에 해당되는 것이므로 이상을 미루어 볼 때, 품셈이 표준적인 상태를 규정하고 있다는 점에서 고수부지 등에서의 굴착 또는 굴착운반의 작업거리와 부하 및 물량, 또는 축제용 상향작업의 거리와 부하 및 물량 중 어느 편이 더 큰 비중을 차지하느냐 하는 점과 거리별 작업량의 구분이 가능한가 하는 점과의 비율을 구하여 이를 가중평균한 것을 적용하는 것 등의 합리적인 점에 대하여는 귀문만으로는 판단할 수 없으므로, 이들을 비교하여 굴착운반, 축제(상향), 또는 굴착운반과 상향 축제작업의 평균을 구하는 등 적정 계상하여야 한다고 사료되며, 축제용 토사 굴착 운반과 축제상향

제 2 절 토목기계 및 운반기계

작업의 불도저 속도단을 구분하여 적용하는 것은 현실적으로 어려움이 있을 것임.

<덤프트럭의 적사 시간에 대하여>

질문 9 덤프트럭의 운반비 계상에서 인력 적사를 하게 되니까 20분의 적사시간이 소요되었는데, 그 시간동안 엔진의 공전 등이 있으므로 유류량을 시간당으로 계상하였음에도 감사에 지적이 되었습니다. 그 구체적인 이유는?

해설) 품셈에는 적사(싣고 부리기)에 소요되는 시간이 10분을 초과할 때에는 주행거리에 해당하는 유류만을 계상한다. 라고 규정되어 있습니다.

즉, t_1 시간이 10분 이상이 되면 엔진은 정지상태에 있음이 상식이기 때문입니다. 이런 경우 9.5분인 경우도 10분과 비슷한 것이 아닌가도 할 수 있으나, 원칙적인 기준은 10분을 초과할 때 라고 규정하고 있으니 그리 아시기 바랍니다. (품셈 8-3-3)

질문 10 <운반기계의 적사(싣고 부리기) 시간이
             10분을 초과 할 때의 유류산정에 대하여>

해설) 운반기계의 유류산정에 있어, 트럭 등 운반기계로 기자재를 운반할 경우의 운반물량은 공사용 기기 및 자재 등을 싣고 부리는데 소요되는 적사 시간이 10분을 초과할 때에는 엔진을 정지하는 까닭에 주행거리에 해당하는 유류만을 계상하고, 10분 이내인 경우에는 적사 소요시간까지의 유류도 계상한다는 것입니다.

<로더의 사이클 타임 중 m·ℓ 계수에 대하여>

질문 11 어떤 차륜식 Loader의 작업 안전 최대속도는 6 km/hr 이므로, 이를 환산하면 3,600 ÷ 6,000으로 0.6초/m가 되어 기준치인 1.8초/m로 하였다. 라고 해설하고 있는데 0.6초/m를 왜 1.8초/m로 하였는지 그 근거는 무엇인가요?

해설 건설표준품셈은 m·ℓ + t_1 + t_2 로서 이때의 m = 계수는 무한궤도형이 2.0 차륜식 1.8로, t_1 : 싣기 시간, t_2 : 적재트럭의 진입 기타 시간 등으로 일률적인 14초로 규정하고, 편도 작업거리를 8 m로 규정하고 있어 8 m×1.8이므로 1.8초/m로 생각한 듯합니다.

그러나 2.0이나 1.8은 m의 계수이며, 결코 1.8초/m 또는 2.0초/m는 아닌 것이니 혼돈하지 마십시오(1.8초/m는 3,600초 ÷ 1.8초 = 2,000 m/hr와 같음). Loader는 아시는 바와 같이 공도상을 20~30 km/hr로 주행하고 자주식 건설기계의 이동 속도도 포장도로에서 25 km/hr로 규정한 것을 미루어 알 수 있습니다. 가장 불량한 자갈도로의 경우도 10 km/hr 속도로 주행되고 있으므로 불도저의 최고 작업속도 103~116 m/min의 평균인 약 110 m/분 임을 참작하여, 그 25%를 가산한 속도를 구하면 약 8.25 km/hr의 작업속도는 평상적으로 무난한 것으로 보아지는 바, 편도 작업거리를 V형으로 8 m가 아닌 12 m로 보더라도(왕복 24 m) 3,600초 ÷ 8,250 m = 0.44초/m ×24 m = 10.6초 상당이 되는 것입니다.

현행은 1.8×8 = 14.4 sec가 되며, 그 차가 3.8초(26%)로서 시공물량은 20% 이상의 차가 생길 수 있게 되므로, 속도와 현장의 작업 실 거리로 품셈 산정 방법이 변경되어야 할 것으로 생각합니다.

<트레일러 및 덤프 트럭의 작업속도>

질문 12 트럭 트레일러에 불도저를 적재 운반함에 있어, 2차선 이상의 포장도로 주행속도는 2,000 대 미만/일 인 때, 자주식 건설기계의 이동속도 40 km/hr 인지 작업 주행속도 $V_1, V_2 = 35$ km/hr 를 적용해야 하는지를 알고자 합니다.

해설 자주식 건설기계의 이동속도를 적용함은 작업이 아닌 단순이동인 때 40 km/hr 이나, 이 경우는 중량물의 적재 운반이므로, V_1, V_2 작업속도를 15% 정도 조정한 35 km/hr 를 적용하심이 타당하다고 사료됩니다.

질문 13 건설표준품셈의 기계화시공편 중 덤프트럭의 운반도로와 평균 주행속도와의 관계를 기술한 표중 표에 명기된 운반로상의 차선수가 편도차선을 의미하는 것인지 왕복차선 모두를 의미하는 것인지, 경사 고갯길에 대한 적용을 합리적으로 할 수 있는 방안 또는 적용한 관례가 있는지를 질의합니다.

해설 덤프트럭의 평균주행속도에서 2차선 이상의 고속도로에 대한 교통량은 편도 기준이며, 기타 도로의 경우는 편도와 왕복의 구분이 명시되어 있지 아니하나 왕복으로 보는 것이 타당하다고 사료되며, 고갯길, 급커브, 노면상태, 교통 대기 등으로 지정된 표에 의하기 곤란한 때에는 《주》에 따라 별도 적용할 수 있습니다.

질문 14 품셈 11-11 덤프트럭 3.항 표 상에서 2차선 이상의 교통량 및 교통대기가 많은 시가지 포장도로(7,000 대/이상), 2차선 이상의 미포장 도로는 적재 및 공차시 각각 20 km/hr 로 규정된 부분에서 도로 여건을 고려하지 않고 단순 교통량이 7,000 대/일 이상인 경우는 3. 항의 20 km/hr 를 적용해야 하는지와 7,000 대/일은 편도 또는 왕복 교통량 중 어느 것인지요?

해설 귀 질의는 품셈 개정 이전의 사항으로, 2차선 이상의 교통량이 편도의 교통량인가 왕복 교통량인가의 구분이 없어 혼란스러운 것은 사실이나 고속도로의 경우 편도의 교통량을 ( )안에 명시한 것으로 미루어 볼 때 그 명시가 없는 교통량은 왕복 교통량으로 보는 것이 옳다고 생각합니다.

그러나 현행 품셈 규정은 "3."《주》란에 차로는 왕복기준이며, 주행속도는 차로수·교통량 등 현장 조건에 따라 주행속도를 측정하여 사용할 수 있다. 로 규정되어 있음을 참조하시기 바랍니다.

<덤프트럭의 운반작업속도에 대하여>

질문 15 제11장 기계화시공 및 경비산정, 11-11 덤프트럭, 3.항 운반도로와 평균 주행속도(km/hr)의 내용 중, 2차선 이상의 교외 포장도로(2,000 대/일 미만, 25/30 km/hr)란 어떤 도로를 지칭하는 것이며, 2차선 이상의 포장도로(2,000 대/일 미만, 35/35 km/hr)란 어떤 도로를 지칭하는 것인지 문의합니다.

해설 구 건설표준품셈 제11장 기계화시공 11-11 덤프트럭 3. 운반도로와 평균주행속도(km/hr) 중, 2차선 이상의 교외 포장도로(2,000 대/일 미만)와 2차선 이상의 극히 양호한 미포장도로는 25/30 km/hr 로, 2차선 이상의 포장도로(2,000대/일 미만)는 앞의 것과 유사함에도 35/35 km/hr 로 규정되어 있는 바, 그 상태의 판단 기준이 따로 세분화된 것은 없으며, 이 규정은 노선, 노형, 교차점의 수·신호등의 수 등을 기준하여 개선되어야 한다고 생각합니다.

개정된 품셈(건설표준품셈 9-8 덤프트럭)을 참조하시기 바랍니다.

질문 16 ○○공업지구와 주변도시의 급증하는 생·공업용수 수요에 대비하기 위한 용수공급시설의 확장으로 관로공사 L=21.34km를 시공하고 있습니다.

본 사업 시행중 골재원이 변경되어, 당초에는 경북 ○○의 골재원으로 설계되어 있으나, 골재를 생산하지 않아 부산시 사하구 ○○으로 골재원이 변경되어 운반속도를 현장 상주 감독과 같이 측정한 결과 현장에서 적용할 운반속도와 발주처인 한국수자원공사에서 적용한 속도 차이가 많아 별첨 도면과 같이 질의코자 하오니 검토 후 현명한 판단을 부탁드립니다.

또한 골재원인 ○○에서 반출되는 시간이 09:00~18:00까지 제한 반출되어 "A구간~C구간"의 상기시간은 차량의 많은 체증과 교통량이 많은 것을 참조하시기 바라며, "B.D" 구간은 차량이 많음과 동시에 지하철공사가 착공되어 시공 중임을 감안하여 주시기 바랍니다.

<도면 생략>

해설 토취장이나 골재원이 변경될 때에는 표준품셈 제1장 적용기준에서 정한 바에 따라 설계 변경해야 함은 당연한 것이고, 덤프트럭의 운반속도의 경우는 2차선 이상의 포장도로로서 교통대기가 많은 경우에 해당하는가 여부는 일일 통행대수 7,000대 이상인가 그 이하인가에 따라 구분하도록 규정한 현행 품셈의 정신에 따라 사정 적용하는 것으로 귀문 만으로는 판단할 수 없습니다. 따라서 위 질의 회답을 참고하시고 현장 상주 감독관과 발주당국과 협의, 처리하심이

가할 것으로 사료됩니다.

질문 17 건설 기계 시공에 있어 유용성토 작업량 계산에서 다음과 같이 설계할 경우,

적재기계 : 백호 $1.0\,m^3$, 운반기계 : 덤프 트럭 15 ton, 운반거리 $\ell = 142\,m$
$\gamma_t : 1,813\,kg/m^3$ (자연상태)

1회 적재량 $Q_t = \dfrac{15,000}{1,813} \times 1.25 = 10.34\,m^3$ ············· ①

$n = \dfrac{Q_t}{q \cdot K} = \dfrac{10.34}{1.0 \times 0.9} = 11.49$

Cmt의 계산

$t_1 = \dfrac{Cms \cdot n}{60 \cdot Es} = \dfrac{23 \times 11.49}{60 \times 0.7} = 6.29\,분$, $t_2 = \dfrac{2 \times 60 \times 0.142}{10} = 1.7분$

$t_3 = 0.8\,분$ $t_4 = 0.42$

$Cm = 6.29 + 1.7 + 0.8 + 0.42 = 9.21\,min$

$q = \dfrac{15,000}{1,813} = 8.27\,m^3/대$ ············· ②

자연상태 $f = 1/L = 1/1.25 = 0.8$

$Q = 60 \times 8.27 \times 1.0 \times 0.8 / 9.21 = 43.10\,m^3/hr$

(가) 상기 설계에서 ①은 덤프트럭(DT)의 적재시간 계산시 백호가 DT에 싣는 적재량이고, ②는 DT이 적재하여 운반하는 운반량인데, ①과 ②의 토량이 상이하면 되는지의 여부?

(나) 상기 설계에서 최종운반 DT이 운반하는 토량의 자연상태의 토량인지 아니면, 흐트러진 상태의 토량인지?

해설 $q = \dfrac{T}{\gamma_t} \times L$로 계산한 것이 $10.34\,m^3/대$가 되어 이를 q로 하였으므로 여기에, $f = 0.8$(자연상태)을 적용하면 8.27(자연상태)로서

작업량에는 귀문 ②의 경우와 같게 됩니다.

여기서, 시간당 작업량 Q = 60 × 8.27 × 0.9 / 9.21 = 48.49 m³/hr (자연상태)입니다.

다만, q의 값을 구함에 있어 자연상태의 흙이 L의 값이 되어 트럭 위에 적재될 때 용적초과로 오는 작업의 불가능한 점은 $\frac{T}{\gamma_t} \times L$ 로 알 수 있게 됩니다. 또 토량의 운반이나 기타 토공의 설계토량은 자연상태를 기준으로 설계하는 것이 일반적이며, f의 값을 그 변화 상태에 따라 물량으로 계산하고 f를 작업량 계산식에서 제외하면 실작업량에 대한 설계가 가능해지므로 외국에서는 f를 작업량 계산식의 분자에서 제외하는 문헌이 제법 많으며 이론적으로도 합리적입니다. 또 토량환산계수의 적용은 토량의 흐름에 따라 완성지향의 계수로 계상되어야 하는 것입니다.

<불도저의 작업가능 구배와 작업 기타에 대하여>

질문 18 불도저 작업에 있어서 불도저가 작업할 수 있는 구배의 한도에 대하여 설명하여 주십시오.

해설 불도저의 좌우 비탈구배는 $\tan \beta = \frac{궤간거리}{2 \times 중심의 높이}$ 로 구하므로 차종마다 다르고 상향은 약 30°로 알려져 있습니다.

질문 19 "불도저의 집토거리는 최소 20m를 표준으로 하며, 현장여건에 따라 증가할 수 있다"로 되어 있으나 최대 집토거리는 얼마로 보아야 하는지요?

해설 집토거리는 지형적 여건에 따라 20m 이내의 경우도 있을 수 있습니다. 그러나 현장 내 조건이 여의치 않을 때에는 증가할 수 있으나 30m가 넘으면 집토지역으로는 부적당하다고 보아야 하며, 이는 반드시 비교 검토를 해야 합니다.

질문 20 19ton급 불도저에 리퍼를 장착하여 굴착하고자 하는데, 사이클(Cm)이 $0.05\ell + 0.25$로 규정되어 있으며, 《주》에는 1단 기어속도의 $0.6 \sim 0.9$ 정도로 감소한다고 하였으므로 19ton 불도저 1단 40m/분의 $60 \sim 90$이면, 평균 75% 상당으로서 $40 \times 0.75 = 30$m/분 상당으로, $1 \div 30 = 0.033$ 정도로 해야 한다는 설이 있는데 0.05로 한 이유가 무엇이며 탄성파 속도 950 정도에 대한 시간당 작업량을 예시해 주시면 고맙겠습니다.

해설 우리나라 현행 품셈은 0.05ℓ, 즉 거리 20m인 때 사이클 타임(Cm)은 $0.05 \times 20 + 0.25 = 1.25$분(1왕복 Cycle time이 됩니다).

1단 기어 40m/분은 시속 2,400m/hr 상당으로서, 75% 정도로 보면 $40 \times 0.75 \times 60$분 = 1,800m/hr 상당이 될 것입니다.

$0.05 \times \ell$에서 거리의 계수인 0.05는 과거의 경험치를 외국 문헌에서 인용한 것으로 믿어지며, 이를 풀어보면 10m인 때 $0.05 \times 10 = 0.5$분, 20m인 때 1분, 30m인 때 1.5분 등으로 구해집니다.

시속 1.8km/hr는 1분에 30m로서, 즉 $1 \div 30 = 0.033$이란 계수를 얻을 수 있는 것으로서, 20m이면 $20 \times 0.033 = 0.66$분이 되어 우리 품셈 1분 보다는 0.34분이 적게 계상될 수도 있는 계산으로 0.66분 $\times$ 30m/분당 약 20m의 주행이 되는 계산으로 실용적인 계수라는 뜻입니다.

탄성파 속도 950 정도이면 발톱 수 2개 E값 0.6 연암(약간 경질

중질 정도)이라고 보아지는 바 f의 값은 L = 1.45 ~ 1.55 정도로 보아 평균 1.5로 추정하면,

$$Q = \frac{60 \times 0.3 \times 20 \times 1.5 \times 0.6}{0.05 \times 20 + 0.25} = \frac{324}{1.25} ≒ 259.2 \, m^3/hr$$ 상당이 됩니다.

이 작업량은 "L"의 상태를 말하는 것입니다.

이 수량은 리핑한 수량이므로 이를 집토할 때에는 불도저의 삽날로 집토해야 하는 까닭에 $Q = \frac{Q_1 \times Q_2}{Q_1 + Q_2}$ 의 조합식의 도입이 필요해집니다.

여기서, Q_1: 굴착작업시간당 작업량
Q_2: 집토작업시간당 작업량 으로 함.

참고로 0.05 ℓ + 0.25를 0.033 ℓ + 0.20으로 실용 계산해 보면,

$$Q = \frac{60 \times 0.3 \times 20 \times 1.5 \times 0.6}{0.033 \times 20 + 0.2} = \frac{324}{0.86} ≒ 376.7 \, m^3/hr$$ 상당으로 많은 차가 있음을 알 수 있는 것입니다.

질문 21 불도저에 습지용 불도저가 있는데, 어떤 정도의 습지에서 작업이 가능한지요.

해설 흙의 콘지수(qc)의 값 $2 \, kg/cm^2$는 사람의 발이 흙에 파묻혀 보행이 불가능한 상태(Portable Cone Penetrometer로 측정)이고, qc = $12 \, kg/cm^2$는 발자국이 생길 정도라고 합니다.

따라서 초 습지형 불도저는 $2 \, kg/cm^2$ 이상, 습지 도저는 $3 \, kg/cm^2$ 이상, 중형 일반 불도저 $5 \, kg/cm^2$ 이상, 대형 도저는 $7 \, kg/cm^2$ 이상, 스크랩 도저는 $6 \, kg/cm^2$ 이상, 덤프트럭 $12 \, kg/cm^2$ 이상, 모터 스크레이퍼 $10 \, kg/cm^2$ 이상 등으로 알려져 있으나, 이는 계절과 지하수의 유무, 비 온 후의 상태, 조종원의 기능도, 함수비, 점성 등을 고려해야

하는 것임을 참고하십시오.

[질문 22] 굴삭기(유압식)의 시간당 작업량 공식 중 K값을 생략하는 경우와 생략하지 않는 경우는 어떤 경우이며, K값을 생략하면 왜 공식을 $Q = \dfrac{3,600 \cdot q \cdot k \cdot f \cdot E}{cm}$ (m³/hr) 로 하였는지 알려 주십시오.

[해설] 굴삭기(유압식 백호)의 경우도 "K"의 값이 계상되어야 하는 것이며, 이를 제외하는 것은 아닙니다. 일반 셔블계 굴삭기에 포함된 백호는 기종별 사이클 타임이 규정되어 있지 아니하나 선회 각도별 사이클 타임이 규정되어 있으므로 계상에 별로 곤란은 없을 것입니다.

<브레이커 및 소규모 공사의 장비에 대하여>

[질문 23] 건설표준품셈에 게재되어 있는 대형 브레이커에 대한 질문입니다.
    시중에는 소형브레이커(유압식백호 0.2 m³, 0.25 m³, 0.5 m³) 급 등을 소규모 공사에 널리 사용하고 있으나, 품 기준이 없어 설계시 애로사항이 있습니다. 이에 대한 의견과 규격(기준치)이 있으면 회신하여 주시면 감사하겠습니다.

[해설] 소형브레이커에 대하여 0.2 m³, 0.4 m³ 등의 품과 시간당 손료계수 등이 따로 규정되어 있으니 별 문제가 없을 것입니다.

제 2 절 토목기계 및 운반기계

질문 24   1. 대형브레이커에 대한 질의입니다.

구 분	연 암	구조물헐기	보통암	경 암	어느 것을 적용해야 하는지요?
0.7 m³용 치즐	0.006	0.01	0.02	0.03	
0.4 m³용 치즐	–	0.008	–	–	

2. 본 품에서는 역청포장 중량을 2,200 kg 으로 규정하고 있으나, 아스콘 설계(#78 은 2,320 kg, #467은 2,300 kg)도 상이한 바, 이에 대해 설명을 요합니다.

해 설   1. 브레이커 치즐(0.4 m³ 용) 소모량은 구조물 헐기에서 0.008로 제정되어 있으니 이를 계상하시기 바랍니다.

2. 품셈에서 재료의 단위중량 및 토질분류에서 역청포장 중량은 2,200 kg/m³당으로 되어 있으나, 아스콘 설계시 #78은 2,320 kg/m³당, #467은 2,300 kg/m³당으로 되는 것은 자갈 건조시의 중량 1,600 ~ 1,800 kg/m³당, 모래건조시의 중량도 1,500 ~ 1,700 kg/m³ 등은 골재에 따라 배합설계 중량이 달라지는 것 뿐이며, 특히 품셈 제1장 재료의 단위중량은 일반적인 추정 단위 중량이란 점을 이해하고 설계시는 계량단위중량을 사용하시기 바랍니다.

질문 25   1. 소형 공사에는 소운반용으로 경운기보다 마이티(2.5 ton) 및 세렉스(1 ton)를 더 많이 사용하고 있는데 기계경비 산정이 되어 있지 않으며,

2. 소형 백호에 부착되어 있는 배토판의 규격 및 작업속도를 알 수 없는 실정으로 읍면에서는 어려움이 있으니 회신 바랍니다.

해설 소형화물자동차 2.5ton급은 품셈에 규정되어 있으나 1ton급 차량에 대한 상각비, 정비비, 관리비 등 시간당 손료계수 등은 규정된 바 없으나, 이는 소형덤프트럭에 준한다고 일반방침의 정신에 쫓아 유추 적용할 수 있을 것이며, 유류량은 기계의 출력을 기준으로 계상할 수 있습니다.

　소형백호에 대한 배토판 규격이나 속도는 당해 중기의 제조회사별 제원이 다르므로 귀문에 응하지 못하나, 설계시 당해 중기의 제원표를 제시시켜 적정 계상하시되, 최고속도대로 작업이 되지 아니함을 이해하여 부하율을 참작하도록 하십시오.

질문 26 경운기(기계화시공)의 적재 적하 시간 및 속도(2. 항)에서 적재 적하시간 석재류 13분, 토사류 11분은 경운기 1대분을 싣는데 소요되는 시간인지 아니면 $1m^3$ 소요시간 인지 명기가 되어있지 않아 질의 합니다.

해설 경운기의 싣고 부리기 소요시간과 평균 주행속도는 작업량 계산식의 단위가 m^3/hr 로 되어 있고, 적재 적하 소요시간의 단위가 명시되지 아니하여 혼돈하기 쉽습니다.

　따라서 경운기의 규격을 보면 1,000 kg 급으로 되어 있는 바, 이에 인력을 주축으로 하는 운전시의 적재 적사 시간을 다음에 비교해 봅니다.

1. 경 운 기　토사류 11분,　　　　석재류 13분　　　　　(2인 기준)
2. 덤프트럭　　 〃　10분/m^3　　　 〃　12분/m^3　　(5인 기준)
　 (적재)
3. 지　　게　　 〃　1.5분/25 kg당　　〃　2.0분/25 kg　　(1인 기준)
4. 우 마 차　　 〃　11분/800 kg당　　〃　13분/800 kg 당 (2인 기준)

즉, 경운기와 우마차의 싣고 부리기는 2인 기준으로 그 시간도 같습니다. 따라서 대당(1,000kg)으로 보아야 함.

질문 27 불도저와 그레이더로 정지공사를 시공하는데, 그레이더는 면적당으로 계상되나 불도저는 면적당이 명시되어 있지 않아, 현장조건이 자갈 및 호박돌과 모래가 혼합된 토질로서, 도저히 그레이더로는 시공할 수 없어 불도저로 설계하려고 토공량의 공사비를 산출해 보니 높은 가격으로 산출되어 넓은 지형의 정지작업으로는 불가능합니다.
불도저를 면적당으로 계상할 수 있는 산출방법은 없는지요?

해설 불도저의 q 값은 $q_0 \times e$ 이고, $q_0 = l\dfrac{\mu \cdot H^2}{2\tan\alpha}$ 로서

여기서, μ : 흙의 점성에 관한 계수(0.8)

α : 흙의 안식각(35°)

H : 배토판의 높이

l : 배토판의 길이 로 구합니다.

예시 하면, 불도저의 작업량 계산에서

$Q = \dfrac{60 \cdot q \cdot f \cdot E}{Cm}$ 중 정지작업의 경우이므로 f = 0.8 또는 1, E 및 Cm은 적당히 현장조건에 따라 구하고, 凹凸 정리이므로 두께는 평균 20~30 cm 정도이면 좋을 것이며, 불도저의 배토판 길이는 4 m 정도이므로 앵글불도저의 각도 60° 정도이면 약 3.2 m 정도인 바,

$Q = \dfrac{60 \times 3.2\,m \times 10\,m \times 0.25\,m \times 0.8 \times 0.6}{\dfrac{20}{(55+75) \div 2} + \dfrac{20}{(70+98) \div 2} + 0.25} = \dfrac{230.4}{0.307 + 0.238 + 0.25}$

$= \dfrac{230.4}{0.795} = 289.8\,m^3/hr$ 상당의 작업이 된다고 보아야 한다. 이때 Cm의 작업거리 20 m 는 전후진 거리로 본 것이며, 현장조건이

그러하지 아니할 때에는

$(\frac{10}{55} + \frac{10}{70} + 0.25) = 0.181 + 0.142 + 0.25 = 0.572$ 분

등으로 수정될 수도 있을 것이므로 Cm 을 구한 것이거나 두께, E, f, 블레이드의 각도 등을 현장에 맞게 하면 면적당 계산이 됩니다.

<덤프트럭의 적재량에 대하여>

질문 28 덤프트럭의 각 톤수별로 적재량을 알고 싶습니다(백호 작업 단가 계산 포함, 5 m^3 의 토량, 0.4 m^3 백호 사용시).

해설 셔블계 굴삭기의 작업량계산식은 건설표준품셈 제8, 9장에 계산식이 수록되어 있습니다. Q값에서 분자에 $3,600 \times q \times k \times f \times E$ 의 각 요소를 구해야 하며, 0.4 m^3의 버킷은 q = 0.4 m^3, k값은 1.10 ~ 0.55 까지로서 0.9로 본다면 $0.4 \times 0.9 = 0.36\,m^3$ 입니다.

덤프트럭도 10.5 ton 의 경우 토석의 단위 비중이 1.7 ton 이라고 보면, $10.5 \div 1.7 = 6.176 ≒ 6.18\,m^3$ 상당이므로 $6.18 \div 0.36 = 17.16$ 버킷을 실어야 하는 등으로 이 계산을 귀문과 같이 단순 계산할 수는 없습니다. 따라서 품셈의 연구와 기계화시공(전인식 저) 등 문헌을 통하여 연구하시기 바랍니다.

질문 29 덤프트럭으로 골재나 흙 등을 운반할 때, 도로교통법의 규정에 의하여 적재한 화물이 떨어지지 않도록 조치하여야 하며, 이를 이행키 위하여 운전자가 덮개를 씌우고 벗기고 하는데 이에 대한 시간계상에 의문이 있어 질의합니다.

제 2 절 토목기계 및 운반기계

[해설] 덤프트럭의 사이클 타임에 적재함 덮개 설치 및 해체시간 t_5, 차량 세륜기 통과시간 t_6(1.5분)으로 계상하도록 개정되었으니 참고하시기 바랍니다.

<대형 브레이커+굴삭기의 작업 등에 대하여>

[질문 30] ① 도로터널 굴착공사(점보드릴, 발파)를 하던 중, 인근주민의 민원으로 브레이커로만 굴착을 하고 있습니다. 시공방법 변경으로 설계변경이 예상되는 바, 굴착능력에 대해서는 시공형태가 터널 내 굴착작업이므로 "터파기"로 보는 것이 타당한지요?

② 협소한 터널 내 작업이며 환기용 팬튜브($\phi 900$), 조명설비, 에어라인($\phi 80$)과 굴착용 급수라인($\phi 50$) 등의 장애물이 많아 작업진행에 영향을 가져오므로 "하한치"를 적용해야 될 것으로 사료되는 바, 이에 대한 귀부의 해설을 바랍니다.

[해설] 1) 대형 브레이커 작업시, 터파기는 시공형태가 지반이하를 굴착하면서 굴착 개소 내에 장비가 들어 갈 수 없는 경우에 해당되므로 귀사에서 시공하고 있는 도로터널 내의 굴착인 경우에는 암파쇄로 적용하는 것이 타당할 것으로 사료되며, 2) 작업조건에 따른 상·하한치의 적용은 표준품셈의 적용방법에 의거, 작업장이 협소하고 장애물이 많은 경우, 하한치를 적용할 수 있도록 규정하고 있으므로 설계자가 당해 공사 현장의 제반 여건을 감안하여 적의 결정할 수 있을 것으로 사료됨.

[질문 31] 건설표준품셈 11-6 대형브레이커의 작업량 계산에서 조합기계 대형브레이커+유압식 굴삭기($0.7 m^3$)로 편성되어 있는데 도심 내 도로(주택지내)에는 도로의 폭원으로 $0.7 m^3$급 굴삭기를 투입할 수 없

어 소형 0.2～0.4m³의 굴삭기와 소·중형 브레이커 작업이 많아(주로 통신관로 부설용 등) 설계에 어려움이 많습니다.
　　소·중형 굴삭기와 조합되는 브레이커의 조합식을 교시해 주십시오.

[해설] 품셈 9-17에 규격별 굴삭기(0.2～0.8m³)조합 품과 브레이커에 대한 치즐 및 손료가 명시되어 있으니 참고바랍니다.

[질문 32] 암파쇄 경비산정시, 굴삭기(유압식 백호 0.7m³) 장비가격 (77,535,000원)으로 경비를 산정하고, 별도로 브레이커의 장비가격 (12,500,000원)으로 산정하는 것인지 아니면, 브레이커 장비가격만으로 경비를 산정하는 것인지에 관해 질의합니다.

[해설] 암 파쇄 + 들어내기의 경우, 경비산정은 대형 브레이커 경비와 유압식 백호의 경비를 합산하여야 합니다. 이는 대형브레이커가 단독 작업이 되지 않으며 유압식 백호와 조합되어야 하기 때문입니다.

<암석의 소할에 관한 수량 계산에 대하여>

[질문 33] 암석의 소할이 필요한 경우, 11-6 대형브레이커 암파쇄 작업능력(보통암 3.4m²/hr)의 3배를 적용(보통암 11m³/hr)하고 절취암괴(크롤러 드릴 사용할 때)의 소할이 필요할 경우, 15% 범위 내에서 별도 가산할 수 있다고 명시하고 있는 바, 이때의 15%는 파쇄암에 15%를 더한 115%를 적용하여야 하는지, 절취암의 15%만 소할 품을 적용해야 하는지를 질의합니다.

[해설] 대형브레이커에 의한 암파쇄는 크롤러 드릴에 의한 암파쇄의 경우보다는 잘게 파쇄되어 크러셔 투입 등을 위한 소할이 상대적으

로 적어질 수 있다고 보나, 그것이 몇 % 정도인가 하는 것은 암질, 시공의 정도(精度) 등에 따라 달라지므로 단정적으로 말할 수는 없습니다. 다만, 분명한 것은 파쇄량의 몇 %를 소할해야 할 것인지 하는 점이고, 파쇄암보다도 소할해야 할 양이 많아지는 것은 아닙니다.

<티스가 무엇인가요>

질문 34 건설표준품셈 굴삭기 백호 기타경비 란에 "티스"라는 술어가 있는데, 이 "티스"는 백호의 어느 부품을 뜻하는지요? 그리고 영어로서 어떻게 쓰는지 알고자 합니다. 그리고 "물가정보"에도 "티스"라는 술어가 없으니 도저히 찾을 수가 없습니다.

해 설 "티스"는 뾰족한 "끝"이라는 뜻으로 "chisel"이라고도 하며, 돌다듬기에 쓰이는 정과 같은, 끝이 뾰족하게 생긴 것을 일반적으로 "teeth (tooth)"라고 합니다. 또 백호의 삽날에 붙여진 이빨 같은 것을 "티스"라고 합니다. teeth는 tooth의 복수형이며, 물가자료 등 가격정보지 건설장비에 가격이 등재되어 있습니다.

<표준품셈과 실정이 불부합되면>

질문 35 품셈과 기계화시공 부문에서 덤프트럭의 운반도로와 평균주행속도의 품은 언제부터 적용되었으며, 이 품은 현재의 국내 도로율과 포장율 등을 감안하지 않은 1960년대 또는 70년대초의 기준으로 판단되는데, 현재 도로상황을 공사장 내, 도심지 및 도심지 이외로 분류한 것과 도로의 포장 여부 및 차선수의 세분화가 필요한데 이에 대한 의견 및 연구 중인 것이 있는지를 알고 싶습니다.

해 설 건설표준품셈은 우리나라의 현행제도와 일본의 품셈제도가 유사합니다만, 영국과 프랑스 등 외국에서도 적산기준 참고 문헌이 2

~ 3년마다 발행되어 경직된 품셈은 아니지만 실적자료의 상호보완적 역할을 하고 있습니다. 편저자가 건설공사 표준품셈을 발행한 것은 정부품셈을 근간으로 '72년에 발행한 후 개정 47판을 발행했습니다만, 그 이전에는 각 부처청이 독자적인 품셈을 제정하여 8.15 광복 이후부터 사용하던 것을 1970년도에 통일하였으나, 그 뒤 경제기획원에서 4년여('74 ~ '77년까지) 예산 편성자료로 건설표준품셈을 주관하다가 1978년에 다시 건설부로 이관되어 현재와 같은 품셈으로 활용되어 왔습니다. "편저자"는 통일품셈의 모체가 되는 **"실용건설공사의 설계표준과 검사"** 란 책을 1966년부터 조사·연구하여 1969년에 발행하여 통일품셈의 모체가 되도록 기여했습니다만, 이것도 일본의 품셈틀을 벗어난 것은 아니었습니다. 현행 품셈 중 기계화시공 분야 덤프트럭의 주행속도, 덮개 씌우기 기타 품셈의 여러 공종에서 현실과 불부합되는 면이 한 두 가지가 아닙니다. 건설교통부는 W.T.O 출범에 앞서 품셈과 노임에 대한 외국의 직격탄을 피하는 등의 여러 가지 면을 고려해 품셈 관리주체를 건설교통부 훈령으로 대한건설협회를 거쳐 한국건설기술연구원으로 이관하게 된 뒤, 실적공사비제도에 접근할 수 있는 실용품셈의 개혁에 참여하고 있으나 어느 면으로 볼 때, 오히려 제한을 가하게 된 것이 아닌가 하는 생각도 하게 됩니다. 어찌보면, 현행 제도의 점진적인 시장원리의 도입이란 개혁 없이 품셈의 개혁이란 사실상 어려운 것이 아닌가 생각합니다. 특히, 근로기본시간, 기본노무임금, 기계대기시간의 보상, 휴지시의 대책, 작업 실동의 흐름 측정 및 적산의 기본 제정과 실사반영 등이 요구되나, "편저자"로서는 이에 대한 소견을 품셈에 명시하기 어렵고, 또 출판도 사업인 이상 출판사의 요구를 거절할 수 없는 제약이 있어 단독 개혁을 유보 중에 있음을 양해해 주시기 바랍니다. 귀하의 관심과 연구가 앞으로 빛나게 되기를 바랍니다.

제 3 절 다짐기계 및 포장기계

질문 1 아스팔트 콘크리트(아스콘) 플랜트의 예열시간, 기타 시간이 1시간이고 실동시간이 6시간이면 이 플랜트와 조합 작업되는 운반트럭, 다짐장비, 포설장비 등의 실동시간도 6시간을 넘을 수 없다고 생각되는데 귀하의 견해는?

해 설 아스팔트 플랜트의 1일 생산시간이 6시간이므로, 플랜트와 조합하여 작업이 되는 기종의 작업시간도 모두 6시간 범위에서 계상해야 한다고 생각합니다.

그 이유는 아스콘의 생산이 6시간 밖에 되지 않기 때문입니다.

질문 2 롤러 소요 다짐 횟수(N)는 어떻게 결정하는지요?
특히, 불도저 19 ton 인 경우에 산간 임도의 노면을 다짐할 때 일반적으로 7~10회로 한다고 하는데 어떻게 보시는지요?

해 설 다짐횟수는 다짐 목적물의 토질, 토성, 함수비, 기계의 다짐 능력 등에 따라 다르며, 롤러의 다짐횟수(N)는 KS F 2312 흙의 다짐 시험 방법으로 구한 최대 건조밀도 90~95%(노상 90%, 기층 95%) 이상으로 다져야 하므로 그에 따라 다짐횟수가 결정되는 것입니다만, 임도의 경우는 다짐도를 달리할 수도 있을 것입니다.

19 ton 불도저의 일반적인 다짐 횟수를 6~7회로 시공하나 이에 대하여도 상기한 시험 방법에 의하여 횟수를 결정하는 것이 합리적

이라고 사료됩니다.

질문 3 표준 품셈에서 래머 80kg급의 다짐횟수가 36,000회/hr로 1회당 다짐 유효면적이 0.0924 m²/1회로 규정되었는데 이는 1분간 50~60회의 잘못이 아닌가요?

해설 2행정 래머의 경우는 상하 작동의 램 왕복운동으로, 그 충격 다짐이 되는 것으로서 많은 문헌에 따라 1분간 50~60회 1시간 3,000~3,600회/hr로 다짐이 되는 것으로 명시되어 있습니다. 그러나 표준 품셈의 36,000회/hr는 행정 수, 기관의 종류 등이 분명치 아니하여 무엇이라고 결론지을 수는 없으나, 바이브레이팅 소일콤팩터 등은 분당 600~1,000회, 36,000~60,000회/hr의 다짐 작동이 되는 유사기종이 있음을 참고로 소개합니다.

질문 4 <다짐 기계의 종류를 달리 했을 때의 소요 다짐횟수 산정에 대하여>

해설 건설표준품셈 제9장 건설기계시공 9-9 롤러 "2." 다짐기계의 소요다짐 횟수 (N) 및 다짐두께 (D)는 표준장비의 표준적인 다짐 횟수와 다짐도를 규정한 것으로 귀의와 같이 다짐기계의 규격 8~19 ton을 6 ton으로 변경했을 경우, 다짐두께, 다짐폭, 작업속도, 다짐횟수와 다짐도(%)는 달리 해야 하나 이를 서면 만으로 확인할 수는 없으며, 실측하여 적용하는 것이 가장 합리적이라고 생각합니다.

제3절 다짐기계 및 포장기계

질문 5 건설기계 중 다짐 장비인 Roller에서 머캐덤 롤러 8~10ton 또는 10~14ton 등의 규격이 있는데, 이때 8ton급 인가 10ton급 인가를 알고자 합니다.

해설 8~10ton이 맞는 것입니다. 머캐덤 롤러의 드럼통에 물 또는 모래자갈 기타 중량물, 즉 ballast를 채웠을 때에는 상한치 10ton 무게이고 이를 제외한 roller의 자중은 8ton이 된다는 뜻이며, 다짐할 때는 ballast를 채워놓은 상태로 작업이 되는 것으로 계산하여야 합니다.

질문 6 기계화 시공 중 래머 다짐의 경비산출시 아래와 같이 적용하여도 무방한지요?
1. 래머 다짐의 경우, 근로기준법 및 동법 시행령에 의하여 유해 위험 작업의 범위에 포함되는지?
2. 유해 위험작업의 범위에 포함될 경우, 단가산출시 1/6×8/6을 적용하고 월 상시고용인부로 30/20~25를 적용할 수 있는지?

해설 질의 1)에 대하여는 유해 위험작업의 범위가 명문화되어 있지 아니하지만 래머의 경우는 이에 해당되지 아니할 것으로 사료됩니다.

질의 2) 유해 위험작업 범위에 포함될 경우, 실동 6시간으로 법에 규정되어 있으니 별 문제는 없을 것이나, 작업 중 또는 작업 전, 후의 준비, 뒷정리, 대기 등이 2시간 인가에 대하여는 직종과 작업내용에 따라 달리한다고 사료되며, 월중 계속고용, 즉 상시고용의 경우 30일 중 실동 일수율을 구하는 기준이 제정되어 있지 아니하여 정설은 없으나 공휴일을 제외한 25일 중 20일간 실동으로 구하는 경우가 많습니다. 따라서 일반적인 시간급의 계산은 1일 8시간 $\frac{1}{8}$, 월 25일 중 20일 실동으로 $\frac{25}{20}$, 상여금 400% 이내에서 300% 정도로 보고 퇴직급여충당금 100%로 $\frac{12+3+1}{12} = \frac{16}{12}$ 으로 구하는 것이 보편적인 계상 예입니다.

<아스팔트 노면 파쇄공 상차비>

질문 7　1. 건설표준품셈 아스팔트 노면파쇄공(기계사용) 적용에 있어 버럭처리운반 기계경비는 별도 계상토록 되어있으나, 버럭처리(잔재) 운반 기계경비의 적용한계가 애매한 실정임.

2. 노면파쇄기를 사용시 신형 일부장비는 벨트컨베이어를 장착하여 버럭의 약 80%는 상차하고, 약 20%를 인력으로 상차를 하여야 하며, 구형장비들을 사용시는 노면을 가열하여 노면만 파쇄하는 기종이 있는데 구형장비 및 벨트컨베이어가 장착되지 않은 일부장비 사용시는 인력 또는 별도 장비로 상차가 불가피한 실정임.

　질의사항
　　가. 노면파쇄기의 기계경비($ 209,771)가 벨트컨베이어(적재장치)가 장착된 장비인지 아니면 장착되지 않은 장비인지의 여부.
　　나. 버럭처리운반 기계경비를 별도 계상토록 하였는바, 이때 상차비도 계상하여야 하는지.
　　다. 구형장비일 때 프로판가스로 노면을 가열하는데, 이에 대한 경비는 어디에 있는지.

제3절 다짐기계 및 포장기계

해설 건설표준품셈 9-20 노면 파쇄기에 따라 작업량과 경비를 구하시고, 버력의 처리는 수량에 따라 합리적인 조합기종을 선정하시면 된다고 사료됩니다.

벨트컨베이어가 장착된 신형장비의 제원은 표준품셈에 규정되어 있지 아니한 기종이므로 그 제원, C.I.F 도입가격 등 자료가 없어 확답드릴 수 없으며 기계와 인력시공 비율도 귀문만으로는 확답할 수 없습니다.

노면파쇄기로 가열 파쇄하는 장비도 있으나 품셈은 비가열 파쇄기종으로 알고 있음. 그 이유는 L.P.G 등 연료가 따로 없기 때문임.

기계경비에 수록된 기계가격에 대한 기계제원 등 사양에 대하여는 표준기계이므로 특정기계가 아니어서 기종, 성능 등은 한국건설기술연구원에 직접 문의하시기 바랍니다.

제 4 절 콘크리트 기계 및 플랜트

<콘크리트 펌프차 등에 대하여>

질문 1 콘크리트 펌프차에 의한 콘크리트 타설 압송에 있어 우리나라는 슬럼프 $8 \sim 12\,cm$ 외에 3종의 값이 규정되어 있고(1일 타설량 $50\,m^3 \sim 100\,m^3$ 이상 등 3종으로 구분되어 있으며), 붐타설의 경우 $H \leqq 15\,m$ 수평거리 $Z \geqq 15\,m$ 기준으로 규정되어 있으나, m^3 당 품을 구할 때 이를 세분하는 어려움이 있고, 압송관 등의 조립, 철거품이나 기재비용 등의 근거가 없어 적용이 어렵습니다.

해설 품셈 6-1-2 콘크리트 펌프차 타설 개정된 품의 적용범위 타설량에 따른 인력편성, 작업소요시간, 압송관 설치 및 철거, 펌프차의 경비 등 산출 규정이 있으니 적정 활용하시기 바랍니다.

질문 2 국내 장비 maker(현대, 삼성, 대우)에서 $3.5\,m^3$ 로 제작하여 시판하는 휠로더는 장비제원표상으로 보면 평적은 $3.0\,m^3$, 산적은 $3.5\,m^3$ 로서 버킷(bucket)에 최대로 실을 수 있는 양을 $3.5\,m^3$ 로 표시하고 있습니다. 쉽게 버킷에 산적할 수 있는 조건이 좋은 모래, 보통토의 경우, 운전시간당 작업량을 산출한다면 버킷 계수(1.2)를 적용하고 버킷용량을 장비제원표상에 나와 있는 평적 $3.0\,m^3$ 를 적용하지 않고, 산적 $3.5\,m^3$ 를 적용한다면 1회당 적재량이 최대 $3.5\,m^3$ 를 실을 수 있는 버킷에 $4.2\,m^3 (3.5\,m^3 \times 1.2 = 4.2\,m^3)$ 를 실을 수 있다는 계산이 나옵니다. 그러므로 국내 휠로더 제작 전 업체가 $3.5\,m^3$ 로 표현하고 있는 장비들이 장비

제원표에 엄연히 3.0 m³로 등록되어 있고 평적(3.0 m³), 산적(3.5 m³)으로 구분 표기하여 등록된 현실에서 시간당 작업량 산출을 위한 버킷용량은 3.0 m³를 적용함이 타당하다고 생각됩니다.

해설 로더 LX 25와 HL 35 로더의 버킷용량은 제원표상 평적 3.0 m³, 산적 3.5 m³로 규정되어 있음에도 이를 3.5 m³ 로더로 판매하는 것과 표준품셈상의 로더 규격은 별개의 것입니다.

표준품셈에 따른 로더의 시간당 작업량 계산시 버킷용량은 평적기준입니다. 다만, 유류량의 계산 등에 있어서는 2.87 m³, 1.72 m³의 출력 대 연료량과 3.0의 출력을 고려하여 조정계상하면 무리가 없을 것으로 사료됩니다.

<양수기의 적정 규격 등에 대하여>

질문 3 양수높이 12 m이고 시간당 40 m³ 정도의 배수를 하여야 하는데, 양수기의 구경은 어느 정도로 해야 되며, 동력은 어느 정도 필요한가요?

해설 펌프의 사용대수 등은 다음을 참고하십시오.

펌프의 사용대수

배 수 량 (m³/hr)		양정 15 m 미만 구경(mm)×대수(대)
작 업 시 배 수	상 시 배 수	
0 ~ 20 미만	0 ~ 20 미만	100 × 1
20 ~ 55　〃	20 ~ 55　〃	150 × 1
55 ~ 90　〃	55 ~ 90　〃	100 × 1 150 × 1
90 ~ 130　〃	90 ~ 130　〃	150 × 2
130 ~ 145　〃	130 ~ 145　〃	200 × 1

배 수 량 (m³/hr)		양정 15 m 미만
작 업 시 배 수	상 시 배 수	구경(mm)×대수(대)
145 ~ 185 〃	145 ~ 185 〃	100 × 1 200 × 1
185 ~ 230 〃	185 ~ 240 〃	150 × 1 200 × 1

소요 동력은 양정에 따라 다음을 참고하십시오.

	양 정(m)	원동기출력(kw)	용 량	구 경(mm)	비 고
①	0 ~ 7 7 ~ 15	3.7 5.5	80 m³/hr	100	
②	0 ~ 7 7 ~ 15	7.5 11.0	170 〃	150	
③	0 ~ 7 7 ~ 15	15.0 19.0	370 〃	200	

질문 4 건설기계 시공에서 사석을 적재 투하할 때 크레인의 효율을 적재시에는 80%, 해상 작업은 75%로 한다. 에서 20 ton 급인 때 적재시는 20 × 0.8 = 16 ton 해상작업시 20 × 0.75 = 15 ton 인가요.

해설 효율이란 현장 능력계수 × 실작업시간율을 작업효율로 규정하고 있는 것으로서, 양중(기중)능력을 나타낸 것이 아니며, 덤프트럭의 효율을 0.9로 정한 것과 비슷한 뜻이 됩니다.
 기중기의 양중 능력은 붐대의 길이, 작업각도, 앙각 등에 따라 양중(기중) 능력이 구분 계산되는 것입니다.
 예를 들면, 100 ton 급이 붐대의 길이를 최대로 하고서도 해상에서 75 ton을 기중 작업할 수 있다고 보는 것은 잘못이며, 그 작업효율을 일률적으로 규정한 것뿐입니다.

제 4 절 콘크리트 기계 및 플랜트

질문 5 콘크리트 파일박기의 경우, 파일해머와 크레인의 조합은 다음 표와 같은데, 점검과 급유 기타시간인 Te 표는 1.5 ton 급과 2.2 ton 급만으로 규정되어 3.2 ~ 4 ton급의 Te 시간을 알고자 합니다.

파일해머 규격	1.5 ton 급	2.2 ton 급	3.2 ton 급	4.0 ton 급
크레인의 규격	20 ton	25 ton	30 ton	35 ton

해설 위 조합은 파일길이 12 m 와 $\phi 500$ mm 이내의 경우를 기준한 것으로서, $\phi 500$ mm 이상이거나 $\ell = 12$ m 이상의 경우는 이에 해당되지 아니한 바, 다른 것과 함께 비례조정 계상해야 할 것입니다.

또한 강관파일의 경우를 유추 적용할 수도 있을 것입니다.

질문 6 품셈 9-5 의 로더로 포장용 골재(기층, 표층, 골재)를 생산 후, 믹싱 Plant 에 투입하는 과정에서 표층 골재에 대한 작업능률(E)을 파쇄암으로는 볼 수 없을 것 같은데 어느 것을 적용해야 할 것인지? 기층일 경우에는 어느 것을 적용해야 할 것인지요?

해설 K = 0.9, E = 0.5 ~ 0.6으로 적용하고 표층과 기층 골재는 크기에 차가 있을 뿐 유사하므로 같게 적용하는 것이 타당합니다.

<믹서 비빔 용량 등에 대하여>

질문 7 믹서비빔에 있어 믹서용량별로 타설인원 편성이나 m^3 당 소요 인원 등이 다르다고 생각되는데 이에 대하여 답변 바랍니다.

해설 건설표준품셈에는 이에 대한 명시가 없어 확답드릴 수 없습니다. 참고로 문헌에 따르면 믹서용량별 비빔량, 편성인원 등이 다음과 같으니 참고하시기 바랍니다.

〈참고〉 믹서 비빔의 예 (실동 8시간)

믹서용량 (m³)	비빔량 (m³/회)	타설량 (m³/일)	평균 타설량 (m³/일)	콘크리트공 (인/조)	평균콘크리트공 (인/조)	콘크리트공 (인/m³)	비고
8절(0.22)	0.17	32.88 ~ 40.00	36.44	18 ~ 22	20	0.55	
10절(0.28)	0.22	44.48 ~ 53.28	48.88	24 ~ 28	26	0.53	
12절(0.33)	0.29	56.00 ~ 66.64	61.32	30 ~ 34	32	0.52	
14절(0.39)	0.38	66.64 ~ 79.92	73.28	36 ~ 40	38	0.51	

〈참고〉 믹서 비빔의 사례(실동 8시간)

믹 서 용 량 (절)	14	16	18	21	28
비 빔 량 (m³)	72	84	90	108	138

〈노무비〉
○ 비계공 0.036 인/m³
○ 인부(특수) 0.048 인/m³
○ 인부(보통) 0.144
　　　　　~ 0.216 인/m³
○ 인부(보통) 0.036 인/m³
○ 작업반장　0.012 인/m³
　계 0.28 ~ 0.35 인/m³

〈16절 믹서 사용〉
시멘트 운반, 투입인부 2인　호퍼개폐　특수인부 1인
모래 운반, 투입(리어카 1대)　1륜차운반　인 부 4 ~ 6인
　　　　인부 2 ~ 4인　고르기　특수인부 2인
자갈운반, 투입(리어카 1대)　다 짐　인 부 2인
　　　　인부 4 ~ 6인　준비물이동설치 비계공 2인
믹서운전 특수인부　1인　잡 역　인 부 1인
원치운전 비 계 공　1인　작업반장　　　　1인
　　　　　　　　　　　　　계 23 ~ 29 인

질문8　트럭 크레인의 효율적용 예외에 대하여 건설표준품셈 중 건설기계(크레인) 효율 적용은 "현장능력계수 × 실작업률"로 규정하고 있는데, 폐사와 같이 ○○제철의 협력업체로서, 일정한 중량의 물체를 크레인 혹(Hook)에 와이어 로프를 걸어(줄걸이) 적재된 트레일러에서 하화(下貨) 또는 적재(積載)하는 상하차 작업을 80ton 트럭크레인으로 작업하는 업체에 있어서도 ① 장비효율 적용이 가능한지요? ② 작업현장

조건이 양호한 상태로 유사 작업으로 판단할 때 적용 가능한 크레인의 효율은 몇 %를 적용함이 타당한지요? (적재된 중량물의 평균 단위 중량은 10~15 ton 이며 주로 철물종류입니다)

해설 질의 ①의 작업효율(E)은 귀문과 같이 현장능력계수×실 작업시간율로 하되, 이는 기계고유의 일정한 값이 아니고, 작업현장의 제반조건에 따라 변화하는 것이므로 표준적인 작업능력에 영향을 주는 여건에 알맞은 효율이 고려되어야 하며, ②에 대하여는 현장 여건에 따라 효율계수가 달라지는 것으로서 귀사는 동일한 조건에서의 작업을 오랜 기간 실시하였을 것이므로, 실사에 의한 적정한 값을 협의 결정하는 것도 좋은 방법이 될 것입니다.

질문 9 콘크리트 커터의 작업량 산정에 있어 품셈 상에는 $100 \, m^2$ 로 되어 있는데 100 m 라는 설도 있습니다. 어느 것이 맞는 것인지요. 또 커터의 작업 진행 속도는 분당 25 cm 로 되어 있는데 그 깊이는 몇 cm 가 표준인가요?

해설 구 건설표준품셈에는 100 m 당으로 규정되어 있습니다. 커터의 작업속도는 평균 1분간에 50 cm 의 커팅을 한다고 하면, 0.50 m ×60×50/60 = 25 m/hr 상당의 작업이 된다고 보아야 하므로, 1일 작업량은 25 m×8 hr = 200 m/일 이 된다. 커터의 운전기계공이 100 m 당 0.42인 이므로 1÷0.42 = 2.38×100 m = 238 m/일.

즉, $238 \times \dfrac{50}{60} ≒ 198 ≒ 200 \, m$/일 상당이며, 커팅 두께는 포장두께 15~25 cm 의 1/3 인 5~8 cm 정도에 철근이 있게 되므로, 4~5 cm 깊이로 커팅 된다고 보아야 할 것입니다.

<파일해머 항타와 용접>

질문 10 파일해머로 항타작업을 할 때의 품셈 적용에 있어, 수동 아크 용접기계에 의한 용접이음은 1개소당 용접시간을 분으로 나타냈으며, 굵은 선 안은 용접기 2대 사용의 기준이라고 명시되어 있습니다. 그 근거는 무엇인가요.

해설 수동용접기 아크 용접의 용접관경 별 파일경 별 품이 수록된 것으로서, 작업물량과 타작업 관련으로 보아 2대를 투입하였을 때의 소요시간을 나타낸 것으로 1대로 시공할 때와 2대로 시공할 때 그 시간이 2배로 되는 것이 아닌 각각의 품을 구할 수 있게 한 것인 바, 그 근거는 문헌과 실사치 등에 의한 것으로 알고 있습니다.

질문 11 건설표준품셈 11-25 콘크리트 슬리폼 페이버의 시공폭이 1차선 2차선~3차선으로 구분되던 것이 표준마무리 폭과 균형이 잡히지 않아 불합리한데 제정근거를 알려주시면 고맙겠습니다.

해설 콘크리트 피니셔는 2018년 표준품셈 10-3-2, 2. "나. 기계시공" 콘크리트 페이버로 개정되면서 1차로, 2차로를 일반구간, 터널구간으로 나누어 규격과 시공량이 규정되어 있습니다.

<콘크리트 커터의 작업량(규격)이 다른 때>

질문 12 품셈 9-27-3 콘크리트 커터(4430)에 대해 질의 드립니다.
- 커터 규격 (mm) 320~400 의 구조물 절단 깊이는 얼마인지?
- 당 현장 구조물이 H = 250~300 mm 인데, 커팅 시 톱날 직경을 변경 없이 품셈 적용 가능한지?

제4절 콘크리트 기계 및 플랜트

- 적용 불가능하다면 품셈으로 단가구성이 가능한지 여부?

해설 건설표준품셈 제9장 기계경비 9-27-3 콘크리트 커터의 규격별 절단 깊이에 대한 질의로 커터의 규격은 320~400 mm 로서 귀 질의의 H = 250~300 mm 의 커팅에는 사용할 수 있을 것으로 생각합니다.

제 5 절 준설·기타 기계 관련

<펌프 준설선의 작업량 계산에 대하여>

질문 1 펌프준설선의 시간당 작업량 $Q(m^3/hr)$는 $\dfrac{q \cdot b_0 \cdot E}{1,000}$ 로 q=전동환산(펌프준설) 1,000HP의 1시간당 준설량 $m^3/hr - 1,000HP$ 으로 구하게 하고 있는데, 준설선의 주기마력이 1,000HP 이하인 때에는 어떻게 계산하는가?

해설 개정된 계산식에 의하면(품셈 9-48),

$$\text{계산식} \quad Q = \frac{q \times b_0 \times E}{746}$$

여기서, Q : 펌프준설선의 1시간당 준설능력(m^3/hr)

　　　　q : 전동환산 746 kW 의 1시간당 준설량(m^3/hr)

　　　　b_0 : 전동환산 출력(kW), 디젤 공칭주기출력 × 0.8

　　　　　　　　　　　　　　터빈 공칭주기출력 × 0.9

　　　　E : 작업효율

계산 예, 조건 : 사질토 N값 10, 배송거리 1,000 m

　　　　　　　준설선 출력 1,000 kW

　　　품셈 표에서 q = 242 m^3

　　　　　　　b_0 = 1,000 × 0.8 = 800

　　　　　　　E = 0.9 로 보면,

$$Q = \frac{242 \times 800 \times 0.9}{746} = 243 \ m^3/hr$$

제 5 절 준설·기타 기계 관련

준설선 출력 600 kW 이면,

$$Q = \frac{242 \times (600 \times 0.8) \times 0.9}{746} = 140 \, m^3/hr \quad (\text{참고 하십시오.})$$

질문 2 펌프식 준설선 Q값 계산식에서 E(효율)값의 적용에 따라 능력의 차이가 큰 것으로 이해를 하고 있습니다. 품셈에서 흙의 두께, 평면 형상, 위치, 단면 형상 및 천후, 조석, 조류, 파랑 등에 대한 적당, 약간 나쁘다, 나쁘다 의 결정하는 기준을 어디에 두어야 할지 궁금하오니 기준이 되는 책자나 자료를 알려 주시면 품 적용에 도움이 되겠습니다.

해설 현행 품셈 9-48, 준설능력 산정시

작업효율(E) = $E_1 \times E_2 \times E_3 \times E_4$ 로,

흙의 두께에 따른, 평면형상에 따른, 단면형상에 따른, 해상조건에 따른 효율로 각각 구분한 적용사항을 기술자의 양식에 의거 판단 적용하시기 바랍니다.

<그래브 준설선의 작업시간에 대하여>

질문 3 건설표준품셈 제 9 장 건설기계시공 9-49 그래브 준설선에 관한 질의입니다. 조위로 인한 그래브 작업시간이 당초 10시간에서 8시간으로 조정됨으로 인한 작업효율 및 그래브 경비, 기타 부분에서 설계변경이 가능한지?

해설 준설선의 작업시간이 당초 10시간에서 바다의 조위로 인하여 8시간으로 조정될 때 작업효율 및 그래브 경비 등 설계변경이 가능

한가에 대하여, 이와 같은 사항 등은 작업효율 적용 시 고려되는 사항으로 건설표준품셈 제8장 8-2 건설기계 시공능력의 산정 시 《주》 ⑥을 참조하는 것이 좋을 듯합니다.

질문 4 (1) 현장 여건상, 공칭 1,200HP급 이상의 준설선 투입은 불가하나 배송거리가 2,600m일 경우, 전동환산(q)값은 어떤 것을 적용하여야 하며, 펌프준설선 주기마력에 대응하는 계제선의 선정범위는 시공능력 한계에 따른 것인지 경제성을 고려한 기준치 인지의 여부?
(2) 만약, 시공능력 한계에 따른 기준이라면 상기 1항의 경우 Booster 설치 등의 설계 기준치 여부를 질의합니다.

해 설 펌프 준설선의 주기마력에 대응하는 계제선의 선정 범위 및 시공능력은 경제성이 함께 고려된 것으로 전동환산(q)의 값은 토질에 따라 다른 까닭에 귀문과 같이 표준작업량 산정과 다른 특정거리(2,600m) 등의 적용은 실험에 의하여 수정하여야 합니다.
이 수정에는 관련 전문 문헌, 자료 등을 통하여 연구하여야 한다고 생각합니다.

질문 5 펌프준설선(2,200HP) 설계에 있어, 품셈에 의하여 취업시간과 운전시간이 15hr/24로 설계기준이 되었으나, 현장 여건상 조류·조석 등으로 인하여 일 운전시간 15hr/24가 불가능하고, 매일 대기시간이 발생되어 준설운전시간이 저하될 경우, 실적치를 적용하여 기계경비 중 관리비 손료계수와 조종원 공량을 조정 산출 적용하여 설계에 반영할 수 있는가의 여부

제5절 준설·기타 기계 관련

산출 예 : 펌프 준설선(2,200 HP)

1) 관리비계수 : $\dfrac{1.1 \times 3 + 0.9}{2 \times 3} \times \dfrac{0.14}{11.6\text{hr} \times 20\text{일} \times 10\text{일}} = 422 \times 10^{-7}$

   (품셈상 15 hr 적용 283×10^{-7})

2) 조종원 준설선 선장 :

   1인 × 1/8 × 16/12 × 25/20 × 24/11.6 (24/15 → 24/11.6) 등

해설 귀 질의는 품셈의 적용에 관한 문의가 아니고, 현장 적응성에 관한 구체적인 적산 사례에 관한 내용으로서 회답할 성질의 것은 아니라고 사료되나 다음과 같이 의견을 회시합니다.

동 계산에서 "E" 의 값 중에는 천후, 조석, 조류, 파랑 등이 보통인가, 약간 나쁘다, 나쁘다 등에 따라 적용하되 적당을 기준한 보통인 때 1.32를 100으로 하면 약간 나쁘다는 1.14(86.3 %), 나쁘다 0.97(73.4 %) 등을 적용하게 됩니다.

귀문의 경우, 조수간만의 차 등을 보정한 E의 값으로 시간당 작업량을 구하여 시간당 비용 ÷ 시간당 작업량 = 단위당 공사비로 구하면 모든 요인이 커버될 수 있는 것으로 사료되는 바, 별단으로 관리비와 인건비를 인상함은 불가하다고 사료됩니다. 이를 꼭 조정할 필요가 있을 때에는 권위 있는 제3의 연구기관이 상당 근거 있는 조사결과를 제시하여 "갑" 과 "을" 이 협의할 때에만 조정이 가능하다고 사료됨.

질문 6 당 현장은 수력발전소 건설 현장으로서 Steel Penstock 설치를 위해서 25 ton Crane, 15 ton 지게차, 11 ton Cargo Truck이 주력장비로 채택되어 별첨 스케줄(schedule)에 의해서 상기 장비의 사용 경비가 투입되었습니다.

야적장에서 작업장 #2 까지는 100 m 정도이며, 야적장에서 작업장

#1 까지는 3 km 입니다.

　공장에서 제작된 Steel Penstock (444개, W 1,800 mm × L 6,000 mm, 9 ton ~ 12.5 ton/개)을 야적장에서 하차한 후, 보관하다가 설치일정에 따라 작업장 #1과 작업장 #2로 이동시킨 후, 설치 작업에 임하는 것으로 되어 있으며, 작업장 #1은 야적장에서 25 ton Crane으로 11 ton Truck에 상차한 후, 15 ton 지게차로 철관을 하역, 터널내부 운송을 위해 운반 대차에 상차 및 작업장 주변의 자재 및 장비를 정리, 정돈하는 등의 작업을 합니다.

<질의 1> 위의 경우, 저희는 Cycle time에 의해 24시간을 3교대 작업으로 진행중이며, 장비는 입고일 이후 단 1시간도 작업이탈이 없었으며, 항시 대기하고 있습니다. 이런 경우에도 장비손료의 산정은 6 hr/일 × 0.3 효율로 계상된 것이 타당한 것인가요?

<질의 2> 작업장 #1에서 대기하며 작업에 임해야 될 15 ton 지게차를 사용하지 않고 작업장 #2에서 쓰고 있는 25 ton Crane을 작업장 #1까지 왕복 시키면서 무사히 작업을 마쳤다면, 이 경우 Crane의 손료를 추가 계상 받고 지게차 손료를 삭제할 수 있는지.

　끝으로 저희 시공자 견해는 원래의 장비손료 산정은 전체 주어진 공기에서 작업의 성질에 따라 지입된 장비가 동일한 장소에서 이동 없이 동일한 작업을 수행하고 있다면, 하루 6 hr/일×0.3이란 효율이 아닌, 기본 작업시간 최하 8 hr/일은 인정되어야 한다고 생각되며, 일반적으로 장비손료의 산정은 최소의 경비를 산정한 후 그 금액으로서 주어진 일량을 정해진 공기내에서 처리한다면 인력 또는 더 고가품의 장비를 사용하던 상관없이 계산된 손료만이 지불되어야 한다고 생각합니다.

해 설　1. 야적장에서 작업장 #2까지 100 m거리 정도인 때에는 25 ton 크레인으로 11 ton 트럭에 싣고 대차에 옮기는 것보다는 관의 개당 중량이 9 ~ 12.5 ton 이므로 25 ton 크레인 단독 작업으로 대차까지 운반 적재함이 검토되어야 할 것입니다.

둘째, No #1 까지의 거리가 3 km 인 경우 크레인, 트럭, 지게차의 조합은 상당 이유 있는 설계로 사료됨.

2. 관의 거치를 개당 6 m 짜리 3개를 터널 내부에 운반거치 한 다음 용접하고 비파괴검사 시험, 콘크리트타설 등에 9일간 소요로 일정표가 작성되어 있는데, 12개 항목의 요소가 관 3개의 연시간 나열개념으로 구성되어 있으므로 이는 P.E.R.T & C.P.M 공정개념으로 그 사이클 타임의 산정기초 자료를 정리 조정한 다음 동시 시공성이 검토되어야 할 것이 아니었나 하는 의문이 생깁니다. 즉, 관의 반입은 3개를 동시에 실시하고, 가조립한 다음 본 용접이 가능한 것이 아닌지? 동시 시공이 가능한 요소는 모두 집적하여 시간 단축을 할 수도 있을 것이라 추정됩니다.

근로기준법에서 정한 근로시간이 일 8시간 기준이고, 유급휴일 주당 근로시간 등으로 미루어 월 25일 이상의 실동은 불가한 점이 고려되지 아니한 역년(歷年)일수기준, 즉 월 30일 실동은 지나친 가상적인 것으로 재검토되어야 하며, 5,000m 이상의 장대(長大) 터널의 경우 품의 할증이 거리별로 가산되어야 하며, 작업능률의 저하가 일반방침에서 정하는 바에 따라 가산되어야 하며, 건설기계의 관리비계상 대상시간에 대하여서도 재검토 되어야 한다고 생각됩니다.

일중 4교대 작업으로 6시간 근로를 하였다고 하더라도 귀 질의와 같이 좁은 터널 내에서 고열, 수종의 장비가동, 장대터널 등으로 보아 갱외 시간과 휴식시간을 고려(터널품 참조)하면 8시간 중 6시간 실동으로 보아야 하고, 야간작업의 능률저하 등이 고려되어야 하는 것이고, 또 1개월은 25일 이내의 실동으로 일정도 실용상 조정되어야 하는 것으로 사료됩니다.

실동시간율 0.3의 구체적인 근거가 희박하고 또 공정표의 C.P.M 화, 산정된 각 공정별 소요시간의 구체적인 자료부족으로 명쾌한 회답을 드리지 못합니다.

<플랜트의 조합기종에 대하여>

질문 7 한전의 화력발전소 건설공사로서, 시멘트는 관급자재이며, Bulk 상태로 공급되도록 되어 있고, 배칭 플랜트(B/P)는 한전의 지시에 따라 90 m³/hr 급 2기(200 ton 의 시멘트 사일로 4기 포함)입니다. 한편, 한전에서 시멘트 수급이 어려우므로 Cement 상당량의 Poly bag 공급이 불가피함을 통보해 옴에 따라 Bucket Elevator, Hoist House 등도 추가로 설치하였습니다. 그러나 계상된 설계공사비는 "표준품셈 (12-14)"의 콘크리트 플랜트 가설품 상의 배칭 플랜트 장비가격을 기준으로 한 손료만을 적용한 상태입니다. 따라서 ① 콘크리트 배칭 플랜트의 규격별 가격은 주요구성항목인 Main Body(mixer 포함), Belt Conveyor, Cement Silo 및 Bag Cement용 Bucket Elevator, Hoist House 및 Hopper 등을 모두 포함한 가격입니까?

② 콘크리트 배칭 플랜트의 조립, 철거 품셈은 상기 질의 ①에 열거된 주요 구성항목을 모두 포함한 것입니까?(참고. 당 현장에 설치된 B/P (90 m³/hr 급) 2기의 주요항목은,

- Main Body(90m³/hr) : 2기,   Cement Silo(200ton) : 4기
  Bucket Elevator : 2기,   Belt Conveyor : 5기
  Hopper 및 Hoist : 2기
  저장용 Cement Silo : 3기
         (500 ton : 1기, 300 ton : 1기, 200 ton : 1기입니다)

해설 콘크리트 배치 플랜트의 명칭은 Concrete Batching and Mixing Plant 로서 소정의 배합콘크리트를 균질로, 능률적으로 대량 제조할

수 있는 설비인 바, 이 플랜트는 콘크리트 믹서의 1회 비빔량을 계량, 혼합, 비빔, 배출하는 기계설비로서 콘크리트용 재료의 공급장치, 계량표시반, 조작반, 기록장치와 기타 부속장치, 공급수(水)량의 보정장치, 배합비 선정장치 등으로 구성되어 있습니다(참고문헌 : 전인식·권영수 편저, 콘크리트기계·시공, 건설연구사, 서울, 1985. pp #17~23 참조).

콘크리트 배치 플랜트의 주요 구성항목에 대하여 표준품셈 상에 명문 규정은 없으며, 건설기계의 가격은 표준규격에 의한 표준시가로 계상하도록 규정하고 있는 바, 작업량, 작업조건 등에 따라 표준규격 이외에 증설되는 기종까지 포함된 것은 아니라고 보아야 하나, 이를 귀문만으로는 판단할 수 없는 사안으로 사료됩니다. 다만, 당초의 조건이 변경되었다. 라는 귀문의 제시가 사실이라면 발주처와 협의하여 적정 처리해야 할 것으로 사료됨.

<수중 펌프 등의 손료 산정 및 작업량에 대하여>

질문 8 중기는 정부건설공사 "표준품셈표"를 기준으로 내구연한을 책정토록 하고 있는 바, 모터와 수중펌프 등의 연간표준 가동시간과 실운전시간과의 차이에서 오는 여러 가지 문제를 답변바랍니다.

해설 건설표준품셈에 수록된 모터와 수중펌프는 건설공사에 쓰여지는 기계류로서, 귀 질의와 같이 상시 가동되어야 하는 상수도용 가압펌프장의 모터나 펌프에 적용되는 것은 아닙니다. 따라서 귀사에서 적용한다는 지방재정법에 의한 연간표준가동시간은 비록, 기종과 규격은 유사할지 모르나 용도가 다르므로, 이를 적용함은 적절한 기준이 될 수 없다고 생각합니다.

참고로 일본의 자료에 의하면, 건설용 펌프는 대체로 내용연수 6년, 연간운전일수 120일(심정호용 수중모터펌프 포함)이며, 공사용

수중펌프의 내용연수는 5년(연간운전일수 120일)으로 규정하고 있어 우리나라와는 큰 차이가 있으니 그간의 사용실적을 기준하여 재사정 하심이 가할 것으로 생각합니다.

질문 9 건설표준품셈 9-45 수중펌프를 비롯한 펌프의 양수량 산정기준이 없어 질문하오니 교시해 주시기 바랍니다.

해설 우리 건설표준품셈에는 펌프의 양수량 산정식이 따로 규정되어 있지 아니하여 외국문헌자료를 소개합니다.

마력 $Q = \dfrac{\pi \times d^2}{4} \times V$, $H = \dfrac{Q \times W(h+Z)}{D \times E}$, $Z = f \times \dfrac{l}{d} \times \dfrac{V^2}{2g}$ 임.

여기서, l : 관의 길이(m)
d : 파이프의 내경(m) …… 76mm ~ 300mm
V : 물의 속도 1m/sec ~ 2.5m/sec
g : 중력의 가속도 9.81m/sec
H : 펌프의 축 마력수 Q : 양수량(m^3/sec)
W : 물의 단위중량 1,000kg/m^3 h : 양수 높이
Z : 마찰손실수두(m)로서 이는 보통 h+z는 10m 이하
D : 마력 76m − kg/sec E : 펌프의 효율 0.6 ~ 0.8
f : 관내의 마찰계수
　　신관인 때 $f = 0.02 + 0.005 \dfrac{1}{d}$
　　고관인 때는 신관의 약 2배임.

이와 같이 Pump의 작업량을 계산하면 용수량과 유입수량이 얼마나 되는가에 따라서 작업 시간수가 결정될 수 있을 것입니다만, 구조물의 기초에서 양수량을 계산할 때에는 이와 같은 계산식에 의하여

양수시간을 결정할 수는 없으며, 계속하여 양수와 가동이 계속될 때와 토공의 양수는 다르므로, 이는 다른 측면에서 고려되어야 한다고 봅니다.

<노면 파쇄기 기타 기계의 작업량>

질문 10 건설표준품셈 제11장 건설기계화 시공 중 노면파쇄기의 작업량 계산에서 절삭폭이 1m로 규정되어 있으나 2m 짜리도 있는데 2m의 경우는 1m의 2배로 설계해도 무방한가요?

해설 귀 질의와 같이 아스팔트 노면의 절삭폭이 1m 인 때의 작업속도가 60m/hr 입니다만, 2m 라고 해서 2배가 되는 것은 아니고, 2001년 개정 이후 품셈에는 절삭폭 2m 의 것은 200m/hr로 적용하도록 규정하고 있습니다. (건설표준품셈 9-20)

즉, 절삭폭 1m 인 때 작업효율 0.65 로 가정하면,

$Q = 1.0 m \times 60 m \times 0.05 m \times 0.65 = 1.95 m^3/hr$ …… 시간당 작업량

절삭폭 2m 인 때

$Q = 2.0 m \times 200 m \times 0.05 m \times 0.65 = 13 m^3/hr$ …… 시간당 작업량

다만, 1m 짜리 파쇄기의 가격은 $271,183 이고, 2m 짜리는 $369,248 달러로써 작업량과 공사계획을 파악하여 경제 비교 후 투입기종을 선정하도록 유의해야 할 것입니다.

질문 11 콘크리트 생산시설에 설치된 골재세척설비의 표준작업량은 얼마나 되는가요?

해설 콘크리트 생산설비에 대한 품은 2001년도 적용 이후 건설표준품셈 9-21에 수록되어 있습니다. 이에 의하면, 벨트 컨베이어 60.96 cm × 914 cm 2기 기준으로 15 kW, 62.5 m³/hr 입니다만, 작업효율을 80%로 하여 Q = 62.5×0.8 = 50 m³/hr 로 판단 적용하되, 이때 관정(管井) 및 침전로 등 부대 시설은 별도 계상해야 합니다.

질문 12 수중펌프 작업시 협력업체에서 펌프를 ASSY'로 설치를 하는 것이 아니라 보통인부로 단순히 인양 및 설치를 하는 작업을 하고 있습니다. 품셈에 나와 있는 시운전 및 교정작업, 전동기 설치품을 포함하지 않는데도 정산을 할 때 기계설치공/보통인부의 공량을 다주고 있는 실정입니다. 공량 정산시 보통인부 공량만을 지급해도 되는지, 아니면 두 가지 공량을 다주어야 하는지 해결책을 부탁드립니다.

해설 수중 펌프에 대한 품은 건설표준품셈 9-45에 펌프의 선정, 운전공, 설치 및 해체 품 등이 규정되어 있고, 건설표준품셈 Ⅲ : 기계설비공사 1-6에 수록된 펌프의 설치 품을 참고하여 전동기의 설치, 시운전 및 교정작업이 포함된 품을 구분 할 비율이 어느 정도 인지를 구분할 수 없습니다. 그러나 펌프를 인양하고 설치만을 한다고 해서 보통인부만으로도 충분한 것인가 함은 속단하기 곤란합니다.

제 11 장 기계경비 부문

제 1 절 기계경비 산정기준

<기계경비 산정의 기본>

질문 1 건설기계의 연간표준 가동시간에 대하여, 예를 들면, 불도저는 연 2,000 시간으로 규정되어 있는데 이에 대한 근거는 무엇인가요.

해설 건설기계의 연간표준 가동시간은 기계가 연간 운전하는데 가장 표준이라고 인정되는 시간이며, 그 근거는 따로 명시되어 있지 아니합니다.

1일 운전시간을 8시간 기준으로 볼 때 2,000시간 ÷ 8 = 250일 실동이 되어야 하나, 근로자의 연간 휴지일은 약 100일 상당이므로 360 - 100 = 260 일 중 250 일간을 계속 1일 8시간씩 가동한다고 보기는 어렵다. 즉, 주간정비, 월간정비, 3개월정비, 6개월정비 등 정기정비를 요하고 또, 1일 8시간씩 계속 연중 가동되는 것은 현실적으로 어려워 외국문헌에 의하면, 운전일수는 120 일 내지 195 일로, 연간 운전시간은 960시간~1,560 시간 정도로 보고 있는 실정입니다.

우리나라의 경우는 공용(供用) 일수 대 운전일수의 통계가 아직 정립되지 아니하였으나 많은 건설기계가 국산화되고 있으므로, 공용일수 대 가동일수율, 유지정비 비율, 관리비율 등이 연간 표준가동일수 및 표준운전시간과 함께 정립되어야 한다고 생각합니다. 중기는 고가이고 그 적정손료가 계상되어야 하기 때문에 더욱 그러합니다.

특히, 근로기준법의 개정으로 주당 근로시간이 40시간으로, 휴일도 상당히 늘어났으며, 월중 실동률도 $\frac{25}{20}$, 즉 25일 중 20일 실동으로 근로시간과 일수가 작아지고 있으니 중기의 가동시간도 변경되어야 한다고 생각합니다.

이에 따라 연간표준 가동시간이 1,400시간 등으로 개정되어 품셈에 적용하고 있습니다. 1,400시간 ÷ 8 = 175 일 실동임을 참고하시기 바랍니다.

<기계가격의 기준>

질문 2 건설기계 가격에 대한 질의입니다. 2005년 건설기계 가격이 2004년도 건설기계 가격과 변동이 없으므로 사용료도 변동이 없는지요?

해설 기계가격의 변동이 없어도 손료가 변동될 경우가 있습니다.

2005년 건설표준품셈의 건설기계 가격은 대체로 변동이 없습니다. 그러나 2004년도 건설기계의 시간당 손료 산정을 위한 미화의 환율이 변경되므로 시간당 손료도 상대적으로 달라지게 됩니다. 즉, 중기의 미화 달러 가격은 건설기계경비 산정, 용어의 정의, 시간당 손료와 경비적산요령, 기계가격에서 도입기계의 가격은 달러화로 표시하고, 연도 초 최초로 외국환은행(외환은행)이 고시하는 재정환율을 적용 시행한다. 또 건설기계가격을 원화로 환산할 경우는 1,000 원 미만은 절사(切捨) 한다. 등으로 규정하고 있어, 기준가격의 차는 환율에 따라 달라지게 되므로 손료도 따라서 달라지게 됩니다.

예를 들면, 33 ton 타이어 불도저 가격이 $191,570 입니다.(2004·2005년 같다) 손료의 합계액은 $1,898^{(10-7)}$ 인데 환율의 변동으로 중기의 기준가격이 변경됩니다. 따라서 1시간당 상각비, 정비비, 관리비

제 1 절 기계경비 산정일반

의 합계 손료액도 변경됩니다.

<건설기계 손료의 기준>

질문 3 건설기계 손료 계산기준이 되는 장비가격 책정에 있어 보통 신장비 가격을 적용하고 있으나, 중고장비를 매입하여 작업에 임하고 있을 때에는 중고 매입시의 가격을 손료 계산시의 장비가격으로 적용함이 타당한지요.

해설 1. 건설기계 경비산정의 손료계산 기준이 되는 취득가격은 수입가격인 C.I.F 가격에 인정할 수 있는 수입경비를 포함한 가격으로 하고, 국산기계는 표준규격에 의한 표준 시가로 하며, 국산기계는 공장도 가격(원)으로, 도입기계는 달러화($)로 표시하고 연도 초 최초로 외국환은행이 고시하는 환율을 적용 시행토록 되어 있으므로 신품가격으로 생각하기 쉬우나, 표준규격에 의한 표준시가를 기준으로 한다. 고 규정하고 있어, 신 구품의 구별이 된 것은 아닙니다.

2. 따라서 건설현장에 중고기계를 구입·투입하였다고 해서 별도의 시간당 손료계상을 하고 있지 않으며, 꼭, 취득가격을 현실화 해야 한다면, 연간 표준 가동시간, 내용연수, 상각비, 정비비, 관리비 계수 등이 모두 중고 중기(중고의 상태, 유지정비 상태 등에 따라 다름)로 변경해야 하는 문제가 생기게 되는 것입니다.

질문 4 어떤 기관 발행 품셈에 의하면 불도저의 실 작업시간율이 90%까지 가능하다고 하는데, 이를 불도저의 효율로 보아도 되는가요?

해설 운전시간율이란 $\dfrac{\text{실운전시간}}{\text{실운전시간} + \text{관련시간}}$ 을 구하여 계상하는 것입니다. 우리나라는 이를 $\dfrac{실운전시간}{운전시간}$ 으로 하고 있으며, 일반적으로 시간율을 50/60 으로 처리하고 있으나, 이는 작업효율과는 간접적인 관계에 있을 뿐 이를 바로 효율로 적용해서는 아니 되며, 불도저의 가장 좋은 작업효율은 85% 이내 이오니 오해 없으시기 바랍니다.

질문 5 기계경비 산정에 있어서 토목표준 품셈에 의한 덤프트럭의 시간당 사용료는 최저 6 ton 덤프트럭 까지 나와 있습니다만, 이때까지는 소도로 및 골목길에서 8 ton 이 진입하여 인력상차 작업을 할 수 없음에도 불구하고 현재(한국통신 및 각 지역별 전신전화 건설국에서는 아직도 잔토처리를 8 ton 덤프트럭으로 설계(내역)하고 있으므로 시공업체는 상당한 손실이 있습니다.

따라서 2.5 ton 및 4.5 ton Dump Truck 에 대한 기계경비산정 및 운전경비 산정을 알고자 합니다.

해 설 덤프트럭이나 브레이커의 규격은 귀 질의와 같이 품셈에 명기된 기종 이외에는 근거자료가 없습니다.

참고로, 일본의 경우는 2 ton 덤프트럭 내용연수 4년 출력 85 ps 연간표준 운전시간 1,150 시간, 4 ton 덤프트럭 내용연수 4년 출력 160 ps 연간 표준운전시간 1,400 시간 등이나 우리나라의 경우는 2.5 ton, 4.5 ton 이 신규 제정되었으나 6 ton 과 함께 모두 1,400 시간 (연간가동)으로 규정되어 그 기준도 모호한 실정 입니다.

질문 6 기계의 반입(장비 반입)에 있어, 도급자가 장비를 서울에서 현장까지 운반해야 되는데 설계에는 그 현장에서 가장 가까운 도청소재지를 적용하여 계산하게 되어 있으므로 실제와 다른 때?

해설 질문 사항에 대한 실정은 이해가 되나 다음과 같은 원칙임을 이해하시기 바랍니다.

① 건설용 기계의 공사현장까지의 왕복수송비는 건설공사장에서 가장 가까운 도청 소재지(서울특별시, 각 광역시 포함)로부터 공사 현장까지의 수송에 필요한 경비(공인된 수속비 인건비 등 포함)를 계상한다.

② 다만, 구득이 곤란하다고 인정되는 기종에 대하여는 기종이 소재한다고 인정되는 가장 가까운 도청 소재지로 부터의 수송비를 계상할 수 있다.

따라서 귀문의 경우는 위 2항에 따를 수 있습니다.

<건설기계 가격과 관리비 등에 대하여>

질문 7 건설기계 경비산정에 있어서 기계손료의 보정에서 가혹한 작업에 사용되는 경우에 그 손료 중 관리비가 제외되는 이유는?

해설 가혹한 작업의 보정은 내용시간당 상각비, 정비비, 관리비가 일단 계상되었으나, 가혹 작업으로 상각, 정비의 사유가 더 발생할 것으로 예측되어 이를 보정 계상하지만, 금리나 보관, 격납 등은 또 다시 발생하는 것이 아니므로 이를 제외하는 것입니다.

질문 8 표준품셈의 건설기계 가격을 적용하는 기준은?

해설 건설기계의 기준가격은 $ 가격으로 하고, 매년도 초 첫 고시 외국환은행 재정환율로 계산하는 것이 우리 품셈의 기본이고 또 현행 제도입니다.

질문 9 건설기계의 손료기준이 되는 수입면장 신고 가격이 $216,000 이고, 관세 15%(768원 대 1$)인(기준가격 165,888,000원) 24,883,200 원이며 방위세 등을 부담하였습니다. C.I.F 수입 신고 가격 165,888,000 원과 24,883,200원 합계 190,771,200원으로 기준가격을 삼아야 하는 가(86년도 1$ 대 893원이므로), 216,000×893=192,888,000원과 세액 24,883,200원으로 계산해야 하는가요.

해설 우리나라의 품셈 적용에 있어서의 건설기계의 가격은 구체적인 개별 건설기계의 가격이 아니고 표준중기에 대하여 표준가격을 적용하도록 규정하고 있고, 수입중기의 경우는 C.I.F 가격에 수입에 부대되는 제경비를 가산 계상하도록 규정되어 있으나, 동종 유사중기의 표준가격이 있는지의 여부 등은 귀문만으로 확답할 수 없고, 수입중기를 실용 연도에 대한 환율로 환산하는 것도 바람직한 것은 아닙니다. 먼저 유사기종에 대한 것을 참고하도록 하십시오.

질문 10 귀사 발행 표준품셈 기계경비 산정에서 관리비는 $80,000,000 \times \dfrac{1.1 \times 5 + 0.9}{2 \times 5}$ 의 구체적인 설명을 바라며, $51,200,000 \times \dfrac{0.14}{2,000}$ 에 대한 설명을 바랍니다.

폐사는 협력회사로서 기계손료 중 상각비·정비비만 적용하고 관리비는 제외시키고 있는 바, 타당성 여부에 대해 귀견은? (계약요율상 기계손료에서 이윤 10%를 별도 계상해 주면서 관리항목이라고 함)

해설 기계손료의 구성상 관리비는 기계의 격납보관비, 금리+(보험료 제세 등)의 합계액이며, 관리비를 산정할 때에는 내용연수에 의한 당해 기계의 평균가격을 계산하여 적용토록 되어 있는 바, 귀 질의

제 1 절 기계경비 산정일반

앞의 것은 평균가격을 구할 때의 산출 계산식입니다. 즉, 기준가격을 P, 잔존가치를 10%로 한때 0.1×P, 기계의 내용연수를 N 이라고 하면 평균가격 Pa 는

$$Pa = \frac{P + (P - \frac{0.9 \cdot P}{N}) + \{P - 2(\frac{0.9 \cdot P}{N})\} + \{P - 3(\frac{0.9 \cdot P}{N})\} + \{P - (N-1)(\frac{0.9 \cdot P}{N})\}}{N}$$

$$= P\left(\frac{1.1 \cdot N + 0.9}{2 \cdot N}\right)$$ 가 되는 것입니다.

질의 : 두 번째는 시간당 관리비의 산출 예시로서 "평균가격×0.14 / 표준가동시간" 으로 합니다. 14% 는 우리나라의 경우, 모든 기종 (계상의 필요가 있는 것)의 연간 관리비가 획일적으로 통일되어 있으며, 여기에는 금리와 격납보관비라고 하고 있으나 제세가 포함된 것으로 보아야 할 것입니다.

관리비를 제외시키고 있는 경우의 타당성 여부에 대해서는 확답할 수 없습니다. 관리비 중 일부를 면제하는 것 등은 중기를 발주자가 제공하거나, 그 구입비용을 지급하고 완공 후에 중기를 발주자가 회수할 경우 등을 들 수 있는 것으로, 이때에는 손료 모두에 대한 재검토가 있어야 할 것입니다.

질문 11 저희 사업단에서 추진중인 각종 사업설계를 계상하던 중 기계경비 산정에 대한 적용기준 자료가 불충분하여 다음 서식과 같은 장비별 규격 내용이 필요하여 질의하오니 자료를 송부하여 주시면 기계경비 산정에 큰 도움이 되겠습니다.

〈질의서식〉

가격 : 표준가격(조달청)

장비별			장 비 부 속 품						타 이 어		
			본삽날		귀삽날		티 스				
장비명	규격	가격	개당가격	대당개수	개당가격	대당개수	개당가격	대당개수	규격	개당가격	대당개수

※ 상기 질의에 대한 참고책자가 있으면 구입할 수 있도록 회신하여 주시기 바랍니다.

[해설] 건설기계 장비의 부속인 삽날, 귀삽날, 타이어 등은 중기제조회사별로 규격을 달리하고 있으므로, 사용하고자 하는 중기를 선정한 후 해당 메이커로부터 부속품 등의 제원표를 구하여 적산자료로 활용하여야 합니다.

건설품셈에는 표준장비에 대한 건설기계가격을 나타내고 있는 바, 이에 따라야 하며, 도입가격이 다르더라도 품셈에서 정한 규격의 장비가격을 달리 적산하면 아니됩니다.

[질문 12] 배수로 준설작업용 Vacuum Dump Truck(별첨 제원 생략)의 기계경비를 산정함에 있어, 유류·타이어 등의 경비는 Dump Truck을 기준으로 계산하고, 장비손료(상각비, 정비비)는 습지굴삭기 기준으로 계산하여 기계경비를 산정코자 하는데, 그 타당성 여부와 불합리할 경우, 타당하다고 생각되는 것을 알려 주시기 바랍니다.

[해설] 귀 제시 버큠 덤프트럭의 제원에 의하면, 기본차대는 10.5~15 ton 덤프트럭과 유사하고, 특장부분은 그라우팅펌프와 콘크리트펌프차에 유사하며, 진공펌프는 $25.5\,m^3/min$의 에어컴프레서와 유사하고, 덤프는 일반덤프트럭에 유사하다고 설시하고 있는 바, 이 버큠

제 1 절 기계경비 산정일반

덤프트럭의 주 기능은 준설물의 흡입을 위한 진공펌프와 유압 및 분리탱크로 구성된다고 사료되므로, 이와 같은 사안은 표준품셈 제1장 적용기준 1-3 적용방법 "4."「표준품셈에 명시되지 않은 사항은 각종 사업을 시행하는 국가기관, 지방자치단체, 공기업·준정부기관, 기타공공기관 등의 장의 책임하에 적정한 예정가격 작성 기준을 적의 결정하여 적용한다.」에 의거하여 유사중기를 고른다면 그라우팅믹서, 콘크리트 펌프 등의 시간당 손료계수 4를 고려할 수 있고, 또 콘크리트 펌프카 3, 양수기 3, 엔진 3, 덤프트럭 2 등을 주요 제원별 손료기준을 고려하여 당해 버큠 덤프 트럭의 주요기능별 가격구성비를 참작하여 적정 산정하는 방법이 있을 것입니다. 다만, 이 예시는 일반적인 기준이고 구체적인 자료가 없어 확답하지 못함.

질문 13 1. 기계경비산정시, 크레인 규격이 ton으로 분류되어 있는데 이는 크레인 자중을 표시하는 것인지, 인양력을 표시한 것인지 알려주시고,

2. 관 전기용접 작업시 발전기의 규격 및 사용시간을 관경별로 알려주시기 바라며,

3. 품셈 9-45 수중펌프 1. 펌프의 선정에서 전동기 출력 7.5kw는 양정이 0~10m 이상이 아닌지요. 또 2. 펌프운전공중 상시 배수 발전기 사용시, 펌프운전공이 0.24인/1개소·일로 되어 있는데, 그러면 펌프운전공 1인이 하루에 4.17개소(1÷0.24)를 작업할 수 있고 펌프는 최고 20.85대(5×4.17)를 가동할 수 있다고 설명되어지는데, 실제로는 10a 정도의 현장에서 펌프 3대, 발전기 1대로 상시 배수시, 기능공 3명과 예비펌프 1대, 예비발전기 1대가 더 필요합니다. 이에 따른 보충설명과 해석을 부탁드립니다.

해설 크레인 규격의 ton은 크레인의 자중이 아닌 달아 올릴 수 있는 최대능력(권상능력)에 의한 분류이며, 관 전기용접의 발전기 규격 및 사용시간 등에 대하여는 기계설비품셈 제Ⅲ편 1-2. 플랜트 용접공사를 참고하십시오. 전동출력기 7.5 kW의 양정은 3.7 kW와 같은 0 ~ 10 m 이하이며, 구경이 150 mm 입니다. 펌프운전공에 대해서는 품셈 9-45 2.《주》③에 따라 물막이 한 개소를 1개소로 보며, 노무비는 1개소당 펌프대수가 1 ~ 5대의 운전노무비를 표준으로 한 것임을 밝히고 있음을 상기 하십시오.

<건설기계 관리비의 변천>

질문 14 어떤 기관에서 발행한 표준품셈 해설에 의하면 건설기계 관리비는 이자 12%, 격납보관비 2%로 구성되어 있고 이는 1일을 단위로 한다고 하나, 타설에 의하면 금리 8%, 제세와 격납보관비 6%라는 설도 있는데 어느 것이 타당하며, 금리의 가산이유는 무엇인가요?

해설 건설기계 관리비는 연간 소요되는 기계관리비의 평균 취득가격에 대한 것으로서, 보유기계를 관리하는데 필요로 하는 이자 및 보관 격납비용을 말한다. 라고 규정하고 있으나 제세(재산세, 공과금 등) 및 보험료가 합산되어야 하는 것입니다.

따라서 관리비 14%는 이자와 보관 격납비, 제세 보험료가 합산된 %라고 보아야 합니다.

우리나라의 관리비 변천을 살펴보면, 1963년도 건설부 발행 표준품셈에 의하면 연간 기준관리비율을 $0.12 (= \frac{1}{2} \times 0.18 + 0.03)$로 정했고, 1964년도에는 $0.11 (= \frac{1}{2} \times 0.16 + 0.03)$로, 66년에는 $0.16 (= \frac{1}{2} \times 0.26 + 0.03)$으로 1968년도에는 이를 0.095로, 1969년 경제기획원

제 1 절 기계경비 산정일반

에서는 0.105 ~ 0.11 로 (이자율 0.075, 보관료 0.03, 선박부장 중기 0.035)로 1970년도 건설부 품셈에서는 0.14 로 변경되었으며, 이때까지의 평균가격은 $\frac{1+n}{2\times n}$ (n= 내용연수) 으로 계상하였으나, 1973년도 품셈을 개정할 때 0.14 는 그대로 두고, 평균가격은 $\frac{1.1\times n + 0.9}{2\times n}$ 로 개정 변경하여 관리비 계수를 0.16 으로 인상되는 효과와 대등하게 되었습니다.

과거 70년 개정 당시, 금리 0.08(재정자금 융자금리), 보관격납비 0.04, 제세공과 0.02 계 14%로 적용한 것이나 도급공사비 적산에서는 금리의 부담이 문제시 되어 외국의 관리비 계상에는 금리를 제외하고 필요한 때에만 따로 계상하게 하고, 순수 관리비는 중건설 6.5%, 보통 6%, 경건설 5.5%로 적용하고 있는 바, 금리 12%, 보관격납비 2%라고 하는 것은 올바른 판단이 아니라고 사료되며, 건설기계의 관리비도 관리비와 임차시의 관리비율이 따로 조정 계상되도록 제도적인 보완이 되어야 한다고 생각합니다.

질문 15 <지하수 굴착장비 중 고성능 착정기 450 HP의 가격은 있으나 525 HP의 가격이 없어 손료계산을 할 수 없는 것에 대하여>

해설 건설표준품셈 제 9 장 9-36, 2. 고성능 착정기 335.70kW(450HP)에 대한 경비산정의 손료계수, 기계가격 및 운전경비 산정 품은 있으나, 525 HP에 대한 품이 없어 이에 대한 정확한 손료를 산정할 수 없습니다. 그러나 유사기종으로 손료계수는 $3,144(10^{-7})$으로, 기계가격은 수입기계이므로 수입면장 가격을 조사하여 C.I.F 가격을 적용하면 될 것으로 생각합니다.

※ 경비산정은 같은 것으로 보고, 적용하는 도리 이외에 다른 방도는 없는 것 같습니다.

제 2 절   인건비 및 연료비

질문 1   건설기계의 운전경비 중 중기운전사와 조수 등은 직접 노무비로 계상하나, 운전을 위한 자재비 및 소모품은 어떻게 계상하는가요? 건설기계의 운전경비는 사용기계의 운전자재비, 운전노무비 및 소모품의 합계액이라고 규정하고 있습니다.

해설   운전경비 중 운전노무비는 당연히 직접노무비로 계상되어야 하고, 운전자재비, 소모품비 등도 직접재료비로 계상해야 합니다만, 우리나라의 경우, 기획재정부 계약예규인 "예정가격 작성기준"에서 건설기계를 "경비" 항목으로 규정하고 있어 경비로 계상합니다.

질문 2   ① 불도저나 백호 등 트랙이 부착된 장비는 연료 소모량 산출공식 $0.24 \ell \times$ 엔진마력수 $\times$ 부하율 $\times$ 시간율은 메이커에서 제시한 사양과 거의 비슷한 것 같으나,

② 덤프트럭 등 트럭 적재식은 상기 공식과는 좀 거리가 먼 듯하며, 메이커에서 소모량 단위가 ℓ/km로 표시되나 건설현장에서는 ℓ/hr가 필요하며, 건설적산학에 명기된 6 ton 덤프는 14.8 ℓ/hr, 10 ton의 경우 20.1 ℓ/hr 의 산출 근거는?

③ 무한궤도형 및 트럭 적재식 크레인의 유류 소모량 산출 공식은?

④ 엔진오일 소모량은

  $q = \text{HP} \times 0.6 \times 0.003 \times c/t$

  여기서, q : 시간당 소모량(ℓ/hr)

　　　　c : 크랭크 케이스 용량(ℓ)　　　HP : 엔진의 정격출력(ps)
　　　　0.6 : 운전율 = 부하율×운전 시간율
　　　　0.003 : 시간당 마력당 엔진오일 소모량에 의하여 산출된
　　　　　　　 공식인지?

해설 연료 소모량은 귀하의 산출 공식과 같으며,
연료소비량 휘발유계 : 0.4 ~ 0.45 ℓ/ps/hr
　　　　　　디 젤 계 : 0.22 ~ 0.24 ℓ/ps/hr 로서 현행 기준임.
이는 외국문헌 수치보다 약간 많습니다.
6 ton ~ 10.5 ton 덤프트럭의 연료 소비량은 현행 8.0 ~ 14.1 ℓ/hr 양이며, 질의 ③의 경우도 상기와 같으며, 질의 ④의 엔진오일 소모량 산출공식 q = 0.6×0.003HP+c/t(ℓ/hr), 즉 1시간의 소비량 임.
E 오일이나, G 오일 또는 그리스 등 유지비는 주 연료비의 15% ~ 25% 상당이나, 우리나라의 품셈은 외국의 경험적 소요량을 표준화 규정한 것으로 현실과는 거리가 약간 있습니다.
연료 소비량은 디젤엔진의 경우, 0.24 ℓ×부하율×시간율 = ( ), HP×A = ( ) ℓ/hr 로 구하는 식도 있습니다.

질문 3 덤프트럭의 기계경비 계산에서 주연료 및 부연료, 조종원 이외에 타이어, 넝마는 무시되는 것인지요. 예) 8 ton 트럭의 타이어는 0.001×6개=0.006×시가(타이어개당) 인지 0.00066×6=0.00396인지?

해설 덤프트럭의 타이어 및 부연료 등은 주연료 가격의 38%(현행) 로 계상하며, 타이어 등을 따로 구하지 않습니다.

질문 4 중기운전원의 노임을 산출함에 있어 그 산출을 공공노임 × $\frac{1}{6} \times \frac{8}{6} \times \frac{30}{20\sim25}$ 으로 구하는 것은 중기 손료를 산출하는 기초로서, 1일 8시간 작업, 1개월 25일 작업으로 연간 10개월로서 연 2,000시간 작업이며 5년간 10,000시간 작업에 근거를 둔다면 노임 산출에 있어서는 월간 20~25일간 작업으로 공사비를 산출하고 중기손료는 25일간 작업으로 계산하게 되는 것이 아닌지요.

해설 노임의 산정기준은 근로기준법의 정신에 따라 1일 8시간 공용을 기준으로 계상되는 것이며, 월 상시 고용의 경우, 월정액의 환산을 해야 하는 까닭에 작업일수율을 $\frac{30}{20\sim25}$ 또는 $\frac{25}{20}$ 로 환산한다는 뜻이므로 중기손료 산정기준과 혼동해서는 아니됩니다. 그러나 월 중 실동일수율을 $\frac{25}{20}$, 즉 1.25로 계산하는 기관과 $\frac{30}{25}$, 즉 1.20으로 계산하는 기관 등 20%, 25% 등이 있어 통일이 요구되며(현행 건설교통부, 조달청 등은 $\frac{25}{20}$ 로 함), 상여금의 가산을 시간당노임 계산에서 연간 300%를 계상하여 $\frac{12+3}{12} = \frac{15}{12}$, 또는 $\frac{12+4}{12} = \frac{16}{12}$ 을 가산하고, 퇴직급여충당금을 가산하는 등 구구한 실정한 바, 이의 통일도 당국에 의하여 정립되어야 한다고 생각합니다.

질문 5 기계경비 산정시, 유압식 굴삭기(0.7 m³)의 경우, 시중에 일반적으로 1시간당 15~18 ℓ/hr 정도의 유류가 소모되는 것으로 알고 있으나(경험적 수치) 품셈에는 11.6 ℓ/hr로 되어 있어 중소업체에 근무하는 기술자들로서는 사주를 설득할 방법이 없습니다. 차후에 수정할 의사는?

제 2 절 인건비 및 연료비 　　　　　　　　　　　　　　　－465－

해설　건설표준품셈은 표준장비에 대하여 과거 건설부에서 제정한 것임을 이해하시기 바라며, 개별 건설장비의 유류소비량은 아닙니다.

유류량은 디젤기관의 경우, $0.22 \sim 0.24\, \ell/\text{PS/hr} \times$ 시간율 $\times$ 부하율로 구하는 바, $0.23 \times$ 출력 $\times$ 부하율 $(0.7 \sim 0.8) \times$ 시간율(0.8) 상당으로 구하면 됩니다. 그러나 부하율은 $0.5 \sim 0.7$ 이라는 설도 있습니다.

참고 : 유압식 백호의 출력은 $104 \sim 130\,\text{HP}$(제조회사별로 다르다) 상당으로 알려져 있음.

질문 6　유압식 백호($2\,\text{m}^3$)의 시간당, 주 연료소비량이 귀 품셈 11-3에는 $29.8\,\ell/\text{hr}$로 명시되어 있습니다.

유류소비량 산출 예시 공식에 의하면

◎ 경작업시 : $\begin{cases} 276\,\text{HP} \times 0.23\,\ell/\text{ps/hr} \times 0.83 \times 0.55 = 29.0\,\ell/\text{hr} \\ 276\,\text{HP} \times 0.23\,\ell/\text{ps/hr} \times 0.83 \times 0.566 = 29.8\,\ell/\text{hr} \end{cases}$

◎ 보통작업시 : $276\,\text{HP} \times 0.23\,\ell/\text{ps/hr} \times 0.83 \times 0.66 = 34.8\,\ell/\text{hr}$

◎ 중작업시 　: $276\,\text{HP} \times 0.23\,\ell/\text{ps/hr} \times 0.83 \times 0.78 = 41.0\,\ell/\text{hr}$

로 산출됩니다.

엔진의 부하율, $0.566\,(56.6\,\%)$은 경작업시로 볼 수 있음에도 불구하고 귀 품셈(해설) "1"의 "가" 항에는 부하율 $70 \sim 80\,\%$로 산출되었다고 하므로 다음을 질의 합니다.

1. 귀 품셈의 $29.8\,\ell/\text{hr}$의 산출근거는?
2. 당 현장은 석산현장으로서 유압식 백호($2\,\text{m}^3$, uH-20) 작업의 암석(원석) 상차 및 암 절취작업이 연중 계속되는 현장으로서 유류소비량은 $41.0\,\ell/\text{hr}$(중작업)로 보는 것이 타당하다고 사료되는데 귀견은?

해설 ① 유류시간당 소비량 29.8 ℓ/hr 는 과거 건설부에서 조사·결정한 유압식 백호 2m³급의 시간당 표준 유류소비량이며, 발행사의 임의 제시 자료는 아닙니다. (현행 굴삭기 2.0 m³, 32.8 ℓ/hr 임)

② 중기작업에서 경작업, 보통작업, 중작업의 구분은 귀문의 경우와 같이 암석의 상차와 암의 절취작업이 연중 계속되는 현장이라는 사실만으로는 판단할 수 없습니다. 즉, 해당 중기인 유압식 백호의 1일중 실동시간 또는 1주당, 월중 실동시간에 대한 각 작업의 성상(性狀) 및 요소(要素) 동작 등의 시간 구분과 작업내용을 분석한 자료의 근거가 있어야 비로소, 표준상태보다 가혹한 작업인가의 여부가 평결(評決)될 수 있는 것임에도 귀문의 경우는 연중 암석의 상차와 절취작업을 한다. 라고만 밝히고 작업의 구체성이 없어 판단할 수 없습니다.

특히, 우리나라 표준품셈은 가혹한 작업의 경우, 기계의 손료를 보정하는 기준은 있으나, 유류량을 조정 계상하는 근거 등 예외를 규정하고 있지 아니함을 유의해 주시기 바랍니다.

따라서 유류량의 보정은 제 1 장 적용기준에 의거하여 상당한 근거에 따라 특수성의 연구, 실사 등을 거쳐 객관성 있는 인정을 받아야 비로소 보정이 가능할 것임.

질문7 일본 건설성 품셈에는 연료 소비량 계산 기준이 다르다고 알고 있는데 그 자료를 알려 주십시오.

해설 건설품셈에 소개된 건설기계 원동기의 연료 소비량(2018년 (일) 국토교통성 자료)은 다음과 같습니다. (참고사항)

1. 적용범위

　이 적산자료는 건설공사에 사용되는 건설기계 등의 연료소비량 산출에 적용한다.

2. 연료소비량

제 2 절 인건비 및 연료비

2-1 연료소비량의 산정

시간당 연료소비량 = 기관출력 × 시간당 연료 소비율로 한다.(주행용 및 작업용은 쌍방을 합한 출력으로 한다.)

2-2 시간당 연료소비량

일상유지점검에 필요한 유지류와 소모품비를 포함한다.

건설기계연료소비량 (일본 국토교통성 2008~2018 토목 품에서)

(1kW=1.34HP, 1ps=0.986HP, HP=0.746kW)

No.	기계명 및 규격	운전시간당 연료소비율 (ℓ/kW-h)	No.	기계명 및 규격	운전시간당 연료소비율 (ℓ/kW-h)
1	불도저, 리퍼장착 도저 백호(소형 포함), 휠 로더 백호, 크램셸, 크롤러로더	0.153	17	유압식말뚝압입인발기	0.145
			18	어스오거	E0.436kWh/kW
2	백호(크롤러형)	0.128	19	어스오거 중굴식	0.085(주기관)
					E0.436kWh/kW(장치)
3	건설전용 덤프트럭(15t 이상)	0.085	20	크롤러 어스 오거	0.085(주기관)
4	덤프트럭	0.043	21	분체 분사 교반기(2축식)	E0.436kWh/kW(장치)
5	트레일러(크레인 포함)		22	분체 분사 교반기(개량재 공급기)	E0.533kWh/kW
6	트레일러	0.075	23	올케이싱 굴삭기	1엔진(크롤러식) 0.181
7	운반차(크롤러형)	0.134			2엔진(크롤러식) 0.093
8	크롤러크레인	0.076			(거치식) 0.104
9	트럭크레인(신축이음 jib형)	0.044	24	매트 스크린	E0.305kWh/kW
10	래티스 크레인	0.088	25	泥배수처리장치(필터프레스식)	E0.560kWh/kW
11	디젤파일해머(t램 중량)	7.648 ℓ/h-t	26	그라우팅펌프, 그라우트믹서	0.207 E0.613kWh/kW
12	바이브로해머 전동식	E0.305kWh/kW	27	보링기계	0.151 E0.429kWh/kW
	유압식, 가변식	0.308	28	점보드릴 (레일식, 크롤러식, 휠식)	0.171
13	항타기 주기관	0.085			E0.415kWh/kW
14	항타기(워터제트)	0.192	29	자유단면 터널 굴삭기	E0.429kWh/kW
		E0.533kWh/kW	30	NATM기기 집진기	E0.700kWh/kW
15	유압 해머	0.181	31	콘크리트 뿜칠기	E0.466kWh/kW
16	유압식강관압입인발기(잭)	E0.305kWh/kW	32	급결제공급장치, 뿜칠로보트	

제11장 기계경비 부문

No.	기계명 및 규격		운전시간당 연료소비율 (ℓ/kW-h)	No.	기계명 및 규격		운전시간당 연료소비율 (ℓ/kW-h)
33	모터그레이더		0.108(히터포함)	52	측구청소차		0.052
34	스태빌라이저		0.111 E0.331kWh/kW	53	배수관청소차, 살수차 고소 작업차		0.044
35	로드롤러		0.118	54	가드레일지주항타기		0.051
36	타이어롤러		0.085	55	예초기(노견컷터부)		0.071
37	진동 롤러	핸드가이드식	0.231	56	공기압축기	정치식	0.187(터널별도)
		탑승식	0.160			가반식	E0.595 kWh/kW
38	탬퍼·래머, 진동 콤팩터		G 0.346	57	블로어 송풍기(팬)		0.156 E0.681kWh/kW
39	콘크리트 플랜트		E0.495kWh/kW	58	펌프		0.323
	모르타르 플랜트			59	소형와권(퓨걸)펌프		G 0.495 E0.900 kWh/kW
	벤트나이트믹서		
40	트럭 믹서		0.059	60	공사용수중모터펌프(잠수펌프), 샌드 펌프		E0.584 kWh/kW
41	콘크리트 펌프차		0.078
42	아스팔트 피니셔		0.147(가열제외)	61	발전기		0.145 G 0.436
43	디스트리뷰터		0.090	62	윈치		0.108 E0.305kWh/kW
44	콘크리트 스프레더 골재스프레더 콘크리트 피니셔 콘크리트 페이버 피닛싱 스크리드		0.122	63	전기용접기(전기사용량별도)		0.261 G 0.403
				64	벨트컨베이어		0.293 G 0.512 E0.560 kWh/kW
				65	모르타르 뿜칠기계		0.191
				66	리프트트럭 (작업차)		0.038
45	콘크리트 커터 아스팔트엔진 스프레이어		G 0.227	67	승용차,4륜구동차,중소형트럭		0.047 G 0.047
46	아스팔트 커버		G 0.227	68	마이크로버스		0.064 G 0.071
47	노면절삭기		0.144	69	예 초 기	어깨걸이식	G 0.588
48	폐재싣기기계		0.218			원격조종식	0.209
49	노상표층재생기 노면안전홈절삭기(그루빙)		0.142	70	집 초 기 (핸드가이드식)		0.178 G 0.354
				71	동력분무기		0.261 G 0.266
50	노면히터(노상표층재생기조합용)		0.160	72	바이브레이터		G 0.347 E0.540kWh/kW
51	노면청소차, 가드레일 청소차 터널 청소차		0.063	73	조명기(가반식)		0.638

제2절 인건비 및 연료비

No.	기계명 및 규격		운전시간당 연료소비율 (ℓ/kW-h)	No.	기계명 및 규격	운전시간당 연료소비율 (ℓ/kW-h)
74	트랙터 (휠식)		0.120	97	셕션펌프, 압송펌프 사이크론	E 0.900 kWh/kW
75	펌프 준설선		중유 0.381			
76	예인선		중유 0.252	98	안정액 믹서	E 0.533 kWh/kW
77	제설도저, 제설그레이더		0.153	99	니 배수처리장치	E 0.871 kWh/kW
78	제설트럭		0.078	100	오니흡배기차	0.053
79	소형제설기(핸드가이드)		0.193 G 0.356	101	뉴매틱케이슨 시공기계 (잠함용셔블)	E 0.600 kWh/kW
80	로터리 제설차	크롤러 29kW급	0.162	102	실드공사용기계	E 0.533 kWh/kW
		〃 59kW급	G 0.139	103	오수조, 점토용해기, 고분자용집제 용해조 슬러리펌프	E 0.900 kWh/kW
		〃 30~180kW급	0.137			
		〃 220~360kW급	0.114	104	콘크리트 믹서	E 0.495 kWh/kW
81	1차선 살기 제설차		0.089	105	콘크리트 펌프	E 0.410 kWh/kW
82	동결방지제 살포장치		0.090	106	비탈면 다짐기	0.167
83	동결방지제 살포차		0.058	107	아스팔트 굿커	0.164
84	레이크도저 트랙터(크롤러식) 스크랩도저 타이어 도저		0.175	108	콘크리트 횡취기	0.293
85	모터스크레이퍼		0.163	109	진동줄 눈절단기 노면구획선소거기	0.0233
86	니상 굴삭기		0.175	110	라인마아커(자주식)	0.068
87	덤프트럭(휘발유)		G 0.071	111	투광차음벽청소차 보도청소차	0.040
88	운반차(부정형지) 휠형		0.160			
89	타워크레인		0.101 E 0.305kWh/kW	112	소형다단원심펌프 진공펌프	E 0.900 kWh/kW
90	리프트(2본), 모터윈치 문형크레인		E 0.305 kWh/kW	113	진동호이스트 체인블록 토사배출기	E 0.305 kWh/kW
91	샌드파일항타기(크롤러식)		0.085 E 0.305kWh/kW	114	케이블크레인(앵커고정식)	E 0.305 kWh/kW 0.108
92	분체분사 교반기		E 0.305 kWh/kW			
93	어어스 도거(트럭식)		0.053	115	유압잭	0.533
94	어어스드릴 굴삭기		0.093	116	콘크리트 뿜칠기 급결제 뿜칠기	E 0.410 kWh/kW
95	리버스 서큐레이션 드릴		E 0.426 kWh/kW			
96	항타로		E 0.305 kWh/kW	117	믹서(엔진부)	G 0.162

No.	기계명 및 규격	운전시간당 연료소비율 (ℓ/kW-h)	No.	기계명 및 규격	운전시간당 연료소비율 (ℓ/kW-h)
118	종자뿜칠기	0.191	123	목재파쇄기	0.185
119	공사용 고압세정기	E 0.900 kWh/kW G 0.255	124	펌프준설선	E 1.217 kWh/kW
			125	제설도저(크롤러)	0.166
120	약제살포기	0.103	126	로타리제설차	0.141
121	절단기	E 0.305 kWh/kW	127	터널 NATM 시멘트 사이로 30 ton	E 8.0 kWh/kW
122	초류결속기	G 0.515			

《주》 G : 가솔린, E : 전력, 표시가 없는 것은 경유

기계경비 중 관리비에 대하여

격납보관비, 금리 + (보험료 제세공과금) 기준가격 : P, 잔존가 10%, 내용년수 : N

$$Pa = \frac{P + \left(P - \frac{0.9 \cdot P}{N}\right) + \left\{P - 2\left(\frac{0.9 \cdot P}{N}\right)\right\} + \left\{P - 3\left(\frac{0.9 \cdot P}{N}\right)\right\} + \left\{P - (N-1)\left(\frac{0.9 \cdot P}{N}\right)\right\}}{N}$$

$$= P\left(\frac{1.1 \cdot N + 0.9}{2 \cdot N}\right)$$

시간당관리비 =

기계가격 × $\frac{1.1 \times 내용년수 + 0.9}{2 \times 내용년수}$ = 평균가격 × $\frac{관리비계수}{년간\ 표준가동시간}$ = **시간당관리비**

※ 건설기계 연료소비량 산정기준이 되는 기계의 정격 출력자료는 다음과 같습니다.

〈건설기계의 정격 출력〉

1. 출력(마력)표는 표준 건설기계의 출력과 국산 기계제작회사 및 외국의 문헌을 참고로 표준적인 계산에 의거, 작성된 것으로서 보편적인 유류량 계산에 도움이 될 것입니다.

제 2 절 인건비 및 연료비

2. 디젤기관의 시간당 연료소비량은 0.22 ~ 0.24 ℓ/ps/hr 상당이고, 부하율은 중건설 작업기계 65 %, 보통 60 %, 경작업 55 % 상당을 표준 실행 부하로 보아 타당하다고 본다.

3. 작업시간율은 통상 50/60 ≒ 0.83 상당으로 본다.

4. 유류 등 계산예
   ① 19 ton 불도저 180 HP×0.23×0.65×0.83 = 22.3 ℓ/hr(우리 품셈 23.8 ℓ)(일본 24.84 ℓ/hr). '96 년 이후(일본 건설성이 정부 조직변경으로 국토교통성이 됨) 매 기종마다 ℓ/ps-hr(시간당 연료 소비율)을 따로 정한 바 있다. (※품셈 자료 참고)
   ② 크롤러계 셔블은 0.108 ℓ/ps-h = 1.53 m³인 때 120×0.108 = 12.96 ℓ/hr (우리 품셈 16.3 ℓ)

   타이어계 셔블은 0.108 ℓ/ps-h = 1.34 m³인 때 86×0.108 = 9.28 ℓ/hr (우리품셈 9.5 ℓ) 등 임을 참고하여 실행예산 편성 등에 활용하시기 바랍니다. (참고제원은 다음 페이지 계속)

질문 8 건설표준품셈 제11장 기계화시공 운전경비산정 내용 중 주 연료 소모량이 시간당 소모량인지, 아니면 1일 24시간 소모량인지 명시되어 있지 않아서 문의하오니 회신하여 주시길 부탁드립니다. 실제로, 발전기를 사용하여 보면 게재된 유류로는 도저히 맞지 않는 실정입니다.

해 설 건설기계의 유류량은 건설표준품셈 제 8 장 8-4 ① 휘발유 및 경유 ㉮ 에서 "시간당 소비량을 말하며……"로 ℓ/hr 임이 명시되어 있으므로 시간당 연료소비량입니다.

제 11 장 기계경비 부문

<참고제원>

기 종	규격	출력	기 종	규격	출력	기 종	규격	출력
불 도 저	1 ton	9 HP	스크레이퍼	5.4 m³	255	크 레 인	20 ton	98
	3	39	(자 주)	11.5	458	(무한궤도)	25	105
	4초습지	39		16.1	710		30	122
	7	76		20.6	968		40	152
	11	104	모터그레이더	3.1 m	115		50	156
	12	116		3.6	145		60	164
	15 습지	146	덤프트럭	6 ton	214		70	180
	19	171		8	284		80	240
	21	207		10.5	334		100	250
	32	316		15	210		150	258
	44	410		18	290	아스팔트	2.4 m	36
불 도 저	19	200		25	350	페이버	3.0	45
(타 이 어)	28	286		32	451		2.4~4.5	48
	33	328		46	615	아스팔트디	3,000 ℓ	111
백호(유압식)	0.20 m³	59	머캐덤롤러	68	775	스트리뷰터	3,800~4,000	168
	0.40	88	(자 주)	6~10ton	90			
	0.70	120		8~12	96		5,700~6,000	214
	1.00	183		12~15	90			
	1.20	204	탠덤롤러	5~8ton	60			
	2.00	320	(자 주)	8~10	60	아스팔트	200 ℓ	4.0
로 더	0.57 m³	54		10~14	68	스프레이어	300	4.0
(무한궤도)	0.76	58	진동롤러	2.5	22		400	5.0
	0.95	68	(자 주)	4.4	27	스태빌라이저	1.5 m	180
	1.15	94		6.0	70		2.5	215
	1.53	120		8~10.0	120		3.6	230
	1.72	160	진동롤러	0.5~0.6 t	6 HP	콘크리트	60 m³/hr	170
로 더	0.57 m³	54	(핸드가이드)	1.1	8	펌프차	80 〃	175
(타 이 어)	0.95	68	타이어롤러	5~8ton	44		92 〃	220
	1.34	86	(자 주)	8~15	86	공기압축기	3.5 m³/분	36
	1.72	112		15~25	98	(이동식)		
	2.29	160	래 머	80kg 급	4		7.1 〃	65
	2.87	218		120	6		10.3 〃	106
	3.50	242	크 레 인	10 ton	86		17.0 〃	158
	5.00	382	(무한궤도)	15	98		25.5 〃	216

제 12 장 도로·포장 공사

제 1 절 도로포장 일반

<노상·노반 재료 할증 등에 대하여>

질문 1 도로공사용 보조기층 재료를 흐트러진 상태에서 구입, 운반 사용하고 있는데, 다짐 후 체적이 줄어 재료량이 부족한 실정입니다.

설계 당시 (예) 길이 20 m, 폭 7 m, 두께 30 cm 보조기층 재료계산은,

$(20\,m \times 7.0\,m \times 0.3\,m) \times \dfrac{2.1\,(\text{다져진 상태})}{1.7\,(\text{흐트러진 상태})} = 51.88\,m^3 \times \text{재료할증 } 4\%$
$\fallingdotseq 53.88\,m^3$ 로 수량 계산을

했는데, 토량환산계수($f = \dfrac{C}{L}$)를 잘못 적용했는지 교시 바랍니다.

해설 보조기층 재료를 구입 운반 사용할 때에는 수량을 계산할 때, 실험성과를 토대로 흐트러진 상태와 다져진 상태의 토량환산계수(f)를 적용하여야 합니다. 이때, 소정의 품질 확보를 위하여 할증도 가산되어야 하는 것입니다.

귀 질의가 실험치에 의하면, 흐트러진 상태가 $1,735\,kg/m^3$이고, 다져진 상태가 $2,106\,kg/m^3$이므로, 이를 환산할 때 $(20\,m \times 7.0\,m \times 0.3\,m) \times \dfrac{2,106}{1,735} \times 1.04 = 53.02\,m^3$ 등 비슷한 계산이 됨을 이해하시기 바랍니다.

질문 2 품셈에 노상 및 노반재료의 할증률은 모래 6% 부순돌, 자갈 등 4%로 규정되어 있습니다. 도로 토공의 순성토 부분에도 이를 가산코자 합니다. 귀견은?

해설 순성토의 설계에서 다짐도에 따른 물량을 가산 하였는가의 여부가 먼저 고려되어야 합니다. 위의 질의 사항인 할증량은 할증이 가산되지 아니한 때의 일반적인 할증을 뜻하는 것이므로, 순성토의 수량에 가산이 되지 아니한 때에는 할증량을 계상할 수 있는 것입니다.

<혼합골재의 다짐도 계산>

질문 3 1. 포장 설계 중 혼합골재의 실내다짐시험 결과 최대건조밀도 $1.75\,g/cm^3$, 최적함수비 12.5%, 토량변화율 L = 1.17, C = 0.95가 나왔습니다. 상부노상 포설 완성두께는 20 cm로, 현장 다짐도를 95%로 하려고 할 때, 혼합골재 구입 물량은 20 cm L/C = 20×1.17/0.95 = $24.63\,m^3$와 혼합골재의 할증이 없어(모래+자갈/2) 할증률 5%를 가산하여 할증된 구입 물량인 24.63×1.05 = $25.86\,m^3$ 인지?

  2. 다짐도 95%를 현장토의 건조밀도로 계산하면 1.75×95/100 = $1.663\,g/cm^3$ 가 되는 만큼 다짐도 95%를 계산하여 1.의 계산 25.86 × 0.95 = $24.57\,m^3$를 구입하면 되는지?

해설 혼합 골재의 수량계산은 일반적으로 다짐도를 고려하지 않고 (압밀도 80~95로 추정) 귀문의 ①과 같이 설계 두께와 토량 변화율에 일정한 할증을 가산하여 구하나, 귀 질의의 경우는 실내시험을 통해 얻어진 수량에 다짐도를 감안한 물량을 구하는 것으로 ②에 예시하고 있으나, 다짐도를 물량 계산에 쓰는 것은 아닙니다. 실험 후 결정함이 바람직하다고 생각됩니다.

<도로축조용 성토의 다짐>

질문 4 도로축조용 성토의 다짐에 있어 30 cm를 펴 깔고 다짐하게 되어 있습니다. 0.3 m의 다짐 완성에는 보통토사인 때 토량의 체적 변화율 C = 0.85 ~ 0.9 ≒ 0.875 상당이 되므로 0.3÷0.875 ≒ 0.3428 m를 펴 깔고 다짐하면 되는가요?

해설 우리 품셈에는 다음과 같은 작업량 계산식이 쓰여지고 있습니다.

$$Q = 1{,}000 \cdot V \cdot W \cdot D \cdot E \cdot \frac{f}{N}$$

$$A = 1{,}000 \cdot V \cdot W \cdot E \cdot \frac{1}{N}$$

여기서, Q : 시간당 다짐토량 (m³/hr) f : 토량의 체적 환산계수
A : 시간당 다짐면적 (m²/hr) N : 소요다짐횟수
W : 롤러의 유효폭 (m) V : 다짐속도 (km/hr)
D : 펴는 흙의 두께 (m) E : 작업효율

여기서, 머캐덤 8 ~ 10 ton 급 유효다짐폭 0.8 m, 다짐속도 2.0 km/hr, 펴는 흙의 두께(다짐두께) 0.3 m, 소요다짐횟수 : 6회 (추정), 작업효율 E (0.6)으로, f = 1 로 시간당 작업량을 구해 본다.

Q = 1,000×V×W×D×E×f/N = 1,000×2×0.8×0.3×0.6×1/6 = 48 m³/hr 상당으로 계산된다. 이 토량이 다짐완성된 토량이냐? 자연상태의 토량이냐?의 문제가 거론됩니다.

f = 1이면, 자연상태의 것으로 보기 쉬운데 "D"는 펴는 흙의 두께라 하고, "D"표에는 다져진 상태의 두께라 해서, 서로 모순이 되고 있음을 알 수 있습니다.

자연상태의 보통토사 1 m³는 L = 1.2 ~ 1.25 m³, C = 0.85 ~ 0.9 m³로 용적이 커졌다가 다시 줄어들게 됩니다.

토취장에서 굴삭한 흙을 운반, 펴 깔고 골랐으면 L의 상태가 되어

있으므로 펴까는 흙의 두께는 $\frac{0.875}{1.25} = 0.7$ 따라서, 0.3 m ÷ 0.7 = 42.86 cm 를 펴 깔고, 다짐하면 30 cm 의 다짐완성이 되는 것으로서 이를 바꾸어 보면 1,000×2×0.8×0.4286×0.6×0.7/6 회 ≒ 48 m³/hr 로 펴는 흙의 두께는 0.3 m 가 아니라 0.4286 m 가 되어야 하고 f = 1 이 아니라 0.7 이 되어야 소정의 다짐된 품질을 얻을 수 있는 것입니다. 귀문은 0.3÷0.875 가 아니라 0.3÷0.7 = 펴는 흙의 두께(0.428 m)가 정당합니다.

<도로포장 그레이더 포설시 인력품>

질문 5 도로의 포장공사 중 보조 기층공을 그레이더로 포설할 때, 인력품을 10 % 로 보며 ……… 라고 규정하고 있는데, 이는 전체물량의 10 % 인가, 인력 10% 를 가산하는 것인지 알고자 합니다.

해설 그레이더 만으로는 모두를 완벽하게 포설할 수 없어, 인력의 보충작업이 필요한 까닭에 총 물량에 대하여 인력 10 % 와 그레이더 포설 90 % 합계 100 % 로 계상하게 하는 것 입니다. (구 품셈)

<공사용수를 구할 때>

질문 6 산간지의 농로 포장시 — 현장은 급경사지로서 현장에서 물을 구할 수 없으므로 1km 떨어진 하천의 물을 사용할 때 콘크리트 혼합 및 양생에 소요되는 물의 단가를 구하는 방법은?
L = 200 m, B = 3 m, T = 0.2 m 콘크리트 포장, 인력타설.
하천 $\frac{0.1\text{km}}{5\sim7}$ 농로 $\frac{0.3\text{km}}{7\sim10}$ 농로 $\frac{0.6\text{km}}{5\sim7}$ 현장

해설 콘크리트 혼합 및 양생에 소요되는 물(水)량 및 잡용수의 수량은 제 1 장 건설표준품셈 1-21 3.공사용수에서 그 양을 구할 수

제 1 절 도로포장 일반

있음. 예를 들면, 리어카운반인 때 1회 운반량 0.25 ton, 운반거리 500 m 의 경우, 16회로 4 ton, 즉 4 m³

$$N = \frac{450 \times 2{,}500}{120 \times L + 2{,}500 \times 5} = \frac{450 \times 2{,}500}{120 \times 500 + 2{,}500 \times 5} = \frac{1{,}125{,}000}{72{,}500} ≒ 16회$$

Q = N×q = 16×0.25 = 4 ton (운반횟수 산정은 가정치 임)

보통인부 109,819×2 = 219,638 원, 219,638 원÷4 m³ = 54,909원/m³ 당 물 1 m³ 당 단가는 54,909원 상당이 되는 것임.

(인부임금은 2018년 상반기의 것임)

질문 7 콘크리트 포장 포설의 인력포설에 있어 종전에는 포설두께가 명시되어(20 cm) 있었으나, 현행 품셈에는 두께가 명시되어 있지 않으므로 두께에 관계없이 품을 적용하여도 무방한지요?

해설 포설 다짐 두께를 따로 일률적으로 명시하여야 할 필요는 없으며, 보통 15 ~ 30 cm 상당이나 설계 두께에 따라 재료량 등을 계산하면 됩니다.

<보조기층용 재료>

질문 8 도로의 포장공사를 함에 있어 보조기층 재료인, 모래 섞인 막자갈을 부근 하상에서 많은 양을 채집할 수 있으며, 불도저 트럭의 진입조건도 매우 좋습니다. 이때, 불도저의 집토거리를 20 m 로 설계하면 직경 40 m 가 되어 비경제적입니다. 어떻게 설계하면 되는지요.

해설 현행 품셈에는 불도저의 최소 집토거리를 20 m 로 규정하고 있음을 상기하십시오. 다만, 발주청에서 현장 설명 기타 조건에 이를

20 m 이내로 적용하였음도 고려될 수 있다고 봅니다.

질문 9 농어촌 마을의 콘크리트 도로를 포장 파괴하여 복구하려 합니다.
포장파괴는 고폭이 20 cm, 저폭이 13 cm, 깊이 10 cm (순수 콘크리트)이고 포장파괴 합계는 320 m² 입니다.
이를 복구코자 하는데 콘크리트 인력포설 단위는 100 m² 이고 콘크리트 타설 단위는 m³ 이므로 콘크리트 타설과 콘크리트 포장포설의 구분 한계를 알고 싶습니다.

해설 콘크리트 타설과 콘크리트 포장 포설의 구분한계는 명시한 바 없으나 주공정에 따라 구분되는 것이 상식이고, 도로포장 유지보수품을 참고하십시오.

질문 10 귀사 발행 질의응답에 의하면, 콘크리트 포장공사에 있어서 (인력 포설) 포장 포설비와 콘크리트 타설비는 그 성질이 구분되어야 함에도 A관서에서는 콘크리트를 관급으로 설계하면서, 레미콘 타설비를 모두 삭제하고 포장 포설비만을 계상하여 공사를 발주하고 있는 바, 그 적정 여부를 회시하여 주십시오.

해설 귀 질의 사항은 품셈 개정 전의 사항으로 품셈 10-3-2의 콘크리트 포장의 인력 및 기계사용의 개정(2018 개정) 품을 적용, 《주》의 설명을 이해하시어 적정 활용하시기 바랍니다.

제 1 절 도로포장 일반

<보조 기층공에 대하여>

질문 11 ① 건설표준품셈 12-5 보조기층공의 특별인부와 보통인부의 품에 부설 및 전압(다짐)품의 포함된 것인지?

② 그레이더를 사용할 때, 인력 품은 10%로 보며, 기계시공시 살수 및 전압의 손료와 운전경비는 별도 가산한다고 하였는데, 전압(다짐)품이 포함되었다면 그레이더 사용시 전압(다짐)품을 무시하고 10%로 계상하는 것인지?

해설 보조기층공의 품은 기계시공시 살수, 전압품을 별도 계상하고 그레이더로 부설할 때에 인력 부설 품은 전체 물량의 10%를 품셈에 따라 적용하며, 그레이더 경비는 별도 계상해야 합니다. (구 품셈)

그러나 현행 개정된 품셈(10-2)은 1일당 시공량(600 m³) 기준 특별인부 1인, 보통인부 1인, 모터그레이더(3.6 m) 1대, 진동롤러(12 ton) 1대, 살수차(16,000l) 0.5대로 구성, 고르기 및 다짐작업을 포함하며 장비는 현장여건 및 시험포장 결과에 따라 장비조합 및 규격을 변경하여 적용할 수 있도록 규정하였습니다.

<암절구간의 모르타르 뿜칠>

질문 12 최근에 도로의 암절구간 비탈면 보호를 위하여 모르타르 뿜칠이 시행되고 있는데, 이에 대한 품이 없어 질의합니다.

모르타르 뿜칠에는 비탈면의 청소, 라스붙이기, 모르타르 뿜칠 등의 공정이 있습니다.

해설 우리 품셈에는 3-9 비탈면 보강공이 있고, 이에 관해 외국(일본)의 문헌도 있어 참고로 소개합니다.

[참 고] 비탈보호용 모르타르 및 콘크리트 뿜어붙임 공

(100 m² 당)

명칭	단위	모르타르 뿜어붙임 두께		콘크리트 뿜어붙임 두께			비 고
		5~7 cm	8~10 cm	10 cm	15 cm	20 cm	
모르타르 콘크리트 뿜어붙임기계운전 (습식 0.8~1.2 m³/hr)	hr	5.3	6.5	6.5	10.0	13.2	믹서 포함
공기압축기 운전 (10.5~11 m³/min)	〃	7.2	8.4	8.4	11.2	14.2	벨트컨베이어, 전기드릴, 계량기의 동력용
발전기 운전 (10 kVA)	〃	8.4	9.5	9.5	12.5	15.4	
계량기 손료 (골재누가계량기 300 kg×1조)	hr	4.8	6.0	6.0	9.0	12.0	

<도로 포장유지 수리의 커터 물 사용량에 대하여>

질문 13 건설표준품셈 제12장 도로포장 및 유지 12-18 포장절단공 내용 중, 커터공이 100m당 필요한 재료 중, 물 사용량이 콘크리트 포장에서 3,000ℓ, 아스팔트 포장에서 2,000ℓ가 사용되는 것으로 되어 있으나, 설계자의 생각으로는 과다한 것 같아 적합 여부를 질의합니다.

해설 품 개정 이전 사항으로 건설표준품셈 제12장 도로포장 및 유지 12-18 포장절단 및 줄눈설치 1. 포장절단 100m당 물 공량중 물 3,000ℓ, 2,000ℓ는 과다한 것이 아닌가 하는 질의에 대하여, 커터의 작업속도 1분당 50cm로 100m에는 200분 약 3.3시간이 소요되므로 위와 같이 산정한 것 같으나 귀문의 경우와 같이 약간 과다한 것으로 생각합니다.

그러나 현행 품셈 "10-3-2, 3." 포장절단 품은 1일당 품으로, 1일시공량 1차로 500m, 2차로 700m, 특별인부 1인, 보통인부 1인,

커터(320～400 mm) 1대, 동력분무기(4.85 kW) 0.5대, 100 m 당 물 3,000 ℓ, "아스팔트 포장 절단(품셈 10-4-2, 9.)" 100 m 당 물 2,000 ℓ 로 계상되어 있음.

<포장거푸집에 대하여>

|질문 14| 건설표준품셈 거푸집공은, 일반적인 전용횟수가 규정되어 있습니다. 콘크리트포장에 소요되는 합판거푸집은 비교적, 간단한 구조로 보아 4회 사용이 타당한 것 같은데, 극히 간단한 구조로 보아 6회 사용이 타당하다는 설이 있어 질의합니다.

|해설| 도로포장 콘크리트용 거푸집의 사용(전용)횟수에 대한 명확한 기준은 따로 명시된 바 없습니다. 다만, 콘크리트 포장도로의 거푸집은 측구 수로 확대기초, 우물통 등에 유사한 것은 아니고 수문 또는 관의 기초 호안 및 보호공의 기초에 유사하다고 볼 때 6회 사용이 타당하다고 생각됩니다.

<도로 거푸집의 수량>

|질문 15| 콘크리트 포장공사 설계와 관련하여 12-15의 콘크리트포장 거푸집에서 100 m 당이라 함은 도로와 거푸집 접속면이 양면인지 한쪽 면으로 봐야 되는지에 대해 질의합니다.

|해설| 콘크리트 포장 두께 20～25 cm 의 거푸집은 포장 노면이 예시 3m 인 때 콘크리트를 타설하기 위한 거푸집 100 m 당을 말하는 것이므로, 폭 3m 를 지지해야 거푸집의 기능을 다할 수 있는 까닭에 양쪽의 거푸집 100 m 씩으로 보아야할 것입니다. (현행 품셈에서 삭제)

질문 16 자전거 전용 도로 및 산책로, 보도에 주로 시공하는 컬러투수콘크리트와 세립도투수콘크리트 박층포장 시공방법의 차이점과 일위대가 적용을 관급공사에 적용코자 질의합니다.

해 설 건설표준품셈 10-3-3, 2. 보도용 투수콘크리트 포장(컬러콘 포함)에 있을 뿐, 귀 질의 내용을 충족 할만한 품이 없어 확답 드리지 못합니다. 따라서 컬러 투수콘크리트와 세립도 투수콘크리트 박층포장 시공 등은 생산업자의 견적을 일반포장과 대비 정밀검토 비교하여 가장 합리적인 방법을 고려하심이 가하다고 생각합니다.

<골재의 다짐 할증 및 포장 절단에 대하여>

질문 17 ○○지방 산업단지 조성공사를 시행함에 있어 당초 설계시 보조기층과 동상방지층에 대해 다짐으로 인한 할증이 누락되고 재료의 할증만 4% 계상되어 발주처와 감리단의 입회하에 골재를 채취하여 ○○시 도로관리사업소에 선정시험을 의뢰하여 골재의 단위중량시험과 다짐시험을 실시하여 아래와 같은 결과를 통보받았습니다. 이때 다짐할증을 구하는 방법에 대해 다음과 같은 내용을 질의합니다.

재 료 명	단위 중량	최대건조밀도	비 고
보 조 기 층	1.822 g/cm³	2.138 g/cm³	
선 택 층	1.800 g/cm³	2.134 g/cm³	

① 다짐할증량 = $\dfrac{\text{다짐시 최대건조밀도}}{\text{골재의 단위용적중량}} \times 100\%$

② 다짐할증량 = $\dfrac{\text{다짐시 최대건조밀도} \times 0.95}{\text{골재의 단위용적중량}} \times 100\%$

상기 ①항과 ②항 중 도로포장 공사 중 보조기층과 동상방지층 재료의 다짐할증 적용시 적정한 식은 어느 것인지 통보하여 주시면 감사

제 1 절 도로포장 일반

하겠습니다. (도로시방서 상의 보조기층과 동상방지층의 다짐도가 95 % 이상으로 되어 있는 것은 도로포장공사시 동상방지층과 보조기층의 품질을 관리하는 기준이라고 생각합니다.)

해설 귀 질의 중 보조기층과 선택층의 수량계산이 자연상태의 단위중량인 $1,822 \, kg/m^3$ 와 $1,800 \, kg/m^3$ 로 설계하고, 그 수량에 대한 4 % 를 가산하였다면 압밀도 95 % 이상으로 다짐했을 때 실험에서 얻어진 $2,138 \, kg/m^3$ 와 $2,134 \, kg/m^3$ 는 17.34 % 와 18.55 % 상당의 수량 부족현상(할증 4 % 불고려시)을 나타내게 될 것입니다. 여기서 설계수량인 자연상태의 수량에 대하여 할증 4 % 를 가산함은 작업중에 흐트러짐 등의 수량손실 보정을 위한 것이고, 다짐감량의 보충이 모두 포함된 것은 아니라고 보아야 합니다. 특히, 실험에 제공된 시료가 표준공시체로서 무작위 추출한 것이라면 다짐량에 대한 계상은 당연하다고 생각합니다. 압밀도 95 % 이상은 ± 95 % 가 아니고 95 % ~ 100 % 이내 까지를 요구하는 것으로, 수량계산은 귀 질의 ② 항은 적절하다고 할 수 없습니다. 필자의 저작인 "신고(新稿)「공사의 감사·해설」"에 인용한 $\frac{\text{다짐시의 최대건조밀도}}{\text{골재의 단위용적중량}} \times 4\%$ 는 귀 질의 사항인 다짐할증량 = 자연상태의 수량 $\times \frac{2,134}{1,800} \times 1.04$ 와 $\frac{2,138}{1,822} \times 1.04$ 로서 할증량이 되는 것입니다.

<포장절단의 수축줄눈>

질문 18 건설표준품셈 제12장 12-18 포장 절단공은 "가. 커터공", "나. 팽창줄눈공", "다. 수축줄눈공", "라. 종시공 줄눈공" 으로 구성되어 있었는데 2001년도 개정 품셈에는 12-18 포장절단 및 줄눈설치「1.

포장절단, 2. 줄눈설치」로 개정되어 팽창줄눈과 수축줄눈 등을 구분할 수 없어 그 적용방법을 질의합니다.

(해설) 개정 건설표준품셈 10-3-2, 3.에 따라 포장절단품을 적용하고 줄눈설치는 당연히 팽창수축시공이 포함되는 것으로 별도 고려할 필요가 없다고 생각합니다.

질문 19 <도로에 점자 블록, 유도블록의 품을 소형 고압 블록 포장 품으로 적용해도 되는 것인지에 대하여>

(해설) 점자블록과 유도블록의 품은 우리나라 건설표준품셈에 명시 규정된 바 없어 확답드릴 수 없으나, 귀 질의와 같이 건설표준품셈 제10장 도로포장 및 유지, 10-3-3, 1. 보도용 블록 포장, 소형 고압 블록포장의 블록 규격이 t = 6 ~ 8 cm 이므로, 이 규격과 유사하고 시공성도 유사하다면 그 품을 준용할 수 있을 것이라고 생각합니다.

<낙석방지울타리 낙석방지망>

질문 20 10-6-5 낙석방지울타리 2. 낙석방지망 가. 기초 착암 작업 중 배치인원에서 비계공의 적용 이유와 비계공의 역할이 무엇인지 자세히 부탁드립니다.
  저희 현장인 토석재취장 복구현장에서 낙석방지망을 적용하여 설계 변경 시 공사완료 후 복구비를 내신 분들이 비계공을 투입 안했으나, 품에서 제외하라고 하여 질의하게 되었습니다.

(해설) 건설표준품셈 제10장 도로포장 및 유지공사 10-6-5 낙석방지울타리 2. 낙석방지망 설치는 절개지 도로의 비탈 법면에서 낙석에

제 1 절　도로포장 일반

대한 안전사고를 방지하기 위하여 설치하는 작업으로, 비탈면에서 기초 천공작업, 철망설치 및 와이어로프 등 설치 작업 및 이동시 표준안전 난간이나, 안전대를 걸 수 있는 부착설비 등을 설치하여 안전하고 작업의 효율를 위한 기초작업임을 이해하시고, 낙석방지를 위한 (공기압축기와 착암기작업) 도로의 시설물인 낙석방지책 낙석방지 울타리와 토석채취장의 복구를 위한 낙석방지망의 설치작업은 성질이 다른 것으로 생각합니다.

제 2 절 콘크리트 및 아스팔트 포장

<콘크리트 포장에 대하여>

질문 1 도로의 콘크리트 포장에서 콘크리트 종류 : 레미콘 타설, 포설 종류 : 인력 포설. 상기와 같은 작업조건인 경우, 포장포설(인력포설)비와 또 콘크리트(레미콘) 타설 비용을 계상할 수 있는지 여부.
 상기 작업조건 중 콘크리트 종류가 믹서 또는 인력으로 콘크리트를 타설할 경우, 콘크리트 타설품과 포설품을 계상하여야 할 것으로 판단되는 바, 콘크리트의 종류가 레미콘이라고 하여 타설품을 제외시킬 수 없다고 함.

해설 건설표준품셈 제10장 도로포장 및 유지 10-3-2 콘크리트 포장포설 2.인력포설은 일당 포장 두께별 및 시공량 별로 포장공과 보통인부의 품이 개정 규정되어 있으므로 이에 따라야 하고 콘크리트의 혼합 생산품, 믹서혼합품 등은 별도 계상하게 되며, 제6장 콘크리트 6-1 콘크리트 타설 6-1-1, 1. 레미콘타설 m^3 당 품은 구조체 형성의 콘크리트 타설 품으로서 포장재의 포설과 같은 공종과는 별개의 성질이라고 생각됩니다.

<콘크리트 포장 포설>

질문 2 콘크리트 포장 포설품은 품셈 12-16에 의거, 기계포설과 인력 포설이 규정되어 있어 이를 적용하고 콘크리트 타설품은 보통인부 0.53인/m^3 만을 적용토록 하였으나, 직종별 해설에 의하면 콘크리트공은 소정의 중량화 및 용적비의 콘크리트를 만들기 위하여 시멘트·모

제 2 절 콘크리트 및 아스팔트 포장

래·자갈·물비비기와 부어 넣기를 하는 사람으로 되어 있는 바, 과연 보통인부만으로 기계비빔(믹서) 타설시, 콘크리트공이 없으면 믹서에 의한 제규격의 콘크리트가 생산될 수 없으므로, 품셈 6-1에 의한 콘크리트 타설품을 적용하여야 옳을 것으로 사료되는데, 여기에 대한 정확한 회신을 바랍니다.

해설 건설표준품셈 12-16 콘크리트 포장포설 2. 인력포설 《주》 ⑦에 따라 믹서 혼합시는 보통인부 $0.53인/m^3$ 를 별도 가산한다는 것은 콘크리트 믹서 혼합작업량의 계산을 제11장 기계시공에 의하고 기계경비 또한 콘크리트 믹서에 의한 경비를 계상하되, 여기에 보통인부 $0.53인/m^3$ 를 별도 가산하도록 품이 구성되어 있는 바, 이는 6-1에 의한 콘크리트 타설품과 그 성질이 다르다고 보는 것입니다.
  2017년에 개정된 10-3-2 콘크리트 포장을 적용하시기 바랍니다.

<콘크리트포장 인력포설>

질문 3 1. 콘크리트포장 인력포설시 인력포설 《주》 ② 에 의하면 철망을 사용치 않을 때는 보통인부 0.05인을 감한다고 되어 있는 바, 와이어 메시 깔기품이 포함되었는지의 여부
  2. 본 군에서 콘크리트포장 인력포설시 와이어 메시 깔기품을 건설표준품셈 금속공사 2.항의 건축품 와이어 메시 바닥깔기 품으로 계상하고 있는 바, 이는 질의 1항의 보통인부 1인 품과 이중으로 계상하고 있는지의 여부를 회시하여 주시기 바랍니다.

해설 콘크리트 포장 포설(인력 포설)의 경우, $100m^2$ 당 포설공과 보통인부의 품은 비닐 깔기, 철망 깔기, 콘크리트 포설이 포함된 품으로서 《주》 ② 에 따라 와이어 메시(철망)품이 포함(보통인부 0.05인)

된 것으로 보아야 합니다.

따라서 건축품의 금속공사 품은 도로의 포장공종과 다른 것이오니 따로 계상하지 마시기 바랍니다.

와이어메시의 소요량 계산에 있어, 건축공사 중 금속공사에서는 와이어메시의 크기 1.8 m×1.8 m 의 것 0.36 매/m² 로서, 이를 환산하면 1.8 m×1.8 m=3.24 m²×0.36 매=1.16 m²/m² 로서 16 % 상당이 가산된 것이나, 도로의 포장과 같이 단순한 펴깔기의 경우는 단열재 10 %, 석재정형돌 10 %, 텍스·석고판 각 5 % 등을 참작하여 와이어메시가 겹치는 폭과 길이를 설계, 계상하여 가산하여야 한다고 생각됩니다.

2018년에 적용된 품셈 10-3-2 인력시공 품은 100 m² 기준이 아닌, 일당으로 포장두께 및 시공량을 기준으로 포장공과 보통인부의 품이 규정되어 있으니 참고하시기 바랍니다.

질문 4 도로포장 콘크리트의 레미콘 인력포설시 3.0 m 이상의 도로에서는 차량이 직접 진입하여 슈트를 자유 자재로 이동하면서 콘크리트를 포설하는데, 1,000 m² 를 보통인부 10여명과 포설공 2인 정도로 충분히 포설 완료하고 있는 실정입니다(철망 사용, 10 m 간격 줄눈 판재) 이를 무근구조물 콘크리트 타설과 비교해 볼 때, 포설이 시공상 훨씬 유리함에도 불구하고 품을 적용하면 인력 포설비가 약 40 % 정도 더 많이 계산됩니다.

해설 도로포장 콘크리트를 레미콘 트럭으로 인력 포설할 때 작업량이 상당할 것이란 점은 충분히 예상할 수 있습니다. 그러나 표준품셈은 보편적인 표준공법을 기준한 것이며, 귀 질의와 같이 작업이 용이한 것을 기준한 것이 아니라는 사실을 먼저 이해해야 합니다.

제2절 콘크리트 및 아스팔트 포장

레미콘 무근구조물의 타설, 다짐, 양생의 품이 포함된 품과 포장 콘크리트의 포설, 줄눈의 품이 포함된 인력시공의 경우는 그 작업의 성질이 다른 것이나, 이들에 대한 구분·명시 규정이 따로 없는 것이 안타깝습니다. 여기서, 레미콘은 비벼진 Con´c 가 품질관리된 것으로 레미콘 타설품을 따로 계상하지 말아야 합니다.

<레미콘 포장 타설>

[질문 5] 1. 레미콘 타설 콘크리트 포장을 시공할 때 보편적으로 표준품셈 제12장 도로포장 편(구 기준) 인력 포설품(포설공 : 3.3인, 보통인부 : 12.1인)만을 적용하고, 제 6 장 모르타르 및 콘크리트편의 콘크리트 타설품(콘크리트공 : 0.15인, 보통인부 : 0.27인)은 중복 계상이라고 판단되어 계상하지 않고 있으나, 이에 대한 품을 적용할 경우, 과다 계상이라고 볼 수 있는지.

2. 믹서 비빔 현장타설시, 품셈 제12장 도로포장 편의 인력품에는 콘크리트 생산과정에 대한 품의 포함여부 해설이 없으므로 포설공 : 3.3인, 보통인부 : 12.1인 만을 적용할 경우, 콘크리트 생산에 필요한 재료투입, 재료소운반품이 부족하게 계상된다고 사료되는 바, 이에 대한 품을 계상하고자 할 경우, 표준품셈 6-1 2.항의 기계비빔 타설품 콘크리트공 0.15인, 보통인부 0.62인 중 얼마의 품을 적용할 수 있는지 여부.

[해설] 1. 레미콘 타설 콘크리트 포장시, 표준품셈 제10장 인력포설품에 제 6 장 콘크리트편의 콘크리트 타설품을 가산할 경우, 포설품과 타설품이 중복되므로 과다 계상이 됨.

2. 현행 표준품셈 제10장 도로포장 편의 인력포설 품에는 콘크리트생산에 필요한 품이 포함되어 있지 않으며, 그에 해당하는 품으로 콘크리트 재료 및 콘크리트믹서트럭 타설 기계경비도 별도 계상할

수 있습니다.

질문 6 레미콘(40-180-8)으로 L = 200m, B = 4m, 줄눈(합판)거푸집, 와이어 메시를 사용 콘크리트 타설을 하였을 때, 6-1의 콘크리트 타설(레미콘)의 무근구조물(콘크리트공 0.12인, 보통인부 0.15인)을 적용토록 되었습니다만, 포장에 있어서도 이 품을 적용할 수 있는지요?

해설 표준품셈 10-3-2 콘크리트 포장 2. 인력포설 품을 기준으로 계상해야 합니다.

<콘크리트 포장 포설 등에 대하여>

질문 7 콘크리트 도로 포장공사시, 폭이 2~5m의 골목인데, 인력비빔시 콘크리트공 0.85인/m³와 보통인부 0.82인/m³인 바, 이 품의 인부는 재료의 소운반, 비벼진 콘크리트의 소운반, 타설, 다짐 및 양생이 포함된 품이고, 이 콘크리트를 포설할 때 100m² 당 포설공 3.3인, 보통인부 12.1인/a가 또 계상되게 되어 있다. 이때의 인부 등은 모래층 깔기, 포설, 줄눈, 기타 인력포설 품이 포함되어 있다고 하였으므로, 이때의 콘크리트 일위대가표에서는 0.85와 0.82인/m³를 공제하던가 포설 12.1인/a를 공제하던가 해야 할 것이 아닌가?

해설 콘크리트 비빔품과 포장 인력포설의 공종은 다르고, 또 시공품질의 보장을 위하여 콘크리트의 품 중 인력품을 공제하거나 포설품을 공제해서는 안됩니다. 포설품은 모래층을 깔고 다지고, 포설, 줄눈시공 등을 하는 것이고, 콘크리트 인부가 하는 재료의 소운반, 비벼진 콘크리트의 운반, 다짐, 양생 등과는 다릅니다. 그러나 개정된 품셈의 각 공종의 《주》를 잘 보시고 중복이 되지 않도록 하십시오.

제 2 절 콘크리트 및 아스팔트 포장

질문 8 건설공사를 시행 중, 품셈의 적정 적용이 의문시 되어 아래 사항을 질의합니다.
1. 아스콘 포설시 포설두께가 명시되지 않은 품의 비례적용 가능 여부.
   (10 cm 포설시 : 포설공 2.6, 보통인부 0.4인을 적용)
2. 차도용 콘크리트블록(30×30×9 cm) 포장시 적용 품은
   (보도용 콘크리트블록(30×30×6 cm)포장품에 비례적용 가능 여부)
3. 포장도로의 굴착 후 보수에 따른 도로포장수리 할증적용에 대하여.
   (보수율 산출방법 및 산출근거)

해설 아스콘 및 콘크리트 포설(품셈 10-3)에 1일당 시공 두께별 시공량에 따라 포장공과 보통인부의 품이 규정되고, 보도용 블록도 형식별로 규정되어 있어 별 문제없을 것이나, 차도용 블록에 대한 명시 규정은 없습니다.

질문 9 공장 부지 내에 2,300 m² 정도의 간이 포장(아스팔트) 공사를 시공해야 하겠기에 설계를 의뢰하였더니, 아스팔트 플랜트 (20 ~ 25 ton)를 설치하고(플랜트의 부지조성, 조립설치) 생산하는 것으로 설계되어 있어, 공사비가 너무 과다한 것 같습니다. 이외의 방책은 없나요?

해설 아스팔트 콘크리트 포장공사의 구 품셈 12-12에 의하면, 20 ~ 25 ton 급 설치 부지로 플랜트 부지가 1,200 m², 보통인부 30인, 불도저(19 ton 급) 16시간의 경비가 소요되고 플랜트의 조립, 철거 등의 품을 모두 계상하게 되므로 상대적으로 과다한 생산 경비가 소요될 수 있습니다.
  시중에 판매되고 있는 아스팔트 콘크리트를 구입하여 시공하는 방법을 서로 비교하여 결정하십시오.

이와 같은 예는 시멘트 콘크리트의 경우, 시멘트 콘크리트 플랜트를 가설하여 설계하는 경우와도 비슷한 예가 됩니다.

<콘크리트 포장시 레미콘 타설>

질문 10 포장에 대한 품 적용시, 콘크리트 포장포설(인력)을 적용하였으나 감사에서 지적받은 사항조치는 레미콘타설(무근)로 적용하여야 한다고 합니다. 인력포설품은 일반국도포장을 기준하고 있다고 명시되어 있고, 6-1 콘크리트 레미콘타설품을 고려하여 실정에 맞게 조정할 수 있도록 되어 있는데, 포설을 하는 품과 면고르기를 하는 품은 어떤 품을 적용해야 하는지에 대해 질의합니다.

해 설 포장용 콘크리트를 "레미콘"으로 반입 타설하더라도 포장의 경우, 콘크리트 생산품은 별도로 하고, 포장공 등은 거푸집 설치 및 떼어내기, 퍼깔고 다지기, 면고르기(평탄화 작업) 등과 시공이음 줄눈의 시공을 해야 하고, 또 양생이 별도로 요구될 뿐 아니라 콘크리트 타설 전에 노반의 접착부 처리 등 거푸집에 레미콘을 타설하는 것과는 근본적인 공종(工種)이 다르다는 것을 이해해야 합니다. 2017 개정품셈(10-3-2, "2")의 1일당 콘크리트믹서트럭 직접 타설인 경우 시공량에 따른 인력시공 품의 규정과 도로포장시방서 등 관련문헌을 조사 연구하여 적정 설계하심이 가하다고 생각합니다.

개정 도로의 구조·시설 기준에 관한 규칙 (건설교통부령 제206호 '99. 8. 9)에서 도로는 고속도로, 일반도로(주간선도로, 보조간선도로, 집산도로(지방도 또는 군도), 국지도로(군도))로 구분하고 국지도로의 설계기준 자동차는 대형자동차 또는 소형자동차로 하고, 농로, 마을안길 등은 규정되어 있지 아니합니다. 보다 자세한 것은 건설교통부 도로건설과 등에 직접 문의하시기 바랍니다.

제 2 절 콘크리트 및 아스팔트 포장

질문 11 건설표준품셈 제12장 12-16 2. 인력포설의 《주》란을 보면, 포설 두께가 명시되지 않고 읍면의 간이 포장시 과다하다고 하며, 일반국도포장 기준이기 때문에 레미콘 타설품을 고려하여 실정에 맞게 조정하라고 지시되어 이에 대하여 논란이 있습니다.

해설 도로공사 구 품셈 12-16 콘크리트 포장 포설공사에 있어 피니셔 등 기계포설이 아닌 적은 규모의 인력포설의 경우는 대부분 지방의 소도로의 포장공사에 적용되고 있으나, 포장의 두께가 명시되지 아니하고 $100\,m^2$ 당 품이 규정되어 있어, 두께가 20 cm 인 때에는 $100\,m^2 \times 0.2\,m = 20\,m^3$ 당의 품이 되고, 30 cm 두께의 경우는 $30\,m^3$ 당의 품에서 물량과 관계없이 똑같게 적용되는 점에서 《주》를 통하여 이해를 돕게 한 것인데 그 해석에서 여러 가지 문제제기가 되었다 하니 미안하게 생각합니다. 특히, 포설공은 포장공과 달리 골재를 포설하는 사람으로서, 비벼진 시멘트 콘크리트를 포설하고 줄눈을 시공하는 품이고, 콘크리트 혼합생산의 품은 별도 계상하므로, 여기서의 포설공은 콘크리트 레미콘타설(무근)(거푸집속에 타설)의 품이 소운반, 타설, 다짐 및 양생의 품이 포함되어 있는 것과 비교할 때 문제가 있다고 생각할 수 있습니다. 따라서 이 품은 탄력적으로 운영하는 것이 바람직하다고 생각합니다.
 2017 개정 품 10-3-2 를 적용하시기 바랍니다.

<도로포장절단 및 줄눈설치 품에 대하여>

질문 12 품셈 도로포장 및 유지 10-3-2, 3. 포장절단 및 줄눈설치에서 포장절단 깊이는 1차 절단(50~75 mm)을 기준한다. 라고 규정되어 있는 바, 현장 여건상 브레이커에 의한 파취없이 절단만으로 콘크리트 포장(T=200 mm)을 들어내기 할 경우 품의 적용을 어떻게 하는지요?

해설 건설표준품셈 제10장 도로포장 및 유지 10-3-2, 3. 포장절단 및 줄눈설치, 가. 포장절단《주》③ 절단 깊이는 1차 절단(50~75mm)을 기준한다. 에서 두께 200mm를 절단하여 포장을 들어낼 때의 품과 관련한 질의로, 이는 포장 절단이 아닌 포장파쇄에 준하는 것으로 포장절단 품의 적용범위가 아니라고 생각합니다.

<포장절단의 시공>

질문 13 건설표준품셈 10-3-2, 3. 포장절단 및 줄눈설치 품의 시공량 형식 1차로, 2차로는 신설포장의 차로수를 의미하는 것이 맞는지, 관로부설 등을 위한 종방향으로의 콘크리트 포장 절단시 이 품의 적용 가능 여부?

해설 건설표준품셈 토목공사 제10장 도로포장 및 유지 10-3-2, 3. 포장절단 및 줄눈설치 품의 포장절단의 시공량(m)을 관부설 등을 위한 종방향의 콘크리트 절단에 위 시공량을 적용할 수 있는가에 대하여, 위 포장 절단 품은 콘크리트 포장 표층시공에 적용되는 것이며, 관부설 등을 위한 포장 절단을 위한 품은 아닙니다. 따라서 콘크리트 컷터 등의 기계경비산정 등을 함께 참고, 검토하심이 좋을 것으로 생각합니다.

<도로포장 및 유지공사 중 철재거푸집 품>

질문 14 표준품셈 제10장 도로포장 및 유지공사 10-3-2 콘크리트 표층 4. 콘크리트포장거푸집에 대한 강판자재비 및 잡철물제작 설치비용이 포함된 것인지 문의드립니다.

제 2 절 콘크리트 및 아스팔트 포장

해설 귀 질의는 2016년 품셈 기준으로 콘크리트포장거푸집 품은 철재거푸집의 1본 길이 3m로 핀폴은 m당 1개로 계산하되 20회 사용으로 하는 등의 규정이 있었으며, 철재거푸집의 제작에 대한 품은 따로 규정하고 있지 않았습니다. 현행 품은 2017년 개정되어 거푸집 사항이 삭제되었습니다.

거푸집 관련은 철근콘크리트 강재거푸집을 참고하시기 바랍니다.

제 3 절 도로 경계 블록 기타 시공

<보조기층용 재료>

질문 1 선택 및 보조기층 재료의 적산 방법과 단가산출에 있어, 어떤 현장에서 사용되어질 막자갈 골재 채취량 중에서 체가름 시험 근거에 의하여 선택층으로 사용할 경우, Over size율은 43.8% 이고 보조기층으로 사용할 경우는 Over size율은 63.4% 이며, 선택층은 Screen 하여 사용하게 되어 있고, 보조기층은 Crushing 하여 사용하게 되어 있는데 이때 Crushing율은 물론 63.4% 입니다.

1. 상기와 같은 경우, 선택층은 Crushing 하여 사용할 수 없으며, 그 기준은 어떻습니까? 만약 본 설계서대로 Screen을 사용하여 선택층 재료로 쓴다면 보조기층재료를 합한 한정된 골재 채취량 중에서 보조기층으로 사용하여야 할 골재 중 Over size에 해당되는 43.8%의 잔골재를 선택층 재료로 사용하여야 하며, screen 비용 또한 상대적으로 많아져야 된다고 생각하며 적산방법을 묻습니다.
2. 선택층을 Screen 하여 사용하게 하려면, 보조기층 재료는 설계 당시 체가름 시험성적에 의한 것이 아닌, 산술적 계산에 의한 Crushing 율 (선택층 재료 중의 Over size 포함)을 적용할 수는 없습니까? 있다면 산출방식과 적산방법을 가르쳐 주시면 감사하겠습니다.

해설 골재의 입도 등은 건설교통부 제정 도로공사 표준시방서에 따라야 하며, 재료의 시료 및 시험성과를 감독관에게 제출하여 승인을 받은 후, 공사에 사용하여야 하므로 보조기층공이나 기층공으로의 사용 여부에 대해서는 언급할 수 없으나, 채취량에서 사용가능한 양을 제하고 사용치 못할 양이 가산된 양을 채취량으로 하고, 건설표준품셈 건설기계시공 9-16 크러셔에 의하여 생산량 등을 구하십시오. 이는, 설계자가 사전에 골재채취량의 시험을 거쳐 지정하고 설계하였을 것이므로, 그에게 자료를 구하여 적정사용토록 하심이 바람직하고, 귀 제시자료만으로는 확답드릴 수 없음을 양해하시기 바랍니다.

<보도블록 철거 재사용 및 포장 수리 등에 대하여>

질문 2 건설표준품셈 보도용 콘크리트 블록포장에서 보도블록을 철거하여 재사용하고자 할 때, 철거 보도블록의 몇 %가 재사용 가능한지요?

해설 보도용 콘크리트 블록포장의 철거에서, 재사용가능한 블록에 대한 율(%)은 일률적으로 몇 %라고 규정지을 수는 없는 것입니다. 그 이유는 블록의 품질과 포장경과연수 등에 따라 다르고, 철거작업의 수행상태에 따라서도 다르다고 보아야 하기 때문입니다. 따라서 이와 같은 것은 설계에 앞서 조사한 %를 정한 다음, 철거 후 정산하는 방법으로 처리함이 일반적인 관행입니다.

질문 3 제12장 도로포장 및 유지 품 중 12-5 보조기층공에서 그레이더를 사용할 경우, 인력품을 10% 적용한다. 라고 규정되어 있는 바, 이는 기계 90%, 인력 10%라는 의견이 있어 질의합니다.

해설 그레이더로 보조기층을 부설할 때 $100m^2$ 당 그레이더 작업시 규정된 인력품인 특별인부 0.2인의 10%인, $0.02인/100m^2$, 보통인부 4인의 10%인, $0.4인/100m^2$를 계상한다는 뜻이며, 기계와 인력의 투입비율은 현지 사정에 따라 조정 적용하여야 함. (현행 품셈 삭제)

질문 4   도로포장 덧씌우기 공사 시공시, 기존 노면이 불량(크랙 발생)하여 아스팔트 노면파쇄기로 기존표층을 제거 후, 공사를 시행코자 하나 설계시, 할증 적용에 있어 다음과 같은 문제점이 발생하여 질의하오니 회시하여 주시기 바랍니다.

표준품셈 제 1 장 지세별 할증에는 변화가 2 차선도로 30 % 할증, 도로포장수리의 보수율에 대한 할증 적용은 40 % 를 계상토록 되었는데 노면 파쇄기, 포설인부, 다짐장비의 설계적용시, 보수율에 대한 할증은 40 % 로 계상하고 추가로 지세별 할증 30 % 를 장비(장비에 따른 노무비도 포함)에도 계상할 수 있는지의 여부.

해설   품의 할증은 여러 가지 작업, 외적 또는 내적 작업장해로 당해 공종에서 규제한 품만으로는 당해 공종의 작업을 수행하기 어렵다고 판단될 때 할증 가산하는 것으로, 작업 장해요인이 수개가 있다고 하더라도 전부를 일률적으로 할증을 가산하는 것은 아닙니다. 귀문의 경우 포장의 보수율에 따른 할증만이 계상되는 것이고, 지세별 할증 중, 번화가 2차선 도로의 할증은 기계품셈의 할증으로 도로포장에 적용되는 것은 아니며, 포장의 보수율은 전체면적에 대한 포장의 보수 면적의 비율입니다. 귀문의 가산요령은 귀문과 같이 기본품×(1 +a_1+a_2⋯⋯⋯ a_n) 입니다. (현행 품셈 보수율에 대한 할증 삭제)

<소형 고압 블록 포장>

질문 5 1. 시가지 정비공사를 집행하면서 소형 고압 블록을 시공하게 되어 아래 품셈에 의하여 설계하였습니다.

2. 소형고압 블록포장   (100 m² 당)

종 목	구 분	형상 및 크기	단위	수 량
표 층	블 록 모 래	t = 6~8 cm t = 4 cm 기준	m² m³	108 4.4
포 설	특 별 인 부 보 통 인 부	소운반 포함	인 〃	3.1 9.2

내용은 수량계산에서 할증률 10 % 를 계산하는데 3 % 로 해야 한다고 하면서 확인서를 강요합니다.

3. 또한 소형보차도 블록운반에 있어 관급으로 신청한바, 단가 380.20 원으로 계약하고 운반은 별도인데, 시내운반 30 km 는 회사에서 운반해 준다며, 전주~무주까지 87 km 중 30 km 를 감하여야 한다고 하여 확인서를 받고 있습니다. 타당성을 회신하여 주시기 바랍니다.

해설 1. 소형고압 블록포장 100 m² 당 품 적용에 있어서는 해당 공종의 물·공량에 할증이 규정되어 있는 것은 그에 따르고, 해당 공종에 할증량이 규정되지 아니한 것은 표준품셈 제1장 적용기준의 재료할증이 적용되는 것이 원칙입니다. 따라서 품셈에 100 m² 당 108 m² 의 수량이 규정되어 있으므로, 이 수량에는 할증이 가산된 것으로 다시 계상하면 잘못입니다. (현행 품 삭제)

2. 재료운반에 있어, 계약내용에 30 km 까지는 무상으로 운반한다고 명시되어 있는지는 귀문만으로는 알 수 없어 확답할 수 없습니다. 다만, 개당 380.20 에는 30 km 의 운반비가 포함된 거래실례임이 분명하다면 초과거리에 해당하는 비용만으로 운반납품이 가능할 것인

지의 문제는 사실 인정의 입증이 따로 없는 한 확답드릴 수 없습니다.

<표준품셈 저속도로 포장 편에서 구 삭제 품 관련>

질문 6 2012년 하반기 개정 시 10-3-3 저속도로 포장 소형보도용블록 포장 수량이 $100\,m^2$ 당 $108\,m^2$ 로 산출하게 수록된 사항이 삭제되었는바, 소형보도블록 포장 수량산출을 기존의 산출수량을 따라야 하는지 아니면 제 1 장 재료의 할증 편의 6. 기타재료의 할증에서 블록 4% 적용이 타당한지요?

해설 건설표준품셈 제10장 도로 포장 및 유지 10-3-3 저속도로 포장에서 소형보도용블록 포장 수량이 $100\,m^2$ 당 $108\,m^2$ (2008년 삭제 품)였는데, 현행 품에는 이의 명시가 없어 제 1 장 1-9, 6. 기타재료의 할증률에 따라 계상해도 되는가에 따라, 보도용 블록 포장《주》③ 재료비(블록, 받침층 모래, 채움모래 등)를 별도 계상한다. 에 따라 실소요량 판단 시 현장 조건 등을 고려하여 할증을 합리적으로 판단 적용해야 할 것입니다.

<도로포장 및 유지 중 작업능률에 대하여>

질문 7 토목표준품셈 제10장 도로포장 및 유지 10-6-2, "3." 수용성형 페인트 기계식(자주식 라인마커 사용) 비고란의 노면 표지병 등이 설치되어 작업능률이 저하되는 경우에 시공량을 10%까지 감하여 적용한다. 에 관하여, 10%가 전체 100% 물량에서 10%만 감하여 90%가 되는 것인지 아니면 100%에 10%로 하여 10%가 되는 것인지 궁금합니다.

해설 이는 품에서 규정한 시공량이 일당 $4000\,m^2$ (공용구간) 중 10%를 작업능률 저하로 보고 일당 물량에서 감하여 적용할 수 있다고 보아야 합니다.

<차선도색의 품 등에 대하여>

질문 8 제12장 도로공 중 노면표시(12-26)에 대한 품의 단위가 $10m^2$ 당으로 되어 있는바, 이는 도색폭 15cm 인 때 66.6m 가 있는 것으로 생각하여 66.6m 당으로 간주하여야 되는지의 여부?

 12-26 중 유리알(비드)과 파선작업의 내용도 간략히 설명하여 주시기 바랍니다.

해설 구 토목표준품셈 12-26 노면표시(차선도색) $10m^2$ 당 물·공량은 폭 15cm를 기준한 것임의 《주》와 같아 귀문과 유사합니다.

 현행 품 10-6-2 차선도색은 일당 면적에 대한 품입니다.

 유리알(비드)은 표면살포 또는 혼합도색용으로 미끄러짐 방지 및 반사에도 유효하며, KS L 2521(도로표지용 유리알)의 규격에 적합하여야 합니다. 파선작업은 정해진 길이를 띄워가며 도색하는 것으로, 실선도색 보다는 품(공량)이 많이 소요됩니다.

질문 9 도로의 차선 도색에 있어, 신설의 경우와 보수도색의 경우가 다르고 또, 차선의 지우기(消去) 등 보수의 품이 없어 질의합니다.

해설 차선의 실선과 보수도색의 경우, 재료 수량이나 품은 차이가 있어야 한다고 믿으며, 차선 지우기 소거(消去) 품은 우리나라 건설 표준품셈 10-4-2 차선 도색 제거품이 제정되어 있으니 이에 따라 설계하십시오.

※ 소거 작업 참고 문헌에서 : (일본건설성품 자료)
작업반장 1, 특별인부 1, 보통인부 3인, 안전감시자(2인) 별도 계상

구 분	도색폭 15 cm	도색폭 30 cm	도색폭 40 cm
지 우 기 식	310 m/일	210 m/일	120 m/일
버 너 식	270 〃	200 〃	120 〃

질문 10 도로 변의 잡초를 풀베기해야 하는데, 인력만으로는 곤란하여 기계로 깎고자 합니다. 설계기준이 없어 질의하오니 교시해 주시기 바랍니다.

해 설 제4장 조경 4-5-4 제초 및 풀깎기를 참고하시기 바랍니다.

질문 11 교통 안전시설물 설치에 있어, 금번 건설교통부에서 개정한 「도로표지 규칙」에 사용되는 철주는 「한국산업규격 일반구조용 탄소강관」(KS D 3566)을 사용토록 되어 있어, 표준품셈에 따라 철주 제작 설치품을 적용하고자 하나, 이때 적용할 수 있는 정확한 품의 여부를 질의합니다.

해 설 교통안전 시설물은 구조적으로 간단하고 소형의 것이므로, 철강 및 철골공이 아니고 잡철물 제작 설치공에 준하는 것으로 보는 것이 일반적이라고 생각합니다.
　현행 품셈 10-5에 안내표지판 설치, 철거 및 교체를 기준한 품을 참고하십시오.

제 3 절   도로경계 블록 기타 시공

질문 12 ① 도로의 포장 콘크리트 공사가 아닌 넓은 광장의 콘크리트 포설로 콘크리트를 펴깔고 고르는 작업입니다. 콘크리트 타설품과 도로포장 인력포설 품을 동시에 계상할 수 있는가요?
② 콘크리트 포장 공에서 콘크리트 타설품과 포설품을 함께 계상할 수 있는지 질의합니다.

해설 귀문의 경우, 도로의 포장콘크리트는 아니나 넓은 광장에 콘크리트를 포설하는 공사는 포장공에 준하는 것으로 생각되므로, 도로포장 인력포설 품만을 계상해야 할 것으로 사료되며, 콘크리트 비빔 등 혼합생산 품 등은 별도 계상하는 것입니다.
② 항의 경우도 도로포장 포설품의 《주》에 규정한 것 대로 계상해야 하는 것임.
포장에는 포설품이고, 구조체 거푸집에는 타설품입니다.

<도로의 유지 중 통신신호등 설치>

질문 13 건설표준품셈 도로포장 및 유지공사 12-5-3의 신호등 설치공과 전기공사 5-48 교통신호등 설치의 차이가 무엇인지 알고 싶습니다. 또한 교통신호등은 전기공사에서 산출해야 하는 것인지, 토목공사에서 산출해야 하는 것인지 알고 싶습니다.

해설 귀 질의는 품셈 개정 전의 사항으로 현행 건설표준품셈 제10장 도로 포장 및 유지공사 10-5 부대공사에서 신호등 설치공이 삭제되었습니다.
교통신호등 공사는 전기공사품셈 5-46(건설품셈 V-38) 교통신호등 설치(차량철주, 보행등주, 지주 부착대, 고가신호등, 부착대, LED 교통신호등, 시각장애인 음향신호기) 품을 적용해야 합니다.

질문 14   도로의 안내표지와 건널목표지 등을 제작, 취부할 때, 표준 품셈에 의하고자 하나 품셈이 없어 지장이 막심하오니 답변하여 주시기 바랍니다.

해설   도로의 교통안전표지와 도로안내표지 등의 품은 10-5 도로부대공에 품이 있으니 이에 따르시고, 규격 이외의 것은 규격별(가로×세로)로 몇 개의 형을 만들고, 그에 합당한 재료의 수량을 구한 다음, 도로유지공에 준하는 품을 제정 준용할 수 있다고 생각합니다.

<도로포장 및 유지 중 교통안전표지 품의 개정 전과 후>

질문 15   건설표준품셈 토목 제12장 도로포장 및 유지 12-5-1 안내표지판에서 1. 교통안전표지(철거) 17개소, 교통안전표지(설치) 5개소를 모두 하루에 보통인부 3명이 시공한다는 것인가요? 각각 공종에서 철거 17개를 보통인부 3명 또는 설치 5개를 보통인부 3명이 한다는 것인가요? 또 지주설치 품 포함인가요?

 2. 안내표지판교체 6개는 교체라고 명기되어 있는데 교체가 아닌 신설일 때는 어떻게 품 적용을 해야 하나요? 또 《주》에 반사장치부 1.2×450mm×450mm=1.2는 두께인가요? 450mm×450mm는 사각형, 즉 형태를 설명하는 것인가요?

해설   귀 질의는 품 개정 전의 사항으로 개정된 품을 설명드립니다.
 건설표준품셈 토목 제10장 도로포장 및 유지 10-5-1 1. 교통안전표지 특별인부 2인, 보통인부 1인 1조로 교통안전표지(철거) 17개소/일, 설치5개소/일, 특별인부 1인, 보통인부 1인 1조로 교통안전표지(교체) 6개소/일 이며,
 2. 도로안내표지에 안내 설치 품이 규정되어 있습니다.

제 3 절 도로경계 블록 기타 시공

시공 개수가 많거나 적을 경우에는 비례 산정하는 방법을 검토할 수 있습니다. 개정된 규정을 검토하시고 특히 《주》 해설을 이해하시어 적정 적용하십시오.

<방음벽 설치품에 대하여>

질문 16 건설표준품셈 제12장 도로공사 12-35 방음벽 설치 방음벽 길이 m당 있어, 이를 참고로 설계를 했는데, 과거보다 공사비용의 차가 너무 심하여 곤란하게 되었습니다. 보정품의 근거와 대책 여하?

해설 건설표준품셈 2000년도판에 편저자가 보정품으로 방음벽설치 100m당 품을 일본건설성 1999년도 판을 참고로 인용했습니다만, 이 품은 2001년도 일본 국토교통성에서 감수한 것도 변경없이 적용 중에 있는 품입니다. 공사비를 비교하기 위해 천공 앵커방식의 경우, 건설표준품셈 10-5-2 2.지주설치와 일본국토교통성의 품을 m당으로 환산 비교하면 다음과 같이 다소 차가 있으나, 우리나라의 설계는 우리 표준품셈을 인용해야 하겠지만 실행예산이나 견적시에는 「보정품」도 유용할 것이라고 생각합니다.

▶ 지주 설치

(일 당)

구 분	규 격	단위	수량	시 공 량 (개소)			
				지주높이	지 주 간 격		
					2 m	3 m	4 m
철 공 보 통 인 부 트럭탑재형크레인	 5 ton	인 〃 대	3 1 1	3 m 이하	23	22	21
				7 m 이하	20	19	18
철 공 보 통 인 부 트럭탑재형크레인	 5 ton	인 〃 대	3 2 1	9 m 이하	17	-	-
				11 m 이하	13	-	-

《주》① 본 품은 매설앵커방식으로 지주를 세울 경우에 적용하며, 이와 시공방법이 다를 경우에는 별도로 계상한다.
② 본 품은 지주세우기, 고정 및 조정, 마무리 작업을 포함한다.
③ 크레인의 규격은 현장여건에 따라 변경할 수 있다.
④ 공구손료 및 경장비(전동드릴 등)의 기계경비는 인력품의 3%로 계상한다.

제13장 하천공사

제1절 하천공 일반

<호안용 시멘트 블록 붙임>

질문 1 건설표준품셈 13-3 호안용 시멘트 블록제작 및 붙이기에서 기계제작의 경우, 《주》④에 블록제작기, 발전기, 모터, 믹서 등의 손료를 별도 계상한다. 라고 규정하고 있는데, 이들의 손료 계수 및 가격과 조합시공시, 믹서 등의 적정용량을 회시 바랍니다.

해설 호안블록 제작기의 손료계수는 $3708^{(10^{-7})}$ 기계가격은 7,500,000원이며, 모터, 발전기, 믹서 등은 실제 사용하는 해당 규격을 기계경비에서 찾아 적용하십시오. 제작기 손료 또한, 건설기계 경비 산정에 관한 조건을 참고로 유사기종을 찾아 적용하여야 한다고 생각합니다.
(현행 품셈은 붙이기만 있고, 제작품은 삭제되었음)

<하천 제방 축조공>

질문 2 1. 하천의 제방 축조공사에 있어, 불도저 성토가 아닌, 부설 및 전압 작업량(Q) 산정에 있어, 토량의 체적 환산계수 "f" 치를 흐트러진 상태로 보아야 하는지, 아니면 자연상태의 토량 "1"로 보아야 하는지?

2. 토공비탈 규준틀 및 수평(평), 수평(귀) 규준틀에 있어 가장 적

합한 적산방법을 설명바랍니다. 아울러, 제방공사에 있어 비탈규준틀 2개소와 수평(평), 수평(귀) 각 1개소를 계상할 수 있는지?

[해설] 1. 부설 및 전압의 작업량 산정시의 f값은 부설과 전압의 경우가 다르게 규정되어 있습니다. 다만, 수량을 증감하여 구하면(다짐도 및 토질별) 무관할 것입니다.

2. 규준틀의 설치는 꼭 필요한 곳에만 설치할 수 있는 것이라고 사료됩니다. 일반적으로 수평규준틀 등의 설치는 건축공사에서 수평사를 긴장하여 잡아맸을 때 처침이 없는 범위(10~20 m)에서 설치하는 것으로 생각하면 되고, 제방 축조에서는 비탈 규준틀 이외에 거의 설치의 필요가 없는 것으로 보아야 합니다.

<제방축조공>

[질문 3] 1. 하천 제방축조에 있어(제방고 7 m, 상폭 3 m, 저폭 20 m의 사질토) 백호($1 m^3$)로 제방옆 바닥에 있는 흙으로 축조하며, 다짐을 하도록 설계되어 있습니다. 공사비 산정은
① 흙깎기(백호 $1 m^3$ 사용으로 $85.79 m^3/hr$) : $567원/m^3$
② 성토 기계다짐(불도저 12 ton, 양족식 견인롤러 7 ton) A = 1,000× 4 (다짐속도)×3.1(폭)×0.3×0.6×1/8 : $279 m^3/hr$

2가지 공종으로 구성되며, 백호로 제방을 성형하며, 상기 조합장비로 $279 m^3/hr$ 의 물량을 다짐할 수 있는지? 따로 불도저 고르기품을 계상해야 작업이 가능한지요.
2. 상기 조건과 제방성토 축조시 공사비 산정을
① 로더 적재, ② 덤프 운반, ③ 기계 고르고 다짐으로 구성되었는데 기계 고르고 다짐(불도저 12 ton, 양족식 견인롤러 7 ton)으로 질문

①항과 같이 279 m³/hr 다짐이 가능한 것으로 되어 있는데, 별도로 불도저 고르기품의 공종을 계상해야 하는 것이 아닌지요?

해설 견인식 양족식 롤러 7~10ton의 유효다짐폭 3.1 m, 다짐속도 4 km, 다짐두께 0.3 m, E의 값 0.6으로 볼 때 A=1,000×4×3.1×0.6×1/8=930 m²/hr를 다짐할 수 있는 것으로 930 m²×0.3 m=279 m³/hr 로서 불도저로 펴깔고 다짐이 가능한 것으로 사료되며, 우리나라 적산은 개별 중기적산 기준인 점을 이해 하십시오.

질문 4 바다에서 제방 및 방파제 공사용으로 석회석을 사석이나 피복석으로 사용할 수 있는지 여부, 석회석이 가능하다면 석회질(Ca) 함유량이 몇 % 이하여야 사용가능한지 알고 싶습니다.

해설 석회석을 사석이나 방파제의 피복석 등으로 사용가능한 석회질의 함유량 기준은 따로 정한 것이 없어 확답드리지 못합니다만, 사석은 바륨 2.5% 이상, 압축강도 500 g/cm² 이상으로만 규정하고 있음을 참고로 알려드립니다.

<하천 호안공의 철거는>

질문 5 하천 호안공사용 돌망태를 철거해야 하는데 철거품이 없어 그 계산방법을 질의합니다.

해설 돌망태의 철거품은 표준품셈에 규정되어 있지 아니합니다. 따라서 다음과 같은 의견을 회시합니다.
　① 철거해야 할 돌망태에 채워져 있는 돌의 양, 다소에 따라 품이

조정될 것이고, ② 조립설치 품에서 돌채움의 품은 제외되어야 할 것이며, 조립품도 재사용 여부에 따라 구분되어야 할 것 등 전반적으로 재사용 여부에 따라 기계시공과 인력시공의 품이 구분되어야 하는 등 요인의 분석이 있어야 할 것입니다.

기계설비공사 및 전기공사 품셈에서는 일반적으로 철거는 신설의 50%(재사용을 고려치 않을 때)로 규정하고 있음을 참고로 비교설계 하심도 고려될 수 있습니다.

[질문 6] 오수 차집관거를 하천을 따라 매설하는데 오수관인 P.C관 매설시, 하천의 호안인 호안블록과 블록 보호공인 타원형 돌망태를 헐고 P.C관을 매설하려 합니다. P.C관 설치전 호안블록(40×25×12 cm 용)과 타원형 돌망태(0.45×0.95×4.0 m 용)의 헐기품이 없어 품셈 적용이 어렵습니다.

[해 설] 호안블록 헐기와 돌망태 헐기 품은 따로 규정된 바 없습니다. 참고로 부언하면, 호안용 시멘트 블록과 돌망태를 헐기 후 재사용 하는가의 여부에 따라 다르게 됩니다. 전기통신 품에서는 일반적으로 재사용하지 아니할 때에는 신설 품의 50%, 재사용시는 80%의 품을 계상하도록 규정하고 있음을 참고하시기 바랍니다.

<호안 돌망태와 호안붙이기>

[질문 7] 제13장 하천공에서 m^2당 돌망태(타원형) 조립설치가 호안용 블록붙이기(13-3)보다 인부임이 더 적게 소요되는 것으로 기준이 되어 있으나, 현장작업에서는 돌망태조립설치 인부임이 더 소요될 것으로 예상되어 질의하오니 귀하의 의견을 보내 주시기 바랍니다.

제 1 절 하천공 일반

해 설) 하천 돌망태 설치와 호안 블록붙이기 품의 비교는 재료와 시공방법 등이 상이하므로 품의 많고 적음의 비교될 성질의 공종이 아님을 이해하시기 바랍니다.

질문 8 <돌망태 설치를 함에 있어 취입보 바닥에
　　　　　세굴방지를 위한 종류의 선정에 대하여>

해 설) 건설표준품셈 제11장 하천 11-2 돌망태의 설치는 하천의 상태(지형, 지질, 유속, 유량 등)에 따라 원형, 타원형, 사각형, 매트리스형 등 돌망태를 선택하는 것으로 이를 품셈에서 종류를 규제할 사항이 아니고, 하천의 상황, 지형 등 설계자의 판단에 따르는 것이라고 생각합니다.

질문 9 <하천공사의 돌망태 시공 등에 있어
　　　　　할증량과 침하량의 계상에 대하여>

해 설) 건설공사에 있어 재료의 할증은 건설표준품셈 제 1 장 적용기준 1-9 재료의 할증률에 그 대강이 규제되어 있으며, 1-9, 4. "나." 사석의 지반별 할증률은 주로 해상공사에 적용되는 것이며, 저수지 제방의 경우는 하천공사에 준하는 것으로 보아야 합니다. 하천의 돌망태와 블록 붙이기 재료량은 설계수량으로 계상합니다.
　수중 쌓기, 이토층의 침하 등을 고려해야 할 경우에는 침하량의 확인을 위하여 침하봉을 설치하여 증명하는 방법이 필요할 것으로 생각합니다.

질문 10 하천공사에 있어 중요 공종과 제방단면의 각 부분 명칭이 구구하여 정확한 것을 알고자 합니다.

해설 하천공사의 품은 건설표준품셈 제11장에 사석(捨石), 돌망태공, 호안블록 붙이기, 돌망태형 옹벽 등의 품으로 구성되어 있으며, 각 부의 명칭은 다음 도시와 같습니다.

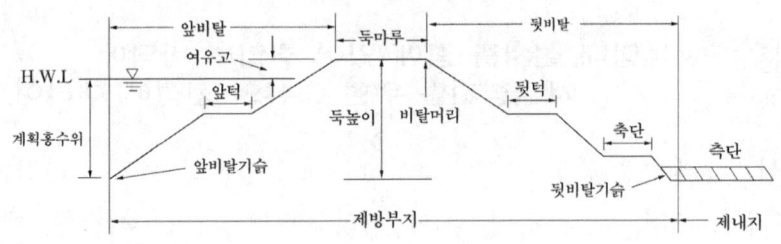

<하선(河船)의 동력에 대하여>

질문 11 현행 건설표준품셈 제11장 하천 및 제12장 항만공사에는 하선(河船)운반용 끌배(예선)의 동력기준이 없어 질의합니다.

해설 선박이 이동함에 있어서는 수중에서 물체가 받는 저항에 동력을 가하여 추진하는 Screw의 효율 등을 구해야 합니다.

이에, $R = e \times \dfrac{P \times V^2}{2} \times A$ 의 관계가 성립된다.

여기서, R = 수중에서 물체가 받는 저항력
 P = 밀도
 V = 물체가 이동하는 속도
 e = 저항효율계수
 A = 운동하는 방향에 수직으로 미치는 면적(m^2)

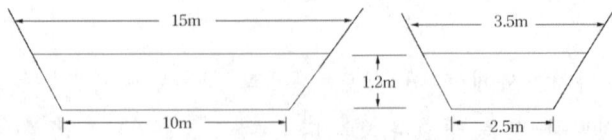

제 1 절 하천공 일반

$$A = \left(\frac{10+15}{2} + \frac{3.5+2.5}{2} \right) \times 1.2 = 15.5 \times 1.2 = 18.6\,m^2$$

$V = 1.8\,m/sec \quad e = \frac{1}{4} \quad$ 엔진스크류 효율 $= 0.75$

$$R = \frac{1}{4} \times \frac{(1 \times 1.8^2)}{2} \times 18.6 = \frac{1}{4} \times \frac{3.24}{2} \times 18.6 = 7,533\,Tm/sec^2$$

$7,533 \times 9.8\,kW = 73.82\,kW$

$73.82 \div 0.75 = 98.42\,HP \fallingdotseq 100\,HP$

그러나 하항과 역항에 관한 저항이 초속 몇 m 인가에 따라 하천마다 다르게 되고, 와류에서의 저항 등이 문제가 되며, 또 운반선의 용량크기에 대하여서도 위의 A의 크기가 바로 용량과 적재량을 나타내는 점에 유의해야 합니다.

제 2 절 호안 사석공

<호안용 시멘트블록 붙이기>

질문 1 호안용 시멘트블록 제작 및 붙이기에 있어, 제작기구 및 거푸집의 손료는 모르타르의 5% 이내를 계상하게 하였으나, 블록거푸집이 개당 0.3~0.36 m² 상당으로서 합판거푸집 6회 사용으로 계상해도 많은 공사비가 소요됨에도 시멘트를 관급으로 계상한 때 모래와 비빔인부 품의 5% 이내가 되어 실소요 공사비보다 10% 미만인 실정입니다. 그 대책?

해설 호안용 시멘트블록의 제작은 개별적인 규격의 것이 아니고 일반적인 규격 형태가 많으며, 현장 제작시설 등이 완비되어 있어야 하는 경우가 많아 철재(강재) 거푸집의 사용이 일반화되어 있습니다. 따라서 특수한 규격이 아니면 합판이나 목재 거푸집을 사용하지 아니합니다. 귀문의 경우, 시멘트를 관급하였다고 하더라도 모르타르의 재료인 시멘트＋모래＋비빔품 합계액에 적당 %를 제작기구 및 거푸집의 사용 손료로 계상하여야 합니다.

<하도의 개량>

질문 2 ○○댐 하도(河道) 개량 및 매립지 조성사업의 공종 중 하천공의 사석부설이 있는 바, 귀사 발행 건설표준 품셈상의 13-1 사석부설에 계상된 보통인부 0.4인은 사석고르기 품이 포함되어 계상되었는지 여부와 만약에, 포함되지 않았다면 항만란의 14-3 사석고르기 품을 적용함이 가능한지의 여부를 참고하고자 하니 협조를 부탁드립니다.

제 2 절 호안 사석공

해설 하천공사에서의 13-1 사석공은 개당 60～70 kg 급의 깬잡석을 하천에 부설하는 품으로서, 귀 질의와 같이 H.W.L에서 5 m 까지는 돌망태로 시공하고 그 이하에는 사석을 거치 고르기 하는 품이 계상된 것이라고 볼 수는 없습니다. 그러나 이 공종이 항만 수중공사에서와 같이 기초고르기, 피복석고르기, 속고르기 등과 같은 공종이 수반되는 것이 아니므로 항만공사의 사석고르기와 구별되어야 한다고 생각됩니다. 이 경우의 공종은 하도 개량공사이므로 두 가지 품을 절충한 별도의 품이 제정되어야 한다고 사료되는 바, 발주청과 협의하여 적정 처리하심이 가하다고 사료됨.

<하천공사의 돌망태>

질문 3 하천공사에 있어 돌망태 13-2의 3 타원형 45 cm 설치품 중 조립설치 인부 0.03인은 보통인부로 규정되어 있으나, 이를 특별인부로 설치 품을 적용하여도 무방한지의 여부

해설 보통인부와 특별인부의 노임은 차가 있어 인부는 보통인부로 보아야 합니다. 그러나 실제 조립설치는 기능 있는 인부가 실시하되 돌채움만은 보통인부로 충분합니다만, 품셈에 명시가 없으니 보통인부로 계상해야 한다고 생각됩니다. (구 품셈 기준)
  현행 품셈 11-2 돌망태 설치품은 특별인부, 보통인부, 석공, 굴삭기 등으로 구별되어 있어 문제가 없을 것입니다.

질문 4 하천의 세굴방지를 위하여 사석 개당 90 kg 이상을 투하 시공하였는데 그 틈을 메꿀 필요가 있다고 판단하였다. 그 틈메꿈 돌량을 얼마로 해야 하는가 ?

[해설] 세굴방지용 사석 90 kg/개 이상이라면 최소한의 크기가 0.03 m³/개 이상이어야 하며, 수중에 투하된 것이므로 불규칙하게 투하되었을 것으로 생각되나 틈메꿈 돌을 설계에 계상하기는 어렵고 그 실익도 별로 없다고 판단되니 차라리 사석의 크기 두께 등을 증대하는 편이 보다 실익이 있을 것으로 생각됩니다.

<수상과 수중의 구분>

[질문 5] 하천공사의 돌망태 및 돌붙임 공사의 설계를 함에 있어 조수 간만의 차는 2.5 m 이고 간조시간에도 1 m 는 수중에 잠기게 되는데, 이때의 돌붙임과 돌망태 시공을 육상과 수중으로 구분해야 하는지, 육상과 수중에서 택일해야 하는지요.

[해설] 육상과 수중작업으로 구분되어야 하며, 육상이나 수중에서 택일하는 것은 아닙니다. 이 경우, 간조시의 수심이 1m 이내에 불과하면 현행 품셈에는 명시된 바 없으나 깊은 논, 용수개소 등의 할증을 고려하여(수중부분에 대하여) 비교 설계한 다음, 경제적인 설계가 되도록 고려함이 바람직하다고 생각하며, 구체적인 실황을 알지 못하므로 명확한 회시가 불가함을 양지하시기 바랍니다.

[질문 6] 타원형 돌망태의 높이 45 cm, 폭 95 cm 규격일 경우, 표준품셈 13-2 3.에 의거, 조약돌량이 0.3 m³ 로 되어 있는데, 돌망태 시공 후의 상태가 타원형이라고 가정했을 때 돌망태 조약돌량은 다음과 같다.

$$V = \frac{\pi ab}{4} = \frac{\pi \times 0.45 \times 0.95}{4} \fallingdotseq 0.336 \, m^3$$ 가 됩니다.

그런데 실제 시공 후 돌망태는 직사각형 형태가 되어 실측한 결과 0.35 m³ 에 가까웠습니다. 0.3 m³ 으로 규정한 이유?

제 2 절 호안 사석공

해설 돌망태에 조약돌을 채울 때에는 돌망태의 용적에 꽉 차게 채울 수 없으며 "력"의 토량변화율 L = 1.15, C = 1.07 을 고려할 때 90 % 상당을 채운다는 것도 현실적으로는 어렵습니다. 품셈의 수량은 실제 채울 수 있는 양을 기준으로 계상되었다고 사료됩니다. 특히 타원형의 시공상태가 직사각형이 되었다면 돌채움작업이 잘못된 것으로 가능한 타원형이 유지되도록 해야. 유수의 저항이 적을 것입니다.

<축제 성토용 토사의 유실 및 사석 공에 대하여>

질문 7 1. ○○시 의암호 주변 축제공사현장의 사석축조 공사에서 현장은 비교적 수심이 얕은 호안에 제방을 쌓아 하천부지를 확보하기 위한 공사로 현 수위 71.0m 내외인 수중에 계획고(사석 천단고) 70.50m로 사석을 축조하는 공사인데 발주 관서에서는 사석할증을 계상할 근거가 없다하여 사석 재료할증이 없는 상태입니다. 당사에서는 품셈 제 1 장 1-9 3. 해상작업 경우에 적용하는 할증률을 적용코자 하나 바다가 아니기 때문에 적용하기 어렵다는 관계자의 답변입니다.

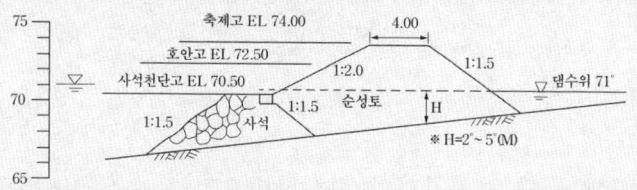

제방 표준 단면도

※ ○○유원지 주변 하천정비로 호수환경개선 및 경영치수 사업으로 하천부지를 확보하기 위해 ○○시가 발주한 공사임.

해상과 댐 담수지역에서의 사석할증은 어떤 차이가 있는지요?

2. 위 현장에서, "질문 1"과 동일 현장으로 수심 4~5m 구간을 횡단하는 순성토 축제구간의 작업시, 부지성토 없이 제방 양쪽법면이 모두 호수와 접하는 까닭에 많은 양의 흙이 흘러내리는 것도 당연하지만

흙을 Dump Truck으로 물속에 하차할 경우, 물속에서 흐트러져 절반정도의 성토도 되지 않는 실정입니다.
이때 성토량 할증을 계상할 경우 적용되는 품은 무엇입니까?

해설 건설표준품셈 1-9 재료의 할증률 "2. 노상 및 노반재료"에 대한 할증은 육상시공인 때의 것이고, 수중시공 물량의 경우가 아니며 귀 질의 상황에서 할증계상이 없으면 설계가 요구하는 조건에 맞게 완성시킬 수 없다고 사료됩니다. 따라서 현지실정에 맞는 할증률을 협의 결정하여 계상하여야 할 것입니다. 설계에 반영되지 아니하였다고하여 할증가산을 기피한다면 현장의 실황을 공익연구기관에 실측조사 의뢰하여 확인받은 후 정산변경을 요구할 수도 있을 것입니다.

질문 8 웨어(댐) 건설공사를 시행하던 중 댐 에이프런부에 사석(捨石)을 시공하게 되었는데 사석의 할증을 어떻게 적용해야 하는지요?
표준품셈에 보통지반 피복석일 경우, 15% 할증. 해상작업에 관한 할증률이 있는데 직할 하천(하폭:190~200 m, 수심:1~3.5 m)의 경우 어떻게 적용하는지요?

해설 현행 품셈 하천공사의 사석품만으로는 수심 1~3.5 m의 경우, 손실량이 예상되므로 할증가산이 되어야 하나 그 기준이 따로 없으므로 해상작업에 준하여 할증을 가산하되, 실적에 따라 정산하는 것을 특기시방 또는 계약에 명시함이 좋을 것으로 사료됩니다. 다른 방법은 실험시공을 하여 할증 소요량을 판단하는 방법도 있습니다.

제 2 절 호안 사석공

질문 9   1. 건설표준품셈 제13장 하천에서 13-2 돌망태 설치 「1. 원형 m²@조약돌 높이 45 cm에 대해 0.29 m³인 바」《주》④에 보면 돌망태 가수간격은 1연당 0.05 m를 기준한다고 했는데, 이는 m²@에서 0.05 m에 대한 가수간격만큼 조약돌량과 품을 공제하라는 뜻인지 아니면 가수간격 0.05 m가 포함된 품인지 알려 주시기 바랍니다.

예) 아래와 같은 돌망태 설치의 경우

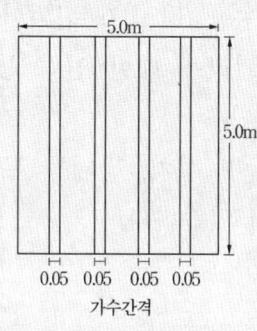

(원형높이 45 cm 폭은 95 cm 의 경우)
고임돌 소모량은
① 의 경우 가수간격 포함
  V = 5.0×5.0×0.29 = 7.25 m³
② 의 경우 가수간격 공제
  (0.05×4칸 = 0.2 m)
  V = 5.0×4.8×0.29 ≒ 6.96 m³

해 설   돌망태 조립설치의 간격가수 1연당 5 cm는 망태와 망태의 간격 가수로서 조약돌량이나 품은 이를 고려한 것이므로 품이나 재료의 공제를 하는 것은 아니며, 시공전체 면적당 망태수량의 계산에 고려되는 것뿐입니다.
  현행 품셈 11-2 돌망태 설치의 돌채움 재료량은 설계수량으로 하도록 규정되어 있습니다.

질문 10   하천공사 제방 돌망태를 설치하기 위하여 제방직고 10 m, 돌망태 길이 20 m 일 때 돌망태(타원형 45 cm) 돌채움 인부 0.18인으로는 소운반품이 적용되지 않은 것 같은데

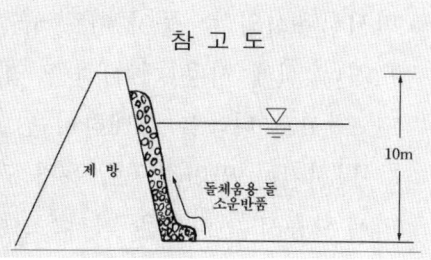

소운반품 적용은 어떻게 해야 할 것인지?

해설 돌망태에 돌을 채우는 것은 평지에서 채운 다음 운반비를 별도 계상하는 방법이 있고, 현장에서 돌채움을 하는 방법이나 귀문과 같이 현장에서 돌채움을 하고자 할 때에는 돌과 돌망태의 운반비를 계상해야 합니다. 이때의 돌의 운반거리의 계산은 직고 1m는 수평 6m의 비율로 환산하므로 직고 10m는 수평 60m가 됩니다. 따라서 수평상태의 운반거리+(10×6)의 운반거리에 대한 인력 등의 운반비가 계상되어야 한다고 생각됩니다.

현행 품셈 11-2, 돌망태 소운반, 조립 및 설치, 망태돌 투석, 망태조임(뚜껑덮기) 및 마무리 품이 포함되어 있습니다.

<호안 블록 제작>

질문 11 호안 블록공사에서 호안블록을 현장에서 호안 블록제작기를 사용하려고 합니다.
1. 제작기가 20 kW 일 때 발전기는 몇 kW를 사용해야 되는지요?
  (품셈표에는 50 kW 가 제일 적은 것임)
2. 믹서 사용시 인력품은 몇 인으로 해야 되는지요?
3. 모터는 몇 HP를 사용해야 되는지요?

해설 호안 블록제작기 사용에 있어서의 조합기기 규격 표준이나 믹서사용시의 품 등이 따로 규정된 것은 없습니다. 따라서 문헌에 따르거나 실제 사용(제작)하는 업자로부터 자료를 구함이 좋을 것입니다. 참고로 다음을 소개하니 참고하십시오.

발전기는 일반적으로 용량 70% 정도의 출력을 요구한다고 하며, 믹서 사용시 인력품은 믹서용량에 따라 달리하는 것으로 건축 공사에

제 2 절 호안 사석공

서는 다음과 같습니다.

믹서 용량(m³)	7절 (0.19 m³)	8절 (0.22)	10절 (0.28)
소요인원(인/m³)	0.57	0.55	0.53

모터의 마력은 문헌에 따르면 다음과 같습니다.

믹서 용량(m³)	0.11	0.16	0.22	0.28	0.39	0.58
모터 (PS)	3	5	7.5	7.5	10	15~20

<사석과 피복석의 할증에 대하여>

질문 12 ① 연약지반(평균심도 3 m) 상에 호안축조시 사석 및 피복석 할증률에 대해 "건설표준품셈 1-9 재료의 할증률" 에 의거, 사석 40%, 피복석 20%를 주장해, 저희 입장은 공인기관의 확인이 필요합니다.

② 사석 속고르기의 필요성에 대해 제체의 소요법면을 형성하기 위해 당연히 필요한 공종임을 주장하나, 저희는 사석위에 피복석이 시공되므로 피복석 투하시 함께 이루어질 수 있는 공종으로 인정할 수 없다는 견해입니다.

해설 평균심도 2m 이상의 품셈 1-9 할증률 4.의 "나" 에 따라 연약지반에 호안을 축조할 때의 기초 사석 할증률은 40%, 피복석할증은 20%로 건설공사(토목공사) 표준품셈에 규정되어 있고, 사석고르기는 수중 및 항만공사에서 사석의 수상고르기와 수중고르기 등의 품이 따로 규정되어 있으므로 귀 현장과 관련지어 적용성을 판단하여야 할 사항이라고 생각합니다.

질문 13 <하천 골재 채취 선박의 손료 산정의 기본이 되는
준설선의 가격이 다른 것에 대하여>

해 설 펌프준설선의 기계경비산정을 위한 건설기계 가격은 2018년도 적용 건설표준품셈 부록 건설기계 가격표에서 2,462 kW 펌프준설선은 $6,465,038 로서 2018. 1. 2 고시 기준환율 1$: 1,071.40 원으로 원화 환산가격을 6,926,641,000 원을 적용하는 것이 원칙입니다만, 귀문과 같이 조사가격이 822,400,000 원 정도이고 공장도 견적가격이 530,000 천원이라 하니 표준품셈상 가격의 차이가 상당히 크므로 극히 곤란한 문제라고 생각합니다.

<사석부설 및 고르기 품에 대하여>

질문 14 건설표준품셈 11-1-2 사석부설 및 고르기 품이(m^2 당)으로 되어있는데 하천공사에서 사석부설 깊이가 다른 경우에 어떤 식으로 품을 적용해야 하는지 문의드립니다.

해 설 건설표준품셈 제Ⅱ편 제11장 11-1-2 사석부설 및 고르기 품이 m^2 당으로 되어있는데 하천공사에서 사석부설 깊이가 다른 경우의 품 적용에 대한 질의로, 사석을 부설할 때는 11-1-1 사석부설품 (m^3 당)을 적용하고, 고르기 품은 표면의 돌출부를 고르는 것이므로 고르기면(m^2 당)을 기준한 것입니다.

제 14 장 항 만 공 사

제 1 절 수 중 공 사

<콘크리트 케이슨의 가설공>

질문 1   항만의 부두 축조용 콘크리트 케이슨을 제작하는데 설치되는 비계가 설계상에는 목재 10회로 계상되었으나, 실시공은 강관비계(쌍줄)로 설치하였는 바, 발주처에서는 실시공이 설계와 상이하다고 하면서 설계를 강관틀 비계로 변경할 예정이며, 또한 Con´c cellular 블록 제작에 필요한 비계를 강관틀 비계로 설계할 예정입니다.

○ 토목공사의 비계재료는 표준품셈에는 목재로 계상함을 원칙으로 하는데, 이 경우와 같이 강재로 변경 계상함이 타당한지 여부.

○ 강재계상이 가능할 경우, 표준품셈에는 강관비계와 강관틀비계로 구분이 되어 있는 바, 각기의 일반적인 용도 및 이 경우(케이슨, 콘크리트 셀룰러블록)의 타당한 설계는 어떠한지?

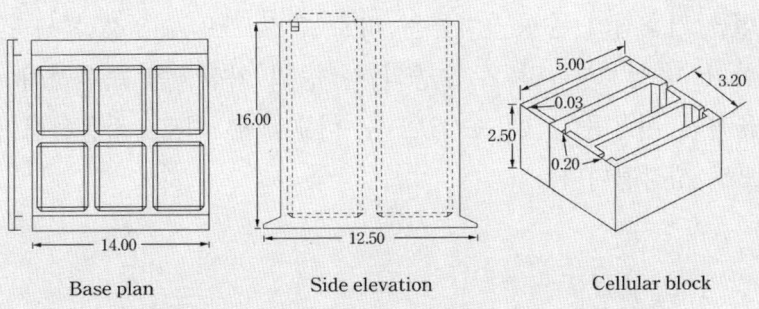

Base plan   Side elevation   Cellular block

해설 비계의 요건은 ① 안전성, ② 작업성, ③ 경제성이 고려되어야 하는 것으로서 당초 설계를 할 때, 이와 같은 요건이 고려되어 목재 10회 사용으로 계상된 것을 실제의 시공에 있어서, 강관비계(쌍줄)로 설치하였다면 사실 그대로를 설계에 반영시켰어야 했다고 사료됩니다. 질의에서와 같이 토목공사의 비계는 목재를 주재료로 함을 원칙으로 하고 있지 아니함은 품셈 2-6 구조물 비계 2-6-1 강관비계의 품이 있음에 유의해야 합니다. 다만, 단관 본비계 1스팬당 400 kg, 각주 1본당 높이가 31 m 이하일 때에는 700 kg 정도를 만족시키면 되는 것입니다.

단관비계(쌍줄비계)나 틀비계는 모두가 중작업(적재하중이 250~300 kg/m^2)인 때에 사용하는 비계이며, 귀 공사의 경우에는 모두가 적합하다고 사료되므로 당초 설계를 할 때, 수량 대비 경제성을 고려하여 가설재료 및 공법을 선택했어야 좋았을 것으로 생각됩니다.

질문 2 수심 1.6~2.0 m 인 취수장 공사에 있어 물막이를 하고 양수 후에 합판 거푸집으로 시공코자 하였으나 양수가 불가능하여 강재 거푸집 잠수부 조립시공으로 변경 시공하였으며, 일부는 수중 발파를 하였습니다. 실제대로 계상할 수 있는지요.

해설 거푸집의 수중거치품은 따로 없으므로 제3장 3-1-2 암석 절취 1. 육상 "사" 및 2. 수중의 품 등의 가산율을 준용하여 예산의 효율적인 사용을 기할 수 있도록 비교설계, 검토, 적용하심이 가할 것으로 생각됩니다.

제1절 수중공사

<해상 운반의 토운선 연결시간>

질문 3 건설표준품셈 제1장 1-9 재료의 할증률, 4.에서 해상작업의 경우로만 되어 있으나 방조제, 축조공사에 있어서의 할증률(침하, 유실 등) 구분을 위한 조위상의 육상과 해상의 한계를 어떻게 구하는지 알고 싶습니다.
(예: 평균 해수면, 평균 만조위, 대조평균 만조위, 약최고 만조위)

해설 공사현장에 있어서의(시공 시점) 간조위와 만조위를 각각 측정하여 육상과 수중을 구분하되, 그 기준은 삭망평균 간조면과 삭망평균 만조면과의 1/2 수면을 기준으로 합니다.

질문 4 항만 공사의 해상운반 공식에서 토운선 연결 및 적재소요시간(분) t의 적용근거는?

해설 토운선 연결 및 적재 소요시간(분)에 있어 토운선 연결시간은 관례적으로 다음과 같이 적용하고 있음.
　가. 연결 접·이안 15분(7.5분×2) 상당으로 알려져 있으며,
　나. 적재 소요시간은 적재방법에 따라 산출합니다.

<엔진의 출력 기타에 대하여>

질문 5 엔진의 마력계산에 있어, 수증기 분압을 0 mmHg인 때 라고 하는데 대기온도와 수증기압과의 관계는? 해상에서는 출력이 감퇴되는 것 같은데 그 이유는?

해설 내연기관의 출력계산은 다음과 같은 식으로 계산합니다.

먼저, 열효율은 632(연료소비율 g/ps:hr)×연료의 발열량(kcal/kg)이며, 디젤기관의 출력은 기관이 새것인가 아닌가 외에도 운전조건(기름의 온도, 수온 등)에 따라서도 변화하며, 대기조건에 따라서도 변하는 것입니다. 대기조건에 따른 출력 수정식은 실용상 다음 식으로 계산함을 참고로 소개합니다.

$$P_o = (P_z + P_f) \times K - P_f$$
$$K = \{(P_o - P_{wo})/(P_{z\,0.5} - P_{wz})\} \times (T_z/T_o)_{0.3}$$

여기서, P_o : 수정 축마력(ps)
    P_z : 측정시의 축마력(ps)
    P_f : 마찰동력(ps) K : 수정 계수
    P : 대기압(mmHg) P_{wo} : 수증기의 분압(mmHg)
    T : 대기온도(°K)
    첨자 $_z$: 측정시의 값
    첨자 $_o$: 표준상태의 값 T_o : 293。K
              P_o : 760 mmHg
              P_{wo} : 11 mmHg 입니다.

〈참고사항〉

경유의 비점 범위는 대체로 230~380℃ 이고, 인화점은 50℃ 이상이라 합니다.

질문 6 항만 공사의 투하 사석 고르기는 1일 몇 시간 기준으로 계상하는가요?

해설 표준 잠수작업의 연 실동시간은 5시간 이란 설도 있으나, 일반적으로 조수의 영향이 없는 경우 6시간 기준으로 하고 있습니다.

제 1 절 수중 공사

질문 7   해상 68해리
채취선(10 ton급) 5 m³   철근 시멘트 운반비 산출방법은?
육상지게 100 m

해 설 68 Knot이면 m 로 68×1,852 = 125,936 m 상당이 되며, 채취선(10 ton급) 5m³ 는 소형으로서 품셈에 명시 규정된 바는 없으나 68 Knot를 10 ton 급이 취항하는 것은 위험한 것이라고 보아야 합니다. ② 육상지게 운반 100 m 의 품 계산은 다음과 같습니다.

품셈 인력운반으로

$$Q = \frac{450 \times 2,000}{120 \times 100 + 2,000 \times \left(\begin{array}{c}\text{철근 ⓣ}\\ \text{시멘트 } 40\,\text{kg}\end{array}\right)}$$

2,000 m/hr 불량조건으로 본 것. 보통은 2,500 m/hr 임.

ⓣ 토사는 1.5분 석재는 2.0분이나 시멘트의 경우는 활동으로 보아 1.0 이내로 조정되어야 하고, 철근의 경우도 무게에 따르는 것으로서 0.8 ~1.0분 정도가 타당하다고 사료됨.

따라서 시멘트의 인력 운반 (예)

$$\frac{(480-30) \times 3,000}{120 \times 100\,\text{m} + 3,000\,\text{m/hr} \times 1.0} = \frac{1,350,000}{15,000} = 90\,\text{회 포대/일}$$

철근의 경우는

$$\frac{450 \times 2,500}{120 \times 100 + 2,500 \times 1.0} = \frac{1,125,000}{14,500} = 77.58 ≒ 78\,\text{회/일}$$

78 회×50 kg = 3,900 kg/일 상당임.

시멘트의 싣기 시간은,

싣기에서 ton당 10분, 부리기는 ton당 14분

철근은 싣기에서 ton당 8분, 부리기는 ton당 10분임.

따라서 시멘트 40 kg 1대는 당이 25 포대 이고, 싣고 부리기가 24

분인 바, 위에서 본 1대/1.0분 이내는 어느 정도 타당한 계산이 되는 것임을 알 수 있다.

다만, 철재류의 경우는 중량물인 까닭에 50kg/지게로 보아 20회가 1,000kg으로 되고, 싣고 부리기는 18분이므로 이 경우의 "t" 시간도 0.9를 1.0분으로 적용함이 타당하다 할 것임(장척물이므로).

질문 8 해상관과 육상관의 포설 철거품의 단위 길이는 얼마를 기준으로 한 품인가요?

해 설 1개 6m 기준으로 10개, 즉 60m를 단위로 한 ϕ 관경 ϕ610 mm 이하와 이상으로 구분한 관조립 포설과 철거의 품 입니다.

품셈상의 관 부설 품은 관의 길이(6m) 당 관의 종류, 관경 별로 1개소의 상수, 하(오)수, 우수관의 부설 접합 품으로 관의 길이, 작업 장소 등 특수부설(수중, 터널, 정수장 등)품의 명시 규정은 없지만 별도 계상해야 될 것으로 사료됩니다.

<잠수부 조의 조직 기타>

질문 9 항만 수중공사에서 잠수부 1인과 1조의 차이는 무엇이며, 이들의 노임단가 적용은 어떻게 하나요.

해 설 잠수부 1인은 1인의 잠수부를 말하는 것이고, 잠수조는 잠수부 1인, 송기원 1인, 선부 1인 등 3인 1조로 편성된 조(組)와 작업반장을 말합니다.

제 1 절 수중 공사

질문 10 제주도 해안의 경우, 조수 간만의 차가 약 2~2.5m로서 4시간 간격으로 밀물과 썰물이 교차되므로, 해안에 기초 및 관로공사를 시공할 때 정상적인 업무시간, 즉 07:00~18:00에 작업을 할 수 없는 상황입니다. 예를 들어, 만조가 07:00~11:00까지면 작업시간은 간조시간인 11:00~15:00이며, 그 다음 만조시 중지하였다가 간조인 야간(19:00~23:00)에 작업을 할 수밖에 없는 상황입니다. 이같이 간·만조 cycle이 주기적으로 변하기 때문에 새벽이나 야간에 작업하는 경우가 빈번한 실정입니다. 이 경우, 조수 간만의 차에 의한 인력 및 장비품의 할증은 어떻게 적용하는지에 대해 질의합니다.

해 설 조수의 영향을 받는 해안공사에 관한 품의 할증이나 조수대기 등에 관한 할증 가산기준은 현행 건설표준품셈에 따로 규정되어 있지 아니하여 확답할 수 없습니다. 참고로 항만 표준시방서에는 수상의 구분을 평균 해면(M.S.L)으로 하나, 이것은 귀문의 경우와 다른 사석고르기 등에 적용되는 것으로 다르며, 또 해상작업 가능일수는 근방의 기상, 해상(풍향, 풍속, 파고, 조위, 조류 등) 자료와 작업방법 및 시공실적에 따라 결정되는 것으로서 당해공사의 현장설명과 공사계약에 따라 판단할 성질의 것이라 사료됩니다.

질문 11 당사는 ○○시에서 발주한 ○○시 하수종말처리장 설치공사를 수행하고 있으며, 금번 ○○시와 설계변경 과정에서 호안공사의 일부 Item에 대한 품셈 적용에 있어,

① 연약지반(평균심도 3m) 상에 호안 축조시 사석 및 피복석 할증률?
② 사석고르기 Item의 필요성? 을 질의하오니 타당한 적용방안을 알려주시기 바랍니다.

해 설 평균심도 2m 이상의 연약지반에 호안을 축조할 때의 기초사석 할증률은 40%, 피복석 할증은 20%로, 건설공사(토목공사) 표준품셈에 규정되어 있고, 사석고르기는 수중 및 항만공사에서 사석의 수상고르기와 수중고르기 등의 품이 규정되어 있으므로, 귀 현장과 관련지어 적응성을 판단 적산해야 할 사항이라고 생각합니다.

제 2 절 사석 및 준설

<사석 고르기 기타 토운선 등에 대하여>

질문 1 아래 도시와 같이 T.T.P 12.5 ton 하부에 있는 피복석 0.5 m³ 급 및 사석의 중간 부위에 있는 돌의 고르기를 피복석 고르기로 계상코자 하는데 무방한지요.

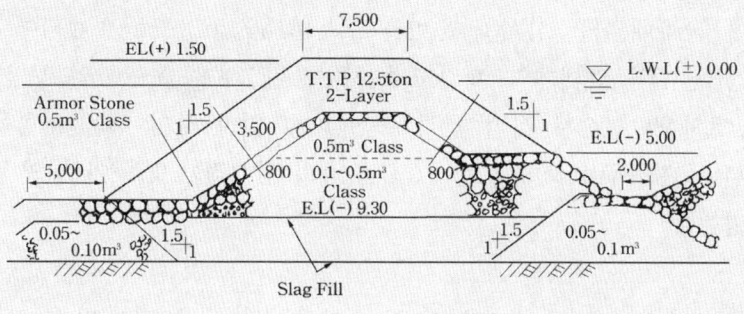

해설 피복석 고르기는 소파(消波) 블록 등의 거치를 위한 면고르기로서 투입된 사석을 피복석괴 고르기 함을 뜻하며, 그 정도(精度)는 ±30 cm 상당의 것이고 속고르기는 피복석 밑 부위에 있는 사석 채움돌(100 kg급 이상) 등의 고르기를 말하는 것인 바, 귀문의 회답은 자명해진다고 생각됩니다.

질문 2 사석의 단위 중량이 2,000 kg이나 1 m³ 당의 개수 및 규격은 얼마이며, 0.45 m×0.50 m 의 계산방법은?

[해설] 사석의 단위 중량은 표준품셈에 $2,000\,kg/m^3$ 이며, 사석 1개당 중량의 계산방법은 다음 예시를 참고 하십시오.

<예> $0.3\,m \times 0.3\,m \times 0.46\,m$(뒷길이) = $0.041\,m^3$

$0.041\,m^3 \times 2,600\,kg$ = $106.6\,kg$/개당

$2,000\,kg \div 106.6\,kg$/개당 = $18.76 ≒ 19$개/m^3 정도이니 $0.45 \times 0.45 \times 0.5\,m$ 인 때의 계산식도 이와 유사합니다.

[질문 3] 폐사에서 시공중인 서남해안 간척개발사업 ○○지구 외곽 방조제 축조에 따른 사석재 운반을 토운반($500\,m^3$)으로 설계되어 있어 토운선 선주와 임대계약 체결코자 하였으나, 보유 운항중인 토운선은 순수 토사운반선으로 사석재 적재는 할 수 없다 하여 다음 사항을 질의합니다. 표준품셈상의 토운선($500\,m^3$)의 암석적재가능 여부 및 적재가능량는?

[해설] 토운선은 준설토량 등을 운반투기하는 용도로 많이 쓰여지고 있으며, 호퍼를 장착한 자항식과 비항식이 있고, 사토(捨土)방식으로는 저개식과 측개식, 회전식의 것 등이 있습니다.

사석재의 운반은 토사운반보다는 선박에 무리가 있을 것이므로 운송 계약을 기피하는 것으로 추정되나, 이는 합의에 의한 방법 이외에 별다른 방책이 없는 것 같습니다.

[질문 4] 수중공사에 있어 굴착된 흙의 운반 토운선과 예선의 조합을 알고자 합니다. $30\,m^3$ 싣기 토운선의 마력은 몇 마력짜리 예선과 조합이 되는가요.

제 2 절 사석 및 준설

(해설) 우리나라 품셈에는 이에 대한 명시 규정이 없으며, 기계경비에 수록된 예선은 ton으로 토운선은 형식을 m³ 단위로 하고 있어 적용에 약간의 혼란이 있을 수 있습니다만, 토량의 단위비중을 고려하여 계산하면 별문제가 되지 않습니다.

<사석 적재 투하시의 침하량과 고르기 품에 대하여>

(질문 5) ○○○수중 호안공사에 있어 사석적재 및 투하의 설계를 건설표준품셈 12-2 사석 적재 투하에서 0.03m³ 이하, 수상 및 수중고르기 품에 따라 설계함에 있어 하천이나 항만 등 수중에 사석을 투하하면 연약지반의 경우, 상당량의 침하가 생길 것이므로 이를 설계에 반영해야 하는데 시간과 예산관계로 침하량을 조사하지 못하고 우선 품셈 1-9 재료할증 4. 기초사석 연약지반 50%를 계상하고 시공품은 할증량을 제외한 기본품만을 계상·설계하여 ○○○과 도급계약을 체결하고 시공 중 시공업자가 침하 할증량 50%에 대한 시공품을 가산한 설계변경을 요구하고 있습니다. 그러나 침하량과 유실 예상량을 합산한 50%는 추정설계로서 유실량은 설계도면 외의 것이므로 품을 계상할 수 없다고 생각되는데 귀하의 의견은?

(해설) 하천이나 항만 등 수중공사의 사석적재 투하는 육상공사와 달라서 연약지반의 경우는 침하량을 사전에 조사 측정하여 설계도 및 공사시방서·공사내역서에 그 사실을 명시한 다음 현장설명시에도 이를 분명히 설명하고 계약 했어야 합니다.

사석의 할증을 규정한 건설표준품셈 1-9 재료의 할증은 일반적인 할증의 추정수량으로서 연약지반의 경우 50%로 정하였으나, 그 이상 또는 그 이하의 경우도 많이 있으므로 반드시, 침하봉을 설치 확인하거나 토질조사 등으로 침하량을 확인한 설계를 해야 하고, 수량의 증감 사유가 있을 때에는 공사계약 일반조건 및 국가를 당사자로 하는 계약에 관한 법령의 규정에 의거하여 설계를 변경해야 하는 것입니다. 그러나 기획재정부 계약예규 "공사입찰유의서"에 규정한 서류 및 현장설명 등을 청취 확인하고 입찰에 참가하였으며, 침하봉의 설치 등 객관적인 할증량의 실제 투입 시공량과 설계 단면대로의 시공실적을 제시 확인받을 경우에 비로소, 할증량과 그 수량에 대한 시공품을 설계 변경 요구할 수 있는 것이며, 또한 공사계약에 설계변경조건을 미리 약정해야 하는 것으로 귀문만으로는 확답할 수 없으며, 투하량이 설계단면을 이루지 못하고 유실된 수량에 대한 품의 계상은 불가하다고 사료됨.

질문 6 <준설 작업에 있어 과 굴착이 된 것의 단면 수량의 보정에 대하여>

해 설 건설품셈 제1장 표준품셈 적용기준 1-9 재료의 할증률은 기본적인 표준 수량이 규정된 것이고, 귀 질의와 같이 준설 수량의 과다로 인하여 단면 수량 약 27%가 과 굴착되었다고 하면, 해상 작업의 표준품셈 사석 할증량 만으로는 적정한 시공 단면의 유지가 곤란하여 과 굴착에 따른 추가 소요량 만큼의 추가 소요가 발생할 가능성도 있다고 보아야 하나, 그 수량적인 적정성은 단정적으로 말할 수 없다고 생각합니다. 따라서 현장실황에 따라 당사자가 협의 처리하는 것이 좋을 것 같습니다.

제2절 사석 및 준설

질문7 사석 고르기 12-2-2 중 2. 수중 고르기에서 조위의 기준면은 어느 것을 기준으로 속고르기와 피복석 고르기를 구분하는지 알려 주십시오.

해 설 항만공사에서 수중 고르기의 기준은 M.S.L(평균해면) 이하를 말합니다. 이는 우리나라 항만공사 표준시방서와 일본 건설성 '99년도 표준부궤(품셈)에도 M.S.L 선을 기준으로 하고 있음을 참고 하십시오.

〈최신판〉

토목공사 표준품셈	A5 신 · 40,000 원
건축공사 표준품셈	A5 신 · 37,000 원
기계 · 설비 표준품셈	A5 신 · 34,000 원
전기공사 표준품셈	A5 신 · 32,000 원
전기 · 정보통신 품셈	A5 신 · 47,000 원

제15장 터널공사

제1절 터널공사

<터널 작업시간에 대하여>

질문 1 터널작업의 구속시간이 갱외 1시간 등 1교대 10시간으로 되어 있으므로 시간 외 근로할증과 갱내 작업할증을 계상할 수 있는지요.

해설 표준품셈 13-1 터널 노임은 1일 8시간으로 하고, 기본 임금과 할증 임금의 산정식이 명시되어 있으며, 할증은 야간작업 할증과 장대 터널 할증이 규정되어 있습니다. 따라서 개정 기준에 따라 계상해야 합니다.

<낙석방지울타리의 설치간격이 다른 때>

질문 2 표준품셈 10-6-5 낙석방지울타리 설치품은 지주간격을 3m 기준으로 한다고 되어 있으나 실시설계시 지주간격을 2m로 설치할 시 본 품을 그대로 적용해도 상관없는지, 아니면 품을 조정해야 하는지?

해설 건설표준품셈 제10장 도로 포장 및 유지 10-6-5 낙석방지책과 철망설치의 지주간격 3m 기준인데 지주간격을 2m로 설치할 때 품을 그대로 적용해도 무방한가에 대하여, 이 품은 3m 기준이므로 2m로 하면 지주간격이 짧아지므로, 즉 단순계산을 해도 3m 기준 일 지주 시공량이 300개 이므로 900m를 시공할 수 있는데, 간격 2m이면 600m 시공이 되므로 설치 품과 시공량이 조정되어야 될 것으로 생각됩니다.

질문 3 아치 지보공의 한계에 대하여 알고자 합니다.

해설 품셈 13-2 터널 암석 뚫기 여굴량 표준에서 허용된 여굴부분 일반과 봉지 단면적과 지보공 설치 단면적이 합산 계상되어야 지보공의 기능을 다할 수 있는 것이며, 아치부에서는 여굴 두께보다 여권(餘捲) 두께의 검토가 중요한 것입니다.

<측벽아치 쌓기 및 할증에 대하여>

질문 4 아치 구간이나 측벽 등은 15~20cm 또는 10~15cm(측벽)의 여굴을 계상하게 되어 있으며, 채움 콘크리트는 그 여굴두께의 70%까지 일반적으로 계상하는데 그 수량이 부족한 실정입니다. 조치 방안?

해설 터널 단면 유지를 위해 아치부 일반의 경우 10~20cm 정도의 여굴이 있을 수 있습니다만, 이 여굴량은 암절인 점에서 凹凸이 있게 마련입니다. 지보공 구간은 채움 콘크리트를 그 두께의 70%로, 무지보공 구간은 100%로 계상하게 하고 있으므로 다소의 차가 있을 수 있으나 이것이 표준량 임을 이해 하십시오.

　이는 구 품셈 기준이며, 현행 품셈은 구분이 없음.

제1절 터널공사

> **질문 5** 터널 뚫기 1발파당 작업인원 편성 및 작업량 계산에 있어 $1m^3$ 당 직종별 노력품의 계산은 어떻게 하는가요?

> **해설** 뚫기 1발파당 작업인원 편성 표준에 의하여 구한 1발파당 소요공량을 동 단면의 m^3 당으로 환산하시면 됩니다.

> **질문 6** 건설표준품셈 제13장 터널 13-1 터널 노임 산정식 《주》⑥ 용수 개소는 천공품에서 30%를 가산한다고 하였는데 노무량과 재료비를 모두 가산하는 것인지?
> 용수 개소란 얼마의 구간에 분당 몇 ℓ 이상의 용수가 분출되는 것인지 그 기준을 알고자 합니다.

> **해설** 터널굴착에서 인력뚫기의 경우, 품의 구성이 갱부, 보통인부, 동발목공, 정·뇌관, 도화선, 폭약 등으로 구성되어 있습니다.
> 토공에서 협소한 장소와 용수가 있는 곳은 품의 50%까지 가산할 수 있다고 하였는데, 여기서는 천공품이라고 규정함으로써 인력과 재료 모두에 해당되어 화약, 뇌관, 도화선, 정 등도 모두 포함 계상되는 것으로 이해하여야 하나, 천공작업에 대한 할증으로 용수 개소의 정의에 대하여는 현지 작업의 난이도에 따라 구분될 성질의 것일 뿐, 분당 몇 ℓ 의 용수가 있는가 하는 등에 대한 구체적인 규정은 따로 없으니 작업의 가능성 등에 따라 판단하시기 바랍니다.
> 현행 품셈 13-1 터널 노임 산정식 《주》⑥ 용수 개소는 천공품에서 30% 별도 계상할 수 있다는 천공 작업에 대한 할증으로 적용 범위 및 기준을 단정적으로 말할 수 없으며 현장실황에 따라 공사 당사자가 협의 처리, 결정하시기 바랍니다.

<NATM의 록 볼트 타설 및 시공에 대하여>

질문 7   15-4 NATM 공법 중 1.의 5. 록 볼트 사이클 타임과 6. 록 볼트 작업조 편성에 있어 록볼트에 인장력(post tension)을 가하기 위한 작업시간과 작업인원이 사이클타임에 반영되어 있는지 별도 계상해야 하는 것인지요.

    록볼트 시공법은 ① 천공 → ② 레진 삽입(급결 또는 완결형) → ③ 록볼트를 회전시키면서 레진을 혼합함과 동시에 삽입 → ④ 레진이 굳고, 완결형은 굳기전에 록볼트에 인장력을 가하고 → ⑤ 철판과 너트를 사용하여 정착케 하고 있습니다.

해 설   록 볼트의 사이클 타임에는 인장력을 가하여 굳기까지의 대기 시간이 포함된 것이란 명문은 따로 없으며 작업 사이클타임에 이 시간을 표준적으로 포함시킬 수는 없는 성질의 것이라 생각됩니다. 즉, 고결재에 따라 다르고, 인장력을 가하고 있는 기종과 인장력 등에 따라서도 다르기 때문입니다. 귀문의 작업공정 예시가 일반적인 것이라면 품셈의 사이클타임 중 이동 기타 장비 점검이 포함된 20분으로 인장력을 가하는 시간이 될 것인지?의 사실성 등이 개정 검토되어야 할 것으로 생각됩니다.

질문 8   저희 현장은 NATM 공법으로 단면 $15.278 m^2$ 인 터널을 시공케 되어 있으며, 당초 설계는 연암으로 1~1.5 m 간격의 지보공으로 설계되어 있었으나, 시공도중 단면 상부에서 $150 m^3$ 정도의 토사가 붕괴되는 사고가 발생하여 지보공을 0.5 m 간격으로 좁게 설치하고, 발파 없이 인력으로 굴착하도록 지시되었습니다.

    설계변경을 하고자 하나 NATM 공법에는 인력굴착품이 없어, 부득이

제1절 터널공사

터널 인력뚫기 중, 갱문에서 200~500m 해당 직종인 갱부 3.347인, 보통인부 1.474인 및 동발목공 0.869인을 적용코자 하는데 가능한지요.

해설 귀 제시품은 터널 인력뚫기의 경우, 도갱크기 $5.2 m^2$, 1일 진행길이 1m(3교대)인 때의 품으로서 1일 진행거리에 따라 비례적용 및 환산되는 점에 유의하시기 바라며, NATM공법이 아닌 인력시공으로 변경설계 시공 지시가 되었다 하니, 현장과 공법내용을 잘 숙지하여 합리적으로 변경하십시오.

질문 9 복선전철 제○공구 노반신설공사 터널부의 노임할증이 당초에는 80%가 적용되어 있었으나, 시행청에서는(해당연도 품셈)에 의하여 기본임금 P/8 = 주간과 야간 능률저하 25%, 야간근로 50%를 합산하여 1P+1.75, P/2 = 1.375를 적용한다고 주장하고 있으며, 당초 설계는 화약발파로 되어 있으나, 수서 I/C(교량) 하반부로 노선이 설계되어 교량의 안전성을 고려, 무진동 탄소(CO_2) 발파로 변경되었는데 신설단가로 적용할 경우 어떻게 되는지요? 또 근로자에 대한 유해위험 예방조치비용의 별도 계상 범위와 탄소발파에서의 적용 여부 및 적용 한계 퍼센트(%)는 어떻게 되는지 문의 드립니다.

해설 주간 시간당 노임 : 일당×1/8
야간 시간당 노임 : 일당×1/8×1.25×1.5=일당×1/8×1.87
야간 능률저하(20%) 1/(1-0.2) = 1/0.8 = 1.25
야간작업할증(50%)   1+0.5 = 1.5
야간 8시간 노임 : (일당×1/8×1.87)×8=일당×1.875입니다.
화약 발파를 무진동 탄소발파로 변경시공케 되었을 때에는 실제와 대등하게 설계 변경해야 할 것이며, 근로자의 유해위험의 예방조치에 필요한 비용은 산업재해 보상보험 및 산업안전보건법에서 정한 안전관리비 이외에 특히, 필요하다고 인정되는 유해위험예방에 필요한 비용으로서 이는 "갑"과 "을"이 인정하는 범위의 비용으로 보아야 하며, 그 구체성에 대하여는 사실판단이 중요하므로 귀 질의만으로는 확답할 수는 없습니다.

<장대 터널의 할증과 여굴 등에 대하여>

질문 10 우리 현장은 공공기관에서 발주한 노반공사로서, 장대터널 굴착 공사 중 연약지반이 저촉되어 보강공법(강관 다단그라우팅)을 시행하였으며, 보강공법에 대한 장대터널 할증률을 설계에 반영할 수 있는지 질의합니다.

해설 터널공사 노임의 산정은 연장 1,000m 까지의 일반터널의 경우를 기본으로 한 것인 바, 건설표준품셈에는 갱구에서부터 뚫기점까지의 거리가 500m 이상인 때부터 장대 터널 할증을 할 수 있게 규정되어 있습니다. 이 노임의 가산 할증은 산소의 희박, 작업의 제한 등을 고려한 능률저하의 보정이므로, 귀 질의의 경우 갱구로부터 1,030m 상당을 터널 내로 진입하여 작업하는 보강공의 경우도 터널 굴착과 직접 관련되는 공사로 보는 것이 타당하다고 사료됩니다.

질문 11 건설표준품셈 제15장 터널뚫기에서 암석의 여굴량 표준중 바닥의 여굴량이 규정되어 있지 아니하여 적용에 어려움이 많습니다. 수로 터널에서 바닥의 여굴량은 얼마로 해야 하나요?

해설 건설표준품셈 제13장 13-2 터널여굴량은 아치 12~19cm, 측벽 12~18cm, 바닥 및 인버트 10~15cm 기준이나, 터널 보강이 필요하여 공법상 불가피하게 추가 여굴이 발생되는 경우에는 여굴 기준의 20% 이내에서 추가 적용할 수 있으며, 수로 터널 등 단면이 적은 경우에는 5 cm 이내에서 현장 여건에 따라 적용할 수 있도록 되어있음을 참고하시기 바랍니다.

질문 12 터널공사 중 13-4 NATM 공법에서 H형강의 지보재의 제작 및 설치 품이 없어 설계에 어려움이 큽니다. 그 대책은?

해 설 현행 품셈에 강지보공 설치 품은 삭제되었습니다.

제 2 절 터널 뚫기

<터널뚫기 단면 및 사이클 등에 대하여>

질문 1 터널뚫기 1발파당 사이클을 계상할 때 착암, 버럭처리는 품셈에 의하고 나머지는 뚫기 1발파당 사이클을 적용해도 되는가요.

해설 표준품셈 13-3-1 터널굴착 1발파당 사이클 표준에 의하여 착암, 버럭처리, 숏크리트, 록볼트 등의 규정이 되어 있어 해당 공정에 따른 관련 품셈을 작업내용에 따라 계상해야 합니다.

질문 2 <터널 뚫기 품과 비트갈기 품의 관련에 대하여>

해설 건설표준품셈 제13장 천공기계의 천공속도 품에 천공기 사용시 천공구멍 이동, 공 자리잡기, 공내 청소, 비트 바꾸기가 포함된 품이므로 별도로 비트 바꾸기 품을 계상할 필요가 없습니다.

질문 3 표준품셈 터널 뚫기 1발파당 작업인원 편성 표준에 있어 단면크기($10\,m^2 \sim 28\,m^2$)와 ($35\,m^2 \sim 40\,m^2$)는 품셈 표에 기재되어 있으나 ($29\,m^2 \sim 34\,m^2$) 까지는 품셈 표에 기준이 기재되어 있지 않아 적용범위를 알고 싶습니다. "예를 들면, 단면 $29\,m^2$는 어떻게 적용되는지요?"

해설 구 품셈으로 단면크기($10\,m^2 \sim 28\,m^2$)와 ($35\,m^2 \sim 40\,m^2$)의 작업인원 편성표준이 명시 규정되어 있으며, ($29\,m^2 \sim 34\,m^2$)에 대하여는 명시된 바 없으므로 품의 구성비를 산출하여 현장 실정에 맞게

제 2 절 터널뚫기

적용할 수 있습니다.

그러나 현행 품셈은 13-3-4 터널 굴착시 천공 및 버력처리 장비의 조합에 따른 터널의 구분을 A, B, C 군으로 나누어 13-4에 터널굴착 1발파당 작업인원 품을 규정하고 있으며 《주》의 기준에 따라 굴착 단면의 크기 및 현장조건에 따라 장비 투입을 달리 적용할 경우에는 필요한 인원을 조정할 수 있으므로 이에 따라 실정에 맞게 적용할 수 있습니다

질문4 터널의 암뚫기 여굴량 계상에 있어 바닥 및 인버트 아치구간의 여굴은 계상하지 아니하도록 되어 있는데, 수로터널 등 단면이 적은 경우는 5cm 이내에서 계상하게 되어 있습니다. 적은 단면의 기준은 몇 m^2 인가요?

해설 외국 문헌에 의하면 소단면 터널은 $40 m^2$ 이하로 하나, 이 정도면 큰 터널이고 용수로 터널 등 $10 m^2$ 미만의 터널로서, 인력 주축의 작업성을 감안하여 바닥의 여굴 약간을 고려해야 할 것으로 생각됩니다. (품셈 13-2 터널 여굴량 참조)

질문5 건설표준품셈 제15장 터널공사의 15-4 5. 록볼트 사이클시간에서 2공(孔)당 45분(천공시간 제외) 소요로 규정되어 있는데, 한 막장 당 6공(孔)이 시공될 경우에는 천공 준비시간 20분, 이동시간 및 기타 20분의 가변(可變)사항은 어떻게 되는지요.

해설 구 건설표준품셈 제15장 15-4 NATM 공법 "5"에 규정된 록볼트 사이클 시간은 2공당 품이고, 이는 6.항 록 볼트 작업조의 편

성을 기준으로 구한 표준 품으로 생각됩니다. 그러나 표준적인 품이라 하더라도 현장여건에 따라서는 규정된 품만으로 설계하기는 어려운 것도 있을 것입니다. 사이클 시간을 판단함에 있어서는 무엇보다도 먼저 작업조의 편성을 고려해야 합니다. 즉, 작업조를 2개조 투입했을 경우라고 해서 품이 1/2로 줄어드는 것이 아니고, 또 준비 및 이동시간이 6공이라고 하여 3배의 시간이 소요되는 것도 또한 아니라고 보아야 합니다. 그 이유는 작업대차를 이용하여 거의 동시에 2개조 투입 진입이 가능하다고 볼 때, 준비와 이동이 2회 또는 3회 발생하는 것이 아니기 때문입니다.

청소, 충진, 정착은 구멍수에 따라 소요시간이 계상될 것이나, 작업조의 투입과 관련됨은 쉽게 이해할 수 있을 것인 바, 작업조의 편성과 그 경비, 작업량은 모두 상관관계에 있게 되는 것이라고 사료되오니 구멍의 수만으로 귀문에 확답하기는 어려운 것입니다.

질문 6 공사의 시·종점 모두가 산의 협곡부에 위치하고 있으며, 시점부 L=35m 종점부 L=55m 개착시, 터널로 이루어져 시공 후 구조물 상단에 약 10,000m³ 의 토량으로 되메우기 하게 되어 있습니다. 설계 당시의 되메우기 토운반은 무대로 되어 있는데, 현장여건이 산의 협곡부로 굴착 후 되메우기 할 부근에는 야적할 장소가 없어 L=150m 와 L=1,000m 의 두 지점에 운반 야적하였다가 되메우기를 하여야 할 실정입니다. 본 되메우기 단가를 상차운반 야적, 상차운반 되메우기로 산출할 수 있는지에 대해 질의합니다.

해 설 귀 질의와 같이 터널 굴착에서 시·종점의 갱문부분에 대한 되메우기를 위한 토석 적치장이 없어 부득이 L=150 또는 1,000m 지점에 운반 가적치한 후 다시 운반하여 되메우기 한 것이고, 그 방

제 2 절 터 널 뚫 기

법 이외에 당초 설계와 같이 무대 유용할 수 없다는 것이 객관적으로 입증되면 발주자와 공사계약조건 등에 따라 협의하여 적정 설계변경·적산하도록 해야 할 것이며, 절취암의 성토재료 유용은 관계시방서에 따라야 할 것입니다.

<터널 뚫기 품의 산정 "예">

[질문 7] ① 터널 기계뚫기에서 내공단면 폭이 10m 이내이고, 상반 뚫기단면 42.7 m², 하반 29.8 m², 연장 1,000 m, 지질 : 보통암 2,500 kg/m³, 착암기 : 인력착암기, 로드 : 1,200~1,800 mm, 비트 : 28~32 mm, 공기압축기 : 600, C.F.M, 발파 : 전기식, 버력처리 : 트랙터셔블 1.3 m³, 덤프 10 ton, 지보 : 강아치지보. 1발파진행 : 1.3 m, 따라서, 1발파뚫기(모암) = 42.7 m² × 1.3 m = 55.51 m³

② 천공수 42.7 m² × 2.9공 = 124 공(착암기 대수 6대), 평균천공속도 13 cm/min, 1발파당 1공당 천공길이 1.3m + 0.10 = 1.4 m

③ 1발파당 트럭수 : 55.51m³ ÷ 4m³ = 13.9대, $\frac{10t}{2.5t/m^3}$ = 4m³ 적재/대당/10 t 트럭.

④ 1발파 사이클 : 착암준비 20으로 한 때의 뚫기 품은 얼마인가?

[해설] (구 품셈 기준) 가. 천공속도 h = 13 cm/min

$$n = \frac{124공}{5대 + 예비1대} = 24.8공, \quad l = 1.4 m$$

$T_1' = \frac{24.8 \times 1.4}{0.13} = 267분$, 장약 40분, 환기·휴식 : 30분, 정리 기타 : 20분

계 T_1 : 20' + 267' + 40' + 30' + 20' = 377분 ············ ①

나. 버력처리 : 준비시간 10분 버력적재 : $T_2' = \frac{60 \times V_0}{Qs}$

$$Qs = \frac{60 \times qs \times Es}{Cms} = \frac{60 \times 0.7 \times 0.35}{0.75} = 19.6 \, m^3/hr$$

Cms = 0.75, qs = 0.7, Es = 0.35, 모암 : 55.51 m³/1발파 뚫기량

$$T_2' = \frac{60 \times 55.51}{19.6} = 170분$$

○ 덤프트럭 입환시간 : (13.9−1)×3분 ≒ 38분

○ 버력적재 뒷정리 : 10분　　○ 측 량 : 10분

계 T_2 =10분+170분+38분+10분+10분=238분 ········ ②

지보공 세우기 준비 15분, 세우기 50분, 1발파 손실 : 40분

계 T_3 =15분+50분+40분=105 ···························· ③

1발파 1사이클 시간 합계 T=①+②+③=377+238+105=720분

<뚫기 1일 진행 및 1방 당 진행 산출>

1일 2교대, 1교대 당 작업시간 t : 60분×8=480분

$$N = \frac{t}{T} = \frac{480분}{720분} ≒ 0.67 회$$

1방당 진행 : N=1.3×0.67=0.87 m, 0.87 m×2=1.74 m,

월 진행 1.74 m×20일 ≒ 35 m

1방당 뚫기량 : 42.7 m²×1.3 m×0.67=37.1 m³,

1일 뚫기량 42.7 m²×1.74 m = 74.3 m³

공사기간 (터널) =1,000 m×1/35 m ÷ 2 ≒ 14개월

<뚫기 1 m³ 당 직종별 노력 품>

$\theta = \frac{M_2}{V_2} \times M_3$, θ = 뚫기 1 m³ 당 직종별 노력(인)

V_2 = 뚫기 1방당 굴착량 37.1 m³

M_2 = 뚫기 1방 당 소요인원 = $\frac{T}{t} \times N \left(\begin{array}{l} T=720분 \quad t=480분 \\ N=0.67회 \end{array} \right)$

$M_2 = \frac{720}{480} \times 0.67 = 1.005$ 인

M_3 = 1방당 편성인원

제2절 터널뚫기

반장 2인, 동발공 4인, 동발공 조수 4인, 착암공 6인, 착암공 조수 6인, 화약공 1인, 화약공 조수 2인, 갱내인부 4인, 계 29인.

반장 : $\frac{1.005}{37.1} \times 2$인 $= 0.0541 ≒ 0.054$인, 착암공 $= 0.027 \times 6 ≒ 0.162$인

착암공 조수 : 0.027×6인 $= 0.162$인, 갱내인부 $= 0.027 \times 4$인 $= 0.108$인

동발공 $= 0.027 \times 4 = 0.108$인, 동발공 조수 $0.027 \times 4 = 0.108$인

화약공 $= 0.027 \times 1 = 0.027$인, 화약공 조수 $0.027 \times 2 = 0.054$인

이상과 같이 산정된다.

질문 8 건설표준품셈 15장 터널 15-1-1 의 인력뚫기에 대한 품의 구성에 대하여 알고자 합니다.

해설 구 건설표준품셈 15-1-1 의 인력뚫기와 15-1-2 기계뚫기 15-2 동바리 및 거푸집, 15-3 방수공, 15-4 NATM 공법, 15-5 터널 전단면 뚫기 등을 규정하고 있습니다.

터널 인력뚫기는 도갱 단면을 $5.2\,m^2$로 규정하고, 갱문으로부터 200m 미만, 200~500m, 500m 이상의 3단계 거리별 품을 구하게 하고 있으며, 작업물량은 m^3당 단위로 하고 있는데, 토사 200m 미만의 경우, 1일 2교대에 도갱의 크기 $5.2\,m^2$, 1일 진행거리 1m 에 갱부 2.289인의 품으로 구성되어 있는데, 이것은 $5.2\,m^2 \times 1\,m = 5.2\,m^2$ 에 2.289인이란 것으로, $2.289 \div 5.2 = 0.44$인$/m^3$ 인가의 여부 등에 대한 의문도 없지 않으나, 표준품셈의 구성은 $1m^3$의 터널 토석굴착에 소요되는 품은 도갱의 단면 $5.2\,m^2$를 표준으로 하여, 1m를 굴진하는데 소요되는 품이 갱부 $2.289 \times 1.0/1.2 = 1.908$인$/m^3$가 된다는 해설 풀이 등으로 미루어, 진행거리와 관계되어 품도 조정이 된다는 것을 알 수 있다.

그러나 1일 진행거리가 1.5m 라고 하면 위의 예와 같이 2.289× 1.0/1.5=1.526인/m³로 점차 품이 하향(下向)되는 것이 아니냐 하는 문제점도 없지는 않으나, 이는 m³ 당 작업의 난이도에 따른 것일 뿐 당초의 설계와는 별개의 것이 된다고 하겠다.

다만, 단면의 크기가 5.2m²로 고정되어 있어, 수로터널 등 단면의 크기가 3~4m² 상당에 불과한 것도 허다한 점에 대한 작업의 난이도 및 적정 품을 환산 적용하는 것이 현실적으로 곤란하다는 부분에 대하여는 실험적 통계자료의 분석과 함께 보완되어야 할 것이 아닌가 생각한다.

질문 9 <터널공사의 방수공사 매트방수의 할증에 대하여>

해 설) 건설표준품셈 제13장 터널공사 13-6 부직포 및 방수시트 일체식 방수 품은 m² 당 본체, 바닥의 방수매트가 1.15m² 로서 이 품에는 할증이 포함되었다는 《주》④를 이해 하시면 할증의 가산이 자명해진다고 생각합니다.

질문 10 <터널 뚫기에서 1일 진행이 다른 때의 노무비 계산>

해 설) 구 건설표준품셈 제15장 터널 공사 15-1 터널뚫기 15-1-1 인력뚫기에서 토사, 토갱크기 5.2m² 의 갱부는 2.289인으로서(1m 진행) 1.2m 진행시에는 예시 《주》③에 명시 규정된 바와 같이 $2.289 \times \frac{1.0}{1.2} = 1.908$인으로 1일 교대 횟수와 관계없이 m³ 당 품을 산정함을 미루어 판단하시기 바랍니다.

제 16 장 궤 도 공 사

<궤도용 자갈 채집·운반>

질문 1 자갈채집 및 소운반량을 계산하고자 하는데 건설표준품셈 제16장 자갈채집 및 운반 공식에는 $N = \dfrac{G}{F+S+2D}$ 와 $N = \dfrac{480}{3+2\times 20}$ 으로 비고란에 채집운반의 인부 품 계산식이 있는데 건설표준품셈 제9장의 인력 운반공식과 달라 적용이 어렵습니다.

해설 인력 운반공식 $Q = N \times q$, $N = \dfrac{V \times T}{120 \times L + V \times t}$ 로 구하며, 이때 T = 480 - 30 = 450분/일로 구하게 하고 있으나, 귀 질의와 같은 N의 계산식은 삭제되어 실용되고 있지 않습니다. 궤도용 운반은 선로용 트롤리 운반이나 모터카 운반 등이 많아 계산식과 부호를 달리하고 있으나 그 기본은 다를 바 없습니다. 구 품셈 16-12에는 도상자갈 체찌꺼기 흙의 운반의 계산식을 참고로 하면 곧 이해가 될 것입니다.

여기서, 적하 소요시간 : 21분, 왕복개념 : 2, 운반거리 : D로 280 : 열차대피시간(평균)으로 하였고, 트롤리 1대 : $2\,m^3$, 조합인원 : 궤도공 1인과 보통인부 5인으로 구한 때의 N 치를 V=운반속도 4 km/hr ≒ 15 분/km (60분÷4=15 분/km)

운반횟수=N 산정식으로

$N = \dfrac{480 - 280}{21 + (2 \times 15 \times D)}$ 으로 규정되어 있다. 이에 D = 200m/hr, 0.2 km/hr로 하면, $\dfrac{200}{21 + (2 \times 15 \times 0.2)} = \dfrac{200}{27} = 7.4$ 회를 얻을 수 있습니다.

제9장 운반식으로 계상하면,

$$N = \frac{(480-280) \times 4,000}{120 \times 200 + 4,000 \times 21} = \frac{800,000}{108,000} = 7.4 \text{회/일}$$을 얻을 수 있어 N 회도 7.4회/일로 똑같습니다.

질문 2 궤도부설에 있어 분기부 교환이 틀당으로 되어 있는데 이 품에 분기기 한 틀(턴레일, 크로싱 궤도부설 48m)로 계상해야 하는지, 크로싱과 턴레일 부설만을 분기부로 계상하고 궤도 48m는 별도 계상해야 하는지요.

해설 품셈의 단위는 분기부 틀당으로 되어 있습니다. 분기가 완료되는 길이까지는 분기부에 해당되는 것으로 보아야 하며, 그 길이 48m까지에 대한 구체성은 귀문만으로 확답할 수 없고, 분기부의 성능 발휘를 기준으로 판단해야 할 것입니다.

질문 3 궤도공사 16-25 궤도공 기계화 시공에서 레일절단기 60kg, 50kg, 37kg의 품에서 기계경비 계수가 다른데, 기계가격은 863,460원으로 동일합니다. 그 구성에 이해가 되지 않아 질의합니다.

해설 품셈에서 정한 레일절단기의 구분은 레일의 규격 37kg/m당, 50kg/m, 60kg/m당을 뜻하는 것이며, 절단기의 가격이 863,460원이란 뜻입니다.

기계가격을 1,000원 미만 절사하는 것이 건설기계 가격의 기본인데, 여기서는 10원 단위까지 구하고 있어 균형이 맞지 아니하며, 절단기의 규격 1.5HP로서 0.45ℓ/ps/hr로 보면 $1.5 \times 0.4 \times 0.7 \times 0.83 =$

0.348 ℓ/ps/hr로 0.348 × $\frac{13분}{60분}$ = 0.0754 ℓ (개소당 소요시간 13분) 상당인데 그 50% 상당인 0.0385 ℓ (휘발유)로 정하였고(이때의 잡유를 휘발유의 20%로 한 것은 비슷함) 개소당 손료가 315~515$^{(10-7)}$이므로 415$^{(10-7)}$인 때 1÷0.0000415=24,000개소 상당의 절단으로 품셈의 구성 체제와 기본 구성 등이 변경되었으면 하는 생각입니다.

그러나 현행 개정된 품셈 규정은 레일 절단 품을 일반기계운전사, 보통인부, 절단기 등으로 구분하여 절단기의 주연료와 잡재료비를 인력품의 5%로 계상하며, 커터 비용을 포함하는 것으로 규정되어 있음을 참고하시기 바랍니다.

<궤도 돋우기와 내리기의 품>

질문 4 철도의 보수작업 중 궤도 내리기에 대하여 건설품셈 16-4에 의하면 운행 중인 본선의 경우 내리기에서 궤도공 0.59인, 보통인부 0.41인으로 되어 있는데, 이 품의 작업한계가 어디까지이며, 이 품은 순수한 궤도 내리기에 한하는 것인지 도상자갈 긁어내기 및 궤도내리기 후 자갈 살포와 발생자갈 치우기 운반까지 인지요.

해설 현행 품셈의 궤도 유지 보수공사는 레일교환, 침목교환, 분기기교환, 도상갱환 등으로 구분하여 규정을 정하고 있습니다. 각 공종마다 《주》에 상세히 설명 주기하였으므로 이를 적용하면 별다른 어려움이 없을 것으로 사료됩니다.

질문 5 1. 건설표준품셈(16-2-1) 궤도부설 품은 목침목 탄성 체결장치(베이스 플레이트) 설치가 포함된 품인지요?
2. 시저스 분기기 부설의 경우 (16-1 일반철도)에 시저스 크로싱 신

설은 있으나 시저스 포인트 신설이 없으므로 싱글포인트 4틀을 별도 계상해야 하는지요? 아니면 시저스크로싱 신설에 싱글포인트 4틀 신설이 포함된 품인지요?

해설 건설표준품셈 궤도부설 궤광조립 품은 레일배열, 침목배열, 레일침목올리기, 침목위치결정, 궤광조립까지를 포함한 완성품으로 탄성체결장치 설치품도 포함된 것이라 생각되며, 별도로 분기기 부설품이 규정되어 있으니 이를 참고하시기 바랍니다.

<터널 내 콘크리트 Invert 궤도 보선>

질문 6 귀사 발행 건설표준품셈 운반공중 경편 궤도 부설 및 철거 중에서 터널 내 콘크리트 Invert 위에 부설한 궤도 보선에 관해서는 언급이 없어 아래와 같이 문의 하오니 답하여 주시면 공사 수행에 도움이 되겠습니다.

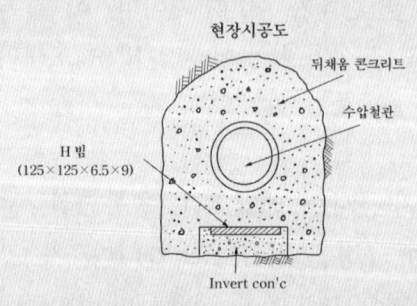

① 레일은 22.3kg/m 레일사용
② H-빔 설치 후 H-빔 상단 Flange 에 볼트와 Clamp로 레일 고정
③ H-빔이 묻히도록 Invert 콘크리트 타설
④ 갱내 총 레일 연장 2,600m 레일사용기간 3년
⑤ 갱내 분기기 없음.

 1. 터널 내에 그림과 같이 H-Beam Sleeper에 Invert 콘크리트를 치고 그 위에 레일을 설치하여 뒤채움 콘크리트를 운반 타설하는 경우에 궤도 보선이 필요 없는지의 여부.
 2. 터널 내에서 주공정인 콘크리트 뒤채움(수압철관 혹은 라이닝) 작업시, 콘크리트 품질 저하를 우려한 터널 내 누수에 대한 펌프 양수

제16장 궤도공사

작업을 주공정과의 병행 공동작업이라 하여 펌프 손료만 계상하고 펌프 양수공에 대한 노무비를 계상치 않는 이유는?

해설 1. 경편 궤도부설 및 철거의 품은 궤조 6 kg/m와 9 kg/m의 레일을 부설, 토량운반 트롤리용 궤도이며 목(나무) 침목 위에 궤도를 설치하는 품으로서 부설 및 철거 품에 궤도의 보선이 필요한 것입니다만, 귀 질의의 경우는 22.3 kg/m의 궤도로서 협궤의 궤도에 속하는 것인 바, 이는 궤도공사(16-1 : 현행 품에서 삭제) 중 협궤의 궤도이설 및 궤도철거 품을 준용하여야 할 것이며, H빔이 인버트 콘크리트속에 묻히도록 부설하였다는 것은 침목위에 가설하는 궤도·설치·철거의 일반적인 공법에 의한(스파이크·볼트 등 사용) 가설이 아니고 콘크리트 속에 고정시킨 것으로 사료되는 바, 궤도 보선은 사실상 불필요(레일파손 등의 특수한 경우 제외)할 것으로 사료되어 이의 계상은 검토될 수 없음.

2. 터널 내의 인버트 콘크리트 양생을 돕기 위한 양수기의 공량과 양수기 손료의 계상에 대하여는 귀 제시 사진에 의하여 소형양수기(ϕ25 mm 정도)로서 건설공사용 양수기는 ϕ50 mm ~ 150 mm 까지 규정하고 있으므로, 그보다 작은 소형 전동 양수기의 경비(기계경비 + 운전 노무비)를 계상할 근거가 없는 바, 귀 질의의 경우는 경비중 가설비와 전력비로 사용기간과 양에 따라 계상하는 것이 바람직하다고 생각합니다. 이때에도 운전원은 불필요함.(가설전등료 등은 계상되어야 함)

<궤도공사에 대한 공법 등에 대하여>

질문 7 표준품셈 제16장 궤도공사에서, 침목 다지기 목침목구간의 적용과 타이탬퍼 기설선 다지기의 차이에 대한 질의와 기설선 다지기에 쓰이는 타이탬퍼는 어떤 종류의 장비이며, 시바우라 타이탬퍼(기계

가격 약 130만원)를 가지고 침목교환 공사에 다짐작업을 한다면 어느 품을 적용해야 하는지에 대해 질의합니다.

[해설] 현행 건설표준품셈 제14장 궤도공사 14-1-1, 3 자갈포설과 자갈 고르기로 나누어 궤도공, 보통인부, 사용기계품을 일당 시공량의 품으로 규정되어 있고, 궤도공사 기계화시공의 자갈도상을 진동에 의해서 다지는 타이템퍼(3,400회/min)의 가격이 1,600만원 상당의 것으로, 귀 질의 타이템퍼의 가격과는 큰 차이가 있으니 기계의 성능을 비교 확인하여 적용 여부를 판단해야 할 것입니다.

[질문 8] 지하철 궤도공사 추진 중 건설표준품셈 제16장 궤도공사 16-2-1 궤도부설의 범위, 궤도부설 품에 방진상자 설치품이 포함되어 있는지 여부와 방진상자 설치품이 포함되지 않았다면 별도의 품 적용이 가능한지에 대해 질의합니다.

[해설] 품셈 제16장 궤도공사 16-2-1 궤도 부설은 지하 및 고가부 궤도부설로 목침목 깬자갈 도상과 P.C 침목 자갈도상, P.C 침목 콘크리트도상 (고가부, 지하부)으로, 레일규격 50 kg/m, L=20m 를 기준한 품으로서, 재래공법을 기준한 것으로 사료됨. 따라서 장대레일 또는 방진상자 등의 설치도 이 품에 모두 적용된다고 볼 수는 없는 것으로 사료되는 바, 건설교통부(품셈관련 단체포함) 등에게 품의 재·개정을 건의하거나 특수 품을 제정·적용하여야 할 것으로 생각됩니다.

그러나 현행 품셈은 궤도부설 궤광거치, 궤광정정 및 타설 준비 시 궤도 부설의 방진상자 설치 인원(보통인부 2인)을 추가계상하도록 하였으며, 장대레일 설정 품도 규정되어 있음.

제17장 철강 및 철골공사

제1절 철골공사

질문 1 1. 표준품셈 건축부문의 철골세우기가 일반적인 철골조를 기준한 경우에서, 일반적인 철골조의 구체적인 의미는?
　2. 대규모 플랜트 철골구조물 세우기 작업시, 토목부문 표준품셈 적용가능 여부?
　3. 철골세우기에 대하여 건축부문 표준품셈을 개정한 취지는?

해설 1. 일반적인 철골조 건축물이라 함은 건축물의 뼈대를 일반구조용 압연강재 등 철강재로 구성한 구조로서, 입체트러스 구조 또는 셸(shell)구조 등 특수한 구조를 제외한 보편적인 강성구조나 일반적인 트러스(truss) 구조로 된 건축물을 지칭하는 것으로 사료됨.
　2. 토목부문의 철골세우기는 주로 교량 등에 사용하는 철골구조물 등을 기준한 것으로 귀문의 경우, 대규모 플랜트공사에 대한 구체적인 설계내용에 따라 품의 적용 여부는 귀사가 판단할 사항임.
　3. 표준품셈 건축부문의 철골세우기는 건축물의 대형 고층화 추세에 따라 시공현대화 도모 등을 위하여 진폴 및 가이데릭 장비를 기준으로 되어 있는 사항을 1일 작업능률(15 ton) 및 일정 층수 등을 기준으로 변경하는 등 종전의 미비점을 보완하여 이를 합리적으로 개정한 것임.

질문 2 특수건축물(발전소 등 플랜트공사)의 철골세우기 품셈 적용에 있어서 건축부문 표준품셈 제1장 적용기준 1-3 적용방법 7.항에 의거 타부문과 유사한 공종으로 보아 적용할 수 있는지.

해설 건축부문 표준품셈의 철골세우기는 일반적인 철골조 건축물을 기준으로 한 것으로, 본 품셈에 명시되지 않은 사항은 기타부문(전기, 정보통신, 문화재 등)을 기준으로 하고, 타부문과 유사한 공종의 품은 본 품셈을 우선 적용하는 것인 바, 특수구조물의 철골세우기에 대하여는 본 품셈에 명시되지 않고 있습니다. 귀문의 경우 건축물의 구체적인 설계내용에 따라 품의 적용 여부는 귀하가 판단할 사항입니다.

<강판 전기 아크 용접>

질문 3 표준품셈 17-7 강판 전기아크 용접(토·건) 1. V형 용접(건축 7-6-2)과 관련입니다. 상기 품셈은 철판 전두께 용입 및 개선 형태가 대칭인 V형을 기준으로 작성된 것인지요? 그림과 같이 만일 전 두께 8mm 용입(Complete Penetration)이 아니고 그림과 같이 6mm 부분용입(Partial Penetration) 및 비대칭 개선(Single Bevelling)일 경우에는 품셈 적용을 어떻게 해야 하는지요?

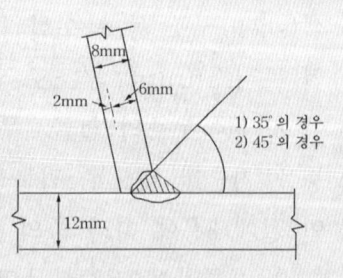

1) 35°의 경우
2) 45°의 경우

해설 구 품셈에 대한 질의로 표준품셈 17-7의 강판 전기아크 용접은 용접자세별 용접공량과 전력 소요량의 표준이 규정된 것으로 이것과 다른 때에는 품셈의 규정을 준용하여 특수품을 제정 사용하여

제1절 철골공사

야 할 것입니다.

질문 4 │ 고장력 볼트 본조임에 있어 강재 ton 당으로 볼트 수 20개 미만에서 120본 미만까지의 철골공 품이 규정되어 있는데, 철골 설계 수량이 300 ton 이상인 때의 보정계수인 a 표가 있습니다.
 이 a표를 k로 표기한 이유가 무엇이며, 50본/ton 당인 때 강재가 400 ton 이면 얼마가 되나요.

해설 │ 표준품셈 건축 7-2-3 고장력 볼트 접합시 강재 ton 당 볼트 수가 50본이면 철골공은 0.52인×400 ton 으로 구하기 쉽고, 300 ton 미만인 때 0.52인×300 ton 이고, 보정계수가 0.91인 바, 표준단가×K 이므로 0.52×400×0.91×176,388원(철골공 노임) = 33,386,720원 으로 계산됩니다.
 여기서 보정계수 (a) 를 보정계수 K로 처리한 것은 다른 표와의 혼돈방지 이외에는 아무런 뜻이 있는 것은 아닙니다. 이 품은 일본건설성 '85년도 품을 인용한 것이나 '87년도 개정시 일본건설성 품셈에는 삭제된 것을 그대로 인용하고 있었으나, 2018년도에 품이 개정되었습니다.

질문 5 │ 철골공 부대 앵커볼트설치 품은 주요 기둥용 $\phi 22 \sim \phi 25$ mm 에서 철골공이 개당 0.23인으로 되어 있는데, 고장력 볼트의 경우는 강재 ton 당 20본 미만인 때 고장력 볼트 본조임 강재 ton 당 0.68인/철골공으로서, 20본이면 0.68÷20=0.034인/개당 이란 단순 계산이 됩니다. 앵커볼트의 경우는 품이 많은 것이 아닌가요.

[해설] 고장력 볼트의 조임과 앵커볼트의 경우는 다르겠으나 개당 0.23인은 1인÷0.23=4.347≒4~5개/일/인으로 계산되어 품의 구성이 좀 이상한 듯하나, 이 품에는 틀의 제작 설치품이 포함된 점을 유념하시기 바랍니다.

현행 품셈 고장력 볼트 본조임 및 앵커볼트 설치 품이 2018년도 개정되어 철골공과 보통인부로 편성되었으며, 각기 공종의 세부 작업 사항이 다르므로 단순 비교하기는 적당하지 않음을 이해하시기 바랍니다.

[질문 6] 철골조 연건물 2,800 m² 상당에 대한 중층세우기시, 철골세우기의 품 계산치를 알고자 합니다.

[해설] 보통 철골재의 무게산출 표준에 의하면 철골조 연면적에 대하여 철골무게는 0.10~0.15 ton/m² 당이므로, 이를 평균하면 0.125 ton/m²가 된다. 따라서 2,800 m²에 대하여는 2,800×0.125 = 350 ton/총량 상당으로서 철골공의 부속재의 비율은 다음과 같습니다.

주 재	리벳(%)	부속재(%)	주 재	리벳(%)	부속재(%)
작 은 보	1	15~20	격 자 기 둥	3	10~15
지 붕 틀	3	10	강 판 기 둥	4	10
큰 보	5	10~15	벽 보	3	10

위 표를 기준으로 수량을 산정하는 방법이 있고, 철골 세우기에 있어서는 다음과 같이 계산합니다.

6층 미만일 경우

볼트(가조임) ton 당 20본 손율 4% : 350 ton×20 본/ton×0.04=280본
철 골 공 0.33 인/ton : 350 ton×0.33 인/ton = 115.5 인

비 계 공   0.14 인/ton : 350 ton×0.14 인/ton = 49 인
특별인부 0.07 인/ton : 350 ton×0.07 인/ton = 24.5 인
현장세우기 보정
　　현장조립비 = 표준단가×K_1(보정계수 K_1 = a×b×c×d)
　　　　　　　K_1 = a×b, 6층 미만이므로 a 및 b 표에서
　　　　　　　　　a표에서 보정계수 0.95 (강재사용량 125kg/m^2)
　　　　　　　　　b표에서 보정계수 1.0 (강재총사용량 350 ton)
　　　　　　　K_1 = a×b = 0.95×1.0 = 0.95
현장세우기 보정 품은 95%를 적용하면 될 것입니다.
　　고층세우기에 있어서는 강재사용량에 따른 보정치, m^2 당 사용량의 보정치, 건물높이에 따른 보정치, 스팬, 층수 등에 따른 보정치 등이 있는 등, 품이 명시되어 있음을 잘 살펴야 합니다.

<철골세우기 및 운반 장비(Tower Crane)>

질문7　가. 철골세우기 장비의 작업능력은 건설표준품셈 17-15에 의하면 1일 처리능력으로 산정되어 있어 건설표준품셈 제11장에 명시된 세우기 장비의 시간당 손료를 적용할 때에는 1일 처리능력에 의해 산출된 작업일수를 다시 작업시간으로 환산하여야 하는데,
　　－이때 1일 작업시간을 8시간으로 적용하여야 하는지,
　　－건설표준품셈 제11장에 명시되어 있는 연간표준 가동시간을 일 표준 가동시간으로 환산하여 그 시간을 1일 작업시간으로 적용해야 하는지?
　　나. 고층건물 건축시, 자재운반용 장비로 주로 사용하고 있는 Tower Crane의 능력 산정에 대한 내용이 건설표준품셈에 명시되어 있지 않아, Tower Crane이 사용되는 공종이 공사기간(일)에 대하여 시간당 장비손료를 적용하려고 하는데 작업일수를 작업시간수로 환산할 때

- 1일을 8시간으로 적용하여 작업시간을 산출하여야 하는지, 아니면
- 연간표준 가동시간을 일표준 가동시간으로 환산한 시간을 적용하여 시간 산출을 하여야 하는지.
- 또는 Tower Crane은 고정 설치되어 사용되는 점을 감안하여 장비손료중 관리비는 1일 8시간으로 적용하고 상각비 및 정비비는 1일을 연간표준 가동시간에 의해 재산출된 1일 표준 가동시간으로 적용하여야 하는지요?

[해 설] 타워크레인에 대한 1일 작업시간을 따로 규정한 바는 없으므로 다른 일반 중기와 같이 1일 작업시간을 8시간으로 적용하여야 할 것으로 사료됨.

귀 질의 "나" 항과 같이 실동시간만을 따로 구하여 계상한다는 것은 타워크레인이 고정 설치되어 있기 때문에 품셈에도 처리능력을 시간으로 하지 않고, 일괄 처리능력으로 규정하고 있음에 유의하시기 바랍니다.

예시하면, 고층건물에서 1일당 15ton 의 처리능력이 있으므로 15÷8hr = 1.875ton/hr가 되고, 타워크레인의 내용시간 : 10,000시간, 연간 표준가동시간 2,000시간, 1일 8시간은 2,000÷8 = 250일이 됨. 중기는 월 25일 중 실동일수 20일로 구하는 것이 조달청 등의 설계기준 임에 비추어 20일×12월 = 240일 상당이 되어 1일 실동 8시간도 연간표준 가동시간 2,000시간과 대등한 계산이므로 시간당 처리능력도 대등한 계산이 될 수도 있다고 판단되기 때문임. 상각비 등 손료의 계상도 사용시간 기준인 점에서 비록 고정 설치되어 있기는 하나, 공용시간이 고려된 손료의 산정을 우리 품셈에서 규정하고 있지 아니한 점에 유의하여 실동시간을 계상하시기 바랍니다.

<철골 가공조립에 대하여>

질문 8 건설표준품셈 철골가공조립 17-11-1 기본 철골공수 500ton 기준시 ton 당 7.46인으로 되어 있는 바, 이 공수는 전 용접부재(Built up) 제작기준으로 한 공수로서 H형강 부재(Rolled shape) 제작의 경우는 기본철골공수×0.71로 산정하는데, 동일 ton수의 Pipe(강관) 기성품 제작시는 어떤 부재로 적용하는가에 대하여 알고자 합니다.

해설 건설표준품셈 건축 7-1 철골 가공 조립, 기본 철골 공수는 강재총사용량(t) 60 미만, 60 이상, 100 이상, 300 이상, 1,000 이상, 2,000 이상으로 구분, 기본철골공수는 인·일/ton 이며, H형강부재 제작의 경우는 기본철골공수×0.71 로 산정하게 하고 노무 및 제경비 산정은 《주》에 규정하고 있으나, 강관(파이프)구조 제작시의 난이도에는 그 대상이 따로 없으며, 용접품은 별도 계상 하도록 하고 있을 뿐, 달리 적용할 기준이 없는 실정입니다. 따라서 한국건설기술연구원 등 관련단체에 귀의를 전달하여 보완되게 해야 한다고 생각합니다.

<건축품셈 철골공사에 관한>

질문 9 건설표준품셈 건축 제7장 철골공사 7-1-1 기본 철골공수 중 비고란의 전 용접부재(Built up) 제작을 기준으로 한 공수로써 H형강부재(Rolled shape) 제작의 경우는 기본 철골공수×0.71로 산정한다. 에서 H형강부재 제작의 경우의 해석에 있어,
  1) 전 용접부재로 H형강부재를 제작하는 경우인지?
  2) H형강부재를 이용한 어떤 목적물을 제작하는 경우인지요?

해설 건설표준품셈 건축 7-1 철골 가공 조립 7-1-1 기본 철골 공수는 전용접부재 제작을 기준한 것으로 H형강을 예로 설명하면, H형

강을 필요한 규격으로 강판을 절단 제작하여 사용하는 경우의 소요품이며, H형강부재 제작의 경우는 공장 기성제품 H형강을 사용하는 경우로 기성 제품을 사용하기에 기준 품의 71% 만 적용, 산정하라는 뜻입니다.

질문 10 철골 Truss를 bending하도록 되어 있으나, 내역서상에 벤딩비가 누락되어 있어 설계변경을 요청하였으나, 부재곡선이 완만하므로 공사비 절감을 위하여 절단가공으로 시공하도록 요구하고 있는 바, 절단가공품이 표준품셈에 없으므로 일반 철골가공조립품 건축공사 표준품셈을 적용하고자 하는데(폐사의 의견은 만일 절단가공조립품이 없다면 특수가공조립품으로 적용하여 견적처리를 하여야 된다고 생각함) 어떠한 품셈을 적용하여야 하는지 고견을 듣고 싶습니다.

해 설 건설공사표준품셈 (건축) 7-1 철골가공조립, 7-2 철골세우기, 7-3-1 데크플레이트 절단, 7-6 경량형강 철골조 조립설치 등 관련 품을 준용하되, 방안을 갑과 을이 상호 검토·협의하도록 함이 바람직하다고 생각합니다.

질문 11 건설표준품셈 제17장 17-9 철강 및 철골공사의 강형도장품을 적용하여 공사를 시행하고 있습니다. 17-9 강형도장의 2.항 발판 재료 및 인공에 대한 품 적용시, 그 면적을 도장 전체 면적으로 적용하는지 아니면 발판 가설면적을 산출하여 적용하여야 하는지에 관해 질의합니다.

(해설) 구 건설표준품셈 제17장 철강 및 철골공사 17-9 강형도장 2. 발판재료 m²당 품은 철강교의 강형도장을 위한 가설 발판의 면적당(m²당) 재료 및 품으로서, 그 소요면적의 산정은 도장작업을 하기 위해 필요로 하는 (작업여유 면적을 포함한 것) 적정면적을 계상하되, 강교 등에서 이동하면서 작업하게 되는 경우에는 도장작업의 소요 바닥면적을 고려해야 한다고 생각합니다.

질문 12 <어업용 인공어초인 수산구조물의
             설계시공 기준에 대하여>

(해설) 인공어초의 설치공사는 일반 건설공사와는 그 성격이 다른 해양·수산 구조물이므로 시공공법 또한 별도 연구되어야 한다고 생각합니다.

  구 건설표준품셈 제17장 17-11 철골 가공 조립공의 품은 현행 건축품셈 7-1 품으로서 건축공사 품셈이므로 철골을 주재료로 시공하더라도 인공어초의 철골재 공사와 건축공사의 소요공량은 직접 관련되는 품이라고 할 수 없다고 생각합니다. 따라서 인공어초 관련 품은 국토교통부 또는 해양수산부에서 해양 관련 품을 별도로 제정하거나 권위 있는 기관의 연구결과를 참고해야 한다고 생각합니다.

제 2 절 철골교 가공

질문 1 철근 가스 압접 내역에 가공조립비가 포함되어 있는지, 별도의 것인지 알고 싶습니다. (일위대가도 가공조립에 비해 많이 높고, 압접시공 완료 상태로 가공조립이 끝난 상태가 되는 것으로 볼 수 있기에 가공조립이 포함되어야 하는 것이 아닌가 싶습니다)

해설 철근을 가스압접 할 때에는 설계 및 시방서에 명기된 특수구조물에 대하여 적용하는 것으로서, 철근의 절단, 연마, 용접(압접)을 행하는 기둥 및 보 부분 1개소 당 품이므로 이 품에는 철근을 절단하여 가공한 뒤 조립하는 등의 품과 유사한 공정이 포함되어 있는 것으로 보아야 합니다.

따라서 철근 가스압접을 시공하는 보, 기둥 등 특수구조물의 개소당 철근 가공은 압접을 시공하지 아니하는 개소에 대한 철근가공·조립 ton 당 품과는 구분되어야 한다고 사료됨.

질문 2 1. 건설현장에서 쓰여지고 있는 스테인리스 제품의 제작 및 설치(난간 등)에 관한 적용품이 없어 현장에서 견적서를 징구하여 시공하고 있습니다. 경량철골재의 적용범위("예"-Angle 75×75×6T 의 포함 여부)와 철물제작설치와의 구분 예 G-Plate도 포함되는지?

2. 지붕에 설치하는 원형 Ventilator의 설치품 적용 관계를 답변바랍니다.

제 2 절 철골교 가공

해설 건설현장에서 쓰여지고 있는 스테인리스제품의 제작 설치품은 표준품셈에 따로 규정된 것이 없습니다.

철골가공 조립 후 철골세우기 품의 적용범위는 철골구조물의 종류 또는 1일 처리능력, 공정 등에 따라 적용범위를 달리할 것이므로 일률적으로 정할 수는 없는 것이며, 철골세우기 품은 철골조의 축조(軸組) 세우기 품임을 이해하십시오.

지붕에 설치하는 원형환기기 설치품은 기계설비 품셈 제 2 장 공기조화 설비공사 품에서 유사한 품을 찾도록 하시기 바랍니다.

질문 3 철골가공 조립의 품 적용에 있어 본 품의 증가율에 따른 철골공의 계산은 다음 식에 의한다. 라고 규정되어 있는 바, 다음 식에 의하면 철골 가공조립의 공임이 너무나 과중하다고 사료됩니다. 어떠한지요?

(식) $N = (1 + \alpha + \beta + \gamma + \delta) \times No$

(조건) ① 강재중량 100 ton ~ 300 ton 일 때는 품 15 % 증
② 리벳 볼트 350개 ~ 400개일 때는 품을 20 % 증
③ 구조가 단순하고 종류가 적을 때는 품을 20 % 감
④ 경량 철골조 일 때는 품을 40 ~ 70 % 증

(계산) ① $(1 + 1.88 + 2.51 - 2.51 + 6.91) \times 12.57 = 123.06$ 인
② $(1 + 1.88 + 2.51 - 2.51 + 6.91) + 12.57 = 22.36$ 인

해설 상기 계산방법은 모두가 맞지 않습니다. $N = (1 + \alpha + \beta + \gamma + \delta) \times No = (1 + 0.15 + 0.2 - 0.2 + 0.55) \times 12.57$(현장가공) $= 21.369 ≒ 21.4$ 인이 되는 것입니다. <과거의 계산 요령입니다.>

즉, 할증·감의 율을 가감(加·減)하는 것입니다.

| 질문 4 | <전기 아크용접 품의 환산>

| 해 설 | 현행 건설표준품셈 15-1-3 용접에 Fillet 용접 시 용접공수 산출은 다음과 같다.

　　용접공 = 기본용접공수 × 강재총사용량에 의한 보정계수
　　　　(보정계수 표에 따른)
　　기본용접공수는, 환산길이에 따른 용접공수 (인·일/t)
　　환산용접길이는, 용접길이 × 환산계수(판 두께에 따른 환산계수표)
　　기본용접공수는 Roll이 아닌 Built up 제작을 기준으로 한 용접공수로서 H형강부재(Rolled shape) 제작의 경우는 기본용접공수 × 0.73으로 산정한다.

<타워 크레인의 작업시간>

| 질문 5 | 타워 크레인으로 철골세우기 작업을 함에 있어 품셈에 작업능률은 일당으로 되어 있는데, 그 일당의 시간이 6시간인지 8시간인지? 6시간인 때는 6×20~25일로서 월 120~150시간의 가동으로 연 12월로 보면 1,440시간~1,800시간/년 이라고 사료됩니다. 귀견은?

| 해 설 | 우리 품셈에는 타워 크레인의 연간 표준가동시간이 2,000시간으로 되어 있습니다. 이를 억지로 풀어보면 8×25×10월 = 2,000시간이나 공사 성질로 보아, 타워 크레인의 철골세우기 작업은 위험작업으로 보아야 하므로 6.5×20×12 = 1,560시간/년 상당이 최대치가 되는 것이 아닌가 합니다. 앞으로 타워 크레인의 일당 작업시간이 품셈에서 재조정되어야 할 것으로 생각됩니다.

제 2 절 철골교 가공

<철골공사의 바탕처리>

질문 6 건설표준품셈 제15장 철강 및 철골공사 15-3 보수도장 바탕처리, C급 : 재래도장이 부출되어 있는 녹을 제거하고 기타는 와이어 브러쉬로 청소할 정도에서,

1. 녹이 발생한 부분만 내역 수량에 포함시켜야 되는지?
2. 아니면 녹이 발생하지 않은 부분도 포함을 시켜야 되는지?
3. 만약 녹이 발생하지 않은 부분을 내역서에 포함하지 않는다면 별도 바탕처리 품을 만들어서 먼지제거, 이물질 제거 등을 포함시켜야 되는지?

해 설 귀 질의는 강교의 보수도장 전에 도장면의 바탕처리를 기준한 것으로, 바탕처리구분 C급 도장공 0.09인/m^2, 보통인부 0.04인/m^2 당의 품은 재래도장의 부출되어 있는 부분의 녹을 제거하고, 기타는 와이어 브러시로 청소할 정도의 바탕처리를 할 면적에 해당된다고 생각합니다.

<바탕처리에 관한 질의>

질문 7 구 품셈 17-3-1 바탕처리 A, B, C급으로 나누어 각각 도장공 0.5인, 0.3인, 0.2인/m^2 당으로 C급일 경우 1일 작업량 5 m^2 정도는 현실적으로 너무 작업량이 작은 것 같습니다. 1일 작업량을 얼마로 봐야 되는지에 대해 구체적인 설명을 부탁드립니다.

해 설 귀 질의에 대해 건설표준품셈 제15장 철강 및 철골공사 15-3 보수도장 바탕처리 품이 다음과 같이 개정(2018년)되었습니다.

구 분	규 격	단위	수량 A급	B급	C급
도 장 공		인	0.23	0.14	0.09
보 통 인 부		〃	0.10	0.06	0.04
트럭탑재형크레인	5 ton	hr	0.30	0.18	0.12

표준 품셈을 적용함에 있어 명시되지 않은 품이거나, 일반 보편적이 아닌 특수한 경우이거나, 품(시공량/일)이 기준과의 많은 차이 등이 있을 때에는 공사규모, 공사기간 및 현장 여건 등을 감안, 가장 합리적인 공법을 적의 결정, 적용할 수 있음을 이해하시기 바랍니다.

제 18 장 개 간

제 1 절 개간 공사

질문 1 ① 야계(野溪) 사방사업장은 산간 오지에 위치하고 교통불편, 인력동원이 어렵고 진입시간의 상당소요, 작업장소 산재, 작업장 간의 인부이동, 작업장의 경사(20°~45°)비탈면 등으로 작업능률이 현저히 저하되는 바, 표준품셈의 지세구분 내역에 따른 할증률을 계상할 수 있는지의 여부, 인력 운반품에 있어, 고갯길의 평지환산 운반로의 상태 등을 감안하여 품을 계상하고 있는 바, 여기에는 상당한 품 할증이 고려된 품으로 사료되는데 또다시 지세구분에 따른 할증품을 가산할 수 있는지의 여부.

② 사방사업에 식재되는 묘목 규격이 수고 15 cm~35 cm, 근원경 4 cm~5 cm, 뿌리길이 15 cm~18 cm 인 바, 여기에 표준품셈의 조경공사의 품(나무높이 0.9 m 이하)이 적용되는지의 여부

해설 ① 에 있어서는 관련부처 사방사업 지침에 저촉되지 아니하는 품셈의 지세별 할증은 적용되어야 할 것이며, 현지 실정에 따라 누가 평균치를 구하여(작업량대 할증) 계상하시기 바라며, 운반에 있어서의 고갯길은 작업인부의 작업 난이도에 따른 계산 기준으로서 평탄지를 0으로 한 것이고, 지세별 구분은 별개의 것이나 그 품의 적용은 현지 실정에 따라 가름되어야 합니다.

②에 대하여는 사방사업의 단가는 조경과 사방 야계공사가 각기 다르며 산림청의 기준이 따로 마련된 것으로 알고 있습니다. 그 기준과 비교하여 적정 산정하시기 바랍니다.

질문 2 건설표준품셈 개간 편에 있는 돌자갈 치우기에서 운반품이 포함되어 있는지요?
만약 소운반을 한다면 품셈에 992m² 당 인데 소운반은 m³ 로 되어지므로 이것을 어떻게 조정합니까?

해설 건설표준품셈 18-4 막갈이 깊이에 따른 개답 또는 개전 992m² 당 토량(m³)을 산출하고 18-6 돌자갈 치우기의 함유물량별 인원을 적용하면 됩니다. 소운반품의 포함 여부는 개간 및 경지정리에서 모두 소운반 제외, 즉 별도 계상케 되어 있으므로 1인 1회 운반량 50kg 기준으로 운반공식을 적용하면 됩니다.

<벌개제근 나무베기 품에 대하여>

질문 3 쓰레기 매립장의 설계를 하는데 산에 새로 도로를 신설하려고 합니다. 나무를 벌목하고 뿌리 뽑기로 품셈적용을 하려는데 나무베기는 적용기준이 없어 설계가 늦어지고 있습니다.
입목 본수도는 어떻게 계산하는 것이고, 기계톱 경비 등은 어떻게 계산해야 하는지 확실한 답변을 바랍니다.

해설 입목본수의 계산은 건설표준품셈 18-3에 따라 지름별로 실지입목수를 세어 가중 평균하여 구하면 됩니다. 예시하면, 수경 10cm 이하가 10% 미만인 때의 잡목 뿌리뽑기에는 992m² 당 0.8인을 계

제1절 개간공사

상하고, 즉 침엽수만인 때는 0.39인, 활엽수만일 때는 0.78인을 계상하고 침엽수가 50%, 활엽수 50%인때는 $(0.39인 \times \frac{1}{2}) + (0.78인 \times \frac{1}{2})$ = 0.585인을 계상함.

질문 4 하천 기본계획에 의거 확장개수공사시 과수나무(사과나무, 대추나무, 자두나무, 두충나무, 포플러나무, 배나무) 등 벌개제근 작업시 기존 도로확장포장 공사시 적용되는 산림지역의 경우는 (잡목)입목본수도 50~60%, 수경 10~20cm)로 m^2당으로 적용하며 가로수 제근의 경우 수경 20~30cm로 본수로 적용하고 있음. 이 경우 과수나무제거시 m^2당 으로 적용하는지, 본수로 적용하는지 여부?

해설 하천기본계획에 의거 확장공사를 위한 지장목인 과수원의 과수제거 작업은 건설표준품셈 제18장 개간 18-2 뿌리뽑기와 입목본수도표 등 산지개간의 성질과 다르고, 매목에 지주가 있거나 지중에 스프링 쿨러배관이 있는 등의 특징이 있을 뿐 아니라 보상을 위한 조사에서도 수종, 수령, 수고 등 매목조사가 되어 있을 것 등으로 미루어 매본당 굴취, 처리, 반출 폐기비를 계상하는 것이 타당하다고 사료됨.

제 2 절 경지정리 입목

<경지정리 땅고르기>

질문 1 구 건설표준품셈 18-9 경지정리 1. 땅고르기에 있어 현 지형이 습지일 경우, 굴착 : 0.05(인) + 50% = 0.075(인), 운반 : 리어카운반에서 평균 왕복 운반속도는 V = 2,000 m/hr를 적용하여도 무방한지의 여부.

해설 구 건설표준품셈 18-9 경지정리 1. 땅고르기《주》①에 의하면 본 품은 연토를 기준으로 한 것임을 분명히 하고, 토질에 따라 증감할 수 있다는 부분에 대하여는 실정에 맞게 적용할 수 있으되, 귀 문만으로는 그 상황판단이 어렵습니다.

질문 2 풀 뿌리가 질긴 수로(水路)의 준설 절취품은?

해설 풀뿌리가 질긴 수로의 준설 절취 품은 명시된 바 없으나, 제3장 3-10-2 개간 뿌리 뽑기 항목 중에서 유사한 것을 골라 실정에 맞도록 조정 적용할 수밖에 없을 것임.

질문 3 수로의 콘크리트 비탈길이(法長) 시공시, 콘크리트의 신축이음을 판재로 끼울 경우, 판재를 제외한 기타 재료(말목 및 목재) 및 품(제작 및 설치)은?

제 2 절 경지정리 입목

해 설) 신축이음을 판재로 계상하거나 아스팔트 펠트로 하는 것이 대부분이고, 말목을 깎아서 끼우는 것은 표준적인 공법이 아니므로 이를 품셈에 정할 필요는 없다고 봅니다.

질문 4) 수로의 콘크리트 비탈면 공사 등에 있어 콘크리트에 철근 대신, 와이어 메시를 넣을 경우의 품은?

해 설) 품셈 이불형의 조립, 설치 중에 높이 32cm 0.02인 중 조립을 공제하면 0.01인/m^2, 각종 금속망 붙인 메탈라스 0.22인 중 벽체 붙임이 아니므로 이를 0.01인/m^2 정도로 계상해도 무방하다고 봅니다.

질문 5) 경지정리 공사에 있어 1. 순성토(용배수로용) 다지기 : 용배수로의 농로 노선에 불도저 다지기 3회와 고르기가 설계되었으나, 고르기만 계상하고 다지기가 삭제됨(실 현장 작업시는 시행함)

2. 잔토처리 : 배수로 굴착(흙깎기) 후, 유용 처리하여 잔토가 발생된 바(설계는 불도저 운반으로 되었으나 삭제함),

  [예 : 배수간선부 폭 26 m ~ 28 m, 전고 H = 3.0 m 에서 불도저 흙깎기 L = 20 m 와 잔토처리 불도저 운반 L = 25 m로 설계되었으나 잔토처리를 무대(無代)처리 하였음]

3. 배수로 흙깎기 : 불도저 작업 및 백호로서 설계시, 자갈섞인 토사인데 실시공시 호박돌 섞인 토사가 노출된 바 E, f, k 값을 조정할 수 있는지 여부와 자갈섞인 토사와 호박돌섞인 토사의 한계 정의는?

해설 질의 1에 대하여, 용배수로의 순성토를 불도저 다짐 3회와 고르기로 설계된 것을 고르기만 계상하고, 불도저 다짐을 삭제하였으나 실제는 다짐시공을 시행하였다. 라는 점에 대하여는 고르기만으로 끝내고, 성토의 다짐이 불필요한 까닭에서인지 귀문만으로는 판단할 수 없고, 또 다짐을 실제로 시공하였다면, 설계변경의 문제가 제기되어야 할 것입니다. 이때의 "f" 값에 대하여서도 다짐에 따라서 $\frac{1}{L}$ 또는 $\frac{C}{L}$ 등이 검토될 수 있을 것임.

질의 2에 대하여, 배수로의 흙깎기 유용에 대하여, 불도저 작업거리 20m, 운반거리 25m로 설계한 것을 무대(無代)처리로 계상하였다. 라고 하며, 배수로의 폭이 26~28m, 직고 H = 3.0m 라고 하면, 굴착이 한쪽 방향이냐, 아니냐에 따라서 작업거리도 달라지는 것이므로 귀문만으로는 확답할 수 없고, 한쪽 방향이라면 작업거리에 대한 유토 곡선에 따라 변경 적용되어야 할 것으로 사료됨.

질의 3에 대하여, 당초 설계는 자갈섞인 토사인데, 시공 중 호박돌 섞인 토사로 판명되었다. 라고 하면, 그 수량과 당초 설계수량과의 차(差)를 쌍방이 확인하여 토질을 변경 확인된 것대로 E, f, k의 값이 변경될 수 있으나, 그 판단은 객관 타당성이 입증되어야 합니다. 자갈과 호박돌의 한계는 품셈 제1장 1-34 토질 및 암의 분류《주》에 명시되어 있으니 참고하십시오.

질문 6 하천 제방의 제초(除草) 작업에 대한 품이 없어 곤란합니다.

해설 제초작업은 인력작업, 기계작업, 약제 살포 등의 방법이 있으며, 인력작업은 보통 1일 270m^2 기준으로 풀길이, 밀도, 종류 등에 따라 100m^2 당 0.5~1인(보통인부)을 적용합니다. 기계작업은 0.3~

0.6인(보통인부)/100㎡ 당으로 하며, 문헌에 의하면 견착식은 1일 1,000㎡/일, 운전식 4,000㎡/일(날 길이 90㎝) 등으로 알려져 있으나 구체적인 것은 관련 문헌을 참고 하십시오.

증보 개정판

건설 표준 품셈 B5·약 1,270面·양장

〔토목·건축·기계설비 완간 + 전기(발췌) + 정보통신(발췌)〕

1972년부터 최신까지 전통과 권위를 자랑하는 결정판

이 분야의 권위 全仁植교수 책임 편저

전국 유명 서점에서 구독할 수 있음.　　　값 57,000 원

제 19 장 관 접합 및 부설

제 1 절 관공사 시공

<배관재료별 품의 연구제정>

질문 1   배관공사에 사용하는 관의 재질이 매우 다양해지고 있습니다. 또, 이미 생산되고 있는 재료에 부합되는 품셈이 없어 실용이 곤란한 실정이오니 조속히 연구제정하여 배관설계에 도움이 되도록 해주시기 바랍니다.
(예)
- 플랜지 조인트 75mm 이하의 품
  →강관, P.V.C, 폴리에틸렌 라이닝강관
- 나사 접합 60mm 이상의 품
  →강관, P.V.C, 폴리에틸렌 분체 라이닝강관
- 전기용접 75mm 이하의 품 등

해설   품셈의 제정은 현장실사(5~10회) 등 연구 비용이 많이 소요되므로 생산자가 자재만을 생산할 것이 아니라, 시공품에 대해서도 연구용역 등 방법으로 품을 제정하여 시공 설계할 수 있게 해야 할 것으로 생각합니다.

 이에 현행 2018년에 개정된 제16장 관부설 및 접합 품에 관 종류 및 시공유형별 부설 기준을 제시하고 있으며, 관의 재질과 접합방식이 유사한 관에는 본 품을 준용할 수 있도록 하였으며, 귀 질의 예시

품들은 대부분 표준품에 규정되어 있으며 새로운 기자재 개발 시 사용자가 자유로이 설계 시공할 수 있도록 시방과 품셈도 함께 제정하는 방향으로 되고 있음을 이해하시기 바랍니다.

질문 2 PVC 파이프를 배관할 때, 절단 등의 손실에 있게 되는데 그 할증률은 얼마로 계상할 수 있나요.

해설 우리나라 PVC관 접합(슬리브, T.S, 고무링)의 품은 구경별(개소당)로 품이 구성되어 있어 할증이 따로 규정된 것은 없으나, 강관 5%, 스테인리스 강관 등 10%, 전선배관 등 10%가 있음을 고려(외국의 예: 경질염화비닐 수도관 10%, 배수·통기관 10% 등임)하여 설계할 수도 있으나, 6m 상당의 장척물의 접합부설인 때와 기계실 등의 절단 가공 개소가 많은 경우는 구분되어야 한다고 사료되며, 그 산정 근거의 명시가 필요할 것입니다. 대체로 3% 내외로 보아도 좋을 것 같습니다.

<접합의 정의에 대하여>

질문 3 나사접합 및 맞이음 접합을 함에 있어 파이프 2개를 하나로 접합하게 되므로, 개소당의 품은 2개소 접합으로 보아야 하는 것이 아닌가요.

해설 관의 접합이란 2개를 1개로 접하는 것이고, 개소란 접합개소를 뜻하므로 1개소로 보아야 합니다.

제 1 절 관공사 시공

질문 4 PVC 관 φ100～300mm 를 시공해야 하나 품셈에는 50mm 이하 150mm 까지로 25mm 간격의 품이 있을 뿐입니다. 150mm 이상에 적용할 품셈은?

해설 현행 품셈에는 품셈 적용의 명시가 되어 있지 아니하므로 관경에 따른 품의 증가비율을 고려하여 비례 가산할 도리 외에는 다른 방도가 없으며, 관련 문헌이나 제조회사의 설계기준 등을 참고하여 비교 설계하심도 좋을 것입니다.

<지하 깊은 곳에 설치할 제수변>

질문 5 전동 제수변(D=1,200mm) 을 지하 6.7m 깊이의 여과지내 협소한 장소에 설치한 다음 충수(充水)하고 밸브의 조작은 지상에서 실시하게 되는 데 250mm 파이프 속에 165kg 상당의 스핀돌이 내장되어 있는 특수공사입니다. 이를 계상할 근거는?

해설 제수변의 설치품은 밸브 설치 품에 의할 수 있으나, 지하 6m 이상의 협소한 장소에서의 작업이라면 지하작업 4m 이하에 적용되는 할증 10% 를 가산할 수 있고, 또 협소한 장소에서 작업조로 편성되어 작업이 될 때에는 기술원 또는 감독 1인을 따로 계상할 수 있으며, 어두워서 조명하의 작업이 되어야 할 때에는 능률저하 20% 를 계상할 수 있으며, 중량이 모두 100kg/개당 이상인 때에는 체인 블록, 또는 트럭크레인 등을 별도 계상하여야 하고, 플랜지 접합의 경우에는 볼트 너트의 개수에 따라 증감 적용할 수 있습니다.

질문 6 저희 농지개량 조합에서는 용수로와 배수로의 공작물을 완제품으로 설계하고 있는데 용(배)수로 설계시, 벤치 플룸이나 수로관 규격(600×600, 600×500)별 품이 없어 H회사가 제시한 다음과 같은 수로이음 재료 및 품셈 표에 따라 설계하고 있는 실정입니다.

호 칭	안목치수 a×h cm	이 음 모르타르 (m³)	받침대를 사용하지 않을 경우 이음거치		받침대를 사용할 경우 이음거치	
			줄눈공	거치공	줄눈공	거치공
300 A	30×20	0.000313	0.08인	0.19인	0.11인	0.22인
300 B	30×25	0.000426	0.11인	0.25인	0.14인	0.28인
300 C	30×30	0.000596	0.13인	0.31인	0.17인	0.33인
400 A	40×30	0.000667	0.15인	0.34인	0.19인	0.37인
⋮	⋮	⋮	⋮	⋮	⋮	⋮
1,500	150×100	0.00509	1.19인	2.7인	1.46인	2.81인

1. 모르타르의 배합은 1:1 이다.
2. 이음모르타르의 양은 손율 30%를 가산한다. 라고 되어 있으나, 그 내용을 알 수 없음에도 설계하는 도리밖에 없습니다.

해설 귀 질의와 같은 용배수로에 대한 품셈은 제정되어 있지 아니하여 동 물품의 제조회사가 제시한 품을 활용할 수도 있을 것입니다. 그러나 위에 제시하신 H회사의 수로이음 재료 및 품셈표는

첫째, 그 단위가 개 당 인지, m 당 인지 구분되어 있지 아니하고

둘째, 이음 모르타르의 수량 산정에 있어서도 어떻게 접합모르타르를 바르는 것인지

셋째, 모르타르 바름을 줄눈공으로 처리한 것으로 미루어 이음매 충진으로 끝내는 것 같은데, 그 홈의 깊이, 줄눈 폭의 규격 등을 알수 없고,

넷째, 거치공이 보통인부 인지, 특별인부 인지, 비계공의 투입이 되어야 하는지도 알 수 없으며(거치공은 공공노임 직종에 없음)

다섯째, 받침대를 사용치 아니할 때의 품이 적고, 받침대를 사용할 경우에 품이 더 많은 것은 설치 높이를 뜻하는 것 같은데 그 높이의 제한 표시도 없고,

여섯째, 모르타르에 손율 30%가 가산되어 있다는 것은 손율이 아니라 손실량으로 보아야 하겠는데 그 근거가 불분명하고,

일곱째, 모르타르의 비빔품 등 여러 가지 의문이 있는 품으로서 이를 그대로 적용하기는 곤란하다고 생각되오니, 실제 시공실적을 구하여 귀 조합에서 적용하는 품을 제정 사용하거나 연구기관에 의뢰하여 적정한 품을 구하여 실용케 하심이 가할 것으로 생각됩니다.

또한, 2018 개정 품 6-7-1 U형 플륨을 참고하시기 바랍니다.

질문 7 상수도 여과사 보충공사에 있어 여과사를 자동차로 1차 운반하고 다시 화차로, 다시 자동차로 운반하여 여과지에 넣는 공사임. 여과사의 할증률은 6%를 적용 하였는 바, 타당한지의 여부.
※ 노상 및 기층재료 할증률은 모래의 경우 6%인 바, 그 기준은 어디에 있는지?

해설 모래 할증률 : 표준품셈에 표시된 할증률은 최대치를 나타낸 것이므로 현장 실정에 적합한 율을 적용하여야 할 것임(실제 운반한 결과치에 따라 조정). 재료를 운반할 때, 발생하는 손실이 있을 것으로 추정되나 할증을 가산할 근거는 따로 없으며, 품셈 1-9 재료의 할증률 2. 노상 및 노반재료에는 6% 가산되므로 여과사인 점에서 그 보다는 많아야 할 것인 바, 이는 과다 설계라고 할 수는 없습니다.

제19장 관 접합 및 부설

질문 8 흄관의 자동차 적상·하 시간은?

해설 흄관의 규격에 따라 다르고 인력 또는 중기 작업인가의 구분에 따라 다르며, 개별 처리되어야 한다고 생각합니다.

질문 9 납 조인트관을 철거하고 메커니컬 칼라식 주철관으로 교체 공사를 함에 있어, 철거관의 품이 없어 한국주철관(주) 발행 주철관 포켓북에 의하면 4가지 재료와 3종의 인부가 소요되는 것으로 되어 있는데 이에 따라도 무방한지요?

해설 납 조인트관의 납 용해 등에 관한 품은 우리 품셈에 따로 명시 규정 되어 있지 아니하므로, 코크스, 목탄, 프로판가스 등으로 용해 하여야 할 것이나, 그 품은 실상에 따라 계상되어야 합니다. 한국주철관(주)의 포켓북은 그 내용을 알 수 없어 귀문 만으로는 회답할 수 없습니다.

질문 10 배관공사의 표준품셈 적용은 공사의 종류에 따라 설계자가 적의 선정 산출하고 있는 바, 건설표준품셈 제16장 각종 관 접합 부설, 기계설비 표준품셈의 냉난방 위생 설비공사의 배관공사, 플랜트 배관공사 등 다양한 자료가 있어, 설계자가 공사의 형식 및 종류에 대한 이해의 정도와 해설에 따라, 공사비 산출이 다른바, 공사의 종류는 다르더라도 사용압력이 같고 작업형식이 비슷할 경우, 공사비 산출에 대한 견해는?

제 1 절 관공사 시공

해설 배관공사에 대한 품셈은 도관(導管)을 주로 하는 상·하수도 공사의 경우가 건설표준품셈 제16장에 수록되어 있고, 냉난방 등의 시설에 관한 것은 기계설비 품셈 Ⅱ편 제2장에, 플랜트부분은 제Ⅲ편에 규정되어 있는 바, 배관의 용도를 기준으로 품을 적용하되, 합리적이고 경제적인 적산이 되도록 해야 함이 품셈의 일반방침 임을 유념하시기 바랍니다.

질문 11 상수도 취수장, 정수장 및 농업용 양·배수장의 배관공사 설계에 있어, 파이프 종류에 따라 일반관의 플랜지 용접 배관을 할 경우, 지방 자치단체, 정부투자기관, 공공기관, 용역회사 등 설계자의 직능에 따라 배관공사 산출방식이 토목계통의 설계자는 건설표준품셈 제16장 각종 관 접합 및 부설의 플랜지 조인트 관 접합부설을 적용하고, 기계계통의 설계자는 기계설비 표준품셈 제Ⅲ편 플랜트 배관공사의 플랜트 배관 또는 대구경 배관을 적용 산출하고 있는 바 이에 대한 의견은?

해설 상수도의 취수장 및 정수장과 농업용 양·배수장의 배관은 비슷한 공정과 성질의 것으로 플랜트배관의 범주에 속하는 것은 아니라고 보아야 하는 바, 건설품셈 기준으로 설계하심이 가할 것으로 사료됩니다. 이는 공사비의 다과와 관계없이 공사의 성질에 따른 분류에 의한 것입니다.

질문 12 건설표준품셈 제19장 관 접합 및 부설 19-13-1 나선형관 소켓 접합의 《주》④ 약액 접합일 경우는 약액 및 접합품은 별도 계상한다. 고 되어 있습니다. 그런데 규격에 따라 약액의 필요한 양이 얼마인지, 또 접합품 계상의 적용이 곤란하며, 어떤 약액을 사용해야 하는지 궁금합니다.

해설 구 품셈 나선형 소켓 접합 및 부설에서 약액 및 접합품은 약액의 성질에 따라 다르므로 관의 생산자로 하여금 관별 소요량 및 접합 품에 대한 견적서를 징구하여 설계에 반영토록 하는 방법이 있습니다.

<철근 콘크리트관으로 수로관을>

질문 13 원심력 철근 콘크리트관 접합 및 부설에서 흄관 길이 2.5m를 옆 그림과 같이 배열하여 하천을 횡단할 경우에 부설 및 접합 품을 적용할 수 있는지, 아니면 부설 및 접합에서 접합품을 제외하고 부설품만 적용할 수 있는지, 부설과 접합품을 어떻게 분리 적용 해야 하는지요?

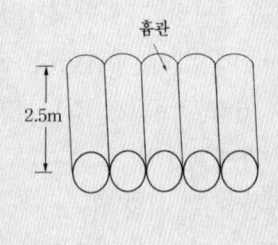

해설 귀문의 경우, 철근 콘크리트관을 접합 부설하는 것이 아니고, 수류(水流) 개소에 유수의 배출을 겸한 간이대체도로 등으로 이용하고자 하는 것과 같은 것으로, 이는 관접합 및 부설품의 적용대상이 되지 아니하는 것입니다. 따라서 관의 운반(소운반 포함)과 거치공의 품만을 계상하고(인력부설의 30~50% 정도?) 관과 관 사이의 콘크리트 채움 등을 할 때에는 실소요량을 구하여 (설계)계상하는 것으로 충분하다고 사료되오나 구체적인 내용이 부족하여 확답하지 아니함.

제 1 절 관공사 시공

질문 14 1. 토공에서 지하에 매설된 흄관(D-800) 등에 토사가 관경의 1/2 정도 차있을 때의 준설품을 협소한 장소 및 용수가 있는 터파기로 간주하여 품의 50% 할증을 보면 되는지요? 소운반하여 준설 잔토처리 품은?

2. Con'c 타설에서 콘크리트 타설량이 300~100 m³ 정도의 양이라면 시방배합으로 설계하여야 하는지, 또는 규정된 품으로 설계해야 하는지요?

3. 흄관부설 등의 품에서 흄관 부설량이 극소 수량이면(L = 12.5 m) 보통 기계부설로 시공하고 있지만 인력부설로 보아도 되는지요?

해설 1. 토공에서 지하 매설 흄관 내의 토사 준설은 하수관 준설 품에 따라 설계하시고,

2. 콘크리트의 타설량 다소가 문제가 되는 것이 아니며, 소요의 강도를 필요로 하는 콘크리트는 강도에 맞게 시험 배합하는 것이 좋을 것입니다.

3. 흄관 부설은 기계사용부설과 인력부설은 공사수량 대비 경제비교하여 결정하는 것이 좋으며, 기계시공의 경우, 기계의 반입비 등이 고려되어야 합니다.

<제수변 부설 및 접합에 대하여>

질문 15 다음 그림과 같은 제수변 부설 및 접합(품)의 적용 방법을 질의합니다.

A : 제수변 부설(19-18)
B : 플랜지 조인트관 접합 및 부설

a. 제수변 부설(19-18) + 2×플랜지 조인트관 접합 및 부설
   A + 2×B, B = 1 + 3

b. 제수변 부설(19-18)+2×플랜지 조인트관 접합 및 부설
A+2×B, B=1+3×1/2(단, 접합부설공의 1/2제외)

c. 제수변 부설(19-18)+2×플랜지 조인트관 접합 및 부설
A+2×B, B=1+2(단, 접합부설공 제외)

d. 제수변 부설(19-18)+2×플랜지 조인트관 접합 및 부설
A+2×B, B=1+3-(3-2)×1/2(단, 부설공의 1/2제외)
 * 부설공 = 접합 부설공-접합공

예) D = 1,000 mm   배 관 공 : 3.61-0.44 = 3.17인
   보통인부 : 8.52-0.44 = 8.08인

[해설] 제수밸브 부설 및 접합 16-3-1 은 밸브부설 품은 그 단위가 1기당으로 플랜지접합을 기준한 것이다. 밸브부설 및 플랜지접합이 포함된 것이며, 터파기, 되메우기, 잔토처리, 물푸기작업은 제외되고 제수변실 설치도 별도 계상하도록 되어있음을 이해하시기 바랍니다.

예시의 D = 1,000 mm(강관) 1기당, 배관공 : 1.44인
보통인부 : 0.85인, 크레인(15 ton) : 1.61시간 임

[질문 16] 품셈 19-14강관(ϕ500mm), 연장 3km를 부설(접합)하는 공사의 설계를 하고자 합니다. 건설(토목)품셈 19-14 강관 기계 부설 품에 의하면 6m 본당, 용접공 0.43인, 배관공 0.75인, 보통인부 0.51인 : 10ton 크레인 1.2hr로 규정되어 있는데 시공업체에서는 플랜트 배관에 준하는 공사이므로 기계품셈 Ⅲ편 1-1-12 장거리 배관공사의 품을 적용하지 아니했다는 주장 입니다. 자세한 교시 바랍니다.

[해설] 귀의와 같이 강관 기계부설 품은 다음과 같습니다.

기계 부설 및 접합 (16-2-2, 1, 2)

(본 당)

구 분 관경(mm)	용접공(별정) (인)	배관공(인)	보통인부(인)	크레인(hr)
φ 500	0.21 (A종)	0.53	0.14	0.96
600	0.29 (A종)	0.64	0.16	1.06
700	0.70	0.75	0.19	1.16

기계품셈 제 Ⅲ 편 1-1-7. 장거리 배관공사는 다음과 같이 규정하고 있습니다.

장거리 배관공사

(joint 당)

구 분 규격(mm)	개당 중량 (kg)	보통인부 (인)	플랜트 배관공 (인)	특별인부 (인)	플랜트 용접공 (인)	크레인 (시간)	비 고
φ 500	892	1.33	1.02	2.04	1.71	1.34	
550	982	1.40	1.08	2.16	1.83	1.42	
600	1,068	1.48	1.14	2.28	1.94	1.50	
650	1,152	1.56	1.20	2.40	2.05	1.58	

《주》 ① 본 품은 직관길이 12m를 기준한 것이며(수중, 터널 내 등) 이형관 및 곡관부설은 별도 계상할 수 있다. (② ~ ⑫ 항 생략)

플랜트 장거리배관 품 적용시 직관길이 12m 기준 1조인트 당 접합품으로 구성되어 있다고 하였으므로 3,000m ÷ 12 = 250 joint 인가 하는 생각을 할 수도 있으나 강관은 6m/개당 이므로 두개를 접합한 12m 조인트 당은 결국 499 조인트 499×6m+6m = 3,000m로 보아야 하므로 조인트는 모두 499개가 타당하다고 생각합니다.

위 건설품셈의 적용에 있어 토목공사의 경우와 플랜트 배관공사(장거리 배관공사)를 적용시켰을 때와는 큰 차이가 생기므로 이를 비교 검토하여 모순 되는 원인 분석과 용도별로 적정한 품셈을 적용함이 요망된다고 하겠습니다.

제19장 관 접합 및 부설

질문 17 건설품셈 관 접합 및 부설공중 강관, 메커니컬 조인트관 부설 및 접합품은 직관길이 6m/본을 기준한 것이며, 이형관 및 곡관의 부설은 별도 계상할 수 있다.라고 규정되어 있는 바, 발주처 측에서 이형관 및 곡관의 부설 품을 직관의 1/3로 계상하고 있습니다. 그러나 관을 접합할 때에는 직관과 동일한 품이 소요되며, 취급 품만은 무게 관계로 약간 적은 것뿐이므로 품의 1/3은 부당하다고 생각됩니다.

해설 구 건설품셈 19-7 메커니컬 조인트관 접합 및 부설에 있어 강관의 1본당 길이 6m를 기준으로 품셈이 규정되어 있으며, 동 관의 접합 및 부설품은 배관공, 보통인부로 구성되어 있고, 기계부설인 때에는 크레인이 조합되도록 규정되어 있습니다.

이 공량(품)에는 소운반이 포함된 품이고, 메커니컬 조인트관의 경우, 볼트·너트의 수가 개소 당 4개~24개까지로 규정되어 있습니다. 여기서 주의할 것은 볼트·너트의 수량에 따라 배관공을 비례 조정할 수 있다. 라고 규정하여 접합은 배관공이 시공하는 것임을 간접적으로 시사하고 있는 것입니다. 따라서 이형관과 곡관의 경우, 볼트·너트의 수량이 직관의 경우와 같은 때에는 접합품은 동일, 유사하다고 보아야 합니다.

다만, 이형관 및 곡관의 길이는 직관보다 작아서 취급무게는 적은 것이라고 보아야 하므로, 그 중량의 차 정도 이내의 품만이 조정대상이 될 것이라고 생각됩니다. (중량 비례는 아님 : 이유 기초적인 품은 똑같이 배분되기 때문임)

강관 용접의 개소 당 품도 유사하다고 사료됨. 따라서 공량의 1/3을 적용함은 잘못된 판단이라고 생각합니다.

그러나 현행 개정품셈(2018 개정) 16-2 공통배관공사에서 주철관 및 강관의 부설 및 접합품이 직관, 이형관 곡관 포함 품이므로 이를 적용함에는 논란의 어려운 점이 없으리라 생각합니다.

<대단위 공사의 관부설 50% 품에 대하여>

질문 18 빗물 우수관이 파형강관으로 설계되었으나, ○○ 감사에서 건설표준품셈 작업방해가 없는 대단위 단지 조성공사의 경우에는 본 품(장비＋인력)을 50％까지 감하여 적용할 수 있다. ＊참고 : 당 현장의 사업 면적이 492.701㎡ 이고, 관절단이 필요한 경우, 절단 비용을 별도 계산한다고 하는데, 이에 대한 품을 어떻게 적용할지를 알고 싶습니다.

해 설 대단위 단지 조성공사에서의 대단위에 관한 정의가 규정된 바는 없으나, 공사내용, 공사규모 등으로 미루어 택지조성, 단지조성, 토지지반정리 등 단순한 단지조성공사로서 규모가 큰 경우는 표준품인 장비＋인력의 50％ 만을 적용 한다는 것이고, 원심력 철근 콘크리트관을 절단하고자 할 때 절단 비용을 별도 계상할 수 있게 규정하고 있으며, 관 절단은 품셈 16-2-5 3. 원심력 철근콘크리트관 절단 (2018개정)에 준하여 별도 계상하도록 되어 있습니다.

<주철관과 PE관의 할증 기타에 대하여>

질문 19 택지조성공사를 도급받아 시공 중에 있는 현장으로서, 상수도공의 주요자재 주철관(Main Pipe)과 P.E.P 강관(폴리에틸렌 분체라이닝강관, 가정지선)이 당초 설계에는 자재 할증이 반영되지 않은 상태여서 금번 설계 변경시 자재할증을 반영코자 하는데, 표준품셈 상에 주철관(닥타일주철관) 및 P.E.P 강관 자재 할증률이 명시되지 않아 상수도 관로 공사시 주요자재(주철관, P.E.P 강관)에 대한 자재할증 적용 여부와 자재할증을 적용한다면 각각 얼마의 할증을 적용해야 하는지에 대해 질의합니다.

제19장 관 접합 및 부설

해설 건설표준품셈 1-9 재료의 할증률에 주철관이나 P.E.P 폴리에틸렌 분체라이닝강관의 할증률 및 종류가 명시된 바 없어 확답할 수 없으나, P.E.P 강관은 강관에 폴리에틸렌 분체를 라이닝한 관이므로 그 원체는 강관으로 보아야 하고, 주철관의 주재를 고려할 때에도 강관에 준하는 것으로 생각되지만 작업상 어느 정도의 절단 등 작업손실이 발생하는가 하는 점, 즉 할증해야 할 요인과 그 수량 등은 귀 문만으로 판단할 수 없는 바, 발주자, 감리자, 시공자가 합의하여 적정 조치하는 것이 바람직하다고 생각합니다.

질문 20 <관거 공사용 PVC(VGI) 관급 품의
관 접합 및 부설 품은 어느 품을 적용하는가>

해설 PVC(VG_1, VG_2) 등 PVC 관의 개량형으로 2018 개정 품셈 16-2-1 PVC 관 부설 및 접합 1. TS 접합, 2. 고무링접합《주》본 품은 PVC관(개량형 PVC 관 포함)접합을 기준한 것으로 관부설 및 접합을 포함하나, 터파기, 되메우기, 잔토처리, 물푸기 작업은 제외되며 접합재료(고무링 등)는 별도 계상한다. 이를 기준으로 설계, 시공하시기 바랍니다.

질문 21 당사는 상·하수도 설비 공사업 및 기계 설비공사 등 전문건설면허를 보유하고 있는 업체로서, 건설표준품셈 제19장에 게재된 관 갱생 공법 중 ϕ80 mm 이하의 배관(15 mm ~ 65 mm)에 적용되는 공량(인력 품) 및 에폭시도료 사용량에 대하여 문의 드리오니 회신 부탁드립니다.

해설 건설표준품셈 관 갱생공이 관세척(16-3-4) 및 관세관(16-3-5) 품으로 개정되어, 관 내부 코팅 등 라이닝 공정이 없으므로 기

계설비 1-4-6 관 갱생공을 적정하게 적용하시기 바랍니다.

이 품은 에어샌드공법을 기준, 관 규격(15 ~ 300 mm)에 대한, 관 내부 세척, 열풍건조, 관 내부 피복코팅 및 소운반을 포함한 m 당 품입니다.

<상수도 대구경관의 보수 품에 대하여>

질문 22 상수도관중 ∅800 mm 이상 2,100 mm 까지의 관에 대한 긴급복구 등의 보수 품에 대하여 알고자 합니다.

해설 구 건설표준품셈 제19장 상수도의 도수관을 긴급복구하기 위한 품이 건설품셈 참고품 1-10으로 대구경관(∅800 ~ 2,400 mm) 보수 품이 다음과 같이 참고품으로 제정되어 있으니 이를 참고하시기 바랍니다.

▶ 대구경 상수도관 보수

(개소당)

관 경	수 량			
	배관공 (인)	기계공 (인)	특별인부(인)	보통인부(인)
800 ~ 1,000 mm	0.67	0.49	0.49	0.31
1,100 ~ 1,650 mm	0.56	0.38	0.38	0.20
1,800 ~ 2,400 mm	0.67	0.49	0.49	0.31

《주》① 본 품은 건설교통부에서 신기술로 지정고시한 "대구경(∅800 mm 이상) 상수도 송·도수관 긴급복구공법"을 기준한 것이며, 이와 유사한 공법에도 본 품을 준용할 수 있다.
　　② 본 품은 관로길이 300 m 를 기준한 것이며, 100 m 추가시마다 본 품의 20 % 를 가산할 수 있다.

<이하 생략>

※ 주의 : 위 품에서 1,1000 ~ 1,650 mm 개소 당 품이 가장 적은 것은 관경별로 노무품의 균형이 잡히지 아니한 것으로 재검토가 요구됩니다.

제2절 관접합 및 부설관련

<조인트관 접합 및 부설>

질문 1 KP 메커니컬 조인트관 부설 및 접합시 2본을 연결할 때 한 번으로 접합(볼트·너트 : 4개)이 가능하므로 접합품을 건설표준품셈과 같이 접합개소를 1개소로 적용함이 타당하나 PE관 접합부설시는 2본을 양쪽에서 접합(볼트·너트 : 4개×2개소 = 8개)하여야 하므로 접합품을 품셈에 명시된 개소당 품을 2개소로 적용함이 타당한지 여부?

해설 건설표준품셈 16-2-1, 3. K.P 메커니컬 조인트관 접합 품은 수압을 받는 상수도관 기준으로 관의 중량 등을 고려한 접합개소 : 1본당을 기준으로 한 품이며, 16-2-4 P.E관 부설 및 접합 품도 개소당으로서 이때의 개소는 접합개소를 뜻하는 것으로 이해하여야 하나, 귀문의 경우와 같이 볼트수가 2배라고 해서 2개소로 볼 수는 없고 품 규정에 따라야 하지만, 실제 시공상 품의 소요 등에 대한 문제는 별도로 당국에 건의할 가치가 있다고 생각합니다.

질문 2 원심력 철근콘크리트관(흄관) 접합 및 부설의 품셈에 있어 인력 및 기계부설의 품 중 A는 소켓식, B는 칼라식 접합을 말한다. 라고 하여 A가 B보다 품이 많게 규정되어 있습니다.
  (예) ϕ500 mm 인력 A는 배관공 0.16인/m, 보통인부 0.9인/m 이고, B는 배관공 0.1인/m, 보통인부 0.88인/m 로 되어 있으나 소켓식보다 칼라식의 시공시간이 더 소요되는데 품셈은 그와 반대입니다.

[해설] 칼라식이 소켓식 보다 품이 더 소요되는 것으로서, 품셈의 해설이 뒤바뀐 것을 '97년에 개정하여 바로 잡았습니다.

현행 품셈은 소켓식 접합만을 기준으로 하고 있습니다.

<급수관 분기공 관련>

[질문 3] 상수도관(上水道管)의 교체 및 신설급수공사를 시행할 때 본관(本管)에서 급수관 분기(分岐)공사를 부단수 천공기(不斷水 穿孔機)로 시공하는데 있어 기계설비 품셈 냉난방 분기관 분기품에서 $\phi 25$ mm 개소당 배관공 1.053인, 보통인부 0.468인으로 계상토록 규정되어 있어 이 품을 상수도 공사에 적용할 경우, 이 품을 그대로 적용해야 하는지? 위 품을 그대로 적용할 때에는 품이 과다하다고 사료되는데 그 이유와 적절한 방법은 없는지요?

[해설] 냉난방공사의 분기관 품을 그대로 적용할 수는 없다고 사료됩니다.

이유 : 구 표준품셈 제19장 관접합 및 부설 19-9 나사 접합관 접합 및 부설의 개소당 품으로, $\phi 25$ mm 는 불건성 패킹제 1.98g과 배관공 0.08인, 특수인부 0.03인으로 규정되어 있고, 부단수 천공기에 의한 정(丁)자관 접합 및 부설품인 19-11에는 $\phi 75$ mm 의 경우도 배관공 0.5인, 보통인부 2인/개소당으로 규정되어 있습니다.

귀문의 경우는, 본관에서 $\phi 25$ mm 로 분수(分水)분기하는 것으로서 이는, 해석상 $\phi 50$ mm 이상은 분기(分岐)로, $\phi 50$ mm 이하는 분수(分水)라고 함이 상식인 바, T관 또는 Y관을 사용하여 분기할 것이란 점에 비추어 분기공 T관 분기 $\phi 20 \sim 25$ mm 에 의거, 배관공 0.520인/개소, 보통인부 0.234인/개소 당의 품도 있으므로 배관 밸브 콕류 설치 포함의 품이 배관공 0.154인, 보통인부 0.037인 등을 미루어 볼 때 분기관 분기 ∅25mm 개소 당 배관공 1.053인, 보통인부 0.468인의 적용은 과다한 품이라고 사료됩니다.

질문 4 건설품셈 강관부설 및 접합 16-2-2에서 2. 강관 접합 중 D=900mm 강관의 용접공은 개소 당 1.50인으로 되어 있으나 발전기 등 장비의 사용시간을 1.50×8hr = 15.6시간으로 계상할 수 있는가요?

해설 직관 길이 6m/본 당의 접합 개소 당 용접공의 품은 A종 1.50 인이나, 1일 계속 8시간 용접이 되는 것은 아니고, 용접기를 사용하는 시간과 준비 기타시간 등이 고려된 환산 품이라는 사실을 이해하시기 바라며 기계품셈의 관 용접품 등을 참고 하십시오.

<소켓, 티, 엘보 및 2방 또는 3방 밸브의 접합에 대하여>

질문 5 밸브설치에 있어 2Way 또는 3Way 밸브의 취부품이 없어 감압변장치 신설을 기준하고 있으나 65mm 이상에는 용접공량을 가산해도 되는지요?

해설 우리나라 품셈에는 2방 또는 3방 밸브의 설치품이 따로 없어 유사밸브를 준용하는 것은 무방하며, 관의 크기에 따라 용접의 필요가 있다면 이는, 그 사실에 따라 계상해야 하는 것으로서, 사실 인정에 관한 문제이나 대체로 플랜지접합이 됨을 고려해야 합니다.

제 2 절 관접합 및 부설관련

질문 6 　<원심력 철근 콘크리트관의
　　　　　　　기계부설 및 접합에 대하여>

해설　건설표준품셈 제16장 관부설 및 접합 16-1-2 적용기준 "3. 본 품은 토공사와 관부설 및 접합공사가 병행 시공되는 작업을 기준한 것으로, 택지개발공사, 농수로 공사 등 이외 유사한 현장에서 토공사 작업에 직접적인 영향을 받지 않고 연속적인 관부설 및 접합공사가 가능한 경우 본 품(인력+장비)을 50 % 까지 감하여 적용한다." 에 대하여는 공사의 규모 등을 고려할 때, 작업방해가 없는 대규모의 작업현장을 말하는 것 이외에 특별한 구분 규정은 따로 없습니다.

질문 7　에폭시 코팅강관의 접합에 대하여, 건설표준품셈의 에폭시 코팅강관 접합품은 개소 당으로 규정되어 있는데, KC 소켓, KC 엘보접합 등은 접합 2개소를 연결하는 것인데 1개소로 보는 것인지? 그렇다면 KC티(T)는 3개소를 접합하게 되므로 품을 계상함에 있어 1.5개소로 적용하여야 할 것으로 사료되는 바, 귀견은?

해설　귀문의 경우, 에폭시 수지분체 코팅강관의 접합은 두 개의 관을 하나로 접합 부설하는 품으로서 이는, 압륜 조인트 접합 방식으로 접합 부설되는 것으로, 에폭시 코팅강관의 접합 및 부설은 대체로 수도관의 접합부설이 많다는 점에서 개소 당 품으로 구성되었으며, 설비부문의 관 접합 등은 냉·난방 계통의 것이 많아 m당 품으로 구성된 것이 일반적입니다.

　　에폭시 수지분체 코팅강관의 접합 및 부설의 품은 수도용 배관 등의 접합 품과 부설품을 합산한 품으로서 직관의 접합만을 규정한 것은 아니라고 사료되므로 접합개소가 2곳이 아닌 3곳이라고 해서 반드시 산술식으로 1.5배의 품이 소요된다고 볼 수는 없습니다. 그 이유는 2개소의 접합을 위한 작업을 위하여 운반, 거치, 고정 등의 시간은 공용으로 같고 1개소의 접합시간만이 가산되어야 하는 것이며, 부설은 모두 같다는 점에 있기 때문입니다. 참고로 부언하면, 기기의 반입, 조정, 관나누기 등의 기본시간이 ϕ15mm에서 약 42%, ϕ65mm에서 약 18% 등으로 평균 30% 상당의 시간이 소요된다는 점을 감안하여 1개소 추가 접합의 품은 1의 0.5에서 기본 품 30%를 공제한 70% 상당, 즉 1.35 정도로 계상해도 좋을 것이라고 사료됩니다.

<이형관 접합품 적용시 개소 당 품>

질문 8 이형관 1개 당 적용하면 되는지, 접합개소 당으로 적용하면 되는지, T형관의 경우 접합개소를 3개로 보아야 하는지, 아니면 1개로 봐야 하는지?

해설 건설표준품셈 제16장 관부설 및 접합에 개소당의 특별한 명시는 없습니다. 그러나 16-2-4, 5. 새들분기관 전기융착 접합《주》① 보 품은 이중벽 폴리에틸랜관 본체에 새들(saddle) 분기관을 전기융착식 방법으로 접합시키는 품이다. 라고 규정한 것과 16-3-2, 2. 부단수 천공 분기점 분기 (개소 당) 품의《주》② 본 품의 관경은 지관을 기준한 것이다. 등을 미루어 보아 (개소 당)의 개념을 개소 내에 접합개소로 이해할 수 있을 것입니다.

질문 9 건설표준품셈 19-13 파형 폴리에틸렌관 접합 및 부설 품이 개소 당으로 적용하게 되었는데, 폴리에틸렌관이 4m, 6m, 10m 에 따

제 2 절 관접합 및 부설관련

라 적용되는 품이 상이하게 될 뿐더러 제목은 접합 및 부설이고 "1"
항은 접합 품만이 있어 따로 부설 품을 적용해야 하는지, 아니면 접합품
에 포함되어 있는지, 만약 접합품에 부설 품이 포함되면, 관이 4m일
때보다 10m일 때의 품이 적게 적용되는 사항이 발생되고 부설품이
따로 계상되었으면 어떤 품을 적용해야 하는지?

해설 구 건설표준품셈 19-13 파형 폴리에틸렌관 접합 및 부설
19-13-1 나선형 소켓 접합 개소 당 품에는 부설 품이 포함된 공량으
로 동 19-13-2 고무링 접합이나, 19-10 P.V.C 관접합에서 19-
10-1 슬리브 접합, 19-10-2 T.S 접합, 19-10-3 고무링 접합과
함께 부설 품이 포함된 공량이라고 사료됩니다. 이 품은 개소 당 접합
품으로 관의 길이는 경량 직관길이를 일반적으로 6m 기준으로 하고
있으며, 길이에 따라 《주》① 의 소운반품이 달리 계상됨에 유의하십
시오. (현행 품셈은 파형강관 부설 및 접합 16-2-7로 개정되었음)

질문 10 1. 건설품셈 제19장(19-17-2) 메커니컬 조인트관 접합을
기계로 부설할 때 크레인을 사용한 표준운전시간만 계산이 되는 바, 이
계상근거를 제시하여 주실 수 있는지요.

2. 메커니컬 조인트보다 구조상 견고하고 취급이 간편하여 현재에
는 KP 조인트 접합방법과 타이튼 조인트 접합방법을 많이 사용하고
있는데, 이에 대한 접합방법을 19-7-2 메커니컬 접합 크레인 표준운
전시간과 동일하게 적용할 수 있다고 판단되는 바, 어떠한지요.

3. 백호로 사용할 때에도 운전시간을 크레인 운전시간과 동일하게 적
용할 수 있는지요. 적용할 수 없다면 계산방법은 어떻게 하는 것인가요.

[해설] 1. 표준품셈의 수치는 어느 품셈에 있어서나 실사치와 기타 요인을 고려하여 제정된 값으로 근거 제시는 하지 아니합니다.
 2. 메커니컬 조인트와 타이튼 조인트 인력 접합품이 동일한 값이 아닌 것과 같이 동일하게 적용될 수는 없습니다. 따라서 실사를 통하여 설정에 맞게 품을 만들어 적용해야 합니다.
 3. 크레인 사용은 그 규격이 명시되어 있는 바, 백호를 사용한다면 사용기종의 작업능력 등이 상이할 것이므로 실사를 통하여 실정에 맞는 품을 만들어 적용하는 도리 밖에 없다고 사료됩니다.

<관 접합 부설 및 중량물에 대하여>

[질문 11] 건설품셈 제19장 관 접합 및 부설에서 19-5, 19-6, 19-8은 접합개소 : 1구당 품이 계상되어 있으나 19-7 메커니컬 조인트 관 및 접합은 접합개소 : 1본당으로 품을 계상토록 되어 있는데, 직관길이 6m를 기준한 것이므로 이형관 접합 및 부설은 동일하게 적용하는지, 또는 무게를 적용, 품을 균등하게 감하여 적용하는지.

[해설] 관접합 및 부설품 중 접합 개소당의 품은 1구당으로 되어 있어 별로 문제가 될 것이 없으나 직관의 길이 6m/개당을 기준한 본당의 품은 취급중량의 문제가 있어 동일하다고 할 수 없음. 따라서 이형관의 접합 및 부설에 있어서는 무게 또는 작업의 난이도 등을 감안하여 기본 품을 고려한 품을 조정(감)하여 비례 적용하여야 할 것으로 사료됨. 즉, 기본품인 접합재료 취급은 동일하며, 소운반품과 기계경비만이 조정대상이 되는 점에 유의하시고, 실작업을 통한 실사치를 고려할 수 있을 것입니다.

제 2 절 관접합 및 부설관련

질문 12 표준품셈 제19장 대구경 플랜지관 접합부설은 인력배관에 상당한 어려움이 있어 중장비를 사용하여 작업하고 있으나, 이에 대한 장비사용의 기계경비 산정을 19-7 메커니컬 조인트관 또는 19-14 강관부설 접합의 기계배관(크레인 표준운전) 경비로 적의 산출 가능한지?

해설 배관공사에 있어 중량물의 인력배관이 곤란한 경우에는 당연히 기계투입이 고려되어야 하는 바, 이는 현행 품셈 16-2-2 강관부설 및 접합 《주》④를 참고로 적정한 규격의 크레인을 준용하시면 될 것이고 그 경비는 기계화시공 및 기계경비 산정요령에 의하십시오.

질문 13 건설품셈 제19장 19-9 나사식 배관은 공사의 종류에 따라 위생난방, 상하수도, 일반프로세스 등으로 구분되나 유체사용 압력이 동일할 경우 $\phi 65mm$ 이하의 관은 19-9 나사접합관 및 기계표준품셈 Ⅱ편 1-1-1 강관배관, Ⅲ편 플랜트 배관 중 설계자가 산정, 적정하게 계상할 수 있을 것으로 사료되나, 공사비 산출상의 문제에 대한 의견은?

해설 $\phi 50mm$ 이하의 상하수도 배관은 대체로 나사식 접합이 대부분이므로 접합 개소 당 품으로 구한 건설표준품셈 19-9(현행 삭제)에 의하고, 기계설비 품(기계설비공사품셈 1-1-2, 1, 나.)은 옥내 일반관 등에 적용되는 m당 품임에 유의하십시오.

질문 14 건설표준품셈 19-20 KP 메커니컬 조인트관 부설 및 접합에 있어 이형관 및 곡관부설은 별도 계상할 수 있다고 되어 있으나 적용품 찾기가 어려운 바, 1본당 부설 및 접합품과 동일하게 적용하여도 되는지 여부.

해설 KP 메커니컬 조인트 관 접합 및 부설에 있어 이형관 및 곡관의 부설·접합은 별도 계상하되, 이때 볼트·너트의 수에 따라 배관공을 비례 조정하는 방법이 있습니다.

그러나 현행 품셈(2018 개정)은 직관 및 이형관, 곡관의 부설작업을 기준하고, 접합 품은 부설 후 정위치된 관(지관, 이형관, 곡관 포함)의 인력에 의한 접합을 기준한 것으로 KP 메커니컬 조인트관 부설 및 접합의 설계 시공에 적정 사용하시길 바랍니다.

질문 15 표준품셈 상에 강관설치 품셈이 기계설비 부문 II편 1-1-1 강관배관 및 토목부문의 "19-6 플랜지 조인트관 접합 및 부설", "19-9 나사접합관 접합 및 부설", "19-14 강관부설 및 접합" 등 유사한 품이 있어 품셈 적용에 혼선이 있는 바, 어느 품셈을 적용하여야 적정한지요.

해설 귀 공사에서 질의하신 생활 및 공업용수용 급·배수관의 접합에 관한 내용을 검토한 바, 농공단지 조성사업은 토목공사이므로 토목공사의 품을 적용함이 타당하다고 생각되며 참고로 기계설비 부문의 강관 배관품은 옥내 배관을 기준한 것입니다.

질문 16 ○○-○○간 도로확장 및 포장공사 책임감리원입니다. 본 공사에 사용되는 배수관은 당초 원심력 철근 콘크리트 관으로 설계되어 있으나, 보다 강도가 좋은 V.R관으로 대체 변경코자 하는 바, 감리단에서는 V.R 부설비 산출은 건설연구사에서 발행한 '96 건설표준품셈 (참고) 진동 및 롤 전압 철근 콘크리트관 부설 및 접합을 적용할 것을 검토하였으나, 시공사에서는 제작회사의 의견으로 원심력 철근 콘크리트관 접합 및 부설을 신제품으로 취급 적용하여야 한다는 주장입니다.

제 2 절 관접합 및 부설관련

해설 건설표준품셈 제19장 진동 및 롤 전압 철근 콘크리트관 부설 및 접합에 관한 참고품은 사단법인 건설산업연구소의 연구용역을 참고로 한 품이 1993년 건설부에서 심의 중 보류되었던 것이 1996년에 다시 심의 회부되었다가 보류된 품으로서 정부 확정품은 아닙니다. 그러나 1996년부터 원심력 철근 콘크리트관 접합 및 부설품 인력부설《주》④ 및 기계부설《주》⑥ 에 「이와 유사한 관은 본 품을 준용할 수 있다」라고 개정하여 진동 및 전압 철근 콘크리트관(VR관)도 흄관과 유사한 관으로 보아 흄관 품을 준용할 수 있도록 하였으나, 이와 유사한 관접합 부설품은 재사정 되어야 할 것이며, 참고 자료인 품은 실행 예산 등의 실용에 많은 참고가 되리라고 생각합니다.

건설표준품셈(2018 개정) 16-2-5 원심력 철근콘크리트관 부설 및 접합 규정은 유사한 관(VR관 등)등에 준용할 수 있도록 했으며, VR관의 경우 부설장비의 규격 기준을 다르게 하였습니다.

질문 17 건설표준품셈 제16장 PE관 접합에서 직관길이 6m를 기준 한다는 설명으로 6m 이상의 기준이 없기 때문에 1롤 60m를 1본으로 적용하여 접합 1개소로 적용할 수밖에 없다는 발주처의 주장입니다. 어떻게 1본 6m짜리 관과 60m짜리 관을 같은 접합 단가로 밖에 적용할 수 없다는 것인지요. 이런 경우, 60m 1롤 관의 접합·부설에 관한 적절한 방법을 꼭 알려주시면 감사하겠습니다.

해설 건설표준품셈 제16장 16-2-4 P.E관 부설 및 접합 품은 직관길이 6m를 조임식으로 접합하는 품을 기준한 것이며, 관로의 터파기, 되메우기, 잔토처리 및 물푸기는 별도 계상하도록 규정되어 있고, 잡재료, 공구손료 등은 별도 계상하도록 하였습니다만, 60m인 관의 6m 초과분까지 모두 포함된 것은 아니라고 보아야 하며, 6m 직관의 개소당 접합품만으로 60m 장대관의 접합 개소당 품과 부설품이 모두 똑같이 적용된다고 볼 수는 없습니다. 그러나 이에 대한 대체 규정 또한 없어 앞으로 보완되어야 한다고 생각합니다.

<플랜지조인트 관 접합·부설 및 제수변 설치 등에 대하여>

질문 18 건설표준품셈에 수록된 플랜지조인트관 접합 및 부설에 있어 일반적으로 상·하수도와 설비 공사시 배관을 접합할 때 플랜지 접합을 활용하고 있지만, 본 내용에서 접합공과 접합부설공의 차이점은 접합개소 1구당의 단위로 볼 때, 접합재료가 동일하고 순수 인력품 및 소운반이 포함되었다면 별 차이점이 없는 것으로 생각되는 바, 차이점을 알려주시고 본 품 중 접합부설공의 품에는 상·하차비가 포함되었는지 여부가 궁금하고, 기계실 내 펌프배관(신축관, 양익단관 등 주로 플랜지가 부착된 각종 관류) 시공시는 위의 내용 중 어떤 품을 적용해야 합당한지 알려 주시기 바랍니다.

해설 관접합 및 부설품 중 접합품은 플랜지 조인트인 경우, 링 개스킷, 볼트·너트로 관을 접합하는 순수접합 품이고, 부설공은 접합한 관을 관로에 거치·조정 등의 부설을 하는 두 가지 작업의 실시로 풀이되는 것이며, 관로의 운반 상·하차비는 이 품에 포함되어 있지 아니하나, 반입된 자재의 소운반(약 20m 내외)의 품은 포함된 것입니다. 기계실내의 펌프배관으로서, 설치장소가 협소하거나 배관의 내용이 기계설비품셈의 적용 대상이 된다고 판단되면 일반배관이 아닌 기계품셈을 적용할 수 있다고 사료됩니다.

질문 19 건설표준품셈 제19장 19-18 제수변 부설품의 《주》 플랜지 접합품을 별도 계상하도록 하였는 바, 플랜지 접합품을 19-6 플랜지

제 2 절 관접합 및 부설관련

조인트관 접합 및 부설품을 적용할 경우에 접합공의 품을 적용하여야 하는지? 아니면 접합부설공의 품을 적용하여야 하는지 여부.

해설 제수변의 부설 (기계 및 인력) 은 제수변의 설치와 소운반 품이므로 제수변과 단관을 접합한 것을 부설하는 품은 별개의 것으로 보아야 하고, 별도로 플랜지 접합을 할 때에는 19 - 6 플랜지 접합품만을 따로 계상하면 제수변의 접합과 부설이 되는 것으로 보는 것이 타당하다고 생각합니다.

2018 개정된 제수밸브 부설 및 접합 품은 제수밸브의 플랜지 접합을 포함하고 신축관의 플랜지 접합과 관로의 토공, 제수변실 등은 별도 계상하도록 되어 있으므로 구 품과 구별하시기 바랍니다.

질문 20 건설표준품셈 19-15 관 갱생공 《주》 ⑥에서 "클리닝 및 라이닝을 위한 TV 탐사시는 10m 당 기술사 0.125인과 고급기술자 0.125인을 별도로 계상한다"로 되어 있는데, 여기서 클리닝별도, 라이닝별도로 기술사 0.125인과 고급기술자 0.125인을 계상하는 것인지, 아니면 클리닝, 라이닝을 합쳐서 기술사 0.125인과 고급기술자 0.125인을 계상하는 것인지 회신하여 주시기 바랍니다. (당사는 관갱생 공사를 전문으로 하는 회사로서, 실 시공시 클리닝 후 CCTV 촬영과 라이닝 후 CCTV 촬영을 별도로 하고 있습니다.)

해설 T.V 탐사를 위한 클리닝 및 라이닝을 위한 10m 당 기술사와 고급기술자의 품 계상에 있어 클리닝 및 라이닝 이란, 클리닝과 라이닝으로 해석되므로 클리닝만을 하거나 라이닝만을 할 때의 품은 적정 조정되어야할 것으로 생각합니다.

개정된 품셈 16-3-5 관세관 《주》 "⑤ 관 내부 검사를 위한 CCTV

조사가 필요할 경우 별도 계상한다."이므로 참고하시기 바랍니다.

질문 21 맞이음(버트 융착식)접합 및 부설을 설계할 경우, 본 품은 직관길이 6m를 기준한 것인데 직관길이를 8m로 계상하면 접합개소가 줄어들어 그만큼 접합비가 절감되므로 직관길이를 8m로 늘려 본 품을 그대로 적용하여도 될 것인지 질의하오며, 상기 품에는 6m를 기준으로 소운반 등이 포함되어 있으므로 자세한 회신을 부탁드립니다.

해설) 직관길이를 8m로 설계하면, 접합개소수는 그만큼 적어질 것이나 소운반을 6m기준으로 품이 구성되어 있는 것을 8m로 크게 함으로써, 작업의 난이도가 생기는 점을 유의하여 인부품 등의 적정 가산이 고려되어야 할 것이라고 생각합니다.

<PVC관 접합품 등의 적용에 대하여>

질문 22 PVC관 접합시 슬리브 접합과 TS 접합이 수도용관 접합으로 적용되고 있는 것으로 아는데 이것을 배수용관 접합으로 적용해도 되는 건지와 재료의 할증은 어떻게 적용되는지 알고자 합니다.

해설) 건설표준품셈 제19장 19-10 PVC관 접합의 슬리브접합, TS접합 고무링접합 등의 품은 상수도관이나 배수관에 공용되는 것으로 보아야 합니다. PVC 파이프의 재료할증은 건설표준품셈 1-9에 명시 규정된 바는 없습니다만 합성수지 파형전선관의 할증 3% 정도에서 조정함이 가하다고 생각합니다.

질문 23 맞이음(Butt 융착식) 접합 및 부설에 대한 자료는 있는데 PEM 수도관에 대한 품이 없어 이렇게 도움을 요청합니다.

해설 건설표준품셈(2018 개정) 제16장 16-2-4 PE 관 부설 및 접합 4. 버트융착식 부설 및 접합 규정을 준용, 적용을 고려할 수 있을 것입니다.

<강관 추진공에 대하여>

질문 24 당 현장의 강관 56 m(경질토사) 인데, 건설표준품셈 16-5-2 강관 추진공 3. 작업능력에서
① 56 m이면(30~70 m) 품을 그대로 적용하는지,
② 30 m까지(0~30 m) 품, 30~56 m(30~70 m) 품으로 적용되는지?

해설 건설표준품셈 제16장 관부설 및 접합 16-5 강관 압입 추진공, 16-5-2 강관 추진공 3. 작업능력 품은 강관길이 6 m를 기준한 것으로 10개의 경우 5개, 즉 30 m까지는 0~30 m의 품을 적용하고 그 이상의 것은 추진공의 길이에 따른 품을 기준으로 하는 것이 품셈 규정을 합리적으로 적용하는 것이라 생각합니다.

<PE 수도관 접합 및 부설에 대하여>

질문 25 과거 설계내역서 갱신 중에 PE 수도관 접합 및 부설 품이 롤당 품으로 나와 있는데 근거가 건설연구사 품셈이라는데 지금도 사용되는지 문의드립니다.

해설 건설표준품셈 토목공사 제16장 관부설 및 접합, PE 수도이층관 접합 및 부설(1 roll 당) 품은 표준품셈에 수록되어 있지 않은 공종으로 여기 수록된 품은 미래화학주식회사의 보완품 1 Roll(120 m) 당 배관공 0.14 인, 보통인부 0.16 인이므로 이를 참고로 수록한 것입니다.

〈최신판〉

토목공사 표준품셈	A5신·40,000원
건축공사 표준품셈	A5신·37,000원
기계·설비 표준품셈	A5신·34,000원
전기공사 표준품셈	A5신·32,000원
전기·정보통신 품셈	A5신·47,000원

제 20 장 토질 및 토양기초

<보링 품에 관하여>

질문 1 토질 및 토양조사를 함에 있어 보링 공사를 하는데, 제20장 20-2 보링의 품과 건설공사 품질시험규정 시행규칙이 정한 토질조사의 보링의 공공요금 및 인건비와의 차가 큰 데 어느 것으로 계상해야 하는가요?

해설 품셈 20-2 보링은 m당으로 시공품셈에 규정되어 있는 것이고, 개정된 건설기술관리법 시행규칙 별표의 품질관리 및 검사의 인력과 공공요금은 별개로 보아야 하며, 시험사의 일 실동시간은 8시간으로 환산하는 것입니다.

질문 2 <토질 및 토양조사를 위한 보링 공사에서 BX와 NX의 적용에 대하여>

해설 건설표준품셈 제17장 지반조사 17-1 보링공에 있어, 토질별 단위 당 BX와 NX는 천공 비트의 규격을 뜻하는 것이며, 토질의 층별 적용은 해당 층의 분포 비율을 측정하여 적용하는 방법, 즉 점토 30%, 모래 70% 이면 그 품도 비례 적용하는 방법이 고려될 수 있다고 생각합니다.

질문 3 지반조사 17-6 대구경 보링(지하수 개발)의 기계경비 산정을 위한 1일 굴진 능률 또는 시간당 굴진 능률 산출근거를 알고 싶습니다.

해설 건설표준품셈 17-6 지하수 개발을 위한 대구경 보링 품셈을 예시하면 모래층 규격 150mm의 m당 품은 중급기술자 0.02인, 중급숙련기술자 0.09인, 보링공 0.09인, 특별인부 m당 0.04인 보통인부 m당 0.09인 등으로 구성되어 있고 고성능 착정기는 m당 0.34시간 등으로 구성된 점을 계산하면 될 것입니다. (고성능 착정기 시간당 비용은 건설기계시공 품에 의함)

질문 4 보링 공사를 시행함에 있어 제20장 20-8 그라우팅 품에 기재되어 있지 않은 토질 층인 점토층 및 자갈층의 경우, 1일시멘트 대수를 몇 대로 계상해야 옳은가를 질의하오니 조속 회신하여 주시면 감사하겠습니다.

해설 구 건설표준품셈 20-8-1 주입공에서, 시멘트 사용은 암반 및 콘크리트층에 한하여 사용하도록 하였기에 점토층 등의 지층에서는 진흙을 사용하면 됩니다.
주입재료의 양은 현장조건에 따라 가감할 수 있으므로 설계 발주시는 품셈상의 양으로 설계 발주하고, 시공시 실제 주입된 종별 수량대로 정산하도록 하십시오.
시멘트의 사용이 꼭 필요하다면, 현장 실정을 감안하여 그 사유를 명시 계상한 다음 정산할 수 있을 것으로 사료됩니다만, 그 이유를 분명히 해 두어야 합니다.

질문 5 암절량이 수십만 m³ 상당으로 예상되어 적정한 공사비를 산정코자 탄성파 시험을 하려고 하는데, 토목품셈에 그 기준이 없어 계산을 할 수 없습니다. 무슨 묘안이 없겠나요.

해설 과기처에서 제정 승인한 기술용역 기초조사 품셈에 전기검층과 탄성파 검층기준이 있어 이를 소개하오니, 이에 의하심도 좋을 것입니다.

가. 전기 검층

(1) 측정간격은 보통 50 cm 피치(혹은 자기식), 전극간격은 25 cm, 50 cm, 100 cm 의 3 가지를 측정하고 대비 고찰한다.

(2) 전극배치가 다음과 같을 경우 비저항 ρ 는 다음과 같다.

$\rho = 4\pi a \dfrac{V}{I}$ 여기서, a : 전극간격 V : 전압 (mV),
I : 전류 (mA) ρ 비저항 ($\Omega - m$)

질문 6 S.G.R 천공에 있어 토질조사 추상도에 기재된 토사 중 호박돌 및 자갈의 혼입된 상태를 무시한 채(토사 18 m)(풍화토 3 m)(풍화암 10 m)(연암 4 m) 등으로 단순 구분 적용하여 설계하였으나, 시공 중 확인된 바에 의하면, 토사층 18 m 구간에서 자갈 30 %, 호박돌 20 %를 함유한 토질임이 판명되었습니다.

따라서 케이싱 및 비트의 손실률이 증가할 뿐 아니라 작업능률이 현저히 저하되는 애로가 있으니 사실대로 설계변경이 될 수 없는가요.

※ 보링기 : 로터리 보링기 TH 5 20 HP ϕ 73 mm, 토질조사 추상도 1부

해설 토질조사 및 천공 현행 품셈은 점토, 모래, 자갈, 호박돌, 풍화암, 연암, 보통암, 경암 등으로 구분하고, 토질 및 암의 분류 기준 등은 품셈 제1장에서, 탄성파속도와 암질의 관계(9-2, 2.《주》) 등은 건설표준품셈에서 각 구분하고 있음을 참작하여 토질을 구분 적용하되, 귀문의 경우와 같이 토사층으로 분류된 층 중에 자갈 30%, 호박돌 20% 등이 함유된 것이 사실이라면 당초에 토질을 구분한 설계에 잘못이 있다고 생각됩니다.

따라서 발주자 측과 시공자 측이 협의하여 토질의 판단을 새로이 하고, 토사의 품＋자갈의 함유량 %의 해당품과 호박돌 함유량 %의 해당품의 가중평균 품으로 수정한 설계변경이 가능하다고 생각됩니다.

<현장 관리시험비 산출에 대하여>

질문 7 1. 건설부령 건설공사 품질시험 시행규칙 "품질시험의 비용 산출 기준"에는 시험비를 장비손료, 공공요금, 인건비 및 일반재료비로 세분하여 산출하도록 하고 있으며,

2. 회계예규 "원가계산에 의한 예정가격 작성준칙" 품질관리비는 "실제 소요되는 비용의 계상"으로 명시하고 있으나, "공사원가 계산시 실무처리 보완자료" 중 간접노무비의 계상에 있어 간접노무비 대상 인원 중 시험관리원이 포함되어 있어,

3. 현장관리 시험비용 산출시, 실제 소요되는 비용의 한계가 명확하지 않아(인건비 적용의 적부 불명) 인건비를 간접노무비에 계상된 것으로 간주하여 제외시키는 사례가 있어, 이의 적정성을 질의하오니 회신하여 주시기 바랍니다.

해설 건설부령인 건설공사 품질시험 시행규칙에 따라 품질관리 시험비용을 계상하여야 할 것이나 개정된 건설기술 진흥법 시행규칙

별표에 규정된 품질관리 검사기준에 따라야 하며, 공사원가 계산시 실무처리 보완자료의 간접노무비(현장관리 인건비)는 실제 시험에 종사하지 아니하는 현장 및 의뢰시험의 사무취급 등의 시험관리인으로 보아 간접노무비로 계상됨은 그 편성에서 판단할 수 있는 것입니다.

<보링 그라우팅에 대하여>

질문 8 건설표준품셈 제 20 장 보링·그라우팅 공사 중 천공 깊이에 따른 품셈 적용에 있어서 20m 까지를 기준으로 한다. 라고 규정되어 있는 바, 천공 깊이 8m 일 경우의 적용방법은 어떻게 해야 하는지요.

해 설 건설표준품셈 제17장 17-1-2 보링의 품은 《주》① 에서 20m 까지를 기준한 품으로서 1~20m 까지를 뜻하는 것은 아닙니다. 즉, 보링기계 기구를 설치하는 기본 품이 있으며, 그 설치된 기계기구로 20m 까지의 보링 품과 10m 증가마다 5% 이내에서 가산할 수 있도록 규정하여 보링깊이 10m 인 때에는 5%를 감해야 할 것이 아닌가 라는 의견도 있을 수 있고, 또 8m 인 때에는 6%를 감해야 할 것이 아닌가 하는 산술적인 견해도 있을 수 있습니다만, 20m 를 기준으로 한 품으로 8m 만 시공하는 것으로 이해하여 적정 감품할 수 있다고 생각합니다.

질문 9 건설표준품셈 제20장 토질 및 토양조사 20-2 보링 부분에서는 보링깊이에 대한 기준 및 깊이 증가에 따른 인력품의 가산을 고려하였으나, 20-4 표준관입시험과 20-5 자연시료 채취부분에서는 시험깊이 및 자연시료 채취 깊이에 대한 기준 및 깊이에 따른 인력품의 가산이 고려되지 않아 형평성에 맞지 않는 것으로 판단되오니 조치해 주시기 바랍니다.

[해설] 품셈 17-2 표준관입시험은 보링과 병행하여 시행할 경우의 품이므로 보링에서 가산해야 할 부분이 계상되는 까닭에 처리될 수 있고, 자연시료의 채취에 있어서도 보링과 KS F 2317에 의거하면 가능하다고 생각됩니다.

<폐공 되메우기 품>

[질문 10] 건설표준품셈 17-7 폐공되메우기 품이 10m당 중급기술자 0.067인 중급기능사 0.133인, 특별인부 0.267인, 보통인부 0.267인으로 규정되어 있는데, 이 품은 깊이 200m까지를 기준한 것이라 했고, 200m 초과시는 매 100m 초과마다 품을 20%까지 가산한다고 했는데, 이 품이 200m의 품인지, 100m이면 위 품이 10m당이므로 위 품의 10배를 계상해야 하는 것인지 알고자 합니다.

[해설] 귀 질의의 품은 공경 6인치의 폐공 되메우기 품으로 위에 제시한 품 중급기술자 0.067인, 중급기능사 0.133인 등은 지하수개발 등을 위한 과정에서 발생된 폐공을 모래 또는 시멘트 밀크로 메우는 품으로 모래의 주입 또는 시멘트 밀크의 비빔과 주입, 모르타르 비빔 및 타설, 재료의 소운반 등을 포함한 폐공 10m 당의 품으로서 폐공 깊이 200m를 기준한 것이며, 200m를 초과할 때에는 매 100m 초과마다 품을 20%까지 가산한다는 것입니다. 따라서 공경 6인치 200m에 대한 소요의 품은 다음과 같습니다.

중급기술자 0.067인/10m 당×20 = 1.34인/200m 인 때/공당

중급기능사 0.133인/10m 당×20 = 2.66인/200m 인 때/공당

제 20 장 토질 및 토양조사

특 별 인 부 0.267인/10 m 당×20 = 5.34인/200 m 인 때/공당
보 통 인 부 0.267인/10 m 당×20 = 5.34인/200 m 인 때/공당
등으로 상당히 많은 품이 소요됨을 알 수 있습니다.

질문 11 <보링공의 폐공 규격이 작은 경우의
　　　　　　되메우기 수량에 대하여>

해 설 건설표준품셈 제17장 지반조사 17-7 폐공 되메우기의 품은 공경(나공) 15.24 cm(6 inch), 깊이 200 m 까지를 기준한 10 m 당의 품으로 구성되어 있습니다. 따라서 귀 질의와 같이 공경이 7.62 cm(3 inch) 인 때에는 주입모래, 시멘트 밀크, 모르타르 등 폐공되메우기용 재료의 수량이 달라질 것이므로 공정별 소요수량 대비품을 산출·적용하는 방법이 고려될 수 있다고 생각합니다.

최신 건축·토목 용어 사전

2018년 1월 증보 · A5 신 · 1,454 면 · 양장 · 값 54,000 원

- 건축·토목·건설기계·기계 설비·품질관리
  OR 관리용어 등 건축·토목분야의 용어 중에서
  보편성 있고 긴요한 16,700 여 단어와 도해 -

제 21 장 하수도 공사

질문 1 1) 하수도 준설기의 시간당 작업량 산정의 용량 m^3 는 준설토사만의 용량인지 준설토사와 함께 흡입된 물을 포함한 용량인지요. (실제 작업시 물의 중량이 가볍기 때문에 많은 양의 물이 흡입되리라고 사료됨)
2) 1회 사이클 시간에 대하여
  ① 준비시간 t_1은 한 장소에서 반복작업시에도 동일한지요.
  ② 세정은 흡입과 동시작업이 불가능한지요.
  ③ 적하시간은 덤프트럭의 하차시간과 동일한 용어인지요.

해설 건설표준품셈 16-4 하수관 흡입 준설기의 용량은 세정수를 포함, 준설토+물 로 보아야 하고, 물을 제외한 탈수된 토량기준은 아님. 준비시간은 한 현장에서 작업할 때 계상되는 것으로 동일 장소에서 반복 작업시에는 또 다시 준비 시간이 계상되는 것은 아니라고 보아야 합니다. 또 준설토의 운반 사이클 외에 적하시간을 따로 둔 것은 덤프트럭과 같이 적하되지 않는 이질(泥質)의 준설토로 보아, 따로 정한 것으로 알고 있습니다.

질문 2 하수도 준설토는 m^3 당, 즉 체적으로 적용토록 되어 있는 바, 관거 내부 퇴적토는 대부분 상당량의 물을 포함한 퇴적상태로서 실제 준설하여 운반 처리하는 퇴적토와는 상당한 양적 차이가 있는 바 이에 따라 적정 준설토 설계적용 산출 기준에 대한 의견을 질의합니다.

해설 건설표준품셈 16-4 하수관 흡입식 준설의 경우는 준설토 $1m^3$에 대하여 물 $2m^3$를 공급하여 준설하는 것으로 규정되어 있고 준설토 $1m^3$의 환산은 가수(加水)하지 아니한 상태의 수분 당량을 공제한 것을 순 토량으로 하는 바, 그 함수상태의 판단은 귀하의 기술적인 판단(시험 포함)에 의하여야 한다고 사료됩니다.

하수관 준설 (흡입식)

1. 작업편성

구 분	단 위	수 량	비 고
특 별 인 부	인	2.2	
보 통 인 부	〃	1.4	

2. 준 설 (흡입준설기)

$$Q = \frac{60 \cdot q \cdot f \cdot E}{Cm}$$

여기서, E : 0.9

　　　$Cm = t_1 + t_2 + t_3 + t_4$

　　　　t_1 (준비시간) : 20분

　　　　t_2 (세정/흡입시간) : 12분(분/m^3)×q(m^3)

　　　　t_3 (준설토 운반시간)

　　　　t_4 (준설토 적하시간) : 18분

3. 물공급 (물탱크 5,500ℓ)

$$Q = \frac{60 \cdot q \cdot f \cdot E}{Cm}$$

여기서, E : 0.9

제 21 장 하수도 공사

$$Cm = t_1 + t_2 + t_3$$

　　t_1 (급수 시간) : 15분
　　t_2 (세정수 운반시간)
　　t_3 (세정수 공급시간)

《주》① 본 품은 흡입준설기를 활용한 세정수를 포함한 준설량을 기준한 것이다.
　　② 작업편성 인원은 준설작업에만 적용한다.
　　③ 준설토 $1m^3$ 작업에 필요한 물공급은 $2m^3$로 계상한다.

[질문 3] 건설표준품셈(하수도 편)에 의거하여 단가표를 산출하여 보니 1일에 준설할 수 있는 준설량 산식에 있어서 구경(ϕmm)별 이동시간의 계산이 되어 있지 않음을 알 수 있었습니다. 즉, $7.64m^3$의 준설량을 가득 채울 때까지 이동(장비 set)이 없이 이루어질 수 있는 대형 하수도의 경우는 산식에 그대로 대입하더라도 산출이 가능하지만 소형 하수도의 경우, 긴거리를 작업해도 그다지 많은 양을 준설할 수 없는 결론이 나올 수 있습니다.

예를 들면, $\phi 300\,mm$ 흡관준설의 경우, 관내의 50%가 준설토로 쌓여 있을때 1m당 $0.035\,m^3$가 됩니다. 맨홀과 맨홀사이의 거리가 50m일 경우 50m 당 $1.75\,m^3$가 됩니다. 이것을 $7.64\,m^3$가 될 때까지 준설작업을 한다면 맨홀구간 4.3 개소(215m)를 준설할 수 있다고 하겠습니다. 그러나 맨홀 4.3 개소를 준설하는 데에는 장비의 이동시간(준비시간)이 4.3 개소만큼 걸릴 수 밖에 없습니다. 즉, t_1의 최소 준비시간 24분에 각 맨홀의 이동준비시간이 포함되어져야 하리라고 봅니다. 결국 ϕ 300mm 하수도를 $7.64\,m^3$ 준설 하는 데는 최초 준비시간 24분+중간이동시간(24×4.3 = 103분)이 포함되어야 하리라고 봅니다.

해 설 귀하의 의견에 대체로 동의합니다. 준설기의 이동 및 거치시간을 별도 계상할 수 있게 건설표준품셈이 보완되어야 한다고 생각합니다.

2018 개정 품셈, 흡입준설기 준설량 계산식

흡입/세정시간 : $12(분/m^3) \times q(m^3)$ 으로 흡입준설기의 적재용량(q)이 가변치인 산출식임을 유의하시기 바랍니다.

질문 4 <하수관 준설에 있어 준설토량의 2배의 물 공급이 되어야 하는 것과 보고서 작성에 대하여>

해 설 건설표준품셈 제16장 16-4-2 하수관 준설(흡입식)의 물 공급량은 준설토 $1\,m^3$ 에 물 $2\,m^3$ 을 공급 한다는 것으로 준설토 $10\,m^3$ 에는 물 $20\,m^3$ 가 필요한 것이며, 16-4-3 하수관 내 CCTV 조사에서 보고서 작성에 소요되는 품은 보고서의 작업량(원고지 등)을 중급기술자 등이 수행하는 기준을 참작 계상하는 방법 이외에 다른 특별한 규정은 없는 것 같습니다.

질문 5 <하수관 준설에 있어 준설 토량과 물 공급량의 산정에 대한 것과 9인승 승합차의 손료 계산방법에 대하여>

해 설 건설표준품셈 제16장 하수 16-4-2 하수관 준설에 필요한 물은 준설토 $1\,m^3$ 에 대하여 물 $2\,m^3$ 를 계상하게 되어 있으므로, 준설토량×2 = 물 공급량이 되며, 물 공급 인부의 품은 따로 가산하는 것이 아닙니다.

9인승 승합차의 손료 등은 엔진 출력을 기준으로 유사 중기 등의 경비를 인용하고 기계가격은 공장도 가격으로 적용하는 방도가 고려될 수 있습니다. 따라서 기계가격은 동 기계의 제조회사에 알아보시는 것이 좋을 것입니다.

제 21 장 하수도 공사

질문 6 ① C.C.TV 카메라에 대한 손료는 있는데 적재차에 대한 손료와 주연료는?

② ⌀800mm 이상에 대한 육안조사는 품이 없어 어떤 것을 참고해야 하는지.

③ 하수관의 유량조사에 대한 품은 어떤 기준으로 하여야 하는지.

해설) C.C.TV 카메라 적재 차량은 작업편성 인원의 수송을 겸한 소형운반 차량 (9인승 승합차)으로 계상하고(손료 및 연료비 등 포함), ⌀800mm 이상의 하수관 육안 조사 및 하수관 유량조사의 품은 제정되어 있지 아니하므로 실적치를 수집하거나 참고문헌을 조사하여 발주청과 협의처리 하심이 가하다고 사료됩니다.

16-4-3 하수관내 C.C.TV 조사

(일 당)

구 분	규 격	단위	수 량	일작업량 (m)	
				신 설 관	기 존 관
중 급 기 술 자		인	1		
초 급 기 술 자		〃	1		
보 통 인 부		〃	2	520	320
자주식 촬영장치	CCTV	hr	8		
적 재 차	9인승 승합차	〃	8		

《주》① 본 품은 800mm 미만의 하수관거 CCTV 조사를 기준한 것이다.
  ② 관로 내외부 지장물(맨홀뚜껑 차폐, 관로내 지장물 등)로 인해 CCTV 촬영이 지연되는 경우 작업량을 감하여 적용할 수 있다.
  ③ 보고서 작성은 별도 계상한다.
  ④ CCTV 외 별도의 기구(가스검출기 등)손료는 필요한 경우 별도 계상한다.

<하수관 준설 및 적용 등에 대하여>

질문 7 건설표준품셈 중에서 제16장 하수편 16-4-2 하수관준설(흡입식)의 작업편성 인력에서, 특별인부 2.2인, 보통인부 1.4인으로 되어 있는데, 다음 사항이 의문시 되어 질의합니다.
　하수관 준설(흡입식)에서 흡입준설기의 적재용량 $q(m^3)$ 를 기준으로 하는 것으로 되어 있는데, 흡입준설기의 운전경비 및 손료의 적용 기준이 없으므로 시공경비는 어느 장비를 기준으로 산정하여야 하는지?

해설 현행 품셈의 하수관 흡입식 준설기에 대하여는 운전사의 구분 및 건설기계가격표 등에도 가격이나 직종의 명시가 없고 흡입준설기의 운전경비와 손료산정이 불가능하게 되어 있어, 시간당 작업량과 노무품 및 5,500ℓ 물탱크 등의 비용만으로 계상해야 하는 어려움이 있는 바, 이는 조속히 개선되어야 한다고 생각합니다.

질문 8 본인은 하수도 준설량을 육안조사 후 준설계획량을 설계에 적용 집행하고 오수배제를 위한 중간 적치장에 적사한 후 오수가 배제된 실제 준설토량을 실측하여 정산처리 하고 있는 바(단, 정산토량은 실제 적치된 토량만을 계상하며, 기타 손실량 및 오수배제로 인한 체적변화율 등은 일체 적용하지 않음), 이에 대한 타당성 여부?

해설 하수도의 준설을 위하여는 흡입식의 경우, 준설토 $1m^3$ 에 물 $2m^3$ 를 공급하고 준설 오니탈수투기처리공법에서는 준설 오니탈수차가 별도 계상되는 등으로 미루어 볼 때 준설토량은 오수가 배제된 체적을 준설작업량으로 계상하는 것이 타당하다고 생각합니다.

제 21 장 하수도 공사　　　　　　　　-623-

질문 9   건설표준품셈 16-4-3 하수관내 CCTV 조사부분에 3항 보고서 작성에 소요되는 품은 어떤 것이 있는지, 별도의 품이 있는지 설명 부탁드립니다.

해 설   하수관내 C.C.TV 조사 품셈《주》③ 보고서작성에 소요되는 품은 별도 계상한다는 것은 동조사를 계약한 상대방에 요구하는 것을 보고하기 위한 것으로, 조사의 목적, 수량, 투입기종 및 작업결과, 참여직종별 인원 등 일체의 작업일보를 보고서 형태로 작성하는 것을 포함하는 것이라고 사료되므로, 해당직종별 인원수×단가로 계상해야 합니다.

질문 10   <CCTV 카메라 적재차량(9인승 승합차)의
　　　　　　　경비산정 기준이 없는 것에 대하여>

해 설   건설표준품셈 제16장 하수, 16-4-3 하수관내 C.C.T.V. 조사에 있어 "카메라 적재차"(9인승 승합차)의 기계가격과 손료 등의 산정기준이 없는 것은 유감입니다만, 그 적용은 표준품셈 적용 방법 1-3 의 "2", "3" 의 기준에 따라 국내 자동차 회사의 "공장도 가격(부가세 제외)"에 적정 경비를 가산한 차량가액을 기준으로 하고, 손료는 소형(2.5 ton)덤프트럭의 손료 $2,901^{(10-7)}$를 참고로 할 수 있다고 생각하며, 유류는 출력을 기준으로 산정하여 적용할 수 있다고 생각합니다.

技術・監理 叢書
土 木 施 工 法
B5・564面・38,000원・全仁植(編著)

공사의 감사 사례를 편찬함에 있어

= 사례(事例)의 분석에 관하여 =

1. 이 사례는 1962년부터 1971년 사이에 감사기관의 처분요구(處分要求)(변상판정, 시정, 주의 등의 요구와 행정상, 제도상 개선 및 징계, 문책 등의 요구)를 유형별로 필요한 기술적인 해당 부문만을 소개한 것이다.
2. 이 사례의 제목 중 ○○ 잘못 설계한 것, ○○ 잘못 계상한 것, ○○이 부당한 것 등으로 되어 있는 것 중에는 제목과 내용이 부합하지 아니한 것도 있는 바, 이는 원 처분의 내용이 잘못되었거나 심리미진(審理未盡)이라고 본 것이다.
3. 이 사례는 설계와 시공에 관한 표준품셈과 그 표준의 타당성 및 개선에 관한 부문에 대해서도 의견을 제시하였다.
4. 처분이 잘못된 것이라고 판단한 부분은 표현상(表現上)의 처분문안에 의존한 까닭에 표현되지 아니한 증거서류(證據書類)의 내용과 합치(合致)되지 않는 것도 있을 것이라고 믿는 바, 오해 없기를 바란다.
5. 이 사례에는 공사명, 도급금액, 시공업자 명을 모두 밝히지 아니하도록 유의하였다.
6. 이 사례 분석 중에는 실제의 사례가 아니나 필요하다고 생각한 것을 필자가 수록한 것도 포함되어 있다.
7. 이 사례는 검사자와 피검사자가 다시는 지난날을 되풀이 하지 않도록 그 판단의 지침이 될 만한 것을 추려 수록하였으므로 이 사례의 모두가 특정기관의 처분요구의 전부가 아니라는 사실을 밝혀 둔다.
8. 현행 법령과 제도와 다른 의견이나 처분내용이 있는 것은 구 법령 또는 제도를 그 시점 기준으로 다른 것임을 양해(諒解)하여 주시기 바라며, 보정시에 변경된 것을 보완하고 주역(註譯)을 더 가필(加筆)하였다.

1971년 8월 감사원 제3국 수석감사관 퇴임과 함께

저 자

공사검사(工事檢査)의 지난날과 내일을 기대하며 !!

감사 착안 사항의 제언 :

건설공사는 그 유별(類別)이 대단히 많다. 우리 주변에서 일어나고 있는 건설공사를 추려 소개하면, 토목공사에 있어서도 도로, 항만, 하천, 댐, 상하수도, 사방, 방조, 방파제, 위생 등과 철도토목, 도시토목, 전신전화, 경지정리, 농지조성 및 개량, 수로 등을 포함한 농업토목과 주택 및 공공건물을 포함한 각종 건축사업 등 많은 분야로서 그 구분도 대단히 많은 유형으로 분류할 수 있다.

이러한 여러 분야의 건설을 위해서는

첫째, 지형, 지질, 환경, 교통의 편리여부, 건설의 목적 등에 따라 채택할 공법과 기초자료의 조사 등을 위한 조사, 측량이 있게 되고, 그 다음에 설계를 하게 된다.

이 설계까지의 과정이 설계용역을 전담하는 용역분야에 해당되고,

그 설계에서 공수(工數) 및 재료의 수량이 확정되면 그 다음에 단가의 적산이 되는 바, 단가의 적산방법은 많은 요인이 함께 검토되어야 한다.

감사는 현행 품셈과 제경비 적산 기준에 따라 적산하게 되므로 그 적용기술에 따라서 공사비의 차가 있을 수 있게 된다.

공사비의 구성은 크게 나누면 직접비, 간접비, 부대비와 이윤으로 적산되고, 그 값은 재료인 때, (재료수량 × 단가) + (공수, 즉 인원 × 노임단가) + (제경비 손료와 공사잡비) 등으로 구성되며, 이를 설계가격으로 정하고 이 설계가격에서 계약담당자가 적당하게 금액을 조절한 값을 예정가격으로 정한 다음, 입찰에 붙여지게 되는 것이다.

입찰방법에 대해서는 일반경쟁, 지명경쟁, 수의계약 등의 방법이 있으며, 그때마다 입찰인유의서 등으로 입찰에 관한 방법과 주의사항 등을 환기하게 하고, 현장의 안내와 설명을 한 다음, 공사수량과 재료량 지급품의

수량 및 인도지 등에 관한 설명을 하고 투찰(投札)한 것을 입찰보증금과 면허 또는 위임의 타당성, 투찰액 등을 조사, 검토하고 최저가를 낙찰자로 선언하고 계약을 체결하게 되는데, 이때 공사의 내역서, 설계설명서, 시설 공사계약 일반조건과 특수조건을 모두 수락하고 계약을 체결하게 되는 것이다.

이와 같은 과정에 대한 공사의 검사는 그 첫 단계인 조사, 측량, 설계의 분야에서부터 시작하여 준공된 다음의 하자보수 의무의 이행 여부에 까지 이르고 있는 바, 그 검사의 분야와 착안사항 등은 실로 많은 분야에 속한다고 할 수 있다.

입찰을 공고하였을 때, 입찰의 공고와 입찰일까지의 기간 중 순 공고일수가 몇 일간이냐 하는 것에서부터 공고기간을 부당히 단축한 사례는 없는가? 하는 것 등도 검토하게 되는 것이다.

그 다음에 입찰공고의 내용이 국가계약법 시행령에 열거한 내용을 충족케 하였는가? 하는 점을 검사하게 된다.

경쟁참가자격자를 부당히 제한한 것은 없는가? 입찰보증금의 국고귀속에 관한 사항과 입찰보증금을 현금 또는 특정은행의 보증수표로 제한한 것은 없는가?

입찰무효에 관한 사항을 예외적으로 까다롭게 한 것은 없는가? 하는 점에 유의하게 되고, 기타 투찰방법, 입찰의 무효 등에 관한 사항까지를 규제하고 있으므로 그 타당성 등이 검토되어야 한다.

그 다음 예정가격과 설계금액과의 총액에 관한 부문 중 차액의 범위에 대한 개요를 검토하게 되며, 공사종류별 잡비율에 대한 비율의 타당성이 검토되는 것이다.

이미 언급한 것과 같은 개요를 우선 검토한 다음, 설계에 대한 검사를 하게 되는데, 공사의 경우는 이와 같은 계약 이전의 사항이 검사에서 소홀히 취급되고 있는 것이 오늘날의 실정이다.

그러나 검사에 있어서는 지명의 타당성과 수의계약의 타당성을 분석하여 경쟁에 붙이는 것을 원칙으로 하고 있는 국가계약법의 정신에 따르지 아니한 것을 꼬집어 비난하여 보다 많은 시공업자가 균형 있는 참여가 되도록 하여야 할 것이라는 점을 강조하는 바이다.

지명경쟁에 있어, 어느 업자는 ○○도로공사에서 적어도 6~7차의 입찰에 지명되어 있었으나 낙찰된 경우는 없었다. 그렇다면 지명은 되었는데 왜 단 한 건도 낙찰이 되지 아니하였는가!

결국, 그 업자는 불건실한 것이 아닌가, 즉 지명받을 만한 자격에 부족함이 있었던 것이 아닌가?

항간에서는 지명의 편성에 관한 유언(流言)이 있는데, 이 유언을 그대로 넘겨 버릴만한 것이 아니라는 점을 우리는 알아야 할 것이다.

지명이 공정을 잘못하였다고 하면, 계약이전에 이미 공사가 잘못될 소지를 스스로 마련하게 된 것이라고 보아야 하는 것이 아닌가? 입찰과 지명 낙찰 등 과정을 주의 깊게 살펴야 할 것이라고 믿는다.

설계의 타당성에 관한 감사는 그 다음의 과정에 속한다.

즉, 앞에서도 고찰한 바와 같이 공사의 **재료수량×단가, 노력공수×노임단가**에서 검사자는 수량의 정당성 여부보다도 단가를 검사하는데 더 매력을 느끼고 있다.

수량의 적산은 설계서를 분석하여야 하고, 또 까다로운 계산을 거쳐야 하기 때문에 단가계산의 타당성을 검사의 역점으로 삼는 실정이며, 노력공수는 표준품셈이 물량중심으로 편성되어 있는 까닭에 그 공수를 예시하면 보통토사로 설계하여야 할 것을 견질토사로 계산하여 상대적으로 품이 더 소요되게 하지 아니하였는가 하는 등이며, 노임단가는 실제시세 노임보다도 적으나 이에 대한 것은 논외로 하는 검사가 일방통행이 되고 있는 실정이다.

이와 같은 일방통행식의 검사는 바로 잡아야 할 때라고 본다.

단가의 산출근거에 있어서도 품셈과 중기의 제경비 및 작업량 계산 기본식에 따라 계산하였다고 하나, 실제와 대등한가 하는 점에 착안하게 되므로 검사의 시기가 언제인가에 따라 검사결과도 다르게 되는 실정이다.

즉, 검사관이 도착한 때 그 전일에 많은 강우가 있어 하상(河床)을 확인

할 수 없었거나, 작업이 곤란하였을 때, 언제나 이런 것은 아니므로 효율, 작업거리 등의 수정문제가 설왕설래 하다가 흐지부지 되거나 할 때도 있고, 어떤 때에는 보통 조건이 불량하다가도 몇 일 전에 강우로서 니토(泥土)가 씻겨 내려갔기에 깨끗한 골재를 얻을 수 있다고 하여 지난날의 모든 것은 조사 부실로 인한 것이라고 단정하고 현재의 여건대로 설계변경하라고 요구하는 사례도 있다는 것이다.

설계자가 설계 당초에 이물(異物)의 혼입에 관한 시험결과 등을 비치하고 있다고 해도 이를 믿지 아니하는 풍토가 아쉽다.

이와 같이 검사가 검사자의 심증에 따라 가름된다는 점을 생각해 볼 때, 검사자나 피검사자는 한심한 일이라고 표현할 수도 있겠다.

그 뿐만 아니라 단가산출근거는 최근 몇 년 전까지도 연필로 설계한 비계약문건인 자료에 불과함에도 그에 따라 설계의 변경에 관한 문제가 제기될 수도 있다는 점이다.

공사의 검사 시 도로의 포장면을 굴취하거나 석축의 뒷채움을 확인하거나 하는 등의 검사에서도 외모(外模)의 검사에서 포장의 굴취 두께보다는 골재의 배합비율, 아스팔트의 혼합량, 혼합의 상태, 다짐 밀도 등을 과학적으로 거증(擧證)하여야 할 것이고, 석축인 때에는 적에도 석질에 관한 것과 뒷채움도 그 두께보다 수량 등에 이르기까지 재질과 함께 비탈구배와 설계구조 등에 이르기까지 검사되어야 할 것이다.

설계의 검사에 이은 시공의 검사가 위와 같이 단순한 구조에서 끝내고 그 다음이 전년도 또는 기왕에 시공한 것의 하자부분의 검사에 역점을 두고 잔디가 고사하였다, 잡초가 많이 혼입되어 있다, 하는 것까지를 들추어 내는 것은 좀 곤란한 것이 아닌지!!

설계단가의 타당성 검사에 있어서도 각개의 사항별로 이를 계산하는 까닭에 타 공종과의 조합이 고려되지 못하고 있음은 불합리한 수박 겉핥기와 코끼리 등 만지기 식의 검사가 되기 쉬운 것이다.

이러한 불합리한 설계의 검사방법이 성행되고 그 처분도 일부 잘못된 것이 있게 되면 보다 과학화되고 차원 높은 양식의 판단이 있어야 하겠다는 것을 바라게 된다.

예를 들면, 토공의 불도저 작업에 있어, 절취 작업거리가 통상 50 m 상당이었으며, 하천의 축제에 관한 도저 작업은 50～70 m 까지 적용하였다. 그러나 수년간의 감사에서 자주 비난되어 이제는 40 m 에서 30 m 로 내려 왔다가 15～20 m 에까지 이르렀는데, 필자가 알기로는 15 m ～ 20 m 의 작업 실평균거리를 구하여 비난한 예는 거의 없었으면서도 이와 같이 작업반경만이 적어지게 되었다.

그와 같이 작업반경이 작아졌으면 그 절취한 토석을 이동할 운반장비의 진입로와 작업의 난이도 및 단 구간 작업으로 인한 타중기와의 조합에 관한 부문이 감안된 검사가 되었었는가를 생각해 볼 때, 불행하게도 없었다는 점에 유의하여야 한다.

공사는 자연 그 상태를 인위적인 공사 또는 변조함으로써 인간의 생활 쾌적화를 위하여 창조하는 슬기로운 역사(役事)이며 이는 국민경제의 향상에 발맞추어 창달되어 국가경제의 발전에 도움이 될 사회간접자본의 확충 함양에 있는 것으로서 동 사업은 거시적인 관점에서 평가되어야 하는 것이다.

이 사업에 관여할 기업인 또한, 그 스스로가 사회에 기여한다는 정신과 특히 국민의 혈세가 그 사업의 자원으로 조성된 것이라는 책임과 의무감이 있어야 하고

그 사업의 건전성을 검사하는 공무원은 동 사업이 사회간접자본의 건전한 조성과 확충 함양에 이바지 되고 그 품질은 영구히 존재할 수 있어야 하는 보장이 있고 또 기업의 최소한의 이윤이 보장되어 계속하여 동 사업이 함께 발전할 수 있는 한계에 관한 것 까지를 검토할 줄 알아야 할 것이다.

장사하는 사람이 이윤이 많이 남는다고 말하는 사람이 없을 것이다. 그러나 이윤이 많이 남지는 아니하여도 적당한 관리, 통제를 하였음에도 손해를 보도록 설계하여서는 아니 될 것이 아닌가.

여기에 필자는 몇 가지 점을 제안한다.

첫째, 현행 물량중심의 재료수량을 규제한 품셈, 즉 부패(掛), 노력공(勞

力工)의 품과 계산의 셈이 물량중심에서 사람을 비롯한 모든 공사용장비가 활동하는 것에 따라 활동별 시간단위 계산방식으로 모두 전환되어야 비로소 신공정관리기법인 P.E.R.T./time 을 구할 수 있고, 그래야만 P.E.R.T./cost 를 구하게 되어 상대적으로 원가도 인하하게 되는 것이 아닌가 한다.

 미국이 1958년에 P.E.R.T를 실용할 때에도 초기에는 오히려 보상을 하는 방향에서 이의 개발이 되었음에도 우리는 아직도 일부 Gantt 식 횡선식 도표에 의존하여 공정계획이 무의미한 형식적인 여건을 답습하는 것은 청산되어야 할 시점이 이미 지났다고 보고 있으며, 토목기상문제조차 고려하지 아니하고 10월에 계약하여 다음해 3월까지 콘크리트 공사를 하게 하면서도 혼화제와 염화칼슘 및 보온과 가열비용 등의 대책을 계상하지 아니하고 콘크리트는 10℃ 이하에서는 타설할 수 없음에도 불구하고 이를 타설하여 시공이 조잡하고 하자가 발생하였다고 하여 재시공 또는 보수하라고 요구한 사례 등도 있는 정도이니 누가 무엇을 어떻게 잘못한 데 있는 것인지 아리송하다.

 이때, 왜 계약을 하였는가, 보온과 혼화제가 있어야 한다는 것은 상식적으로 알 수 있는 것이기에 계약자의 잘못이 더 크다고 한다면 그것도 그대로 논리는 타당할 것이다. 그러나 주어야할 것을 주지 아니하고 성과만을 요구한다는 것도 논리가 타당한가, 독자 여러분의 양식 있는 판단에 맡긴다.

 둘째, 중기류의 작업에 있어서 모든 공사용장비는 그가 단독으로 작업하는 것이 아니고 인력, 또는 동력, 또는 타중기와 함께 목표에 이르도록 편성운영되는 것이다.

 예를 들면, 도로의 축조와 포장공사에 있어 불도저의 트레일러 반입에서부터 도저의 굴착(제토포함), 인력싣기, 호퍼싣기, 로더싣기, 덤프트럭 운반, 또는 스크레이퍼 운반, 부리기, 도저 고르기, 그레이더 고르기, 각종 롤러 다짐 등 많은 장비가 이를 다짐하면 그때까지 미리 크러셔 장에서 생산한 조세골재를 성토 위에 부설(敷設) 다짐한 보조기층 위에 운반하여 깔고 다지며, 아스팔트 플랜트에서 아스팔트와 골재가 혼합된 아스팔트 콘크리트를 가열된 채로 식기 전에 피니셔에 운반하여 피니셔가 포설하면 그 위에 뒤따르는 롤러에 의하여 다짐이 되게 하여 고결케 하는 것으로서 이와 같은 작업과정에서 공정간에 배치한 장비가 서로의 기능을 다하지 못하면 모든 장비가 상대적으로 쉬게 되는 결과를 가져온다.

즉, 흙을 운반하여야할 스크레이퍼나 덤프트럭이 흙을 반입하지 못하면 다짐 장비가 쉬게되고, 피니셔가 고장(故障)되면 아스팔트 플랜트와 로더가 모두 쉬지 아니하면 아니 된다는 점 등으로 조합이 큰 비중을 차지하므로 공정 중 성과를 어느 중기가 다 하는가에 따라 조합이 되게 하여야 하는 것으로서 토공에서는 절취와 운반, 포장에서는 피니셔와 플랜트의 능력에 따라 타중기의 조합배치가 되도록 고려하여야 할 것임에도 설계는 각 장비의 최대능력에 따르도록 설계하고 있음은 잘못이므로 제도적 개선이 있어야 할 것이다.

셋째, 검사에 있어서도 오늘날까지 대부분의 검사예(例)에서 운반거리 50m를 45m로 수정하라는 것이거나, 도저의 작업거리를 5m 또는 10m를 적게 하라는 것, 또는 중기의 효율을 0.6에서 0.65로, 또는 0.65를 0.68로 올리라는 것 등은 효과의 백분비율인 효율(Efficiency)을 60%로 보아 0.6의 계수를 설계하였는데, 이를 63%, 또는 65%로 올려야 한다고 주장하는 근거가 어디 있는지를 밝히지 아니하고 현장조건으로 보아 0.63 또는 0.65로 하여야 할 것이다 라는 식의 검사방향은 시정되어야 할 것이다.

설계자가 60%로 계산한 근거를 소명(疏明)하지 못한다고 하여도 이를 63% 또는 65%로 설계하지 아니하면 아니 된다는 근거를 밝히지 아니하고서 현장조건이라고만 한다면 이는 잘못된 편견(片見)이라 하지 아니할 수 없는 것이다.

검사는 공정하고 상대방이 납득할 만한 근거의 제시를 하여야 하며, 상대방이 반증(反證)을 게시하지 못하였다고 하여 자기 주장이 옳다고 판단할 수는 없는 것이 아닌가?

앞으로는 수검사도 현장조건 등 작업에 관한 모든 인자(因子)를 검토하고 그 근거를 마련하도록 하여야 할 것이다.

적어도 지난날과 같은 수동적인 수검에서 탈피(脫皮)하여야 할 것이며, 검사자도 자성(自省) 있기를 촉구한다.

지난날의 검사가 이와 같이 불합리하고 부조리한 가운데 이루어졌으므로 외형상으로 외모에만 치중하게 되었는바, 이와 같은 과거는 청산되어야 할 것이며,
품셈도 물량중심에서 활동중심으로 모두 개선되어야 하고,
따라서 노임도 현실화 되어야 한다는 점을 강조한다.
품셈만이 활동중심으로 개선되어 노력공사에 조금도 여유(餘裕)가 없어지고 노임이 현실화 되지 아니하면, 균형(均衡)이 잡히지 않는 까닭에 실용할 수가 없게 될 것이다.
또, 모든 부대비용에 계상되어야 할 많은 본지사(本支社)의 경비와 현장제경비의 요인이 검토되지 아니하면 아니 될 것인바, 이에 대하여는 필자의 기간(既刊) 토목시공관리의 제비용 인자(因子)가 적어도 양성화되어야 할 것으로 믿는다.

이와 같이 검사는 실제 위에서 이루어질 때 보다 건전한 품질의 보장이 있게 될 것이라고 믿는 바이며, 참고로 토공의 비용을 몇 가지 추려 검토하고 끝맺으려 한다.
이 부분에 관한 여러 문제점 등은 이 원고 각장의 사례 분석으로 소개하였는바, 이를 검토함으로써 많은 의문점을 스스로 해결할 수 있게 될 것이다.
토공의 비용은 굴착비용, 싣고부리기 비용, 운반비용, 운반로의 유지수선비용, 사토고르기 비용, 다짐비용, 잔디심기비용, 기계기구의 손료, 감독 및 관리비, 잡부임금, 이윤 외에 가설공사 제비용의 계산은 채취 및 구입 등의 재료비와 단가(구입 또는 생산) 노력공수(勞力工數)의 계산에 따라 많은 차가 있게 되고, 그 중기의 수행방법에 따라서도 많은 차가 있게 되므로, 이에 관한 각 공종별 경비적산의 근거 등은 필자가 저술(著述)한 기간(既刊) 토목시공관리 각 장 등에서 구하도록 하면 참고가 될 것이므로 생략하나, 토공의 비용에 있어서도 위와 같이 많은 비용과 세분비용이 있다는 사실을 알아야 한다.

지난날의 검사방법과 방향이 건전하였다고 자부할 수는 없을 것이다.

그렇다면 개선의 여지가 있는 것이 아닌가 할 때, 검사자와 수검자는 다함께 편견을 버리고 아전인수(我田引水)격인 자기나름대로의 고집(固執)을 서로 버리고 현장의 제요인을 깊이 파악하여 공동의 관심사(關心事)를 해결하는 방향으로 이끌어져야 할 때가 되었다고 믿는다.

작금에 이르러 공사를 둘러싼 시(是)와 비(非)가 많이 엇갈리고 있음을 듣고 있는 바, 여기에서도 이 원고가 평가한 것을 외면하는 사례도 있다 하니 매우 안타까운 마음 금할 길 없다.

사회정의는 시대감각(時代感覺)에 따라서 변하는 것이 아니라고 보아야 하며, 자연과학의 소산인 공사에 대하여서는 더욱 인위적인 조작에 가름되어 당(當)과 부(否)가 가려지는 것은 아니므로, 현정(賢政)의 마음가짐이 더욱 바라지는 것이다.

밝은 내일을 위하여 검사자나 피검사자가 보다 격의(隔意)없는 연구 계발(啓發)을 바란다.

제Ⅱ편 건축·기계·전기공사 부문

제1장 벽돌 및 블록 공사

제1절 벽돌 공사

<벽돌의 규격 절단 및 감모 시공품 등에 대하여>

질문 1 벽돌쌓기에서 벽돌의 절단으로 인한 감모 손실이 있게 되므로, 이에 대한 할증이 따로 가산되어야 할 것이라고 사료되는 바, 귀견?

해설 벽돌의 할증은 붉은 벽돌과 내화 벽돌은 3%, 시멘트 벽돌은 5%로 규정되어 있어 설계수량(개구부 제외)에 할증을 가산 함으로써 절단 감모 등을 보전할 수 있게 하고 있습니다. (품셈 1-9)

질문 2 적벽돌 견출 1종에 대한 규격과 허용치에 대하여 알고자 합니다. 저의 생각에는 190×90×57의 규격에 흙의 성질, 온도에 따라 똑같은 규격의 생산은 불가할 것으로 아는데 시공주 측에서 허용치가 없으니 규격품만 골라 시공하라고 하니 거북스러우나 질문을 드립니다.

제1장 벽돌 및 블록 공사

해설 벽돌의 규격 및 허용치 등에 대하여는 한국산업규격 KS L 4201(보통벽돌), KS L 4201(벽돌의 화학적 저항선시험 방법), KS F 2447(벽돌과 점토타일 시료채취 및 시험방법) 등에서 규정하고 있으니 참고하십시오.

질문 3 벽돌의 소운반에서, 품셈에는 5층까지 1,000매당 품이 규정되어 있으나 7층 이상의 경우가 많고, 또 공사용 엘리베이터로 운반할 때 품을 계산하기 어렵습니다. 방안은?

해설 4층과 5층의 품 차이는 0.23인씩이므로 한 층에 0.23인씩 비례로 가산하면 되고, 공사용 엘리베이터 운반의 경우는 층별로 반입되므로 물량 가중평균거리 20m를 넘는 경우에 소운반비를 계상하면 됩니다. 이때 리프트를 사용할 때에는 건축공사 표준품셈 8-2에 따라 계상하고 리프트의 경비를 적산하여야 합니다.

질문 4 벽돌 쌓기 공사에서 벽돌 소운반 및 모르타르 비빔공은 별도 계상하게 되어 있고, 모르타르 소운반품은 포함되었다.에 의한 모르타르 비빔공 계상기준은 어떠합니까?
건설표준품셈 6-1-2 모르타르 중 1:3 모르타르의 인부로 계상할 수밖에 없는데, 그렇게 되면 모르타르의 소운반이 중복되게 되므로 이의 해결 방안은 어떠합니까?

해설 1:3 모르타르의 경우, m^3당 보통인부의 품은 1.0인이며, 이 품에는 기구 손료 및 소운반품이 포함되어 있고, 벽돌쌓기에서 모르타르 소운반품이 포함되어 중복 계상이 되는 바, 소운반거리 15m로 볼 때(t=1분) 1일 262회 왕복이 되므로 1회 50kg×262 = 13,100kg ÷2,100kg/m³가 소운반 품으로 추정되므로 1.0-0.15 = 0.85인/m³가 모르타르 비빔품이 된다고 보아야 합니다. 그러나 이와 같이 품을 수정 계상해야 하는가는 현실적인 문제가 될 것입니다.

<치장 벽돌쌓기 및 외벽 위험 할증 등에 대하여>

질문 5 지하철 공사에서 내장공사에 치장 벽돌쌓기를 아치쌓기, 완자쌓기, 세워쌓기 등으로 일반적인 벽돌쌓기가 아닌 특수성이 있는 공사입니다. 품셈의 적용 방법은?

해설 현행 품셈은 보편적인 공법에 적용되는 것으로서, 특수한 공사는 제1장 적용기준 및 방침에 특수품셈을 제정 적용할 수 있는 길이 열려 있습니다. 참고로 문화재 공사에 적용하는 품을 비교하심도 좋은 자료가 될 것으로 추천합니다.

질문 6 건축공사(10층)의 벽돌쌓기에서 외부를 0.5B 공간쌓기로 시공함에 있어(1층의 높이는 2.7m 임), 외부에 고압벽돌 0.5B 쌓기를 외부비계 매기 후 쌓도록 시방서에 규정하고 있으므로, 7.2m 이상 부분에 대하여 품 30%를 가산할 수 있는지요?

해설 1층의 높이가 7.2m 이상인 때에 시공 난이도를 감안하여 품의 30%를 가산하게 된 것으로 보아야 합니다. 이 경우는 특기시방에 외부비계 매기 후 쌓도록 규정하고 있어 품의 가산 필요가 있는 것으로 보이나, 이는 사실인정의 문제가 됩니다.

[질문 7] 귀사 발행 품셈의 벽돌치장쌓기 및 줄눈품셈 중 표준형쌓기의 시멘트량이 건설부품셈과 다르게 규정되어 있는 바, 그 해명을 바랍니다.

[해설] 치장 쌓기용 모르타르의 배합비는 1:3으로서 m^3당 시멘트량은 510kg이고, 치장줄눈용 시멘트량은 m^3당 1,093kg이 소요됩니다. 따라서 이를 환산하면 우리 회사 발행 품셈의 수량이 정당하오니 참고하시기 바라며, '87년도에 건설부의 품도 폐사의 것과 똑같이 개정되었으므로 이제는 모두가 같습니다.

[질문 8] 벽돌의 규격이 표준형 190×90×57mm 이고, 기존형은 210×100×60mm로 품셈에 명시되어 있는데 규격이 약간 다르다고 해서 일일이 확인한 다음 시공하라고 합니다. 보통 큰 일이 아니오니 교시바랍니다.

[해설] 벽돌, 점토벽돌(Clay brick)의 규격은 KS L 4201에 미장벽돌 1, 2, 3종과 유약벽돌 1, 2, 3종이 규정되어 있습니다.
　　치수는 길이 210과 190에서 ±5.0의 허용차
　　　　　나비 100과　90에서 ±3.0　　〃
　　　　　두께　60과　57에서 ±2.5　　〃
로 규정되어 있으며, 이 수치 이외의 것에 대하여는 당사자 사이에 협정하도록 하고, 그 경우도 ±1.6 ~ ±7.1까지의 허용차가 있으니 허용차 범위 이내의 것은 무방하다고 생각합니다.

제 1 절 벽돌공사

질문 9 내화 벽돌쌓기에서 내화 모르타르는 내화벽돌 1,000매당 300~540kg으로 규정되어 있고, 《주》③에는 내화벽돌 중량의 10~15% 내외라고 하였는데 내화벽돌의 비중은 얼마이며 그 조건여하?

해설 내화벽돌의 표준형 치수는 길이 230, 나비 114, 두께 65 mm 로서(KS L 3101) 부피비중은 1종이 2.0이상, 2종 1.95이상, 3종 1.90 이상이고 압축강도(kg/cm^2)는 200 이상 입니다. 이에 따르면, 1장은 $0.23 \times 0.114 \times 0.065 = 0.001704\,m^3$, $0.001704 \times 1,000 = 1,704\,m^3$, $1.704\,m^3 \times 1.95$(비중) $= 3.3228\,ton$ 상당이 됩니다.

즉, 1,000장의 중량이 약 3,300 kg로서 10%는 330 kg, 15%는 498 kg ≒ 500 kg이며, 모래할증 6%, 시멘트 할증 3%의 평균인 4.5%의 할증을 가산하면 $330 \times 1.045 = 345\,kg$, $498 \times 1.045 = 520\,kg$ 상당으로 비슷한 계산이 됩니다.

여기서 내화 모르타르를 비빔한 m^3로 표기하지 않고 kg 단위로 표기하여 시멘트의 단위로 착각하기 쉬우나 내화용 소요 배합재료의 혼합량인 모르타르를 말하는 것으로 이해해야 합니다.

<규격 이외의 벽돌 산출>

질문 10 건설표준품셈 제23장 벽돌공사에서 표준 규격이 아닌 벽돌인 경우 m^2당 또는 m^3당 소요량을 산출하는 공식이 있으면 편리하겠습니다. 답변 바랍니다.

해설 건설표준품셈에는 표준형과 기본형의 벽 두께별 m^2당 정량과 표준규격이 아닌 4개종의 벽 두께별 m^2당 정량이 규제되어 있으나, m^3당 매수 등은 규제된 것이 없습니다. 벽돌매수의 산출은 면적에 의할 때와 체적에 의할 때가 있으며, 그 계산식은 다음과 같습니다.

◎ 면적에 의할 때

$$\text{소요개수(개/m}^2) = \frac{1}{(l+n)(d+m)}$$

여기서, l : 벽돌의 길이(m) m : 가로줄눈의 폭(m)
　　　　d : 벽돌의 두께(m) n : 세로줄눈의 폭(m)

〈예〉 벽돌의 크기 210×100×60mm 기존형의 경우, 줄눈 폭을 품셈에 맞추어 가로, 세로 10mm이고 0.5B 쌓기인 때

$$\frac{1}{(0.21+0.01) \times (0.06+0.01)} = 64.9\,\text{매} \fallingdotseq 65\,\text{매/m}^2 \text{ 품셈의 매수와 동일 함.}$$

1.0B 쌓기인 때 65매×2 = 130매, 3.0B인 때 65매×6 = 390매임.

벽돌의 크기 190×90×57mm 기본(표준)형인 때 0.5B 쌓기

$$\frac{1}{(0.19+0.01) \times (0.057+0.01)} = 74.6\,\text{매} \fallingdotseq 75\,\text{매/m}^2$$

1.0B 쌓기인 때 74.6매×2 = 149.2 ≒ 149매, 3.0B인 때 74.6매×6 = 447.6 ≒ 447 매가 됨.

◎ 체적에 의할 때

$$\text{소요개수(매/m}^3) = \frac{1}{(l+n)\,b\,(d+n)}$$

여기서, l : 벽돌의 길이(m)   　d : 벽돌의 두께(m)
　　　　m : 가로줄눈의 폭(m)　n : 세로줄눈의 폭(m)
　　　　b : 벽돌의 폭(m)

〈예〉 0.5B 쌓기인 때, 벽돌규격 210×100×60mm 기존형의 경우

$$\frac{1}{(0.21+0.01) \times 0.1 \times (0.06+0.01)} = 649.35\,\text{매} \fallingdotseq 650\,\text{매/m}^3 \text{ 로 계산됩니다.}$$

제 2 절 블록공사

<시멘트 보도블록의 강도 및 현장 생산 등에 대하여>

질문 1 건설품셈 24-6 시멘트 보도 블록의 제작에 있어 300×300×60 mm 기준으로 소요압축 강도는 40 kg/cm² 기준으로 규정되어 있는데, 이는 낮은 수치가 아닌가요.

해설 KS F 4001 보도용 콘크리트판(Side walk concrete slabs)에 의하면, 골재의 최대치수는 19 mm 로, 물·시멘트비는 25 % 이하로 압축기 사용 성형으로 제작하도록 규정되어 있으며,

A형 300×300×60 mm
B형 330×330×60 mm } 허용차 ± 2 mm 로

휨강도는 A형 1,200 kgf (11.77 KN)
(하중)   B형 1,300 kgf (12.75 KN)

흡수율 5 % 이하 등으로 규정하고 있으며, 압축강도는 따로 규정된 바 없습니다.

※ kgf는 킬로그램 힘의 약 기호로서 환산율은 1kgf = 9.80665 N 킬로파운드(kp)라고도 합니다.

N = 뉴턴으로 1N = kg·m/s² 이니 휨강도를 미루어 환산하시기 바랍니다.

질문 2 속빈 시멘트 블록을 공장생산이 아닌 현지 마사토로 제작하여, 이를 간이 건물의 담장 등에 사용하게 되어 있는데, 규격의 기준을 알고자 합니다.

해 설   KS F 4002 규격에 의하면 속빈 시멘트블록(Hollow concrete Blocks)은 길이 390, 높이 190, 두께 190, 150, 120, 100 등 4종이 규정되어 있고, 허용차는 모두 ±2로, 그 제작용 골재는 다음과 같습니다.

체의 종류 (mm)	10	5	2.5	1.2	0.6	0.3	0.15
통과량(질량/%)	100	65~85	45~65	30~50	20~40	10~30	5~20

여기서, 제작 참고사항으로 3, 4 시멘트 사용량은 시멘트 블록의 압축강도, 내구성, 안전성 등을 고려하여 220 kg/m^3 이상(시멘트블록 정미 체적)으로 한다. 라고 규정하고 있습니다.

[참고] 시멘트 사용량 220 kg/m^3 이상은 시멘트 100 kg 보다 시멘트 블록의 정미 체적에 대하여 아래 참고 표에 나타내는 제작갯수 이하로 한다.

시멘트블록의 정미체적 ℓ	5.0	5.5	6.0	6.5	7.0	7.5	8.0	8.5	9.0	9.5
제 작 갯 수	90	82	76	70	64	60	56	52	50	48

등이며 성형, 양생 등에 대하여는 관련 규격을 참고하십시오.

<블록의 할증 가산 매수 기타에 대하여>

질문 3   블록 쌓기 공사에서 기본형의 소요량은 13매로서, 이에는 할증률 4%가 가산되어 있다(줄눈나비 10 mm)라고 규정되어 있는데, 건축적산학(S모교수 저)에는 소요매수에 3%를 할증하여야 한다고 하고, 매수는 12.5매라고 하는 등 2설이 있습니다. 1m^{2}당 블록의 정미 수량은 얼마인가요?

제2절 블록공사

해설 1 m² 당 블록의 정미량은 12.5매이며, 여기에 4%를 가산하여야 하므로 m² 당 블록의 매수는 13매가 되는 것임.

$$(12.5 \times 1.04 = 13매)$$

질문 4 시멘트 보도블록은 300×300×60 mm 로서 1,000매의 체적은 5.4 m³ 인 바 시멘트 2,068 kg은 m³ 당 382 kg/m³ 상당으로 1:2:4 콘크리트 보다 강도가 큰 것으로 사료됩니다. 여기에 시멘트, 모래의 할증을 가산할 수 있는지요?

해설 할증량이 가산된 것으로 따로 가산할 수 없습니다. 시멘트 기타의 성질로 보아 강도가 상당한 것으로 보아야 하나, 두께 60 mm 에 불과한 점을 이해하시기 바랍니다.

<최신판>
건설기술 · 관리 법령 · 지침
국가 계약 법령 · 계약 예규

A5 · 약 1,200面 · 積算硏究會 編

<수록 내용>
건설기술 · 관리법령 · 지침
- 건설산업기본법 · 시행령 · 시행규칙
- 건설기술 진흥법 · 시행령 · 시행규칙
- 시설물의 안전관리관계 법 · 령 · 규칙
- 하도급 거래관계 법 · 령 기타
- 건설근로자의 고용개선관계 법 · 시행령 · 시행규칙
- 건설관련 [훈령 · 고시 · 기준 · 지침 등 21종 수록]

국가계약법령 · 계약예규
- 국가계약 법령 · 시행령 · 시행규칙
- 지방자치단체 계약 법령 · 계약예규 등 총 20종 수록

-건설연구사 刊-

제 2 장 타일 및 목공사

제 1 절 타일공사

<타일 시공법이 변경되다>

질문 1 발주 당시에는 타일 바탕 고르기 품이 포함되었고, 그 뒤에는 바탕 고르기 품이 별도 계상하게 되어있는 바, 저희 타일공사가 압착에서 떠붙이기 공법으로 변경이 된 경우, 바탕 고르기 품이 별도 계상되어야 하는지요? 또한 공법 변경이 없어서 바탕 고르기 품을 과다설계로 감액시킨다면 바탕 고르기 품을 어떻게 적용하여야 하는지요?

해설 건설표준품셈은 정부 및 공공기관 등에서 시행하는 건설공사의 일반적이고 보편적인 기준만을 규정한 것으로서, 정부 등에서 시행하는 공사의 예정가격 작성을 위한 기초 자료이므로 계약된 공사의 설계변경 등에 대한 기준을 규정하고 있지 아니합니다.

따라서 귀 질의는 설계변경 등 계약내용의 변경에 관한 사항으로 판단되므로 계약업무에 따라 결정하여야 할 사항으로 사료됩니다.

<시중거래 평당 매수 기타에 대하여>

질문 2 내외장용 타일의 설계상 평당 매수와 실제 시장 거래상의 평당 매수 차이점 해결은?

[해설] 설계상 평당 매수와 시장 거래상의 평당 매수가 다른 것은 공장생산 과정과 상품 포장의 문제이므로 품셈상의 문제는 아니라고 생각합니다.

[질문 3] 귀사 발행 제25장 25-1의 줄눈 크기와 타일매수표(장/m² 당)는 할증이 가산된 매수인지 아니면 정미 매수인지요?

[해설] 정미 수량의 매수를 나타낸 것입니다. 따라서 할증이 가산되어야 합니다.
〈계산 예〉
100×100 mm 정사각형 타일, 줄눈나비 10 mm 인 때 110×110 = 12,100 mm² = 0.012 m² 1 m² ÷ 0.012 m² = 83.33 매/m² 이므로 정미 매수임을 알 수 있는 것입니다.
타일매수 표에 의하면 바로 83 매/m²를 구할 수 있음.

(현행 품셈에서는 삭제되었음)

[질문 4] 클링커 타일붙임에 있어 미끄럼 방지 타일을 붙여야 하는데 품이 없어 질의합니다.

[해설] 미끄럼 방지 타일을 m² 당 품이 아니고 m 당으로 타일 매수를 환산하여 적용하여야 하며, 1장이 약 15 cm 라고 볼 때 6.67 매/m 이나, 일반적인 할증률 3% 상당을 적용한 때 7매(6.87)/m당 정도이고, 시멘트 0.87 kg, 모래 0.0003 m³/m 상당으로 타일공은 클링커 타일공의 붙임 품의 단위로 환산하여 적용하면 될 것입니다.

제1절 타일공사

질문 5 P.C 패널 등에 타일 먼저 붙임공 등이 많이 쓰여지고 있는데 이에 대한 품이 없어 고심하고 있습니다. 이에 대한 품셈은 어떻게 적용해야 하는가요.

해설 표준품셈에 규정되어 있지 아니한 것은 표준품셈 제1장 1-3 적용방법 3. 4. 항에 의거, 품셈의 목적에 부합되도록 결정 적용할 수 있으므로 권위 있는 기관의 실사치에 의한 품셈을 제정 사용하거나 상응한 외국의 문헌 등에서 발취 사용할 수도 있습니다.

질문 6 건축공사에서 계단 자기질(磁器質) 타일붙임을 하는 공사가 많은데 이의 설계를 하기 곤란하여 질의 합니다. 즉, 수장 공사와 금속공사를 준용할 수도 없고, 클링커타일 붙임의 준용도 곤란한 실정입니다.

해설 앞의 질문에서 타일의 m 당 매수 계산식은 이미 언급한 바 있습니다만, 바닥 타일붙임 중 계단타일은 그 성질이 다를 것으로 믿습니다.

우리나라 품셈에는 해당 자료가 없어 부득이 외국의 문헌자료(일본 건설성 자료)를 소개하니 참고하십시오.

(m 당)

구 분	타일규격				석기질		비 고
	93×66	150×60	150×66	150×75	(75+30)×150	(75+30)×180	
타 일 매 수 (매)	10	7	7	7	7	7	기타 1식은 별도 계상
붙임모르타르(m³)	0.0002	0.0002	0.0002	0.0002	0.0002	0.0002	
줄눈모르타르(〃)	0.00017	0.00015	0.00015	0.00016	0.00018	0.00017	
타 일 공 (인)	0.08	0.08	0.08	0.08	0.08	0.08	
보 통 인 부 (〃)	0.02	0.02	0.02	0.02	0.02	0.02	

① 바탕 모르타르는 미장공사로 계상한다.
② 모르타르 배합은 1 : 3을 표준으로 한다.
③ 양생 청소의 품은 포함되었다.
④ 석기질 타일의 품은 치켜 올려 붙임의 품이다.

질문 7 당사자 계약시공 중인 건축공사 중 자기질 외장타일 압착붙임에서 석재 타일 압착붙임으로 설계변경 사항이 발생하였는 바, 이 경우 석재타일의 두께 및 무게가 일반외장타일에 비해 월등히 무겁고 두꺼우며 절단 등 작업이 지극히 어렵고 파손이 많으며, 일반타일의 품을 적용시 시중 노임단가에 미치지 못하는 등 문제가 많은 점을 고려할 때, 석재타일 압착붙임은 표준품셈 적용에 있어 특수타일의 품을 적용함이 타당하지 않은지?

해설 표준품셈은 정부 등에서 시행하는 건설공사 중 가장 대표적이고 보편적인 공종·공법을 기준한 것이므로, 귀하의 질의와 같이 특수한 경우는 표준품셈에 별도의 품을 명시하지 아니하고 발주관서의 장이 현장여건을 감안하여 결정 적용토록 하고 있습니다.
  따라서 시공하고자 하는 타일의 무게가 일반타일에 비하여 현저한 차이가 있고 시공이 용이하지 아니한 경우 등은 표준품셈(타일공사) 10-2 2. 비고 및 《주》⑤ 의 취지에 따라 적합토록 품을 가산 적용할 수 있습니다.

질문 8 건축표준품셈 제11장 타일공사, 11-3 일반공법(떠붙이기) 2. [주] ③, 11-4 압착 및 밀착공법 2. [주] ⑥ 및 11-5 클링커타일 2. [주] ③을 적용하려는 경우에 품은 소운반을 포함하는지 여부.

제 1 절 타일공사

해설 건축표준품셈 제10장 타일공사 중 타일(tile) 붙이기 공법의 공구손료는 품의 3%(또는 6%)를 별도 가산할 수 있는 바, 공구손료의 적용품은 소운반을 제외한 타일붙임공에 소요되는 품(타일공, 줄눈공, 보통인부)을 기준으로 하여 적용하는 것임.

<바닥깔기의 타일>

질문 9 바닥깔기에 있어서 비닐 석면 타일(300×300×3)로 설계되었으나 비닐 석면 타일의 품이 건설표준품셈에 없으므로 유사공종의 품을 적용코자 하는 바, 다음 중 어느 품을 적용하여야 하는지요?
   1. 아스팔트 타일   2. 비닐 타일

해설 귀문의 경우, 우리나라 품셈은 수장공사 34-1 바닥깔기 34-1-1 내지, 2., 3., 4.에 다음과 같은 품이 비닐타일의 공종과 유사하다고 사료됩니다.

<바닥깔기>

1. 아스팔트 타일   (m^2당)

타 일 (m^2)	접 착 제 (kg)	내 장 공 (인)	인 부 (인)
1.05	0.39~0.45	0.09	0.03

2. 리놀륨 타일   (m^2당)

타 일 (m^2)	접 착 제 (kg)	내 장 공 (인)	인 부 (인)
1.05	0.39~0.45	0.09	0.03

《주》 ① 이 품에는 재료할증률 5%가 포함되어 있다.
    ② 왁스 사용시에는 $1m^2$당 왁스를 0.21ℓ, 품은 0.03인/m^2를 별도 계상한다.

현행 품셈은 삭제되었으며, PVC계 바닥재 깔기(11-2-1)를 참고하시기 바랍니다.

제2절 목 공 사

질문 1 목공사 "품" 적용에 있어 목조 칸막이철거 수리(보수) 공사인 때 적합한 "품"이 없는 바, 어떠한 "품"을 적용할 것인지 답변바랍니다.

해설 수리 공사인 때 그에 부합되는 시방이나, 물·공량은 따로 규정된 것이 없습니다. 그러므로 유사 공종을 찾아 시방과 물량을 비교 검토하여 목재의 이음이나 바심질 등이 표준품셈에 규정된 것과 비슷하고 공사의 난이도가 거의 같다고 할 때 물량에 따라 "품"을 계상하거나 전문공사업자의 견적을 받아 비교 검토 계상하도록 하십시오.

<플로링의 두께 차 및 보수공사에 대하여>

질문 2 목공사에 있어 플로링 7푼(21 mm) 널 제혀 쪽매 기제품으로 설계하여 시공케 하였는데, 실제 현장에 반입된 플로링 두께는 5.5푼(16.5 mm)이었으므로 이의 반출을 요구하였으나, 영수증에는 분명히 7푼 널로 되어있습니다. 이와 같은 경우 어떻게 처리해야 하는가요.

해설 설계는 7푼널로 되어 있으나 기성제품의 시중 거래품 모두가 15 mm 널과 22 mm 널로 거래되고 있고, 가격도 설계가격과 비슷하며 동 제품이 구조상 지장이 없는 한 사용해야 할 것으로 사료됩니다.

제2절 목공사

질문 3   각종 가구(자료 상자, 사물함, 책걸상 등) 제작에 있어 인건비 계산의 기준이 없어 불편하고 감사시에 곤란을 겪고 있습니다.

해설   유사한 공종으로부터 연역적으로 해결하는 방법도 있으나, 재료는 설계 수량에 따르고 품은 품셈 목공사의 사무실 또는 학교 건물의 소요목재 수량의 비율에 따라 정하는 것이 타당하다고 생각합니다.

<지붕틀 등의 재료 및 공량>

질문 4   건설표준 품셈 제26장 목공사 26-2 지붕틀 26-2-2 서양식 지붕틀 m^2당 물·공량에 대하여 알고자 합니다. 여기서는 m^2당은 트러스의 경사면의 면적을 말하는 것인지? 아니면 평면의 면적을 말하는 것인지요?

그리고 구조와 사용재의 규격의 개략치를 알려주시면 감사하겠습니다.

해설   구 품셈 26-2 지붕틀 26-2-2 서양식 지붕틀 m^2당은 트러스 경사면을 말하는 것이 아니며, 평면의 면적을 말하는 것입니다. 따라서 간사이 7.2 m 트러스 간격 2 m 인 때는 7.2 m×2 m = 14.4 (트러스 1조)가 되며, 가로 40 m, 세로 7.2 m 건물로 예시하면 40 m× 7.2 m = 288 m^2에 걸리는 간사이 7.2 m 의 트러스 21조에 대한 m^2당 물·공량이며, 구조와 사용재의 규격치 개략은 다음 표를 참고하십시오.

목조 서양식 지붕틀의 부재

구 분	도 시	구배 4.5-5.0(寸) 5.5m (3칸)	소나무재		구배 4.5-5.0(寸) 7.27m (4칸)	소나무재	
트러스 간격		1.8m (1칸)			1.8m (1칸)		
이 음 재		기 와	슬레이트 또는 경량재	기 와	슬레이트 또는 경량재	기 와	슬레이트 또는 경량재
시 옷 자 보		155×105	100×100	120×120	105×105	135×120	120×120	150×120	135×120
평 보		105×105	100×100	120×120	105×105	135×120	120×120	150×120	135×120
왕 대 공		120×105	115×100	135×120	120×105	135×120	135×120	150×120	135×120
빗 대 공		75×105	75×100	90×120	75×105	90×120	90×120	90×120	90×120
달 대 공		2매 45×105	2매 45×100	2매 50×105	2매 50×105	2매 50×100	2매 50×110	2매 50×110	2매 50×110
시옷자보끝볼트		12.0	9.5	16.0	12.0	16.0	16.0	19.0	19.0
시옷자보정보철물		32×3	32×3	32×3	32×3	32×3	32×3	32×3	35×3
시옷자보조임볼트		3본 9.5	3본 9.5	3본 9.5	3본 9.0	3본 9.5	3본 9.5	3본 9.5	3본 9.5
왕대공 U 철물		32×3	32×3	32×3	32×3	35×3	35×3	35×3	35×3
왕 대 공 쐐 기									
달 대 조임볼트		9.5	9.5	16.0	12.0	12.0	12.0	12.0	12.0
평보이음덧댐판		2매 5×105	2매 5×100	2매 6×120	2매 5×105	2매 6×120	2매 5×100	2매 6×120	2매 6×120
조 임 볼 트		4본 9.5	4본 9.5	4본 12.0	4본 12.0	4본 12.0	4본 12.0	4본 12.0	4본 12.0
비 고		천장회반죽바름 적설 30cm 이하		천장회반죽바름 적설 60cm 이하		천장회반죽바름 적설 30cm 이하		천장회반죽바름 적설 60cm 이하	

구 분	도 시	구배 4.5-5.0(寸) 9.0m (5칸)	소나무재		구배 4.5-5.0(寸) 10.9m (6칸)	소나무재	
트러스 간격		1.8m(1칸)		2.7m(1.5칸)		1.8m(1칸)		2.7m(1.5칸)	
이 음 재		기 와	슬레이트 또는 경량재	기 와	슬레이트 또는 경량재	기 와	슬레이트 또는 경량재	기 와	슬레이트 또는 경량재
시 옷 자 보		150×120	135×120	180×135	165×135	180×120	165×120	210×135	195×135
평 보		150×120	135×120	180×135	165×135	180×120	165×120	210×135	195×135
왕 대 공		150×120	135×120	120×135	120×135	90×120	90×120	110×135	110×135
빗 대 공 1		90×120	90×120	110×135	110×135	90×120	90×120	110×135	110×135
〃 2		90×120	90×120	110×135	110×135	90×120	90×120	90×135	90×135
달 대 공 1		2매 110×50	2매 101×50	2매 110×50	2매 110×50	2매 110×50	2매 110×50	2매 110×50	2매 110×50
〃 2		2매 110×50	2매 101×50	2매 110×50	2매 110×50	2매 110×50	2매 110×50	2매 110×50	2매 110×50
시옷자보끝볼트		16.0	16.0	25.0	19.0	19.0	19.0	23.5	25.0
시옷자보정부철		23×3	32×3	38×4	32×3	38×4	38×4	38×4	38×4
시옷자보조임볼트		3본 9.0	3본 9.5	3본 13.5	3본 9.5	3본 12.5	3본 12.5	3본 12.5	3본 12.5
U 형 철 물		50×3	50×3	60×3	50×3	50×3	50×3	65×3	54×3
왕 대 공 쐐 기		25×3	50×3	28×3	28×3	28×3	25×3	35×3	25×3
달대공조임볼트1		9.5	9.5	9.5	9.5	9.5	9.5	12.5	12.5
〃 2		9.5	9.5	9.5	9.5	9.5	9.5	12.5	12.5
평보이음덧댐판		2매 150×6	2매 135×6	2매 180×6	2매 180×6	2매 180×6	2매 165×6	2매 210×6	2매 195×6
〃 조임볼트		4본 12.5	4본 9.5	6본 9.5	6본 9.5	4본 9.5	4본 12.5	6본 16.0	6본 12.5
비 고		천장회반죽바름 적설 30cm 이하		천장회반죽바름 적설 60cm 이하		천장회반죽바름 적설 30cm 이하		천장회반죽바름 적설 60cm 이하	

제 2 절 목 공 사

질문 5 목공사에 있어 마루널 깔기의 품을 구하고자 하나 26-1 2. 구조체별 1층 마루틀 m²당 목재 0.025 m³, 못 0.045 kg, 건축목공 0.07인, 보통인부 0.02인은 마루널과 깔기의 공량을 제외한 순전히 널 깔기를 위한 틀짜기만의 물·공량으로 생각되는데 어느 공종의 물·공량인가요, 또 26-4 2. 마루널 깔기에서 마루밑창과 마루널은 무엇을 말하는 것인지 답변해 주시기 바랍니다.

해설 구 건설표준품셈의 26-3-2 마루널 깔기에 《주》등에 명시가 없으므로 문헌에 따라 검토할 도리 밖에 없습니다. 문헌에 따르면 물·공량으로 보아 멍에를 90 cm 간격으로 깔고, 장선을 30 cm 간격으로 걸어놓는 동바리 없는 마루인 때의 물·공량으로 보아야 할 것 같습니다.

　귀 질의와 같은 문제가 제기되므로 이 품셈은 비고나 적용 등에 공종명시가 있어야 할 것으로 생각됩니다. 또 26-4 2. 마루널 깔기에서 마루밑창은 동바리나 멍에와 장선을 말하는 것이 아니며, 2중 마루깔기에서 밑깔기(마루판)를 말하는 것입니다. 그것은 《주》⑤ 마루널사이에 단열재를 깔 경우 …… 와, 《주》② 마루널 위 다다미를 깔고자 할 때에는 마루밑창 널의 재료 및 품을 적용한다. 라고 규정한 점으로 보아 명백한 것으로 생각됩니다.

<마루틀과 마루널 깔기 및 특수재료에 대하여>

질문 6 콘크리트 바닥에 장선만을 걸고 마루밑 널을 깐 다음 그 위에 괴목 합판붙임 마루널을 깔고자 합니다. 콘크리트 바탕 위 마루틀 m²당 품+마루널깔기 m²당 품으로 설계하고자 하나, 구조체별 1층 마루틀 m²당 품과 거의 같으므로 과다설계가 되는 것이 아닌가 합니다. 그대로 적용해도 좋은지요?

> **해 설** 건설품셈 제11장 11-1-2 마루틀 m^2 당 품은 콘크리트 바탕 위에 마루틀 설치를 기준한 마루틀 설치 m^2 당 품이라고 사료됩니다.

참고 (일)건축공사 적산 (재)경제조사회

표 13-4 바닥 : 다다미 바탕에 따르면,

적 요 : 장 선 54×90
　　　　마루판 12mm

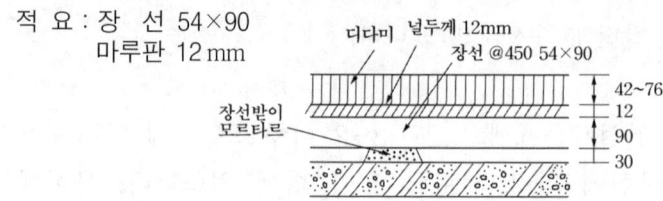

(단위 : m^2)

명 칭	규격	수 량	단위	단가	금액	단가근거	비 고
목　　　재	장선	0.012	m^3				
판　　　재		0.013	〃				
< 못 >		0.04	kg				
<철물>		0.17	〃				
<목공>		0.10	인				
보 통 인 부		0.02	〃				
기　　　타		1 식					노무비의 16%
계							

적 요 : 멍에 105×105×/2
　　　　장선 45×54
　　　　널　 12mm

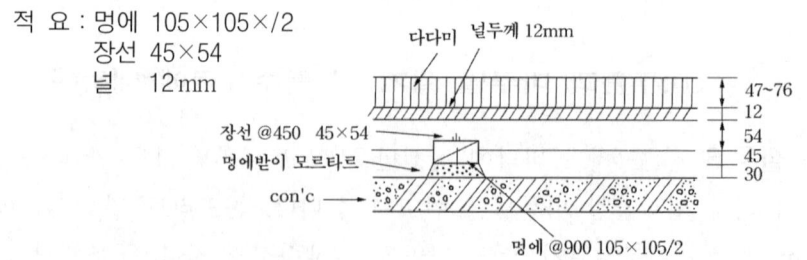

제 2 절 목 공 사

(단위 : m²)

명 칭	규격	수 량	단위	단 가	금 액	단가근거	비 고
목 재	멍에,장선	0.013	m³				
판 재		0.013	〃				
<못>		0.08	kg				
<철물>		0.17	〃				
<목공>		0.11	인				
보 통 인 부		0.02	〃				
<기타>		1 식					노무비의 16%
계							

장선만을 놓을 때와 멍에와 장선을 놓을 때의 품이 0.01 : 0.11인 이므로 약 90%를 적용.

질문 7 바닥 마감재인 Access Floor 패널의 할증을 주어야 하는데 품셈에는 이런 품목은 몇 퍼센트(%)의 할증을 주어야 되는지 명시가 없어 질의합니다.

해 설 바닥 마감재 패널의 할증은 건축표준품셈에 명시된 바 없습니다. 다만, 표준품셈 적용기준 1-3 적용방법 2., 3., 4., 5. 의 정신에 따라 패널 취급시, 절단 등으로 인한 할증의 가산은 되어야 할 것으로 사료되므로 일반용 합판 3% 범위 내에서 가산함이 고려될 수 있으나, 귀 질의는 패널의 시공성 등이 구체적으로 예시되지 아니하여 확답할 수 없음을 양해 바랍니다.

|질문 8| <구물물 공사 중 먹매김에 대하여>

|해 설| 품셈(건축) 11장 목공사 11-1-1 먹매김은 건축공사의 거푸집, 구조부 등 공사에 적용하는 것으로 《주》①, ②, ③항에 준하여 품 중 귀하의 설계에 해당되는 품을 계상하면 될 것입니다.

|질문 9| <건축물 구조체별 철거 품에 있어 해체 재를
　　　　　재 사용하지 않는 품 적용에 대하여>

|해 설| 건축물의 구조체별 철거 품셈(건축 18장 18-1-1)의 품은 해체재(건축목공, 기와공, 함석공이 철거하는 부재)를 일부 재사용할 때의 품이므로, 재사용하지 아니하는 때에는 철거상태에서 폐기되므로, 건축목공, 기와공, 함석공의 품은 본 품의 60% 만 계상하고 보통인부의 품은 100% 적용하는 것입니다.

제3장 방수 및 지붕·홈통공사

제1절 방수공사

<방수 치켜 올린면 등 공사의 구분에 대하여>

질문 1 건설표준품셈 27-1 2.지하실 저수조 등 실내 아스팔트 방수시, 현행 품셈에는 일반면과 치켜올린 면으로 구분되어 있는데 치켜올린 면에 지하실 벽면도 적용되는지 여부?

해설 구 표준품셈 27-1-2 지하실 저수조 등의 방수공사를 참조하면, 지하실 벽면의 경우, 치켜 올린 면의 품이 있으므로 이에 따라 계상하십시오. 27-1-2.표(지하실 저수조 및 실내방수)에 의하면 일반면과 치켜 올린 면으로 구분되어 있으며, 치켜 올린 면에 더 많은 품을 주고 있음. 따라서 벽면도 이에 준합니다.

질문 2 방수공사 표준 시방서에는 A, B, C, D 4종이 규정되어 있고, 품셈에는 시멘트 액체방수가 1차 2차로 구분 규정되어 있으며, 건축공사 표준시방서 12.3.1 방수재의 배합(중량비) 방수 모르타르 바름의 재료수량, (시멘트 2.5, 모래 5, 물 4, 방수재 1) 바름두께(벽) 6~9mm, (바닥) 10~15mm 와는 적용에 혼란이 있습니다. 환산 방법을 교시하여 주십시오.

해설 건설표준품셈 건축 12-2-3 시멘트 액체 방수는 시방서와 달리 다음과 같이 변경되었습니다.

1. 시멘트 액체방수

(m^2 당)

구 분	단 위	바 닥	수 직 부
방 수 공	인	0.075	0.060
보 통 인 부	〃	0.040	0.030

《주》① 바닥은 "물뿌리기 → 시멘트페이스트 1차 → 방수액 침투 → 시멘트페이스트 2차 → 모르타르"을 기준한 것이다.
② 수직부는 "물뿌리기 → 바탕접착제 → 시멘트페이스트 → 모르타르"을 기준한 것이다.
③ 본 품은 비빔작업이 포함된 것이며, 모르타르 배합(시멘트, 모래)은 '15-1-1 모르타르 배합'을 따른다.
④ 공구손료 및 경장비(비빔기 등)의 기계경비는 인력품의 3%로 계상한다.

<방수시트의 겹이음부 등에 대하여>

질문3 지하콘크리트 구조물에서 구조물의 높이와 흙막이용 버팀재 등의 간격과 관련하여 부득이 단계별시공을 하고 있습니다. ③번과 ④번 사이의 시공이음으로 인하여 벤토나이트 방수재의 연결부분이 발생하는 바, 연결을 위한 겹침부분(w ≒ 10cm)의 수량이 벽 = 1.20에 포함된 것인지 아니면, 수량산출시 별도로 산출하여야 하는지 알고 싶습니다.

해설 건설표준품셈 건축 12-2-6 벤토나이트 방수의 품 중 벤토나이트 시트는 m^2당 바닥 $1.15m^2$, 벽 $1.20m^2$로 계상함은 방수재의 상호연결 부분을 10cm이상 겹치도록 하기 때문인 바, 귀문의 겹이음 10cm는 품에 포함된 것으로 보아야 합니다.

제 1 절 방 수 공 사

질문 4 방수공사 중 도막방수재인 우레탄수지계(폴리우레탄 방수재)를 사용하여 노출방수 3mm를 시공하였을 때 공차(±)는 있는지요? 공차가 있다면 몇 %를 적용하여 산정할 수 있는지요?

해설 우레탄계 방수공은 m²당 재료의 수량과 노무공량이 규정되어 있는 바, 동 재료와 노무량은 도막두께 3mm를 기준한 것으로 시공 공차(±)는 따로 규정되어 있지 아니합니다. 참고로 부언하면 본 품에는 재료의 할증과 소운반 등이 포함되어 있으므로, 바탕에 따라서 약간의 차는 부득이 한 것이 아닌가 합니다.

질문 5 콘크리트 구조물의 누수 발생부위 배면(背面)에 주입관(17~18mm)을 30cm 정도 깊이에 박고 시멘트계 그라우트재를 주입하여 방수하는 공법의 품을 알고자 합니다.

해설 구 건설표준품셈 제27장 방수공사의 참고 품으로 수록된 시멘트 주입 방수공법으로서 천공간격 1.5m, 천공직경 17.6mm, 천공길이 30cm에서, 천공개소당 : 시멘트 191kg, 모르타르 방수재 WGS 300, 49kg(시멘트 : WGS = 4 : 1), 방수공 0.74인, 특별인부 0.51인, 보통인부 0.73인으로서 이 품에는 ① 소운반, 구조물의 천공, 방수재 주입, 마무리 작업이 포함되어 있고, ② 공구손료는 품의 3%를 가산하며, ③ 균열의 폭이나 형태가 다양하여 본 품에 준할 수 없을 때에는 적의 산출할 수 있고, 이와 유사한 공법에도 이 품을 준용할 수 있게 하였다. 따라서 천공직경, 주입 깊이, 간격 등에 따라서 품을 비례 계산할 수 있다고 봅니다.

<규산질계 도포 방수>

질문 6 2017년도 표준품셈의 12-7-6 규산질계 도포 방수와 2018년도 12-2-4 규산질계 도포 방수의 수량이 포함된 것인지 궁금하여 질의합니다.

해설 2017년 표준품셈 12-7-6 규산질계 도포 방수 품은 규산질계 도표 방수에 사용하는 재료는 별도 계상하며, 바탕처리는 제외되어 있으므로 별도 계상하도록 규정하여 12-1 바탕처리가 계상되도록 하였으며, 2018년도 개정 품셈은 공사 단위는 m^2 당으로 같으나, 시공부위인 바닥과 수직부를 각각 분리하도록 세분하고, 규산질계 도포 방수를 2층(회) 바름으로 세분하였으며, 모르타르 비빔의 배합기준을 정하였고, 12-1-1 바탕처리에서도 사용재료인 퍼티, 방수테이프 등도 별도 계상하도록 하여 재료는 별도 계상해야 한다고 생각합니다.

제 2 절   지붕·홈통 공사

<골 슬레이트의 매수 및 기와 매수 등에 대하여>

질문 1 구 건설표준품셈 28-1-2 슬레이트 잇기 2. 골슬레이트 잇기의 슬레이트 매수 산정에 의문이 있으며, 잇기에 있어서도 가로 이음 겹침 0.5골, 소골 1.5골 만으로는 겹침이 부족한 실정입니다. 매수의 계산근거 여하 ?

해설 KS L 5114에 다음과 같은 규격이 제정되어 있습니다.

종류	길이 (cm)	나비 (cm)	길이 나비의 허용차	골 수	골의 길이 (mm)	표준피치 (mm) (추천치)
소골 슬레이트	182 212 242	72	±1	11.5	15이상	63.5
대골 슬레이트	182 212 242	96	±1	7.5	35이상	130

이에 의하면, 소골의 경우 72 cm에 11.5골 이므로 72÷11.5 = 6.26 cm 상당이 되고 길이 182 cm에 겹침 15 cm 이므로 182-15 = 167cm, 6.26 cm×1.5골 겹침 = 9.39 ≒ 0.95매로 구한 것이므로 KS 규격에 맞는 것으로 사료됨.

대골은 0.5 골 이므로 130×0.5 = 65 mm 겹침, 960-65 = 89.5 cm, 182-15 = 1.67 m, 1.67×0.895 = 1.49m², 1÷1.49 ≒ 0.67매/m² 임.

질문 2 구 건설표준품셈 28-1-1 기와잇기 평기와 (시멘트 기와)의 정미매수는 14매이고 5% 할증한 것이 14.7매/m² 당인데 군기와는 17.85 ~ 23.1매/m² 로 큰 차가 있으니 정확한 규격을 알고자 합니다.

해설 귀 질의는 품셈 개정 이전의 질의로, 보통 시멘트기와의 규격은 KS F 4003에 의거 길이×나비 = 275×265 mm 인 바, 매당 0.072875 m² 가 됩니다.

따라서 1m² ÷ 0.072875 ≒ 13.72매로 약 14매 정도입니다.

참고로, 가압시멘트 판기와의 규격은 다음과 같습니다.

(단위 mm)

종류	기호	유효치		소요매수(개산치)		1장의 무게 (kg)	허용차	
		길이	나비	m² 당	평당		길이	나비두께
평 판 형	1	303	303	11.30	36.4	3.6		
꺾 음 형	2	360	303	9.2	29.8	3.8		
오 금 형	3	243	250	16.5	53.5	2.7	+3	+2
스 페 니 시	4	303	320	10.3	33.4	3.6	-1	-1
S 형	5	330	300	10.1	32.7	4.0		
한 식 S 형	6	300	270	12.5	40.5	4.0		

<슬레이트의 겹침이음 및 지붕 면적 산정>

질문 3 대골 슬레이트 겹침에서 실제 시공시는 0.5골일 때, 누수의 위험이 많아 생산자 측에서도 1.5골을 요구하고 또, 시공도 1.5골로 시공하는데 품셈에는 0.5골로 되어 있음. 이의 해결은?

해설 대골 슬레이트 182×96×0.67 매/m² = 1.17 m²로서, 1 매당 상하 15 cm 겹칠 때 좌우 약 8 cm 가량 겹치게 되어, 실제 시공상 0.5 골 겹침보다는 여유가 있으나 1.5골 겹침의 여유에는 못 미쳐 겹침의

제 2 절 지붕·홈통 공사

표준이 일부 보완되어야 할 것으로 사료됩니다. (현행 품 삭제)

질문 4 지붕의 구배와 지붕의 면적, 각도 등을 알고자 합니다.

해설 지붕의 구배는 평구배의 연길이와 모임 구배의 연 길이가 다르며, 참고로 다음 표를 소개합니다.

구 분	치수(寸)	2	2.5	3	3.5	4
평 구 배 연길이	cm	0.61	0.94	1.35	1.8	2.4
모임구배 연길이	〃	13	13.2	13.6	13.9	14.2
각 도		11°18′36″	14°2′10″	16°41′57″	19°17′24″	21°48′3″

구 분	치수(寸)	4.5	5	5.5	6	6.5
평 구 배 연길이	cm	2.95	3.6	4.3	5.05	5.85
모임구배 연길이	〃	14.7	15.2	15.6	16.2	16.8
각 도		24°13′40″	26°33′54″	28°48′39″	30°56′39″	33°1′26″

<기와 잇기 알매흙 및 보수 품에 대하여>

질문 5 구 건설표준품셈 28-1-1 평기와 잇기에 있어 《주》⑤에 의하면 알매흙 1짐 50 kg, 60 짐/m³이라고 하였는 바, 60×50 = 3,000 kg/m³ 라는 뜻인데 이는 잘못된 판단이며, 알매흙이 m²당 약 60 kg/m² 소요되는 것으로 규정한 것은 잘못이 아닌가요.

해설 구 품셈 기준 알매흙은 보통 0.025 ~ 0.015 m³/m² 로서, 습윤포화 상태로 보아도 (γ_t = 1,900 kg) 47.5 ~ 28.5 kg 상당인 바, 60 kg/m²는 위의 계산과 같이 잘못된 것으로 생각되니 적용에 유의하시기 바랍니다.

질문 6 높이 30m의 철골조 공장건물인데 벽체와 지붕의 마감은 슬레이트로 되어 있습니다. 지반면에서 높이 20m 상당의 곳에 있는 벽체 슬레이트가 8매 파손되고, 지붕에도 7장이 파손되어 이를 보수하고자 시공업체로부터 견적을 접수한 결과 1매당(자재대+공임) 70,000원을 요구하고 반장(1/2매) 정도의 보수에도 1매의 값을 요구(이유는 절단을 하여야 하며 1매에서 절단 사용하고 잔여분은 사용치 못한다는 것)하고 있으니 이에 대한 적절한 품은 없는지요〔타워크레인을 사용하여 보수하며, 크레인은 사급(社給)으로 하고 있습니다〕?

해설 귀문과 같은 경우, 철거품과 잇는 품+고소할증을 합산하더라도 시공업체 측에서 요구하는 금액의 산출은 어려울 것으로 사료됩니다. 따라서 자재는 소요량을 산출하여 사급으로 하고, 노무공량은 소요로 하는 직종을 일용(日傭)으로 하여 보수하는 방법도 있을 것으로 사료됩니다만, 그 정황은 귀문만으로 알 수 없어 확답 드리지 못합니다.

<물받이 홈통 설치>

질문 7 건축공사 중 5층 높이의 건물에 물받이 홈통을 설치하고자 하는데, 표준품셈 13-6-3에는 개소당 배관공과 보통인부의 품만이 있어 공사에 애로가 많습니다.

해설 물받이 홈통의 품은 처마 또는 지붕 배수구와 연결하는 물받이 홈통을 설치하는 품을 기준한 것이고, 외벽에 설치할 때 층고(2.5m ×5=12.5m), 즉 12m 이상의 높이에서부터 설치해야 하므로 가설비가 별도 계상되어야 한다고 생각합니다.

제 4 장 금속 및 미장공사

제 1 절 금 속 공 사

<스테인리스 제작 품에 대하여>

질문 1 SUS(스테인리스 스틸)로 철물제작을 하고자 하는데, 보통 철제보다 품이 더 필요할 것 같으나 품셈에 없어 곤란합니다. 자세히 답변바랍니다.

해설 스테인리스 스틸 패널을 주재로한 철물 제작설치 품은 따로 제정된 것이 없습니다.

따라서 스테인리스(경량철재)로 철물제작을 하고자 할 때에는, 품셈 건축 14장 14-5 각종 잡철물 제작 설치 품을 기준으로 표 비고에 의거 용접개소, 형상, 경량철재 등에 따라 재료 및 품을 간단 100%, 보통 120%, 복잡 140%의 범위 내에서 계상 적용하면 될 것입니다.

질문 2 구 건설표준품셈 29-5 경량천장 철골틀 설치《주》② 에서 경량천장 반자틀 설치까지의 마감(합판, 텍스류) 설치품(설치공 0.15인/m²)은 포함되어 있다고 기술되어 있으며,《주》⑥ 에서 특수구조의 천장 및 특수조건인 때에는 별도 품을 계상할 수 있다고 되어 있습니다.

당 공사의 계약공기는 최저 8일에서 최고 50일간으로 급박한 공기 내에 돌관 작업을 하였고, 29-5의 2항 품을 달대길이 1m 기준이나 당 공사는 평균달대 길이가 2m 이상으로 역시, 특수조건에 해당되어 천장틀 설치 품으로 m² 당 특수인부 0.4인 보통인부 0.1인과 텍스설치 품으로 특수인부 0.15인을 추가하여 계약하고 준공하였는데, 텍스설치 품이 중복되었다고 0.15인의 감액을 요구하고 있습니다. 타당성 여부를 회시하여 주시기 바랍니다.

해설 ① 구 건설표준품셈 29-5 경량천장 철골틀 설치공의 품은 《주》②에 명시된 바와 같이 천장 슬래브와 천장틀까지의 거리를 1m 내외 기준으로 제정한 것이고, 마감재(합판텍스류)의 설치품은 (설치공 0.15인/m² 당) 포함되어 있다. 라고 명시 규정되어 있음은 귀하의 지적과 같습니다.

설치공의 품은 특별인부 0.266인/m² 당과 보통인부 0.015인/m² 당으로 규정된 것으로 설계하였음은 경량철골재 설치의 M과 H bar기본형 방식에 의한 설치 품으로서, 동 품에 마감재 설치 품 0.15인/m²가 포함된 품으로 보아야 함에는 아무런 다툼이 없을 것으로 사료됩니다.

② 귀문의 경우, 슬래브와 천장틀까지의 거리가 1m 내외가 아닌 2m 라는 점은 작업의 난이도가 고려될 수 있을 것이고, 또 공사기간이 최저 8일에서 최장 50일까지 급박한 공기 내에서 돌관 작업을 하지 않으면 아니 되었다. 라는 것은 작업물량과 내용이 돌관 작업의 필요성 주장과 상관관계가 성립되는 것으로서 귀문만으로는 판단할 수 없고, 만약 물량, 공정 등으로 돌관 작업의 필요성이 객관적으로 확인된다면, 야간작업의 능률저하 (0.8) 부문의 계상이 고려될 수 있을 것입니다.

따라서 귀 질의만으로는 사실인정에 부족함이 있고, 참고로 부언하면 달대의 길이 1m 내외가 2m로 됨으로써 작업의 난이도가 고려되어야 하는 점과 야간작업의 능률저하 등으로 설치공 0.15인/m² 당의 가산을 합리화 시킬 수는 없는 것이란 사실입니다.

(현행 건축 품셈 14-4로 품이 개정되었음)

질문 3 기존공장인 철골조(슬레이트 지붕 잇기) 건물의 물받이를 철판 Gutter로 개보수(해체 및 제작 설치) 함에 있어, 기존 Gutter를 해체 제거하고 현장에서 가공한(1.6mm 두께의 철판) 것을 취부 용접하고 도장하는 공사입니다.

접합은 앵글취부 및 볼트 조임이 포함되며, 높이는 약 24m로서 중기 등은 관에서 대여합니다. 합리적인 품을 답변바랍니다.

해설 건설표준품셈 건축 14-5 각종 잡철물 제작 설치 품을 적용, 적정 설계하심이 좋을 것으로 사료되며, 귀 질의 내용을 미루어 강판 가공은 간단한 공정으로서 제작품은 감량 적용 대상이 될 것이고, 철골공은 판금공으로 대체되어야 할 것으로 사료됩니다.

질문 4 건설표준품셈 건축 14-5 각종 잡철물 제작 설치품으로 난간을 제작 설치하고자 하는데 품셈에 나와 있는 대로 철공 27.65, 보통인부 0.66, 용접공 2.6, 특별인부 0.74인을 그대로 적용해도 됩니까?

* 난간 제작 형태

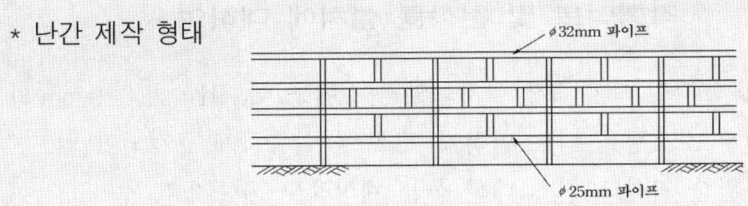

[해 설] 건설표준품셈 14-5에 규정된 물·공량은 철물 1ton 당의 표준이 되는 것으로 생각하시고, 문헌에 의한 시방과 물·공량 등이 제작하고자 하는 물건과 유사하다고 하면, 그와 같은 자료 및 경험치 등을 종합적으로 검토하여 가장 적절한 물·공량을 계상토록 함이 바람직하다고 사료됩니다.

　품셈에 규제되어 있다고 하여 공사조건과 관계없이 그에 따르는 것은 재고되어야 한다고 생각되며, 귀 문의 난간류는 귀 제시품의 수량이기는 합니다만, 구조적으로 작업종류에 따른 한도가 따로 규제되어 있음에 유의하여야 합니다.

[질문 5] 표준품셈 용접공사 중 17-6 강판가스 용접 및 17-7 강판 전기 아크용접《주》란 중 공량은 Net arc time 을 기준한 것이므로 아래와 같이 작업효율을 감안한다 [수동용접 : 40 % (공장가공), 30 % (현장가공) 자동용접 : 45 % (공장가공), 35 % (현장가공)] 으로 규정되어 있으며 상기 작업효율을 용접봉, 용접공, 특별인부, 소요전력 모두에 적용하는지? 또 kwh 로 표시된 바, kw/hr 로 해석하여도 되는지요?

[해 설] 작업효율의 적용은 물량에 적용하는 것이 아니고 공량, 즉 품에 적용하는 것이며, kw/hr 는 귀의와 같습니다.

<각형덕트 및 천장틀 설치에 대하여>

[질문 6] 각형 덕트제작 설치품의 산정에 있어, 914×1,829 mm 의 아연도 철판 소요량을 덕트 면적에 28 % 를 할증하게 규정되어 있으므로, 철판의 할증 가산 면적에 대한 품을 계상해도 되는지요.

　또 각형덕트를 아연도철판으로 시공하지 아니하고 P.V.C판 (1,000

×2,000 mm)으로 제작 설치 할 때에는 아연도 철판품으로 적용할 수 있는지요.

해설 덕트의 제작·설치 품은 규격별 매당 소요품으로써 제작과 설치를 합산한 매당 품이므로 제작을 위하여 Loss가 가산된 수량에 대한 품을 계상하면 아니됩니다. P.V.C 판을 주재료로 덕트를 제작할 때에는 주재료가 다르므로 취급 기능공도 다르고 가공 방법도 다르므로 아연도 철판을 주재료로 한 품을 적용할 수는 없으며 작업의 난이도 기타 품의 산정기준에 따른 조사, 연구를 거쳐 적용해야 합니다.

질문 7 ① 경량 철골 천장틀 설치 품셈에는 각종 기구 부착 후(전등, 스피커, 점검구 등) 천장틀 보강 비용이 포함되어 있는지 여부.
② 전기 내역상 등기구 보강이 있으나, 천장틀 보강과는 (일위대가에는 달대볼트, 너트 및 와셔만 있음) 별개의 사항으로 판단하여도 되는지 여부.
③ 전기 등기구 보강을 천장틀 보강으로 보아, 현재 내역을 현실에 맞게 인정하여 설계변경처리 가능 여부

해설 경량천장 철골틀설치에 관한 품은 M·T·Clip-bar 기본방식에 의한 설치 방식의 품이며, 기구 부착 후의 천장틀 보강 비용이 포함된 것은 아닙니다. 다만, 전등, 스피커, 점검구 등을 설치하고자 할 때에는 천장틀 설치시에 선시공 또는 동시시공 등으로 설치 보강비용을 절약해야 할 것이나 공종, 기능 등으로 현실적인 어려움이 있을 것으로 사료됩니다. 다만, 분명한 것은 경량천장 철골틀 설치공과 전등, 스피커 장착 등 전기 설비공과 전등, 스피커 장착 등 전기 설비공과는 공종이 구분된다는 점입니다.

질문 8 평소 귀사의 품셈을 적용하여 적산업무를 하고 있는 바, 경량철골천장틀 설치 후 석고텍스 붙임시, 내부비계의 적용기준에 의문이 있어 질의하오니 회시하여 주시면 고맙겠습니다.

　가. 현장조건 : 층고 3.3m, 천장고 2.9m, 면적 3m×7.5m
　나. 경량철골천장틀 설치 후 텍스붙임은 복합공사로 보아 수평비계를 적용함이 타당한지?
　다. 경량철골천장틀 설치 및 텍스붙임을 동시에 시공할 때, 실제 현장에서 이동식 말비계(2~4조)를 설치하여 시공하므로, 이동식 말비계를 적용함이 타당한지?

해설 경량 천장철골틀의 설치 품은 천장바탕 재료와 기본형 재료 및 품으로 구성되어 있고 한층의 높이는 보통 3.6m를 기준하므로 귀 질의의 경우, 층고 3.3m 천장높이 2.9m로서 텍스붙임은 말비계로 충분하다고 생각합니다. 다만, 천장틀 설치를 위한 비계가 설치된 상태에서 텍스를 거의 동시에 시공할 때에는 그 상황에 따라 적용을 달리 할 수도 있을 것이나, 귀문만으로는 그 상태를 알 수 없어 확답할 수 없습니다.

질문 9 천장공사에 있어 T-bar 천장틀 면적에서 등기구 설치부위의 천장틀 면적이 설계에서 제외되었으나, 실제는 T-bar를 설치하였음에도 설계변경을 해주지 아니합니다.

해설 천장공사의 설계, 계약과 시공에 관한 사항으로서 품셈만의 사항은 아니고 계약당사자간의 다툼에 속하는 것으로 사료됩니다.
　다만, 천장틀의 설치없이 천장아무림을 할 수 있는가 없는가 하는

제 1 절 금 속 공 사

점은 귀문만으로는 사실 판단이 되지 아니하여 확답드리지 못합니다.

질문 10 덕트용 재료에는 방청페인트의 수량이 계상되어 있는데 도장공의 공량도 계상되어 있는가요?

해설 덕트의 사용재료는 아연도금강판, 스테인리스, PVC 등으로 방청페인트가 필요하지 않아 계상되지 아니하였으나, 특별히 특수 도료 등 필요한 경우에는 기계설비공사 1-4 도장 및 방청공사 품을 적용할 수 있을 것입니다.

질문 11 금속공사에 있어서는 좁은 폭의 연길이로 적산하여야 할 것이 많을 것으로 생각됩니다만, 품셈이나 적산자료에는 그 명시가 없습니다. 어떠한 공종을 좁은 폭 연길이로 적산해야 좋을지요?

해설 우리 품셈에서도 14-1 계단 논슬립, 14-2 코너 비드 등의 품이 m당 품으로 구성되어 있고, 14-7 조이너 및 몰딩 설치품도 m당 품이 규정 되어 있습니다. 외국의 참고 문헌에 따르면 다음과 같은 공종은 좁은 폭 연길이로 적산토록 하고 있습니다.

명 칭		비 고
강판제 두겁대	⊓	형과 같은 것.
강판제 물 끊기	⌐_	형과 같은 것.
강판제 용마루 누름대	∧	형과 같은 것.
철제난간 · 사다리	▦ ∏	형과 같은 것.

<잡철물 제작 설치 등 관련에 대하여>

질문12 각종 잡철물 제작설치품에 있어서 철물을 제작하여 설치를 하는 과정에서 세트 앵커볼트를 취부하여야 하는 바, 이때의 품은 철골공사 앵커볼트 설치 품을 적용해야 하는지요? 그렇지 않으면 재료비만 산정해야 하는지요? 현장의 작업조건은 전기 기타 아무런 요건이 갖추어져 있지 않은 곳입니다(각 국도 및 지방도의 교량). 그리고 예를 들면, 주재료가 철판이 2ton이고 앵글이 1ton이면 비계공 산정시, 3ton으로 적용해야 옳은 것으로 이해가 됩니다만, 일부에서는 철판 2ton만 적용하면 된다고 하니 답변을 주시기 바랍니다.

해설 건설표준품셈 건축 14-5 잡철물 제작설치의 품은 일반철재류의 잡철물 제작설치에 대한 일반적인 품으로서 주로 피트 및 맨홀 뚜껑류, 계단 및 난간 철물류, PD문, DC문, 환기구, 간이창호 등의 잡철물에 대한 공량으로서 철골공사에 준하는 품은 아닙니다. 따라서 귀문의 경우 철판이 2ton, 앵글이 1ton이란 중량물의 경우는 철골공사에 준하는 것으로 보아야 하고, 모든 품셈의 공정은 제작·설치할 때, 제작과 설치에 대한 품이므로 그 제작이나 설치과정에서 세트, 앵커 볼트조임 등 부수적인 작업공정은 주공정의 품에 의하는 것이 상식이나, 귀문의 경우는 구체성이 없어 확답 드리지 아니합니다.

시공과정에서 품셈의 철골 공사편 앵커볼트 설치 품에 준하는 작업이 세팅과정에서 필요한 때에는 공량의 계상은 당연한 것이나, 그 재료가 해체되어 다시 사용될 때에는 사용손료의 계상을 하는 것이 타당하다고 사료됨.

사용재료 중 철판 2ton과 앵글 1ton의 사용으로 작업량 3ton이 비계공에 의하여 취급 조성물을 완성한다면 강재취급 총 무게에 대한 공량이 계상 되어야 한다고 사료됨.

제1절 금속공사

질문 13 원통형 로체(PL 15mm) 철판을 V형 용접, 횡향으로 하고 작업조건은 수동용접(현장가공)으로 할 때, 공량은 0.187×100/30 = 0.623인으로 계산(작업효율 30%로 가정)하는가, 0.187×1.3 = 0.243 인으로 30%를 할증으로 생각하여 계상해야 하는가를 문의합니다.

해설 강판두께 15mm의 횡향용접(V형) 품은 Net Arc time 기준으로 0.187인/m 일 때, 수동 현장가공시 작업효율은 30%, 즉 0.3인 바, 1.0을 얻기 위해서 소요되는 품은 0.187÷0.3=0.623인/m로 산정해야 합니다.

<핸드 레일 등의 특수제품은>

질문 14 ① 금속공사 29-9(건축표준품셈 15장) 난간설치 1.《주》② 제작에 소요되는 재료 및 품은 별도 계상한다. 고 했는데 재료는 소요되는 재료를 산정 계산할 수 있으나 제작하는 품을 산정하기 곤란하오니 답하여 주시고, 첨부된 도면과 같이 Hand-Rall(Horizontal, Vertical type)의 현장설치에 29-9 난간 설치품을 적용할 수 있는지요?

② 표준품셈 29-6 각종 잡철물 제작설치를 보면 철판, 앵글, 파이프 등 일반 철재류에 적용한다고 되어 있습니다. 그러나 스테인리스 제품에 대한 제작설치품은 명시되어 있는 품이 없어서 위의 잡철물 제작설치 품을 적용한다면 상대적으로 적은 비용과 일반 용접이 아닌 특수 용접시공을 해야 하기 때문에 일반잡철물 W/ton 품은 적용이 곤란할 것으로 사료됩니다. 스테인리스 제작설치 품은 어떻게 되는지요?

③ 건설표준품셈 17-10. 4. 앵커볼트 설치, 17-18. 6. 앵커볼트 설치품을 보면 샛기둥 및 경미한 곳, 주요기둥용으로 구분되어 있습니다. 당 현장에서 주로 쓰이는 앵커 볼트는 콘크리트 구체에 묻히는 형식으로 되어 있는데, 이 경우는 어느 품이 적용되는지요? 또한 Set-anchor,

Chemical anchor로 대체 시공할 경우, 이러한 앵커의 설치품은 어떻게 계산되는지요?

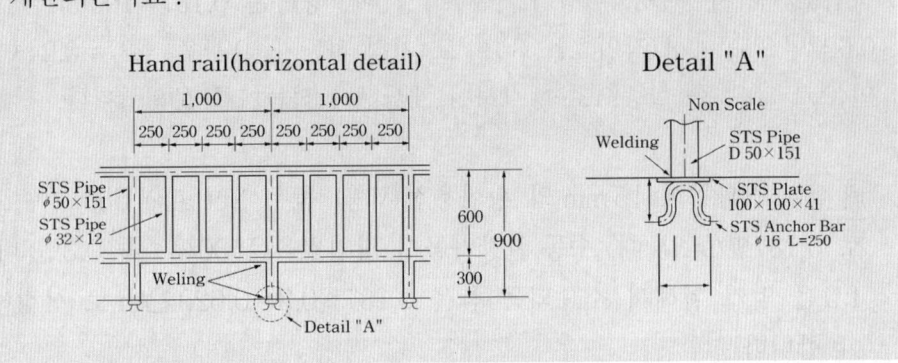

해설 건설표준품셈(건축) 14-8 난간설치의 용접식 및 앵커고정식 품을 적용할 수 있으며, 스테인리스의 품은 용접품의 25% 가산할 수 있고, 14-5 각종 잡철물 제작설치 품을 용접개소, 형상, 경량철재 (스테인리스) 등에 따라 재료 및 품을 작업의 난이도에 따라 적용할 수 있을 것이나, 제작 설치에 특수한 작업이 필요할 경우에는 전문 시공자의 견적을 받아 검토, 계상하는 방법이 고려될 수 있습니다.

질문 15 <잡철물 제작설치 공종 중 산소의 수량 기준에 대하여>

해설 건설표준품셈(건축) 제14장 금속공사 14-5 잡 철물 제작 설치 공사의 재료 수량에서 산소는 제작과 설치에 있어 6,300 ℓ 는 기체(예 6,000 ℓ 들이 병)로 보아야 한다고 생각됩니다.

제2절 미장공사

질문1 ① 콘크리트 벽면에 물때나 이끼가 붙어 솔로 닦을 때 품의 적용은?

② 구조물 바닥에 퇴적물(슬러지)이 쌓여 펌프를 이용, 물로서 청소를 할 경우의 품의 적용(슬러지는 함수율이 90% 정도의 고형물 임).

해설 건설표준품셈 각 바탕별처리는 기존 건축물의 재도장 철재면 청소의 품 가솔린 사용의 30~40% 정도를 고려하여 현장 실정에 맞게 적용할 수 있을 것으로 사료되나, 실사를 통하여 품을 계상하는 외에는 확답드릴 수 없습니다. 귀문과 같은 경우는 인부를 직접 고용(일용)하여 작업을 몇 번 반복해서 시켰을 때, 그 작업량의 평균치를 구하고 이에 노임률, 시간율, 작업능률 등을 고려하여 합리적인 품을 사정하여 계상할 수도 있을 것입니다.

<모르타르 기계바름 등에 대하여>

질문2 건축표준품셈 15-1 모르타르 바름 15-1-2, 2. 모르타르 기계바름 가. 모르타르 타설에 모르타르 펌프의 규격 37 kW, 10 m³ 당 1.17시간 능력으로 되어 있는데 모르타르 펌프의 능력은 모르타르 비빔의 됨(硬)과 묽음(軟), 즉 슬럼프의 값이 낮고 높음에 따라 달라질 것이라고 사료되는 바, 귀견?

해설 공사의 여건에 따라 달라집니다. 모르타르 펌프의 능력에 대하여 건설표준품셈에서는 슬럼프의 값 등 관련사항의 명시가 없어 문헌을 조사하였던 바, 슬럼프 값이 높을 때는 압송량이 많고, 슬럼프 값이 낮을 때(즉, 된비빔)는 압송량이 적어지는 것으로 판단될 수 있으며, 우리나라 품셈 펌프차 타설에 있어서도 골재의 입경, 압송높이, 압송수평거리, 타설의 연속, 비연속 등 조건에 따라 ±20% 이내에서 증감할 수 있게 한 것 등을 준용하여야 하며, 운전경비(즉, 유류 : 유지류가 전력소모량, 운전품, 타설품)에도 차이가 있는 것이므로, 위의 모르타르 기계바름 표준품셈은 보다 구체적으로 해설이 규정되는 등 연구·발전되어야 할 것으로 생각됩니다.

<건축 미장공사에서 모르타르 배합 품이 포함되어 있는지>

[질문 3] 표준품셈 건축 제15장 미장공사 15-1-2 모르타르 바름 품에서 15-1-1 모르타르 배합 품은 포함되어 있는지? 즉, 모르타르 바름에 모르타르 배합품을 추가해야 하는지요?

[해설] 건설표준품셈 건축 제15장 미장공사 15-1-2 모르타르 바름 품에 모르타르 배합 품이 포함되어 있는지에 대하여, 15-1-2 모르타르 바름 1. 인력 바름 $10\,m^2$ 당 품의 《주》② 본 품은 소운반, 비빔, 코너비드 설치, 모르타르 바름 및 마무리 작업을 포함한다. 에서 비빔이 포함되어 있고, 15-1-1 모르타르 배합의 《주》① 에 비빔은 제외되어 있음을 미루어 볼 때 배합품은 포함된 것으로 보아야 한다고 생각합니다.

[질문 4] 모르타르 기계바름장비 중 모르타르 펌프의 작업량이 1.17 시간 당 $10\,m^3$ 기준이고, 믹서는 $0.3\,m^3$ 인데 기계가격은 3,613,000 원

입니다. 건설기계경비 11장의 0.3 m³급 믹서는 9,187,000원이고, 손료계수 3,708[10⁻⁷]으로 기계가격의 차이가 너무 큰 원인이 무엇인가요.

해설 건설표준품셈(건축) 15-1-2, 2. 기계바름 모르타르 타설 장비의 믹서가 0.3 m³급으로 시간당 작업량을 건설기계에 준하여 계산하면, 믹서(0.3 m³)의 시간당 작업량

$$Q_1 = \frac{60}{4} \times q \times E \text{ 로서 } 15 \times 0.3 \times 0.8 = 3.6 \text{ m}^3/\text{hr}, \ (E=0.8)$$

펌프(3.7 kW)의 시간당 작업량

$$Q_2 = 10 \div 1.17 = 8.5 \text{ m}^3/\text{hr}$$

으로 계산되어 믹서의 작업량이 펌프작업량의 42% 상당으로 모르타르 타설 기계의 조합을 재검토 하여야할 것이 요망되며,
2018 건설기계가격 : 모르타르믹서(0.3 m³) : 4,919,000 원
　　　　　　　　　콘크리트믹서(0.3 m³) : 3,759,000 원 임을
참고하십시오.

질문 5 미장공사에 있어 모르타르 바름, 회반죽 석고 플라스터 등에서 바탕의 폭 30 cm 이하이거나(걸레받이, 계단 등) 원주 바름면 일 때 본 품을 30% 가산한다. 로 되어 있는데 품의 적용에 있어 다음 중 어느 것을 적용해야 옳은지요? 또 적용대상에는 어떤 것이 있는지요?

모르타르바름 m² 당 미장공 0.05 인, 보통인부 0.05 인 일 때
모르타르바름(30 cm 이하) m² 당, 미장공(0.05×1.3) 0.065인, 보통인부(0.05×1.3) 0.065인 인가? m 당으로 위와 같이 계산하는 것인지요?

해설 우리 품셈에는 좁은 폭인 때, 연길이로 품이 따로 제정된 것이 없으므로 좁은 폭이라 할지라도 凹凸부 모두를 m²로 면적을 산출하여 품을 구하도록 하였으므로 m²당 계산방법으로 적용하여야 할 것입니다.

우리 품셈에는 바탕의 폭 30 cm 이하이거나 원주 바름면일 때에는 품을 20 % 가산한다. m²당 품이 있을 뿐 연길이 m당 품이 따로 제정된 것이 없으므로 좁은 폭이라 할지라도 오목, 볼록부 모두를 m²당으로 산출해야 합니다.

15-1-2 모르타르 인력바름 3.6 m 이하

(10 m² 당)

구 분	단 위	초벌바르기	재벌바르기	정벌바르기	계
미 장 공	인	0.31	0.48	0.52	1.31
보 통 인 부	〃	0.13	0.20	0.20	0.53

* 바탕의 폭 30 cm 이하 본 품을 20 % 가산한다.

m² 당 할증품   미 장 공 : $0.131 \times 1.2 = 0.1572$ 인/m²

보통인부 : $0.053 \times 1.2 = 0.0636$ 인/m²

상기 문헌 폭 120 mm이며 1m 길이 이므로, $0.12 m \times 1m = 0.12 m^2$ 가 되며,

미 장 공 : $0.1572 \times 0.12 = 0.0188$

보통인부 : $0.0636 \times 0.12 = 0.0076$

이를 위 자료 문헌에 따른 품 1m 당과 비교하면

미 장 공 0.056 : 0.0188 인으로 34 % 에 불과하고,

보통인부 0.004 : 0.0076 인으로 190 % 로 비율이 계산됩니다.

또한 노무비로 비교해보면, 미장공 : 175,547원, 보통인부 : 109,819원

(2018 노임)

우리품   미 장 공 $0.0188 \times 175,547 = 3,300$ 원/m 당

보통인부 $0.0076 \times 109,819 = 834$ 원/m 당   계 4,134 원/m 당

문 헌   미 장 공 $0.056 \times 175,547 = 9,830$원/m 당

보통인부 $0.004 \times 109,819 = 439$원/m 당   계 10,269 원/m 당

∴ 4,134 ÷ 10,269 = 0.40, 즉 40%에 불과한 계산이 되는 등의 문제점이 있으므로 품의 적용 개소별 작업의 내용에 따라 노무 구성 및 품의 조정이 있어야 할 것입니다.

질문 6 미장공사 중 모르타르 바름, 할석면 모르타르 바름에서 졸대 및 라스 두께보다 2mm 내외 더 두껍게 바름이라고 규정하고, 초벌 바름에서 바름 두께의 규정이 없는 바, 나무졸대를 박은 위에 펠트를 깔고 와이어라스(마름모꼴) 일반 미장공사용을 펴 깔았을 때 펠트면에서 와이어라스를 펴 깐 윗면까지의 두께를 일일이 측정하여 그 두께 + 2mm 를 초벌바름 두께로 하고 그 두께에 따른 물량을 별도로 계산해야 하는 번거로움이 있습니다. 또 물가정보 자재규격에도 라스류의 두께가 명시되어 있지 않으니 좋은 방법을 답변바랍니다.

해설 마름모꼴 와이어라스를 사용하였을 때나, 평(平)라스를 사용하였을 때나 그 두께를 측정하고 두께 +2mm 를 초벌바름 두께로 함이 원칙이나, 사전에 그 두께를 가정하여 설계에 반영시키고 시공시에 두께를 측정하여 정산하는 방법도 좋을 것입니다. 예를 들면, 건설표준품셈 15-1 모르타르 바름 나무졸대 외벽에서 라스 두께를 10mm 로 가정하여 나무졸대바탕 20% 할증을 가산한 물량표에서 벽두께를 25mm, 34mm 로 계산하여 설계서를 작성합니다.

벽 두께 25mm 인 때
    두께 6mm 때 시멘트 3.67 kg, 모래 0.0079 m^3 이므로
    두께 1mm 때 시멘트 0.61 kg, 모래 0.0013 m^3 이므로
    두께 25mm 때 시멘트 15.25 kg, 모래 0.0325 m^3 를 계산하면 되고,

벽 두께를 34 mm 로 하면

시멘트 20.74 kg, 모래 0.0442 m³ 가 됩니다.

이를 달리 계산하면

벽 두께 25 mm 때 시멘트 $25 \text{ mm} \times \dfrac{3.67}{6} = 15.29 \text{ (kg)}$

모 래 $25 \text{ mm} \times \dfrac{0.0079}{6} = 0.0329 \text{ (m}^3\text{)}$

벽 두께 34 mm 때 시멘트 $34 \text{ mm} \times \dfrac{3.67}{6} = 20.79 \text{ (kg)}$

모 래 $34 \text{ mm} \times \dfrac{0.0079}{6} = 0.0447 \text{ (m}^3\text{)}$ 이 됩니다.

(현행 품 삭제)

<주각 모르타르의 시멘트 수량>

질문 7 건설표준품셈 30-9-2. 창문틀 주위 모르타르 충진에 대하여

2. 창문틀 주위 모르타르 충진 (m 당)

구 분	단 위	수 량	비 고
시 멘 트	kg	2.73	
모 래	m³	0.006	
미 장 공	인	0.021	
인 부	〃	0.004	

《주》① 모르타르 충진은 창문틀 내·외를 충진하는 것으로 한다 (②~
⑤ 생략).

위 품에서 보면 시멘트가 적은 것으로 사료되는데 귀견?

해설 구 품셈은 귀 제시 자료와 같습니다. 주각 모르타르 충진용 모르타르 배합은 1 : 1 : 2 기준이며, 《주》와 같이 창문틀의 내·외부를 충진하는 것인데, 모래가 0.006 m³/m 당 으로서 1÷0.006 m³ = 166.66m

≒ 167 m/m³ 상당의 시공이 되고, 166.67 m ×2.73 kg＝455 kg/m³ 라는 역설적인 계산도 됩니다.

위 계산은 1 m에 2.73 kg의 시멘트로 166.67 m를 시공한 때 455 kg 상당의 시멘트가 소요된다는 간이 계산으로서, 주각모르타르 550 kg/m³ 보다 100 kg 상당이나 적으며, 시멘트 2.73 kg/m당과 모래 0.006 m³/m당의 모르타르 비빔품을 별도 계상하게 하였으나, 이는 계산도 복잡할 뿐만 아니라 금액도 대단히 적은 것을 별도 계상하게 한 것으로서, 차라리 재료비 또는 노무비에 대한 몇 %를 계상하는 것으로 변경했으면 하는 생각입니다.

〈비빔품을 별도 계상시의 적용 예〉

30-1 모르타르 배합 (6-1-2 모르타르)　　　　　　　　　　(m³당)

배합용적비	시 멘 트 (kg)	모　래 (m³)	보통인부 (인)
1 : 1	1,093	0.78	1.0
1 : 2	680	0.98	1.0
1 : 3	510	1.10	1.0
1 : 4	385	1.10	0.9
1 : 5	320	1.15	0.9

《주》 ① 재료의 할증률이 가산되어 있다.
② 본 품에서는 기구 손료 및 소운반 품이 포함되어 있다.

위 품에서는 시멘트 약 3% 잔골재(細骨材)인 모래와 기타 할증 12% 상당이 포함된 것으로 보아야 하며, 재료의 소운반(20 m 이내) 품도 포함되어 있다고 보아야 합니다.

소운반이 포함된 비빔품 보통인부 1.0인을 1 : 1 비율의 모래수량 0.78 m³로 본 때 0.78 m³÷166.67 m ＝ 0.00468 m³/m로 계산되나, 여기서의 물량은 0.006 m³로서, 그 값이 맞지 않고, 0.98 m³(1 : 2배합)로 보면 0.98÷166.67 m＝0.005879≒0.006 m³/m당으로 구할 수 있

어 1 : 2 배합모르타르로 추정할 수도 있습니다.

모래의 양이 $0.98\,m^3$ 라고 하면, 시멘트의 수량이 680 kg 상당이어야 하는데, 그렇게 보면 $680 \div 166.67\,m = 4.08\,kg/m$당 상당이어야 하는 우리 품에서는 $2.73\,kg/m$로 규정하여, 이 또한 불합리하게 되어 있습니다.

특히, 소운반 품이 포함된 비빔품이 m^3당 1인이면, 소운반 품은 이 경우 0.2인/m^3 로 볼 때 0.8인/m^3 상당이 비빔품이 되며, 0.8인은 0.8인/m^3 당 $\div 0.006 = 133.3\,m$ 상당으로 $(0.8 \times 34,947$ 원/일당$) \div 133.3 = 209.70$ 원/m 를 구하게 되는데 재료의 할증이 가산되어 있다고 했으므로 가산량 12% 상당을 공제하면 $209.70 \times (1-0.12) = 184.50 \fallingdotseq 184$ 원/m 당 의 비빔품이 계상될 수 있는 것으로 보아야 합니다.

이와 같이 시멘트량의 부족, 비빔품의 별도 계상, 방수 코킹제의 별도 계상 등이 품셈에 명시되지 아니하거나 복잡하게 한 것 등은 앞으로도 연구 과제가 될 것이라고 사료됩니다.

※ 외국의 품은 m당 시멘트 = 내·외부 각각 4.8 kg, 방수제 = 외부에 $0.1\,\ell$ (내부 없음), 모래 = 내·외부 각 $0.012\,m^3$ 씩으로 규정한 것도 있음을 참고로 소개합니다.

(현행 품셈 삭제)

<미장 공사의 마감 공정에 대하여>

질문 8 건설표준품셈 제 30 장 미장공사의 내용 중 의문사항이 있어 문의합니다. 당 현장은 ○○운동장 신축현장으로 콘크리트 타설시 1차 흙손으로 콘크리트를 분배하여 면을 잡고, 2차 쇠흙손으로 면을 잡아둔 뒤 7~8시간 경과 후 물이 빠지고 굳어 갈 때쯤 넓은 면은 Power Trowel로 마감하며, 좁은 면은 쇠흙손으로 문질러가며 정리하는 공종으로 마감면 위에는 3 mm 의 얇은 도막방수(노출형)가 시공됩니다. 이러한 쇠흙손마감 공정은 30-1 모르타르바름의 품과 30-8 플로어 하드너 바르기를 추측하여 보건데, 30-1 4.쇠흙손마감 공정의 품으로 보아도 무방할 것으로 판단되는데 이에 대한 회신을 바랍니다.

[해설] 미장공사 중, 모르타르 바름의 쇠흙손마감 공정은 별도의 마감이 필요치 않은 끝내기 할 때의 m^2당 품이며, Power Trowel 사용할 때의 품은 아닙니다. 따라서 콘크리트 타설시에 1차 면을 잡고난 뒤, 2차 다시 면을 잡고, 7~8시간 후에 미장기계로 마감하는 공정은 투입되는 각 공종별 인력과 기계의 품을 구분 계상해야 할 것입니다.

<건축품셈 제15장 미장공사에 대하여>

[질문 9] 건축공사품셈 15-2 콘크리트 면 마무리의 15-2-1 콘크리트면 정리와 15-2-2 마감미장의 품 중 어느 것이 콘크리트 면정리(견출)에 해당하는 것인지?

15-2-1 콘크리트 면 마무리는 그라인딩만 해당되고, 15-2-2 마감 미장은 페이스트 바름만 해당되는 것인지요?

그렇다면 이 두 가지의 품을 더해야만 완전한 콘크리트 면 정리 품이 되는 것인지 궁금합니다.

[해설] 건설표준품셈 건축 제15장 15-2-1 콘크리트면 정리는 견출로서 콘크리트 타설 후 거푸집해체 표면 일부에 재료의 분리 등 거친 면을 고르게 하는 일련의 작업(그라인딩 등)을 말하며, 15-2-2 마감 미장은 표면을 미려하게 하기 위하여 시멘트 혼화재 등을 사용하는 미장작업이며, 홈메우기, 시멘트페이스트바름, 붓칠 등 최종 미장 마감하는 품이라고 생각하면 될 것입니다.

최신 건축·토목 용어 사전

2018년 1월 증보 · A5 신 · 1,454 면 · 양장 · 값 54,000 원

- 건축·토목·건설기계·기계 설비·품질관리
  OR 관리용어 등 건축·토목분야의 용어 중에서
  보편성 있고 긴요한 16,700 여 단어와 도해 -

제 5 장 창호 및 유리공사

제 1 절 창 호 공 사

<창호 목재 수량의 할증과 품 등에 대하여>

질문 1 건설표준품셈 제31장 건축창호공사 중 31-1 목재 창호의 《주》④에서 "본 품은 창호 1매당 소요재료 및 품이며, 본 품의 규격과 상이한 창호를 제작 설치하고자 할 때에는 설계 목재량(할증률 10%~15% 포함)에 따라 품을 비례 증감할 수 있다"로 되어 있는 바, 이는 도면상의 정미목재량에 할증률 10%~15%를 더한 목재량에 대한 품을 비례 증감하는지(자재의 할증률은 15~25% 가산), 자재는 도면상의 목재량에 할증률 10%~15%를 더하고 품은 할증률을 더하지 않은 정미 목재량에 대해서만 계상하는 것인지요?

해설 구 품셈 설계정미 목재량에 할증률 15%~25%를 가산하되, 품은 가산되는 것이 아니며 품셈에서 정한 규격과 상이한 창호인 때에는 설계 목재량은 10%~15%를 가산하고 품은 목재수량에 비례로 증감할 수 있다는 것입니다.

즉, 특수한 창호의 경우는 할증 10%~15%가 가산된 물량에 대한 품을 계상할 수도 있습니다.

질문 2   창호공사 목재의 수량산출에 있어 설계정미 목재량이란 대패질 치수를 제외한 수량인지 아니면 대패질 치수를 포함한 수량인지요? 이 경우 목재할증률과 품의 할증을 어떻게 적용하는지요?

해설   건설교통부제정 "건축공사 적산자료" 목공사에 의하면 창호재, 가구재는 도면치수를 마무리치수로 하여 재적을 산출한다. 라고 규정되어 있으므로 대패질 치수를 가산하여 재적을 산출해야 마무리 치수를 얻을 수 있습니다. 이때 품셈상에 규정된 할증을 가산한 재적을 산출하여 서로 비교한 다음, 적정물량을 택하면 좋을 것이라 사료되며, 품의 할증은 품셈상의 규격과 상이한 때, 설계 목재량에 따라 비례적용하면 됩니다.

질문 3   목재 창호에 있어 문·창틀의 제작 설치 품에 제작품과 설치품의 비율은?

해설   현행 품셈은 제작 및 기성제품 달기까지 포함된 품이므로 공정별 품을 구분할 수는 없습니다. 제작만으로 끝나는 것이 아니고 달기까지 완료해야 하며, 달기의 조정 등이 있기 때문에 완성품으로 구하는 것입니다.

질문 4   강재 창호를 견적함에 있어 면적(m^2 당) 수량 산출방법의 통상적인 관례는?

해설   건설표준품셈은 정부 등에서 시행하는 건설공사 중 가장 대표적인 기준을 제시하는 것으로서, 구 건축품셈 "강재 창호달기" 항목에는 강재 창호의 중량산출 방법을 명시하고 있으나, 면적당 산출 방법에 대하여는 규정하고 있지 아니합니다. 이는 강재 창호의 개폐 방식, 부재수, 개폐부 면적 등에 따라 가격의 차가 있어 일반적인 기준으로서 불합리한 점이 있기 때문임을 참고하시기 바랍니다.

<창호 종별 면적기준은>

질문 5 건설표준품셈상 강재(강재 또는 알루미늄) 창호달기 품 적용이 창호의 대소 구분 없이 짝당 또는 개소당으로 되어있는 바, 이 경우 창호 종별에 따른 표준적인 창호 면적 등이 정해져 있는지 여부.

해설 귀 문은 품셈 개정 전 사항으로 건축품셈 "강재 창호달기" 항목에는 표준적인 창호면적 또는 규격 등이 구분 없이 강재 창호의 종별에 따른 짝당 또는 개소당 노무공수와 창호의 구체적인 크기 등에 의한 소요재료의 중량 산출방식을 제시하고 있는 바, 이는 강재창호의 경우, 개폐방식, 부재치수, 구조 및 개폐부 면적 등에 따라 재료량, 가격 등에 차가 있어 표준적인 면적 등을 정하여 소요재료량을 일률적으로 규정하는 것이 합리적이지 못하기 때문이며, 또한 창호달기품은 목재 창호 품과는 달리 제작 완료된 창호의 달기에 대한 품을 제시한 것으로서, 창 또는 문의 대소에 따른 품은 창·문의 종별 노무공수의 범위(예: 쌍여닫이문의 경우 1.5 ~ 3.0) 내에서 가감할 수 있는 것임을 참고하시기 바라며, 기타 본 건설표준품셈에 명시되지 아니한 사항에 대하여는 당해 발주기관의 장이 건설표준품셈의 목적에 부합되게 경제적이고 합리적인 적용 기준을 정하여야 할 것입니다.

그러나 현행 품셈 규정은 강재 창호 설치 품이 창호 면적으로 구분, 개소 당 품으로 규정되어 있습니다.

질문 6 건설표준품셈 제31장 창호공사에 있어 목재 창호공은 제작 및 달기까지 1짝 당 물·공량이 규제되어 있어, 설계에 지장이 없으나, 강재창호에서는 창호달기 짝 당 품과 알루미늄 창호에 있어서도 창호달기 개소 당 품만이 규제되어 있어, 창호의 제작은 전문업체의 견적에 의하여 설계하는 실정입니다. 제작품을 알려 주시기 바랍니다.

해설 일본 건설성의 품에 따르면 강재창호 제작품(공량)과 알루미늄제 창호제작품은 다음과 같습니다. 견적서와 외국의 문헌상 물·공량을 비교 검토하여 적정공사비를 산출토록 함이 좋을 것입니다.

강재창호 제작 품 (참고)   (개소 당)

형 식 (고창 없음)		안목면적 (m^2)	물·공량	
			강 재 (kg)	새시공 (인)
창	양 여 닫 이	1.8	45~55	2.6~3.0
	미 서 기	1.8	45~60	2.2~2.7
	오 르 내 리 기	1.8	60~100	2.8~3.2
	회 전, 미 들 창	0.9	18~30	1.0~1.2
문	외 여 닫 이 (플 러 시)	2.0	100~125	3.8~5.5
	양 여 닫 이 (플 러 시)	3.8	160~220	7.5~9.2
	양 여 닫 이 (유 리 문)	3.8	95~155	6.4~8.8
	미 서 기 (유 리 문)	3.8	120~160	6.6~11.0

《주》 달기품은 별도 계상한다.

알루미늄 창호 제작 품 (참고)   (m^2 당)

형 식 (고창 없음)		물·공량	
		강 재 (kg)	새 시 공 (인)
새 시	붙 박 이	4.1~12.5	0.20~0.50
	미 들 창	7.9~28.0	0.55~0.76
	미 서 기 (호 차)	6.9~9.8	0.78~1.35
	오 르 내 리 기	6.2~10.1	1.25~1.90
	상 부 당 김 내 개 창	8.1~30.0	0.55~0.76
도 어	외 여 닫 이 (플 러 시)	15.2~18.5	1.53~2.07
	외 여 닫 이 (유 리 문)	2.5~12.1	2.50~3.80

《주》 달기품은 별도 계상한다.

제 1 절 창 호 공 사

<금속제 창호의 철거품 및 난간의 품에 대하여>

질문 7 기존 강재창호를 철거하고 알루미늄 창호로 대체하고자 합니다. 건설표준품셈에는 알루미늄창호 달기에 소요되는 품은 규정되어 있으나 금속제창호의 철거 품이 없어 설계를 못하는 형편입니다. 철거품에 대한 자료가 있으면 알려주시기 바랍니다.

해 설 건설표준품셈 건축 18-2 구조물 헐기 및 부수기에도 강재창호철거에 대한 품은 없습니다. 문헌(일본)에 따르면 철거와 청소 개소 당 품이 석공(콘크리트 까내기) 3인/개소 당, 인부 0.5인/개소 당 품이 제시되고 있으나 개소당이 어느 정도의 크기인가?에 대하여는 알 수 없으므로〔건설공사 표준품셈(일본), 재단법인 건설물가조사회 발간의 창출입구철거 철제(W 1,800×H 1,600) 개소 당 1.0인 소요〕등이 있을 뿐인 바, 현장 실사와 문헌을 비교하여 경제적이고 합리적인 품을 실정에 맞게 적용토록 하십시오.

질문 8 건설표준품셈 31-2 1.강재창호달기 품에서 새시공의 공량은 문짝의 짝당인지 문틀을 포함한 경우인지를 알고자 합니다. 문짝만의 경우라면 1일 미서기창의 품이 0.9~1.3인 이므로 1일 1개소의 시공량에 불과합니다.

해 설 문틀을 포함한 개소당으로 보는 것이 타당합니다.
　　창호달기 품의 단위가 품셈에서 개소 당으로 규정하고 있어, 문틀 설치 및 기성제품 창호달기 품으로 연결철물 설치, 창호설치, 부속철물(문바퀴, 경첩) 달기 및 마무리작업, 소운반까지 포함된 품임을 이해하시기 바랍니다.

| 질문 9 | 창호 및 난간에 대한 건설표준품셈 상 할증률 적용기준과 할증률 적용가능 여부.

| 해 설 | 건설표준품셈 상 재료의 할증률은 일반적으로 절단, 가공, 시공 등 작업과정에서 불가피하게 발생되는 재료의 손실량을 감안하여 할증하는 것으로서 재료의 이동, 운반, 가공, 절단 또는 시공 등의 과정에서 실수나 부주의 등 작업자의 귀책사유로 인한 손실에 대하여는 재료의 할증률을 적용할 수 없는 것이므로 귀 질의의 창호류 등과 같은 완제품인 경우, 절단 등의 작업을 요하지 아니하고 운반, 설치 등 시공시 작업자의 부주의나 실수 등에 의한 손실을 제외하고는 불가피한 사유로 인한 손실이 예상되지 아니하므로 재료의 할증은 감안될 수 없는 것입니다.   (기감 30720-22337)

제2절 유 리 공 사

<유리의 매수 및 할증률에 대하여>

질문 1 건설표준품셈 제32장 유리공사에 있어 그전에는 할증이 5%였으나 현행은 1%로 감소되었는데 5%의 할증률을 적용해도 유리규격이 창호에 따라 일치될 수 없으므로 실제 시공에 있어 많은 부족을 가져오는 것이 실정임에도 1%로 인하하였기에 적용의 곤란이 더욱 큽니다.

<예> 유리면적 58 cm×88 cm = 5,104 cm² 끼울 매수 100 매일 경우
5,104 cm²×100 = 510,400 cm² 할증률 1% 적용 510,400 cm²× 1.01 = 515,504 cm² 소요, 실제 시중규격 60 cm×90 cm-17 매들이(100평) 1상자 60 cm×90 cm = 5,400 cm² 끼울 매수 100매이므로 5,400 cm²×100 = 540,000 cm²

※ 540,000 cm² ÷ 515,504 cm² = 1.05, 즉 5%의 할증이 요구됨.

해설 끼워야 할 유리의 가로×세로 길이에 가까운 시중판매 유리규격에 의한 매수로 계산하시고, 품셈에 따라 1%의 할증을 적용하십시오.

질문 2 유리의 1상자 당 매수는 유리의 두께에 따라 다르다고 생각하는데 그 기준이 있나요.

해설 보통 판유리는 KS L 2001에 자세히 규정되어 있습니다. 이를 요약 소개하면 다음과 같습니다.

(단위 mm)

두 께 별	두께의 허용차	최대규정치수	비 고
2	±0.2	610×1,219	
3	±0.3	1,829×1,219	
4	〃	〃	
5	〃	〃	

1상자당 매수는 1상자의 총면을 $9.29\,m^2$로 보고 1매의 판유리 면적으로 나눈 값을 소수점 이하 첫째자리에서 반올림하여 정수로 환산한 것을 말한다. 라고 규정하고 있습니다.

따라서 3～5mm 유리는 1,829×1,219mm = $2.22955\,m^2$ 이므로 9.29 ÷ 2.22955 = 4.1667이 되나 위 요령에 의거, 1상자 4매로 계산됩니다.

질문 3 판유리의 산출에 있어 공장 생산품의 규격은 몇 가지에 불과한데 절단되는 손율을 어떻게 보아야 되는지요.

해설 유리는 정미면적에 가장 가까운 생산품의 치수 또는 그 배수에 상당하는 규격으로 계상해야 합니다. 이렇게 하면 잘려지는 것은 손율이 되는 것이며, 다량의 경우는 주문 생산에 의하심이 좋을 것입니다.

질문 4 유리는 정미면적에 가장 가까운 생산품의 치수 또는 그 배수에 상당하는 규격으로 계상해야 한다. 라고 규정되어 있으나 복층유리(페어 글라스) 제작시 유리규격도 동일하게 적용 되는지요.

제 2 절 유 리 공 사

해설 특수 유리제작은 설계치수에 맞추어 제작되는 것으로 시중거래품의 규격과는 관련이 없는 것이라고 사료되나 기생산품의 설치치수와 부합되던가, 그의 배수에 상당한 치수가 있을 때에는 기생산품 사용으로 계상함이 타당할 것입니다.

<유리의 내풍 압력은>

질문 5 유리공사에 있어서는 풍 압력이 고려되어야 하는 것으로 알고 있습니다. 그 한계를 교시 바랍니다.

해설 고층건물 창호에는 저층의 창호보다 창호의 규격을 작게 하거나 유리의 두께를 크게 해야 합니다. 다음 표를 참고로 하십시오.

유리의 두께와 사용가능 면적

$$A \leq \frac{30\alpha(t+t^2/4)}{P}$$

A : 유리면적   P : 풍압력
α : 유리에 따른 정수   t : 유리두께

(단위 : m²)

풍압력 (kg f/cm²)	보통판유리 (mm) 3	형 판 유 리 (mm)					망유리 (磨) 6.8
		5	6	8	10	12	15	
100	1.57	3.37	4.50	5.76	8.40	11.52	17.10	3.85
120	1.31	2.81	3.75	4.80	7.00	9.60	14.25	3.21
140	1.12	2.41	3.21	4.11	6.00	8.22	12.21	2.75
160	0.98	2.10	2.81	3.60	5.25	7.20	10.68	2.40
180	0.87	1.87	2.50	3.20	4.66	6.40	9.50	2.14
200	0.78	1.68	2.25	2.88	4.20	5.76	8.55	1.92
220	0.71	1.53	2.04	2.61	3.81	5.23	7.77	1.75
240	0.65	1.40	1.87	2.40	3.50	4.80	7.12	1.60

《주》 $p = c \cdot q$, $q = 60 \cdot \sqrt{h}$ ($h \leq 16m$), $q = 120 \cdot \sqrt[4]{h}$ ($h > 16m$)
  c : 풍력계수   q : 속도압   h : 지상높이

<유리 닦기 면적 계산 등에 대하여>

질문 6 유리 닦기의 품셈단위가 m^2 당으로 되어 있는데 $1m^2$ 는 양면으로 보면 $2m^2$ 로 계상해야 하는가요.

해설 유리의 닦기 면적은 정미면적으로 계상하며, 보이는 면적으로 보아야 하므로 $1m^2$ 양면 닦기의 품입니다. 그러나 고층건축물의 경우는 유리 닦기 0.055인/m^2 당 이외에 일반방침 등에서 정한 층 높이에 따른 할증과 달비계 작업의 능률저하 및 위험할증 등이 고려되어야 할 것입니다.

질문 7 ○○통신 사옥 청소용역을 담당하고 있는데 요즘은 건물이 고층화되어 있어 이를 유지하기 위해서는 페인트칠도 해야 되고, 외부 유리 닦기(약품 사용) 및 외벽청소를 줄을 타고 실시해야 하나 마땅하게 적용할 품셈이 없어 질의합니다.

해설 고층 건축물의 유리 닦기나 칠공사(보수)에 대한 품은 따로 없습니다. 특히, 달비계를 통해 작업을 하나 이에 대한 품이 따로 없으니 업자의 견적 등을 검토하여 적정 처리하는 방도 외에는 다른 기준의 제시는 불가합니다.

질문 8 건설표준품셈 제32장 유리공사 32-2 유리닦기에 넝마, 약품, 인건비의 3개부분의 적산내용일 뿐, 아래 문제점에 대하여는 기술되어 있지 않으므로 공사비 산정에 문제점이 발생하여 질의를 드립니다. 즉, 기존 건물의 높이는 15층 고층아파트 및 4층 아파트에 로프를 이용한 외곽유리창 세척공사입니다.

제2절 유리공사

1. 간접노무비의 비율 계산, 2. 일반관리비의 비율계산, 3. 안전관리비의 비율 계산 등

해설 유리창 세척 공사라고 해서 안전관리비나 간접노무비의 비율 또는 일반관리비의 비율 등이 따로(별도로) 정해지는 것은 아니며, 안전관리비율은 「노동부고시」에 의하고, 간접노무비·일반관리비 등은 「계약예규 예정가격작성기준」에 따르고 있음을 알려드립니다.

질문 9 유리 끼우기 품셈에는 망입(網入) 유리 끼우기 품이 없어 곤란합니다. 답변바랍니다.

해설 망입유리는 형판(型板) 유리와 유리판 갈기 망입 유리로 대별됩니다. 유리의 할증은 우리품셈에 1%로 규정되어 있으나 외국의 품은 3%로 되어 있고, 두께와 끼움면적에 따라 다음과 같은 품이 있으니 참고 하십시오.

구 분 종 별	형판망입유리공 (m^2당)	망입판갈기유리공 (m^2당)	비 고
두께 6.8mm, 2.18m^2 이하	0.13인	0.13인	기타 1식
두께 6.8mm, 4.45m^2 이하	0.19인	0.19인	〃

<두꺼운 유리 등 특수유리의 품>

질문 10 유리공사 품의 산정에 있어서 다음 복층유리에 대한 인건비 품 산정시 품셈에 있는 10mm 이상 두꺼운 유리의 인건비 품(유리공 0.47인)에 다음과 같이 할증률을 적용하는 방법이 타당한지요. 또한 곡면유리(반경 1.5m, 두께 28mm 복층)에 대하여는 어느 정도의 인건비

품을 보아야 하는지요.
- 두께 24 mm 복층유리 (6 mm 유리 + 12 mm 공기층 + 6 mm 유리)
  유리공 : 0.47인 × $\frac{6+6}{10}$ = 0.564인

해설 1. 두꺼운 유리 등은 공장에서 창호치수에 맞게 가공하여 현장에 반입되고, 현장에서는 끼우기만을 하는 경우, 귀 질의와 같이 두께 기준으로 할증이 가산되는 것은 아니라고 보아야 합니다.

〈참고〉 곡면 유리끼움에 대하여는 외국의 적산 문헌에도 따로 제시된 품이 없는 실정입니다.

2. 품셈에는 두꺼운 유리끼움 10 mm 이상의 경우 유리공 0.136 인/m^2로 규정되어 있고, 특수 창호 및 특수유리인 때에는 별도 계상할 수 있는 《주》 해설이 있으므로 귀문의 경우와 같이 두께에 따른 품의 가산이 되어야 할 것이 아닌가 하는 지적도 될 수 있는 것입니다.

즉, 5 mm 이하 0.092 인/m^2를, 10 mm 미만의 유리에서 0.106 인/m^2 두께비율로 품이 증가하는 것 같이 구성되어 있기 때문입니다.

그러나 10 mm 이상에서 0.136 인/m^2로 되어 있다고 해서 20 mm 의 경우(복층공기층 제외) 0.136 인 × $\frac{10+10}{10 mm}$ = 0.272 인/m^2로 유리의 두께 비율로 계상할 수도 없는 것이 아닌가 하는 지적도 됩니다.

따라서 복층유리 끼움의 경우, 공장가공 유리의 부착만으로 끝나는 것인가, 현장에서 다시 가공해야 하는 것인가 하는 등 구체적인 작업의 내용에 따라야 할 것이고 이때에 공기층을 제외해야 하는가의 여부도 재검토 되어야 할 성질의 것이라고 봅니다.

<유리공사의 코킹 품에 대하여>

질문 11 APT 신축현장에 복층유리 12mm, 16mm 두 가지로 설계되어 있으며, 12mm, 16mm 코킹 수량을 12mm 미만 유리코킹 물량과 합하여 코킹(5×5) 공사에 별도 방수공 품을 일괄 적용하였습니다. 현실적으로 실제 공사시, 복층 유리에도 가스켓류가 아닌 코킹으로 처리하고 있기 때문입니다. 복층 유리도 코킹재를 사용하기 때문에 복층 유리 코킹 수량을 방수공 품을 적용하고, 복층 유리끼우기 품에서 코킹재 시공품을 감액 조치하고자 할 경우, 코킹재 시공품과 수량을 얼마로 계상해야 하는지 알고자 합니다.

해 설 건설표준품셈 건축공사 표준품셈 제16장 유리공사 중 복층유리의 품은 m^2 당으로 유리두께 12, 16, 18, 24mm로 구분하여 유리공이 시공하도록 규정되어 있으며, 부속재료로 코킹재 등을 사용할 때에 재료는 별도 계상하고, 코킹재를 사용한 시공품은 그 품에 포함되어 있다고 명시하였으므로 재료만을 별도 계상해야 하는 것입니다. 여기서, 코킹재의 시공품이 얼마인가의 구분기준은 달리 없습니다.

증보 개정판

건 설 표 준 품 셈 B5·약 1,270 面·양장

〔토목·건축·기계설비 완간+전기(발췌)+정보통신(발췌)〕

1972년부터 최신까지 전통과 권위를 자랑하는 결정판

이 분야의 권위 全仁植교수 책임 편저

전국 유명 서점에서 구독할 수 있음.   값 57,000 원

제 6 장 도장(칠) 및 수장공사

제 1 절 도 장(칠) 공 사

<도장 면적의 배수 등에 대하여>

[질문 1] 구 건설표준품셈 제33장 도장공사 33-1 도장면적 배수 중 강재의 플러시 도어, 유리도어, 앵글도어, 철망붙임, 경량강구조 등의 배수가 규정되어 있지 아니하여 적용에 곤란을 느끼고 있습니다. 무슨 방도가 없는지요.

[해설] 건설표준품셈 제33장 33-1 칠면적 배수표는 보편적이고 일반적으로 많이 쓰여지는 것을 규정한 것이므로 규정되어 있지 아니한 것은 유사한 공종의 면적배수를 참고해야 할 것입니다.

(현행 품셈에서 삭제되었음)

다음은 일본건설성의 '96년도 품셈자료를 소개하오니 참고하십시오.
- 플러시 도어 - (안목면적)×2.7 (창호부분)
- 유리도어 - (안목면적)×1.6 (양면 문틀)
- 앵글도어 - (〃   )×3.1 (〃   )
- 철망(붙임) - (높이×길이)×1.0
- 경량강구조 - (50~70 m²/ton) (표면 도장)

질문 2 도장공사에 있어 도장면적 "안목면적" 이라 함은 어떠한 뜻입니까?

해설 상자(箱子)모양의 구조물의 울거미 두께를 제외한, 안에서 안까지의 면적[다시 말해서 울거미 두께를 합한 밖에서 밖까지의 치수(寸數)에 의한 면적이 아님]을 말하는 것입니다. 같은 뜻으로 "안목치수"라는 말도 있습니다. 기둥과 기둥의 안목치수라 함은 기둥과 기둥사이의 공간 치수를 말하는 것입니다.

<에폭시 페인트 도장 기타 도장에 대하여>

질문 3 건설표준품셈 건축 17-1-3의 기존 건축물 바탕 만들기에 있어 페인트면 긁어내기(0.1인/m^2), 철재면 청소(약품 사용) 0.08인의 적용에 있어 7~8년간 누적된 6~7회의 덧바름으로 이를 약품으로 모두 청소코자 할 때, 위의 0.1인/m^2 와 0.08인/m^2 를 2중으로 계상해도 되는 것인지? 강력한 화학약품으로 사용할 때 인부를 특별인부로 계상할 수 있는지?

해설 페인트칠면의 긁어내기는 일반적인 경우이고, 청소 정도의 약품 사용할 때(소다 수산 등)를 기준으로 한 것이나 귀문의 경우는 특수한 사항에 속하므로 위 품만으로 시공될 것인지의 여부 등은 구체적인 사항에 따라 구분되어야 할 것으로 생각됩니다.

질문 4 기계실 바닥 에폭시(Epoxy paint) 도색 공사를 하고자 재료와 인건비 산출(m^2당) 방식을 문의합니다.

제 1 절 도 장(칠) 공 사

해설 건설표준품셈 건축 17-6 에폭시페인트 품에 m² 당 도장공, 보통인부 품이 규정되어 있으며, 에폭시페인트 등의 재료량은 표를 참고하며, 상세 수량은 도료종류에 따라 제조사에서 제시하고 있는 수량을 적용할 수 있다. 로 규정함을 참조하시기 바랍니다.

<건축공사 품 중 칠 공사에 대하여>

질문 5 건설표준품셈 건축 제17장 칠 공사 17-6 에폭시 페인트 《주》③ 본 품은 바닥정리, 퍼티 및 연마, 보조 붓칠 작업이 포함된 것이다. 에서 퍼티 및 연마는 같은 장의 17-1-2 도장 후 퍼티 연마 품을 포함한다는 뜻입니까?
  다시 말해서 에폭시 페인트(3회칠) 품셈 작성 시 17-6 에폭시 페인트 적용하면 17-1-2 도장 후 퍼티 및 연마품은 적용할 필요가 없다는 뜻입니까?

해설 귀문의 17-1-2 도장 후 퍼티 및 연마 품은 "《주》① 본 품은 하도 바름 이후의 퍼티 및 연마를 기준한 것이다." 이므로 1차의 바름 이후 정리가 필요할시 다시 바닥을 정리하는 품이며, 17-6 에폭시 페인트 품은 콘크리트면 바탕만들기가 끝난 후 하도 바름(1차 바름)부터 바닥정리, 퍼티 및 연마, 보조 붓칠 작업까지 포함된 것으로 하도 바름 이후 필요한 모든 작업이 포함된 것으로 《주》의 해설은 품의 포함 여부를 분명히 밝혔다고 생각합니다.

질문 6 슬레이트의 도장공사를 설계 시공함에 있어 슬레이트 바탕의 품이 없으니 모르타르면, 회반죽 및 플라스터 중 어느 하나를 택하여도 무방한지요.

해 설 슬레이트 바탕은 목재면과 회반죽 플라스터 면의 중간쯤에 해당되는 조도(粗度)라고 생각됩니다만, 이것도 뚜렷한 근거가 있는 것은 아닙니다. 그러나 철재나 함석면 보다는 거칠다는 점을 도외시 할 수는 없는 것이라고 생각되기 때문입니다.

질문 7 도로변에 건립되어 있는 전주 840여본이 길이 10 km 이내의 구역에 산재되어 있고, 동 전주 1본마다 도안 1회, 황색 3회, 흑색 3회의 도장을 하게 되어 있음에도 모르타르면 3회도 0.079회/m^2 당 품을 그대로 적용하고 있으나, 실제시공은 1인 1일 7본 이상의 도색이 불가능하여 1÷7 = 0.142인/본 의 품이 요구됩니다. 귀견은?

해 설 도장공사에 있어서는 도장면적 배수표에 의해야 하나, 콘크리트 말뚝은 명시되어 있지 아니하고, 또 콘크리트 말뚝의 굵기도 명시되어 있지 아니하여 무엇이라고 단정할 수는 없습니다. 다만, 파이프 난간 등도 높이와 길이×0.5~1.0으로 계산하는 정신 등에 비추어 콘크리트 기둥의 면적에 대한 도장을 일반 도장면인 m^2당 품을 그대로 적용해야 한다는 것은 무리한 처리가 되나 그렇다고 2배를 계상하는 것도 재고의 여지가 있다고 사료됩니다.

건설표준품셈에 명시되지 아니한 것은 유사 공종을 참고로 하거나, 품을 만들어 사용할 수 있음을 명심하시고 권위 있는 기관 또는 학자의 연구 실사기준을 적용하도록 하십시오.

<시너의 양 및 면적산정에 대하여>

질문 8 건설표준품셈 33-7의 바니시 및 래커칠 m^2당 물량에서 시너의 양이 1회, 2~3회가 모두 0.006ℓ/m^2로 되어 있는데 이것은 바니시의 양에 따라 2회 또는 3회분은 증가 되어야 하는 것이 아닌지요?

제 1 절   도 장(칠) 공 사

해설 귀하의 지적대로 시너의 물량은 바니시량의 증가와 비슷하게 수량이 증가되어야 한다고 생각합니다. 특히, 희석용 시너는 타 공종에서 모두 1회, 2회, 3회의 양이 다르게 구성된 점을 감안하여 이를 품셈제정 당국에 개정을 건의할 예정입니다. (현행 품셈 삭제)

질문 9 건설표준품셈 33-11 목재면 방부제 칠의 품에서 칠(塗料) 수량에 따라 도장공의 품이 비례될 것으로 생각되는데 목재면 거친면과 고운면의 크레오소트의 칠 수량 대 품은 균형이 잡혀있지 아니한 것으로 생각됩니다. 귀견은?

해설 방부제 칠 거친면의 칠 수량 0.106ℓ 와 2회 0.16ℓ 의 비율은 1.5배 정도이고, 도장공 1회 0.018인/m^2 와 2회 0.03인/m^2 는 1.67배 상당입니다. 고운면의 경우는 1회 $0.076\ell/m^2$, 2회 $0.13\ell/m^2$ 로서 그 증가율은 1.71배이고 도장공은 1회 0.012인/m^2, 2회 0.025인/m^2 로 2.08배가 되는 등 칠 수량에 따른 품의 비율 계산에서 균형이 잡혀 있지 아니한 것으로 판명되었습니다. 귀문의 경우와 같이 크레오소트의 고운면 칠 수량이 정당하다면, 도장공의 품이 변경되어야 할 것으로 사료되나, 이는 경험치에 의한 품이 아닌가 하는 생각도 해볼 수 있습니다. (현행 품셈 삭제)

질문 10 다음 그림과 같은 규격의 제품을 현장에서 스프레이 도장을 하여 완료하였는 바, 면적 정산을 하는데 "갑" 측은 실제표면적(도장이 되어 있는 표면적) 사방 1m짜리 제품의 경우, $1.59m^2$ 로, 면적을 산출하였고, "을" 측은 사방 1m 제품의 경우, 1(가로)×1(세로)×3(앞뒷면 2+할증 1) 을 주장하고 있는데 결론이 나지 않아 질의합니다.

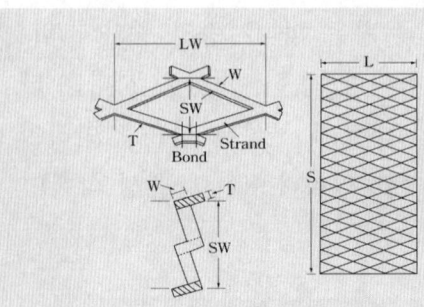

1. SW : 22mm
2. LW : 50.8mm
3. T : 4.0mm
4. W : 4.5mm

[해설] 1. 도장공사에 있어 도장면적의 수량계산에서 요철부분을 돌아가며 측정해야만 실지면적을 산출할 수 있는 철골면이나 창호 등은 통계치의 값에 의한 도장계수(배수표)에 의하여 적산하는 것이 일반적입니다.

  2. 귀문과 같은 공사에 대해서는 우리품셈이나 문헌에 도장계수가 없으므로 실도장 면적과 손실률 등을 감안하여 실적기준으로 처리하는 도리 외에 다른 기준은 없습니다.

  3. 실도장면적 산출에는 다음과 같은 방법을 기술하니 참작하십시오.

$$A = \overset{LW}{0.0508} \times \overset{SW}{0.022} ≒ 0.0011176 \, m^2$$

$$\underset{0.004m,}{T} \quad \underset{0.0045}{W}$$

$0.004 \times 2 + 0.0045 \times 2 = 0.017 m \quad \dfrac{SW}{2} = \dfrac{0.022}{2} = 0.011$

$\dfrac{LW}{2} = \dfrac{0.0508}{2} = 0.0254$

$X = \sqrt{0.000121 + 0.00064516} = 0.027679595 \, m$

$1 m^2 \div 0.0011176 \, m^2 = 894.7745$ 배

$0.027679595 \, m \times 0.017 \, m \times 4 ≒ 0.0018822 \, m^2$

$0.0018822 \, m^2 \times 894.7745 ≒ 1.684 \, m^2$

제1절 도장(칠) 공사

<특수 도장 및 면적 산정에 대하여>

질문 11 ○○지역 시설공사 엄체호(Air shelter) 도장공사 관련 질의임. 당초 롤러칠 3회 도장에서 얼룩무늬 3회 위장 도색으로 변경된 바, 건설표준품셈에 이에 대한 적절한 품의 근거가 없어 귀사에 변경 내용을 별첨 질의하오니 검토하시어 회시하여 주시기 바랍니다.

◎ 원설계 대비 변경내용 대비표

구 분	원설계 / 도급	변 경 (안)
1. 시공 방법	롤러칠 3회	붓칠 3회에 얼룩무늬 시공 위한 그래픽 시공포함
2. 색상 및 무늬시공 여부	단색, 무 무늬시공	3색 교차 얼룩무늬 시공
3. 적용 도장공 품	수성 : 0.071인/3회 조합 : 0.046인/2회 수성 : 전면 날개벽 및 배기통	금회 서면 질의건 좌 동

◎ 엄체호 위장 도색 ○ 위장무늬형태 <생략>

해 설 건설표준품셈에는 보편적인 도장만의 품이 규제되어 있을 뿐, 귀문의 경우와 같은 특수한 도장에 대한 품은 규제된 바 없으므로 실사를 통한 품의 할증이 고려될 수 있을 것으로 사료됩니다. 다만, 어느 정도의 할증이 적정한가에 대하여는 실사를 통하지 아니하고는 문헌 등에 자료가 없어 확답드릴 수 없습니다. 참고로 부언하면 수성 3회 후에 조합 2회 칠을 할 때 롤러로서는 얼룩무늬를 만들 수 없어 수동 붓칠이 되어야 한다면, 얼룩무늬 부분은 붓칠 품으로 계상함도 고려될 수 있지 아니한가 하는 점을 지적할 수 있음.

질문 12 당 현장의 철골공사는 지붕트러스 구조로서 철골부재는 65mm~300mm 앵글로 설계되어 있습니다. 건설표준품셈 제33장 철공사의 33-1 칠 면적배수 → 철골(표면) → 소요면적계산에서 보통구조($33~50\,m^2/ton$), 큰 부재가 많은 구조($23~26.4\,m^2/ton$), 작은 부재가 많은 구조($55~66\,m^2/ton$)로 구분 적용하게 되어 있는 바, 철골 ton 당 칠면적 산출시는 범위를 어떻게 적용하는지 질의합니다.

해설 철골의 칠 면적배수 중 보통구조와 큰 부재가 많은 구조, 작은 부재가 많은 구조에 대한 판단은 철골구조물의 일반적인 통례를 설계자가 판단, 적용하는 것으로, 그 기준의 적용에는 따로 명시된 바 없습니다. 따라서 이 구분은 설계·발주자의 판단 재량에 속하는 것이라 사료됩니다.

<건축공사 유성 페인트 품에 대하여>

질문 13 건설표준품셈 건축 17-3 유성 페인트 품 적용 시 붓칠 및 롤러칠의 바탕만들기는 17-1 바탕만들기에 준하여 별도 계상한다. 로 되어있으나, 17-1 바탕만들기에는 콘크리트면 및 석고면만 있어 철재면 적용은 어떻게 적용해야 하는지요.

해설 17-3 유성 페인트 붓칠《주》 "② 콘크리트 모르타르면, 석고보드면의 바탕만들기는 17-1 바탕만들기에 준하여 계상하며, 철재면 바탕만들기는 공장에서 기 수행 후 반입된 기준으로 별도 계상하지 않는다." 입니다. 그러나 철재면 바탕만들기 작업이 수행되어야 후속작업이 진행될 수 있을 때에는 17-1-1 도장 전 바탕만들기에 유사한 것으로 보아도 될 것이라 생각합니다.

제2절 수장공사

<카펫 설치 품에 대하여>

질문 1 시설공사 설계업무 처리 중 아래 사항을 질의하오니 지도하여 주시면 감사하겠습니다.
① 건설표준품셈 34-1 5.카펫 설치에 대한 품과 설치시 카펫 물량에 대한 할증률?
② 저희 회관과 같은 공연장 내부의 계단에 있어서 카펫을 설치할 경우 설계에 적용할 수 있는 최대의 할증률?

해설 귀 질의에 다음과 같이 회시합니다. 우리 건설표준품셈의 카펫 깔기 품은 다음과 같습니다. (건축품셈 11-2-2)

※ 카펫 깔기

(m² 당)

구 분	단 위	수 량	비 고
카 펫	m²	1.1	※ 톱밥, 비닐 등은
펠 트	m²	1.1	필요시 별도 계상
접 착 제	kg	0.1	
내 장 공	인	0.052	
보 통 인 부	인	0.02	

《주》① 본 품에는 재료할증률 및 소운반품이 포함되어 있다.
　　　② 기구손료는 품의 3% 이내에서 별도 계상한다.
　　　③ 청소, 바탕처리 등은 포함되어 있다.

질문 2 천장에 흡음판이나 벽체 등에 합성수지 발포제 등을 시공하는데 그 품을 질의합니다.

해설 건설표준품셈 건축 11-4-1 단열재 1., 2., 3. 표에 규정되어 있습니다.

질문 3 건설표준품셈 건축 11-3-1, 2. 석고판 본드 붙임의 석고본드 수량(2.43 kg/m²)의 산출근거 및 석고본드의 비중, 못박기용 바탕처리시 별도 가산수량에 대해 궁금한 사항이 있어 질의합니다.

그림과 같이 못박기용 바탕처리시, 석고본드 도포면적 m²당 석고본드 수량(물과 배합전 석고본드 순 수량 임).

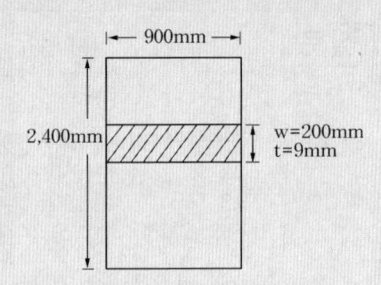

해설 석고판 접착제 붙임에서 m²당 접착제 2.43 kg에 대한 수량, 재질, 비중 등에 대하여는 의문의 여지가 있습니다.

일본 건설성의 경우는 접착제 3.2 kg/m²로 규정되어 있어, 우리나라 품셈의 "접착제" 개념과 달리 하는 것 같으나, 귀문의 경우와 같은 구체적 기준자료는 없습니다.

<석고판 붙임 및 우레아 폼 충진에 대하여>

질문 4 구 건설표준품셈 34-6-3. 우레아 폼 충진에 있어 분사용 트럭으로 2.5 ton 트럭을 기준 한다고 하고 1일 26 m³ 충진을 기준으로 내용시간 6,000시간, 연간 2,000시간, 손료 3,590$^{(10-7)}$, 경유 9.6 ℓ/hr 등의 품이 있는데 자세히 교시하여 주시기 바랍니다.

해설 단열재인 우레아 폼을 충진하기 위한 분사용 운반트럭은 2.5 ton 급 기준으로 하였다는 것이고, 벽체나 천장 반자위에 충진할 때 m^3 당 3%를 가산한 1.03 m^3 소요로, 1일 26 m^3의 작업을 할 수 있다고 보고, 기계운전공 0.038, 보온공, 특별인부 등의 품을 규정하고 있습니다. 0.038×26 = 0.988 ≒ 1 로 26 m^3/일 과 비슷하게 구성되어 있으나, 천장반자 등의 시공은 0.042인/m^3 로서 1÷0.042 = 23.8 m^3/일 의 능률로 본 것 같습니다.

기계경비는 품셈 11장 덤프트럭 6 ton 과 같게 구성되어 있어 별문 제가 없으나 차량운전사의 경비는 왕복시간에 대하여 계상하게 되어 있는 점이 모순으로 지적됩니다.

분사기의 가동은 기계운전공이 하더라도 운전사는 어찌하라는 것 인지의 문제가 남게 되어 이의 보완이 요구되는 실정입니다.
(현행 건설표준품셈 건축 "11-4-2 우레탄 폼 분사 충전" 품으로 개 정되었음)

<건축공사품셈 중 기타 잡공사의 품 적용>

질문 5 건축품셈 제18장 기타 잡공사 18-1-3 석면 건축자재 해체 관련문의
- 현재 설치된 석면 자재인 석면벽체마감재(밤라이트)의 시공이 두 겹 (앞판 3.2 mm + 뒤판 5.6 mm)으로 겹쳐서(직각)접착제 및 나사못으 로 접합되어 설치되어 있으며,
- 상기 석면 벽체 해체시 두 판의 석면을 한 번에 철거가 불가능하여 ① 접착된 앞판(3.2 t) 해체 후, ② 뒤판(5.6 t)을 해체하는 방식으로 해체 시,
- 석면벽체 면적 1m^2 당 석면 해체품의 적용을 기존품의 2배로 적용 하는 것이 타당한지요.

해설 건설표준품셈 건축 제18장 기타잡공사 18-1-3 석면 건축자재 해체의 품은 내부 천장재, 내벽체, 칸막이재 철거 품으로 귀 문의 경우와 같이 앞판을 제거한 후 뒤판을 제거하는 등 구체적인 작업 진행방법까지를 규정한 것이 아니고, 단위 m^2 당의 품으로 구성되어 있으므로 작업내용에 따라 품을 2배로 계상하는 것은 재검토되어야 할 사항이라고 생각합니다.

제 7 장 기계·설비 공사

제 1 절 기계설비 일반

질문 1 기계설비부문 표준품셈 "제1장 적용기준, 1-16 품의 할증"은 모든 기계설비공사 및 설치공사에 적용되어야 하는 것으로 생각되며, 플랜트 기계설비공사 품셈의 "시험 및 조정" 또는 "검사 및 조정"의 제(諸) 할증 적용에 대하여, 품셈에서 보는 바와 같이 수차설치공량, 발전기 설치 공량에 표시되어 있는 "시험 및 조정" 또는 "검사 및 교정"에도 제할증(위험, 고소 기타 할증)이 적용되어야 한다고 사료되는 바, 발주처에 따라서 "시험 및 조정 또는 검사 및 교정"에 제할증을 적용하는 경우와 적용치 아니하는 경우가 있어, 적용기준을 질의합니다.

해설 기계·설비부문 표준품셈 제Ⅲ편에서 규정한 시험 및 조정 또는 검사 및 교정품에 대한 할증의 적용은 시험 및 검사, 교정작업 내용을 공정별로 구분하여 위험, 고소 등의 작업에 해당되는 공정에 대하여만 할증을 적용할 수 있음.

질문 2 기계설비공사 원가 계산에 있어 공구손료를 어느 비목에 계산하여야 하는지요.

해설 공구손료는 건설표준품셈 상의 물·공량인 직접공사비 산정시 작성되는 일위대가에 명시 계상되는 것으로 직접재료비의 원가로 구성되는 비목이라고 사료됩니다.

특히, 공구손료 및 잡재료 등을 건설표준품셈에 명시하고 있는 것은 그 성질이 직접 노무비 기준의 3% 까지, 잡재료 및 소모재료는 주재료비의 2~5% 이내에서 계상하게 되어있음에 유념하시기 바랍니다. (건설표준품셈 1-12)

> **질문 3** 1. 흡입장비(버큠) 또는 흡입펌프는 어느 장비에 맞추어 손료를 계상해야 되는지요?
> 2. 디젤엔진 200HP 이상의 시간당 유류소비량 계산(방법)은?
> 3. 차량에 장비를 설치하여 차량엔진을 사용하여 작업했을 경우, 시간당 유류소비량은 어떻게 계산되어야 하는지요?

> **해설** 건설기계의 유류량 계산이나 기타 손료의 산정 등 귀문의 경우는 품셈의 해석상 의문에 관한 사항이 아니고 계산요령 등을 알고자 하는 것으로, 이를 단적으로 설명할 성질의 것이 아니며, 전문서적을 통한 연구가 되어야 하는 것으로 사료될 뿐 아니라 이미 품셈 해설 등에도 명시된 것이 있으니 참고하십시오.

<기계설비공사 중 송풍기 설치>

> **질문 4** 품셈 기계설비공사 제1장 공통공사의 1-7 송풍기 설치 항목에 대한 사항으로서 설치 품은 표기되어 있지만 반입품에 대한 표시 및 언급이 없어 품 적용을 어떻게 적용하여야 하는지 문의합니다.

> **해설** 귀문의 송풍기의 완성품을 반입하는 비용은 따로 규정되어 있지 아니합니다. 그러나 계약조건이나 현장 여건에 따라 필요시 반입 비용을 별도 계상할 수 있을 것입니다.

<소규모 공사의 품 할증 등에 대하여>

질문 5 ○○전화국 관내에 10~50km 흩어져 있는 13개소의 분기국사에 5m² 면적의 수세식 화장실을 설치할 예정입니다. 분기국사의 수세식 화장실 공사를 소단위 공사로 볼 수 있으며, 또한 건설표준품셈에서 소단위 공사는 최대한 50%의 할증을 줄 수 있다고 규정되어 있는데, 소단위 공사란 어떤 규모이며, 몇 퍼센트의 할증을 주면 적당한지 귀하의 의견을 회시해 주시면 고맙겠습니다.

해 설 건설표준품셈 적용기준 제1장 1-16 품의 할증 항에 따라 「10m² 이하, 기타 이에 준하는 소단위 건축공사에서는 각 공종별 할증이 감안되지 않은 사항에 대하여 품을 50%까지 가산할 수 있다」에 따라 품(즉, 공량)에 대하여 소규모 단위당 공사임이 분명하다면 50% 범위 안에서 할증할 수 있음.

질문 6 폐기물처리장 내 침출수의 지표 유입방지를 위하여 폐기물관리법시행규칙 제20조 【폐기물처리시설의 설치기준】에 차수막 하부에 점토를 부설하여 투수계수가 1초당 1천만분의 1cm 이하가 되도록 규정하고 있으며, 침출수의 지표유입을 완벽하게 차단하기 위하여 차수막을 이중으로 설치하고 이에 따른 점토를 하부 60cm, 상부 30cm 부설함에 있어 점토 부설품을 기계(80%), 인력(20%)으로 적용하고자 합니다. 그러나 기계품의 경우, 하부 60cm는 그레이더로, 상부 30cm는 습지도저 부설로 설계하였으나, 인력품의 경우에는 건설표준품셈에 점토깔기 품이 명시되어 있지 않아 발주청과 시공자간의 의견이 상이하여 질의하오니 인력 점토 부설품을 어떻게 적용하는 것이 타당한 것일까요?

해설 폐기물처리장 내 차수막 설치지반의 점토부설은 매우 중요한 공종으로서 인력시공 20%에 대한 고르기 경지정리의 땅고르기(논바닥)와는 구분되는 것이고, 또 성토면의 20cm 정도의 삽고르기와도 구분되는 것으로 사료됩니다. 그러나 성토면에서는 $10m^2 \times 0.2 = 2m^3$, 0.24인$\div 2m^3 = 0.12$인$/m^3$ 상당으로서 이 보다는 작업조건이 좋을 것이므로 조절되어야 할 것이고, 토공의 현장내소운반(20m 이내)과 깔고 고르기(잔토처리)의 품이 m^3당 0.2인 임을 감안하면 m^3당 0.0252인은 지나치게 적은 품으로서, 재검토되어야 할 것으로 사료되며, 불도저의 30° 상당의 하향작업에 관하여는 이론상으로는 합당한 것이나, 우리나라의 현행 표준품셈에서 불도저의 작업효율 "E"값은 상·하향 작업성이 감안된 것으로 "e"의 값 중 하향 5~15%가 따로 규정되어 있지 아니하며, 실제의 작업 상태와는 다른 까닭에 논란의 여지가 있는 것으로 사료됩니다. 이는 이론적인 것과 실제의 괴리가 문제되는 것으로 "e"값을 하향으로 조정할 경우 V_2: 후진작업속도가 상대적으로 감속되는 문제 등도 함께 고려해야 할 것입니다.

질문7 가. 기계설비공사 표준품셈 II 1-4-2 바탕만들기 품 중에서 Shot Blast 4 바탕만들기의 계령공 공량은 0.0375인·일$/m^2$로서, 이는 계령공 1인의 1일 바탕만들기량이 $26.7m^2$인 것으로 생각할 수 있는데,

   ○ 상기 작업량이 적용되는 작업의 기준은 무엇입니까?
   ○ 《주》④에 명시된 장비 및 기구의 적용범위는 어떻게 됩니까?

나. 기계화 장비를 사용하고 그에 대한 손료 및 소모자재를 적용할 경우, 계령공 및 보통인부의 공량은 상기 품을 적용하여야 하는지, 아니면 실사에 따른 별도의 품을 만들어 적용하여야 하는지요?

제 1 절 기계설비 일반

해설 숏 블라스트(shot blast) 바탕만들기는 공장에서 행하는 기계적 처리법 기준으로 사료되며, 이때 선철입자의 크기는 $\phi 1mm$를 기준한 것으로 품이 구성되어 있음. 계령공은 "게렌"으로서 녹닦기 모래분사공으로 보아야 하며, 품의 구성은 귀문의 경우와 같이 $1 \div X = A$로 일률적으로 구성되는 것은 아닙니다. 품셈 중 파워 툴에 명시된 동력이나 기구 등은 꼭, 수작업에만 사용되는 것은 아니라고 보아야 합니다.

바탕만들기 4종의 품을 적용함에 있어서는 녹의 정도에 따라 공기압축기와 공종을 선택, 적용함이 좋을 것입니다.

※ (당초 계령공 + 모래분사공 + 도장공을 통합직종 도장공으로 명칭 변경되었음. 2018. 9. 1)

질문 8 상수도용 배수지 물탱크를 청소코자 품을 적용함에 있어 단위가 바닥면적 m^2당으로 벽체높이가 4m인 배수지 물탱크의 벽체면적에 대하여는 어떻게 적용하여야 하는지 궁금하여 문의하오니 회신하여 주시면 감사하겠습니다.

해설 상수도 배수지 물탱크 청소를 기계·설비 품셈 Ⅲ 1-4-5 탱크청소에 따라 바닥면적 m^2당으로 적산하는 것 외에 높이 4m의 벽체에 대한 기준은 따로 명시되어 있지 아니하나 물 씻기 만으로 충분한가, 녹제거까지의 공종이 필요한가의 여부 등 작업량을 바닥에 비례하여 판단, 적용되어야 할 것으로 사료되며, 벽면적은 상층부로부터 바닥에 연접하면서 증가할 것으로 추정되나 항상 유동하므로 닦아내기 정도의 비율조정만으로 가능할 것인지도 귀문만으로는 판단하기 어렵습니다.

질문 9 설비공사에 있어 「호칭구경」에 대한 용어 개념을 질의합니다.

1. 품셈 해설내용
   가. 검사부위가 직선인 경우 : 상기공량 × 검사길이(m)
   나. 검사부위가 배관인 경우 : 상기공량 × 「파이프 호칭구경」(m)
      × 3.14 × (1 + 구경에 따른 보정률)

2. 용어 해석
   〈갑설〉 호칭구경 : 기계품 Ⅲ편 1-1-1의 배관경 (규격)
   〈을설〉 호칭구경 : 배관 공칭외경
   - 배관에 대한 자분탐상검사는 배관표면 또는 표면하의 결함 유무를 판별하는 비파괴 검사로서, 배관원주 검사부의 길이는 배관 공칭외경(배관 표면)을 기준으로 하여 검사 길이를 산정하여야 한다.

해설 기계품셈 Ⅲ편 1-1-1 플랜트 배관의 외경은 참고 수치이고 Ⅲ편 1-2-7 2. 액체침투 탐상 시험《주》⑥ 계산 예를 참고하여 공량을 호칭구경(m) × 3.14 × (1 + 구경에 따른 보정률)을 적용하는 예해를 참작하시기 바랍니다.

질문 10 공조용 미디움필터(폐기물) 처리 원가계산과정에 귀사의 건설표준품셈을 참조하던 중, 소각로에 대한 손료 및 운전경비산정 등이 나타나 있지 않아서 그 방법을 문의합니다.

종 류	용 량				비 고
건류식 소각로	0.5 ton/hr	0.75 ton/hr	1.0 ton/hr	1.5 ton/hr	
수냉식 소각로	0.5 ton/hr	0.75 ton/hr	1.0 ton/hr	1.5 ton/hr	

해 설 폐기물 소각로의 설치 이외에는 건설장비가 아니므로 건설표준품셈의 손료 참고 대상이 아닐 것입니다. 참고로 부언하면, 법인세법 시행규칙 등을 참고하여 시설물의 내용연수를 산정한 감가상각 및 유지수선비, 관리비 등을 산정하는 방법이 연구용역 등의 방법으로 검토될 수 있다고 생각합니다.

질문 11 ○○수도사업소 관내 소화전 신설공사에 따른 인력터파기 때에 품을 50% 가산할 수 있는지에 대하여, 아래와 같이 질의하오니 검토하시고 조속 회시하여 주시기 바랍니다.

　가. 협소한 터파기 및 지하 장애물로 인한 작업능률 저하
　나. 협소 터파기에 대한 적용범위

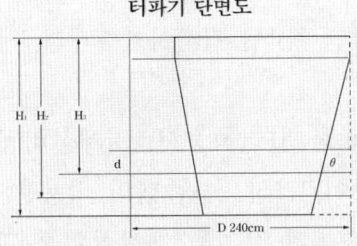

터파기 단면도

소화전 제수변실 표준 규격표

구분 \ 관경	D = 80mm	D = 100mm	D = 150mm	D = 200mm	D = 250mm
H_1	190	190	200	210	210
H_2	120	120	130	140	140
H_3	90	90	100	110	110

해 설 품에서 규정한 협소한 개소란, 주위에 장애물이 있을 때와 협소한 독립기초 파기 등으로 예시하면 절취한 흙을 던질 때 수평으로

3m로 규정되어 있으므로 폭 1m 수평 3m로 보는 것이 통설이며, 전기 품셈에서는 협소한 맨홀 또는 맨홀(인수공) 내의 기존시설이 복잡하여 작업능률이 저하될 때라고 규정(20% 까지 가산)하고, 협소한 장소라 함은 최소 폭이 1m를 넘는 경우라도 최대 길이가 2m 미만인 때를 말한다. 라고 규정하고 있으며, 정보통신품셈에서는 협소·복잡이라 함은 인수공 규격별 케이블 수용기준이 초과시설 된 곳으로 작업간격이 확보되지 않은 곳이다. 라고 규정하고, 토공의 경우, 협소지역의 명시규정은 따로 없으나, 위와 같이 폭 1m, 길이 2m 이내로 보는 것이 일반적입니다.

질문 12 공원의 동물사를 스테인리스제로 개조하고자 합니다. 건설품셈의 잡철물 제작 및 설치품은 철제로서 이에 따를 수 없는데, 스테인리스제의 품을 만들어 주시면 감사하겠습니다.

해설 현행 건설표준품셈(건축공사, 기계설비공사)에는 귀의와 같은 동물사의 품 등은 없어, 건설표준품셈의 적용은 불가능한 것입니다.

건설표준품셈에 수록된 잡철물 제작설치품은 주재료가 철판, 앵글, 파이프 등의 제작 설치품으로서, 주재료를 스테인리스로 한 때에는 용접재료 및 공량이 다르고 또, 철판의 가공에 있어서도 강도, 중량, 성상 등에 따라 품이 조정되어야 할 것입니다. 귀 질의에 동물사의 시방, 도면 등이 없어 품을 산정할 수도 없습니다.

품셈 건축 14-5 각종 잡철물 제작 설치 품의 비고란에 "용접개소, 형상, 경량철재 등에 따라 재료 및 품을 작업 난이도에 따라 계상할 수 있음"을 참고하십시오.

제 1 절 기계설비 일반

질문 13 기계설비부문(일반위생 및 난방배관 공사)의 품셈적용기준에서 ① 스테인리스 강관 "나사접합" 배관시 강관나사접합을 적용해도 되는 것인지의 여부, ② 스테인리스 강관 "용접 접합" 배관시, m당으로 되어 있는데 용접 개소당으로 적용할 수 있는지의 여부를 질의합니다.

해설 스테인리스 강관의 나사접합 품은 따로 규정된 바 없으나 꼭 나사접합을 해야 한다면 강관품을 준용하는 도리밖에 없을 것이고, 스테인리스 강관의 용접 접합 품이 m당으로 구성되어 있으나, 개소당 용접식 배관 소모재료의 품이 따로 규정되어 있으므로 《주》를 참고하여 적정 계상하시기 바랍니다. (기계설비품셈 1-1-2, 3.)

<스테인리스강관의 나사식 배관의 일위대가는>

질문 14 1. 스테인리스강관 배관에서 프레스식과 용접식 일위대가만 명시되어 있는데 나사식의 일위대가는 어떻게 봐야하나요?

2. 품의 할증은 필요한 경우 공사규모, 현장조건 등을 감안하고 항목별 할증이 명시된 경우에는 우선 적용하는데, 우선 적용 내용이 없을 때는 어떤 기준에 따라야 하나요?

해설 기계설비표준품셈 제Ⅱ편 제 1 장 공통공사 1-1-2 금속관배관 3. 스테인리스강배관은 프레스식과 용접식 품이 규정되어 있고, 나사식은 얇은 재질이기에 품이 제정되지 않은 것으로 생각합니다. 나사식은 품이 없으므로 배관 품에 나사내기를 추가하면 될 것으로 생각합니다.

품의 할증에 관하여는 할증의 해당 요소에 대해 적용 여부를 판단해야 한다고 생각하며, 스테인리스강관의 할증은 5% 입니다.

질문 15   기계설비공사 플랜트 배관품 산출시 적용하는 중량(ton)은 Fitting류, Bracket류, Valve류 등의 중량을 제외한 순수 Pipe 중량만 적용하여 산출해야 하는지, 동《주》②항의 "…… 전체 중량의 30%로 간주하여 ……"에서 전체중량이란 Pipe 중량과 Fitting류 등의 중량을 합한 중량을 뜻하는지? "단, 매설배관 제외"라고 한 이유는 무엇인지요.

해 설   배관취급 중량(ton)에서 표준적인 부속류 등이 포함된 중량으로 보아야 합니다(특수한 경우는 예외임). 파이프와 Fitting류 등을 포함한 전체중량 중 그들이 약 30% 상당이 되고, 파이프는 70% 정도가 표준이라는 뜻이며, 매설관 제외는 매설관에 대한 할증감을 제외한다는 뜻입니다.

질문 16   보일러 등의 배관을 철거하여야 하나, 품셈에 배관 철거품이 따로 규정된 바 없어 설계할 수가 없습니다. 적당한 방법을 답변바랍니다.

해 설   우리나라 품셈에 배관의 철거 품이 따로 명시 규정된 바 없어 확답할 수는 없으나, 주철관 방열기, 펌프, 밸브 콕류, 신축이음 감압변 등의 철거공은 신설 품의 50%(재사용을 고려치 아니할 때)로 규정되어 있는 바, 귀문의 경우 별다른 예외는 아니므로 신설의 50% 이내를 적용하심도 무방하다고 사료됩니다.

(기계설비품셈 Ⅱ. 1-5 참고)

질문 17   수도의 계량기 설치에 대한 품셈 중, 계량기 및 보호통의 설치가 계량기 설치에 따른 접합 품도 포함되어 있는 것인지요.

제1절 기계설비 일반

(해설) 양수기(量水器) 설치 품과 보호통 설치 품은 계량기 설치를 위한 부대 공사의 품이 포함된 것으로 보며, 지지철물 등의 품도 포함된 것이나 터파기 등은 별도 계상하여야 합니다.

질문 18 1. 펌프신설 후 결선품이 본 품셈에 포함 여부를 알고자 하며,
2. 결선품이 본 품에 포함되지 않았을 경우, 별도의 결선품을 기계 (또는 전기) 분야에 포함할 수 있는지 여부.

(해설) 기계설비 표준품셈 Ⅱ편 1-6-1 펌프 설치품에는 결선품이 포함된 것입니다.   (기감 30720-3776)

<상수도 유량계의 봉인 기타 등에 대하여>

질문 19 상수도 수도유량계 중 미봉인에 대한 봉인공사를 시행코자 하였으나, 건설표준품셈 상에서 설치품을 찾을 수가 없어 문의하고자 합니다.

(해설) 상수도 유량계의 설치는 기계설비공사 표준품셈 1-2-2 유량계(급수·급탕용) 설치품으로 계상하나, 봉인만을 하는 것은 공사가 아니므로 귀 질의에 답변할 수 없습니다. 다만, 계량기함의 뚜껑 철거 및 재설치가 요구되는 경우에는 보통인부 1인, 50 개소 기준, 즉, 0.02인을 가산함을 참고하여 설정에 따라 조정하는 것도 검토될 수 있을 것입니다.

<강판의 할증 및 주재료와 부재료에 대하여>

질문 20 기계설비공사에서 강판과 대형형강의 할증률을 적용한 이유와 근거에 대해 질의합니다.

해설 강판(板)은 넓은 판상으로 Loss가 많아 보충 10% 정도를, 형강(形鋼)은 그보다 적어 7%의 할증을 가산하여 표준적으로 규정한 것뿐 그 산출근거는 따로 없으니 이 근거를 꼭 확인하시려면 한국건설기술연구원 등에게 직접 문의하시기 바랍니다.

질문 21 기계·설비 표준품셈 플랜트 배관공사 중 [주] ②항 품 할증 적용에 있어 "본 공량은 Fitting류, Bracket류, Support류 및 Valve류 등의 중량을 전체배관 설치중량의 30%로 간주하여 배관하는 공량으로, 10% 증가마다 상기 공량에 10%씩 가감하고······ (이하 생략)", 이 경우, "10% 증가마다"에 대해 10% 미달인 1%에서 9%까지 변할 경우 공량할증 적용은? 즉, 10% 미만 변할 경우, 공량 할증은? Pipe를 기준으로 하는 것인지, 아니면 Fitting류를 기준으로 하는 것인지의 여부?

해설 기계설비품셈 제Ⅲ편 1-1-1 플랜트 배관공사 [주] ②에 의하면, 「본 공량은 Fitting류, Bracket류, Support류 및 Valve류 등의 중량을 전체배관 설치중량의 30%로 간주하여 ······」라 하여 파이프 중량 70% + 부품류 중량 30%로 하였음이 분명하고 부품류 30%에서 「10% 증가마다」로 명시하였으며, 귀문의 경우와 같이 31% 내지 39%까지 중 1~9%는 증감대상에서 제외되는 것으로 보아야 합니다.

제1절 기계설비 일반

<기계설비공 중 벽체 구멍뚫기에 대하여>

질문 22 기계설비공사 1-8-1 구멍뚫기(3. 배관을 위한 구멍뚫기 : 코어드릴 사용할 때) 내용에는 벽체 두께가 150 mm 및 300 mm 등 두 종류만이 명시되어 있는데, 벽체 두께가 150 mm 보다 적거나 300 mm 를 초과하는 부분에 대하여는 [주] 란에도 명시가 되어 있지 않아 적용할 수가 없어 질의하오니 이에 대하여 알려 주시면 감사하겠습니다.

해설 코어드릴을 사용하여 콘크리트 구조물에 구멍을 뚫을 때, 콘크리트 두께가 ϕ150 mm 인 경우와 최대 300 mm 의 것이 규정되어 있는 바, 이보다 두께가 얇거나 두꺼운 것은 품셈에서 규정한 표준상태가 아니므로 품의 구성비를 고려한 직선 보간법으로 품을 증감 조절하는 방법 이외에는 다른 방법이 없는 것으로 생각합니다.

<구멍 뚫기의 규격이 다른 때의 조치에 대하여>

질문 23 우수 PC 박스를 시공하는데 철근 배근 작업을 하기 위해서 기존 박스 벽체 및 슬래브에 구멍 뚫기를 하려고 합니다. 현장에서 사용하는 철근은 D13 mm, D16 mm 입니다. 이때 품셈의 배관을 위한 구멍 뚫기 품을 적용하려는데 품의 최소 규격이 25 mm 입니다. 25 mm 이하의 규격이 없을시 25 mm 적용해도 무방한지요?

해설 기계설비 표준품셈 제Ⅱ편 제1장 1-8 배관을 위한 구멍 뚫기 품은 최소규격 25 mm 인데 그 이하의 구멍 뚫기에도 최소규격인 25 mm 를 그대로 적용해도 무방한가에 대하여, 구멍 뚫기의 크기가 명시되지 않아 답변이 곤란하나, 크기에 비례한 품의 재검토가 되어야 한다고 생각합니다.

<수로암거 내 오수관 관 보호공 설치를 위한 앵커 설치>

質問 24 건축품셈 제7장 철골공사 7-2-6 앵커 볼트 설치품은 벽체에 앵커설치를 위한 구멍 뚫기가 포함되어 있는지 아니면 구멍 뚫기는 별도로 보아야 하는지.

解說 건축표준품셈 제7장 7-2-6은 앵커볼트 설치를 기준한 것으로 설치위치 확인, 앵커볼트 및 틀 설치가 포함된 것으로 구멍 뚫기가 포함된 것으로 보아야 할 것이며, 일반 철골공사와 기계설비의 구멍 뚫기는 공사 내용이 다름을 이해하시기 바랍니다.

제 2 절   기계품 적용 관련

<동관 배관의 용접에 대하여>

질문 1   기계설비 품셈에 있어, 예술의 전당 옥내 동관용접 배관공사 품셈 Ⅱ편 1-2 동관배관의 적용기준에 대하여 아래와 같은 해석이 있어 질의하오니 회신바랍니다.
1) 품셈적용 품목 : 동관 $\phi 25mm \times$ 길이 150m, 용접개소 35개소
2) 적용기준 예 : A
      배관공 : 0.044×150 = 6.6명   보통인부 : 0.044×150 = 6.6명
      용접공 : 0.058×35 개소 = 2.03명   총 시공품 15.23명
3) 적용기준 예 : B
      배관공 : 0.044×150 = 6.6명   보통인부 : 0.044×150 = 6.6명
      용접공 : 배관공을 적용했으므로 용접 35개소는 별도 용접공 적용 못함.

해설   기계설비 표준품셈 제Ⅱ편 1-1-2 동관배관《주》②에 의하면 인서트, 지지철물설치, 절단, 소운반, 배관(가용접), 배관시험 등의 품이 포함된 것이나, 용접개소에 대한 재료 및 품은 별도 계상할 수 있게 규정(《주》④ 참조)하고 있으므로 별도로 용접공사의 용접품을 계상 해야 합니다.

질문 2   기계설비 표준품셈 제Ⅱ편 3-1 위생기구 설치란 중 소변기 설치에서 보통과 중형스툴로 나누어지는데, KS품 중 vu-120, vu-220, vu-420, vu-410, vu-330, vu-320 중에서 어디까지가 보통, 중형으로 나누어지는지 알고자 합니다.

해설 기계·설비 표준품셈 제Ⅱ편 3-1 위생기구 설치 개당 품 중 보통소변기와 중형 스툴형으로 구분되며, KS규격의 상세가 없어 그 규격번호만으로는 귀문에 확답드릴 수 없습니다. 다만, vu 220은 벽걸이형으로 소변기스퍼드와 벽 플랜지부이고, vu 410·420은 벽걸이 스툴형으로 부속은 위와 같고, vu 310R, 320R은 절수형 트랩부 스툴형 등으로 형식과 부속품, 절수탱크 여부 등에 따라 구분되므로 경험치 등에 따라 구분하는 도리 이외에 정확한 구분 예시는 따로 없음을 유념하시기 바랍니다.

질문 3 아파트 공사를 수행함에 있어서 위생 냉난방 공사에 소요되는 pp-c관은 난방 배관 위주로 개정이 되었는 바, 위생공사에 적용할 경우, 난방 배관공사와 동일하게 품셈을 적용해야 하는지, 아니면 위생 배관공사에 다른 별도의 품셈을 적용해야 하는지의 여부를 알고자 합니다.

해설 현행 품셈은 연질관으로 PB관, PE-X관 품이 있고, PP-C관의 품은 삭제되었습니다. 구 기계·설비 표준품셈 제Ⅱ편 1-1-5 pp-c 배관 m당 품은 급수급탕용 난방용 배관인 때의 품과 1-1-5 2. 난방용 pp-c 관의 품이 있으나, 이를 위생공사에 사용할 경우에는 배관 회로 및 용도, 시방서 등이 난방배관에 유사한가를 먼저 검토하시고 비슷한 경우, 난방용 배관 품을 준용할 수 있다고 사료됩니다.

만약, 배관이 복잡하거나 접합개소 등이 현저히 많아 이에 따른

수 없을 때에는 다른 유사품을 준용하거나 특수품셈을 제정, 사용해
야할 것임.

질문 4 강관배관중 옥외배관(암거내)은 10%의 품을 감 한다고 규
정하고 있는데, 옥외 암거내를 옥외 공동구로 보아도 되는지요? 또 감
압변장치 신설품 조당 인건비를 밸브 콕류 설치품으로 풀어보면 훨씬
적은 품이 되는데 감압변 및 2-way 장치를 감압변장치로 설계해야 하
는지요.

해설 강관의 배관품은 옥내 일반관을 기준한 품이므로 옥외 암거
내의 배관은 10%를 감하는 바, 옥외 공동구의 배관도 이에 준한다
고 보아야 합니다.
　밸브 콕류의 설치품과 감압변 장치의 신설품은 별개의 것으로, 이
품과 관련되는 외국의 품 (일본) 중 감압변장치는 1식으로 배관공 1.2
인(2-way 125×100의 품은 배관공 0.4인/식)으로 규정한 것 등을
참고로 한다면 이 품은 높은 것으로 사료됩니다.
　따라서 공사의 성질에 따라 합리적인 품의 제정이 요구된다고 생
각합니다.

<스테인리스강관의 옥외배관 품>

질문 5 기계설비품셈 제Ⅱ편 1-1-2 금속관 설치 중 스테인리스
강관 배관(프레스식)설치 품 관련으로, 옥외배관(암거내)은 본 품에서
10%를 감하도록 기재되어 있는데 옥외배관이란 집을 기준으로 도로
바깥, 즉 도로에 매설되는 품으로 적용할 수 있는지?

해설 기계설비 표준품셈 제Ⅱ편 1-1-2 금속관 배관 3. 스테인리스 강관 배관은 옥내 일반배관을 기준한 것으로 옥외배관(암거내)의 경우, 즉 옥외배관과 암거내배관을 포함하는 뜻으로 보아야 할 것입니다.

질문 6 1. 기계・설비 표준품셈에는 수문제작과 수문설치 등의 설계 자료가 있습니다만, 수문호이스트의 제작부문은 없고 설치부분만 나와 있습니다. 만약, 착오로 누락된 것이 아니라 원래부터 없는 것이라면 비슷한 것이 있는 책이라도 소개해 주시면 감사하겠습니다.
   2. Ⅲ 3-3. 수문제작 및 설치
   가) Tainter Gate 제작에서 Tainter의 뜻을 알 수가 없습니다. 무엇을 가리키는 용어인지 알려주십시오.

해설 수문 호이스트는 별도 제작된 것이므로 품셈 규정사항이 아니며, 기계공작 장비는 건설부문이 아니므로 기계공작 등 해당 분야를 연구하십시오(Tainter Gate는 라디얼게이트 또는 섹터게이트라고도 하며 일반적으로 다른 게이트에 비해 가볍고 와이어 로프, 체인, 스핀들 등으로 감아 올리는 구조의 게이트를 말합니다).

질문 7 기계설비품셈 「파이프 보온」 해설에서, Lagging sheet가 기본공량에 포함되어 있고, prefabricated sheet로 Lagging할 때에는 50%를 가산한다고 규정하고 있으며, 아연도 강관으로 시공할 때에는 100%를 가산한다고 규정하고 있는데 어떻게 적용하며, 폐사는 자급자재로 Lagging sheet 재료 대신 Al-sheet를 Rool(3′×100′)로 지급받아 시공 중에 있는데, 공량산출의 기준이 없어 질의합니다.

제 2 절 기계품 적용관련

해설 덕트 및 보일러의 본체 보온은 그 해설을 잘 판단하여 계상 하시고, Ⅲ편 플랜트의 파이프 보온인 경우는 m당 품에 피팅, 행어, 밸브 및 플랜지의 개당 품과 직관의 경우, 성형물, 철선, 래깅 시트, 시트 메탈, 스크루 등이 규정되어 있습니다.

    귀문의 경우, 래깅 시트 대용으로 Al-sheet로서 시공할 때에는 취급의 난이도에 따라 품을 증감할 수 있다고 사료됩니다. 다만, 품을 증감할 때에는 구체성이 있어야 하고, 반드시 실사를 거쳐 비교, 검토해야 합니다.

    주요재료의 변경에 따른 품의 적용은 권위있는 기관의 실사치 등에 의존하는 것이 좋을 것입니다.

질문 8 기계설비공사 품셈 제 Ⅲ 편 플랜트 배관공사에 있어, SGP 강관 배관용 탄소강관 6A의 옥내 배관용접식의 품이 플랜트 용접공 92.0, 플랜트 배관공 46.0인, 특별인부 46.0인으로 되어 있고, 100A는 플랜트 용접공 23.9인, 플랜트 배관공 11.9인, 특별인부 11.9인 등으로 품이 낮아지는데 그 이유가 무엇인가요?

해설 이 품의 구성은 배관용 탄소강관의 ton당 품으로 구성되어 있는 것입니다.

    따라서 품셈에서 볼 수 있는 것과 같이 6A는 m당 0.419 kg이므로 1ton에는 2,386.6 m 상당의 배관연장이 되며, 100A의 경우는 12.2 kg/m 이므로 81.96 m 상당이 됩니다.

    즉, 소구경의 경우는 배관물량이 많고, 대구경으로 갈수록 배관물량이 적어지기 때문에 품이 적어지는 것입니다.

    m당 품을 구하고자 할 때에는 품셈의 구성으로 보아 6A의 경우

는 1,000 kg ÷ 0.419 kg/m = 2,386.63 m 이므로

용 접 공　92 인 ÷ 2,386.63 = 0.0385 인/m당

배 관 공　46 인 ÷ 2,386.63 = 0.0192　〃

특별인부　46 인 ÷ 2,386.63 = 0.0192　〃　으로 풀이하면 됩니다.

질문 9　"제Ⅲ편 1-1-1 플랜트 배관"의 《주》② 에 관한 질문입니다 (공사 중 분쟁이 자주 발생되는 사항임).

《주》① 본 공량은 Raw Material 기준으로 한 것이며 소운반, 절단, Edge Cutting, 나사내기, 배열, Fitting재 취부, Hangering, Supporting, Flushing, 기밀시험(Leak test) 및 내압시험(Air, gas, water test) 등이 포함되었음.

② 본 공량은 Fitting류, Bracket류, Support류 및 Valve류 등의 중량을 전체 배관설치 중량의 30 % 로 간주하여 배관하는 공량으로, 10 % 증가마다 상기 공량에 10 % 씩 가산하고, 10 % 감소마다 10 % 를 감한다 (단, 매설배관 제외). <이하생략>

상기 ②의 공량이라 함은 배관공사의 물량이 100 ton 일 경우

1. Pipe 70 ton + Fitting류, Bracket류, Valve류 등의 함께 30 ton 을 합하여 100 ton 인지.

2. Pipe 100 ton + Fitting류, Bracket류, Valve류를 30 ton 으로 간주하여 전체가 실제 130 ton 인지요.

해설　기계설비품셈 제Ⅲ편 1-1-1 플랜트 배관공사 《주》②에서 본 공량은 "Fitting류, Bracket류, Valve류 등의 중량을 전체중량의 30 % 로 간주하여 배관하는 공량으로 ……" 라고 명시되어 있는 바를 상기하시면 전체 중량 100 ton 에는 30 % 가 포함되어 있다는 풀이가 됩니다. 따라서 배관중량은 70 ton 이 되는 것임.

제 2 절 기계품 적용관련

질문 10 기계·설비공사 표준품셈 제Ⅲ편 플랜트 설비공사의 1-1-1. 플랜트 배관 품셈을 적용함에 있어 (1) Flange 취부는 "1-1-4의 2. Flange 취부" 품셈을 적용, Valve 취부는 "1-1-5. 밸브취부" 품셈을 적용하고, 나머지 Pipe & Fitting 중량에 대하여 "1-1-1. 플랜트 배관" 품셈을 적용하는 방법이 타당한 방법인지 아닌지?

해 설 플랜트배관 품인 제Ⅲ편 1-1-1은 [주] ①, ②에 따라 계상하고 1-1-3 밸브취부 품은 플랜트배관 (옥내, 옥외)이 아닌 사용압력별 밸브취부에 대한 품으로 사료되오니 착오 없으시기 바랍니다.

질문 11 연탄보일러 설치에 있어, 시공업체에서는 철거품에 대해 설치시의 50%를 별도 요구하고 있는데, 귀사에서 발행한 건설표준품셈 기계편 3-3 "연탄보일러 설치" [주]에는 "소운반 별도"라고 표시되어 있으니, 철거품의 포함 여부를 알려주시면 감사하겠습니다.

해 설 구 건설표준품셈 기계설비 제Ⅱ편 2-1-5의 품은 연탄보일러의 설치품으로 기설보일러를 철거하고 다시 설치할 때에는 품셈 이외의 공정이므로 철거운반 등의 품은 별도 계상할 수 있는 것입니다.
　　통상, 기계설비공사 품에는 철거품이 신설품의 50% 정도 (재사용을 고려하지 아니할 때) 임을 참고 하십시오. (2016 하반기 삭제 품임)

질문 12 아파트에 3구3탄 연탄보일러를 유류용 보일러(17,500 kcal/hr)로 교체 시공하면서 "건설표준품셈" 냉난방 위생설비편 연탄보일러 설치품 3구3탄을 적용하고, 오일탱크(400ℓ)를 별도 시설하므로 오일서비스탱크 설치품을 적용하고, 펌프신설 중 펌프류 0.75 kW 이하의 품을 적용하였다.

　기타 배관 등의 이설, 개체 등을 하여야 하나, 배관물량이 각 세대별로 다르고 물량이 적어 별도로 배관품은 적용치 않고 원가계산을 하였는 바, 펌프류 설치품은 연탄보일러 설치품에 포함되어 있으므로, 별도로 적용한 펌프류 설치품의 노무비는 회수하여야 된다는 지적이 있어, 질의하오니 바쁘시더라도 회답을 하여 주시면 감사하겠습니다.

(해설) 구 품셈 기계설비 제Ⅱ편 2-1-5 연탄보일러 설치품 3구3탄 설치는 대당 배관공 1.19인, 보통인부 0.47인이며, 1-6-1 펌프 신설도 대당 품으로 0.75kW 이하인 때 기계설치공 1.0인, 보통인부 0.5인으로 되어있는 바, 이를 미루어 볼 때 펌프 설치품이 2중으로 계상되었다고 단정할 수는 없습니다. 그 이유는 3구3탄 연탄보일러의 설치품은 보통인부 0.47인/대당이고, 펌프의 신설품은 보통인부 0.5인/대당으로 펌프의 신설품이 보일러 설치보다 오히려 0.03인/대당 많고, 또 보일러 설치 배관물량과 기기의 중량 등이 유류용 보일러의 기기 중량과 배관량에서 어떤 차이가 있는가에 대한 검토가 있어야 한다고 사료됩니다.

　따라서 유류용 보일러의 설치 물·공량을 합리적으로 구하여 적산하는 것이 보다 이상적이라고 사료됩니다.

질문 13 <위생기구 설치 중 소변기의 설치 품이
　　　　　　　　과다한 것에 대하여>

(해설) 건설표준품셈 기계설비공사 제3장 위생 및 소화설비공사에서 3-1 위생기구설치 품 중 소변기(보통)란에는 종래에 설치 사용하던 일반적인 보통 소변기를 뜻하는 것으로 알고 있으며, 중형스톨 소변기의 설치품은 개당 위생공의 품 2.0인으로 규정되어 있었으나,

제 2 절 기계품 적용관련

현행 품은

　　　　스툴소변기 위생공 0.747 인/개당,　보통인부 0.241 인/개당
　　벽걸이스툴소변기 위생공 0.784 인/개당,　보통인부 0.253 인/개당
인 점을 이해하시기 바랍니다.

질문 14 (주)○○은 발전소 건설 및 산업설비건설에 필수인 용접 예·후열(응력 제거)을 전문으로 하는 업체입니다.

　　금번 발전소 건설공사 중, 배관부 용접 예·후열(응력제거) 공사를 수주한 바, 예열 Ⅲ편 1-2-8, 응력제거 부분에 대하여서도 열처리 CO-DE에서는 열처리를 요구하는 바, 공량적용이 어려우므로 어떤 공량을 적용해야 되는지 문의 드리오니 협조 바랍니다.

해 설 플랜트설비공사의 용접 예열·응력제거의 품은 Pipe의 구경과 관두께별 표준공량이 규정된 것으로, 이에 명시규정된 것 이외의 것은 건설표준품셈 사항이 아닙니다. 다만, 이 품셈의 기준으로 관두께와 구경별 공량을 구하고자 할 때에는 재질별 예열 열처리 온도와 응력제거 유지온도 등을 참작하여 비례 계상하는 방법이 있습니다. 이는 기계품셈 적용기준 1-3 "3", "4" 항에 따른 것입니다.

질문 15 기계설비공사 표준품셈 중 터빈설치품에 터빈 Anchor Bolts, Anchor Bolts Setting용 Sleeve, Sleeve Setting용 Templet 및 Templet Post의 설치품이 포함되어 있는지 여부, 또한 포함되어 있지 않다면 어떤 품을 적용시켜야 타당한지 여부를 질의합니다.

[해설] 건설표준품셈의 공량은 기기설치(예 터빈설치 등)의 주요공정에 관한 공량(단위당)을 나타낸 것이고, 그 주작업에 부수되는 세부공정 및 활동을 포함한 것으로 이해하여야 한다고 생각합니다.

[질문 16] 1. 바탕만들기 작업량에 적용되는 작업의 기준(수작업 또는 장비작업 기준)은?
2. 상기 품 [주] ④ 항에 명시된 장비 및 기기의 적용범위는?

[해설] 1. 기계설비 표준품셈 제Ⅱ편 바탕만들기 품 중 Shot Blast 품은 공기압축기를 사용하여 바탕만들기를 하는 품으로서, Shot의 소운반, 회수품이 포함된 품임.
2. 상기 품에 사용된 장비와 상이한 장비들을 사용하여 바탕만들기를 할 경우는 기계설비 표준품셈 제1장 적용기준 1-3 적용방법 3. 항에 따라 적의 결정하여 적용함. (기감 30731-634)

[질문 17] 설비공사 전문업체 입니다. 기계설비 품셈 Ⅲ편 플랜트 배관 공사에서 Sch#40 옥외 용접식 배관 100A, 순 파이프 중량이 10 ton 인 때 품은 ton 당 14.9인으로서 149인/10ton 이나 Fitting, 밸브류, Bracket의 중량이 약 3ton 인 때 (10+3)×14.9 = 193.17인/10ton 으로 설계해도 되는지요.

[해설] 품셈의 공량 산출에 있어서는 Fitting, 밸브, Bracket류가 전체 중량인 10ton 중 약 30%가 포함되는 것으로 간주되며, 그 부품류의 중량이 10% 증감할 때마다 품은 10% 증가 또는 감하도록 [주]에 명기되어 있으며, 밸브 취부와 Fitting류 취부품은 별도 제정된 품이 있음을 참고하십시오.

질문 18 Attachment 취부에 있어 대용량 보일러의 덕트보온 공사에서는 보온재 부착용으로 핀, 볼트, 너트 외에 많은 양의 앵글, Flat Bar 등 철재류가 사용되는 바, Attachment 취부 품 외에 철재류 설치품을 별도 계상할 수 있는지의 여부.

해설 우리나라 품셈에 덕트 및 기기 보온의 품이 규정되어 있으며, 관 보온 품도 따로 규정되어 있으므로 해당 품을 비교 검토 적용할 수 있을 것으로 사료되며, 구체적인 예시가 없어 확답할 수 없으니 양지하시기 바랍니다.

질문 19 강관 배관 공사에는 품셈이 m 당으로 배관공과 보통인부만이 규정되어 있으나, 거의 용접 접합되는 경우가 많습니다. 용접공의 품을 별도 가산할 수 없는지요.

해설 배관 품과 용접 품은 별도 계상합니다.
            (기계설비품셈 제 Ⅱ 편 1-1-2, 1. 강관배관 참조)

질문 20 기계·설비표준품셈 제 Ⅲ 편 플랜트 배관공사 1-1-1 플랜트 배관 [주] ⑧ 「Alloy Steel인 경우, 용접식은 용접공(플랜트 용접공) 나사식은 배관공(플랜트 배관공)량에 별표의 할증률 적용 가산한다」로 되어 있으나 별표가 없어 할증가산을 계상할 수 없고, 또 「관만곡 품의 [주] ④ Stainless Steel, Aluminium Brass 및 Copper의 합금 작업시에는 공량에 하기표에 있는 할증률을 가산함」으로 되어 있는데 구경이 맞지 아니할 때 어떻게 할증률을 적용해야 좋은지요?

〈예시〉 표에는 구경 80 mm 때 스테인리스의 경우 할증률 19 %
　　　　 〃　　　 100 mm 때　　　 〃　　　　　　〃 22 %
로 되어 있음. 구경이 90 mm 인 때의 할증률 적용은 어떻게 하는가요?

해설) 기계·설비 표준품셈 제Ⅲ편 플랜트 배관공사 1-1-1 플랜트 배관 [주] ⑧ 의 별표가 편집상 뒤쪽에 있어 없는 것으로 착각하기 쉽습니다만, Alloy steel 이 바로 합금강이므로 그 할증가산을 별표라 하고, 표를 1-1-2 관만곡품 [주] ④의 표 합금강인 때의 할증가산의 품으로 적용케 한 것입니다. 귀 질의와 같이 구경이 다른 때에는 비례 계상하시면 됩니다.

〈예시〉 풀이하면, 100 mm – 80 mm = 20 mm, 22 % – 19 % = 3 %

$\dfrac{3}{20} \times 10 = 1.5\,\%$ 증, 즉, 19 % + 1.5 % = 20.5 % 의 할증으로 비례 계상하시면 될 것임.

질문 21 1. 기계설비 표준품셈 Ⅲ 1-1-7 장거리 배관공사 품을 적용하는 과정에서 $\phi 150$ 이하 품이 없어, $\phi 125 \sim \phi 320$ 배관공사에 대한 품을 알고 싶습니다.

　2. 관로공사 중 $\phi 200 : 5\,\mathrm{m}$, $\phi 150 : 8\,\mathrm{m}$ 소구간 증설공사의 경우 $\phi 200$, $\phi 150$ 배관에 5/12, 8/12 로 적용하면 되는지요.

　3. 《주》⑪ 기계기구 및 잡재료는 별도로 계상한다는 규정에서 배관공사에 필요한 D.C 발전기를 계상하는 품을 알고 싶으며, 《주》② 의 용접 등의 작업과 중복되지 않는지요.

　4. 총연장 1,200 m 공사 중 1개 조인트는 12 m 이므로 100 joint 에 해당되나, 지장물 통과로(우회, 하수도 Box 하단) 발생된 용접 joint 증가에 대한 별도의 계상방법은 없는지요.

제 2 절 기계품 적용관련

해설 장거리 배관공사 조인트당 품에 있어서 ϕ150mm 이상의 품만이 규정되어 있다고 해서, ϕ150mm 미만의 품은 길이별로 비례계상되는 것이 아니고, 무게와 관련될 뿐만 아니라 작업의 난이도 등이 관련되므로 실사 등 연구용역에 의거, 실용품이 제정되어야 할 것으로 사료됩니다. 따라서 질의 2)항에 대해서도 12m 기준의 것을 5m인때 5/12로 적용되는 것(단순하게)은 아니나, 관경이 같은 때에는 현행 품셈의 비례계상 방법이 고려될 수도 있습니다. 질의 3) 항의 발전기 시간당손료는 건설표준품셈에서 구할 수 있습니다. 참고 자료를 송부합니다. 질의 4) 항의 용접 조인트당 용접공은 (플랜트 용접공) 구경별 품셈상의 공량에 따르고, 조인트 수량의 증가는 이 품이 조인트당 이므로 자명해지는 것입니다.

질문 22 기계설비 표준품셈 제Ⅱ편 1-1-4 경질 비닐관 배관의 2. 고무링 접합인 경우의 배관 품을 적용하고자 합니다. 품의 《주》② 에서 먹줄치기, 절단 Fitting 류 접합, 지지물 설치, 수압시험, 소운반이 포함된 것 외 각 항별로 품의 비중을 알고자 하며, 당 시공사에서 Fitting류 접합과 수압시험이 차지하는 품을 제외한 나머지 품을 적용하고자 합니다. 그리고 ϕ150mm 의 배관품과 ϕ100mm 의 배관품을 동등하게 적용하여도 되는지 알고 싶어 질의합니다.

(m당)

규격(mm)	배관공(인)	보통인부(인)	규격(mm)	배관공(인)	보통인부(인)
ϕ 10	0.016	0.032	ϕ 50	0.050	0.054
13	0.016	0.032	60	0.055	0.064
16	0.022	0.041	70	0.060	0.068
20	0.026	0.043	80	0.065	0.072
25	0.030	0.046	90	0.070	0.076
30	0.034	0.050	100	0.074	0.078
40	0.036	0.050			

《주》 ① 상기 공량은 옥내 일반배관 기준임.
② 먹줄치기, 절단, fitting류 접합, 지지물 설치, 수압시험, 소운반 공량을 포함한다.

[해설] 기계설비 표준품셈 제Ⅱ편 1-1-4 고무링 접합 (m당) 품은 《주》② 와 먹줄치기, 절단 등의 품이 합산된 것으로, 공정 개개별 품은 그 비중을 따로 구분할 수는 없습니다. 비중을 알기 위해서는 《주》② 의 각 공정을 포함하여 실사하여 비중을 정하는 도리밖에 없을 것으로 사료되며, ∅150mm 와 ∅100mm 의 품을 동일하게 적용하여서는 아니되며 각 규격별 품의 증가율을 고려하여 실정에 맞게 적용하여야 할 것이라고 사료됨. (고무링 접합 품은 삭제되었음.)

<기계설비의 강관 배관 기타에 대하여>

[질문 23] 기계설비공사 표준품셈 제Ⅱ편 기계설비공사 제1장 공통공사 1-1 배관공사 1-1-1 강관 배관에서 ∅50 의 배관공(인) 0.248 보통인부(인) 0.063이 m 당 해설과 같이 적산하였는데, 도시가스 배관으로 볼 때 제4장 가스설비공사 4-1-5, 도시가스강관(SPP) 접합 및 부설 ∅50에서 배관공 0.09, 보통인부 0.37, 플랜트 용접공 0.38인을 포함시켜 내역에 산정되어 계약되었습니다. 따라서 이중으로 강관용접 및 나사접합 부분에 품이 적용된 것인지에 대해 질의합니다.

[해설] 도시가스 난방공사의 배관은 기계설비공사 품셈 1-1-1 강관 배관에 의하여 냉온수관, 급탕관, 증기관, 급수관, 프로판가스관 등 옥내 일반배관에 적용되는 것으로 난방공사에 해당하는 것입니다. 따라서 도시가스설비인 강관 접합(SPP) 및 부설품을 이중으로 계상한 것은 공사의 성질로 볼 때 잘못된 것으로 사료됩니다.

제 2 절 기계품 적용관련

질문 24 기계설비공사 표준품셈 제Ⅲ편 1-1-5 플랜지 취부 품에서 '조당'이란 플랜지 2개를 1조라 하는 것인지, 또는 플랜지 1개를 용접 취부하는데 필요한 플랜지, 강관, 용접봉 등을 1조라 하는지에 대해 질의합니다.

해설 플랜지 취부(Slip-on Flange Welded Type) 품(조당)은 탄소강 기준으로 파이프를 절단, Flange 활입, 전 배면 용접, 면마무리, 조정이 포함된 품이며 기구손료와 장비사용료는 별도 계상하는 것입니다. 따라서 플랜지의 조(組)란 "짝"을 말하는 것입니다.

질문 25 주철관의 배관 중, 소켓식 수구당(受口當) 품이 있어 배관을 할 수 있었는데, 기계식 배관 이음의 품이 없어 곤란합니다.

해설 기계설비공사 표준품셈 건설표준품셈 Ⅱ 1-1-2 4. "기계식 접합", 접합개소 당 품이 다음과 같이 규정되어 있으니 참고하시기 바랍니다.

가. 기계식접합 (Mechanical Joint)

(접합 개소 당)

규 격 (mm)	배 관 공 (인)	보 통 인 부 (인)
φ 50	0.152	0.081
65	0.193	0.089
75	0.219	0.094
100	0.287	0.107
125	0.352	0.120
150	0.399	0.130
200	0.523	0.154
비 고	- 철거는 신설의 50 % (재사용을 고려치 않을 때)로 계상한다.	

《주》① 본 품은 배수용 주철관(KSD 4307)의 옥내천장배관 기준이다.
② 본 품은 인서트(거푸집용 인서트 기준이며, 현장여건에 따라 콘크리트용 인서트를 사용할 경우 건축부문 '14-6 인서트' 적용), 지지철물설치, 소운반, 절단, 배관(가용접), 배관시험을 포함한다.
③ 단열 지지대 및 관 지지대 설치 시에는 별도 계상한다.

질문 26 <기계설비 공사 중 스테인리스 배관의 품을
         수도관 배관에 적용해도 무방한 것인지에 대하여>

해 설   건설표준품셈 "Ⅱ" 기계설비 표준품셈 1-1-2, 3. 스테인리스 강관 배관의 품은 기계 설비공사에 적용하는 품을 발췌, 수록한 것으로서 수도공사용 급·배수관(길이 6m/본당)을 옥외에서 암거 내에 매설하는 품과는 다르므로「기계설비공사 표준품셈」과 건설(토목) 표준품셈의 관 접합 및 부설 품 중, 유사한 품과 공사내용 및 공량을 비교 검토하여 합리적이라고 판단되는 공법과 품을 적용하시기 바랍니다.

질문 27 <지상 60m에 10ton 중량물인
         일반기기를 설치하는 품에 대하여>

해 설   기계설비 표준품셈 제Ⅲ편 플랜트 설비공사 8-1 일반기기 설치 품만으로 중량 10ton의 소음기를 지상 60m 높이에 설치하고자 할 때에는 크레인 등 인양장비 없이 시공하기 어렵다고 생각되므로, 크레인, 윈치, 트럭, 트레일러, 포크리프트 등이 투입되는 다른 기종의 중량물과 설치 높이 품을 참고로 환산 적용하심이 검토될 수 있다고 생각합니다.

제 2 절 기계품 적용관련

질문 28 <기계설비공사 품셈 중 플랜트 설치공사의
밸브 취부 품에 대하여>

해설 기계설비공사 표준품셈 제Ⅲ편 플랜트 설비공사 1-1 플랜트 배관 1-1-3 밸브취부 품 Screwed Type 와 Welded-Back Screwed Type는 $\phi 25 \sim 100\,mm$ 와 Flange Type $50 \sim 600\,mm$ 까지의 관경별 사용압력별 밸브의 개당 취부품이 규정되어 있으므로 사용목적과 시공성에 따라 구분 적용되어야 한다고 생각합니다.

<기계설비 품의 플랜트 용접개소 비파괴투과시험>

질문 29 기계설비 표준품셈 제Ⅲ편 플랜트설비공사 1-2-7 플랜트 용접개소 비파괴시험 1. 방사선투과시험에 대하여,
　작업구분 : 기술안전관리 및 필름판독 방사선 투과 시험기간 중
　직종 : 기사에 대하여
　(1) 작업구분의 내용을 구체적으로 명시 요망
　(2) 직종의 기사 기능 중 필름판독도 포함하는지?
　　 시중노임 단가에서 어떤 직종을 선택해야 하는지?
　(3) ③ 두께보정계수 의미는?
　최신장비의 성능향상에 따라 계수를 감소시킬 경우 세부기준이 있는지?

해설 기계설비 표준품셈 제Ⅲ편 플랜트설비공사 1-2-7 플랜트용접개소 비파괴시험 1. 방사선투과시험에서 기사는 방사선비파괴검사 기사를 말하며, 비파괴검사 기사의 작업은 방사선원의 조작기술, 방사선투과촬영기술, 필름처리기술, 투과사진판독, 방사선방어, 보고서 및 절차서 작성 등을 수행함을 참고하시고, 본 품은 두께 15 mm 이하를 기준한 것이므로 15 mm를 초과할 경우 품을 보정하는 방법으

로 보정계수를 기준 품에 곱하여 계상하도록 규정하고 있습니다.

《주》① 에 촬영방법 및 작업여건에 따라 품이 다를 수 있으므로 촬영조건을 감안, 별도 작용할 수 있으므로 특수 장비에 따른 계수 조정은 가능할 것으로 생각합니다.

질문 30 <스테인리스 강관 배관의 m 당 품을
　　　　　개소당 품으로 보고 설계해도 무방 한지요>

해설 기계설비 표준품셈 제Ⅱ편 1-1-2, 3. 스테인리스 강관 배관 1. 프레스 접합식의 품은 옥내 일반 배관을 기준한 m당 품으로서 개소당 품은 아닙니다. 즉, 접합개소가 많은 화장실 배관은 20%, 기계실 배관품은 30%를 가산하고 옥외배관의 경우는 10%를 감하는 취지는 작업의 난이도를 고려한 m당 품이기 때문이라고 생각합니다.

질문 31 <펌프설치 품 중 37kW 이상의 품이
　　　　　품셈에 없는데 이의 적용에 대하여>

해설 기계설비 표준품셈 제Ⅱ편, 1-6-1 펌프설치 공사에서 펌프의 규격은 0.75kW 이하에서 75kW 이하의 품까지 개정되어 있으니 참고하시기 바랍니다.

<기계설비품셈의 펌프 설치>

질문 32 건설표준품셈 제4편 기계설비공사 부문 1-6-1 펌프설치에 의거 펌프를 철거하여 분해 후 재설치 하려고 하는데 펌프철거 품이 명시되어 있지 않습니다. 보통 50%로 산정하는 걸로 알고 있는데 정확한 적용기준이 있는지 궁금합니다.

해설 품셈 중 전기공사의 경우 보통 철거는 신설의 30~50%, 재사용 철거는 50~80%라고 공종, 상황별로 규정하고 있는데 귀문의 경우는 상황이 불분명하여 확답드릴 수 없고, 수중펌프 적용 여부에 대하여는 1-6-1 펌프설치, 1. 일반펌프는 완성된 펌프를 옥내에 설치하는 품이고, 2. 집수정 배수펌프는 수중펌프를 집수정에 설치하는 품임을 고려하십시오.

〈최신판〉

토목공사 표준품셈	A5신 · 40,000원
건축공사 표준품셈	A5신 · 37,000원
기계·설비 표준품셈	A5신 · 34,000원
전기공사 표준품셈	A5신 · 32,000원
전기·정보통신 품셈	A5신 · 47,000원

제 8 장 전기·정보통신 공사

제 1 절 전기 공사 관련

<배전 전공과 배관공의 차이>

질문 1 폐사는 전기와 통신을 겸한 업체로서 설계를 하고자 품셈을 보니 전기품셈 4장 강관 부설품은 4-29에서 ϕ100mm 이하, 배전전공 0.042인/m당, PVC 관은 강관의 60%로 규정하여 0.042인×0.6 = 0.0252인/m (PVC관)으로 규정하고 있으나 합성수지 파형 전선관 부설은 ϕ100mm 인 때 배전전공 0.012인/m와 보통인부 0.036 인입니다. 그러나 정보통신품셈 3-2-1 PVC관 부설에서의 품도 다르고 배전전공이 배관공으로 되어 있어 그 단가가 크게 달라 어떤 직종의 공량을 적용해야 할지 알 수 없어 질의합니다.

해 설 귀 질의와 같이 전선관부설을 위한 강관 설치품은 배전전공과 배관공으로 각 달리 규정되어 있습니다.

노임을 가정하여 적용해 비교하면, ϕ100mm 의 경우, m 당 부설공은 172,500원×0.042=7,245원 이고, PVC관은 60%로서 7,245×0.6 = 4,347원/m 가 됩니다.

합성수지 파형 전선관의 경우는 ϕ100mm 인때 0.012×76,500 원 +0.036인×55,200 원(보통인부) =2,905 원/m 로서, 강관의 60% 인 4,347원의 67% 에 불과하며, 정보통신공사 품셈의 PVC관 부설 ϕ100mm 의 품은 통신외선공 0.1인/6m, 보통인부 0.26인/6m 로서,

이 품의 균형이 잡혀져 있지 아니하다고 생각됩니다. 이는, 전기공사의 개념과 정보통신공사라는 특성을 고려하더라도 전기와 통신이 유사한 성격인데, 품의 적용에 어려움을 이해할 수 있는 바, 공사의 주 공정 중 어느 쪽이 비중이 더 큰 것인가에 따라 구분, 적용해야 한다고 생각합니다. (정보통신품은 통신외선공으로 명칭 변경되었습니다.)

질문 2 154kV ○○-○○간 전력구 터널 건설공사를 발주받아 공사중인 현장으로서, 터널굴착(발파) 작업시 사용되는 용수 및 Air를 공급받기 위한 강관배관 작업의 품을 터널옥내 작업장의 열악한 현장조건(지하 30~40m 깊이의 터널로서 폭의 협소 등)으로 기계설비공사 품셈의 강관배관으로 설계 적용되어 있으나, 터널공사가 일반 토목공사로 분류됨을 적용, 토목공사품인 건설표준품셈 제19장 관 접합 및 부설의 강관부설(인력)로 품을 변경 적용코자 타당성 및 현실성 있는 품셈 적용의 해석을 요청합니다.

해설 터널 내 가설 급기 및 급수배관은 터널 굴착에 부대되는 가설공사로서 토목품셈을 적용하는 것이 바람직하나 자재의 운반거리가 300여 m에 이르고, 지하 30여 m에서의 작업인 점 등이 감안된 강관 부설품의 적용이 바람직하다고 사료됩니다. 다만, 제16장 관부설공은 상·하수도용이며, 기계설비 품의 강관배관은 옥내·외 및 기계실 등의 배관인 점이 크게 다르다는 사실을 유의하시기 바랍니다.

<배전반 내의 기구 보수 등>

질문 3 전기품셈 적용에 있어 다음과 같은 의문점에 대해 회시 바랍니다.

제1절 전기공사 관련

　발·변전 설비공사에 있어 기존에 설치되어 있는 배전반내의 기구(기계 및 계전기, 리액터, 진공차단기) 등에 있어, 사용 중 고장으로 인해 부품을 일부 교체하고자 할 때의 품 적용에 대해 알고자 합니다.
　계기 및 계전기는 신설시에 구멍뚫기 및 가공포함의 품이므로 교체시에는 기존의 구멍 뚫기 및 가공이 되어 있는 상태이므로 교체시의 품 적용을 어떻게 적용해야 하며, 철거시에는 완전 철거가 아니므로, 현재 품셈의 적용기준을 적용한다면 과다한 품이 아닌지 아울러 알려주시기 바랍니다.

【해설】 배전반내의 기구일부를 교체할 때에는 일부 소요설치품＋일부의 철거품 (품셈에 명시되어 있는 것)으로 계상할 수 있을 것이나, 그 작업 성질은 귀 문만으로 확답드릴 수 없으며, 품셈에 명시된 직종별 공량과 공공 노임단가를 적용하여 계산한 공사비의 많고, 적음의 문제는 신중히 재검토해야 할 것이 아닌가 합니다.
　귀문과 같은 구체적인 개별요인은 통상산업부나 전기공사협회 등에 질의함도 좋은 방법이 될 것입니다.

【질문 4】 전기공사 표준품셈 4-37 전력케이블 단말처리 [해설] 3. 압착단자만으로 처리 시는 본 품의 30％에서 600V 단말처리시에도 30％가 적용되는지요. 제가 알고 있기에는 3,000V 이상만 적용되는 것으로 알고 있음.

【해설】 전기표준품셈 4-37 전력케이블 단말처리품 [해설] ①～④항은 600V 이하에서 66,000V 이하까지 공통된 해설로 봄이 타당하다고 사료됩니다. 그 이유는 4-34 전력케이블 설치, 4-37 전력케이블 단말처리 [해설] ①에 케이블 설치의 해설준용으로 되어 있고 4-34

의 [해설] ⑦에는 단말처리, 직선접속 및 접지공사 불포함(600 V 10 mm² 이하의 단말처리 및 직선 접속 포함)을 이해하십시오.

질문 5   1. 전기품셈 5-18 분전반 조립 설치 [해설] ②에 완제품 설치시는 본 품의 65%인데, 그렇다면 제작공량은 35% 인지의 여부?
   ② 분전반 제작납품시 1)의 제작공량 35% 적용과, 모선배선의 규격에 따른 공량을 같이 산입하여 품을 적용시켜야 하는지의 여부?
   3. 2)의 [해설]이 옳다로 가정하면 분전함 외함 노출설치시는 본 품의 90%로 되어 있는 바, 5-18 합계품의 90% 인지의 여부?

해설   귀 질의는 개정 전의 품입니다. 현행 전기공사 표준품셈 5-18 분전반 조립 및 설치 [해설] ② 배선용 차단기 및 나이프 스위치의 완제품 설치공량은 본 품의 35%로 규정한 것과 분전반의 조립 및 매입설치기준이란 [해설] ①에 명시된 바를 상기할 때 완제품을 그대로 설치할 때는 65%의 공량이 절감 된다는 뜻이고 제작공량이 65%라는 뜻은 아니라고 보아야 합니다.
   건설표준품셈의 공량은 개개의 공정수행의 품으로 사료됩니다. 따라서, 공량의 합산적용으로 구성된 것이 아님을 양지하시고, 외함 노출설치시의 90% 적용은 5-18 분전반 신설품의 90%로 보아야(매입 없음) 타당할 것입니다.

질문 6   <내선설비 형광등 기구 설치
          전기품셈 적용에 대하여>

해설   전기공사 표준품셈 제5장 내선 설비공사 5-25 형광등 기구 설치에 있어 32W의 품은 없으나 30W에 가깝다고 보아야 하며, 40W

제 1 절 전기공사 관련

와는 거리가 약간 있다고 생각합니다. 보다 자세한 사항은 대한전기협회 등 품셈 관리 단체에 직접 문의하시기 바랍니다.

<백열등 기구의 취부 등에 대하여>

질문 7 전기표준품셈 5-24 백열등 기구 설치, 5-25 형광등 기구 설치 [해설]란에서 ①기구설치, 결선, 지지 금구류 취부, ②취부테 설치 두 문항에 대한 보충설명을 부탁드립니다.

그리고 5-25 항에 대한 노임중 등기구 보강(매입 등에 한함)은 포함되어 있는지 여부를 밝혀 주십시오.

해설 전기품셈 5-24 백열등 기구 설치 품의 [해설] ①에서 지지 금구류란 등 본체를 지지해 주는 각종 철물류를 말하는 것임. 예를 들면, 코드펜던트에서 코드를 지지해 주는 철물도 지지류의 하나로 보아야 할 것으로 사료 됨. [해설] ② 취부테 란 등기구 취부를 위한 테 등 〔로제트(Rosette) 포함〕을 말하는 것임.

또 매입 등에 있어 등기구 보강을 어떤 방식으로 하는 것인지는 귀문만으로는 알 수 없으나 5-25 형광등기구 설치 품은 형광등기구 설치·결선·지지류 설치 등의 품이 포함된 품이며, 매입 또는 반매입 등기구의 천장 구멍뚫기 및 취부테 설치 이외의 설치 품 임.

[해설] ① ~ ⑯ 까지의 내용을 잘 이해하시기 바랍니다.

질문 8 전기공사에서 일반적으로 전선관에 전선을 입선할 때, 전선의 피복 절연물을 포함한 단면적의 총합계가 관 단면적의 40% 이하로 산정하는 바, 1개의 전선관 속에 여러 가닥의 전선이 입선되고 실제 시공 또한 여러 가닥의 전선을 한 조로 해서 1회에 입선하고 있는데,

20m의 배관 속에 5가닥의 전선이 입선될 때 배선에 따른 노무비 산출시, 전선의 길이는 어떻게 산정해야 하는지요?

해설) 20m 5심이라 하여 100m로 계산하는 것은 아니고 다른 전력 케이블 등과 같이 심수에 따른 할증을 준용해야 할 것임.

질문 9) 1. 전기공사품셈 5-11 전력 Cable 구내설치 [해설] ④ 2심은 140%, 3심 200%, 4심 260%인데 5심에서 10심 동시 설치시는 얼마를 (%) 적용 하는지요?
2. 철거시도 [해설] ④ 품에 50%를 적용하는지요?
3. 수력발전소에서 수문개도 Control panel의 Display unit 10개를 교체하고자 하는데 어떠한 적용을 해야 되는지요?

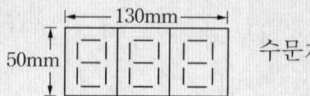
수문개도 표시(Display unit)

해설) 전기공사품셈 5-11 전력케이블 구내설치 품(m당) [해설] ④ 항에서 2심 동시설치 140%, 3심 200%, 4심 260%로 3심에서 4심시 1심당 60% 상당으로 계상되므로 5심 이상에서도 비례로 적용할 수 있다고 사료됩니다. 철거시에는 일반적으로 신설의 50% 범위 내에서 실정에 맞게 적용해야 할 것이며, 수문 개도표시기의 설치 품은 따로 규정된 바 없으므로, 유사품을 준용하거나 품을 제정 적용해야 할 것으로 사료됩니다.

제1절 전기공사 관련

질문 10 발전소 건설공사시, 설비에 대한 안정성과 신뢰성의 확보를 위하여 각종 용접부위에 대한 비파괴 시험을 시행하고 있으나, 이에 관한 용역비 산정방법에 어려움이 있어 질의하오니 회신하여 주시기 바랍니다.
　　방사선 투과시험에 대한 용역비 산정시, 기술용역 육성법 시행령 제9조 별표 3에 명시되어 있으나, 정부투자기관 회계규정에 의한 공사원가 계산방법(기계설비 표준품에 의한 원가계산)으로도 계산가능 여부 및 적용구분 내용?

해설 방사선 투과시험에 대하여 공사원가를 계산하고자 할 때는 계약예규 "예정가격 작성기준" 및 건설표준품셈 제1장 1-2 적용범위, 1-3 적용방법에 따라 건설표준품셈을 적용하시기 바람.

질문 11 3.3~6.6kV 건식변압기와 동급의 거치형 변압기의 옥외설치를 설계함에 있어, 장비를 사용하고자 하나, 그 기준이 없어 곤란하며 22kV 변압기 100kVA 이하와 150~1,000kVA 설치품 [해설] 4.항에 보면 장비를 사용할 때에는 운반설치, 라디에이터붙임, 콘서베이터붙임, 부싱붙임 및 각 부분품 붙임품의 35%로 계상하고 장비의 제경비를 별도 가산함. 이라고 해설되어 있습니다. 따라서 3.3~6.6kV 건식 및 거치형 변압기에 적용할 때 장비사용의 인력 %를 35%로 적용하는 것도 곤란하여 문의합니다.

해설 과거 전기공사 표준품셈 5-24의 품은 3.3~6.6kV 주상 변압기의 설치 품이 있었으나 현재는 전기품셈 4-15 주상 변압기 인력설치와 4-16 주상변압기 기계설치 등으로 개정되어 있으므로 이에 의거하여 계상 하되 품의 해설을 잘 검토하시기 바랍니다.

질문 12 전기표준품셈 8-1 활주로 등화시설의 등기구 신설품 등이 개정되었습니다. 이 품에 따르면, 활주로 등 노출형이 등당 내선전공 2인과 고압케이블공 0.4인으로 규정되어 있고 철거는 30%, 재사용 철거는 50%로 규정되어 있습니다.

　　활주로등 1개를 신설하는데 내선전공 2인은 너무 많은 것 같고, 또 철거에 있어서도 2인의 30%는 0.6인/등 당 인데 이 품도 많은 것이 아닌지요.

해 설 활주로의 항공 유도로의 등은 일반 조명등과 같이 가설되는 것이 아니고 등의 위치, 방위각, 항공기 위에서 볼 때의 각도, 조도 등이 모두 고려되는 것이므로 품이 더 소요되는 것으로 보아야 하며, 철거의 경우는 품이 약간 많은 듯합니다만, 비행장을 계속 사용하는 경우에는 주위 환경을 고려해야 하는 까닭인 것 같습니다.

질문 13 전기공사 표준품셈 5-25 형광등 기구 신설에서 반매입형 및 매입형의 시공 인건비는 40W×1=0.34인, 40W×2 = 0.418인데, 여기서, 등기구 보강용 재료비와 인건비 모두가 포함되는지, 아니면 인건비만 포함되고 재료비는 제외되는지? 품의 [해설]에는 ②기구설치, 결선, 지지류 설치, 장내 소운반 및 잔재정리 포함, ③매입 또는 반매입 등구의 천장구멍뚫기 및 취부테 설치 별도 가산으로 되어 있고, 등기구 보강 재료비는 등기구 보강에 필요한 달대볼트(행어볼트), 스트롱 앵커 채널 클립을 말하며, 인건비는 스트롱 앵커를 고정시키는데 필요한 구멍뚫기 및 설치품을 말하는 것인지?

해 설 전기공사 품셈 제5장 5-25 형광등기구 설치의 품 중 형광등 반매입 또는 매입형 설치의 품을 규정한 것이며, 재료비는 제외되는

제 1 절 전기공사 관련

것입니다.

　여기서, 등기구 보강을 위하여 구멍뚫기 등을 해야할 때의 품은 별도 계상해야 하며, 지지류 설치 등의 품은 이 품에 포함된 것으로 보아야 하나, 보강을 위한 특수 기기류는 설치장소에 따라 별도 계상해야 합니다.

<전기공사 케이블공의 가산 및 품 할증에 대하여>

질문 14 전기공사 표준품셈 4-34 전력케이블 설치에서 22kV 3심 100mm^2 강대 개장 케이블을 적용할 때, 케이블 공의 기본품 P=2.082×150%가 맞는지 정확한 내용을 알고자 합니다.

해설 전기공사 표준품셈 4-34 전력케이블 설치 품은 m당 품을 km당 품으로 전면 개정되어 귀 문의 경우는 전면 수정이 불가피 해졌으므로 품과 해설을 잘 검토하시기 바라며, 품의 할증은 제 1 장 적용기준 할증의 중복가산 요령에 의하여 $W = P \times (1 + a_1 + a_2 \cdots\cdots + a_n)$, 여기서 W : 할증이 포함된 품 P : 기본품 또는 각장 해설란의 필요한 증감 요소가 포함된 품 $a_1 \cdots\cdots a_n$: 품 할증 요소를 고려하시면 됩니다.

질문 15 전기공사 품셈을 적용함에 있어 ○○지하철 역사 내부에서 유지보수공사를 주간에 시행하는 전선관 배관공사시, 천장속 슬래브에 노출배관을 할 경우, 품 적용이 제 5 장 내선 설비공사 5-1의 기본품에 중복 가산품을 해설에 명시된 각각의 해당 부분을 중복가산 [기본품×{1+0.2(노출)+0.3(천장속)}] 하는지, 또는 천장 속에서 모든 일이 이루어지므로 노출품을 제외하고 천장속 품만 가산 [기본품×{1+0.3(천장속)}] 해야 되는지 문의하오니 회신하여 주시기 바랍니다.

해설) 동력 및 조명공사 5-1 전선관 배관품은 해설에서 '① 콘크리트 매입을 기준한 품'임을 분명히 하였고, 해설 ② 항 내지 ⑭ 항은 그 예외 등을 해설한 것이므로, 해설 ② 항에서 철근콘크리트 노출 및 블록칸막이 벽 내는 120%, 해설 ④ 항에서 천장속이나, 마루밑 공사는 130%로 규정되어 있음은 천장 속의 좁은 공간 작업성과 콘크리트 매입이 아닌 노출배관인 점을 분명히 하였으므로, 이를 각 유의하여 계상하기시 바랍니다.

질문 16) 전기공사 표준품셈 제 5 장 내선 설비공사 중 5-1 전선관 배관에서 기존 건물에 앵커볼트를 설치하여 전선관을 노출공사를 할 경우, 품 적용을 해설란 2. 항과 3. 항 중 어느 것을 적용해야 하는가?

해설) 전선관의 배관의 해설 ① 콘크리트 매입 기준이고, ② 철근콘크리트 노출 및 블록칸막이 벽 내는 120% 등이 규정되어 있으며, 해설 ③의 내용은 5-29 옥내 잡공사에 따라 별도 계상하고 전선관 설치품은 매입품으로 계상하게 되어 있으니 별로 문제가 될 수 없다고 생각합니다.

<변압기 철거 품에 대하여>

질문 17) 전기공사 품셈 3-1 변전 설비공사의 변압기 설치 해설 ③에서 옥내변압기 설치시 20%의 할증을 주고, 옥내변압기를 철거시에는 20%의 할증된 품에서 50%의 철거 할증을 적용함이 맞는지?

해설) 전기공사 표준품셈 제 4 장 배전 설비 공사 4-16 주상변압기 기계설치 해설 ③ 옥내 설치 시는 본 품의 120%로 하고, ⑦ 철거 품

제 1 절 전기공사 관련

은 본 품의 50%로 한다는 것은 할증이 가산되지 않은 기본품의 50%를 뜻하는 것입니다.

질문 18   <전력케이블 신설 품이 몇 가지 있는데 그 적용은>

해 설   전기공사 표준품셈 제 4 장 4-34 전력케이블 설치 품의 해설을 검토하여 해당되는 내용대로 적정하게 계상하는 것이 바람직하다고 생각합니다.

질문 19   <배전 설비공사의 관로 청소 및 도통시험
　　　　　품에 있어 신관인 경우의 적용에 대하여>

해 설   전기공사 표준품셈 제 4 장 배전 설비 공사 4-32 관로 청소 및 도통시험의 품은 제 2 장 송전설비 2-11-1 관로청소 및 도통시험 품을 준용하되, 여기서 관경 별로 km 당 품이 규정되어 있으며, 관의 재질에 관계없이 적용할 수 있으므로 관경이 동일한 흄관, 강관 합성수지관에도 적용되는 것으로 보아야 하며, PE 관도 이에 준하는 것으로 보아야 한다고 생각합니다만, 관로의 연장 단위가 km 당인 점에 유의해야 합니다.

<전기공사품셈 4-31 합성수지 파형관 설치>

질문 20   전기공사 품셈 4-31의 합성수지 품《주》⑤ 동시배열 산출 예제(100 mm 기본품×2열+175 mm 기본품×6열+200 mm 기본품×4열)×660%÷12 는 전체 12공에 대한 품을 산출한 것인지 1공에 대한 품을 산출한 것인지?

예) 100 m 기본품 : 1,000, 175 mm 기본품 : 2,000, 200 mm 기본품 : 3,000
　　으로 가정, (1,000×2+2,000×6+3,000×4)×660%÷12=14,300

m당 설치 품은 ① 14,300 원
② 14,300×12=171,600 원

해설 전기공사 표준품셈 제4장 배전설비 공사 4-31 합성수지 파형관 설치(건설표준품셈 제5편 V-10 관련) 해설 ⑤항은 12공을 층계별로 동시 배열하는 것으로 동시 적용률은 660%로 산출한 것이며, 이때의 열은 관로의 공수를 뜻한다고 규정하고 있음을 참고하시기 바랍니다.

제 2 절   정보통신 공사

<통신 중계소의 전력 등에 대하여>

질문 1   ○○부 산하기관 중계소에 중계기를 설치코자 설치공사비를 산출하던 중, 중계기 설치장소에는 AC 전원의 공급이 불가능하여, 부득이 태양전지판을 설치하고자 하나 태양전지판의 설치품셈이 없어 문의합니다.

해설 정보통신공사 품셈 제11장 11-3-2 태양광 충전시스템 설치품을 적용할 수 있습니다.

질문 2   통신용 자재를 지게운반으로 운반거리 300 m, 도로상태는 보통 2.5 km/hr 로 운반량은 3.5 ton 상당입니다. 경비계산식에 의하면, 토목공사와 달리 운반비 $= \frac{A}{T} \times M \times (\frac{60 \times 2 \times L}{V} + t)$ 로 규정되어 있고, 여기서, A : 인부의 노임, M : $\frac{총운반량}{1회\ 운반량(kg)}$, L : 거리(km), V : 왕복속도 (km/hr), T : 1일 작업시간, t : 준비작업시간 (2분)으로 규정되어 있습니다. 계산을 교시바랍니다.

해설 정보통신 품에 의한 운반비를 계산하면,
노임단가 A = 109,819원/일 (2018 보통인부)
1일 실작업시간 T = 430분/일 (정보통신)
필요한 인력수 M = 3,500/40 = 87.5 인 (1회 운반량 40 kg)
운반거리 l = 300 m

왕복평균속도 V = 2.5 km/hr

준비작업시간 t = 2분

운반비 $= \dfrac{109,819 \times 87.5}{430} \left(\dfrac{60 \times 2 \times 300}{2500} + 2 \right) = 366,488$원

으로 계산이 됩니다.

여기서, 주의할 점은 T = 430, t = 2분인 점입니다.

장대물이나 중량물로서 목도공이 투입되어야 할 경우, T = 360분/일, 즉, 유해위험으로 볼 수 있음을 유의하셔야 합니다.

질문 3 당 사업단에서는 전화국 증·계수 공사를 위주로 업무를 추진하고 있습니다. 다름이 아니오라 건축법이 바뀌어서 주차장 확보를 위하여 전화국사에 지하 주차장을 확보하고 있습니다. 주차장을 확보하기 위하여 대지 내에 있는 발전기를 임시 이설하여 사용하고 있는 중이오나, 임시가설에 대한 전선 및 케이블류 가설창고에 대하여 재료비 산출이 정확히 규정된 것이 없어 질의하오니 자세히 회시하여 주시기 바랍니다.

또한, 변전실을 임시 옥외에 시설한 경우, 전선 및 케이블류에 대한 재료비 산출까지 첨언합니다.

해설 귀문과 같은 경우, 소요로 하는 임시 가설건물의 평수와 철재 등 또는 조립식 건물의 임대사용과 목조가설물의 사용기간에 따른 손료처리 등은 경제성을 고려하여 선택되어야 할 것이며, 건설표준품셈 제2장 2-2 가설물의 재료 및 손율의 재료 및 품(m^2 당)을 소요평수에 적용, 손료를 계상하면 됩니다. 특히, 중요하거나 필요하다고 판단되면 건축설계사무소 등에 의뢰하심도 좋을 것입니다.

<전기 · 정보통신 관련 재료 할증>

질문 4 전기 · 정보통신공사 표준품셈의 재료 할증에서 2000년도까지는 구내케이블이나 PVC, PE 전선관 등의 할증이 따로 규정된 바 없어 불편이 많았는데 현재는 개정되었다고 하니 자세히 답변바랍니다.

해설 2018년도 적용 전기·정보통신품셈의 재료할증이 다음과 같이 규정되었으니 품셈 책을 살펴보시기 바랍니다.

▶ 전기 재료 할증 및 철거 손실률

종 류		할증률(%)	철거손실률(%) (※ 전기)
옥외(屋外) 전선, 옥외 전선관		5	2.5 ※
옥내 전선, 옥내 전선관		10	-
옥내·구내 케이블		5	-
옥외 케이블 (옥외선, 동대, 동봉)		3	1.5 ※
케이블랙(트레이), 덕트, 레이스웨이		5	-
합성수지 파형 전선관 (파상형 경질 폴리에틸렌전선관)		3	
조가선 (철·강)		4	4 ※
애자류	100개 미만	5	2.5 ※
〃	100개 이상	4	2 ※
〃	200개 이상	3	1.5 ※
〃	500개 이상	1.5	0.75 ※
〃	1,000개 이상	1	0.5 ※
전선로 철물류	100개 미만	3	6 ※
〃	100개 이상	2.5	5 ※
〃	200개 이상	2	4 ※
〃	500개 이상	1.5	3 ※
〃	1,000개 이상	1	2 ※

《주》 철거손실률이란 전기설비공사에서 철거작업 시 발생하는 폐자재를 환입할 때 재료의 파손, 손실, 망실 및 일부 부식 등에 의한 손실률을 말함. (전기)

질문 5 <정보통신 공사 중 케이블의 철거,
             재활용 등 공사에 대하여>

해설   정보통신공사 표준품셈 제4장 통신케이블공사 4-1-1 광섬유 케이블 포설 품 중 해설 ④ 철거는 신설의 50% 품을 적용하되, 재활용을 목적으로 철거하여 드럼에 감는 경우는 설치품의 90%를 적용한다는 뜻이고, 철거 케이블을 재사용하기 위하여 풀어서 다시 감는 경우에는 신설의 40%를 적용 한다는 것입니다.

[부 록]

도량형 환산 등

1. 국제단위계(SI 단위)로 된 법정 계량단위

Ⅰ. 계량 및 측정 기본단위

1. 길 이 : 미터(m)	6. 물질량 : 몰 (mol)
2. 질 량 : 킬로그램(kg), 그램(g), 톤 (t)	7. 광 도 : 칸델라 (cd)
3. 시 간 : 초 (s), 분 (min), 시 (h), 일 (d)	8. 평면각 : 라디안 (rad)
4. 전 류 : 암페어 (A)	9. 입체각 : 스테라디안 (sr)
5. 온 도 : 켈빈(K), 섭씨 도 (℃)	10. 힘 : 뉴톤 (N)

Ⅱ. 유 도 단 위

1. 넓 이 : 제곱미터(m^2)	29. 전기컨덕턴스(전기전도도) : 지멘스(S)
2. 부 피 : 세제곱미터(m^3), 리터(ℓ, L)	30. 자 속 : 웨버(Wb)
3. 속력, 속도 : 미터 매초(m/s)	31. 자속밀도 : 테슬라(T)
4. 가속도 : 미터 매 제곱 초(m/s^2)	32. 인덕턴스 : 헨리(H)
5. 점성도 : 파스칼 초(Pa·s)	33. 광선속 : 루멘(lm)
6. 유 량 : 세제곱미터 매 초(m^3/s), 리터 매초(ℓ/s)	34. 조도(조명도) : 럭스(lx)
7. 각속도 : 라디안 매 초(rad/s)	35. 방사능 : 베크렐(Bq)
8. 각가속도 : 라디안 매 제곱 초(rad/s^2)	36. 흡수선량, 커마 : 그레이(Gy)
9. 동점도 : 제곱미터 매 초(m^2/s)	37. 선량당량 : 시버트(Sv)
10. 파 수 : 매 미터(m^{-1})	38. 힘의 모멘트 : 뉴턴 미터 (N·m)
11. 밀도, 질량밀도 : 킬로그램 매 세제곱미터(kg/m^3)	39. 표면장력 : 뉴턴 매 미터(N/m)
12. 비(比)부피 : 세제곱미터 매 킬로그램(m^3/kg)	40. 열속밀도,복사조도 : 와트 매 제곱미터(W/m^2)
13. 전류밀도 : 암페어 매 제곱미터(A/m^2)	41. 열용량, 엔트로피 : 줄 매 켈빈(J/K)
14. 자기장의세기 : 암페어 매 미터(A/m)	42. 비열용량,비엔트로피 : 줄 매 킬로그램 켈빈(J/(kg·K))
15. (물질량의)농도 : 몰 매 세제곱미터(mol/m^3)	43. 비에너지 : 줄 매 킬로그램(J/kg)
16. 휘 도 : 칸델라 매 제곱미터(cd/m^2)	44. 열전도도 : 와트 매 미터 켈빈(W/(m·K))
17. 굴절률 : 하나 (1)	45. 에너지밀도 : 줄 매 세제곱미터(J/m^3)
18. 평면각 : 라디안(rad), 도(°), 분(′) 초(″)	46. 전계(전기장의세기) : 볼트 매 미터(V/m)
19. 입체각 : 스테라디안(sr)	47. 전하밀도 : 쿨롱 매 세제곱미터(C/m^3)
20. 진동수, 주파수 : 헬츠(Hz)	48. 전기선속밀도 : 쿨롱 매 제곱미터(C/m^2)
21. 역량(힘) : 뉴턴(N)	49. 유전율 : 패럿 매 미터(F/m)
22. 압력, 압축강도 : 파스칼(Pa)	50. 투자율 : 헨리 매 미터(H/m)
23. 에너지, 일, 열량충격치 : 줄(J)	51. 몰에너지 : 줄 매 몰 (J/mol)
24. 공률, 전력, 복사선속 : 와트(W)	52. 몰엔트로피(몰열용량) : 줄 매 몰 켈빈(J/(mol·K))
25. 전기량(전하량) : 쿨롱(C)	53. 조사선량 : 쿨롱 매 킬로그램(C/kg)
26. 전압, 기전력 : 볼트(V)	54. 흡수선량률 : 그레이 매 초(Gy/s)
27. 정전용량(전기용량) : 패럿(F)	55. 방사각도(복사도) : 와트 매 스테라디안(W/sr)
28. 전기저항 : 옴(Ω)	56. 복사휘도 : 와트 매 제곱미터 스테라디안(W/(m^2·sr))

2. 국제단위계(SI 단위) 이외의 법정 계량단위

I. 국제단위계(SI)와 함께 사용이 허용된 단위

명 칭	기 호	SI 단위로 나타낸 값
전 자 볼 트	eV	$1eV = 1.602\ 189\ 33\ (46) \times 10^{-19}$ C
통일 원자질량 단위	u	$1u = 1.660\ 565\ 2\ (86) \times 10^{-27}$ kg
천 문 단 위	ua	$1ua = 1.495\ 978\ 706\ 91\ (30) \times 10^{11}$ m

II. 국제단위계(SI)와 함께 사용이 허용된 기타의 단위

명 칭	기 호	SI 단위로 나타낸 값
해 리	n mile	1해리 = 1,852m, 1nm = 1,852km
놋 트	kn(kt)	1해리 매 시간 = (1,852/3,600) m/s
아 르	a	$1a = 1\ dam^2 = 10^2 m^2$, $100m^2 = 30.25$평
헥 타 르	ha	$1ha = 1\ hm^2 = 10^4 m^2$, $10,000m^2$
바 아	bar	$1bar = 0.1\ MPa = 100\ kPa = 1,000\ hPa = 10^5 Pa$
옹 스 트 롬	Å	$1Å = 0.1nm = 10^{-10}m = 100pm$

III. 특별한 명칭을 가진 센티미터·그램·초(CGS) 단위

명 칭	기 호	SI 단위로 나타낸 값
에 르 그	erg	$1erg = 10^{-7} J$
다 인	dyn	$1dyn = 10^{-5} N$
포 아 즈	P	$1P = 1dyn·s/cm^2 = 0.1Pa·s$
스 토 크 스	St	$1St = 1cm^2/s = 10^{-4} m^2/s$
가 우 스	G	$1G = 10^{-4} T$
에 르 스 텟	Oe	$1Oe = (1,000/4\pi)$ A/m
맥 스 웰	Mx	$1Mx = 10^{-8} Wb$
스 틸 브	sb	$1sb = 1cd/cm^2 = 10^4 cd/m^2$
포 트	ph	$1ph = 10^4 lx$
갈	Gal	$1Gal = 1cm/s^2 = 10^{-2} m/s^2$

※농도 : 몰 매 세제곱미터(mol/m^3), 부피백분율 : vol %
※소음 : 데시벨(dB), 회전속도 : 회 매분(rpm), 회 매 시(rph)

IV. 국제단위계(SI) 외의 기타 단위

명 칭	기 호	SI 단위로 나타낸 값
퀴 리	Ci	$1Ci = 3.7 \times 10^{10} Bq$
뢴 트 겐	R	$1R = 2.58 \times 10^{-4}$ C/kg 조사량으로, 1만분의 2.58쿨롱 매 kg
라 디 안	rad	$1rad = 1cGy = 10^{-2} Gy$
렘	rem	$1rem = 1cSv = 10^{-2} Sv$ 선량당량으로, 001시버트와 같다.
감 마	γ	$1\gamma = 1nT = 10^{-9} T$
잰 스 키	Jy	$1Jy = 10^{-26}\ W·m^{-2}·Hz^{-1}$
농 도 (피에치)	pH	용액 천분의 $1m^3$에 포함된 수소이온 물농도의 역수에 상용대수를 취한 값

명 칭	기 호	SI 단위로 나타낸 값
메 트 릭 캐 럿	car(ct)	1메트릭 캐럿 = 200mg = 2×10^{-4} kg
토 르 (압 력)	torr	1 torr = 133.32236 Pa
표 준 기 압	atm	1 atm = 101,325 Pa, 760mmHg, 0.101325Mpa(Mpa=메가파스칼)
칼 로 리	cal	15℃에서 4.1855 줄
마 이 크 론	μ	$1\mu = 1\mu\,m = 10^{-6}m$
밀 리 바	mmHg	1.33322 m bar, 0.133322 kpa

3. 도량형 환산표

길 이

Miles (마일) × 1,609.344 = kilometers(km)	Kilometers (km) × 1,093.6 = yards (야드)
Yards (야드) × 0.9144 = meters(m)	Kilometers (km) × 3,280.9 = feet (피트)
Feet (피트) × 0.304785 = meters(m)	Meters (m) × 1.0936 = yards (야드)
Feet (피트) × 30.48 = centimeters(cm)	Meters (m) × 3.2808 = feet (피트)
Inches (인치) × 2.54 = centimeters(cm)	Meters (m) × 39.37 = inches (인치)
Inches (인치) × 25.4 = millimeters(mm)	Centimeters (cm) × 0.3937 = inches (인치)
Kilometers (km)× 0.621 = miles(마일)	Millimeters (mm) × 0.03937 = inches (인치)

미터	척(尺)	간(間)	feet	Yd	cm	치(寸)	inch	km	정(町)	리(里)	마일
1.	3.3	0.55	3.2808	1.093							
					1	0.33	0.3937				
								1.	9.16	0.2546	0.6214
0.303	1.	0.16	0.9942	0.3314							
					3.030	1.	1.1930				
								0.1909	1.	0.027	0.0678
1.818	6.	1.	5.9652	1.9884							
					2.54	0.8382	1.				
								3.927	36.	1.	2.4403
0.3048	1.0058	0.1676	1.	0.33							
								1.60934	14.7523	0.4098	1.
0.9144	3.0175	0.5029	3.	1.							

※ 1해리(海里) = 1,852m = 16.9837 정(町)

면 적 (面 積)

Sq. miles(평방 마일)	×	2.59	=	sq. kilometers (km²)
Acres (에이커)	×	0.00405	=	sq. kilometers (km²)
Acres (에이커)	×	0.4047	=	hectares (100m²)
Sq. yards (평방 야드)	×	0.8361	=	sq. meters (m²)
Sq. feet (평방 피트)	×	0.0929	=	sq. meters (m²)
Sq. inches(평방 인치)	×	6.452	=	sq. centimeters (cm²)
Sq. inches(평방 인치)	×	645.2	=	sq. millimeters (mm²)
Sq. Kilometers(km²)	×	0.3861	=	sq. miles (평방마일)
Sq. Kilometers(km²)	×	247.11	=	acres (에이커)
Hectares(100m² 평방)	×	2.471	=	acres (에이커)
Sq. meters(m²)	×	1.196	=	sq. yards (평방야드)
Sq. meters(m²)	×	10.764	=	sq. feet (평방피트)
Sq. centimeters(cm²)	×	0.155	=	sq. inches (평방인치)
sq. millimeters(mm²)	×	0.00155	=	sq. inches (평방인치)

제곱미터	제곱척	면 평(面坪)	feet²	Yd²	cm²	제곱치	inch²	km²	제곱리	mile²	에이커
1.	10.89	0.3025	10.7639	1.196	1.	0.1089	0.1550	1.	0.0648	0.3861	247.1054
0.0918	1	0.027	0.9884	0.1098	9.1827	1.	1.4233	15.4235	1.	5.9550	3811.222
3.3058	36.	1.	35.5832	3.9537	6.4516	0.7026	1.	2.58999	0.1679	1.	640.
0.092903	1.0117	0.0281	1.	0.1				0.001047	0.00026	0.00156	1.
0.836	9.1054	0.2529	9.	1.							

※ 1 헥타르(ha) = 2.4710 에이커(acre) = 1.0083 정보(町步)
1 아르(a) = 30.25 평, 뉴턴(N) = kg·m/s², 다인(dyn) = 10^{-5}N

체 적 (体 積)

Cu. yards (세제곱 야드)	×	0.765	=	cu. meters (m³)
Cu. feet (세제곱 피트)	×	0.0283	=	cu. meters (m³)
Cu. inches (세제곱 인치)	×	16.387	=	cu. centimeters (cm³)
Cu. meters (m³)	×	1.308	=	cu. yards (세제곱 야드)
Cu. meters (m³)	×	35.3145	=	cu. feet (세제곱 피트)
Cu. centimeters (cm³)	×	0.06102	=	cu. inches (세제곱 인치)

용 적 및 용 량

세제곱미터	세제곱척	입 평(立坪)	척 관	feet³	Yd³	세제곱 feet	cm³	세제곱치	inch³
1.	35.937	0.1664	2.9947	35.3146	1.3079	0.1635	1	0.0359	0.0610
0.0278	1.	0.0046	0.083	0.9827	0.0364	0.0045	27.8265	1	1.6981
6.0105	216.	1.	0.9827	212.259	7.8615	0.9827	16.387	0.5889	1.
0.3339	12.	0.05	1.	11.7922	0.4367	0.0546			
0.0283	1.0176	0.0047	0.0848	1.	0.037	0.0047			
0.7645	27.4758	0.1272	2.2896	27.	1.	0.125			
6.1164	219.806	1.0176	18.3172	216.	8.	1.			

(주) 1m³ = 1,000ℓ, 1ℓ = 1,000cm³, 1 에이커 피트 = 1,231.605m³, 갤런은 일반적으로 미(美)갤런을 쓴다.

액체의 용적

U.S. gallons (美 갤런)	×	0.8331	=	Imperial gallons (英 갤런)
Gallons (갤런)	×	3.78541	=	Liters (리터)
Quarts (쿼터)	×	0.946	=	Liters (리터)
Imperial gallons (英 갤런)	×	1.20032	=	U.S. gallons (美 갤런)

도량형 환산 등

Liters (리터)	×	0.2642	=	Gallons (갤런)
Liters (리터)	×	1.059	=	Quarts (쿼터)

압 력

파스칼 pa=1N/m²=1m⁻¹kg·s⁻²   파운드힘피트 1bf·ft=1.35582N·m
메가파스칼 Mpa=10⁶pa(1,000,000pa)   뉴턴(N)=kg·m/s², 다인(dyn)=10⁻⁵N
헥타파스칼 hpa =10²pa(100pa)   중량킬로그램 매 평방미터=kgf/m²=9.80665pa,
       (세계기상기구에서 사용)   1gf/m²=9.80665mp
바(bar)(b) 1m²당 100,000N의 힘이 작용하는 압력,   표준대기압(atm)=101325pa=0.101325Mpa
           =1bar=0.1Mpa=10⁵pa   =760torr(토르)=133.322 pa
밀리바(mbar)(mb)·1 mbar=10⁻³bar=100pa,   수주미터(mH₂O)=9806.65 pa=9.80665 kpa
                0.001bar   수은주미터(mHg)=101325/0.76, pa=133322 pa,
킬로그램 힘 미터(kgf·m)=9.80665N·m   1mHg=133.322 kpa

※세제곱피트 매 초(ft³/s(cfs)) : 1ft³/s = 28.31684659×10⁻³m³/s = 28.32 dm³/s (비 SI단위)
※세제곱피트 매 분(ft³/min(cfm)) : 1ft³/min = 0.4719474432×10⁻³m³/s = 0.47195 dm³/s (비 SI단위)

유 량 (流 量)

세제곱(입방)미터매분 : m³/min = $\frac{1}{60}$ m³/s = 0.0166666 m³/s = 16.67 dm³/s

세제곱미터매시 : m³/hr = $\frac{1}{3600}$ m³/s = 0.0002778 m³/s = 0.2778 dm³/s

리터매초 : ℓ/s = 10⁻³m³/s = 0.001m³/s = 1dm³/s = 0.001m³/s

리터매분 : ℓ/min = $\frac{10^{-3}}{60}$ m³/s = 0.00001667 m³/s = 16.67(m³/s) = 0.01667m³/s

리 터	되(升)	영(英)갤런	미(일)갤런	입방척(尺)	feet³	목 재
1.	0.55435	0.22008	0.26417	0.0359	0.0353	1재 = 1치각 × 12자길이
1.8039	1.	0.39701	0.47654	0.0648	0.0637	1석(石)=1자각 × 10자길이
4.5437	2.51882	1.	1.20032	0.1633	0.1605	=10 입방척
3.78541	2.0985	0.83311	1.	0.1360	0.1337	1석 = 0.2783 m³
27.8265	15.42567	6.12418	7.35098	1.	0.9827	1절(切)=1입방 척=27.826 dm³
28.3168	15.6975	6.2321	7.48052	1.0176	1.	1 barrel(US)=9.702 in³
						=158.987 dm³

※ barrel(US)/s : 1 barrel(US)/s = 0.1589872949 m³/s (비 SI단위)
※ barrel(US)/min : 1 barrel(US)/min = 2.649788248×10⁻³m³/s = 2.650 dm³/s (비 SI단위)
※ barrel(US)/hr : 1 barrel(US)/hr = 44.16313749×10⁻⁶m³/s = 44.163 cm³/s (비 SI단위)

중 량 (重 量)

ton	kg	g	문(匁)	근(斤) 160 匁	관(貫)	Lb	영(英) ton			
1.	1000			1666.6	266.6	2204.6	0.9842	물	1ton	약 5석(石) 5두(斗) (263 미(美)갤런)
0.001	1.	1,000	266.6	1.6	0.26	2.2046	0.00093	중 유	〃	약 6석 (287 미 갤런)
	0.001	1	0.26	0.0016	0.00026	0.0022		경 유	〃	약 6석 3두 (301 미 갤런)
		0.00375	3.75	1.	0.0062	0.001	0.0083			
0.0006	0.6	600	160	1.	0.16	1.3227	0.00059	석 유	〃	약 6석 7두 (320 미 갤런)
0.00375	3.75	3,750	1,000	6.25	1.	8.2672	0.00369			
0.00045	0.45359	4,530	120.96	0.756	0.121	1.	0.00045	휘발유	〃	약 7석 5두 (360 미 갤런)
1.01605				1693.4	270.95	2240.	1.			

※ 1온스 (OZ) = 28.3495g = $\frac{1}{16}$ Lb, 리터매킬로그램(ℓ /kg) = 10^{-3} m^3/kg (0.001 m^3/kg)

※ 킬로리터 = 1k ℓ = 1m^3, 씨씨(cc) = 1cm^3

단위 길이에 대한 중량

kg/m	관/척	근/척	Lb/Yd	Lb/feet	Lb/inch
1.	0.08	0.50	2.0159	0.6719	0.055996
12.375	1.	6.25	24.9464	8.3155	0.69295
1.98	0.16	1.	3.9914	1.3305	0.11087
0.49606	0.0401	0.2505	1.	0.3	0.027
1.4882	0.1202	0.7516	3.	1.	0.083
17.8583	1.4291	9.0193	36.	12.	1.

1 mg/m = 10^{-6} kg/m
       = 0.000001 kg/m
1 kg/cm = 5.5996 Lb/in
1 kg/m = 0.3영(英)톤/feet
1 Lb/in = 0.17858 kg/cm
1 영톤/feet = 3.3335 kg/m

속 도 (速 度)

m/초	km/시	ft/초	mile/시	해리/시	척/초
1.	3.6	3.2808	2.2369	1.9426	3.3
0.2778	1.	0.9113	0.6214	0.5396	0.916
0.3048	1.0973	1.	0.681	0.5921	1.0058
0.44704	1.609344	1.46	1.	0.8684	1.4752
0.51444	1.852	1.68	1.15	1.	1.6987
0.303	1.09	0.9942	0.6778	0.5887	1.

도량형 환산 등

속도의 환산

미터/초 (m/s)	킬로미터/시 (km/h)	노트 (미터법)	피트/초 (fee/s)	마일/시	노트 (영국식)
1.	3.6	1.944	3.281	2.237	1.943
0.2778	1.	0.5400	0.9113	0.6214	0.5396
0.51444	1.852	1.	1.688	1.151	0.9994
0.3048	1.097	0.5925	1.	0.6818	0.5921
0.44704	1.609	0.8690	1.467	1	0.8684
0.51444	1.852	1.0006	1.689	1.1515	1.

미터법 1노트 = 1,852m/h
영국식 1노트 = 6,080ft/h
           = 1,853.2m/h
1rad = 57.296°
$1ft/s^2$ = $0.3048 m/s^2$
1yd/s = 0.9144 m/s

동 력 (動力)

동 력	영 마력 (HP)	불 마력 (PS)	kW	W	1 분 당	
					ft·Lb	kg·m
1 영(英) 마력	1.	1.0139	0.7457	745.7	33000.	4562.
1 불(佛) 마력	0.9863	1.	0.73549	735.499	32549.	4500.
1 킬로와트	1.34	1.3596	1.	1000	44240.	6113.
1 와트	0.00134		0.001	1.	44.24	6.113
1 분(分) ft·Lb				0.0226	1.	0.1383
1 분 kg·m				0.1634	7.23	1.

※1HP(영) = 550 Lbf·ft/s = 745.7 W, 1PS(불) = 75kgf·m/s

동 력 의 환 산

불(佛)마력 (PS)	영(英)마력 (HP)	kW	kgf·m/s	ft·Lb/s	kcal/s
1.	0.9863	0.73549	75	542.5	0.1757
1.0143	1.	0.7457	76.07	550.2	0.1782
1.3596	1.3405	1.	101.972	737.6	0.2389
0.01333	0.01315	0.00980665	1.	7.233	0.002343
0.001843	0.001817	0.0013558	0.1382549	1.	0.033239
5.691	5.611	4.186	426.9	3,087	1.

※섭씨도 ℃ = (t+273.15)K, K(칼빈) = 물의 3중점 열역학온도의 $\frac{1}{237.16}$

※화씨도 °F = $\frac{5}{9}$(t-32)℃

4. 그리스 문자 및 호칭

I. 그리스 문자 (Greek Alphabet)

A	α	alpha	알파	N	ν	nu	뉴
B	β	beta	베타	Ξ	ξ	xi	크사이
Γ	γ	gamma	감마	O	o	omicron	오미크론
Δ	δ	delta	델타	Π	π	pi	파이
E	ε	epsilon	에프시런	P	ρ	rho	로
Z	ζ	zeta	지타	Σ	σ	sigma	시그마
H	η	eta	이타	T	τ	tau	타우
Θ	θ	theta	시타	Υ	υ	upsilon	유프시런
I	ι	iota	아이오타	Φ	ϕ	phi	파이
K	κ	kappa	카파	X	χ	khi	카이
Λ	λ	lambda	람다	Ψ	ψ	psi	프사이
M	μ	mu	뮤	Ω	ω	omega	오메가

II. 그리스 수의 호칭

모	노	mono	1	데	카	deca	10
다	이	di	2	헥	토	hecto	10^2
트	리	tri	3	킬	로	kilo	10^3
테	트라	tetra	4	미리	아	myria	10^5
펜	타	penta	5	메	가	mega	10^6
헥	사	hexa	6	데	시	deci	10^{-1}
헵	타	hepta	7	센	티	centi	10^{-2}
옥	타	octa	8	밀	리	milli	10^{-3}
노	나	nona	9	마이크로		micro	10^{-6}

5. 평면도형의 성질

구분	단 면	단면적 A	도심의 높이	단면 2차 모멘트 I	단면계수 Z	단면 2차 반경 i
장방형		bh	$\dfrac{h}{2}$	$\dfrac{bh^3}{12}$	$\dfrac{bh^2}{6}$	$\dfrac{h}{\sqrt{12}}=0.2887h$
중공 장방형		$BH-bh$	$\dfrac{H}{2}$	$\dfrac{BH^3-bh^3}{12}$	$\dfrac{BH^3-bh^3}{6H}$	$\sqrt{\dfrac{BH^3-bh^3}{12(BH-bh)}}$
중공 장방형		$b(H-h)$	$\dfrac{H}{2}$	$\dfrac{b}{12}(H^3-h^3)$	$\dfrac{b}{6H}(H^3-h^3)$	$\sqrt{\dfrac{H^2+Hh+h^2}{12}}$
정방형		h^2	$\dfrac{h}{\sqrt{2}}=0.7071h$	$\dfrac{h^4}{12}$	$\dfrac{h^3}{6\sqrt{2}}=0.1179h^3$	$\dfrac{h}{\sqrt{12}}=0.2887h$
사다리 꼴		$\dfrac{(b+b_1)h}{2}$	$y_1=\dfrac{b+2b_1}{b+b_1}\times\dfrac{h}{3}$ $y_2=\dfrac{2b+b_1}{b+b_1}\times\dfrac{h}{3}$	$\dfrac{b^2+4bb_1+b_1^2}{36(b+b_1)}h$	$Z_2=$ $\dfrac{b^2+4bb_1+b_1^2}{12(2b+b_1)}h$	$\dfrac{\sqrt{b^2+4bb_1+b_1^2}}{6(b+b_1)}$ $\times\sqrt{2h}$
이등변 삼각형		$\dfrac{bh}{2}$	$\dfrac{b}{2}$	$\dfrac{b^3h}{48}$	$\dfrac{b^2h}{24}$	$\dfrac{b}{2\sqrt{6}}=0.2041b$
정 육각형		$2.5981R^2$ $=3.4641r^2$	$r=\dfrac{\sqrt{3}R}{2}$ $=0.8660R$	$5\sqrt{3}R^4/16$ $=0.5413R^4$ $=5\sqrt{3}r^4/9$ $=0.9623r^4$	$5R^3/8$ $=5\sqrt{3}r^3/9$ $=0.9623r^3$	$\sqrt{5/24}R$ $=0.4564R$ $=\sqrt{5/18}r$ $=0.5270r$
원형		$\pi r^2=\dfrac{\pi d^2}{4}$	$r=\dfrac{d}{2}$	$\pi r^4/4$ $=0.7854r^4$ $=\pi d^4/64$ $=0.04909d^4$	$\pi r^3/4$ $=0.7854r^3$ $=\pi d^3/32$ $=0.09818d^3$	$\dfrac{r}{2}=\dfrac{d}{4}$
중공 원형		$\pi(R^2-r^2)$ $=\dfrac{\pi}{4}(D^2-d^2)$	$R=\dfrac{D}{2}$	$\dfrac{\pi}{4}(R^4-r^4)$ $=\dfrac{\pi}{64}(D^4-d^4)$	$\dfrac{\pi}{4}\cdot\dfrac{R^4-r^4}{R}$ $=\dfrac{\pi}{32}\cdot\dfrac{D^4-d^4}{D}$	$\dfrac{\sqrt{R^2+r^2}}{2}$
반원형		$\dfrac{\pi r^2}{2}=\dfrac{\pi d^2}{8}$	$y_1=4r/3\pi$ $=0.4244r$ $y_2=\dfrac{(3\pi-4)r}{3\pi}$ $=0.5756r$	$\left(\dfrac{\pi}{8}-\dfrac{8}{9\pi}\right)r^4$ $=0.1098r^4$ $=0.00686d^4$	$Z_1=0.2587r^3$ $Z_2=0.1908r^3$	$0.2643r=0.1322d$
타원형		πab	a	$\dfrac{\pi ba^3}{4}$ $=0.7854ba^3$	$\dfrac{\pi ba^2}{4}$ $=0.7854ba^2$	$\dfrac{a}{2}$

6. 입방체의 표면적, 체적 및 중심(重心)거리

V : 체적, A : 표면적, C : 측면적
X : 밑면에서의 중심거리

도형	공식	도형	공식
절두원기둥	$V = r^2 \cdot \pi \cdot \dfrac{h_1+h_2}{2}$ $C = r\pi(h_1+h_2)$ $D = \sqrt{4r^2+(h_2-h_1)^2}$	사절원추(斜截圓錐) DC=a, AC=BC=b, OD=r	$V = \dfrac{h}{3}\{b(3r^2-b^2)+3r^2(a-r)\phi\}$ $C = \dfrac{2hr}{a}\{(a-r)\phi+b\}$
절두원추(截頭圓錐)	$V = \dfrac{\pi h}{3}(R^2+Rr+r^2)$ $C = \pi S(R+r)$ $X = \dfrac{h}{4} \cdot \dfrac{R^2+2Rr+3r^2}{R^2+Rr+r^2}$	흠구(欠球)	$V = \dfrac{2\pi r^2 h}{3} = 2.0944\, r^2 h$ $A = \pi r(2h+a)$ $X = \dfrac{3}{8}(2r-h)$
원 추	$V = \dfrac{\pi r^2 h}{3}$ $C = \pi\, rS$ $X = \dfrac{h}{4}$	호구(弧球)	$V = \dfrac{\pi h}{6}(3a^2+h^2) = \dfrac{\pi h}{3}(3r-h)$ $C = 2\pi rh = \pi(a^2-h^2)$ $a^2 = h(2r-h)$ $X = \dfrac{3}{4} \cdot \dfrac{(2r-h)^2}{3r-h}$
평행다면체	$V = \dfrac{h}{6}[(2a+a_1)b+(2a_1+a)b_1]$ $X = \dfrac{h}{2} \cdot \dfrac{ab+ab_1+a_1b+3a_1b_1}{2ab+ab_1+a_1b+2a_1b_1}$	구대(球帶)	$V = \dfrac{\pi h}{6}(3a^2+3b^2+h^2)$ $C = 2\pi rh$ $r^2 = a^2+\left(\dfrac{a^2-b^2-h^2}{2h}\right)$
각 추	$V = \dfrac{Bh}{3}$ B : 밑면적 $X = \dfrac{h}{4}$	통 형	$V = \dfrac{1}{12}\pi h(2D^2+d^2)$ $C = \dfrac{1}{15}\pi h\left(2D^2+Dd+\dfrac{3}{4}d^2\right)$
절두각추	$V = \dfrac{h}{3}(G+g+\sqrt{G\cdot g})$ $X = \dfrac{h}{4} \cdot \dfrac{G+2\sqrt{G\cdot g}+3g}{G+\sqrt{G\cdot g}+g}$ G : 밑면적 g : 윗면적	쐐기형	$V = \dfrac{bh}{6}(2a+a_1)$
구	$V = \dfrac{\pi d^3}{6} = 0.5236\, d^3$ $A = \pi\, d^2$		

* 저자(全仁植) 약력 *

1951년　육군정보학교 수료. 임시 육군대위 임관. 결사 11 연대 작전 참모
1951년　육군소령 명예 제대 (군번 GO 1003)
1962년　고등전형시험 합격, 감찰위원회(조사관) 근무
1970년　대학 조교수 자격 취득(문교부 대학교수자격 심사위원회)
1971년　감사원 수석 감사관 사임
1972년　대학 부교수 자격 취득(문교부 대학교수자격 심사위)
　　　　한양대, 건국대, 서울산업대, 성균관대, 충북대 등 강사 역임
　　　　건설공무원 교육원, 서울시, 농진공, 한전, 내무부 지방행정연수원
　　　　새마을 지도자 연수원 등 특수 교육기관 출강 역임
　　　　국가기술자격(토목시공 기술사, 기사 1, 2급)시험위원 역임
1972년　도서출판 건설연구사 설립(~ 현)
1974년　사단법인 건설산업연구소(~ 현) 이사장 · 이사

저　서

건설관리공학분야 : ① 실용 건설공사의 설계표준과 검사(69년)　② 공사관리(70년)
③ 건설공사의 설계와 시공　④ 토목시공관리(4판)
⑤ 검사례 분석 평가를 중심으로 공사의 검사(4판)　⑥ 건설경영과 신공정관리(4판)
⑦ PERT이론과 실제(신편)　⑧ 공사의 감사·해설　⑨ 신편 건설 적산학
⑩ I.E 이론과 실제　⑪ 공사계획 및 시공관리　⑫ **표준품셈 질의 · 해설**
⑬ 건설안전관리　⑭ 표준적산품셈실무(상권)　⑮ 중권　⑯ 하권　⑰ 건설적산실무
⑱ 실용건설품셈　⑲ 건설공사 실무품셈　⑳ 산업관리공학

총류 및 기타 : ① 건설표준품셈(47판)　② 원가계산　③ 경영분석　④ 손익분기점
⑤ 건설용어사전　⑥ 부동산 기술론(4판)　⑦ 콘크리트 구조물의 가설공법
⑧ 기계설비용어집　⑨ 최신 건설용어대사전　⑩ 건축·토목 용어 대사전
⑪ 토목용어사전　⑫ 국가계약법령·예규　⑬ 건설관계법령　⑭ **기계 용어 대사전**
⑮ **환경상하수도용어사전**　⑯ 알기쉬운 **경영회계**　⑰ 네트워크 **신 공정관리**
⑱ 건설기술 관리 법령·지침 국가계약법령 예규

토목공학분야 : ① 토목시공학(6판)　② 토목기사시험 시리즈 5권
③ 콘크리트 기계 시공　④ 신편 건설 기계 시공
⑤ 현장기술자·감리자를 위한 **토목시공법**　⑥ 펌프의 이론과 실제

건축공학분야 : ① 건설기술자를 위한 **건축시공법**　② 새마을 건설기술(문공부 우량도서)　③ 건축법규해설(5판)　④ 가설 거푸집공법　⑤ 건축측량　⑥ 건축적산실무

군사 관련 분야 : 적 후방 300리의 혈전 "나와 6.25" 외 35 종 발행
※ 2012. 6. 25 대한민국 충무무공훈장 수상
※ 학술지 "월간" 건설기술, 통권 15, 誌今 160호, 편집 겸 발행인 역임
※ 계간 학술지 "건설산업" 편집 겸 발행인(역임). 외 논문·논설

* 저자(高福永) 약력 *

1969. 2. 28 인하대학교 토목공학과 졸업
1983. 2. 28 국민대학교 대학원 공학석사
1996. 2. 26 국민대학교 대학원 공학박사
1974. 3. 1 ~ 1977. 4. 30 인천기계공업고등학교 교사
1977. 5. 1 ~ 1980. 2. 28 한국토지개발공사 근무
1981. 3. 1 ~ 2013. 8. 31 부천대학교 교수
2013. 9. 1 ~ 2014. 8. 31 부천대학교 명예교수

저 서

1994. 1. 5 토목적산
1994. 3. 5 신편측량학
2000. 3. 5 철근콘크리트공학
2000. 8. 25 최신토목적산
2003. 8. 25 건설공사의 계약과 적산
2011. 2. 28 응용역학

질 의 응 답
건설공사의 계약·설계 해설

2006년 3월 13일 전면개정
2018년 12월 26일 신편

공 편저 : 吾平 全仁植·공학박사 高福永
발   행 : (주) 건설연구사

검   인
협정필

발 행 소 : 서울특별시 마포구 잔다리로 77, 601(서교동, 대창빌딩)
전   화 : 02) 324-4996   (02) 333-5213~4
F A X : 02) 338-1153
홈페이지 : http://www.kspumsem.co.kr
E-mail : kunseol@chol.com
등   록 : 2000년 6월 19일   제10-1988호

※ 파본 및 낙장은 발행소에서 교환해 드립니다.   값 48,000 원
ISBN 978-89-7307-704-5

도 서 안 내

(주)건설연구사 서울시 마포구 잔다리로 77, 601(서교동, 대창빌딩)
전화. (02) 324 - 4996, 6933 - 4996, 333 - 2381~2 번 FAX. (02) 338 - 1153

4×6배판 B5 (감) 감수
국판 A5
4×6판 B6 ⊙ 신간 및 개정판

도서명, 판형, 저자	도서명, 판형, 저자
<2019년 48판> **건설**☆**표준품셈** 토목·건축·기계설비 <전기·정보통신 발췌> B5 · 1,266 면 · 57,000 원 · 전 인 식(편저)	**건축·토목 용어 사전** A5 · 1,454 면 · 54,000원 · 건설용어편찬위원회
<2019년> **토목**☆**표준 품셈** A5 · 816 면 · 40,000 원 · 전 인 식 (편)	**건축 용어 사전** A5 · 1,216 면 · 54,000원 · 건축용어편찬위원회
<2019년> **건축**☆**표준 품셈** A5 · 514 면 · 37,000 원 · 전 인 식(편)	**토목 용어 사전** A5 · 1,336 면 · 53,000원 · 건설용어편찬위원회
<2019년> **기계·설비 표준 품셈** A5 · 428 면 · 34,000 원 · 전 인 식 (편)	**기계 용어 대사전** 12년의 역작 <국·한·영문, 영문색인> A5 · 1,544 면 · 58,000원 · 대표 편찬 전 인 식
<2019년> **전기**☆**표준 품셈** A5 · 542 면 · 32,000 원 · 전 인 식(편)	**환경(상·하)수도용어 사전** A5 · 576면 · 34,000원 · 전 인 식 외
<2019년> **전기·정보통신 표준 품셈** A5 · 1,014 면 · 47,000 원 · 전 인 식 (편)	**펌프의 이론과 실제** B5 · 298 면 · 32,000 원 전 인 식 · 이교진 · 조광옥 · 조철환 (공저)
질의 응답 **건설공사의 계약·설계 해설** A5 · 776 면 · 48,000 원 · 전 인 식(저)	**건설공사비 검증의 Know-how** B5 · 412 면 · 38,000 원 · 전 인 식(편)
건설 품셈 실무 해설 B5 · 448 면 · 46,000 원 · 전 인 식(저)	공공공사의 감사 실례 분석 및 적산 기법의 해설 **공사의 감사·해설** B5 · 4 6배판 · 646 면 · 28,000 원 · 전 인 식 (저)
<2018년도 하반기> **건설산업기본법·건설기술 진흥법·령·규칙 외** **국가계약법·령·규칙, 계약예규** <지방자치단체 계약법·령·규칙> A5 · 1070면 · 43,000 원 · 법령편찬회(편)	**네트워크 신 공정 관리** B5 · 4 6배판 · 260 면 · 22,000 원 · 전 인 식 (저)
기술·감리 총서 **토 목 시 공 법** B5 · 564 면 · 38,000 원 · 전 인 식 (편저)	**알기쉬운 경영 회계** A5 · 480 면 · 18,000 원 · 전윤식 (저)
건축주를 위한 **건 축 시 공** B5 · 576 면 · 30,000 원 · 전 인 식 (편저)	**건설 공사 관리 요령** B5 · 436 면 · 35,000 원 · 남승운 · 조광치 · 민강호
신편 **건설 기계·시공** B5 · 544 면 · 28,000 원 · 전 인 식 (저)	◆ 6.25 참전 **노병의 65년** <88세 기념> A5 · 790 면 · 25,000 원 · 전 인 식(편저)
최신 **건설 용어 대사전** (책임교열·대표 편찬위원 전 인 식) 국판 <14년의 역작> A5 · 1,380 면 · 65,000원	◆ 백골병단의 실체·실화 **적진후방 팔백리의 혈투** A5 · 432 면 · 16,000 원 · 전 인 식 편저